高教版

MBA MPA MPAcc MEM 管理类综合能力

逻辑历年真题精讲

（真题套卷册）

陈慕泽 编著

中国教育出版传媒集团
高等教育出版社·北京

- 20 年 20 套，全面检测，分类突破，查漏补缺
- 套卷册刷出实战感，分类册补齐薄弱项
- 本书适用于 2026 年考生
- 最佳搭配：逻辑历年真题精讲 + 全真模拟 8 套卷

图书在版编目（CIP）数据

MBA MPA MPAcc MEM 管理类综合能力逻辑历年真题精讲．真题套卷册 / 陈慕泽编著．-- 北京 ： 高等教育出版社，2025．6．-- ISBN 978-7-04-064917-8

Ⅰ．B81-44

中国国家版本馆 CIP 数据核字第 2025U1Q649 号

MBA MPA MPAcc MEM 管理类综合能力逻辑历年真题精讲（真题套卷册）
MBA MPA MPAcc MEM GUANLILEI ZONGHE NENGLI LUOJI LINIAN ZHENTI JINGJIANG
（ZHENTI TAOJUAN CE）

策划编辑　李晓翠　　责任编辑　殷力鹰　　封面设计　李小璐　　版式设计　童　丹
责任绘图　于　博　　责任校对　王　雨　　责任印制　赵义民

出版发行	高等教育出版社	网　　址	http://www.hep.edu.cn
社　　址	北京市西城区德外大街 4 号		http://www.hep.com.cn
邮政编码	100120	网上订购	http://www.hepmall.com.cn
印　　刷	三河市春园印刷有限公司		http://www.hepmall.com
开　　本	787mm×1092mm　1/16		http://www.hepmall.cn
本册印张	24		
本册字数	580 千字	版　　次	2025 年 6 月第 1 版
购书热线	010-58581118	印　　次	2025 年 6 月第 1 次印刷
咨询电话	400-810-0598	总 定 价	99.00 元

本书如有缺页、倒页、脱页等质量问题，请到所购图书销售部门联系调换

物 料 号　64917-00

前　言

本书是管理类专业硕士综合能力联考（简称“管综”）近年（2006–2025）逻辑真题的详尽解析，用于应试参考。

考生提高解题能力的基本方式是做题。习题分为真题和模拟题，建议考生首选真题作为考前训练的习题，真题相对于模拟题，更具有安全性。这种安全性体现为：“紧扣大纲，排除歧义，逻辑严谨，难度恰当，题型平衡。”偏离安全性要求的习题会对考生产生误导。真题的安全性是有保障的。

本书对每道真题的解析有以下五个环节，这些环节反映了考生正确有效的解题所需要的思考过程。

第一，准确理解和概括题干。这个环节训练考生对日常语言的理解和概括能力，是解题思考的出发点和基础。管综逻辑测试考生的两种能力，一是语言理解能力，二是逻辑思考能力。如果考生对题干的理解层面出了问题，基于之上的逻辑思考便失去了基础。

第二，恰当划归试题的类型和难度。本书将管综逻辑试题划归为 2 大类（形式逻辑题和非形式逻辑题）和 5 种题型（逻辑推断、论证分析、语义理解、谬误辨析和推理类比）。不同类型的试题有不同的测试要求和应对方法。作者参照历年真题的通过率为其标定了难度。

第三，答案解析。这是核心环节，内容包括：分析题目、寻找思考突破口、梳理发现正确答案的基本思路并对答案正确性进行严格证明。

第四，选项排除。这个环节回答：除了正确答案选项外，其余选项（特别是干扰项）为什么不正确。和实考有所不同，考前解题训练的目的是提高解题能力，选项排除的思考环节不可忽略，考生务必重视这个环节。本书中许多试题的训练价值，不仅在于能帮助考生理解正确选项为什么正确，而且能帮助考生理解某些干扰项为什么不正确。

第五，考点和要领。如果一道试题答案正确的理由不但可用于说明自身，而且能用于说明内容有所不同的一类题，则这一测试点称为考点，应对考点的方法称为要领。反之，如果一道试题答案正确的理由仅说明自身，则为无考点试题，应对无考点试题的方法是个案性思考。形式逻辑题都有考点；非形式逻辑题有的有考点，但其中多数题目无考点试题，需要考生进行个案性思考。以技巧性要领代替个案性思考应对无考点试题，是一种误导。特别是近年逻辑真题说明了这一点。考生需要熟悉考点和掌握相关要领，也需要善于运用个案性思考。本书关注并强调了这两点。

上述五个环节，简称“解题五步”，是帮助考生正确有效进行解题训练的重要总结。

本书的目的是强化训练和提高考生的解题能力。建议考生先做题，即使难题也尽量先完成自己独立的思考，而后阅读和思考本书的解析。对本书的解析，除了上述五个环节，希望特别关注两个方面，一是准确，二是简捷。准确的过程不一定最简捷。对某些题目，考生完全可以有不同于本书的更简捷的准确思路。管综逻辑考试有两个关键词，一个是“对”，另一个是“快”，在实际考试中对“简捷”的要求，几乎不亚于对“准确”的追求。

本书按年份顺序由近至远逐题解析 20 套共 600 道真题，同时扼要阐述几种主要题型的应对要领，并提示每年的真题分类。因此，基于本书，可以有两种做题方法，一种是按套做，一种是分类做。前者的优点是整体感强，更接近实考；后者的优点是有针对性，有利于强化训练某种题型。建议考生先按套做近五年的真题。

作为逻辑真题解析，追求准确与严谨是本书的题中应有之义，但差错难免，欢迎读者指正。

编者

目　录

2025年管理类综合能力逻辑推理试题

26. 以艺通心，是传统文化的核心艺术精神之一。艺术的本质是人内心世界的外化，通过艺术人们既可以表达自己的内心世界，也可以看到别人的内心世界。由此有专家认为，艺术可通心，对于促进不同国家、不同语言、不同文化之间人们的沟通交流具有天然优势。

以下哪项如果为真，最能支持上述专家的观点？

A. 目前，全球有九大语系7000多种语言，对大多数人而言，进行跨文化沟通交流存在相当大的语言障碍。

B. 事实上，我们可以听懂、看懂千百年之前的音乐、绘画作品，可以不借助翻译而直接通过艺术作品感受世界各地人民的情感脉动。

C. 传统文化认为，“唯乐不可以为伪”，即艺术来不得半点虚假，必须是创作者内心的真实写照，必须忠实反映创作者内心的真情实感。

D. 艺术具有基于人性、传达情感、诉诸形式、付诸感性等特点，在艺术创造、传播、接受、反馈过程中，这些特点对于任何人都是一样的。

E. 要借助艺术实现跨文化沟通交流，仅有艺术的共情是不够的，还须将文化融入其中，以文化人，这样才能真正实现以艺通心。

27. 研究人员对近12万名50岁及以上受访者进行调查后发现，大约有一半的受访者每天久坐10小时或更长。在随后的5年内，这些习惯久坐的人当中有805人陆续死亡。他们还发现，如果每天增加10分钟的活动，则每天坐不到10小时的死亡风险可降低15%，而超过10小时的死亡风险可降低35%。研究人员由此认为，每天活动20分钟可减少久坐危害，降低死亡风险。

以下哪项如果为真，最能质疑上述研究人员的观点？

A. 在已经离世的805人中，357人每天久坐不到10小时，448人每天坐10小时或更长。

B. 每天20分钟的活动指的是快步走、爬山、骑行等运动强度较大的活动，对此许多中老年人难以坚持。

C. 随着年龄增大，中老年人的身体机能会逐渐下降，即使每天活动20分钟，其久坐时间也会越来越长，死亡风险也随之增加。

D. 许多久坐者认为，每天只需花20分钟活动，就可以长时间坐着阅读、追剧或工作，哪怕一天累计坐10小时以上也无妨。

E. 每天活动20分钟，并不意味着每天活动可以减少到20分钟，20分钟只是正常人一天活动的最低要求，为了健康，活动时间可以更长一些。

28. 南方人习惯元宵节吃汤圆，这一习俗古已有之。有人将汤圆追溯至先秦时期南方流行的小吃“蜜饵”，《楚辞》中曾提到过它；也有人认为是唐代时元宵节吃的一种称作“面茧”的带馅馒头。但有民俗学家指出，汤圆真正的前身是宋代被称为“圆子”的小吃。

以下哪项如果为真，最能支持上述民俗学家的观点？

A. “蜜饵”虽是一种用糯米粉裹以蜂蜜制成的糕点，但它不是元宵节的专属美食。

B. 宋代的“圆子”是用黑芝麻、猪油、白糖作馅，以糯米粉搓成圆形的“乳糖圆子”。

C. 宋代诗人周必大写的《元宵煮浮圆子》是迄今发现的最早描述元宵节水煮汤圆的诗歌。

D. 宋代饮食文化十分发达，相比于其他朝代，“圆子”种类更加繁多，比如山药圆子、珍珠圆子、金橘水团等。

E. 只有宋人常写涉及“圆子”的诗词，如南宋女诗人朱淑真曾在其《圆子》诗中写有“轻圆绝胜鸡头肉，滑腻偏宜蟹眼汤”。

29. 人生病时会出现发烧、疲倦、头疼、咳嗽、肌肉酸痛、食欲不振、精神萎靡等症状。有人认为，生病时出现这些症状是为了尽快清除病原体，让人恢复健康。比如，发烧是为了让人保持高体温以便杀死病原体。但是，也有研究人员发现，疲倦、头疼、心情抑郁和食欲不振等症状与清除病原体并没有直接的联系。他们据此推测，有些症状的出现不是为了提高个人的生存率，而是为了保护整个种群的利益。

以下哪项如果为真，最能支持上述研究人员的推测？

A. 病原体常常通过患者、医生、护士及患者家属扩散开来。

B. 一些病人在还没有发烧的时候，也会出现头疼、乏力和食欲不振等症状。

C. 出现疲倦、头疼和心情抑郁等症状是为了节约能量，便于人体继续保持高体温以杀死病原体。

D. 17 世纪黑死病传到一个英国村庄的时候，已被感染的村民为了不让病原体扩散，主动自我隔离，从而保护了周围村庄的安全。

E. 疲倦、心情抑郁等症状是为了让人减少社交，防止病原体人传人；咳嗽等症状是为了让同伴们知道自己生病了，最好离远些。

30. 鹅，通体洁白，脖颈纤细流畅，常引颈高歌，缓步行走。秦汉时期，鹅已成为“庆祭丧婚，节岁礼馈”的必设之物，虽然也偶上餐桌，但其身价昂贵，只有贵族才可享用。东晋时期大书法家王羲之养鹅、爱鹅之雅事传于后世。一般认为，他养鹅、爱鹅，是为了观察鹅行走的步态而体悟书法之道、君子之风。但也有专家认为，王羲之养鹅、爱鹅，其实也看重鹅的药用价值。

以下哪项如果为真，最能支持上述专家的观点？

A.《隋书》说鹅肉“肥腻而滑，味美可口”，到了宋朝，鹅开始成为舌尖上的美味，鹅类菜品琳琅满目。

B. 在道教流行的魏晋时期，鹅常被看作体内怀有仙气的禽鸟，融仙风与道骨于一体，食之益处良多，王羲之可能对此亦有同感。

C. 南朝医药学家陶弘景发现，鹅血能缓解药石引发的症状；而唐朝孟诜《食疗本草》还认为，鹅肉、鹅血均有解毒功效，对服食丹药的人大有裨益。

D. 王羲之为天师道世家出身，曾与道士许迈共同修道服食丹药，常不远千里采买药石，其间发现鹅血、鹅肉能缓解服用药石引发的燥热症状。

E. 魏晋名士崇尚自然，喜好养生，加之当时道教和炼丹术习染，社会名士中服食药石之风盛行，而内服药石达到一定剂量即可使人中毒乃至死亡。

31. 近日,火车无座票和有座票价格相同的话题再次引起广泛关注。有人在暑期买不到有座票,持无座票上车后又找不到座位,于是在"站得实在辛苦"之余,觉得"有无同价"有失公平。他们认为,既然一个有座位、另一个无座位,两者享受的服务不一样,价格怎么可以一样呢?对此,有专家却认为,如果铁路公司根据市场需求将有、无座位的票价拉开差距,就可能对低收入者产生不利影响。

以下哪项如果为真,最能支持上述专家的观点?

A. 现在的无座票只是表明没有事先预留座位,无座票乘客上车后仍可能找到座位,如果实行无座票打折政策,有座票乘客会觉得不公平。

B. 如果无座票打折,就会激励一些人去购买无座票,而买了无座票的人上车后看到空座位一般总会去坐,这种"蹭座"行为会加大铁路公司的监管成本。

C. 即使"有无同价",与较晚购到无座票相比,提早买到有座票仍需要在时间和精力等方面付出更多的代价,这意味着有座票的真实价格其实是高于无座票的。

D. 目前,铁路公司以先到先得的原则先售完有座票,再出售无座票,低收入者只要早些去抢票,还是可以买到有座票的。

E. 如果铁路公司执行"谁花钱多谁就有座位使用权"的原则,完全按市场供需来决定票价,那么在出行高峰期,低收入者可能完全没有机会得到座位。

32. 苏洵,字明允,是北宋文人苏轼的父亲,自南宋以来人们常以"老泉"称苏洵。但是,宋以后又有人发现,苏轼虽号东坡居士,但晚年也自号"老泉山人"。苏东坡有诗云"宝公骨冷唤不闻,却有老泉来唤人"。此处,苏轼自称为"老泉"。与苏轼幼子苏过交往甚密的叶梦得在其《石林燕语》中证实,苏轼"晚又号老泉山人,以眉山先茔有老翁泉,故云"。由此,有专家认为,南宋以来的人们将苏洵称作老泉纯属误传。

以下哪项如果为真,最能支持上述专家的观点?

A. 明人黄灿、黄炜在《重编嘉祐集纪事》中说,他们亲眼见到有人向他们展示的苏轼《阳羡帖》上有"东坡居士、老泉山人"之图记。

B. 宋人梅尧臣曾作《题老人泉寄苏明允》诗云:"泉上有老人,隐见不可常。苏子居其间,饮水乐未央。"这很容易让人以为苏老泉即苏洵。

C. 宋时避讳规矩严格,苏轼的祖父名苏序,苏轼在作诗文集序时均将"序"改称"叙",从不敢违反避讳的规矩。

D. 宋光宗时郎晔《经进东坡文集事略》称苏轼为"老泉仲子也";《三字经》的作者王应麟也说"苏老泉,二十七,始发愤",其中的"苏老泉"即苏洵。

E. 西方人取名,经常用其祖父、外祖父或其他上辈的名字,以此表达纪念、尊敬、继承或荣耀之意。

33. 为加强考勤管理,某公司制订了相关条例。其中两条为:

(1) 对连续 3 天以上未按时打卡且年终绩效排名在倒数 10%之内的员工,扣发年终奖;

(2) 对出现多次未按时打卡但年终绩效排名在前 10%之内的员工,不扣发年终奖。

若该公司根据条例决定不扣发员工王某的年终奖,则以下哪项最能解释该公司决定的合理性?

A. 王某年终绩效排名在前 10%之内。

B. 王某没有连续 3 天以上未按时打卡。

C. 王某虽多次未按时打卡但年终绩效排名在倒数 10%之外。

D. 王某若年终绩效排名不在前 10%之内,则他不曾多次未按时打卡。

E. 王某没有连续 3 天以上未按时打卡或者其年终绩效排名不在倒数 10%之内。

34. 罗马帝国曾是世界上最强大的帝国之一,但西罗马帝国早在公元 5 世纪就土崩瓦解,东罗马帝国也在 15 世纪走向终结。如此庞大的帝国为何走向末路? 有网友研究发现,罗马帝国的水渠管道有相当一部分是用铅铸造的。近年来又有考古人员发现,古罗马人的遗骨中铅含量异常,有的到了足以引发健康问题的程度。由此,这些网友认为,水在流经铅管道的时候被铅污染了,罗马居民天天饮用铅污染水,发生了铅中毒现象,从而加速了帝国的衰亡。

以下哪项如果为真,最能质疑上述网友的观点?

A. 罗马人广泛使用银作为货币和装饰,而用来冶炼出银的银矿石主体是铅,这使得罗马帝国每年产铅量巨大。

B. 铅金属熔点低又易铸造成型,拿来做水管极为合适,也可以用来制作生活中各种方便实用的合金工具。

C. 罗马人习惯用铅制容器加热葡萄汁,而实验发现在铅容器中熬制葡萄汁减少至三分之一时,每升葡萄汁中会含有高达一克的铅。

D. 罗马帝国早期很少有铅中毒的记载,直到公元 7 世纪,才有东罗马帝国的个别医师描述过慢性铅中毒症状,但对中毒原因莫衷一是。

E. 罗马帝国的铅水管里一般会结有一层很厚的水垢,这些水垢阻挡了水和铅的接触,使得水中的含铅量极少,并不足以威胁人的健康。

35. 作为一款生成式人工智能软件,RZN-Ⅲ利用已有网络文献,可为提问者提供经过搜索整理后相对合理的答案,给大学生学习带来便利。目前,有些大学禁止学生在做论文和课程作业时使用 RZN-Ⅲ,否则将被视为学术不端;但也有一些大学不阻拦甚至鼓励学生使用它。对此有专家认为,RZN-Ⅲ虽只提供既有知识,但也能助力科技创新,大学禁用 RZN-Ⅲ其实不妥。

以下哪项如果为真,最能支持上述专家的观点?

A. 将 RZN-Ⅲ作为人的“外脑”,对人类的已有智慧进行向量化的储存和提取,会加速和简化人们的学习过程,这将为科技创新腾出时间和精力。

B. 传承文明需要一代代人组成人才梯队,不断学习、应用和创新。如果人类在 RZN-Ⅲ总结的前人智慧上躺平,其文明进程就会出现停滞甚至倒退。

C. 目前人类知识呈现大爆炸状态,很多人即便穷其一生都学不完某领域的基础知识,根本没有时间为该领域做些添砖加瓦的创新工作。

D. 大学不仅要传授知识与技艺,更要培养学生独立思考、科学思维的能力。如果让 RZN-Ⅲ代替学生思考,就会弱化他们的创新思维和进取心。

E. 作为一种现代社会的实用工具,RZN-Ⅲ应进入大学课堂,成为重要的大学教学内容,否则学生毕业后很难适应社会,更不用说参与激烈的人才竞争。

36. 牛磺酸是半胱氨酸的天然代谢产物,人体内和大多数动物性食物中都能找到这种成分。有研究发现,人体内的牛磺酸含量会随着年龄的增加而不断下降,一名 60 岁老人体内的牛磺酸水平只有 5 岁儿童的三分之一。一项针对万名 60 岁以上老人的体检统计显示,他们体内的牛磺酸水平越高，健康状况越好。有专家据此认为，人体内的牛磺酸水平与人体的健康状况呈正相关关系。

以下哪项如果为真，最能支持上述专家的观点？

A. 牛磺酸可能具备抗衰老功效，但这个推测目前还没有获得严格的实验证据支持。

B. 服用牛磺酸可缓解骨质疏松症这种典型的中老年疾病，甚至还能促进骨骼生长。

C. 实验中服用牛磺酸的老鼠寿命延长了 3~4 个月，这相当于人类寿命的 7~8 年。

D. 不管从事何种体育运动，只要进行经常性锻炼都会提升体内的牛磺酸水平。

E. 有些猴子服用牛磺酸后，精力更加充沛，肌肉的耐力和爆发力都有所增长。

37. 生态文明建设覆盖面广、综合性强，涉及价值理念、目标导向、生产和消费方式等多个方面，是一项复杂的系统性工程。过去一段时间，由于生态环境数据信息在区域、部门、单位之间共享不够，导致生态环境治理在一定程度上存在碎片化现象，一些地方生态环境治理中“反复治理、治理反复”的问题较为突出。由此可见，建成生态环境数据“一张网”、建设数字生态文明是非常必要的。

以下哪项如果为真，最能支持上述论证？

A. 数字化和绿色化相互融合、相互促进，已成为全球发展的重要主题。

B. 建设数字生态文明能够有效提升生态文明建设的共享性、系统性和协同性。

C. 建成生态环境数据“一张网”可以科学高效地解决生态环境问题，拓展生态环境治理的方法和路径。

D. 建设绿色智慧的数字生态文明，可为促进经济社会全面绿色转型、建设人与自然和谐共生的现代化提供强劲动能。

E. 数字赋能生态文明建设可以不断健全生态环境领域数字化的标准规范体系，为建设全球生态文明贡献中国标准。

38. 名山公园最美的风景往往在山顶才可寻觅。为了让游客既能看到美景又能轻松登山，很多公园在大山上安装了索道或电梯，实现了有些游客追求的“无痛登山”梦想。对此，许多登山爱好者却认为，“无痛登山”让登山失去了灵魂，这样的登山其实已经没有乐趣可言。

以下哪项如果为真，最能质疑上述登山爱好者的观点？

A. 很多名山公园的登山步道长达数千米，海拔高差也达数百米乃至千米以上，对那些运动能力欠佳但又想“一览众山小”的游客实在不太友好。

B. 一般来说，现在许多装有登山索道或电梯的名山公园，还留有传统登山步道供登山爱好者使用，游客可以量力而行，追寻各自的便利和快乐。

C. 无须风吹雨打、烈日炙烤，无须劳累辛苦、久耗时间，很多游客走出高山索道或电梯，就能欣赏眼前一片广阔风景，打卡拍照后潇洒离去，好不自在。

D. 在自然的山林中安装索道或电梯，不仅因耗费巨资而增加游客费用，而且会造成对绿水青山的破坏，不符合人与自然和谐共生的理念。

E. 登山追求的是探索自然的乐趣和登险克难的快感，“无痛登山”用身心的闲置取代身心的磨砺，让这种乐趣和快感荡然无存。

39~40 题基于以下题干

全球气候正在变暖。权威科学报告显示，最近 50 年的全球气候变暖主要是人类燃烧化石燃料导致的。全球气候变暖已经给人类的生存和发展带来巨大危害。当前，人类的生产生活排放量正在逼近多个气候临界点，一旦突破这些临界点，人类的未来将面临巨大风险。如何应对这样的气候风险？以下几位专家相继提出不同看法：

甲：各国应当尽快停止依赖化石燃料，转向开发风能、水能、太阳能等清洁能源。

乙：有些发展中国家由于经济、技术等条件的限制，目前还无法很快实现能源转型。

丙：当前气候风险巨大，不能尽快实现能源转型的国家就是在破坏人类的共同家园。

丁：全球气候变暖主要是发达国家 200 多年的工业排放导致的，他们更应对此负责。

戊：若要求发展中国家尽快实现能源转型，发达国家就必须向他们提供资金和技术。

己：所谓气候风险目前还存在不确定性，在此情况下花费巨大代价去应对并不明智。

39. 根据以上信息，可以得出以下哪项？

A. 乙反驳了甲。

B. 丙反驳了甲。

C. 丁反驳了甲。

D. 己反驳了甲。

E. 戊反驳了甲。

40. 对于上述专家的观点，可以得出以下哪项？

A. 乙和丁支持丙。

B. 丙和戊支持甲。

C. 乙和丁支持戊。

D. 乙和丙支持己。

E. 戊和己支持乙。

41. 已知“■★▲◆●”“▲☆◆●□”和“☆◆●■□”是三组图形符号，其中有两组分别表示“春花开满园”和“满山梅花开”。

根据以上信息，可知“◆▲☆★□”中两个相邻图形符号表示的汉字有

A. 春山。

B. 梅园。

C. 梅山。

D. 花园。

E. 山花。

42. 某小区院子里栽种了许多树，既有常绿树，也有落叶树。其中，针叶树都是常绿树，阔叶树都不是常绿树；针叶树大都属于观赏树种；果树大部分不是常绿树，小部分是常绿树。

根据以上信息，关于小区院子里栽种的树，可以得出以下哪项？

A. 针叶树有些是果树。

B. 阔叶树有些不是果树。

C. 有些针叶树不是果树。

D. 有些果树不是阔叶树。

E. 有些阔叶树是观赏树种。

43. 某地群山连绵，森林覆盖率高达 75%，具有林海、高山草甸、天坑、峡谷 4 种类型的自然景观，吸引着世界各地游客。一位细心的游客发现，该地四种自然景观共 16 处，每种类型的自然景观数量各不相同，另外，他还发现：

(1) 林海和峡谷的总数共是 6 处；

(2) 林海和天坑的总数共是 7 处；

(3) 4 种类型自然景观中有一种类型的数量是 3 处。

根据以上信息，可以得出以下哪项？

A. 该地有 2 处林海。

B. 该地有 3 处天坑。

C. 该地有 4 处峡谷。

D. 该地有 5 处高山草甸。

E. 该地有 8 处高山草甸。

44. 某大学新校区建成后，甲、乙、丙、丁 4 位校领导对新校区建设的 5 项工作进行了检查，已知他们每个人至少检查了其中 1 项工作，每项工作均被检查过一遍，且不会被重复检查，关于他们 4 人与其检查工作的对应情况有如下 3 种描述：

	工作 1	工作 2	工作 3	工作 4	工作 5	对应情况描述正确的数量
描述一	乙	甲	丁	丁	丙	2
描述二	丙	甲	乙	甲	丁	2
描述三	甲	丙	丁	乙	甲	3

根据上述信息，可以得出以下哪项一定为真？

A. 甲检查了工作 4。

B. 甲检查了工作 5

C. 乙检查了工作 3。

D. 丙检查了工作 2。

E. 丁检查了工作 4。

45. 近期，某老年大学开设书法、手工、台球、古筝、声乐、绘画 6 门秋季课程，陆、赵、王、李 4 位老人均报名参加了其中 2 门课程的学习。已知：

(1) 上述每门课程均至少有其中的 1 人报名；

(2) 李所报课程仅与其他 3 人中的 1 人所报课程完全不同。

(3) 若李、王 2 人至多有 1 人报书法课程，则李和陆均报了声乐和绘画课程。

根据以上信息，可以得出以下哪项？

A. 赵报名古筝课程。

B. 李报名声乐课程。

C. 陆报名绘画课程。

D. 王报名台球课程。

E. 李报名书法课程。

46. 某单位今年招聘了甲、乙、丙、丁、戊、己 6 名应届毕业生，其中博士 1 人，硕士 2 人，学士 3 人；2 名男性，4 名女性。已知：

(1) 乙、丁 2 人性别相同，丙、己 2 人性别不同；

(2) 甲、己 2 人学位相同，乙、丙、戊 3 人学位各不相同。

根据以上信息，可以得出以下哪项？

A. 乙、丁中至少有 1 人是女硕士。

B. 乙、丙中至少有 1 人是女硕士。

C. 丁、戊中至少有 1 人是男硕士。

D. 丙、戊中有 1 人是男博士。

E. 丙、戊中有 1 人是女博士。

47. 某部甲、乙、丙、丁、戊、己、庚、辛 8 名官兵以一路纵队方式行进(先后顺序未必如此)。已知：甲之后有 3 名士兵；丙是士兵，其后有 2 名士兵；丁之前有 2 名军官，其后有 2 名士兵；己之后无士兵。

根据以上信息，可以得出以下哪项？

A. 乙是军官。

B. 丁是军官。

C. 戊是士兵。

D. 己是军官。

E. 8 人中有 5 名军官、3 名士兵。

48. 某大学开设 6 门中国古代经典选读课程，分别讲授《论语》《周易》《中庸》《墨经》《诗经》《尚书》之一，由周、吴、王 3 位老师各讲授其中 2 门且所讲完全不同。已知：

（1）吴老师、讲授《诗经》的和讲授《论语》的 3 人均是文学院的；

（2）周老师、讲授《墨经》的和讲授《周易》的 3 人均住在教师公寓。

根据以上信息，以下哪项是不可能的？

A. 讲授《论语》《周易》的是同一位老师。 B. 讲授《中庸》《尚书》的是同一位老师。

C. 讲授《墨经》《诗经》的是同一位老师。 D. 讲授《中庸》《墨经》的是同一位老师。

E. 讲授《诗经》《尚书》的是同一位老师。

49. 下图是一个 5×5 的方阵，它所含的每个小方格中均可填入“酸”“甜”“苦”“辣”“咸”五味名称之一，有部分方格已经填入，要求该方阵每行、每列以及两条对角线的 5 个小方格中均含有五味名称，不能重复也不能遗漏。

根据上述要求，以下哪项是空格①②中依次应填入的五味名称？

①				辣
				②
		苦		
				甜
酸				

A. 甜、酸。 B. 甜、咸。 C. 咸、酸。 D. 甜、苦。 E. 咸、苦。

50～51 题基于以下题干

在欣赏一幅古代山水画时，某人发现在一片山水屋舍之间，有主人、童子、访客和钓者 4 种人物共 6 人点缀其中。3 名访客正走在门外的小桥上高声呼喊，画中的主人正要打开院门迎客，童子正在院中煮茶，1 名钓者正在远离人群的一条小溪旁安静垂钓。赏画人将这 6 人当作甲、乙、丙、丁、戊、己，并且设想：

（1）如果甲是主人，则乙和丙均是访客；

（2）如果丙是访客，则己在院外且甲是童子；

（3）如果丙和丁至多有一人是访客，则甲是主人且戊在院内。

50. 根据以上信息，可以得出以下哪项？

A. 甲是童子。 B. 乙是访客。 C. 丙是主人。 D. 戊是访客。 E. 己是钓者。

51. 如果乙在院外，则可以得出以下哪项？

A. 丁是钓者。 B. 乙是钓者。 C. 乙是访客。 D. 戊是主人。 E. 己是访客。

52～53 题基于以下题干

某次考试有 10 道选择题，小李、小王、小文 3 人均只答对其中 6 道题。已知：

（1）没有人连续答对 3 道题；

（2）小李第 2、4、9 题答错了，小王第 1、5、8 题答错了，小文第 3、6、9 题答错了。

52. 根据以上信息，以下哪项是可能的？

A. 小李第 6 题答错了。 B. 小李第 10 题答错了。

C. 小王第 9 题答错了。 D. 小王第 10 题答错了。

E. 小王第 6 题答错了。

53. 若有一题3人均答对了,有一题3人均答错了,则以下哪项一定是错误的?

A. 小李第3题答对了。

B. 小王第2题答对了。

C. 小王第3题答错了。

D. 小文第2题答错了。

E. 小文第4题答对了。

54~55题基于以下题干

某学院尚余9个考场的监考任务供甲、乙、丙、丁、戊5位老师选择。已知:每场考试2小时,每位老师需监考2~3个考场;有2个考场要求其中2人共同监考;其余7个考场要求单独监考,各需1名监考人员。这9个考场的时间安排如下:

时间	星期一	星期二	星期三	星期四	星期五
上午 9:00-11:00	已安排	1个考场	1个考场	已安排	1个考场
下午 14:00-16:00	已安排	无监考	例会	2个考场	已安排
晚上 18:30-20:30	1个考场 (2人共同监考)	1个考场	1个考场	1个考场 (2人共同监考)	已安排

对于监考安排,丙、丁没有任何要求,但其他3位老师有如下要求:

甲:我的监考需安排在晚上,但不要连续两个晚上都安排监考;

乙:若我的监考没有都安排在前三天,则有一场需安排我和丙在同一天同一时间监考;

戊:我想监考三场,但都不要安排在上午。

事后得知,这3位老师的要求均得到了满足。

54. 若周五安排乙监考,则可以得出以下哪项?

A. 甲都是单独监考。

B. 乙有一场共同监考。

C. 丙都是共同监考。

D. 丁有一场共同监考。

E. 戊至少有一场共同监考。

55. 若丁的监考都安排在晚上,则可以得出以下哪项?

A. 周一晚上甲有监考。

B. 周五上午乙有监考。

C. 周四下午丙有监考。

D. 周三晚上丁有监考。

E. 周二晚上戊有监考。

2024 年管理类综合能力逻辑推理试题

26. 健康连着千家万户的幸福,关系国家民族未来,对于个人来说,健康是幸福之源。拥有健康,不一定拥有幸福;但失去健康,必然失去幸福。对于国家来说,人民健康是强盛之基。只有拥有健康的人民,才能拥有高质量发展能力。必须把保障人民健康放在优先发展的战略位置,大力推进健康中国建设。

根据以上陈述,可以得出以下哪项?

A. 有的人拥有幸福,但不一定拥有健康。

B. 只要人民健康,就能推动国家高质量发展。

C. 世界上只有少数国家实现了人民健康、国力强盛。

D. 若没有健康的人民,一个国家就不会拥有高质量发展能力。

E. 如果把保障人民健康放在优先发展的战略位置,就能实现国家强盛。

27. 某大学管理学院安排甲、乙、丙、丁、戊、己 6 位院务会成员暑期值班 6 周,每人值班一周。已知:

(1) 乙第四周值班;

(2) 丁和戊的值班时间都早于己;

(3) 甲值班的时间早于乙,但晚于丙。

根据以上信息,第三周可以安排的值班人员有哪些?

A. 仅甲、丁。

B. 仅甲、戊。

C. 仅丁、戊。

D. 仅甲、丁、戊。

E. 仅丁、戊、己。

28. 随着传播媒介的不断发展,其接收方式越来越多样。声音,作为一种接收门槛相对较低的传播媒介,它的“可听化”比视频的“可视化”受限制条件少,接收方式灵活。近来,各种有声读物、方言乡音等媒介日渐走红,一些听书听剧网站颇受欢迎,这让一些人看到了希望:会说话就行,用“声音”就可以获得财富。有专家就此认为,声媒降低了就业门槛,为人们提供了更多平等就业的机会。

以下哪项如果为真,最能质疑上述专家的观点?

A. 传媒接收门槛的降低并不意味着声媒准入门槛的降低。

B. 只有切实贯彻公平合理的就业政策,人们平等就业才有实现的可能。

C. 一个行业吸纳的就业人员越多,它所能提供的平均薪酬水平往往越低。

D. 有人愿意为听书付费,而有人不愿意,靠“声音”获得财富并不容易。

E. 有人天生一副好嗓子,而有人的嗓音则需通过训练才能达到播音标准。

29. 某部门拟在甲、乙、丙、丁、戊 5 个乡镇中选择 3 个进行调研,调研要求如下:

(1) 乙、丁至多调研其一;

（2）若选择丙，则选择乙而不选择甲；

（3）若甲、戊中至少有一个不选择，则不选择丙。

根据以上信息，可以得出以下哪项？

A. 甲、戊均不选。

B. 甲、戊恰选其一。

C. 乙、丙均不选。

D. 乙、丙、丁恰选其一。

E. 乙、丙、丁恰选其二。

30. 当前，越来越多的网络作品将枯燥的文字转化成轻松的视听语言，不时植入段子、金句或评论，让年轻人乐此不疲，逐渐失去忍耐枯燥的能力，进入不了深度学习的状态。但是，能真正滋养一个人的著作往往都带着某种枯燥，需要读者投入专注力去穿透抽象。由此有专家建议，年轻人读书要先克服前 30 页的阅读痛苦，这样才能获得知识与快乐。

以下哪项如果为真，最能支持上述专家的观点？

A. 读书本身就很枯燥，学习就是学习，娱乐就是娱乐，所谓“娱乐式学习”并不存在。

B. 有些人拿起任何一本书都能津津有味地读下去，即使连续读 30 页，也不会感到枯燥乏味。

C. 一本书的前 30 页往往是该书概念术语的首次展现，要想获得阅读的愉悦，就要越过这个门槛。

D. 那些让人很舒服、不断点头的轻松阅读，往往只是重复你既有认知的无效阅读，哪怕读再多页也无益处。

E. 有些书即使硬着头皮读了前 30 页，后面的文字仍不能让人感到快乐并有所收获，读者将其弃置一边也不奇怪。

31. 纸箱是邮寄快递的主要包装材料之一，初次使用的纸箱大都可重复使用。目前大部分旧纸箱仍被当作生活垃圾处理，不利于资源的利用和环境的保护。其实，我们寄快递时所用的新纸箱快递点一般都要收费。有专家就此认为，即使从自身利益角度出发，快递点对纸箱回收也应具有积极性。

以下哪项如果为真，最能质疑上述专家的观点？

A. 有些人在收到快递后习惯将包装纸箱留存，积攒到一定数量后，再送到附近废品收购站卖掉。

B. 快递员回收纸箱的意愿并不高，为了赶时间，他们不会等客户拆封后再带走空纸箱。

C. 旧纸箱一般是以往客户丢下的，快递点并未花钱回购，在为客户提供旧纸箱时也不会收费。

D. 为了“有面子”，有些人在寄快递时宁愿花钱购买新纸箱，也不愿使用旧纸箱，哪怕免费使用也不行。

E. 快递点大多设有纸箱回收处，让客户拿到快递后自己决定是否将快递当场拆封、并将纸箱留下。

32. 近日，某博物馆展出中国古代书画家赵、唐、沈、苏 4 人的书画，其中展览的《松溪图》《涧石图》《山高图》《雪钓图》分别是这 4 位最具代表性的画作之一。已知：

（1）若《松溪图》不是苏所画，则《山高图》是唐所画；

（2）若《松溪图》是苏或赵所画，则《雪钓图》是沈所画；

（3）若《雪钓图》是沈所画或《山高图》是唐所画，则《涧石图》是苏所画或《雪钓图》是唐所画。

根据上述信息，可以得出以下哪项？

A.《雪钓图》是沈所画。

B.《松溪图》是赵所画。

C.《松溪图》是唐所画。

D.《涧石图》是苏所画。

E.《山高图》是沈所画。

33. 人们常常听到这样的说法："天气凉了，大家要小心着凉感冒。"然而着凉未必意味着感冒。"着凉"仅仅指没有穿够保暖的衣物时体温过低的情况，而感冒的原因是病毒或细菌感染。但有研究人员分析了过去5年流感疫情监测数据后发现，流感的频繁活动通常发生在当年11月至次年3月期间。由此他们断定，寒冷天气确实更容易让人感染流行性感冒。

以下各项如果为真，则除哪项外均能支持上述研究人员的观点？

A. 各种病毒在低温且干燥的环境中更稳定，而且繁殖得更快。

B. 寒冷的天气里，人们更愿意待在温暖的室内，而不愿进行户外活动。

C. 在通风不良的室内供暖环境中，人体抵御细菌感染的机能会有所减弱。

D. 温度大幅降低会导致人体温度下降，妨碍呼吸系统和消化系统的正常运转。

E. 当人体处于紧张状态比如承受低温时，其代谢系统和免疫系统的正常运转将会受到影响。

34. 位于长江三角洲的良渚古城遗址是中国已知古城中最早建有大型水利工程的城池。大约4300年前，良渚古城遭到神秘摧毁，良渚文明就此崩溃。研究人员借助良渚古城的地质样本，对该地的古代气候进行评估后断定，良渚古城的摧毁很可能与洪水的暴发存在关联。

以下哪项如果为真，最能支持上述研究人员的观点？

A. 到目前为止，研究人员尚未发现人为因素导致良渚文明覆灭的证据。

B. 研究人员发现，在保存完好的良渚古城遗址上覆盖着一层湿润的黏土。

C. 良渚古城外围建有多条水坝，这些距今5000年左右的水坝能防御超大洪灾。

D. 距今4345年至4324年期间，长江三角洲曾有一段强降雨时期，之后雨又断断续续下了很长时间。

E. 公元前2277年前的某个夏季，异常的降雨量超出了当时先进的良渚古城水坝和运河的承受极限。

35～36题基于以下题干

某大学进行校园形象动物评选，对于喜鹊、松鼠、狐狸、刺猬、乌鸦和白鹭6种动物能否进入初选，有人预测如下：

（1）上述6种动物中若至少有4种入选，则刺猬和松鼠均入选；

（2）若松鼠、狐狸和乌鸦中至少有1种入选，则喜鹊入选，而刺猬不会入选。评选结果表明，上述预测正确。

35. 根据以上信息，关于上述6种动物的入选情况，可以得出以下哪项？

A. 至多有3种入选。

B. 至少有3种入选。

C. 乌鸦和刺猬均未入选。

D. 乌鸦和刺猬至少有1种入选。

E. 白鹭、松鼠和狐狸中至少有1种入选。

36. 若恰好有3种动物入选，则可以得出以下哪项？

A. 刺猬入选。　B. 狐狸入选。　C. 喜鹊入选。　D. 松鼠入选。　E. 白鹭入选。

37. 脉冲星是银河系中难得的定位点，对导航极为有用。通过测量来自3颗或更多脉冲星每个脉冲的微小变化，航天器可以利用三角测量法确定自己在银河系中的位置。1972 年，科学家在一台宇宙探测器上安装了刻有 14 颗脉冲星的铭牌，这些脉冲星被当作一组特殊的宇宙路标，科学家试图以此引导外星人来到地球。但有专家断言，地球人制作的这一“脉冲星地图”很难实现预想的目标。

以下哪项如果为真，最能支持上述专家的观点？

A. 科学家曾向太空发射载有地球信息的无线电波，但至今一无所获。

B. 我们并不了解外星人，贸然邀请并指引他们来地球是非常危险的。

C. 外星人即使获取铭牌，也可能看不懂铭牌，从而发现不了那 14 颗脉冲星。

D. 任何先进到足以发现并获取“脉冲星地图”的智慧生物，都能看懂这张地图。

E. 外星人捕获人类探测器的时间还很遥远，到那时 14 颗脉冲星的位置已发生很大变化，他们即使看懂铭牌，也只能“受骗上当”了。

38. 瘦肉精是一种牲畜饲料添加剂的统称，现在主要指莱克多巴胺，它通过模拟肾上腺素的功能来抑制饲养动物的脂肪生长，从而增加瘦肉含量。从现实来看，食用瘦肉精含量极低的肉类仍是安全的，但科学还无法证明瘦肉精对人体完全无害。目前，全球有 160 多个国家禁止在本国销售含有瘦肉精的肉类。有专家就此指出，全球多数国家对莱克多巴胺采取零容忍政策，是一项正确合理的决策。

以下哪项如果为真，最能支持上述专家的观点？

A. 喂了瘦肉精的动物更容易疲劳、受伤，其死亡的概率也会增加。

B. 目前，全球有 20 多个国家不允许在饲养中使用瘦肉精，但允许进口含有瘦肉精的肉类。

C. 某国食品法典委员会规定，市场销售的肉类中莱克多巴胺的最高残留量不得超过亿分之一。

D. 一项科学实验显示，摄入微量莱克多巴胺对人体无害，但该实验仅招募了 6 名志愿者，样本量严重不足。

E. 如果允许瘦肉精合法使用，无法保证饲养者会严格按照使用指南喂养牲畜，而政府有关部门检查起来技术复杂、成本高昂。

39. 老孟、小王、大李 3 人为某小区保安。已知：一周 7 天每天总有他们 3 人中的至少 1 人值班，没有人连续 3 天值班，任意 2 人在同一天休假的情况均不超过 1 次。另外，还知道：

(1) 老孟周二、周四和周日休假；

(2) 小王周四、周六休假，周五值班；

(3) 大李周六、周日休假，周五值班。

根据以上信息，可以得出以下哪项？

A. 老孟周一值班。　　B. 小王周一值班。

C. 老孟周五值班。　　D. 小王周三休假。

E. 大李周四休假。

40. 某单位举办两轮羽毛球单打表演赛，共有甲、乙、丙、丁、戊、己 6 位选手参加。每轮表演赛都按以下组合进行了 5 场比赛：甲对乙、甲对丁、丙对戊、丙对丁、戊对己。已知：

(1) 每场比赛均决出胜负；

(2) 每轮比赛中，各参赛选手均至多输一场；

(3) 每轮比赛决出的冠军在该轮比赛中未有败绩，甲在第一轮比赛中获冠军；

（4）只有一组选手在第二轮比赛中的胜负结果与第一轮相同，其余任一组选手的两轮比赛结果均不同。

根据上述信息，可以得出第二轮表演赛的冠军是以下哪位选手？

A. 乙。　B. 丙。　C. 丁。　D. 戊。　E. 己。

41. 我国有些传统村落已有数百年历史，具有较高的历史文化价值。政府相继发布一批中国传统村落名录，对有些传统村落给予了有效的保护。但是，大量未纳入保护范围的传统村落仍处于放任自流的状态，其现状不容乐观。有专家就此指出，随着社会的快速发展和新生活方式的兴起，这些传统村落走向衰亡是一种必然趋势。以下哪项如果为真，最能质疑上述专家的观点？

A. 中国拥有高度发达的农耕文明，乡土中国的精神和文化现在仍是我们文化身份、民族情感的重要来源。

B. 有些城里人自愿来到农村居住，他们养鸡种菜、耕读垂钓，全然不顾想去城市生活的乡邻们异样的眼光。

C. 欧洲国家在工业化、城市化进程中，对一些传统村落进行了较好的保护，使其乡村文化、乡村生活方式延续至今。

D. 我国有些传统村落虽未纳入保护名录，但也被重新规划、修缮，宜居程度显著提高，美丽乡村既留住了村民，也迎来了游客。

E. 基于资源、环境、公共服务等方面的考虑，某些地方开启乡村合并模式，部分传统村落已经消失在合并的过程中。

42. 某烟花专卖店销售多种烟花。已知：

（1）若不是危险性大的烟花，则它们可降解或没有漂浮物；

（2）若是新型组合烟花或危险性大的烟花，则它们不是环保类烟花。

若该店所销售的某类产品是环保类烟花，则可以推出该类烟花具有以下哪种特性？

A. 可降解。

B. 若不可降解，则没有漂浮物。

C. 不可降解。

D. 若可降解，则有漂浮物。

E. 没有漂浮物。

43. 曼特洛编码是只能按照如下3条规则生成的符号串：

（1）曼特洛图形只有三个▲、▽、☆；

（2）一对圆括号中若只含有0个、1个或者2个不同的曼特洛图形，则为曼特洛编码；

（3）一对圆括号中若只含有1个或2个曼特洛编码且不含其他符号，则也为曼特洛编码。

根据上述规定，以下哪项符号串是曼特洛编码？

A. (()▲☆)(☆▽))

B. ((▲☆)(☆(▽)))

C. ((▲)(☆())(☆▽))

D. ((▲)(((☆▽)()))）

E. (▲)(☆)(▽())☆)

44. 为满足持续激增的市场需求，半导体行业的许多工厂竞相增加芯片产能，预计供求平衡将在明年达成，此后可能会出现供应过剩。有分析人士认为，今年随着智能手机和新能源汽车的销售势头放缓，两大行业的产能将会降低，芯片供应的紧张形势有望得到缓解。

以下哪项最可能是上述分析人士的假设？

A. 新能源汽车制造商在销售疲软的情况下大幅削减芯片库存。

B. 智能手机和新能源汽车是半导体行业的两大主要终端用户。

C. 智能手机因零部件短缺而更新升级迟缓,今年下半年销量将有所下滑。

D. 芯片市场具有很强的周期性,每隔数年就会经历一次从峰值到低谷的循环。

E. 市场需求情况将通过产品销售、生产供应等逐步向上游传导,并最终影响相关工厂的产能。

45. 下面有一个 5×5 的方阵,它所含的每个小方格中均可填入“稻”“黍”“稷”“麦”“豆”五谷名称之一,有部分方格已经填入。要求该方阵每行、每列的五个小方格中均含有五谷名称,不能重复也不能遗漏。

根据上述要求,以下哪项是方格①空格中应填入的五谷名称?

稷	麦			黍
麦	豆			
			①	
		黍		麦
	稷			稻

A. 麦。 B. 豆。 C. 稻。 D. 稷。 E. 黍。

46. 马可·波罗在《马可·波罗游记》中对元世祖忽必烈颇有赞词,并称忽必烈寿命“约有八十五岁”。这一说法与《元史》中“在位三十五年,寿八十”的记载不符。但有学者指出,游记中的说法很可能是正确的,因为拉施都丁在 14 世纪初写成的《史集》中称:“忽必烈合罕(即可汗)在位三十五年,并在他的年龄达到八十三岁之后去世。”

以下哪项如果为真,最能支持上述学者的观点?

A. 关于忽必烈寿命的记载,《元史》很可能使用的是中国人惯用的虚岁记法。

B. 中国历代皇帝平均寿命不到 40 岁,忽必烈则超出一倍多,历史排名第五。

C.《史集》可信度较高,它纪年用的伊斯兰太阳历比《马可·波罗游记》用的突厥太阳历每 30 年少 1 年。

D.《马可·波罗游记》出自鲁斯蒂谦之手,他声称该游记是他在狱中根据马可·波罗生前口述整理而成。

E.《饮膳正要》曾记录忽必烈的生活:“饮食必稽于本草,动静必准乎法度。”他的长寿与其善用医理调理身心有关。

47. 某大学从候选人甲、乙、丙、丁、戊、己、庚 7 人中选出 3 人作为本年度优秀教师。已知:

(1) 甲、丙、丁、戊、己中至多有 2 人入选;

(2) 若戊、己都没有入选,则丁、庚也都没有入选;

(3) 若乙、庚中至少有 1 人没入选,则甲、丙都入选。

根据上述信息,可以得出以下哪项?

A. 甲入选。 B. 乙入选。 C. 丙入选。 D. 戊入选。 E. 庚入选。

48. 近年来,网络美图和短视频热带动不少小众景点升温。然而许多网友发现,他们实地探访所见的小众景点与滤镜照片中的同一景点形成强烈反差,而且其中一些体验项目也不像网络宣传的那样有趣美好、物有所值。有专家就此建议，广大游客应远离小众景点，不给他们宰客的机会。

以下哪项如果为真，最能质疑上述专家的建议？

A. 有些专家的建议值得参考，而有些专家的建议则可能存在偏狭之处。

B. 旅游业做不了"一锤子买卖"，好口碑才是真正的"流量密码"，靠"照骗"出位无异于饮鸩止渴。

C. 一般来说，在拍照片或短视频时相机或手机会自动美化，拍摄对象也是拍摄者主观选取的局部风景。

D. 随着互联网全面进入"光影时代"，越来越多的景点通过网络营销模式进行推广和宣传，即使那些著名景点也不例外。

E. 如今很多乡村景点虽不出名，但他们尝试农旅结合，推出"住农家屋、采农家菜、吃农家饭"的乡村游项目，让游客在美丽乡村流连忘返。

49. 某省举办运动会。该省 H 市参加的跳水、射箭、体操、篮球和短跑等项目所获金牌情况如下：

(1) 跳水、射箭至少有一项获得金牌；

(2) 若射箭、短跑至少有一项获得金牌，则体操也获得金牌；

(3) 若短跑、篮球至少有一项未获金牌，则跳水也未获金牌。

根据上述信息，可以得出以下哪项？

A. 跳水获得金牌。

B. 篮球未获金牌。

C. 射箭未获金牌。

D. 体操获得金牌。

E. 短跑未获金牌。

50. 甲、乙、丙、丁、戊 5 人参加某单位招聘，他们分别应聘市场部、人事部和外联部 3 个岗位。已知每人都选择了 2 个岗位应聘，其中 1 个岗位 5 人都选择应聘。另外，还知道：

(1) 选择市场部的人数比选择外联部的多 1 人；

(2) 若甲、丙、丁中至少有 1 人选择了市场部，则只有甲和戊选择了外联部。

根据以上信息，可以得出以下哪项？

A. 甲选择了市场部和外联部。

B. 乙选择了市场部和人事部。

C. 丙选择了人事部和外联部。

D. 丁选择了市场部和外联部。

E. 戊选择了市场部和人事部。

51. 在航空公司眼中，旅客大体分为两类："时间敏感而价格不敏感"且多在工作日出行的群体，"时间不敏感而价格敏感"且多在周末出行的群体。去年，为改善低客流状况，S 航空公司推出了"周末随心飞"特惠产品：用户只需花 3000 元即可在本年度的任意周六和周日，不限次数乘坐该航空公司除飞往港澳台以外的任意国内航班。据统计，在 S 航空公司的大本营 H 市，多个航班的"周末随心飞"旅客占比超过 90%，且这些旅客大多是从 H 市飞往成都、深圳、三亚、昆明等热点城市的。

根据上述信息，可以得出以下哪项？

A. 有些"周末随心飞"旅客以往并不曾飞往成都。

B. 去年 S 航空公司推出的"周末随心飞"产品可以跨年兑换使用。

C. 没有"时间不敏感而价格敏感"的旅客会选择工作日出行。

D. 有些“时间敏感而价格不敏感”的旅客会乘坐 S 航空公司的周末航班。

E. 去年乘坐 S 航空公司航班飞往香港的旅客,使用的不是“周末随心飞”特惠产品。

52. 为了提高效益,经销商李军拟在花生、甜菜、棉花、百合、黄芪和生姜 6 种农产品中选择 3 种经营。他有如下考虑:

(1) 若经营百合,则也经营黄芪但不经营甜菜;

(2) 若经营花生,则也经营甜菜但不经营棉花;

(3) 若生姜或者棉花至少经营一种,则同时经营花生和百合。

根据以上信息,以下哪两种农产品是李军拟经营的?

A. 花生和甜菜。

B. 甜菜和棉花。

C. 百合和黄芪。

D. 花生和百合。

E. 棉花和生姜。

53. 很多迹象表明,三星堆文化末期发生过重大变故,比如,三星堆两个器物坑的出土文物就留有不少被砸过和烧过的残损痕迹。关于三星堆王国衰亡的原因,一种说法认为是外敌入侵,但也有学者认为,衰亡很可能是内部权力冲突导致的。他们的理由是,三星堆出土的文物显示,三星堆王国是由笄发的神权贵族和辫发的世俗贵族联合执政;而金沙遗址出土的文物显示,三星堆王国衰亡之后继起的金沙王国仅由三星堆王国中辫发的世俗贵族单独执政。

以下哪项如果为真,最能支持上述学者的观点?

A. 三星堆出土的文物并不完整,使得三星堆王国因外敌入侵而衰亡的说法备受质疑。

B. 有证据显示,从三星堆文化到金沙文化,金沙王国延续了三星堆王国的主要族群和传统。

C. 一个古代王国中不同势力的联合执政意味着政治权力的平衡,这种平衡一旦被打破就会出现内部冲突。

D. 根据古蜀国的史料记载,三星堆文化末期曾出现宗教势力过大、财富大多集中到神权贵族一方的现象。

E. 三星堆城池遭到严重破坏很可能是外部入侵在先、内部冲突在后,迫使三星堆人迁都金沙,重建都城。

54~55 题基于以下题干

甲、乙、丙、丁 4 位记者对张、陈、王、李 4 位市民就民生问题进行了访谈。每次访谈均是 1 对 1 进行,每个人均进行或接受了至少 1 次访谈,访谈共进行了 6 次。已知:

(1) 若甲、丙至少有 1 人访谈了陈,则乙分别访谈了王、李各 2 次;

(2) 若乙、丁至少有 1 人访谈了陈,则王只分别接受了丙、丁各 1 次访谈。

54. 根据以上信息,可以得出以下哪项?

A. 甲至少访谈了张、李中的 1 人。

B. 乙至少访谈了陈、李中的 1 人。

C. 乙至少访谈了张、王中的 1 人。

D. 丁至少访谈了陈、张中的 1 人。

E. 丁至少访谈了李、张中的 1 人。

55. 若丙访谈了张和李,则可以得出以下哪项?

A. 张只接受了 1 次访谈。

B. 丙只进行了 2 次访谈

C. 陈只接受了 1 次访谈。

D. 丁只进行了 2 次访谈。

E. 李只接受了 1 次访谈。

2023年管理类综合能力逻辑推理试题

26. 爱因斯坦思想深刻、思维创新。他不仅是一位伟大的科学家,还是一位思想家和人道主义者,同时也是一位充满个性的有趣人物。他一生的经历表明,只有拥有诙谐幽默、充满个性的独立人格,才能做到思想深刻、思维创新。

根据以上陈述,可以得出以下哪项?

A. 有的思想家不是人道主义者。

B. 有些伟大的科学家拥有诙谐幽默、充满个性的独立人格。

C. 科学家一旦诙谐幽默、充满个性,就能做到思想深刻、思维创新。

D. 有些人道主义者诙谐幽默、充满个性,但做不到思想深刻、思维创新。

E. 有的思想家做不到诙谐幽默、充满个性,但能做到思想深刻、思维创新。

27. 处理餐厨垃圾的传统方式主要是厌氧发酵和填埋,前者利用垃圾产生的沼气发电,投资成本高;后者不仅浪费土地,还污染环境。近日,某公司尝试利用蟑螂来处理垃圾。该公司饲养了3亿只“美洲大蠊”蟑螂,每天可吃掉15吨餐厨垃圾。有专家据此认为,用“蟑螂吃掉垃圾”这一生物处理方式解决餐厨垃圾,既经济又环保。

以下哪项如果为真,最能质疑上述专家的观点?

A. 餐厨垃圾经发酵转化为能源的处理方式已被国际认可,我国这方面的技术也相当成熟。

B. 大量人工养殖后,很难保证蟑螂不逃离控制区域,而一旦蟑螂逃离,则会危害周边生态环境。

C. 政府前期在工厂土地划拨方面对该项目给予了政策扶持,后期仍需进行公共安全检测和环境评估。

D. 我国动物蛋白饲料非常缺乏,1吨蟑螂及其所产生的卵鞘,可产生1吨昆虫蛋白饲料,饲养蟑螂将来盈利十分可观。

E. 该公司正在建设新车间,竣工后将能饲养20亿只蟑螂,它们虽然能吃掉全区的餐厨垃圾,但全市仍有大量餐厨垃圾需要通过传统方式处理。

28. 记者:贵校是如何培养创新型人才的?

受访者:大学生踊跃创新创业是我校的一个品牌。在相关课程学习中,我们注重激发学生创业的积极性,引导学生想创业;通过实训、体验,让学生能创业;通过学校提供专业化的服务,帮助学生创成业。在高校创业者收益榜中,我们学校名列榜首。

以下哪项最可能是上述对话中受访者论述的假设?

A. 不懂创新就不懂创业。

B. 创新能力越强,创业收益越高。

C. 创新型人才培养主要是创业技能的培训和提升。

D. 培养大学生创业能力只是培养创新型人才的任务之一。

E. 创新型人才的主要特征是具有不拘陈规、勇于开拓的创新精神。

29. 某部门抽检了肉制品、白酒、乳制品、干果、蔬菜、水产品、饮料 7 类商品共 521 种样品,发现其中合格样品 515 种,不合格样品 6 种。已知:

(1) 蔬菜、白酒中有 2 种不合格样品;

(2) 肉制品、白酒、蔬菜、水产品中有 5 种不合格样品;

(3) 蔬菜、乳制品、干果中有 3 种不合格样品。

根据上述信息,可以得出以下哪项?

A. 乳制品中没有不合格样品。

B. 肉制品中没有不合格样品。

C. 蔬菜中没有不合格样品。

D. 白酒中没有不合格样品。

E. 水产品中没有不合格样品。

30. 时时刻刻总在追求幸福的人不一定能获得最大的幸福,刘某说自己获得了最大的幸福,所以,刘某从来不曾追求幸福。

以下哪项与上述论证方式最为相似?

A. 年年岁岁总是帮助他人的人不一定能成为名人,李某说自己成了名人,所以,李某从来不曾帮助他人。

B. 口口声声不断说喜欢你的人不一定最喜欢你,陈某现在说他最喜欢你,所以,陈某过去从未喜欢过你。

C. 冷冷清清空无一人的商场不一定没有利润,某商场今年亏损,所以,该商场总是空无一人。

D. 日日夜夜一直想躲避死亡的士兵反而最容易在战场上丧命,林某在一次战斗中重伤不治,所以,林某从来没有躲避死亡。

E. 分分秒秒每天抢时间工作的人不一定是普通人,宋某看起来很普通,所以,宋某肯定没有每天抢时间工作。

31~32 题基于以下题干

某中学举行田径运动会,高二(3)班甲、乙、丙、丁、戊、己 6 人报名参赛。在跳远、跳高和铅球 3 项比赛中,他们每人都报名 1~2 项,其中 2 人报名跳远,3 人报名跳高,3 人报名铅球。另外,还知道:

(1) 如果甲、乙至少有 1 人报名铅球,则丙也报名铅球;

(2) 如果己报名跳高,则乙和己均报名跳远;

(3) 如果丙、戊至少有 1 人报名铅球,则己报名跳高。

31. 根据以上信息,可以得出以下哪项?

A. 甲报名铅球,乙报名跳远。

B. 乙报名跳远,丙报名铅球。

C. 丙报名跳高,丁报名铅球。

D. 丁报名跳远,戊报名跳高。

E. 戊报名跳远,己报名跳高。

32. 如果甲、乙均报名跳高,则可以得出以下哪项?

A. 丁、戊均报名铅球。

B. 乙、丁均报名铅球。

C. 甲、戊均报名铅球。

D. 乙、戊均报名铅球。

E. 甲、丁均报名铅球。

33. 进入移动互联网时代,扫码点餐、在线挂号、网购车票、电子支付等智能化生活方式日益普及,人们的生活越来越便捷。然而,也有很多老年人因为不会使用智能手机等设备,无法进入菜场、超市和公园,也无法上网娱乐与购物,甚至在新冠疫情期间因无法从手机中调出健康码而被拒绝乘坐公共交通。对此,某专家指出,社会正在飞速发展,不可能“慢”下来等老年人;老年人应该加强学习,跟上时代发展。

以下哪项如果为真,最能质疑该专家的观点?

A. 老年人也享有获得公共服务的权利,为他们保留老办法,提供传统服务,既是一种社会保障,更是一种社会公德。

B. 有些老年人学习能力较强,能够熟练使用多种电子产品,充分感受移动互联网时代的美好。

C. 目前中国有 2 亿多老年人,超 4 成的老年人存在智能手机使用障碍,仅会使用手机打电话。

D. 社会管理和服务不应只有一种模式,而应更加人性化和多样化,有些合理的生活方式理应得到尊重。

E. 有些老年人感觉自己被时代抛弃了,内心常常充斥着窘迫与挫败感,这容易导致他们与社会的加速脱离。

34. 某单位采购了一批图书,包括科学和人文两大类。具体情况如下:

(1) 哲学类图书都是英文版的;

(2) 部分文学类图书不是英文版的;

(3) 历史类图书都是中文版的;

(4) 没有一本书是中英双语版的;

(5) 科学类图书既有中文版的,也有英文版的;

(6) 人文类图书既有哲学类的,也有文学类的,还有历史类的。

根据以上信息,关于该单位采购的这批图书,可以得出以下哪项?

A. 有些文学类图书是中文版的。

B. 有些历史类图书不属于哲学类。

C. 英文版图书比中文版图书数量多。

D. 有些图书既属于哲学类也属于科学类。

E. 有些图书既属于文学类也属于历史类。

35. 曾几何时,“免费服务”是互联网的重要特征之一,如今这一情况正在发生改变。有些人在网上开辟知识付费平台,让寻求知识、学习知识的读者为阅读“买单”,这改变了人们通过互联网免费阅读的习惯。近年来,互联网知识付费市场的规模正以连年翻番的速度增长。但是有专家指出,知识付费市场的发展不可能长久,因为人们大多不愿为网络阅读付费。

以下哪项如果为真,最能质疑上述专家的观点?

A. 高强度的生活节奏使人无法长时间、系统性阅读纸质文本,见缝插针、随时呈现式的碎片化、网络化阅读已成为获取知识的常态。

B. 日常工作的劳累和焦虑使得人们更喜欢在业余时间玩网络游戏、看有趣视频或与好友进行微信聊天。

C. 日益增长的竞争压力促使当代人不断学习新知识,只要知识付费平台做得足够好,他们就愿意为此付费。

D. 当前网上知识付费平台竞争激烈，尽管内容丰富、形式多样，但是鱼龙混杂、缺少规范，一些年轻人沉湎其中难以自拔。

E. 当前，许多图书资料在互联网上均能免费获得，只要合理用于自身的学习和研究，一般不会产生知识产权问题。

36. 甲：如今，独特性正成为中国人的一种生活追求。试想周末我穿一件心仪的衣服走在大街上，突然发现你迎面走来，和我穿得一模一样，“撞衫”的感觉八成会是尴尬之中带着一丝不快，因为自己不再独一无二。

乙：独一无二真的那么重要吗？想想上世纪七十年代满大街的中山装、八十年代遍地的喇叭裤，每个人也活得很精彩。再说“撞衫”总是难免的，再大的明星也有可能“撞衫”，所谓的独特只是一厢情愿。走自己的路，不要管自己是否和别人一样。

以下哪项是对甲、乙对话最恰当的评价？

A. 甲认为独一无二是现在每个中国人的追求，而乙认为没有人能做到独一无二。

B. 甲关心自己是否和别人“撞衫”，而乙不关心自己是否和别人一样。

C. 甲认为“撞衫”八成会让自己感到不爽，而乙认为自己想怎么样就怎么样。

D. 甲关心的是个人生活的独特性，而乙关心的是个人生活的自我认同。

E. 甲认为乙遇到“撞衫”无所谓，而乙认为别人根本管不着自己穿什么。

37～38 题基于以下题干

某研究所甲、乙、丙、丁、戊 5 人拟定去我国四大佛教名山普陀山、九华山、五台山、峨眉山考察。他们每人去了上述两座名山，且每座名山均有其中的 2～3 人前往，丙与丁结伴考察。已知：

（1）如果甲去五台山，则乙和丁都去五台山；

（2）如果甲去峨眉山，则丙和戊都去峨眉山；

（3）如果甲去九华山，则戊去九华山和普陀山。

37. 根据以上信息，可以得出以下哪项？

A. 甲去五台山和普陀山。

B. 乙去五台山和峨眉山。

C. 丙去九华山和五台山。

D. 戊去普陀山和峨眉山。

E. 丁去峨眉山和五台山。

38. 如果乙去普陀山和九华山，则 5 人去四大名山（按题干所列顺序）的人次之比是

A. 3∶3∶2∶2。

B. 2∶3∶3∶2。

C. 2∶2∶3∶3。

D. 3∶2∶2∶3。

E. 3∶2∶3∶2。

39. 水在温度高于 374℃、压力大于 22MPa 的条件下，称为超临界水。超临界水能与有机物完全互溶，同时还可以大量溶解空气中的氧，而无机物特别是盐类在超临界水中的溶解度很低。由此，研究人员认为，利用超临界水作为特殊溶剂，水中的有机物和氧气可以在极短时间内完成氧化反应，把有机物彻底“秒杀”。

以下哪项如果为真，最能支持上述研究人员的观点？

A. 有机物在超临界水中通过分离装置可瞬间转化为无毒无害的水、无机盐以及二氧化碳等气体，并最终在生产和生活中得到回收利用。

B. 超临界水氧化技术具有污染物去除率高、二次污染小、反应迅速等特征，被认为是废

水处理技术中的“杀手锏”,具有广阔的工业应用前景。

C. 超临界水只有兼具气体与液体的高扩散性、高溶解性、高反应活性及低表面张力等优良特性,才能把有机物彻底“秒杀”。

D. 超临界水氧化技术对难以降解的农化、石油、制药等有机废水尤为适用。

E. 如果超临界水氧化技术成功应用于化工、制药等行业的污水处理,可有效提升流域内重污染行业的控源减排能力。

40. 小陈与几位朋友商定利用假期到某地旅游,他们在桃花坞、第一山、古生物博物馆、新四军军部旧址、琉璃泉、望江阁 6 个景点中选择了 4 个游览。已知:

(1) 如果选择桃花坞,则不选择古生物博物馆而选择望江阁;

(2) 如果选择望江阁,则不选择第一山而选择新四军军部旧址。

根据以上信息,可以得出以下哪项?

A. 他们选择了桃花坞。　　B. 他们没有选择望江阁。

C. 他们选择了新四军军部旧址。　　D. 他们没有选择第一山。

E. 他们没有选择古生物博物馆。

41. 张先生欲花 5 万元购置橱柜、卫浴或供暖设备。已知:

(1) 如果买橱柜,就不买卫浴,也不买供暖设备;

(2) 如果不买橱柜,就买卫浴;

(3) 如果卫浴、橱柜至少有一种不买,则买供暖设备。

根据以上陈述,关于张先生的购买打算,可以得出以下哪项?

A. 买橱柜和卫浴。　　B. 买橱柜和供暖设备。

C. 买橱柜,但不买卫浴。　　D. 买卫浴和供暖设备。

E. 买卫浴,但不买供暖设备。

42. 某台电脑的登录密码由 0~9 中的 6 个数字组成,每个数字最多出现一次。关于该 6 位密码,已知:

(1) 7 4 1 6 0 5 中,共有 4 个数字正确,其中 3 个位置正确,1 个位置不正确;

(2) 3 2 0 9 6 8 中,恰有 3 个数字正确且位置正确;

(3) 4 1 7 2 8 0 中,共有 4 个数字不正确。

根据上述信息,可以得出该登录密码的前两位是以下哪项?

A. 7 1　　B. 4 2　　C. 7 2　　D. 3 1　　E. 3 4

43. 研究表明,鱼油中的不饱和脂肪酸能够有效降低人体内血脂水平并软化血管。因此,鱼油通常被用来预防由高血脂引起的心脏病、动脉粥样硬化和高胆固醇血症等疾病,降低死亡风险。但有研究人员认为,食用鱼油不一定能够有效控制血脂水平并预防由高血脂引起的各种疾病。

以下哪项如果为真,最能支持上述研究人员的观点?

A. 鱼油虽然优于猪油、牛油,但毕竟是脂肪,如果长期食用,就容易引起肥胖。

B. 鱼油的概念很模糊,它既指鱼体内的脂肪,也包括被做成保健品的鱼油制剂。

C. 不饱和脂肪酸很不稳定,只要接触空气、阳光,就会氧化分解。

D. 通过长期服用鱼油制品来控制体内血脂的观点始终存在学术争议。

E. 人们若要身体健康最好注重膳食平衡,而不是仅仅依靠服用浓缩鱼油。

44. 近年来，一些地方修改了本地见义勇为相关条例，强调对生命的敬畏和尊重，既肯定大义凛然、挺身而出的见义勇为，更鼓励和倡导科学、合法、正当的“见义智为”。有专家由此指出，从鼓励见义勇为到倡导“见义智为”，反映了社会价值观念的进步。

以下各项如果为真，则除了哪项均能支持上述专家的观点？

A. “见义智为”强调以人为本、合理施救，表明了科学理性、互帮互助的社会价值取向。

B. 有时见义勇为需要专业技术知识，普通民众如果没有相应的知识，最好不要贸然行事，应及时报警求助。

C. 所有的生命都是平等的，救人者与被救者都具有同等的生命价值，救人者的生命同样应得到尊重和爱护。

D. 我国中小学正在引导学生树立应对突发危机事件的正确观念，教育学生如何在保证自身安全的情况下“机智”救助他人。

E. 倡导“见义智为”容易给一些自私懦弱的人逃避社会责任制造借口，见死不救的惨痛案例可能会增多，社会道德水平可能因此而下滑。

45. 近期一项调查数据显示：中国并不缺少外科医生，而是缺少能做手术的外科医生；中国人均拥有的外科医生数量同其他中高收入国家相当，但中国人均拥有的外科医生所做的手术量却比那些国家少 40%。

以下哪项如果为真，最能解释上述现象？

A. 年轻外科医生一般总要花费数年时间协助资深外科医生手术，然后才有机会亲自主刀上阵，这已成为国内外医疗行业惯例。

B. 近年来，我国能做手术的外科医生的人均手术量，已与其他中高收入国家外科医生的人均手术量基本相当。

C. 患者在需要外科手术时都想请经验丰富的外科医生为其主刀，不愿成为年轻医生的练习对象，对此医院一般都会有合理安排。

D. 资深外科医生经常收到手术邀请，他们常年奔波在多所医院为年轻医生主刀示范，培养了不少新人。

E. 从一名医学院学生成长为能做手术的外科医生，需要经历漫长的学习过程，有些人中途不得不放弃梦想而另谋职业。

46~47 题基于以下题干

某单位购买了《尚书》《周易》《诗经》《论语》《老子》《孟子》各 1 本，分发给甲、乙、丙、丁、戊 5 个部门，每个部门至少 1 本。已知：

(1) 若《周易》《老子》《孟子》至少有 1 本分发给甲或乙部门，则《尚书》分发给丁部门且《论语》分发给戊部门；

(2) 若《诗经》《论语》至少有 1 本分发给甲或乙部门，则《周易》分发给丙部门且《老子》分发给戊部门。

46. 若《尚书》分发给丙部门，则可以得出以下哪项？

A.《诗经》分发给甲部门。

B.《论语》分发给乙部门。

C.《老子》分发给丙部门。

D.《孟子》分发给丁部门。

E.《周易》分发给戊部门。

47. 若《老子》分发给丁部门，则以下哪项是不可能的？

A.《周易》分发给甲部门。 B.《周易》分发给乙部门。

C.《诗经》分发给丙部门。 D.《尚书》分发给丁部门。

E.《诗经》分发给戊部门。

48. “嫦娥”登月、“神舟”巡天，我国不断谱写飞天梦想的新篇章。基于太空失重环境的多重效应，研究人员正在探究植物在微重力环境下生存的可能性。他们设想，如果能够在太空中种植新鲜水果和蔬菜，则不仅有利于航天员的身体健康，而且还可以降低食物的上天成本，同时，可以利用其消耗的二氧化碳产生氧气，为航天员生活与工作提供有氧环境。

以下哪项如果为真，则可能成为研究人员实现上述设想的最大难题？

A. 为了携带种子、土壤等种植必需品上天，飞船需要减少其他载荷以满足发射要求，这可能影响其他科学实验的安排。

B. 有些航天员虽然在地面准备阶段学习掌握了植物栽培技术，但在太空的实际操作中他们可能会遇到意想不到的情况。

C. 太空中的失重、宇宙射线等因素会对植物的生长和发育产生不良影响，食用这些植物可能有损航天员的健康。

D. 有些航天员将植物带入太空，又成功带回地面，短暂的太空经历对这些植物后来的生长发育可能造成影响。

E. 过去很多航天器携带植物上天，因为缺乏生长条件，这些植物都没有存活很长时间。

49. 十多年前曾有传闻：M 国从不生产一次性筷子，完全依赖进口，而且 M 国 96%的一次性筷子来自中国。2019 年有媒体报道：“去年 M 国出口的木材中，约有 40%流向了中国市场，而且今年中国订单的比例还在进一步攀升，中国已成为 M 国木材出口中占比最大的国家。”张先生据此认为，中国和 M 国木材进出口角色的转换，表明中国人的环保意识已经超越 M 国。

以下哪项如果为真，最能削弱张先生的观点？

A. 十多年前的传闻不一定反映真实情况，实际情形是中国的一次性筷子比其他国家的更便宜。

B. 从 2018 年起，中国相关行业快速发展，木材需求急剧增长；而 M 国多年养护的速生林正处于采伐期，出口量逐年递增。

C. 近年中国修订相关规范，原来只用于商品外包装的 M 国杉木现也可用于木结构建筑物，导致进口大增。

D. 制作一次性筷子的木材主要取自速生杨树或者桦树，这类速生树种只占中国经济林的极小部分。

E. 中国和 M 国在木材贸易上的角色转换主要是经济发展导致，环保意识只是因素之一，但不是主要因素。

50. 某公司为了让员工多运动，近日出台一项规定：每月按照 18 万步的标准对员工进行考核，如果没有完成步行任务，则按照“一步一分钱”标准扣钱。有专家认为，此举鼓励运动，看似对员工施加压力，实质上能够促进员工的身心健康，引导整个企业积极向上。

以下各项如果为真，则除哪项外均能质疑上述专家的观点？

A. 按照我国《劳动法》等相关法律规定，企业规章制度所涉及的员工行为应与工作有关，而步行显然与工作无关。

B. 步行有益身体健康,但规定每月必须步行18万步,不达标就扣钱,显得有些简单粗暴,这会影响员工对企业的认同感。

C. 公司鼓励员工多运动,此举不仅让员工锻炼身体,还可释放工作压力,培养良好品格,改善人际关系。

D. 有员工深受该规定的困扰,为了完成考核,他们甚至很晚不得不外出运动,影响了正常休息。

E. 该公司老张在网上购买了专门刷步行数据的服务,只花1元钱就可轻松购得两万步。

51. 通过第三方招聘进入甲公司从事销售工作的职员均具有会计学专业背景。孔某的高中同学均没有会计学专业背景,甲公司销售部经理孟某是孔某的高中同学,而孔某是通过第三方招聘进入甲公司的。

根据以上信息,可以得出以下哪项?

A. 孔某具有会计学专业背景。

B. 孟某不是通过第三方招聘进入甲公司的。

C. 孟某曾经自学了会计学专业知识。

D. 孔某在甲公司做销售工作。

E. 孔某和孟某在大学阶段不是同学。

52. 入冬以来,天气渐渐寒冷。11月30日,某地气象台对未来5天的天气预报显示:未来5天每天的最高气温从4℃开始逐日下降至-1℃;每天的最低气温不低于-6℃;最低气温-6℃只出现在其中一天。预报还包含如下信息:

(1) 未来5天中的最高气温和最低气温不会出现在同一天,每天的最高气温和最低气温均为整数;

(2) 若5号的最低气温是未来5天中最低的,则2号的最低气温比4号的高4℃;

(3) 2号和4号每天的最高气温与最低气温之差均为5℃。

根据以上预报信息,可以得出以下哪项?

A. 1号的最低气温比2号的高2℃。

B. 3号的最高气温比4号的高1℃。

C. 4号的最高气温比5号的高1℃。

D. 3号的最低气温为-6℃。

E. 2号的最低气温为-3℃。

53. 甲:张某爱出风头,我不喜欢他。

乙:你不喜欢他没关系,他工作一直很努力,成绩很突出。

以下哪项与上述反驳方式最为相似?

A. 甲:李某爱慕虚荣,我很反对。

乙:反对有一定道理,但你也应该体谅一下他,他身边的朋友都是成功人士。

B. 甲:贾某整天学习,寡言少语,神情严肃,我很担心他。

乙:你的担心是多余的。他最近在潜心准备考研,有些紧张是正常的。

C. 甲:韩某爱管闲事,我有点讨厌他。

乙:你的态度有问题。爱管闲事说明他关心别人,乐于助人。

D. 甲:钟某爱看足球赛,但自己从来不踢足球,对此我很不理解。

乙:我对你的想法也不理解,欣赏和参与是两回事啊。

E. 甲:邓某爱读书但不求甚解,对此我很有看法。

乙:你有看法没用。他的文学素养挺高,已经发表了3篇小说。

54~55 题基于以下题干

某机关甲、乙、丙、丁4人参加本年度综合考评。在德、能、勤、绩、廉5个方面的单项考评中,他们之中都恰有3人被评为“优秀”,但没有人5个单项均被评为“优秀”。已知:

(1)若甲和乙在德方面均被评为“优秀”,则他们在廉方面也均被评为“优秀”;

(2)若乙和丙在德方面均被评为“优秀”,则他们在绩方面也均被评为“优秀”;

(3)若甲在廉方面被评为“优秀”,则甲和丁在绩方面均被评为“优秀”。

54. 根据上述信息,可以得出以下哪项?

A. 甲在廉方面被评为“优秀”。

B. 丙在绩方面被评为“优秀”。

C. 丙在能方面被评为“优秀”。

D. 丁在勤方面被评为“优秀”。

E. 丁在德方面被评为“优秀”。

55. 若甲在绩方面未被评为“优秀”且丁在能方面未被评为“优秀”,则可以得出以下哪项?

A. 甲在勤方面未被评为“优秀”。

B. 甲在能方面未被评为“优秀”。

C. 乙在德方面未被评为“优秀”。

D. 丙在廉方面未被评为“优秀”。

E. 丁在廉方面未被评为“优秀”。

2022 年管理类综合能力逻辑推理试题

26. 百年党史充分揭示了中国共产党为什么能、马克思主义为什么行、中国特色社会主义为什么好的历史逻辑、理论逻辑、实践逻辑。面对百年未有之大变局，如果信念不坚定，就会陷入停滞彷徨的思想迷雾，就无法应对前进道路上的各种挑战风险。只有坚持中国特色社会主义道路自信、理论自信、制度自信、文化自信，才能把中国的事情办好、把中国特色社会主义事业发展好。

根据以上陈述，可以得出以下哪项？

A. 如果坚持“四个自信”，就能把中国的事情办好。

B. 只要信念坚定，就不会陷入停滞彷徨的思想迷雾。

C. 只有信念坚定，才能应对前进道路上的各种挑战风险。

D. 只有充分理解百年党史揭示的历史逻辑，才能将中国特色社会主义事业发展好。

E. 如果不能理解百年党史揭示的理论逻辑，就无法遵循百年党史揭示的实践逻辑。

27. “君问归期未有期，巴山夜雨涨秋池。何当共剪西窗烛，却话巴山夜雨时。”这首《夜雨寄北》是晚唐诗人李商隐的名作。一般认为这是一封“家书”，当时诗人身处巴蜀，妻子在长安，所以说“寄北”。但有学者提出，这首诗实际上是寄给友人的。

以下哪项如果为真，最能支持以上学者的观点？

A. 李商隐之妻王氏卒于大中五年，而该诗作于大中七年。

B. 明清小说戏曲中经常将家庭塾师或官员幕客称为“西席”“西宾”。

C. 唐代温庭筠的《舞衣曲》中有诗句“回颦笑语西窗客，星斗寥寥波脉脉”。

D. 该诗另一题为《夜雨寄内》，“寄内”即寄怀妻子。此说得到了许多人的认同。

E. “西窗”在古代专指客房、客厅，起自尊客于西的先秦古礼，并被后世习察日用。

28. 退休在家的老王今晚在“焦点访谈”“国家记忆”“自然传奇”“人物故事”“纵横中国”这 5 个节目中选择了 3 个节目观看。老王对观看的节目有如下要求：

(1) 如果观看“焦点访谈”，就不观看“人物故事”；

(2) 如果观看“国家记忆”，就不观看“自然传奇”。

根据上述信息，老王一定观看了如下哪个节目？

A. “纵横中国”。

B. “国家记忆”。

C. “自然传奇”。

D. “人物故事”。

E. “焦点访谈”。

29. 2020 年全球碳排放量减少大约 24 亿吨，远远大于之前的创纪录降幅，例如二战结束时下降 9 亿吨，2009 年金融危机最严重时下降 5 亿吨。非政府组织全球碳计划(GCP)在其年度评估报告中说，由于各国在新冠肺炎疫情期间采取了封锁和限制措施，汽车使用量下降了一半左右，2020 年的碳排放量同比下降了创纪录的 7%。

以下哪项如果为真，最能支持 GCP 的观点？

A. 2020 年碳排放量下降最明显的国家或地区是美国和欧盟。

B. 延缓气候变化的办法不是停止经济活动，而是加速向低碳能源过渡。

C. 根据气候变化《巴黎协定》，2015 年之后的 10 年全球每年需减排约 10~20 亿吨。

D. 2020 年在全球各行业减少的碳排放总量中，交通运输业所占比例最大。

E. 随着世界经济的持续复苏，2021 年全球碳排放量同比下降可能不超过 5%。

30. 某小区 2 号楼 1 单元的住户都打了甲公司的疫苗，小李家不是该小区 2 号楼 1 单元的住户，小赵家都打了甲公司的疫苗，而小陈家都没有打甲公司的疫苗。

根据以上陈述，可以得出以下哪项？

A. 小李家都没有打甲公司的疫苗。

B. 小赵家是该小区 2 号楼 1 单元的住户。

C. 小陈家是该小区的住户，但不是 2 号楼 1 单元的。

D. 小赵家是该小区 2 号楼的住户，但未必是 1 单元的。

E. 小陈家若是该小区 2 号楼的住户，则不是 1 单元的。

31. 某研究团队研究了大约 4 万名中老年人的核磁共振成像数据、自我心理评估等资料，发现经常有孤独感的研究对象和没有孤独感的研究对象在大脑的默认网络区域存在显著差异。默认网络是一组参与内心思考的大脑区域，这些内心思考包括回忆旧事、规划未来、想象等。孤独者大脑的默认网络联结更为紧密，其灰质容积更大。研究人员由此认为，大脑默认网络的结构和功能与孤独感存在正相关。

以下哪项如果为真，最能支持上述研究人员的观点？

A. 人们在回忆过去、假设当下或预想未来时会使用默认网络。

B. 有孤独感的人更多地使用想象、回忆过去和憧憬未来以克服社交隔离。

C. 感觉孤独的老年人出现认知衰退和患上痴呆症的风险更高，进而导致部分脑区萎缩。

D. 了解孤独感对大脑的影响，拓展我们在这个领域的认知，有助于减少当今社会的孤独现象。

E. 穹窿是把信号从海马体输送到默认网络的神经纤维束，在研究对象的大脑中，这种纤维束得到较好的保护。

32. 关于张、李、宋、孔 4 人参加植树活动的情况如下：

(1) 张、李、孔至少有 2 人参加；

(2) 李、宋、孔至多有 2 人参加；

(3) 如果李参加，那么张、宋两人要么都参加，要么都不参加。

根据以上陈述，以下哪项是不可能的？

A. 宋、孔都参加。　　B. 宋、孔都不参加。

C. 李、宋都参加。　　D. 李、宋都不参加。

E. 李参加，宋不参加。

33. 2020 年下半年，随着新冠病毒在全球范围内的肆虐及流感季节的到来，很多人担心会出现大范围流感和新冠疫情同时暴发的情况。但是有病毒学家发现，2009 年甲型 H1N1 流感毒株出现时，自 1977 年以来一直传播的另一种甲型流感毒株消失了。由此他推测，人体同时感染新冠病毒和流感病毒的可能性应该低于预期。

以下哪项如果为真，最能支持该病毒学家的推测？

A. 如果人们继续接种流感疫苗，仍能降低同时感染这两种病毒的概率。

B. 一项分析显示，新冠肺炎患者中大约只有 3% 的人同时感染另一种病毒。

C. 人体感染一种病毒后的几周内，其先天免疫系统的防御能力会逐步增强。

D. 为避免感染新冠病毒，人们会减少室内聚集、继续佩戴口罩、保持社交距离和手部卫生。

E. 新冠病毒的感染会增加参与干扰素反应的基因的活性，从而防止流感病毒在细胞内进行复制。

34. 补充胶原蛋白已经成为当下很多女性抗衰老的手段之一。她们认为：吃猪蹄能够补充胶原蛋白，为了美容养颜，最好多吃些猪蹄。近日有些专家对此表示质疑，他们认为多吃猪蹄其实并不能补充胶原蛋白。

以下哪项如果为真，最能质疑上述专家的观点？

A. 猪蹄中的胶原蛋白会被人体的消化系统分解，不会直接以胶原蛋白的形态补充到皮肤中。

B. 人们在日常生活中摄入的优质蛋白和水果、蔬菜中的营养物质，足以提供人体所需的胶原蛋白。

C. 猪蹄中胶原蛋白的含量并不多，但胆固醇含量高、脂肪多，食用过多会引起肥胖，还会增加患高血压的风险。

D. 猪蹄中的胶原蛋白经过人体消化后会被分解成氨基酸等物质，氨基酸参与人体生理活动，再合成人体必需的胶原蛋白等多种蛋白质。

E. 胶原蛋白是人体皮肤、骨骼和肌腱中的主要结构蛋白，它填充在真皮之间，撑起皮肤组织，增加皮肤紧密度，使皮肤水润而富有弹性。

35. 某单位有甲、乙、丙、丁、戊、己、庚、辛、壬、癸 10 名新进员工，他们所学专业是哲学、数学、化学、金融和会计 5 个专业之一，每人只学其中一个专业。已知：

(1) 若甲、丙、壬、癸中至多有 3 人是数学专业，则丁、庚、辛 3 人都是化学专业；

(2) 若乙、戊、己中至多有 2 人是哲学专业，则甲、丙、庚、辛 4 人专业各不相同。

根据上述信息，所学专业相同的新员工是

A. 乙、戊、己。

B. 甲、壬、癸。

C. 丙、丁、癸。

D. 丙、戊、己。

E. 丁、庚、辛。

36. H 市医保局发出如下公告：自即日起，本市将新增医保电子凭证就医结算，社保卡将不再作为就医结算的唯一凭证。本市所有定点医疗机构均已实现医保电子凭证的实时结算；本市参保人员可凭医保电子凭证就医结算，但只有将医保电子凭证激活后才能扫码使用。

以下哪项最符合上述 H 市医保局的公告内容？

A. H 市非定点医疗机构没有实现医保电子凭证的实时结算。

B. 可使用医保电子凭证结算的医院不一定都是 H 市的定点医疗机构。

C. 凡持有社保卡的外地参保人员，均可在 H 市定点医疗机构就医结算。

D. 凡已激活医保电子凭证的外地参保人员，均可在 H 市定点医疗机构使用医保电子凭证扫码就医。

E. 凡未激活医保电子凭证的本地参保人员，均不能在 H 市定点医疗机构使用医保电子凭证扫码结算。

37. 宋、李、王、吴 4 人均订阅了《人民日报》《光明日报》《参考消息》《文汇报》中的两种报纸，每种报纸均有两人订阅，且各人订阅的均不完全相同。另外，还知道：

(1) 如果吴至少订阅了《光明日报》《参考消息》中的一种，则李订阅了《人民日报》而王未订阅《光明日报》；

(2) 如果李、王两人中至多有一人订阅了《文汇报》，则宋、吴均订阅了《人民日报》。

如果李订阅了《人民日报》，则可以得出以下哪项？

A. 宋订阅了《文汇报》。

B. 宋订阅了《人民日报》。

C. 王订阅了《参考消息》。

D. 吴订阅了《参考消息》。

E. 吴订阅了《人民日报》。

38. 在一项噪声污染与鱼类健康关系的实验中，研究人员将已感染寄生虫的孔雀鱼分成短期噪声组、长期噪声组和对照组。短期噪声组在噪声环境中连续暴露 24 小时，长期噪声组在同样的噪声中暴露 7 天，对照组则被置于一个安静环境中。在 17 天的监测期内，该研究人员发现，长期噪声组的鱼在第 12 天开始死亡，其他两组鱼则在第 14 天开始死亡。

以下哪项如果为真，最能解释上述实验结果？

A. 噪声污染不仅危害鱼类，也危害两栖动物、鸟类和爬行动物等。

B. 长期噪声污染会加速寄生虫对宿主鱼类的侵害，导致鱼类过早死亡。

C. 相比于天然环境，在充斥各种噪声的养殖场中，鱼更容易感染寄生虫。

D. 噪声污染使鱼类既要应对寄生虫的感染又要排除噪声干扰，增加鱼类健康风险。

E. 短期噪声组所受的噪声可能引起了鱼类的紧张情绪，但不至于损害它们的免疫系统。

39. 节日将至，某单位拟为职工发放福利品，每人可在甲、乙、丙、丁、戊、己、庚 7 种商品中选择其中的 4 种进行组合，并且每种组合还需满足如下要求：

(1) 若选择甲，则丁、戊和庚 3 种中至多选择其一；

(2) 若丙、己 2 种中至少选择 1 种，则必须选择乙但不能选择戊。

以下哪项组合符合上述要求？

A. 甲、丁、戊、己。

B. 乙、丙、丁、戊。

C. 甲、乙、戊、庚。

D. 乙、丁、戊、庚。

E. 甲、丙、丁、己。

40. 幸福是一种主观愉悦的心理体验，更是一种认知和创造美好生活的能力。在日常生活中，每个人如果既能发现当下的不足，也能确立前进的目标，并通过实际行动改进不足和实现目标，就能始终保持对生活的乐观精神。而有了对生活的乐观精神，就会拥有幸福感。生活中大多数人都拥有幸福感；遗憾的是，也有一些人能发现当下的不足，并通过实际行动去改进，但他们却没有幸福感。

根据以上陈述，可以得出以下哪项？

A. 生活中大多数人都有对生活的乐观精神。

B. 个体的心理体验也是个体的一种行为能力。

C. 如果能发现当下的不足并努力改进，就能拥有幸福感。

D. 那些没有幸福感的人即使发现当下的不足，也不愿通过行动去改变。

E. 确立前进的目标并通过实际行动实现目标，生活中有些人没能做到这一点。

41～42 题基于以下题干

本科生小刘拟在 4 个学年中选修甲、乙、丙、丁、戊、己、庚、辛 8 门课程，每个学年选修其中的 1～3 门课程，每门课程均在其中的一个学年修完。同时还满足：

（1）后 3 个学年选修的课程数量均不同；

（2）丙、己和辛课程安排在一个学年，丁课程安排在紧接其后的一个学年；

（3）若第 4 学年至少选修甲、丙、丁中的 1 门课程，则第 1 学年仅选修戊、辛 2 门课程。

41. 如果乙在丁之前的学年选修，则可以得出以下哪项？

A. 乙在第 1 学年选修。

B. 乙在第 2 学年选修。

C. 丁在第 2 学年选修。

D. 丁在第 4 学年选修。

E. 戊在第 1 学年选修。

42. 如果甲、庚均在乙之后的学年选修，则可以得出以下哪项？

A. 戊在第 1 学年选修。

B. 戊在第 3 学年选修。

C. 庚在甲之前的学年选修。

D. 甲在戊之前的学年选修。

E. 庚在戊之前的学年选修。

43. 习俗因传承而深入人心，文化因赓续而繁荣兴盛。传统节日带给人们的不只是欢乐和喜庆，还塑造着影响至深的文化自信。不忘历史才能开辟未来，善于继承才能善于创新。传统节日只有不断融入现代生活，其中的文化才能得以赓续而繁荣兴盛，才能为人们提供更多心灵滋养与精神力量。

根据以上信息，可以得出以下哪项？

A. 只有为人们提供更多心灵滋养与精神力量，传统文化才能得以赓续而繁荣兴盛。

B. 若传统节日更好地融入现代生活，就能为人们提供更多心灵滋养与精神力量。

C. 有些带给人们欢乐和喜庆的节日塑造着人们的文化自信。

D. 带有厚重历史文化的传统将引领人们开辟未来。

E. 深入人心的习俗将在不断创新中被传承。

44. 当前，不少教育题材影视剧贴近社会现实，直击子女升学、出国留学、代际冲突等教育痛点，引发社会广泛关注。电视剧一阵风，剧外人急红眼，很多家长触“剧”生情，过度代入，焦虑情绪不断增加，引得家庭“鸡飞狗跳”，家庭与学校的关系不断紧张。有专家由此指出，这类教育影视剧只能贩卖焦虑，进一步激化社会冲突，对实现教育公平于事无补。

以下哪项如果为真，最能质疑上述专家的主张？

A. 当代社会教育资源客观上总是有限的且分配不平衡，教育竞争不可避免。

B. 父母过度焦虑轻则导致孩子间暗自攀比，重则影响亲子关系、家庭和睦。

C. 教育影视剧一旦引发广泛关注，就会对国家教育政策走向产生重要影响。

D. 教育影视剧提醒学校应明确职责，不能对义务教育实行“家长承包制”。

E. 家长不应成为教育焦虑的“剧中人”，而应该用爱包容孩子的不完美。

45～46 题基于以下题干

某电影院制定未来一周的排片计划。他们决定，周二至周日（周一休息）每天放映动作片、悬疑片、科幻片、纪录片、战争片、历史片 6 种类型中的一种，各不重复。已知排片还有如下要求：

（1）如果周二或周五放映悬疑片，则周三放映科幻片；

（2）如果周四或周六放映悬疑片，则周五放映战争片；

（3）战争片必须在周三放映。

45. 根据以上信息，可以得出以下哪项？

A. 周六放映科幻片。
B. 周日放映悬疑片。
C. 周五放映动作片。
D. 周二放映纪录片。
E. 周四放映历史片。

46. 如果历史片的放映日期既与纪录片相邻，又与科幻片相邻，则可以得出以下哪项？

A. 周二放映纪录片。
B. 周四放映纪录片。
C. 周二放映动作片。
D. 周四放映科幻片。
E. 周五放映动作片。

47. 有些科学家认为，基因调整技术能大幅延长人类寿命。他们在实验室中调整了一种小型土壤线虫的两组基因序列，成功将这种生物的寿命延长了 5 倍。他们据此声称，如果将延长线虫寿命的科学方法应用于人类，人活到 500 岁就会成为可能。

以下哪项如果为真，最能质疑上述科学家的观点？

A. 基因调整技术可能会导致下一代中一定比例的个体失去繁殖能力。
B. 即使将基因调整技术成功应用于人类，也只会有极少的人活到 500 岁。
C. 将延长线虫寿命的科学方法应用于人类，还需要经历较长一段时间。
D. 人类的生活方式复杂而多样，不良的生活习惯和心理压力会影响身心健康。
E. 人类寿命的提高幅度不会像线虫那样简单倍增，200 岁以后寿命再延长基本不可能。

48. 贾某的邻居易某在自家阳台侧面安装了空调外机。空调一开，外机就向贾家卧室窗户方向吹热风，贾某对此叫苦不迭，于是找到易某协商此事。易某回答说：“现在哪家没装空调？别人安装就行，偏偏我家就不行？”

对于易某的回答，以下哪项评价最为恰当？

A. 易某的行为虽影响到了贾家的生活，但易某是正常行使自己的权利。
B. 易某的行为已经构成对贾家权利的侵害，应该立即停止这种侵权行为。
C. 易某没有将心比心，因为贾家也可以在正对易家卧室窗户处安装空调外机。
D. 易某在转移论题，问题不是能不能安装空调，而是安装空调该不该影响邻居。
E. 易某空调外机的安装不应正对贾家卧室的窗户，不能只顾自己享受而让贾家受罪。

49～50 题基于以下题干

某校文学社王、李、周、丁 4 人每人只爱好诗歌、散文、戏剧、小说 4 种文学形式中的一种，且各不相同；他们每人只创作了上述 4 种中的一种作品，且形式各不相同；他们创作的作品形式与各自的文学爱好均不相同。已知：

（1）若王没有创作诗歌，则李爱好小说；

（2）若王没有创作诗歌，则李创作小说；

（3）若王创作诗歌，则李爱好小说且周爱好散文。

49. 根据上述信息，可以得出以下哪项？

A. 王爱好散文。
B. 李爱好戏剧。
C. 周爱好小说。
D. 丁爱好诗歌。

E. 周爱好戏剧。

50. 如果丁创作散文,则可以得出以下哪项?

A. 周创作小说。

B. 李创作诗歌。

C. 李创作小说。

D. 周创作戏剧。

E. 王创作小说。

51. 有科学家进行了对比实验:在一些花坛中种植了金盏草,而在另外一些花坛中未种植金盏草。他们发现:种植了金盏草的花坛,玫瑰长得很繁茂;而那些未种植金盏草的花坛,玫瑰却呈现病态,很快就枯萎了。

以下哪项如果为真,最能解释上述现象?

A. 为了利于玫瑰的生长,某园艺公司推荐种植金盏草而不是直接喷洒农药。

B. 金盏草的根系深度不同于玫瑰,不会与其争夺营养,却可保持土壤湿度。

C. 金盏草的根部可分泌出一种能杀死土壤中害虫的物质,使玫瑰免受其侵害。

D. 玫瑰花坛中的金盏草常被认为是一种杂草,但它对玫瑰的生长具有奇特的作用。

E. 花匠会对种有金盏草和玫瑰的花坛施肥较多,而对仅种有玫瑰的花坛施肥偏少。

52. 李佳、贾元、夏辛、丁东、吴悠 5 位大学生暑期结伴去皖南旅游。对于 5 人将要游览的地点,他们却有不同的想法:

李佳:若去龙川,则也去呈坎;

贾元:龙川和徽州古城两个地方至少去一个;

夏辛:若去呈坎,则也去新安江山水画廊;

丁东:若去徽州古城,则也去新安江山水画廊;

吴悠:若去新安江山水画廊,则也去江村。

事后得知,5 人的想法都得到了实现。

根据以上信息,上述 5 人游览的地点肯定有

A. 龙川和呈坎。

B. 江村和新安江山水画廊。

C. 龙川和徽州古城。

D. 呈坎和新安江山水画廊。

E. 呈坎和徽州古城。

53. 胃底腺息肉是所有胃息肉中最为常见的一种良性病变。最常见的是散发型胃底腺息肉,它多发于 50 岁以上人群。研究人员在研究 10 万人的胃镜检查资料后发现,有胃底腺息肉的患者无人患胃癌,而没有胃底腺息肉的患者中有 178 人发现有胃癌。他们由此断定,胃底腺息肉与胃癌呈负相关。

以下哪项如果为真,最能支持上述研究人员的断定?

A. 有胃底腺息肉的患者绝大多数没有家族癌症史。

B. 在研究人员研究的 10 万人中,50 岁以下的占大多数。

C. 在研究人员研究的 10 万人中,有胃底腺息肉的人仅占 14%。

D. 有胃底腺息肉的患者罹患萎缩性胃炎、胃溃疡的几率显著降低。

E. 胃内一旦有胃底腺息肉,往往意味着没有感染致癌物“幽门螺杆菌”。

54~55 题基于以下题干

某特色建筑项目评选活动设有纪念建筑、观演建筑、会堂建筑、商业建筑、工业建筑 5 个门类的奖项。甲、乙、丙、丁、戊、己 6 位建筑师均有 2 个项目入选上述不同门类的奖项,且每

个门类均有上述 6 人的 2~3 个项目入选。已知：

（1）若甲或乙至少有一个项目入选观演建筑或工业建筑，则乙、丙入选的项目均是观演建筑和工业建筑；

（2）若乙或丁至少有一个项目入选观演建筑或会堂建筑，则乙、丁、戊入选的项目均是纪念建筑和工业建筑；

（3）若丁至少有一个项目入选纪念建筑或商业建筑，则甲、己入选的项目均在纪念建筑、观演建筑和商业建筑之中。

54. 根据上述信息，可以得出以下哪项？

A. 甲有项目入选观演建筑。

B. 丙有项目入选工业建筑。

C. 丁有项目入选商业建筑。

D. 戊有项目入选会堂建筑。

E. 己有项目入选纪念建筑。

55. 若己有项目入选商业建筑，则可以得出以下哪项？

A. 己有项目入选观演建筑。

B. 戊有项目入选工业建筑。

C. 丁有项目入选商业建筑。

D. 丙有项目入选观演建筑。

E. 乙有项目入选工业建筑。

2021年管理类综合能力逻辑推理试题

26. 哲学是关于世界观、方法论的学问，哲学的基本问题是思维和存在的关系问题，它是在总结各门具体科学知识基础上形成的，并不是一门具体科学。因此，经验的个案不能反驳它。

以下哪项如果为真，最能支持以上论述？

A. 哲学并不能推演出经验的个案。

B. 任何科学都要接受经验的检验。

C. 具体科学不研究思维和存在的关系问题。

D. 经验的个案只能反驳具体科学。

E. 哲学可以对具体科学提供指导。

27. M大学社会学学院的老师都曾经对甲县某些乡镇进行家庭收支情况调研，N大学历史学院的老师都曾经到甲县的所有乡镇进行历史考察。赵若兮曾经对甲县所有乡镇家庭收支情况进行调研，但未曾到项郢镇进行历史考察；陈北鱼曾经到梅河乡进行历史考察，但从未对甲县家庭收支情况进行调研。

根据以上信息，可以得出以下哪项？

A. 陈北鱼是M大学社会学学院的老师，且梅河乡是甲县的。

B. 若赵若兮是N大学历史学院的老师，则项郢镇不是甲县的。

C. 对甲县的家庭收支情况调研，也会涉及相关的历史考察。

D. 陈北鱼是N大学的老师。

E. 赵若兮是M大学的老师。

28. 研究人员招募了300名体重超标的男性，将其分成餐前锻炼组和餐后锻炼组，进行每周三次相同强度和相同时段的晨练。餐前锻炼组晨练前摄入零卡路里安慰剂饮料，晨练后摄入200卡路里的奶昔；餐后锻炼组晨练前摄入200卡路里的奶昔，晨练后摄入零卡路里安慰剂饮料。三周后发现，餐前锻炼组燃烧的脂肪比餐后锻炼组多。该研究人员由此推断，肥胖者若持续这样的餐前锻炼，就能在不增加运动强度或时间的情况下改善代谢能力，从而达到减肥效果。

以下哪项如果为真，最能支持该研究人员的上述推断？

A. 餐前锻炼组额外的代谢与体内肌肉中的脂肪减少有关。

B. 餐前锻炼组觉得自己在锻炼中消耗的脂肪比餐后锻炼组多。

C. 餐前锻炼可以增强肌肉细胞对胰岛素的反应，促使它更有效地消耗体内的糖分和脂肪。

D. 肌肉参与运动所需要的营养，可能来自最近饮食中进入血液的葡萄糖和脂肪成分，也可能来自体内储存的糖和脂肪。

E. 有些餐前锻炼组的人知道他们摄入的是安慰剂，但这并不影响他们锻炼的积极性。

29. 某企业董事会就建立健全企业管理制度与提高企业经济效益进行研讨。在研讨中，与会者发言如下：

甲：要提高企业经济效益，就必须建立健全企业管理制度。

乙：既要建立健全企业管理制度，又要提高企业经济效益，二者缺一不可。

丙：经济效益是基础和保障，只有提高企业经济效益，才能建立健全企业管理制度。

丁：如果不建立健全企业管理制度，就不能提高企业经济效益。

戊：不提高企业经济效益，就不能建立健全企业管理制度。

根据上述讨论，董事会最终做出了合理的决定，以下哪项是可能的？

A. 甲、乙的意见符合决定，丙的意见不符合决定。

B. 上述 5 人中只有 1 人的意见符合决定。

C. 上述 5 人中只有 2 人的意见符合决定。

D. 上述 5 人中只有 3 人的意见符合决定。

E. 上述 5 人的意见均不符合决定。

30. 气象台的实测气温与人实际的冷暖感受常常存在一定的差异。在同样的低温条件下，如果是阴雨天，人会感到特别冷，即通常说的“阴冷”；如果同时赶上刮大风，人会感到寒风刺骨。

以下哪项如果为真，最能解释上述现象？

A. 人的体感温度除了受气温的影响外，还受风速与空气湿度的影响。

B. 低温情况下，如果风力不大、阳光充足，人不会感到特别寒冷。

C. 即使天气寒冷，若进行适当锻炼，人也不会感到太冷。

D. 即使室内外温度一致，但是走到有阳光的室外，人会感到温暖。

E. 炎热的夏日，电风扇转动时，尽管不改变环境温度，但人依然感到凉快。

31. 某俱乐部共有甲、乙、丙、丁、戊、己、庚、辛、壬、癸 10 名职业运动员，他们来自 5 个不同的国家（不存在双重国籍的情况）。已知：

（1）该俱乐部的外援刚好占一半，他们是乙、戊、丁、庚、辛；

（2）乙、丁、辛 3 人来自两个国家。

根据以上信息，可以得出以下哪项？

A. 甲、丙来自不同国家。

B. 乙、辛来自不同国家。

C. 乙、庚来自不同国家。

D. 丁、辛来自相同国家。

E. 戊、庚来自相同国家。

32. 某高校的李教授在网上撰文指责另一高校张教授早年发表的一篇论文存在抄袭现象。张教授知晓后，立即在同一网站对李教授的指责作出反驳。

以下哪项作为张教授的反驳最为有力？

A. 自己投稿在先而发表在后，所谓论文抄袭其实是他人抄自己。

B. 李教授的指责纯属栽赃陷害，混淆视听，破坏了大学教授的整体形象。

C. 李教授的指责是对自己不久前批评李教授学术观点所做的打击报复。

D. 李教授的指责可能背后有人指使，不排除受到两校不正当竞争的影响。

E. 李教授早年的两篇论文其实也存在不同程度的抄袭现象。

33. 某电影节设有“最佳故事片”“最佳男主角”“最佳女主角”“最佳编剧”“最佳导演”等多个奖项。颁奖前,有专业人士预测如下:

(1) 若甲或乙获得“最佳导演”,则“最佳女主角”和“最佳编剧”将在丙和丁中产生;

(2) 只有影片 P 或影片 Q 获得“最佳故事片”,其片中的主角才能获得“最佳男主角”或“最佳女主角”;

(3) “最佳导演”和“最佳故事片”不会来自同一部影片。

以下哪项颁奖结果与上述预测不一致?

A. 乙没有获得“最佳导演”,“最佳男主角”来自影片 Q。

B. 丙获得“最佳女主角”,“最佳编剧”来自影片 P。

C. 丁获得“最佳编剧”,“最佳女主角”来自影片 P。

D. “最佳女主角”“最佳导演”都来自影片 P。

E. 甲获得“最佳导演”,“最佳编剧”来自影片 Q。

34. 黄瑞爱好书画收藏,他收藏的书画作品只有“真品”“精品”“名品”“稀品”“特品”“完品”,它们之间存在如下关系:

(1) 若是“完品”或“真品”,则是“稀品”;

(2) 若是“稀品”或“名品”,则是“特品”。

现知道黄瑞收藏的一幅画不是“特品”,则可以得出以下哪项?

A. 该画是“稀品”。　　B. 该画是“精品”。

C. 该画是“完品”。　　D. 该画是“名品”。

E. 该画是“真品”。

35. 王、陆、田 3 人拟到甲、乙、丙、丁、戊、己 6 个景点结伴游览。关于游览的顺序,3 人意见如下:

(1) 王:1 甲、2 丁、3 己、4 乙、5 戊、6 丙;

(2) 陆:1 丁、2 己、3 戊、4 甲、5 乙、6 丙;

(3) 田:1 己、2 乙、3 丙、4 甲、5 戊、6 丁。

实际游览时,各人意见中都恰有一半的景点序号是正确的。

根据以上信息,他们实际游览的前 3 个景点分别是

A. 己、丁、丙。　　B. 丁、乙、己。

C. 甲、乙、己。　　D. 乙、己、丙。

E. 丙、丁、己。

36. “冈萨雷斯”“埃尔南德斯”“施米特”“墨菲”这 4 个姓氏是且仅是卢森堡、阿根廷、墨西哥、爱尔兰四国中其中一国常见的姓氏,但所属的国家互不相同。已知:

(1) “施米特”是阿根廷或卢森堡常见姓氏;

(2) 若“施米特”是阿根廷常见姓氏,则“冈萨雷斯”是爱尔兰常见姓氏;

(3) 若“埃尔南德斯”或“墨菲”是卢森堡常见姓氏,则“冈萨雷斯”是墨西哥常见姓氏。

根据以上信息,可以得出以下哪项?

A. “施米特”是卢森堡常见姓氏。　　B. “埃尔南德斯”是卢森堡常见姓氏。

C. “冈萨雷斯”是爱尔兰常见姓氏。　　D. “墨菲”是卢森堡常见姓氏。

E. “墨菲”是阿根廷常见姓氏。

37. 甲、乙、丙、丁、戊 5 人是某校美学专业 2019 级研究生，第一学期结束后，他们在张、陆、陈 3 位教授中选择导师，每人只选择 1 人作为导师，每位导师都有 1 至 2 人选择，并且得知：

（1）选择陆老师的研究生比选择张老师的多；

（2）若丙、丁中至少有 1 人选择张老师，则乙选择陈老师；

（3）若甲、丙、丁中至少有 1 人选择陆老师，则只有戊选择陈老师。

根据以上信息，可以得出以下哪项？

A. 甲选择陆老师。

B. 乙选择张老师。

C. 丁、戊选择陆老师。

D. 乙、丙选择陈老师。

E. 丙、丁选择陈老师。

38. 艺术活动是人类标志性的创造性劳动。在艺术家的心灵世界里，审美需求和情感表达是创造性劳动不可或缺的重要引擎；而人工智能没有自我意识，人工智能艺术作品的本质是模仿。因此，人工智能永远不能取代艺术家的创造性劳动。

以下哪项最可能是以上论述的假设？

A. 人工智能可以作为艺术创作的辅助工具。

B. 只有具备自我意识，才能具有审美需求和情感表达。

C. 大多数人工智能作品缺乏创造性。

D. 没有艺术家的创作，就不可能有人工智能艺术品。

E. 模仿的作品很少能表达情感。

39. 最近一项科学观测显示，太阳产生的带电粒子流即太阳风，含有数以千计的“滔天巨浪”，其时速会突然暴增，可能导致太阳磁场自行反转，甚至会对地球产生有害影响。但目前我们对太阳风的变化及其如何影响地球知之甚少。据此有专家指出，为了更好保护地球免受太阳风的影响，必须更新现有的研究模式，另辟蹊径研究太阳风。

以下哪项如果为真，最能支持上述专家的观点？

A. 最新观测结果不仅改变了天文学家对太阳风的看法，而且将改变其预测太空天气事件的能力。

B. 目前，根据标准太阳模型预测太阳风变化所获得的最新结果与实际观测相比，误差约为 10~20 倍。

C. 对太阳风的深入研究，将有助于防止太阳风大爆发时对地球的卫星和通讯系统乃至地面电网造成的影响。

D. 太阳风里有许多携带能量的粒子和磁场，而这些磁场会发生意想不到的变化。

E. “高速”太阳风源于太阳南北极的大型日冕洞，而“低速”太阳风则来自太阳赤道上的较小日冕洞。

40~41 题基于以下题干

冬奥组委会官网开通全球招募系统，正式招募冬奥会志愿者。张明、刘伟、庄敏、孙兰、李梅 5 人在一起讨论报名事宜。他们商量的结果如下：

（1）如果张明报名，则刘伟也报名；

（2）如果庄敏报名，则孙兰也报名；

（3）只要刘伟和孙兰两人中至少有 1 人报名，则李梅也报名。

后来得知，他们 5 人中恰有 3 人报名了。

40. 根据以上信息，可以得出以下哪项？

A. 张明报名了。
B. 刘伟报名了。
C. 庄敏报名了。
D. 孙兰报名了。
E. 李梅报名了。

41. 如果增加条件“若刘伟报名，则庄敏也报名”，那么可以得出以下哪项？

A. 张明和刘伟都报名了。
B. 刘伟和庄敏都报名了。
C. 庄敏和孙兰都报名了。
D. 张明和孙兰都报名了。
E. 刘伟和李梅都报名了。

42. 酸奶作为一种健康食品，既营养丰富又美味可口，深受人们的喜爱，很多人饭后都不忘来杯酸奶。他们觉得，饭后喝杯酸奶能够解油腻、助消化。但近日有专家指出，饭后喝酸奶其实并不能帮助消化。

以下哪项如果为真，最能支持上述专家的观点？

A. 足量膳食纤维和维生素 B_1 被人体摄入后可有效促进肠胃蠕动，进而促进食物消化，但酸奶不含膳食纤维，维生素 B_1 的含量也不丰富。
B. 酸奶中的益生菌可以维持肠道消化系统的健康，但是这些菌群大多不耐酸，胃部的强酸环境会使其大部分失去活性。
C. 酸奶含有一定的糖分，吃饱了饭再喝酸奶会加重肠胃负担，同时也使身体增加额外的营养，容易导致肥胖。
D. 人体消化需要消化酶和有规律的肠胃运动，酸奶中没有消化酶，饮用酸奶也不能纠正无规律的肠胃运动。
E. 酸奶可以促进胃酸分泌，抑制有害菌在肠道内繁殖，有助于维持消化系统健康，对于食物消化能起到间接帮助作用。

43. 为进一步弘扬传统文化，有专家提议将每年的 2 月 1 日、3 月 1 日、4 月 1 日、9 月 1 日、11 月 1 日、12 月 1 日 6 天中的 3 天确定为“传统文化宣传日”。根据实际需要，确定日期必须考虑以下条件：

(1) 若选择 2 月 1 日，则选择 9 月 1 日但不选 12 月 1 日；

(2) 若 3 月 1 日、4 月 1 日至少选择其一，则不选 11 月 1 日。

以下哪项选定的日期与上述条件一致？

A. 2 月 1 日、3 月 1 日、4 月 1 日。
B. 2 月 1 日、4 月 1 日、11 月 1 日。
C. 3 月 1 日、9 月 1 日、11 月 1 日。
D. 4 月 1 日、9 月 1 日、11 月 1 日。
E. 9 月 1 日、11 月 1 日、12 月 1 日。

44. 今天的教育质量将决定明天的经济实力。PISA 是经济合作与发展组织每隔三年对 15 岁学生的阅读、数学和科学能力进行的一项测试。根据 2019 年最新测试结果，中国学生的总体表现远超其他国家学生。有专家认为，该结果意味着中国有一支优秀的后备力量以保障未来经济的发展。

以下哪项如果为真，最能支持上述专家的论证？

A. 中国学生在 15 岁时各项能力尚处于上升期，他们未来会有更出色的表现。
B. 未来经济发展的核心驱动力是创新，中国教育非常重视学生创新能力的培养。

C. 在其他国际智力测试中，亚洲学生总体成绩最好，而中国学生又是亚洲最好的。

D. 这次 PISA 测试的评估重点是阅读能力，能很好地反映学生的受教育质量。

E. 中国学生在阅读、数学和科学三项排名中均位列第一。

45. 下面有一 5×5 的方阵，它所含的每个小方格中可填入一个词（已有部分词填入）。现要求该方阵中的每行、每列及每个粗线条围住的五个小方格组成的区域中均含有“道路”“制度”“理论”“文化”“自信”5 个词，不能重复也不能遗漏。

根据上述要求，以下哪项是方阵顶行①②③④空格中从左至右依次应填入的词？

①	②	③	④	
	自信	道路		制度
理论				道路
制度		自信		
				文化

A. 道路、理论、制度、文化。

B. 道路、文化、制度、理论。

C. 文化、理论、制度、自信。

D. 理论、自信、文化、道路。

E. 制度、理论、道路、文化。

46. 水产品的脂肪含量相对较低，而且含有较多不饱和脂肪酸，对预防血脂异常和心血管疾病有一定作用；禽肉的脂肪含量也比较低，脂肪酸组成优于畜肉；畜肉中的瘦肉脂肪含量低于肥肉，瘦肉优于肥肉。因此，在肉类选择上，应该优先选择水产品，其次是禽肉，这样对身体更健康。

以下哪项如果为真，最能支持以上论述？

A. 所有人都有罹患心血管疾病的风险。

B. 肉类脂肪含量越低对人体越健康。

C. 人们认为根据自己的喜好选择肉类更有益于健康。

D. 人必须摄入适量的动物脂肪才能满足身体的需要。

E. 脂肪含量越低，不饱和脂肪酸含量越高。

47～48 题基于以下题干

某剧团拟将历史故事“鸿门宴”搬上舞台。该剧有项王、沛公、项伯、张良、项庄、樊哙、范增 7 个主要角色，甲、乙、丙、丁、戊、已、庚 7 名演员每人只能扮演其中一个，且每个角色只能由其中一人扮演。根据各演员的特点，角色安排如下：

（1）如果甲不扮演沛公，则乙扮演项王；

（2）如果丙或已扮演张良，则丁扮演范增；

（3）如果乙不扮演项王，则丙扮演张良；

（4）如果丁不扮演樊哙，则庚或戊扮演沛公。

47. 根据上述信息，可以得出以下哪项？

A. 甲扮演沛公。

B. 乙扮演项王。

C. 丙扮演张良。

D. 丁扮演范增。

E. 戊扮演樊哙。

48. 若甲扮演沛公而庚扮演项庄,则可以得出以下哪项?

A. 丙扮演项伯。

B. 丙扮演范增。

C. 丁扮演项伯。

D. 戊扮演张良。

E. 戊扮演樊哙。

49. 某医学专家提出一种简单的手指自我检测法:将双手放在眼前,把两个食指的指甲那一面贴在一起,正常情况下,应该看到两个指甲床之间有一个菱形的空间;如果看不到这个空间,则说明手指出现了杵状改变,这是患有某种心脏或肺部疾病的迹象。该专家认为,人们通过手指自我检测能快速判断自己是否患有心脏或肺部疾病。

以下哪项如果为真,最能质疑上述专家的论断?

A. 杵状改变可能由多种肺部疾病引起,如肺纤维化、支气管扩张等,而且这种病变需要经历较长的一段过程。

B. 杵状改变不是癌症的明确标志,仅有不足 40% 的肺癌患者有杵状改变。

C. 杵状改变检测只能作为一种参考,不能用来替代医生的专业判断。

D. 杵状改变有两个发展阶段,第一个阶段的畸变不是很明显,不足以判断人体是否有病变。

E. 杵状改变是手指末端软组织积液造成,而积液是由于过量血液注入该区域导致,其内在机理仍然不明。

50. 曾几何时,快速阅读进入了我们的培训课堂。培训者告诉学员,要按"之"字形浏览文章。只要精简我们看的地方,就能整体把握文本要义,从而提高阅读速度;真正的快速阅读能将阅读速度提高至少两倍,并不影响理解。但近来有科学家指出,快速阅读实际上是不可能的。

以下哪项如果为真,最能支持上述科学家的观点?

A. 阅读是一项复杂的任务,首先需要看到一个词,然后要检索其涵义、引申义,再将其与上下文相联系。

B. 科学界始终对快速阅读持怀疑态度,那些声称能帮助人们实现快速阅读的人通常是为了谋生或赚钱。

C. 人的视力只能集中于相对较小的区域,不可能同时充分感知和阅读大范围文本,识别单词的能力限制了我们的阅读理解。

D. 个体阅读速度差异很大,那些阅读速度较快的人可能拥有较强的短时记忆或信息处理能力。

E. 大多声称能快速阅读的人实际上是在浏览,他们可能相当快地捕捉到文本的主要内容,但也会错过众多细枝末节。

51. 每篇优秀的论文都必须逻辑清晰且论据翔实,每篇经典的论文都必须主题鲜明且语言准确。实际上,如果论文论据翔实但主题不鲜明,或者论文语言准确而逻辑不清晰,则它们都不是优秀的论文。

根据以上信息,可以得出以下哪项?

A. 语言准确的经典论文逻辑清晰。

B. 论据不翔实的论文主题不鲜明。

C. 主题不鲜明的论文不是优秀的论文。

D. 逻辑不清晰的论文不是经典的论文。

E. 语言准确的优秀论文是经典的论文。

52. 除冰剂是冬季北方城市用于去除道路冰雪的常见产品。下表显示了五种除冰剂的各项特征：

除冰剂类型	融冰速度	破坏道路设施的可能风险	污染土壤的可能风险	污染水体的可能风险
Ⅰ	快	高	高	高
Ⅱ	中等	中	低	中
Ⅲ	较慢	低	低	中
Ⅳ	快	中	中	低
Ⅴ	较慢	低	低	低

以下哪项对上述五种除冰剂的特征概括最为准确？

A. 融冰速度较慢的除冰剂在污染土壤和污染水体方面的风险都低。

B. 没有一种融冰速度快的除冰剂三个方面的风险都高。

C. 若某种除冰剂至少在两个方面风险低，则其融冰速度一定较慢。

D. 若某种除冰剂三方面风险都不高，则其融冰速度一定也不快。

E. 若某种除冰剂在破坏道路设施和污染土壤方面的风险都不高，则其融冰速度一定较慢。

53. 孩子在很小的时候，对接触到的东西都要摸一摸、尝一尝，甚至还会吞下去。孩子天生就对这个世界抱有强烈的好奇心，但随着孩子慢慢长大，特别是进入学校之后，他们的好奇心越来越少。对此有教育专家认为，这是由于孩子受到外在的不当激励所造成的。

以下哪项如果为真，最能支持上述专家观点？

A. 现在许多孩子迷恋电脑、手机，对书本知识感到索然无味。

B. 野外郊游可以激发孩子好奇心，长时间宅在家里就会产生思维惰性。

C. 老师、家长只看考试成绩，导致孩子只知道死记硬背书本知识。

D. 现在孩子所做的很多事情大多迫于老师、家长等的外部压力。

E. 孩子助人为乐能获得褒奖，损人利己往往受到批评。

54～55 题基于以下题干

某高铁线路设有“东沟”“西山”“南镇”“北阳”“中丘”5 座高铁站。该线路现有甲、乙、丙、丁、戊 5 趟车运行。这 5 座高铁站中，每站均恰好有 3 趟车停靠，且甲车和乙车停靠的站均不相同。已知：

(1) 若乙车或丙车至少有一车在“北阳”停靠，则它们均在“东沟”停靠；

(2) 若丁车在“北阳”停靠，则丙、丁和戊车均在“中丘”停靠；

(3) 若甲、乙和丙车中至少有 2 趟车在“东沟”停靠，则这 3 趟车均在“西山”停靠。

54. 根据上述信息，可以得出以下哪项？

A. 甲车不在“中丘”停靠。

B. 乙车不在“西山”停靠。

C. 丙车不在“东沟”停靠。

D. 丁车不在“北阳”停靠。

E. 戊车不在“南镇”停靠。

55. 若没有车在每站都停靠，则可以得出以下哪项？

A. 甲车在“南镇”停靠。

B. 乙车在“东沟”停靠。

C. 丙车在“西山”停靠。

D. 丁车在“南镇”停靠。

E. 戊车在“西山”停靠。

2020年管理类综合能力逻辑推理试题

26. 领导干部对于各种批评意见应采取有则改之、无则加勉的态度，营造言者无罪、闻者足戒的氛围。只有这样，人们才能知无不言、言无不尽。领导干部只有从谏如流并为说真话者撑腰，才能做到“兼听则明”或作出科学决策；只有乐于和善于听取各种不同意见，才能营造风清气正的政治生态。

根据以上信息，可以得出以下哪项？

A. 领导干部必须善待批评、从谏如流，为说真话者撑腰。

B. 大多数领导干部对于批评意见能够采取有则改之、无则加勉的态度。

C. 领导干部如果不能从谏如流，就不能作出科学决策。

D. 只有营造言者无罪、闻者足戒的氛围，才能形成风清气正的政治生态。

E. 领导干部只有乐于和善于听取各种不同意见，人们才能知无不言、言无不尽。

27. 某教授组织了120名年轻的参试者，先让他们熟悉电脑上的一个虚拟城市，然后让他们以最快速度寻找由指定地点到达关键地标的最短路线，最后再让他们识别茴香、花椒等40种芳香植物的气味。结果发现，寻路任务中得分较高者其嗅觉也比较灵敏。该教授由此推测，一个人空间记忆力好、方向感强，就会使其嗅觉更为灵敏。

以下哪项如果为真，最能质疑该教授的上述推测？

A. 大多数动物主要靠嗅觉寻找食物、躲避天敌，其嗅觉进化有助于“导航”。

B. 有些参试者是美食家，经常被邀请到城市各处的特色餐馆品尝美食。

C. 部分参试者是马拉松运动员，他们经常参加一些城市举办的马拉松比赛。

D. 在同样的测试中，该教授本人在嗅觉灵敏度和空间方向感方面都不如年轻人。

E. 有的年轻人喜欢玩方向感要求较高的电脑游戏，因过分投入而食不知味。

28. 有学校提出，将效仿免费师范生制度，提供减免学费等优惠条件以吸引成绩优秀的调剂生，提高医学人才培养质量。有专家对此提出反对意见：医生是既崇高又辛苦的职业，要有足够的爱心和兴趣才能做好，因此，宁可招不满，也不要招收调剂生。

以下哪项最可能是上述专家论断的假设？

A. 没有奉献精神，就无法学好医学。

B. 如果缺乏爱心，就不能从事医生这一崇高的职业。

C. 调剂生往往对医学缺乏兴趣。

D. 因优惠条件而报考医学的学生往往缺乏奉献精神。

E. 有爱心并对医学有兴趣的学生不会在意是否收费。

29. 某公司为员工免费提供菊花茶、绿茶、红茶、咖啡和大麦茶5种饮品。现有甲、乙、丙、丁、戊5位员工，他们每人都只喜欢其中的2种饮品，且每种饮品都只有2人喜欢。已知：

(1) 甲和乙喜欢菊花茶,且分别喜欢绿茶和红茶中的一种;

(2) 丙和戊分别喜欢咖啡和大麦茶中的一种。

根据上述信息,可以得出以下哪项?

A. 甲喜欢菊花茶和绿茶。

B. 乙喜欢菊花茶和红茶。

C. 丙喜欢红茶和咖啡。

D. 丁喜欢咖啡和大麦茶。

E. 戊喜欢绿茶和大麦茶。

30. 考生若考试通过并且体检合格,则将被录取。因此,如果李铭考试通过,但未被录取,那么他一定体检不合格。

以下哪项与以上论证方式最为相似?

A. 若明天是节假日并且天气晴朗,则小吴将去爬山。因此,如果小吴未去爬山,那么第二天一定不是节假日或者天气不好。

B. 一个数若能被 3 整除且能被 5 整除,则这个数能被 15 整除。因此,一个数若能被 3 整除但不能被 5 整除,则这个数一定不能被 15 整除。

C. 甲单位员工若去广州出差并且是单人前往,则均乘坐高铁。因此,甲单位小吴如果去广州出差,但未乘坐高铁,那么他一定不是单人前往。

D. 若现在是春天并且雨水充沛,则这里野草丰美。因此,如果这里野草丰美,但雨水不充沛,那么现在一定不是春天。

E. 一壶茶若水质良好且温度适中,则一定茶香四溢。因此,如果这壶茶水质良好且茶香四溢,那么一定温度适中。

31~32 题基于以下题干

“立春”“春分”“立夏”“夏至”“立秋”“秋分”“立冬”“冬至”是我国二十四节气中的 8 个节气,“凉风”“广莫风”“明庶风”“条风”“清明风”“景风”“阊阖风”“不周风”是八种节风。上述 8 个节气与 8 种节风之间一一对应。已知:

(1)“立秋”对应“凉风”;

(2)“冬至”对应“不周风”“广莫风”之一;

(3) 若“立夏”对应“清明风”,则“夏至”对应“条风”或者“立冬”对应“不周风”;

(4) 若“立夏”不对应“清明风”或者“立春”不对应“条风”,则“冬至”对应“明庶风”。

31. 根据上述信息,可以得出以下哪项?

A.“秋分”不对应“明庶风”。

B.“立冬”不对应“广莫风”。

C.“夏至”不对应“景风”。

D.“立夏”不对应“清明风”。

E.“春分”不对应“阊阖风”。

32. 若“春分”和“秋分”两节气对应的节风在“明庶风”和“阊阖风”之中,则可以得出以下哪项?

A.“春分”对应“阊阖风”。

B.“秋分”对应“明庶风”。

C.“立春”对应“清明风”。

D.“冬至”对应“不周风”。

E.“夏至”对应“景风”。

33. 小王:在这次年终考评中,女员工的绩效都比男员工高。

小李:这么说,新入职员工中绩效最好的还不如绩效最差的女员工。

以下哪项如果为真,最能支持小李的上述论断?

A. 男员工都是新入职的。

B. 新入职的员工有些是女性。

C. 新入职的员工都是男性。

D. 部分新入职的女员工没有参与绩效考评。

E. 女员工更乐意加班,而加班绩效翻倍计算。

34. 某市 2018 年的人口发展报告显示,该市常住人口 1170 万,其中常住外来人口 440 万,户籍人口 730 万。从区级人口分布情况来看,该市 G 区常住人口 240 万,居各区之首;H 区常住人口 200 万,位居第二;同时,这两个区也是吸纳外来人口较多的区域,两个区常住外来人口 200 万,占全市常住外来人口的 45%以上。

根据以上陈述,可以得出以下哪项?

A. 该市 G 区的户籍人口比 H 区的常住外来人口多。

B. 该市 H 区的户籍人口比 G 区的常住外来人口多。

C. 该市 H 区的户籍人口比 H 区的常住外来人口多。

D. 该市 G 区的户籍人口比 G 区的常住外来人口多。

E. 该市其他各区的常住外来人口都没有 G 区或 H 区的多。

35. 移动支付如今正在北京、上海等大中城市迅速普及。但是,并非所有中国人都熟悉这种新的支付方式,很多老年人仍然习惯传统的现金交易。有专家因此断言,移动支付的迅速普及会将老年人阻挡在消费经济之外,从而影响他们晚年的生活质量。

以下哪项如果为真,最能质疑上述专家的论断?

A. 到 2030 年,中国 60 岁以上人口将增至 3.2 亿,老年人的生活质量将进一步引起社会关注。

B. 有许多老年人因年事已高,基本不直接进行购物消费,所需物品一般由儿女或社会提供,他们的晚年生活很幸福。

C. 国家有关部门近年来出台多项政策指出,消费者在使用现金支付被拒时可以投诉,但仍有不少商家我行我素。

D. 许多老年人已在家中或社区活动中心学会移动支付的方法以及防范网络诈骗的技巧。

E. 有些老年人视力不好,看不清手机屏幕;有些老年人记忆力不好,记不住手机支付密码。

36. 下表显示了某城市过去一周的天气情况:

星期一	星期二	星期三	星期四	星期五	星期六	星期日
东南风 1~2 级 小雨	南风 4~5 级 晴	无风 小雪	北风 1~2 级 阵雨	无风 晴	西风 3~4 级 阴	东风 2~3 级 中雨

以下哪项对该城市这一周天气情况的概括最为准确?

A. 每日或者刮风,或者下雨。

B. 每日或者刮风,或者晴天。

C. 每日或者无风,或者无雨。

D. 若有风且风力超过 3 级,则该日是晴天。

E. 若有风且风力不超过 3 级,则该日不是晴天。

37~38 题基于以下题干

放假 3 天,小李夫妇除安排一天休息之外,其他两天准备做 6 件事:①购物(这件事编号

为①,其他依次类推);②看望双方父母;③郊游;④带孩子去游乐场;⑤去市内公园;⑥去影院看电影。他们商定:

(1) 每件事均做一次,且在 1 天内做完,每天至少做两件事;

(2) ④和⑤安排在同一天完成;

(3) ②在③之前 1 天完成。

37. 如果③和④安排在假期的第 2 天,则以下哪项是可能的?

A. ①安排在第 2 天。

B. ②安排在第 2 天。

C. 休息安排在第 1 天。

D. ⑥安排在最后 1 天。

E. ⑤安排在第 1 天。

38. 如果假期第 2 天只做⑥等 3 件事,则可以得出以下哪项?

A. ②安排在①的前 1 天。

B. ①安排在休息一天之后。

C. ①和⑥安排在同一天。

D. ②和④安排在同一天。

E. ③和④安排在同一天。

39. 因业务需要,某公司欲将甲、乙、丙、丁、戊、己、庚 7 个部门合并到丑、寅、卯 3 个子公司。已知:

(1) 一个部门只能合并到一个子公司;

(2) 若丁和丙中至少有一个未合并到丑公司,则戊和甲均合并到丑公司;

(3) 若甲、己、庚中至少有一个未合并到卯公司,则戊合并到寅公司且丙合并到卯公司。

根据上述信息,可以得出以下哪项?

A. 甲、丁均合并到丑公司。

B. 乙、戊均合并到寅公司。

C. 乙、丙均合并到寅公司。

D. 丁、丙均合并到丑公司。

E. 庚、戊均合并到卯公司。

40. 王研究员:吃早餐对身体有害。因为吃早餐会导致皮质醇峰值更高,进而导致体内胰岛素异常,这可能引发Ⅱ型糖尿病。

李教授:事实并非如此。因为上午皮质醇水平高只是人体生理节律的表现,而不吃早餐不仅会增加患Ⅱ型糖尿病的风险,还会增加患其他疾病的风险。

以下哪项如果为真,最能支持李教授的观点?

A. 一日之计在于晨,吃早餐可以补充人体消耗,同时为一天的工作准备能量。

B. 糖尿病患者若在 9 点至 15 点之间摄入一天所需的卡路里,血糖水平就能保持基本稳定。

C. 经常不吃早餐,上午工作处于饥饿状态,不利于血糖调节,容易患上胃溃疡、胆结石等疾病。

D. 如今,人们工作繁忙,晚睡晚起现象非常普遍,很难按时吃早餐,身体常常处于亚健康状态。

E. 不吃早餐的人通常缺乏营养和健康方面的知识,容易形成不良生活习惯。

41. 某语言学爱好者欲基于无涵义语词、有涵义语词构造合法的语句。已知:

(1) 无涵义语词有 a、b、c、d、e、f,有涵义语词有 W、Z、X;

(2) 如果两个无涵义语词通过一个有涵义语词连接,则它们构成一个有涵义语词;

(3) 如果两个有涵义语词直接连接,则它们构成一个有涵义语词;

(4) 如果两个有涵义语词通过一个无涵义语词连接,则它们构成一个合法的语句。

根据上述信息,以下哪项是合法的语句?

A. aWbcdXeZ　　B. aWbcdaZe

C. fXaZbZWb　　D. aZdacdfX

E. XWbaZdWc

42. 某单位拟在椿树、枣树、楝树、雪松、银杏、桃树中选择 4 种栽种在庭院中。已知:

(1) 椿树、枣树至少种植一种;

(2) 如果种植椿树,则种植楝树但不种植雪松;

(3) 如果种植枣树,则种植雪松但不种植银杏。

如果庭院中种植银杏,则以下哪项是不可能的?

A. 种植椿树。　　B. 种植楝树。

C. 不种植枣树。　　D. 不种植雪松。

E. 不种植桃树。

43. 披毛犀化石多分布在欧亚大陆北部,我国东北平原、华北平原、西藏等地也偶有发现。披毛犀有一个独特的构造——鼻中隔,简单地说就是鼻子中间的骨头。研究发现,西藏披毛犀化石的鼻中隔只是一块不完全的硬骨,早先在亚洲北部、西伯利亚等地发现的披毛犀化石的鼻中隔要比西藏披毛犀的"完全",这说明西藏披毛犀具有更原始的形态。

以下哪项如果为真,最能支持以上论述?

A. 一个物种不可能有两个起源地。

B. 西藏披毛犀化石是目前已知最早的披毛犀化石。

C. 为了在冰雪环境中生存,披毛犀的鼻中隔经历了由软到硬的进化过程,并最终形成一块完整的骨头。

D. 冬季的青藏高原犹如冰期动物的"训练基地",披毛犀在这里受到耐寒训练。

E. 随着冰期的到来,有了适应寒冷能力的西藏披毛犀走出西藏,往北迁徙。

44. 黄土高原以前植被丰富,长满大树,而现在千沟万壑,不见树木,这是植被遭破坏后水流冲刷大地造成的惨痛结果。有专家进一步分析认为,现在黄土高原不长植物,是因为这里的黄土其实都是生土。

以下哪项最可能是上述专家推断的假设?

A. 生土不长庄稼,只有通过土壤改造等手段才适宜种植粮食作物。

B. 因缺少应有的投入,生土无人愿意耕种,无人耕种的土地瘠薄。

C. 生土是水土流失造成的恶果,缺乏植物生长所需要的营养成分。

D. 东北的黑土地中含有较厚的腐殖层,这种腐殖层适合植物的生长。

E. 植物的生长依赖熟土,而熟十的存续依赖人类对植被的保护。

45. 日前,科学家发明了一项技术,可以把二氧化碳等物质"电成"有营养价值的蛋白粉,这项技术不像种庄稼那样需要具备合适的气温、湿度和土壤等条件。他们由此认为,这项技术开辟了未来新型食物生产的新路,有助于解决全球饥饿问题。

以下各项如果为真,则除了哪项均能支持上述科学家的观点?

A. 让二氧化碳、水和微生物一起接受电流电击,可以产生出有营养价值的食物。

B. 粮食问题是全球性重大难题,联合国估计到 2050 年将有 20 亿人缺乏基本营养。

C. 把二氧化碳等物质“电成”蛋白粉的技术将彻底改变农业，还能避免对环境造成不利影响。

D. 由二氧化碳等物质“电成”的蛋白粉，约含 50%的蛋白质、25%的碳水化合物、核酸及脂肪。

E. 未来这项技术将被引入沙漠或其他面临饥荒的地区，为解决那里的饥饿问题提供重要帮助。

46~47 题基于以下题干

某公司甲、乙、丙、丁、戊 5 人爱好出国旅游。去年，在日本、韩国、英国和法国 4 国中，他们每人都去了其中的两个国家旅游，且每个国家总有他们中的 2~3 人去旅游。已知：

（1）如果甲去韩国，则丁不去英国；

（2）丙与戊去年总是结伴出国旅游；

（3）丁和乙只去欧洲国家旅游。

46. 根据以上信息，可以得出以下哪项？

A. 甲去了韩国和日本。

B. 乙去了英国和日本。

C. 丙去了韩国和英国。

D. 丁去了日本和法国。

E. 戊去了韩国和日本。

47. 如果 5 人去欧洲国家旅游的总人次与去亚洲国家的一样多，则可以得出以下哪项？

A. 甲去了日本。

B. 甲去了英国。

C. 甲去了法国。

D. 戊去了英国。

E. 戊去了法国。

48. 1818 年前后，纽约市规定，所有买卖的鱼油都需要经过检查，同时缴纳每桶 25 美元的检查费。一天，一名鱼油商人买了三桶鲸鱼油，打算把鲸鱼油制成蜡烛出售。鱼油检查员发现这些鲸鱼油根本没经过检查，根据鱼油法案，该商人需要接受检查并缴费。但该商人声称鲸鱼不是鱼，拒绝缴费，遂被告上法庭。陪审团最后支持了原告，判决该商人支付 75 美元检查费。

以下哪项如果为真，最能支持陪审团所作的判决？

A. 纽约市相关法律已经明确规定，“鱼油”包括鲸鱼油和其他鱼类的油。

B. “鲸鱼不是鱼”和中国古代公孙龙的“白马非马”类似，两者都是违反常识的诡辩。

C. 19 世纪的美国虽有许多人认为鲸鱼是鱼，但也有许多人认为鲸鱼不是鱼。

D. 当时多数从事科学研究的人都肯定鲸鱼不是鱼，而律师和政客持反对意见。

E. 古希腊有先哲早就把鲸鱼归类到胎生四足动物和卵生四足动物之下，比鱼类更高一级。

49. 尽管近年来我国引进不少人才，但真正顶尖的领军人才还是凤毛麟角。就全球而言，人才特别是高层次人才紧缺已呈常态化、长期化趋势。某专家由此认为，未来 10 年，美国、加拿大、德国等主要发达国家对高层次人才的争夺将进一步加剧，而发展中国家的高层次人才紧缺状况更甚于发达国家，因此，我国高层次人才引进工作急需进一步加强。

以下哪项如果为真，最能加强上述专家的论证？

A. 我国理工科高层次人才紧缺程度更甚于文科。

B. 发展中国家的一般性人才不比发达国家少。

C. 我国仍然是发展中国家。

D. 人才是衡量一个国家综合国力的重要指标。

E. 我国近年来引进的领军人才数量不及美国等发达国家。

50. 移动互联网时代,人们随时都可进行数字阅读。浏览网页、读电子书是数字阅读,刷微博、朋友圈也是数字阅读。长期以来,一直有人担忧数字阅读的碎片化、表面化。但近来有专家表示,数字阅读具有重要价值,是阅读的未来发展趋势。

以下哪项如果为真,最能支持上述专家的观点?

A. 长有长的用处,短有短的好处,不求甚解的数字阅读也未尝不可,说不定在未来某一时刻,当初阅读的信息就会浮现出来,对自己的生活产生影响。

B. 当前人们越来越多地通过数字阅读了解热点信息,通过网络进行相互交流,但网络交流者常常伪装或匿名,可能会提供虚假信息。

C. 有些网络读书平台能够提供精致的读书服务,它们不仅帮你选书,而且帮你读书,你只需"听"即可,但用"听"的方式去读书,效率较低。

D. 数字阅读容易挤占纸质阅读的时间,毕竟纸质阅读具有系统、全面、健康、不依赖电子设备等优点,仍将是阅读的主要方式。

E. 数字阅读便于信息筛选,阅读者能在短时间内对相关信息进行初步了解,也可以此为基础作深入了解,相关网络阅读服务平台近几年已越来越多。

51. 某街道的综合部、建设部、平安部和民生部 4 个部门,需要负责街道的秩序、安全、环境、协调 4 项工作,每个部门只负责其中的一项工作,且各部门负责的工作各不相同。已知:

(1) 如果建设部负责环境或秩序,则综合部负责协调或秩序;

(2) 如果平安部负责环境或协调,则民生部负责协调或秩序。

根据以上信息,以下哪项工作安排是可能的?

A. 建设部负责环境,平安部负责协调。

B. 建设部负责秩序,民生部负责协调。

C. 综合部负责安全,民生部负责协调。

D. 民生部负责安全,综合部负责秩序。

E. 平安部负责安全,建设部负责秩序。

52. 人非生而知之者,孰能无惑?惑而不从师,其为惑也,终不解矣。生乎吾前,其闻道也固先乎吾,吾从而师之;生乎吾后,其闻道也亦先乎吾,吾从而师之。吾师道也,夫庸知其年之先后生于吾乎?是故无贵无贱,无长无少,道之所存,师之所存也。

根据以上信息,可以得出以下哪项?

A. 与吾生乎同时,其闻道也必先乎吾。

B. 师之所存,道之所存也。

C. 无贵无贱,无长无少,皆为吾师。

D. 与吾生乎同时,其闻道不必先乎吾。

E. 若解惑,必从师。

53. 学问的本来意义与人的生命、生活有关。但是,如果学问成为口号或教条,就会失去其本来的意义。因此,任何学问都不应该成为口号或教条。

以下哪项与上述论证方式最为相似?

A. 椎间盘是没有血液循环的组织。但是,如果要确保其功能正常运转,就需依靠其周围流过的血液提供养分。因此,培养功能正常运转的人工椎间盘应该很困难。

B. 大脑会改编现实经历。但是,如果大脑只是储存现实经历的"文件柜",就不会对其进行改编。因此，大脑不应该只是储存现实经历的“文件柜”。

C. 人工智能应该可以判断黑猫和白猫都是猫。但是，如果人工智能不预先“消化”大量照片，就无从判断黑猫和白猫都是猫。因此，人工智能必须预先“消化”大量照片。

D. 机器人没有人类的弱点和偏见。但是，只有数据得到正确采集和分析，机器人才不会“主观臆断”。因此，机器人应该也有类似的弱点和偏见。

E. 历史包含必然性。但是，如果坚信历史只包含必然性，就会阻止我们用不断积累的历史数据去证实或证伪它。因此，历史不应该只包含必然性。

54～55 题基于以下题干

某项测试共有 4 道题，每道题给出 A、B、C、D 四个选项，其中只有一项是正确答案。现有张、王、赵、李 4 人参加了测试，他们的答题情况和测试结果如下：

答题者	第一题	第二题	第三题	第四题	测试结果
张	A	B	A	B	均不正确
王	B	D	B	C	只答对 1 题
赵	D	A	A	B	均不正确
李	C	C	B	D	只答对 1 题

54. 根据以上信息，可以得出以下哪项？

A. 第二题的正确答案是 C。

B. 第二题的正确答案是 D。

C. 第三题的正确答案是 D。

D. 第四题的正确答案是 A。

E. 第四题的正确答案是 D。

55. 如果每道题的正确答案各不相同，则可以得出以下哪项？

A. 第一题的正确答案是 B。

B. 第一题的正确答案是 C。

C. 第二题的正确答案是 D。

D. 第二题的正确答案是 A。

E. 第三题的正确答案是 C。

2019年管理类综合能力逻辑推理试题

26. 新常态下，消费需求发生深刻变化，消费拉开档次，个性化、多样化消费渐成主流。在相当一部分消费者那里，对产品质量的追求压倒了对价格的考虑。供给侧结构性改革，说到底是满足需求。低质量的产能必然会过剩，而顺应市场需求不断更新换代的产能不会过剩。

根据以上陈述，可以得出以下哪项？

A. 只有质优价高的产品才能满足需求。

B. 顺应市场需求不断更新换代的产能不是低质量的产能。

C. 低质量的产能不能满足个性化需求。

D. 只有不断更新换代的产品才能满足个性化、多样化消费的需求。

E. 新常态下，必须进行供给侧结构性改革。

27. 据碳14检测，卡皮瓦拉山岩画的创作时间最早可追溯到3万年前。在文字尚未出现的时代，岩画是人类沟通交流、传递信息、记录日常生活的主要方式。于是今天的我们可以在这些岩画中看到：一位母亲将孩子举起嬉戏，一家人在仰望并试图碰触头上的星空……动物是岩画的另一个主角，比如巨型犰狳、马鹿、螃蟹等。在许多画面中，人们手持长矛，追逐着前方的猎物。由此可以推断，此时的人类已经居于食物链的顶端。

以下哪项如果为真，最能支持上述推断？

A. 岩画中出现的动物一般是当时人类捕猎的对象。

B. 3万年前，人类需要避免自己被虎豹等大型食肉动物猎杀。

C. 能够使用工具使得人类可以猎杀其他动物，而不是相反。

D. 有了岩画，人类可以将生活经验保留下来供后代学习，这极大地提高了人类的生存能力。

E. 对星空的敬畏是人类脱离动物、产生宗教的动因之一。

28. 李诗、王悦、杜舒、刘默是唐诗宋词的爱好者，在唐朝诗人李白、杜甫、王维、刘禹锡中4人各喜爱其中一位，且每人喜爱的唐诗作者不与自己同姓。关于他们4人，已知：

（1）如果爱好王维的诗，那么也爱好辛弃疾的词；

（2）如果爱好刘禹锡的诗，那么也爱好岳飞的词；

（3）如果爱好杜甫的诗，那么也爱好苏轼的词。

如果李诗不爱好苏轼和辛弃疾的词，则可以得出以下哪项？

A. 杜舒爱好辛弃疾的词。

B. 王悦爱好苏轼的词。

C. 刘默爱好苏轼的词

D. 李诗爱好岳飞的词。

E. 杜舒爱好岳飞的词。

29. 人们一直在争论猫与狗谁更聪明。最近，有些科学家不仅研究了动物脑容量的大小，还研究其大脑皮层神经细胞的数量，发现猫平常似乎总摆出一副智力占优的神态，但猫的大脑皮层神经细胞的数量只有普通金毛犬的一半。由此，他们得出结论：狗比猫更聪明。

以下哪项最可能是上述科学家得出结论的假设？

A. 狗善于与人类合作，可以充当导盲犬、陪护犬、搜救犬、警犬等，就对人类的贡献而言，狗能做的似乎比猫多。

B. 狗可能继承了狼结群捕猎的特点，为了互相配合，它们需要做出一些复杂行为。

C. 动物大脑皮层神经细胞的数量与动物的聪明程度呈正相关。

D. 猫的脑神经细胞数量比狗少，是因为猫不像狗那样“爱交际”。

E. 棕熊的脑容量是金毛犬的3倍，但其脑神经细胞的数量却少于金毛犬，与猫很接近，而棕熊的脑容量却是猫的10倍。

30～31题基于以下题干

某单位拟派遣3名德才兼备的干部到西部山区进行精准扶贫。报名者踊跃，经过考察，最终确定了陈甲、傅乙、赵丙、邓丁、刘戊、张己6名候选人。根据工作需要，派遣还需满足以下条件：

（1）若派遣陈甲，则派遣邓丁但不派遣张己；

（2）若傅乙、赵丙至少派遣1人，则不派遣刘戊。

30. 以下哪项的派遣人选和上述条件不矛盾？

A. 赵丙、邓丁、刘戊。　　B. 陈甲、傅乙、赵丙。

C. 傅乙、邓丁、刘戊。　　D. 邓丁、刘戊、张己。

E. 陈甲、赵丙、刘戊。

31. 如果陈甲、刘戊至少派遣1人，则可以得出以下哪项？

A. 派遣刘戊。　　B. 派遣赵丙。

C. 派遣陈甲。　　D. 派遣傅乙。

E. 派遣邓丁。

32. 近年来，手机、电脑的使用导致工作与生活界限日益模糊，人们的平均睡眠时间一直在减少，熬夜已成为现代人生活的常态。科学研究表明，熬夜有损身体健康，睡眠不足不仅仅是多打几个哈欠那么简单。有科学家据此建议，人们应该遵守作息规律。

以下哪项如果为真，最能支持上述科学家所作的建议？

A. 长期睡眠不足会导致高血压、糖尿病、肥胖症、抑郁症等多种疾病，严重时还会造成意外伤害或死亡。

B. 缺乏睡眠会降低体内脂肪调节瘦素激素的水平，同时增加饥饿激素，容易导致暴饮暴食、体重增加。

C. 熬夜会让人的反应变慢、认知退步、思维能力下降，还会引发情绪失控，影响与他人的交流。

D. 所有的生命形式都需要休息与睡眠。在人类进化过程中，睡眠这个让人短暂失去自我意识、变得极其脆弱的过程并未被大自然淘汰。

E. 睡眠是身体的自然美容师，与那些睡眠充足的人相比，睡眠不足的人看上去面容憔悴，缺乏魅力。

33. 有一个论证（相关语句用序号表示）如下：

① 今天,我们仍然要提倡勤俭节约;② 节约可以增加社会保障资源;③ 我国尚有不少地区的人民生活贫困,亟需更多社会保障资源,但也有一些人浪费严重;④ 节约可以减少资源消耗;⑤ 因为被浪费的任何粮食或者物品都是消耗一定的资源得来的。

如果用“甲→乙”表示甲支持(或证明)乙,则以下哪项对上述论证基本结构的表示最为准确?

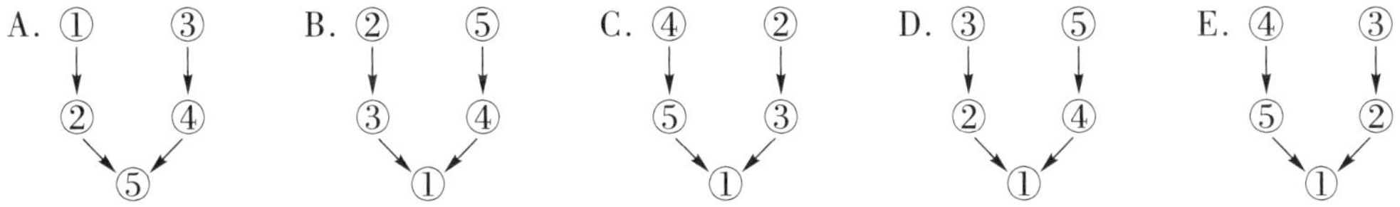

34. 研究人员使用脑电图技术研究了母亲给婴儿唱童谣时两人的大脑活动,发现当母亲与婴儿对视时,双方的脑电波趋于同步,此时婴儿也会发出更多的声音尝试与母亲沟通。他们据此认为,母亲与婴儿对视有助于婴儿的学习与交流。

以下哪项如果为真,最能支持上述研究人员的观点?

A. 在两个成年人交流时,如果他们的脑电波同步,交流就会更顺畅。

B. 当父母与孩子互动时,双方的情绪与心率可能也会同步。

C. 当部分学生对某学科感兴趣时,他们的脑电波会渐趋同步,学习效果也随之提升。

D. 当母亲和婴儿对视时,双方都在发出信号,表明自己可以且愿意与对方交流。

E. 脑电波趋于同步可优化双方对话状态,使交流更加默契,增进彼此了解。

35. 本保险柜所有密码都是 4 个阿拉伯数字和 4 个英文字母的组合。已知:

(1) 若 4 个英文字母不连续排列,则密码组合中的数字之和大于 15;

(2) 若 4 个英文字母连续排列,则密码组合中的数字之和等于 15;

(3) 密码组合中的数字之和或者等于 18,或者小于 15。

根据上述信息,以下哪项是可能的密码组合?

A. 1adbe356　　B. 37ab26dc

C. 2acgf716　　D. 58bcde32

E. 18ac42de

36. 有一 6×6 的方阵,它所含的每个小方格中可填入一个汉字,已有部分汉字填入。现要求该方阵中的每行每列均含有礼、乐、射、御、书、数 6 个汉字,不能重复也不能遗漏。

根据上述要求,以下哪项是方阵底行 5 个空格中从左至右依次应填入的汉字?

	乐		御	书	
			乐		
射	御	书		礼	
	射			数	礼
御		数			射
					书

A. 数、礼、乐、射、御。　　B. 乐、数、御、射、礼。

C. 数、礼、乐、御、射。　　D. 乐、礼、射、数、御。

E. 数、御、乐、射、礼。

37. 某市音乐节设立了流行、民谣、摇滚、民族、电音、说唱、爵士这 7 大类的奖项评选。在入围提名中，已知：

（1）至少有 6 类入围；

（2）流行、民谣、摇滚中至多有 2 类入围；

（3）如果摇滚和民族类都入围，则电音和说唱中至少有一类没有入围。

根据上述信息，可以得出以下哪项？

A. 流行类没有入围。　　B. 民谣类没有入围。

C. 摇滚类没有入围。　　D. 爵士类没有入围。

E. 电音类没有入围。

38. 某大学有位女教师默默资助一偏远山区的贫困家庭长达 15 年。记者多方打听，发现做好事者是该大学传媒学院甲、乙、丙、丁、戊 5 位教师中的一位。在接受采访时，5 位老师都很谦虚，他们是这么对记者说的：

甲：这件事是乙做的。

乙：我没有做，是丙做了这件事。

丙：我并没有做这件事。

丁：我也没有做这件事，是甲做的。

戊：如果甲没有做，则丁也不会做。

记者后来得知，上述 5 位老师中只有一人说的话符合真实情况。

根据以上信息，可以得出做这件好事的人是

A. 甲。　B. 乙。　C. 丙。　D. 丁。　E. 戊。

39. 作为一名环保爱好者，赵博士提倡低碳生活，积极宣传节能减排。但我不赞同他的做法，因为作为一名大学老师，他这样做，占用了大量的科研时间，到现在连副教授都没评上，他的观点怎么能令人信服呢？

以下哪项论证中的错误和上述最为相似？

A. 张某提出要同工同酬，主张在质量相同的情况下，不分年龄、级别一律按件计酬。她这样说不就是因为她年轻、级别低吗？其实她是在为自己谋利益。

B. 公司的绩效奖励制度是为了充分调动广大员工的积极性，它对所有员工都是公平的。如果有人对此有不同意见，则说明他反对公平。

C. 最近听说你对单位的管理制度提了不少意见，这真令人难以置信！单位领导对你差吗？你这样做，分明是和单位领导过不去。

D. 单位任命李某担任信息科科长，听说你对此有意见。大家都没有提意见，只有你一个人有意见，看来你的意见是有问题的。

E. 有一种观点认为，只有直接看到的事物才能确信其存在。但是没有人可以看到质子、电子，而这些都被科学证明是客观存在的。所以，该观点是错误的。

40. 下面 6 张卡片，一面印的是汉字（动物或者花卉），一面印的是数字（奇数或者偶数）。

虎	6	菊	7	鹰	8

对于上述 6 张卡片，如果要验证“每张至少有一面印的是偶数或者花卉”，至少需要翻看

几张卡片？

A. 2。 B. 3。 C. 4。 D. 5。 E. 6。

41. 某地人才市场招聘保洁、物业、网管、销售 4 种岗位的从业者，有甲、乙、丙、丁 4 位年轻人前来应聘。事后得知，每人只选择一种岗位应聘，且每种岗位都有其中一人应聘。另外，还知道：

(1) 如果丁应聘网管，那么甲应聘物业；

(2) 如果乙不应聘保洁，那么甲应聘保洁且丙应聘销售；

(3) 如果乙应聘保洁，那么丙应聘销售，丁也应聘保洁。

根据以上陈述，可以得出以下哪项？

A. 甲应聘物业岗位。

B. 乙应聘网管岗位。

C. 丙应聘保洁岗位。

D. 丁应聘销售岗位。

E. 甲应聘网管岗位。

42. 旅游是一种独特的文化体验。游客可以跟团游，也可以自由行。自由行游客虽避免了跟团游的集体束缚，但也放弃了人工导游的全程讲解，而近年来他们了解旅游景点的文化需求却有增无减。为适应这一市场需求，基于手机平台的多款智能导游 App 被开发出来。它们可定位用户位置，自动提供景点讲解、游览问答等功能。有专家就此指出，未来智能导游必然会取代人工导游，传统的导游职业行将消亡。

以下哪项如果为真，最能质疑上述专家的论断？

A. 至少有 95%的国外景点所配备的导游讲解器没有中文语音，中国出境游客因为语言和文化上的差异，对智能导游 App 的需求比较强烈。

B. 旅行中才会使用的智能导游 App，如何保持用户黏性、未来又如何取得商业价值等都是待解问题。

C. 好的人工导游可以根据游客需求进行不同类型的讲解，不仅关注景点，还可表达观点，个性化很强，这是智能导游 App 难以企及的。

D. 目前发展较好的智能导游 App 用户量在百万级左右，这与当前中国旅游人数总量相比还只是一个很小的比例，市场还没有培养出用户的普遍消费习惯。

E. 国内景区配备的人工导游需要收费，大部分导游讲解的内容都是事先背好的标准化内容。但是，即便人工导游没有特色，其退出市场也需要一定的时间。

43. 甲：上周去医院，给我看病的医生竟然还在抽烟。

乙：所有抽烟的医生都不关心自己的健康，而不关心自己健康的人也不会关心他人的健康。

甲：是的，不关心他人健康的医生没有医德。我今后再也不会让没有医德的医生给我看病了。

根据上述信息，以下除了哪项，其余各项均可得出？

A. 甲认为他不会再找抽烟的医生看病。

B. 乙认为上周给甲看病的医生不会关心乙的健康。

C. 甲认为上周给他看病的医生不关心医生自己的健康。

D. 甲认为上周给他看病的医生不会关心甲的健康。

E. 乙认为上周给甲看病的医生没有医德。

44. 得道者多助,失道者寡助。寡助之至,亲戚畔之;多助之至,天下顺之。以天下之所顺,攻亲戚之所畔,故君子有不战,战必胜矣。

以下哪项是上述论证所隐含的前提?

A. 得道者多,则天下太平。

B. 君子是得道者。

C. 得道者必胜失道者。

D. 失道者必定得不到帮助。

E. 失道者亲戚畔之。

45. 如今,孩子写作业不仅仅是他们自己的事,大多数中小学生的家长都要面临陪孩子写作业的任务,包括给孩子听写、检查作业、签字等。据一项针对3000余名家长进行的调查显示,84%的家长每天都会陪孩子写作业,而67%的受访家长会因陪孩子写作业而烦恼。有专家对此指出,家长陪孩子写作业,相当于充当学校老师的助理,让家庭成为课堂的延伸,会对孩子的成长产生不利影响。

以下哪项如果为真,最能支持上述专家的论断?

A. 家长是最好的老师,家长辅导孩子获得各种知识本来就是家庭教育的应有之义,对于中低年级的孩子,学习过程中的父母陪伴尤为重要。

B. 家长通常有自己的本职工作,有的晚上要加班,有的即使晚上回家也需要研究工作、操持家务,一般难有精力认真完成学校老师布置的"家长作业"。

C. 家长陪孩子写作业,会使得孩子在学习中缺乏独立性和主动性,整天处于老师和家长的双重压力下,既难生发学习兴趣,更难养成独立人格。

D. 大多数家长在孩子教育上并不是行家,他们或者早已遗忘了自己曾经学过的知识,或者根本不知道如何将自己拥有的知识传授给孩子。

E. 家长辅导孩子,不应围绕老师布置的作业,而应着重激发孩子的学习兴趣,培养孩子良好的学习习惯,让孩子在成长中感到新奇、快乐。

46. 我国天山是垂直地带性的典范。已知天山的植被形态分布具有如下特点:

(1) 从低到高有荒漠、森林带、冰雪带等;

(2) 只有经过山地草原,荒漠才能演变成森林带;

(3) 如果不经过森林带,山地草原就不会过渡到山地草甸;

(4) 山地草甸的海拔不比山地草甸草原的低,也不比高寒草甸高。

根据以上信息,关于天山植被形态,按照由低到高排列,以下哪项是不可能的?

A. 荒漠、山地草原、山地草甸草原、森林带、山地草甸、高寒草甸、冰雪带。

B. 荒漠、山地草原、山地草甸草原、高寒草甸、森林带、山地草甸、冰雪带。

C. 荒漠、山地草甸草原、山地草原、森林带、山地草甸、高寒草甸、冰雪带。

D. 荒漠、山地草原、山地草甸草原、森林带、山地草甸、冰雪带、高寒草甸。

E. 荒漠、山地草原、森林带、山地草甸草原、山地草甸、高寒草甸、冰雪带。

47. 某大学读书会开展"一月一书"活动。读书会成员甲、乙、丙、丁、戊5人在《论语》《史记》《唐诗三百首》《奥德赛》《资本论》中各选一种阅读,互不重复。已知:

(1) 甲爱读历史,会在《史记》和《奥德赛》中挑一本;

(2) 乙和丁只爱读中国古代经典,但现在都没有读诗的心情;

(3) 如果乙选《论语》,则戊选《史记》。

事实上,各人都选了自己喜爱的书目。

根据上述信息，可以得出以下哪项？

A. 甲选《史记》。

B. 乙选《奥德赛》。

C. 丙选《唐诗三百首》。

D. 丁选《论语》。

E. 戊选《资本论》。

48. 如果一个人只为自己劳动，他也许能够成为著名学者、大哲人、卓越诗人，然而他永远不能成为完美无瑕的伟大人物。如果我们选择了最能为人类福利而劳动的职业，那么，重担就不能把我们压倒，因为这是为大家而献身；那时我们所感到的就不是可怜的、有限的、自私的乐趣，我们的幸福将属于千百万人，我们的事业将默默地、但是永恒发挥作用地存在下去，而面对我们的骨灰，高尚的人们将洒下热泪。

根据以上陈述，可以得出以下哪项？

A. 如果一个人只为自己劳动，不是为大家而献身，那么重担就能将他压倒。

B. 如果我们为大家而献身，我们的幸福将属于千百万人，面对我们的骨灰，高尚的人们将洒下热泪。

C. 如果我们没有选择最能为人类福利而劳动的职业，我们所感到的就是可怜的、有限的、自私的乐趣。

D. 如果选择了最能为人类福利而劳动的职业，我们就不但能够成为著名学者、大哲人、卓越诗人，而且还能够成为完美无瑕的伟大人物。

E. 如果我们只为自己劳动，我们的事业就不会默默地、但是永恒发挥作用地存在下去。

49～50 题基于以下题干

某食堂采购 4 类（各种蔬菜名称的后一个字相同，即为一类）共 12 种蔬菜：芹菜、菠菜、韭菜、青椒、红椒、黄椒、黄瓜、冬瓜、丝瓜、扁豆、毛豆、豇豆，并根据若干条件将其分成 3 组，准备在早、中、晚三餐中分别使用。已知条件如下：

（1）同一类别的蔬菜不在一组；

（2）芹菜不能在黄椒那一组，冬瓜不能在扁豆那一组；

（3）毛豆必须与红椒或韭菜同一组；

（4）黄椒必须与豇豆同一组。

49. 根据以上信息，可以得出以下哪项？

A. 芹菜与豇豆不在同一组。

B. 芹菜与毛豆不在同一组。

C. 菠菜与扁豆不在同一组。

D. 冬瓜与青椒不在同一组。

E. 丝瓜与韭菜不在同一组。

50. 如果韭菜、青椒与黄瓜在同一组，则可以得出以下哪项？

A. 芹菜、红椒与扁豆在同一组。

B. 菠菜、黄椒与豇豆在同一组。

C. 韭菜、黄瓜与毛豆在同一组。

D. 菠菜、冬瓜与豇豆在同一组。

E. 芹菜、红椒与丝瓜在同一组。

51.《淮南子 · 齐俗训》中有曰：“今屠牛而烹其肉，或以为酸，或以为甘，煎熬燎炙，齐味万方，其本一牛之体。”其中的“熬”便是熬牛肉制汤的意思。这是考证牛肉汤做法的最早文献资料，某民俗专家由此推测，牛肉汤的起源不会晚于春秋战国时期。

以下哪项如果为真，最能支持上述推测？

A.《淮南子 · 齐俗训》完成于西汉时期。

B. 早在春秋战国时期,我国已经开始使用耕牛。

C.《淮南子》的作者中有来自齐国故地的人。

D. 春秋战国时期我国已经有熬汤的鼎器。

E.《淮南子·齐俗训》记述的是春秋战国时期齐国的风俗习惯。

52. 某研究机构以约 2 万名 65 岁以上的老人为对象,调查了笑的频率与健康状态的关系。结果显示,在不苟言笑的老人中,认为自身现在的健康状态“不怎么好”和“不好”的比例分别是几乎每天都笑的老人的 1.5 倍和 1.8 倍。爱笑的老人对自我健康状态的评价往往较高。他们由此认为,爱笑的老人更健康。

以下哪项如果为真,最能质疑上述调查者的观点?

A. 乐观的老年人比悲观的老年人更长寿。

B. 病痛的折磨使得部分老人对自我健康状态的评价不高。

C. 身体健康的老年人中,女性爱笑的比例比男性高 10 个百分点。

D. 良好的家庭氛围使得老年人生活更乐观,身体更健康。

E. 老年人的自我健康评价往往和他们实际的健康状况之间存在一定的差距。

53. 阔叶树的降尘优势明显,吸附 PM2.5 的效果最好,一棵阔叶树一年的平均滞尘量达 3.16 公斤。针叶树叶面积小,吸附 PM2.5 的功效较弱。全年平均下来,阔叶林的吸尘效果要比针叶林强不少。阔叶树也比灌木和草的吸尘效果好得多。以北京常见的阔叶树国槐为例,成片的国槐林吸尘效果比同等面积的普通草地约高 30%。有些人据此认为,为了降尘北京应大力推广阔叶树,并尽量减少针叶林面积。

以下哪项如果为真,最能削弱上述有关人员的观点?

A. 阔叶树与针叶树比例失调,不仅极易暴发病虫害、火灾等,还会影响林木的生长和健康。

B. 针叶树冬天虽然不落叶,但基本处于“休眠”状态,生物活性差。

C. 植树造林既要治理 PM2.5,也要治理其他污染物,需要合理布局。

D. 阔叶树冬天落叶,在寒冷的冬季,其养护成本远高于针叶树。

E. 建造通风走廊,能把城市和郊区的森林连接起来,让清新的空气吹入,降低城区的 PM2.5。

54~55 题基于以下题干

某园艺公司打算在花圃中栽种玫瑰、兰花和菊花三个品种的花卉。该花圃的形状如下所示:

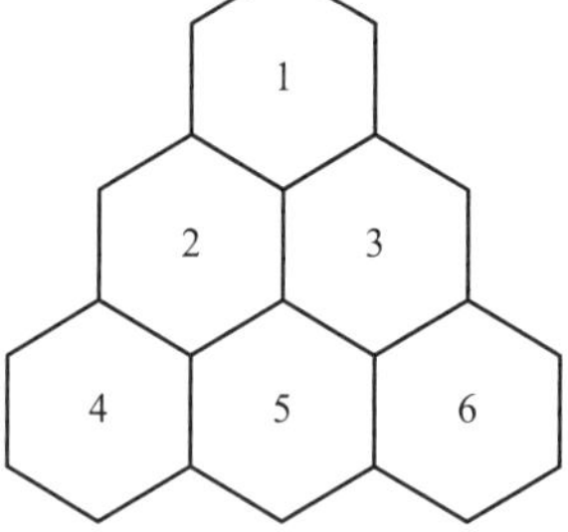

拟栽种的玫瑰有紫、红、白 3 种颜色,兰花有红、白、黄 3 种颜色,菊花有白、黄、蓝 3 种颜色。栽种需满足如下要求:

(1) 每个六边形格子中仅栽种一个品种、一种颜色的花;

(2) 每个品种只栽种两种颜色的花;

(3) 相邻格子中的花,其品种与颜色均不相同。

54. 若格子 5 中是红色的花,则以下哪项是不可能的?

A. 格子 2 中是紫色的玫瑰。

B. 格子 1 中是白色的兰花。

C. 格子 1 中是白色的菊花。

D. 格子 4 中是白色的兰花。

E. 格子 6 中是蓝色的菊花。

55. 若格子 5 中是红色的玫瑰,且格子 3 中是黄色的花,则可以得出以下哪项?

A. 格子 1 中是紫色的玫瑰。

B. 格子 4 中是白色的菊花。

C. 格子 2 中是白色的菊花。

D. 格子 4 中是白色的兰花。

E. 格子 6 中是蓝色的菊花。

2018 年管理类综合能力逻辑推理试题

26. 人民既是历史的创造者，也是历史的见证者；既是历史的“剧中人”，也是历史的“剧作者”。离开人民，文艺就会变成无根的浮萍、无病的呻吟、无魂的躯壳。观照人民的生活、命运、情感，表达人民的心愿、心情、心声，我们的作品才会在人民中传之久远。

根据以上陈述，可以得出以下哪项？

A. 只有不离开人民，文艺才不会变成无根的浮萍、无病的呻吟、无魂的躯壳。

B. 历史的创造者都不是历史的“剧中人”。

C. 历史的创造者都是历史的见证者。

D. 历史的“剧中人”都是历史的“剧作者”。

E. 我们的作品只要表达人民的心愿、心情、心声，就会在人民中传之久远。

27. 盛夏时节的某一天，某市早报刊载了由该市专业气象台提供的全国部分城市当天的天气预报，择其内容列表如下：

天津	阴	上海	雷阵雨	昆明	小雨
呼和浩特	阵雨	哈尔滨	少云	乌鲁木齐	晴
西安	中雨	南昌	大雨	香港	多云
南京	雷阵雨	拉萨	阵雨	福州	阴

根据上述信息，以下哪项作出的论断最为准确？

A. 由于所列城市盛夏天气变化频繁，所以上面所列的 9 类天气一定就是所有的天气类型。

B. 由于所列城市并非我国的所有城市，所以上面所列的 9 类天气一定不是所有的天气类型。

C. 由于所列城市在同一天不一定展示所有的天气类型，所以上面所列的 9 类天气可能不是所有的天气类型。

D. 由于所列城市在同一天可能展示所有的天气类型，所以上面所列的 9 类天气一定是所有的天气类型。

E. 由于所列城市分处我国的东南西北中，所以上面所列的 9 类天气一定就是所有的天气类型。

28. 现在许多人很少在深夜 11 点以前安然入睡，他们未必都在熬夜用功，大多是在玩手机或看电视，其结果就是晚睡，第二天就会头昏脑胀、哈欠连天。不少人常常对此感到后悔，但一到晚上他们多半还会这么做。有专家就此指出，人们似乎从晚睡中得到了快乐，但这种快乐其实隐藏着某种烦恼。

以下哪项如果为真，最能支持上述专家的结论？

A. 晨昏交替，生活周而复始，安然入睡是对当天生活的满足和对明天生活的期待，而晚睡者只想活在当下，活出精彩。

B. 晚睡者具有积极的人生态度。他们认为，当天的事须当天完成，哪怕晚睡也在所不惜。

C. 大多数习惯晚睡的人白天无精打采，但一到深夜就感觉自己精力充沛，不做点有意义的事情就觉得十分可惜。

D. 晚睡其实是一种表面难以察觉的、对“正常生活”的抵抗，它提醒人们现在的“正常生活”存在着某种令人不满的问题。

E. 晚睡者内心并不愿意睡得晚，也不觉得手机或电视有趣，甚至都不记得玩过或看过什么，但他们总是要在睡觉前花较长时间磨蹭。

29. 分心驾驶是指驾驶人为满足自己的身体舒适、心情愉悦等需求而没有将注意力全部集中于驾驶过程的驾驶行为，常见的分心行为有抽烟、饮水、进食、聊天、刮胡子、使用手机、照顾小孩等。某专家指出，分心驾驶已成为我国道路交通事故的罪魁祸首。

以下哪项如果为真，最能支持上述专家的观点？

A. 一项统计研究表明，相对于酒驾、药驾、超速驾驶、疲劳驾驶等情形，我国由分心驾驶导致的交通事故占比最高。

B. 驾驶人正常驾驶时反应时间为 0.3~1.0 秒，使用手机时反应时间则延迟 3 倍左右。

C. 开车使用手机会导致驾驶人注意力下降 20%；如果驾驶人边开车边发短信，则发生车祸的概率是其正常驾驶时的 23 倍。

D. 近来使用手机已成为我国驾驶人分心驾驶的主要表现形式，59%的人开车过程中看微信，31%的人玩自拍，36%的人刷微博、微信朋友圈。

E. 一项研究显示，在美国超过 1/4 的车祸是由驾驶人使用手机引起的。

30~31 题基于以下题干

某工厂有一员工宿舍住了甲、乙、丙、丁、戊、己、庚 7 人，每人每周需轮流值日一天，且每天仅安排一人值日。他们值日的安排还需满足以下条件：

（1）乙周二或者周六值日；

（2）如果甲周一值日，那么丙周三值日且戊周五值日；

（3）如果甲周一不值日，那么己周四值日且庚周五值日；

（4）如果乙周二值日，那么己周六值日。

30. 根据以上条件，如果丙周日值日，则可以得出以下哪项？

A. 甲周一值日。　　B. 乙周六值日。

C. 丁周二值日。　　D. 戊周三值日。

E. 己周五值日。

31. 如果庚周四值日，那么以下哪项**一定为假**？

A. 甲周一值日。　　B. 乙周六值日。

C. 丙周三值日。　　D. 戊周日值日。

E. 己周二值日。

32. 唐代韩愈在《师说》中指出：“孔子曰：三人行，则必有我师。是故弟子不必不如师，师不必贤于弟子，闻道有先后，术业有专攻，如是而已。”

根据上述韩愈的观点，可以得出以下哪项？

A. 有的弟子必然不如师。

B. 有的弟子可能不如师。

C. 有的师不可能贤于弟子。

D. 有的弟子可能不贤于师。

E. 有的师可能不贤于弟子。

33. “二十四节气”是我国农耕社会生产生活的时间指南，反映了从春到冬一年四季的气温、降水、物候的周期性变化规律。已知各节气的名称具有如下特点：

（1）凡含“春”“夏”“秋”“冬”字的节气各属春、夏、秋、冬季；

（2）凡含“雨”“露”“雪”字的节气各属春、秋、冬季；

（3）如果“清明”不在春季，则“霜降”不在秋季；

（4）如果“雨水”在春季，则“霜降”在秋季。

根据以上信息，如果从春至冬每季仅列两个节气，则以下哪项是不可能的？

A. 雨水、惊蛰、夏至、小暑、白露、霜降、大雪、冬至。

B. 惊蛰、春分、立夏、小满、白露、寒露、立冬、小雪。

C. 清明、谷雨、芒种、夏至、秋分、寒露、小雪、大寒。

D. 立春、清明、立夏、夏至、立秋、寒露、小雪、大寒。

E. 立春、谷雨、清明、夏至、处暑、白露、立冬、小雪。

34. 刀不磨要生锈，人不学要落后。所以，如果你不想落后，就应该多磨刀。

以下哪项与上述论证方式最为相似？

A. 妆未梳成不见客，不到火候不揭锅。所以，如果揭了锅，就应该是到了火候。

B. 兵在精而不在多，将在谋而不在勇。所以，如果想获胜，就应该兵精将勇。

C. 马无夜草不肥，人无横财不富。所以，如果你想富，就应该让马多吃夜草。

D. 金无足赤，人无完人。所以，如果你想做完人，就应该有真金。

E. 有志不在年高，无志空活百岁。所以，如果你不想空活百岁，就应该立志。

35. 某市已开通运营一、二、三、四号地铁线路，各条地铁线每一站运行加停靠所需时间均彼此相同。小张、小王、小李三人是同一单位的职工，单位附近有北口地铁站。某天早晨，3 人同时都在常青站乘一号线上班，但 3 人关于乘车路线的想法不尽相同。已知：

（1）如果一号线拥挤，小张就坐 2 站后转三号线，再坐 3 站到北口站；如果一号线不拥挤，小张就坐 3 站后转二号线，再坐 4 站到北口站。

（2）只有一号线拥挤，小王才坐 2 站后转三号线，再坐 3 站到北口站。

（3）如果一号线不拥挤，小李就坐 4 站后转四号线，坐 3 站之后再转三号线，坐 1 站到达北口站。

（4）该天早晨地铁一号线不拥挤。

假定三人换乘及步行总时间相同，则以下哪项最可能与上述信息不一致？

A. 小王和小李同时到达单位。

B. 小张和小王同时到达单位。

C. 小王比小李先到达单位。

D. 小李比小张先到达单位。

E. 小张比小王先到达单位。

36. 最近一项调研发现，某国 30 岁至 45 岁人群中，去医院治疗冠心病、骨质疏松等病症的人越来越多，而原来患有这些病症的大多是老年人。调研者由此认为，该国年轻人中“老年病”发病率有不断增加的趋势。

以下哪项如果为真，最能质疑上述调研结论？

A. 由于国家医疗保障水平的提高，相比以往，该国民众更有条件关注自己的身体健康。

B. “老年人”的最低年龄比以前提高了，“老年病”的患者范围也有所变化。

C. 近年来，由于大量移民涌入，该国 45 岁以下年轻人的数量急剧增加。

D. 尽管冠心病、骨质疏松等病症是常见的“老年病”，老年人患的病未必都是“老年病”。

E. 近几十年来，该国人口老龄化严重，但健康老龄人口的比重在不断增大。

37. 张教授：利益并非只是物质利益，应该把信用、声誉、情感甚至某种喜好等都归入利益的范畴。根据这种对“利益”的广义理解，如果每一个体在不损害他人利益的前提下，尽可能满足其自身的利益需求，那么由这些个体组成的社会就是一个良善的社会。

根据张教授的观点，可以得出以下哪项？

A. 如果一个社会不是良善的，那么其中肯定存在个体损害他人利益或自身利益需求没有尽可能得到满足的情况。

B. 尽可能满足每一个体的利益需求，就会损害社会的整体利益。

C. 只有尽可能满足每一个体的利益需求，社会才可能是良善的。

D. 如果有些个体通过损害他人利益来满足自身的利益需求，那么社会就不是良善的。

E. 如果某些个体的利益需求没有尽可能得到满足，那么社会就不是良善的。

38. 某学期学校新开设 4 门课程：“《诗经》鉴赏”“老子研究”“唐诗鉴赏”“宋词选读”。李晓明、陈文静、赵珊珊和庄志达 4 人各选修了其中一门课程。已知：

（1）他们 4 人选修的课程各不相同；

（2）喜爱诗词的赵珊珊选修的是诗词类课程；

（3）李晓明选修的不是“《诗经》鉴赏”就是“唐诗鉴赏”。

以下哪项如果为真，就能确定赵珊珊选修的是“宋词选读”？

A. 庄志达选修的不是“宋词选读”。

B. 庄志达选修的是“老子研究”。

C. 庄志达选修的不是“老子研究”。

D. 庄志达选修的是“《诗经》鉴赏”。

E. 庄志达选修的不是“《诗经》鉴赏”。

39. 我国中原地区如果降水量比往年偏低，该地区的河流水位会下降，流速会减缓。这有利于河流中的水草生长，河流中的水草总量通常也会随之而增加。不过，去年该地区在经历了一次极端干旱之后，尽管该地区某河流的流速十分缓慢，但其中的水草总量并未随之而增加，只是处于一个很低的水平。

以下哪项如果为真，最能解释上述看似矛盾的现象？

A. 经过极端干旱之后，该河流中以水草为食物的水生动物数量大量减少。

B. 我国中原地区多平原，海拔差异小，其地表河水流速比较缓慢。

C. 该河流在经历了去年极端干旱之后干涸了一段时间，导致大量水生物死亡。

D. 河水流速越慢，其水温变化就越小，这有利于水草的生长和繁殖。

E. 如果河流中水草数量达到一定的程度，就会对周边其他物种的生存产生危害。

40~41 题基于以下题干

某海军部队有甲、乙、丙、丁、戊、己、庚 7 艘舰艇，拟组成两个编队出航，第一编队编列 3 艘舰艇，第二编队编列 4 艘舰艇。编列需满足以下条件：

（1）己必须编列在第二编队；

（2）戊和丙至多有一艘编列在第一编队；

（3）甲和丙不在同一编队；

（4）如果乙编列在第一编队，则丁也必须编列在第一编队。

40. 如果甲在第二编队，则下列哪项中的舰艇一定也在第二编队？

A. 乙。 B. 丙。 C. 丁。 D. 戊。 E. 庚。

41. 如果丁和庚在同一编队，则可以得出以下哪项？

A. 甲在第一编队。

B. 乙在第一编队。

C. 丙在第一编队。

D. 戊在第二编队。

E. 庚在第二编队。

42. 甲：读书最重要的目的是增长知识、开拓视野。

乙：你只见其一，不见其二。读书最重要的是陶冶性情、提升境界。没有陶冶性情、提升境界，就不能达到读书的真正目的。

以下哪项与上述反驳方式最为相似？

A. 甲：文学创作最重要的是阅读优秀文学作品。

乙：你只见现象，不见本质。文学创作最重要的是观察生活、体验生活。任何优秀的文学作品都来源于火热的社会生活。

B. 甲：做人最重要的是要讲信用。

乙：你说得不全面。做人最重要的是要遵纪守法。如果不遵纪守法，就没法讲信用。

C. 甲：作为一部优秀的电视剧，最重要的是能得到广大观众的喜爱。

乙：你只见其表，不见其里。作为一部优秀的电视剧最重要的是具有深刻寓意与艺术魅力。没有深刻寓意与艺术魅力，就不能成为优秀的电视剧。

D. 甲：科学研究最重要的是研究内容的创新。

乙：你只见内容，不见方法。科学研究最重要的是研究方法的创新。只有实现研究方法的创新，才能真正实现研究内容的创新。

E. 甲：一年中最重要的季节是收获的秋天。

乙：你只看结果，不问原因。一年中最重要的季节是播种的春天。没有春天的播种，哪来秋天的收获？

43. 若要人不知，除非己莫为；若要人不闻，除非己莫言。为之而欲人不知，言之而欲人不闻，此犹捕雀而掩目，盗钟而掩耳者。

根据以上陈述，可以得出以下哪项？

A. 若己不言，则人不闻。

B. 若己为，则人会知；若己言，则人会闻。

C. 若能做到盗钟而掩耳，则可言之而人不闻。

D. 若己不为，则人不知。

E. 若能做到捕雀而掩目，则可为之而人不知。

44. 中国是全球最大的卷烟生产国和消费国，但近年来政府通过出台禁烟令、提高卷烟消费税等一系列公共政策努力改变这一形象。一项权威调查数据显示，在 2014 年同比上升 2.4%之后，中国卷烟消费量在 2015 年同比下降了 2.4%，这是 1995 年来首次下降。尽管如此，2015 年中国卷烟消费量仍占全球的 45%，但这一下降对全球卷烟总消费量产生巨大影响，使其同比下降了 2.1%。

根据以上信息，可以得出以下哪项？

A. 2015 年发达国家卷烟消费量同比下降比率高于发展中国家。

B. 2015 年世界其他国家卷烟消费量同比下降比率低于中国。

C. 2015 年世界其他国家卷烟消费量同比下降比率高于中国。

D. 2015 年中国卷烟消费量大于 2013 年。

E. 2015 年中国卷烟消费量恰好等于 2013 年。

45. 某校图书馆新购一批文科图书。为方便读者查阅，管理人员对这批图书在文科新书阅览室中的摆放位置作出如下提示：

(1) 前 3 排书橱均放有哲学类新书；

(2) 法学类新书都放在第 5 排书橱，这排书橱的左侧也放有经济类新书；

(3) 管理类新书放在最后一排书橱。

事实上，所有的图书都按照上述提示放置。根据提示，徐莉顺利找到了她想查阅的新书。

根据上述信息，以下哪项是不可能的？

A. 徐莉在第 2 排书橱中找到哲学类新书。

B. 徐莉在第 3 排书橱中找到经济类新书。

C. 徐莉在第 4 排书橱中找到哲学类新书。

D. 徐莉在第 6 排书橱中找到法学类新书。

E. 徐莉在第 7 排书橱中找到管理类新书。

46. 某次学术会议的主办方发出会议通知：只有论文通过审核才能收到会议主办方发出的邀请函，本次学术会议只欢迎持有主办方邀请函的科研院所的学者参加。

根据以上通知，可以得出以下哪项？

A. 本次学术会议不欢迎论文没有通过审核的学者参加。

B. 论文通过审核的学者都可以参加本次学术会议。

C. 论文通过审核并持有主办方邀请函的学者，本次学术会议都欢迎其参加。

D. 有些论文通过审核但未持有主办方邀请函的学者，本次学术会议欢迎其参加。

E. 论文通过审核的学者有些不能参加本次学术会议。

47~48 题基于以下题干

一江南园林拟建松、竹、梅、兰、菊 5 个园子。该园林拟设东、南、北 3 个门，分别位于其中的 3 个园子。这 5 个园子的布局满足如下条件：

(1) 如果东门位于松园或菊园，那么南门不位于竹园；

(2) 如果南门不位于竹园，那么北门不位于兰园；

(3) 如果菊园在园林的中心，那么它与兰园不相邻；

(4) 兰园与菊园相邻，中间连着一座美丽的廊桥。

47. 根据以上信息，可以得出以下哪项？

A. 兰园不在园林的中心。

B. 菊园不在园林的中心。

C. 兰园在园林的中心。

D. 菊园在园林的中心。

E. 梅园不在园林的中心。

48. 如果北门位于兰园，则可以得出以下哪项？

A. 南门位于菊园。

B. 东门位于竹园。

C. 东门位于梅园。

D. 东门位于松园。

E. 南门位于梅园。

49. 有研究发现，冬季在公路上撒盐除冰，会让本来要成为雌性的青蛙变成雄性，这是因为这些路盐中的钠元素会影响青蛙的受体细胞并改变原可能成为雌性青蛙的性别。有专家据此认为，这会导致相关区域青蛙数量的下降。

以下哪项如果为真，最能支持上述专家的观点？

A. 大量的路盐流入池塘可能会给其他水生物造成危害，破坏青蛙的食物链。

B. 如果一个物种以雄性为主，该物种的个体数量就可能受到影响。

C. 在多个盐含量不同的水池中饲养青蛙，随着水池中盐含量的增加，雌性青蛙的数量不断减少。

D. 如果每年冬季在公路上撒很多盐，盐水流入池塘，就会影响青蛙的生长发育过程。

E. 雌雄比例会影响一个动物种群的规模，雌性数量的充足对物种的繁衍生息至关重要。

50. 最终审定的项目或者意义重大或者关注度高，凡意义重大的项目均涉及民生问题，但是有些最终审定的项目并不涉及民生问题。

根据以上陈述，可以得出以下哪项？

A. 意义重大的项目比较容易引起关注。

B. 有些项目意义重大但是关注度不高。

C. 涉及民生问题的项目有些没有引起关注。

D. 有些项目尽管关注度高但并非意义重大。

E. 有些不涉及民生问题的项目意义也非常重大。

51. 甲：知难行易，知然后行。

乙：不对。知易行难，行然后知。

以下哪项与上述对话方式最为相似？

A. 甲：知人者智，自知者明。

乙：不对。知人不易，知己更难。

B. 甲：不破不立，先破后立。

乙：不对。不立不破，先立后破。

C. 甲：想想容易做起来难，做比想更重要。

乙：不对。想到就能做到，想比做更重要。

D. 甲：批评他人易，批评自己难；先批评他人后批评自己。

乙：不对。批评自己易，批评他人难；先批评自己后批评他人。

E. 甲：做人难做事易，先做人再做事。

乙：不对。做人易做事难，先做事再做人。

52. 所有值得拥有专利的产品或设计方案都是创新，但并不是每一项创新都值得拥有专利；所有的模仿都不是创新，但并非每一个模仿者都应该受到惩罚。

根据以上陈述，以下哪项是**不可能**的？

A. 有些创新者可能受到惩罚。

B. 有些值得拥有专利的创新产品并没有申请专利。

C. 有些值得拥有专利的产品是模仿。

D. 没有模仿值得拥有专利。

E. 所有的模仿者都受到了惩罚。

53. 某国拟在甲、乙、丙、丁、戊、己 6 种农作物中进口几种，用于该国庞大的动物饲料产业。考虑到一些农作物可能含有违禁成分，以及它们之间存在的互补或可替代等因素，该国对进口这些农作物有如下要求：

(1) 它们当中不含违禁成分的都进口；

(2) 如果甲或乙含有违禁成分，就进口戊和己；

(3) 如果丙含有违禁成分，那么丁就不进口了；

(4) 如果进口戊，就进口乙和丁；

(5) 如果不进口丁，就进口丙；如果进口丙，就不进口丁。

根据上述要求，以下哪项所列的农作物是该国可以进口的？

A. 甲、乙、丙。 B. 乙、丙、丁。

C. 甲、戊、己。 D. 甲、丁、己。

E. 丙、戊、己。

54~55 题基于以下题干

某校四位女生施琳、张芳、王玉、杨虹与四位男生范勇、吕伟、赵虎、李龙进行中国象棋比赛。他们被安排到四张桌上，每桌一男一女对弈，四张桌从左到右分别记为 1、2、3、4 号，每对选手需要进行四局比赛。比赛规定：选手每胜一局得 2 分，和一局得 1 分，负一局得 0 分。前三局结束时，按分差大小排列，四对选手的总积分分别是 6∶0、5∶1、4∶2、3∶3。已知：

(1) 张芳跟吕伟对弈，杨虹在 4 号桌比赛，王玉的比赛桌在李龙比赛桌的右边；

(2) 1 号桌的比赛至少有一局是和局，4 号桌双方的总积分不是 4∶2；

(3) 赵虎前三局总积分并不领先他的对手，他们也没有下成过和局；

(4) 李龙已连输三局，范勇在前三局总积分上领先他的对手。

54. 根据上述信息，前三局比赛结束时谁的总积分最高？

A. 杨虹。 B. 施琳。 C. 范勇。 D. 王玉。 E. 张芳。

55. 如果下列有位选手前三局均与对手下成和局，那么他（她）是谁？

A. 施琳。 B. 杨虹。 C. 张芳。 D. 范勇。 E. 王玉。

2017 年管理类综合能力逻辑推理试题

26. 倪教授认为,我国工程技术领域可以考虑与国外先进技术合作,但任何涉及核心技术的项目决不能受制于人;我国许多网络安全建设项目涉及信息核心技术,如果全盘引进国外先进技术而不努力自主创新,我国的网络安全将会受到严重威胁。

根据倪教授的陈述,可以得出以下哪项?

A. 我国有些网络安全建设项目不能受制于人。

B. 我国工程技术领域的所有项目都不能受制于人。

C. 如果能做到自主创新,我国的网络安全就不会受到严重威胁。

D. 我国许多网络安全建设项目不能与国外先进技术合作。

E. 只要不是全盘引进国外先进技术,我国的网络安全就不会受到严重威胁。

27. 任何结果都不可能凭空出现,它们的背后都是有原因的;任何背后有原因的事物均可以被人认识,而可以被人认识的事物都必然不是毫无规律的。

根据以上陈述,以下哪项一定为假?

A. 任何结果都可以被人认识。

B. 任何结果出现的背后都是有原因的。

C. 有些结果的出现可能毫无规律。

D. 那些可以被人认识的事物必然有规律。

E. 人有可能认识所有事物。

28. 近年来,我国海外代购业务量快速增长。代购者们通常从海外购买产品,通过各种渠道避开关税,再卖给内地顾客从中牟利,却让政府损失了税收收入。某专家由此指出,政府应该严厉打击海外代购行为。

以下哪项如果为真,最能支持上述专家的观点?

A. 近期,有位前空乘服务员因在网上开设海外代购店而被我国地方法院判定犯有走私罪。

B. 国内一些企业生产的同类产品与海外代购产品相比,无论质量还是价格都缺乏竞争优势。

C. 海外代购提升了人们的生活水准,满足了国内部分民众对于高品质生活的向往。

D. 去年,我国奢侈品海外代购规模几乎是全球奢侈品国内门店销售额的一半,这些交易大多避开了关税。

E. 国内民众的消费需求提高是伴随我国经济发展而产生的正常现象,应以此为契机促进国内同类消费品产业的升级。

29. 某剧组招募群众演员。为配合剧情,需要招募 4 类角色:外国游客 1 到 2 名,购物者 2 到 3 名,商贩 2 名,路人若干。仅有甲、乙、丙、丁、戊、己等 6 人可供选择,且每个人在同一场景中只能出演一个角色。已知:

(1) 只有甲、乙才能出演外国游客;

(2) 上述 4 类角色在每个场景中至少有 3 类同时出现;

(3) 每一场景中,若乙或丁出演商贩,则甲和丙出演购物者;

(4) 购物者和路人的数量之和在每个场景中不超过 2。

根据上述信息,可以得出以下哪项?

A. 在同一场景中,若戊和己出演路人,则甲只可能出演外国游客。

B. 甲、乙、丙、丁不会在同一场景中同时出现。

C. 至少有 2 人需要在不同的场景中出演不同的角色。

D. 在同一场景中,若乙出演外国游客,则甲只可能出演商贩。

E. 在同一场景中,若丁和戊出演购物者,则乙只可能出演外国游客。

30. 离家 300 米的学校不能上,却被安排到 2 公里外的学校就读,某市一位适龄儿童在上小学时就遭遇了所在区教育局这样的安排,而这一安排是区教育局根据儿童户籍所在施教区做出的。根据该市教育局规定的“就近入学”原则,儿童家长将区教育局告上法院,要求撤消原来安排,让其孩子就近入学。法院对此作出一审判决,驳回原告请求。

下列哪项最可能是法院判决的合理依据?

A. “就近入学”不是“最近入学”,不能将入学儿童户籍地和学校的直线距离作为划分施教区的唯一根据。

B. 按照特定的地理要素划分,施教区中的每所小学不一定就处于该施教区的中心位置。

C. 儿童入学究竟应上哪一所学校,不是让适龄儿童或其家长自主选择,而是要听从政府主管部门的行政安排。

D. “就近入学”仅仅是一个需要遵循的总体原则,儿童具体入学安排还要根据特定的情况加以变通。

E. 该区教育局划分施教区的行政行为符合法律规定,而原告孩子按户籍所在施教区的确需要去离家 2 公里外的学校就读。

31. 张立是一位单身白领,工作 5 年积累了一笔存款。由于该笔存款金额尚不足以购房,他考虑将其暂时分散投资到股票、黄金、基金、国债和外汇 5 个方面。该笔存款的投资需要满足如下条件:

(1) 如果黄金投资比例高于 1/2,则剩余部分投入国债和股票;

(2) 如果股票投资比例低于 1/3,则剩余部分不能投入外汇或国债;

(3) 如果外汇投资比例低于 1/4,则剩余部分投入基金或黄金;

(4) 国债投资比例不能低于 1/6。

根据上述信息,可以得出以下哪项?

A. 国债投资比例高于 1/2。

B. 外汇投资比例不低于 1/3。

C. 股票投资比例不低于 1/4。

D. 黄金投资比例不低于 1/5。

E. 基金投资比例低于 1/6。

32. 通识教育重在帮助学生掌握尽可能全面的基础知识,即帮助学生了解各个学科领域的基本常识;而人文教育则重在培育学生了解生活世界的意义,并对自己及他人行为的价值和意义作出合理的判断,形成“智识”。因此有专家指出,相比较而言,人文教育对个人未来生活的影响会更大一些。

以下哪项如果为真,最能支持上述专家的断言?

A. 当今我国有些大学开设的通识教育课程要远远多于人文教育课程。

B. “知识”是事实判断,“智识”是价值判断,两者不能相互替代。

C. 没有知识就会失去应对未来生活挑战的勇气,而错误的价值观可能会误导人的生活。

D. 关于价值和意义的判断事关个人的幸福和尊严,值得探究和思考。

E. 没有知识,人依然可以活下去;但如果没有价值和意义的追求,人只能成为没有灵魂的躯壳。

33~34 题基于以下题干

丰收公司邢经理需要在下个月赴湖北、湖南、安徽、江西、江苏、浙江、福建 7 省进行市场需求调研,各省均调研一次。他的行程需满足如下条件:

(1) 第一个或最后一个调研江西省;

(2) 调研安徽省的时间早于浙江省,在这两省的调研之间调研除福建省外的另外两省;

(3) 调研福建省的时间安排在调研浙江省之前或刚好调研完浙江省之后;

(4) 第三个调研江苏省。

33. 如果邢经理首先赴安徽省调研,则关于他的行程,可以确定以下哪项?

A. 第二个调研湖北省。

B. 第二个调研湖南省。

C. 第五个调研福建省。

D. 第五个调研湖北省。

E. 第五个调研浙江省。

34. 如果安徽省是邢经理第二个调研省份,则关于他的行程,可以确定以下哪项?

A. 第一个调研江西省。

B. 第四个调研湖北省。

C. 第五个调研浙江省。

D. 第五个调研湖南省。

E. 第六个调研福建省。

35. 王研究员:我国政府提出的“大众创业、万众创新”激励着每一个创业者。对于创业者来说,最重要的是需要一种坚持精神。不管在创业中遇到什么困难,都要坚持下去。

李教授:对于创业者来说,最重要的是要敢于尝试新技术。因为有些新技术一些大公司不敢轻易尝试,这就为创业者带来了成功的契机。

根据以上信息,以下哪项最准确地指出了王研究员与李教授观点的分歧所在?

A. 最重要的是敢于迎接各种创业难题的挑战,还是敢于尝试那些大公司不敢轻易尝试的新技术。

B. 最重要的是坚持创业,有毅力有恒心把事业一直做下去,还是坚持创新,做出更多的科学发现和技术发明。

C. 最重要的是坚持把创业这件事做好,成为创业大众的一员,还是努力发明新技术,成为创新万众的一员。

D. 最重要的是需要一种坚持精神,不畏艰难,还是要敢于尝试新技术,把握事业成功的契机。

E. 最重要的是坚持创业,敢于成立小公司,还是尝试新技术,敢于挑战大公司。

36. 进入冬季以来,内含大量有毒颗粒物的雾霾频繁袭击我国部分地区。有关调查显示,持续接触高浓度污染物会直接导致 10%至 15%的人患有眼睛慢性炎症或干眼症。有专家由此认为,如果不采取紧急措施改善空气质量,这些疾病的发病率和相关的并发症将会增加。

以下哪项如果为真,最能支持上述专家的观点?

A. 上述被调查的眼疾患者中有 65%是年龄在 20~40 岁之间的男性。

B. 有毒颗粒物会刺激并损害人的眼睛，长期接触会影响泪腺细胞。

C. 空气质量的改善不是短期内能做到的，许多人不得不在污染环境中工作。

D. 在重污染环境中采取戴护目镜、定期洗眼等措施有助于预防干眼症等眼疾。

E. 眼睛慢性炎症或干眼症等病例通常集中出现于花粉季。

37. 很多成年人对于儿时熟悉的《唐诗三百首》中的许多名诗，常常仅记得几句名句，而不知诗作者或诗名。甲校中文系硕士生只有三个年级，每个年级人数相等。统计发现，一年级学生都能把该书中的名句与诗名及其作者对应起来；二年级 2/3 的学生能把该书中的名句与作者对应起来；三年级 1/3 的学生不能把该书中的名句与诗名对应起来。

根据上述信息，关于该校中文系硕士生，可以得出以下哪项？

A. 1/3 以上的一、二年级学生不能把该书中的名句与作者对应起来。

B. 1/3 以上的硕士生不能将该书中的名句与诗名或作者对应起来。

C. 大部分硕士生能将该书中的名句与诗名及其作者对应起来。

D. 2/3 以上的一、三年级学生能把该书中的名句与诗名对应起来。

E. 2/3 以上的一、二年级学生不能把该书中的名句与诗名对应起来。

38. 婴儿通过触碰物体、四处玩耍和观察成人的行为等方式来学习，但机器人通常只能按照编定的程序进行学习。于是，有些科学家试图研制学习方式更接近于婴儿的机器人。他们认为，既然婴儿是地球上最有效率的学习者，为什么不设计出能像婴儿那样不费力气就能学习的机器人呢？

以下哪项最可能是上述科学家观点的假设？

A. 婴儿的学习能力是天生的，他们的大脑与其他动物幼崽不同。

B. 通过触碰、玩耍和观察等方式来学习是地球上最有效率的学习方式。

C. 即使是最好的机器人，它们的学习能力也无法超过最差的婴儿学习者。

D. 如果机器人能像婴儿那样学习，它们的智能就有可能超过人类。

E. 成年人和现有的机器人都不能像婴儿那样毫不费力地学习。

39. 针对癌症患者，医生常采用化疗手段将药物直接注入人体杀伤癌细胞，但这也可能将正常细胞和免疫细胞一同杀灭，产生较强的副作用。近来，有科学家发现，黄金纳米粒子很容易被人体癌细胞吸收，如果将其包上一层化疗药物，就可作为“运输工具”，将化疗药物准确地投放到癌细胞中。他们由此断言，微小的黄金纳米粒子能提升癌症化疗的效果，并降低化疗的副作用。

以下哪项如果为真，最能支持上述科学家所作出的论断？

A. 黄金纳米粒子用于癌症化疗的疗效有待大量临床检验。

B. 在体外用红外线加热已进入癌细胞的黄金纳米粒子，可从内部杀灭癌细胞。

C. 因为黄金所具有的特殊化学性质，黄金纳米粒子不会与人体细胞发生反应。

D. 现代医学手段已能实现黄金纳米粒子的精准投送，让其所携带的化疗药物只作用于癌细胞，并不伤及其他细胞。

E. 利用常规计算机断层扫描，医生容易判定黄金纳米粒子是否已投放到癌细胞中。

40. 甲：己所不欲，勿施于人。

乙：我反对。己所欲，则施于人。

以下哪项与上述对话方式最为相似？

A. 甲：人非草木，孰能无情？
乙：我反对。草木无情，但人有情。

B. 甲：人无远虑，必有近忧。
乙：我反对。人有远虑，亦有近忧。

C. 甲：不入虎穴，焉得虎子？
乙：我反对。如得虎子，必入虎穴。

D. 甲：人不犯我，我不犯人。
乙：我反对。人若犯我，我就犯人。

E. 甲：不在其位，不谋其政。
乙：我反对。在其位，则行其政。

41. 颜子、曾寅、孟申、荀辰申请一个中国传统文化建设项目。根据规定，该项目的主持人只能有一名，且在上述 4 位申请者中产生；包括主持人在内，项目组成员不能超过两位。另外，各位申请者在申请答辩时作出如下陈述：

（1）颜子：如果我成为主持人，将邀请曾寅或荀辰作为项目组成员；

（2）曾寅：如果我成为主持人，将邀请颜子或孟申作为项目组成员；

（3）荀辰：只有颜子成为项目组成员，我才能成为主持人；

（4）孟申：只有荀辰或颜子成为项目组成员，我才能成为主持人。

假定 4 人陈述都为真，关于项目组成员的组合，以下哪项是不可能的？

A. 孟申、曾寅。

B. 荀辰、孟申。

C. 曾寅、荀辰。

D. 颜子、孟申。

E. 颜子、荀辰。

42. 研究者调查了一组大学毕业即从事有规律的工作正好满 8 年的白领，发现他们的体重比刚毕业时平均增加了 8 公斤。研究者由此得出结论，有规律的工作会增加人们的体重。

关于上述结论的正确性，需要询问的关键问题是以下哪项？

A. 和该组调查对象其他情况相仿且经常进行体育锻炼的人，在同样的 8 年中体重有怎样的变化？

B. 该组调查对象的体重在 8 年后是否会继续增加？

C. 为什么调查关注的时间段是对象在毕业工作后 8 年，而不是 7 年或者 9 年？

D. 该组调查对象中男性和女性的体重增加是否有较大差异？

E. 和该组调查对象其他情况相仿但没有从事有规律工作的人，在同样的 8 年中体重有怎样的变化？

43. 赵默是一位优秀的企业家。因为如果一个人既拥有在国内外知名学府和研究机构工作的经历，又有担任项目负责人的管理经验，那么他就能成为一位优秀的企业家。

以下哪项与上述论证最为相似？

A. 李然是信息技术领域的杰出人才。因为如果一个人不具有前瞻性目光、国际化视野和创新思维，就不能成为信息技术领域的杰出人才。

B. 袁清是一位好作家。因为好作家都具有较强的观察能力、想象能力及表达能力。

C. 青年是企业发展的未来。因此，企业只有激发青年的青春力量，才能促其早日成才。

D. 人力资源是企业的核心资源。因为如果不开展各类文化活动，就不能提升员工岗位技能，也不能增强团队的凝聚力和战斗力。

E. 风云企业具有凝聚力。因为如果一个企业能引导和帮助员工树立目标、提升能力，就能使企业具有凝聚力。

44. 爱书成痴注定会藏书。大多数藏书家也会读一些自己收藏的书；但有些藏书家却因喜爱书的价值和精致装帧而购书收藏，至于阅读则放到了自己以后闲暇的时间，而一旦他们这样想，这些新购的书就很可能不被阅读了。但是，这些受到“冷遇”的书只要被友人借去一本，藏书家就会失魂落魄，整日心神不安。

根据上述信息，可以得出以下哪项？

A. 有些藏书家将自己的藏书当作友人。

B. 有些藏书家喜欢闲暇时读自己的藏书。

C. 有些藏书家会读遍自己收藏的书。

D. 有些藏书家不会立即读自己新购的书。

E. 有些藏书家从不读自己收藏的书。

45. 人们通常认为，幸福能够增进健康、有利于长寿，而不幸福则是健康状况不佳的直接原因，但最近有研究人员对 3000 多人的生活状况调查后发现，幸福或不幸福并不意味着死亡的风险会相应地变得更低或更高。他们由此指出，疾病可能会导致不幸福，但不幸福本身并不会对健康状况造成损害。

以下哪项如果为真，最能质疑上述研究人员的论证？

A. 有些高寿老人的人生经历较为坎坷，他们有时过得并不幸福。

B. 有些患有重大疾病的人乐观向上，积极与疾病抗争，他们的幸福感比较高。

C. 人的死亡风险低并不意味着健康状况好，死亡风险高也不意味着健康状况差。

D. 幸福是个体的一种心理体验，要求被调查对象准确断定其幸福程度有一定的难度。

E. 少数个体死亡风险的高低难以进行准确评估。

46. 甲：只有加强知识产权保护，才能推动科技创新。

乙：我不同意。过分强化知识产权保护，肯定不能推动科技创新。

以下哪项与上述反驳方式最为类似？

A. 妻子：孩子只有刻苦学习，才能取得好成绩。
   丈夫：也不尽然。学习光知道刻苦而不能思考，也不一定会取得好成绩。

B. 母亲：只有从小事做起，将来才有可能做成大事。
   孩子：老妈你错了。如果我们每天只是做小事，将来肯定做不成大事。

C. 老板：只有给公司带来回报，公司才能给他带来回报。
   员工：不对呀。我上月帮公司谈成一笔大业务，可是只得到 1%的奖励。

D. 老师：只有读书，才能改变命运。
   学生：我觉得不是这样。不读书，命运会有更大的改变。

E. 顾客：这件商品只有价格再便宜一些，才会有人来买。
   商人：不可能。这件商品如果价格再便宜一些，我就要去喝西北风了。

47. 某著名风景区有“妙笔生花”“猴子观海”“仙人晒靴”“美人梳妆”“阳关三叠”“禅心向天”等 6 个景点。为方便游人，景区提示如下：

(1) 只有先游“猴子观海”，才能游“妙笔生花”；

(2) 只有先游“阳关三叠”，才能游“仙人晒靴”；

(3) 如果游“美人梳妆”，就要先游“妙笔生花”；

(4) “禅心向天”应第 4 个游览，之后才可游览“仙人晒靴”。

张先生按照上述提示，顺利游览了上述 6 个景点。

根据上述信息，关于张先生的游览顺序，以下哪项不可能为真？

A. 第一个游览“猴子观海”。

B. 第二个游览“阳关三叠”。

C. 第三个游览“美人梳妆”。　　D. 第五个游览“妙笔生花”。

E. 第六个游览“仙人晒靴”。

48.“自我陶醉人格”，是以过分重视自己为主要特点的人格障碍。它有多种具体特征：过高估计自己的重要性，夸大自己的成就；对批评反应强烈，希望他人注意自己并羡慕自己；经常沉湎于幻想中，把自己看成是特殊的人；人际关系不稳定，嫉妒他人，损人利己。

以下各项自我陈述中，除了哪项均能体现上述“自我陶醉人格”的特征？

A. 我是这个团队的灵魂，一旦我离开了这个团队，他们将一事无成。

B. 他有什么资格批评我？大家看看，他的能力连我的一半都不到。

C. 我的家庭条件不好，但不愿意被别人看不起，所以我借钱买了一部智能手机。

D. 这么重要的活动竟然没有邀请我参加，组织者的人品肯定有问题，不值得跟这样的人交往。

E. 我刚接手别人很多年没有做成的事情，我跟他们完全不在一个层次，相信很快就会将事情搞定。

49. 通常情况下，长期在寒冷环境中生活的居民可以有更强的抗寒能力。相比于我国的南方地区，我国北方地区冬天的平均气温要低很多。然而有趣的是，现在许多北方地区的居民并不具有我们所认为的抗寒能力，相当多的北方人到南方来过冬，竟然难以忍受南方的寒冷天气，怕冷程度甚至远超过当地人。

以下哪项如果为真，最能解释上述现象？

A. 一些北方人认为南方温暖，他们去南方过冬时往往对保暖工作做得不够充分。

B. 南方地区冬天虽然平均气温比北方高，但也存在极端低温的天气。

C. 北方地区在冬天通常启用供暖设备，其室内温度往往比南方高出很多。

D. 有些北方人是从南方迁过去的，他们还没有完全适应北方的气候。

E. 南方地区湿度较大，冬天感受到的寒冷程度超出气象意义上的温度指标。

50. 译制片配音，作为一种特有的艺术形式，曾在我国广受欢迎。然而时过境迁，现在许多人已不喜欢看配过音的外国影视剧。他们觉得还是听原汁原味的声音才感觉到位。有专家由此断言，配音已失去观众，必将退出历史舞台。

以下各项如果为真，则除哪项外都能支持上述专家的观点？

A. 很多上了年纪的国人仍习惯看配过音的外国影视剧，而在国内放映的外国大片有的仍然是配过音的。

B. 配音是一种艺术再创作，倾注了配音艺术家的心血，但有的人对此并不领情，反而觉得配音妨碍了他们对原剧的欣赏。

C. 许多中国人通晓外文，观赏外国原版影视剧并不存在语言困难；即使不懂外文，边看中文字幕边听原声也不影响理解剧情。

D. 随着对外交流的加强，现在外国影视剧大量涌入国内，有的国人已经等不及慢条斯理、精工细作的配音了。

E. 现在有的外国影视剧配音难以模仿剧中演员的出色嗓音，有时也与剧情不符，对此观众并不接受。

51～52 题基于以下题干

六一节快到了。幼儿园老师为班上的小明、小雷、小刚、小芳、小花等 5 位小朋友准备了红、橙、黄、绿、青、蓝、紫等 7 份礼物。已知所有礼物都送了出去，每份礼物只能由一人获得，每人最多获得两份礼物。另外，礼物派送还需满足如下要求：

（1）如果小明收到橙色礼物，则小芳会收到蓝色礼物；

（2）如果小雷没有收到红色礼物，则小芳不会收到蓝色礼物；

（3）如果小刚没有收到黄色礼物，则小花不会收到紫色礼物；

（4）没有人既能收到黄色礼物，又能收到绿色礼物；

（5）小明只收到橙色礼物，而小花只收到紫色礼物。

51. 根据上述信息，以下哪项可能为真？

A. 小明和小芳都收到两份礼物。

B. 小雷和小刚都收到两份礼物。

C. 小刚和小花都收到两份礼物。

D. 小芳和小花都收到两份礼物。

E. 小明和小雷都收到两份礼物。

52. 根据上述信息，如果小刚收到两份礼物，则可以得出以下哪项？

A. 小雷收到红色和绿色两份礼物。

B. 小刚收到黄色和青色两份礼物。

C. 小芳收到绿色和蓝色两份礼物。

D. 小刚收到黄色和蓝色两份礼物。

E. 小芳收到青色和蓝色两份礼物。

53. 某民乐小组拟购买几种乐器，购买要求如下：

（1）二胡、箫至多购买一种；

（2）笛子、二胡和古筝至少购买一种；

（3）箫、古筝、唢呐至少购买两种；

（4）如果购买箫，则不购买笛子。

根据上述要求，可以得出以下哪项？

A. 至多可以购买三种乐器。

B. 箫、笛子至少购买一种。

C. 至少要购买三种乐器。

D. 古筝、二胡至少购买一种。

E. 一定要购买唢呐。

54～55 题基于以下题干

某影城将在“十一”黄金周 7 天（周一至周日）放映 14 部电影，其中，有 5 部科幻片、3 部警匪片、3 部武侠片、2 部战争片及 1 部爱情片。限于条件，影城每天放映两部电影。已知：

（1）除两部科幻片安排在周四外，其余 6 天每天放映的两部电影都属于不同类别；

（2）爱情片安排在周日；

（3）科幻片与武侠片没有安排在同一天；

（4）警匪片和战争片没有安排在同一天。

54. 根据上述信息，以下哪项中的两部电影不可能安排在同一天放映？

A. 警匪片和爱情片。

B. 科幻片和警匪片。

C. 武侠片和战争片。

D. 武侠片和警匪片。

E. 科幻片和战争片。

55. 根据上述信息，如果同类影片放映日期连续，则周六可能放映的电影是以下哪项？

A. 科幻片和警匪片。

B. 武侠片和警匪片。

C. 科幻片和战争片。

D. 科幻片和武侠片。

E. 警匪片和战争片。

2016 年管理类
综合能力逻辑推理试题

26. 企业要建设科技创新中心，就要推进与高校、科研院所的合作，这样才能激发自主创新的活力。一个企业只有搭建服务科技创新发展战略的平台、科技创新与经济发展对接的平台以及聚集创新人才的平台，才能催生重大科技成果。

根据上述信息，可以得出以下哪项？

A. 如果企业搭建科技创新与经济发展对接的平台，就能激发其自主创新的活力。

B. 如果企业搭建了服务科技创新发展战略的平台，就能催生重大科技成果。

C. 能否推进与高校、科研院所的合作决定企业是否具有自主创新的活力。

D. 如果企业没有搭建聚集创新人才的平台，就无法催生重大科技成果。

E. 如果企业推进与高校、科研院所的合作，就能激发其自主创新的活力。

27. 生态文明建设事关社会发展方式和人民福祉。只有实行最严格的制度、最严密的法治，才能为生态文明建设提供可靠保障；如果要实行最严格的制度、最严密的法治，就要建立责任追究制度，对那些不顾生态环境盲目决策并造成严重后果者，追究其相应责任。

根据上述信息，可以得出以下哪项？

A. 如果对那些不顾生态环境盲目决策并造成严重后果者追究相应责任，就能为生态文明建设提供可靠保障。

B. 实行最严格的制度和最严密的法治是生态文明建设的重要目标。

C. 如果不建立责任追究制度，就不能为生态文明建设提供可靠保障。

D. 只有筑牢生态环境的制度防护墙，才能造福于民。

E. 如果要建立责任追究制度，就要实行最严格的制度、最严密的法治。

28. 注重对孩子的自然教育，让孩子亲身感受大自然的神奇与美妙，可促进孩子释放天性，激发自身潜能；而缺乏这方面教育的孩子容易变得孤独，道德、情感与认知能力的发展都会受到一定的影响。

以下哪项与以上陈述方式最为类似？

A. 脱离环境保护搞经济发展是“竭泽而渔”，离开经济发展抓环境保护是“缘木求鱼”。

B. 只说一种语言的人，首次被诊断出患阿尔茨海默病的平均年龄约为 71 岁；说双语的人，首次被诊断出患阿尔茨海默病的平均年龄约为 76 岁；说三种语言的人，首次被诊断出患阿尔茨海默病的平均年龄约为 78 岁。

C. 老百姓过去“盼温饱”，现在“盼环保”；过去“求生存”，现在“求生态”。

D. 注重调查研究，可以让我们掌握第一手资料；闭门造车，只能让我们脱离实际。

E. 如果孩子完全依赖电子设备来进行学习和生活，将会对环境越来越漠视。

29. 古人以干支纪年。甲乙丙丁戊己庚辛壬癸为十干，也称天干。子丑寅卯辰巳午未申酉戌亥为十二支，也称地支。顺次以天干配地支，如甲子、乙丑、丙寅、……、癸酉、甲戌、乙亥、丙子等，六十年重复一次，俗称六十花甲子。根据干支纪年，公元 2014 年为甲午年，公元 2015 年为乙未年。

根据以上陈述，可以得出以下哪项？

A. 现代人已不用干支纪年。

B. 21 世纪会有甲丑年。

C. 干支纪年有利于农事。

D. 根据干支纪年，公元 2024 年为甲寅年。

E. 根据干支纪年，公元 2087 年为丁未年。

30. 赵明与王洪都是某高校辩论协会成员，在为今年华语辩论赛招募新队员问题上，两人发生了争执。

赵明：我们一定要选拔喜爱辩论的人。因为一个人只有喜爱辩论，才能投入精力和时间研究辩论并参加辩论赛。

王洪：我们招募的不是辩论爱好者，而是能打硬仗的辩手。无论是谁，只要能在辩论赛中发挥应有的作用，他就是我们理想的人选。

以下哪项最可能是两人争论的焦点？

A. 招募的标准是从现实出发还是从理想出发。

B. 招募的目的是研究辩论规律还是培养实战能力。

C. 招募的目的是培养新人还是赢得比赛。

D. 招募的标准是对辩论的爱好还是辩论的能力。

E. 招募的目的是集体荣誉还是满足个人爱好。

31. 在某届洲际杯足球大赛中，第一阶段某小组单循环赛共有 4 支队伍参加，每支队伍需要在这一阶段比赛三场。甲国足球队在该小组的前两轮比赛中一平一负。在第三轮比赛之前，甲国队主教练在新闻发布会上表示："只有我们在下一场比赛中取得胜利并且本组的另外一场比赛打成平局，我们才有可能从这个小组出线。"

如果甲国队主教练的陈述为真，以下哪项是**不可能**的？

A. 第三轮比赛该小组两场比赛都分出了胜负，甲国队从小组出线。

B. 甲国队第三场比赛取得了胜利，但他们未能从小组出线。

C. 第三轮比赛甲国队取得了胜利，该小组另一场比赛打成平局，甲国队未能从小组出线。

D. 第三轮比赛该小组另外一场比赛打成平局，甲国队从小组出线。

E. 第三轮比赛该小组两场比赛都打成了平局，甲国队未能从小组出线。

32. 考古学家发现，那件仰韶文化晚期的土坯砖边缘整齐，并且没有切割痕迹，由此他们推测，这件土坯砖应当是使用木质模具压制成型的；而其他 5 件由土坯砖经过烧制而成的烧结砖，经检测其当时的烧制温度为 850～900℃。由此考古学家进一步推测，当时的砖是先使用模具将黏土做成土坯，然后再经过高温烧制而成的。

以下哪项如果为真，最能支持上述考古学家的推测？

A. 仰韶文化晚期的年代约为公元前 3500 年～公元前 3000 年。

B. 仰韶文化晚期，人们已经掌握了高温冶炼技术。

C. 出土的 5 件烧结砖距今已有 5000 年，确实属于仰韶文化晚期的物品。

D. 没有采用模具而成型的土坯砖，其边缘或者不整齐，或者有切割痕迹。

E. 早在西周时期，中原地区的人们就可以烧制铺地砖和空心砖。

33. 研究人员发现，人类存在 3 种核苷酸基因类型：AA 型、AG 型以及 GG 型。一个人有

36%的概率是 AA 型，有 48%的概率是 AG 型，有 16%的概率是 GG 型。在 1200 名参与实验的老年人中，拥有 AA 型和 AG 型基因类型的人都在上午 11 时之前去世，而拥有 GG 型基因类型的人几乎都在下午 6 时左右去世。研究人员据此认为：GG 型基因类型的人会比其他人平均晚死 7 个小时。

以下哪项如果为真，最能质疑上述研究人员的观点？

A. 平均寿命的计算依据应是实验对象的生命存续长度，而不是实验对象的死亡时间。

B. 当死亡临近的时候，人体会还原到一种更加自然的生理节律感应阶段。

C. 有些人是因为疾病或者意外事故等其他因素而死亡的。

D. 对人死亡时间的比较，比一天中的哪一时刻更重要的是哪一年、哪一天。

E. 拥有 GG 型基因类型的实验对象容易患上心血管疾病。

34. 某市消费者权益保护条例明确规定，消费者对其所购商品可以“7 天内无理由退货”。但这项规定出台后并未得到顺利执行，众多消费者在 7 天内“无理由”退货时，常常遭遇商家的阻挠，他们以商品已作特价处理、商品已经开封或使用等理由拒绝退货。

以下哪项如果为真，最能质疑商家阻挠退货的理由？

A. 开封验货后，如果商品规格、质量等问题来自消费者本人，他们应为此承担责任。

B. 那些作特价处理的商品，本来质量就没有保证。

C. 如果不开封验货，就不能知道商品是否存在质量问题。

D. 政府总偏向消费者，这对于商家来说是不公平的。

E. 商品一旦开封或使用了，即使不存在问题，消费者也可以选择退货。

35. 某县县委关于下周一几位领导的工作安排如下：

(1) 如果李副书记在县城值班，那么他就要参加宣传工作例会；

(2) 如果张副书记在县城值班，那么他就要做信访接待工作；

(3) 如果王书记下乡调研，那么张副书记或李副书记就需在县城值班；

(4) 只有参加宣传工作例会或做信访接待工作，王书记才不下乡调研；

(5) 宣传工作例会只需分管宣传的副书记参加，信访接待工作也只需一名副书记参加。

根据上述工作安排，可以得出以下哪项？

A. 张副书记做信访接待工作。

B. 王书记下乡调研。

C. 李副书记参加宣传工作例会。

D. 李副书记做信访接待工作。

E. 张副书记参加宣传工作例会。

36. 近年来，越来越多的机器人被用于在战场上执行侦察、运输、拆弹等任务，甚至将来冲锋陷阵的都不再是人，而是形形色色的机器人。人类战争正在经历自核武器诞生以来最深刻的革命。有专家据此分析指出，机器人战争技术的出现可以使人类远离危险，更安全、更有效率地实现战争目标。

以下哪项如果为真，最能质疑上述专家的观点？

A. 现代人类掌控机器人，但未来机器人可能会掌控人类。

B. 因不同国家之间军事科技实力的差距，机器人战争技术只会让部分国家远离危险。

C. 机器人战争技术有助于摆脱以往大规模杀戮的血腥模式，从而让现代战争变得更为人道。

D. 掌握机器人战争技术的国家为数不多，将来战争更为频繁也更为血腥。

E. 全球化时代的机器人战争技术要消耗更多资源，破坏生态环境。

37. 郝大爷过马路时不幸摔倒昏迷，所幸有小伙子及时将他送往医院救治。郝大爷病情稳定后，有 4 位陌生小伙陈安、李康、张幸、汪福来医院看望他。郝大爷问他们究竟是谁送他来医院，他们回答如下：

陈安：我们 4 人都没有送您来医院。

李康：我们 4 人中有人送您来医院。

张幸：李康和汪福至少有一人没有送您来医院。

汪福：送您来医院的人不是我。

后来证实上述 4 人中有两人说真话，有两人说假话。

根据上述信息，可以得出以下哪项？

A. 说真话的是李康和张幸。
B. 说真话的是陈安和张幸。
C. 说真话的是李康和汪福。
D. 说真话的是张幸和汪福。
E. 说真话的是陈安和汪福。

38. 开车上路，一个人不仅需要有良好的守法意识，也需要有特别的“理性计算”：在拥堵的车流中，只要有“加塞”的，你开的车就一定要让着它；你开着车在路上正常直行，有车不打方向灯在你近旁突然横过来要撞上你，原来它想要变道，这时你也得让着它。

以下除哪项外，均能质疑上述“理性计算”的观点？

A. 有理的让着没理的，只会助长歪风邪气，有悖于社会的法律与道德。
B. “理性计算”其实就是胆小怕事，总觉得凡事能躲则躲，但有的事很难躲过。
C. 一味退让也会给行车带来极大的危险，不但可能伤及自己，而且也可能伤及无辜。
D. 即使碰上也不可怕，碰上之后如果立即报警，警方一般会有公正的裁决。
E. 如果不让，就会碰上；碰上之后，即使自己有理，也会有许多麻烦。

39. 有专家指出，我国城市规划缺少必要的气象论证，城市的高楼建得高耸而密集，阻碍了城市的通风循环。有关资料显示，近几年国内许多城市的平均风速已下降 10%。风速下降，意味着大气扩散能力减弱，导致大气污染物滞留时间延长，易形成雾霾天气和热岛效应。为此，有专家提出建立“城市风道”的设想，即在城市里制造几条畅通的通风走廊，让风在城市中更加自由地进出，促进城市空气的更新循环。

以下哪项如果为真，最能支持上述建立“城市风道”的设想？

A. 城市风道形成的“穿街风”，对建筑物的安全影响不大。
B. 风从八方来，“城市风道”的设想过于主观和随意。
C. 有风道但没有风，就会让城市风道成为无用的摆设。
D. 有些城市已拥有建立“城市风道”的天然基础。
E. 城市风道不仅有利于“驱霾”，还有利于散热。

40. 2014 年，为迎接 APEC 会议的召开，北京、天津、河北等地实施“APEC 治理模式”，采取了有史以来最严格的减排措施。果然，令人心醉的“APEC 蓝”出现了。然而，随着会议的结束，“APEC 蓝”也渐渐消失了。对此，有些人士表示困惑，既然政府能在短期内实施“APEC 治理模式”取得良好效果，为什么不将这一模式长期坚持下去呢？

以下除哪项外，均能解释人们的困惑？

A. 最严格的减排措施在落实过程中已产生很多难以解决的实际困难。

B. 如果近期将“APEC 治理模式”常态化，将会严重影响地方经济和社会的发展。

C. 任何环境治理都需要付出代价，关键在于付出的代价是否超出收益。

D. 短期严格的减排措施只能是权宜之计，大气污染治理仍需从长计议。

E. 如果 APEC 会议期间北京雾霾频发，就会影响我们国家的形象。

41. 根据现有物理学定律，任何物质的运动速度都不可能超过光速，但最近一次天文观测结果向这条定律发起了挑战。距离地球遥远的 IC310 星系拥有一个活跃的黑洞，掉入黑洞的物质产生了伽马射线冲击波。有些天文学家发现，这束伽马射线的速度超过了光速，因为它只用 4.8 分钟就穿越了黑洞边界，而光需要 25 分钟才能走完这段距离。由此，这些天文学家提出，光速不变定律需要修改了。

以下哪项如果为真，最能质疑上述天文学家所作的结论？

A. 或者光速不变定律已经过时，或者天文学家的观测有误。

B. 如果天文学家的观测没有问题，光速不变定律就需要修改。

C. 要么天文学家的观测有误，要么有人篡改了天文观测数据。

D. 天文观测数据可能存在偏差，毕竟 IC310 星系离地球很远。

E. 光速不变定律已经历过去多次实践检验，没有出现反例。

42. 某公司办公室茶水间提供自助式收费饮料。职员拿完饮料后，自己把钱放到特设的收款箱中。研究者为了判断职员在无人监督时，其自律水平会受哪些因素的影响，特地在收款箱上方贴了一张装饰图片，每周一换。装饰图片有时是一些花朵，有时是一双眼睛。一个有趣的现象出现了：贴着“眼睛”的那一周，收款箱里的钱远远超过贴其他图片的情形。

以下哪项如果为真，最能解释上述实验现象？

A. 该公司职员看到“眼睛”图片时，就能联想到背后可能有人看着他们。

B. 在该公司工作的职员，其自律能力超过社会中的其他人。

C. 该公司职员看着“花朵”图片时，心情容易变得愉快。

D. 眼睛是心灵的窗口，该公司职员看到“眼睛”图片时会有一种莫名的感动。

E. 在无人监督的情况下，大部分人缺乏自律能力。

43~44 题基于以下题干

某皇家园林依中轴线布局，从前到后依次排列着七个庭院。这七个庭院分别以汉字“日”“月”“金”“木”“水”“火”“土”来命名。已知：

(1) “日”字庭院不是最前面的那个庭院；

(2) “火”字庭院和“土”字庭院相邻；

(3) “金”“月”两庭院间隔的庭院数与“木”“水”两庭院间隔的庭院数相同。

43. 根据上述信息，下列哪个庭院可能是“日”字庭院？

A. 第一个庭院。　　B. 第二个庭院。

C. 第四个庭院。　　D. 第五个庭院。

E. 第六个庭院。

44. 如果第二个庭院是“土”字庭院，可以得出以下哪项？

A. 第七个庭院是“水”字庭院。　　B. 第五个庭院是“木”字庭院。

C. 第四个庭院是“金”字庭院。　　D. 第三个庭院是“月”字庭院。

E. 第一个庭院是“火”字庭院。

45. 在一项关于“社会关系如何影响人的死亡率”的课题研究中，研究人员惊奇地发现：不论种族、收入、体育锻炼等因素，一个乐于助人、和他人相处融洽的人，其平均寿命长于一般人，在男性中尤其如此；相反，心怀恶意、损人利己、和他人相处不融洽的人 70 岁之前的死亡率比正常人高出 1.5 至 2 倍。

以下哪项如果为真，最能解释上述发现？

A. 身心健康的人容易和他人相处融洽，而心理有问题的人与他人很难相处。

B. 男性通常比同年龄段的女性对他人有更强的“敌视情绪”，多数国家男性的平均寿命也因此低于女性。

C. 与人为善带来轻松愉悦的情绪，有益身体健康；损人利己则带来紧张的情绪，有损身体健康。

D. 心存善念、思想豁达的人大多精神愉悦、身体健康。

E. 那些自我优越感比较强的人通常“敌视情绪”也比较强，他们长时间处于紧张状态。

46. 超市中销售的苹果常常留有一定的油脂痕迹，表面显得油光滑亮。牛师傅认为，这是残留在苹果上的农药所致，水果在收摘之前都喷洒了农药，因此，消费者在超市购买水果后，一定要清洗干净方能食用。

以下哪项最可能是牛师傅看法所依赖的假设？

A. 除了苹果，其他许多水果运至超市时也留有一定的油脂痕迹。

B. 超市里销售的水果并未得到彻底清洗。

C. 只有那些在水果上能留下油脂痕迹的农药才可能被清洗掉。

D. 许多消费者并不在意超市销售的水果是否清洗过。

E. 在水果收摘之前喷洒的农药大多数会在水果上留下油脂痕迹。

47. 许多人不仅不理解别人，而且也不理解自己，尽管他们可能曾经试图理解别人，但这样的努力注定会失败，因为不理解自己的人是不可能理解别人的。可见，那些缺乏自我理解的人是不会理解别人的。

以下哪项最能说明上述论证的缺陷？

A. 使用了“自我理解”概念，但并未给出定义。

B. 没有考虑“有些人不愿意理解自己”这样的可能性。

C. 没有正确把握理解别人和理解自己之间的关系。

D. 结论仅仅是对其论证前提的简单重复。

E. 间接指责人们不能换位思考，不能相互理解。

48. 在编号壹、贰、叁、肆的 4 个盒子中装有绿茶、红茶、花茶和白茶 4 种茶，每只盒子只装一种茶，每种茶只装在一个盒子中。已知：

（1）装绿茶和红茶的盒子在壹、贰、叁号范围之内；

（2）装红茶和花茶的盒子在贰、叁、肆号范围之内；

（3）装白茶的盒子在壹、叁号范围之内。

根据以上陈述，可以得出以下哪项？

A. 绿茶装在叁号盒子中。　　B. 花茶装在肆号盒子中。

C. 白茶装在叁号盒子中。　　D. 红茶装在贰号盒子中。

E. 绿茶装在壹号盒子中。

49. 在某项目招标过程中，赵嘉、钱宜、孙斌、李汀、周武、吴纪6人作为各自公司代表参与投标，有且只有一人中标。关于究竟谁是中标者，招标小组中有3位成员各自谈了自己的看法：

(1) 中标者不是赵嘉就是钱宜；

(2) 中标者不是孙斌；

(3) 周武和吴纪都没有中标。

经过深入调查，发现上述3人中只有一人的看法是正确的。

根据以上信息，以下哪项中的3人都可以确定没有中标？

A. 赵嘉、孙斌、李汀。

B. 赵嘉、钱宜、李汀。

C. 孙斌、周武、吴纪。

D. 赵嘉、周武、吴纪。

E. 钱宜、孙斌、周武。

50. 如今，电子学习机已全面进入儿童的生活。电子学习机将文字与图像、声音结合起来，既生动形象，又富有趣味性，使儿童独立阅读成为可能。但是，一些儿童教育专家却对此发出警告，电子学习机可能不利于儿童成长。他们认为，父母应该抽时间陪孩子一起阅读纸质图书。陪孩子一起阅读纸质图书，并不是简单地让孩子读书识字，而是在交流中促进其心灵的成长。

以下哪项如果为真，最能支持上述专家的观点？

A. 电子学习机最大的问题是让父母从孩子的阅读行为中走开，减少了父母与孩子的日常交流。

B. 接触电子产品越早，就越容易上瘾，长期使用电子学习机会形成“电子瘾”。

C. 在使用电子学习机时，孩子往往更多关注其使用功能而非学习内容。

D. 纸质图书有利于保护儿童视力，有利于父母引导儿童形成良好的阅读习惯。

E. 现代生活中年轻父母工作压力较大，很少有时间能与孩子一起共同阅读。

51. 田先生认为，绝大部分笔记本电脑运行速度慢的原因不是CPU性能太差，也不是内存容量太小，而是硬盘速度太慢，给老旧的笔记本电脑换装固态硬盘可以大幅提升使用者的游戏体验。

以下哪项如果为真，最能质疑田先生的观点？

A. 一些笔记本电脑使用者的使用习惯不好，使得许多运行程序占据大量内存，导致电脑运行速度缓慢。

B. 销售固态硬盘的利润远高于销售传统的笔记本电脑硬盘。

C. 固态硬盘很贵，给老旧笔记本换装硬盘费用不低。

D. 使用者的游戏体验很大程度上取决于笔记本电脑的显卡，而老旧笔记本电脑显卡较差。

E. 少部分老旧笔记本电脑的CPU性能很差，内存也小。

52~53题基于以下题干

钟医生：“通常，医学研究的重要成果在杂志发表之前需要经过匿名评审，这需要耗费不少时间。如果研究者能放弃这段等待时间而事先公开其成果，我们的公共卫生水平就可以伴随着医学发现更快获得提高。因为新医学信息的及时公布将允许人们利用这些信息提高他们的健康水平。”

52. 以下哪项最可能是钟医生论证所依赖的假设？

A. 即使医学论文还没有在杂志发表，人们还是会使用已公开的相关新信息。

B. 因为工作繁忙，许多医学研究者不愿成为论文评审者。

C. 首次发表于匿名评审杂志的新医学信息一般无法引起公众的注意。

D. 许多医学杂志的论文评审者本身并不是医学研究专家。

E. 部分医学研究者愿意放弃在杂志上发表，而选择事先公开其成果。

53. 以下哪项如果为真，最能削弱钟医生的论证？

A. 大部分医学杂志不愿意放弃匿名评审制度。

B. 社会公共卫生水平的提高还取决于其他因素，并不完全依赖于医学新发现。

C. 匿名评审常常能阻止那些含有错误结论的文章发表。

D. 有些媒体常常会提前报道那些匿名评审杂志准备发表的医学研究成果。

E. 人们常常根据新发表的医学信息来调整他们的生活方式。

54~55 题基于以下题干

江海大学的校园美食节开幕了，某女生宿舍有 5 人积极报名参加此次活动，她们的姓名分别为金粲、木心、水仙、火珊、土润。举办方要求，每位报名者只做一道菜品参加评比，但需自备食材。限于条件，该宿舍所备食材仅有 5 种：金针菇、木耳、水蜜桃、火腿和土豆，要求每种食材只能有 2 人选用，每人又只能选用 2 种食材，并且每人所选食材名称的第一个字与自己的姓氏均不相同。已知：

（1）如果金粲选水蜜桃，则水仙不选金针菇；

（2）如果木心选金针菇或土豆，则她也须选木耳；

（3）如果火珊选水蜜桃，则她也须选木耳和土豆；

（4）如果木心选火腿，则火珊不选金针菇。

54. 根据上述信息，可以得出以下哪项？

A. 木心选用水蜜桃、土豆。

B. 水仙选用金针菇、火腿。

C. 土润选用金针菇、水蜜桃。

D. 火珊选用木耳、水蜜桃。

E. 金粲选用木耳、土豆。

55. 如果水仙选用土豆，则可以得出以下哪项？

A. 木心选用金针菇、水蜜桃。

B. 金粲选用木耳、火腿。

C. 火珊选用金针菇、土豆。

D. 水仙选用木耳、土豆。

E. 土润选用水蜜桃、火腿。

2015年管理类综合能力逻辑推理试题

26. 晴朗的夜晚我们可以看到满天星斗，其中有些是自身发光的恒星，有些是自身不发光但可以反射附近恒星光的行星。恒星尽管遥远，但是有些可以被现有的光学望远镜"看到"。和恒星不同，由于行星本身不发光，而且体积远小于恒星，所以，太阳系外的行星大多无法用现有的光学望远镜"看到"。

以下哪项如果为真，最能解释上述现象？

A. 现有的光学望远镜只能"看到"自身发光或者反射光的天体。

B. 有些恒星没有被现有的光学望远镜"看到"。

C. 如果行星的体积足够大，现有的光学望远镜就能够"看到"。

D. 太阳系外的行星因距离遥远，很少能将恒星光反射到地球上。

E. 太阳系内的行星大多可以用现有的光学望远镜"看到"。

27. 长期以来，手机产生的电磁辐射是否威胁人体健康一直是极具争议的话题。一项长达10年的研究显示，每天使用移动电话通话30分钟以上的人患神经胶质瘤的风险比从未使用者要高出40%。由此某专家建议，在获得进一步的证据之前，人们应该采取更加安全的措施，如尽量使用固定电话通话或使用短信进行沟通。

以下哪项如果为真，最能表明该专家的建议不切实际？

A. 大多数手机产生的电磁辐射强度符合国家规定的安全标准。

B. 现在人类生活空间中的电磁辐射强度已经超过手机通话产生的电磁辐射强度。

C. 经过较长一段时间，人的身体能够逐渐适应强电磁辐射的环境。

D. 上述实验期间，有些人每天使用移动电话通话超过40分钟，但他们很健康。

E. 即使以手机短信进行沟通，发送和接收信息的瞬间也会产生较强的电磁辐射。

28. 甲、乙、丙、丁、戊和己等6人围坐在一张正六边形的小桌前，每边各坐一人。已知：

(1) 甲与乙正面相对；

(2) 丙与丁不相邻，也不正面相对。

如果己与乙不相邻，则以下哪项一定为真？

A. 如果甲与戊相邻，则丁与己正面相对。

B. 甲与丁相邻。

C. 戊与己相邻。

D. 如果丙与戊不相邻，则丙与己相邻。

E. 己与乙正面相对。

29. 人类经历了上百万年的自然进化，产生了直觉、多层次抽象等独特智能。尽管现代计算机已经具备了一定的学习能力，但这种能力还需要人类的指导，完全的自我学习能力还有待进一步发展。因此，计算机要达到甚至超过人类的智能水平是不可能的。

以下哪项最可能是上述论证的预设？

A. 计算机很难真正懂得人类的语言，更不可能理解人类的感情。

B. 理解人类复杂的社会关系需要自我学习能力。

C. 计算机如果具备完全的自我学习能力，就能形成直觉、多层次抽象等智能。

D. 计算机可以形成自然进化能力。

E. 直觉、多层次抽象等这些人类的独特智能无法通过学习获得。

30. 为进一步加强对不遵守交通信号等违法行为的执法管理，规范执法程序，确保执法公正，某市交警支队要求：凡属交通信号指示不一致、有证据证明救助危难等情形，一律不得录入道路交通违法信息系统；对已录入信息系统的交通违法记录，必须完善异议受理、核查、处理等工作规范，最大限度减少执法争议。

根据上述交警支队的要求，可以得出以下哪项？

A. 有些因救助危难而违法的情形，如果仅有当事人说辞但缺乏当时现场的录音录像证明，就应录入道路交通违法信息系统。

B. 对已录入系统的交通违法记录，只有倾听群众异议，加强群众监督，才能最大限度减少执法争议。

C. 如果汽车使用了行车记录仪，就可以提供现场实时证据，大大减少被录入道路交通违法信息系统的可能性。

D. 因信号灯相位设置和配时不合理等造成交通信号不一致而引发的交通违法情形，可以不录入道路交通违法信息系统。

E. 只要对已录入系统的交通违法记录进行异议受理、核查和处理，就能最大限度减少执法争议。

31～32 题基于以下题干

某次讨论会共有 18 名参会者。已知：

（1）至少有 5 名青年教师是女性；

（2）至少有 6 名女教师已过中年；

（3）至少有 7 名女青年是教师。

31. 根据上述信息，关于参会人员可以得出以下哪项？

A. 有些青年教师不是女性。

B. 有些女青年不是教师。

C. 青年教师至少有 11 名。

D. 女青年至多有 11 名。

E. 女教师至少有 13 名。

32. 如果上述三句话两真一假，那么关于参会人员可以得出以下哪项？

A. 青年教师至少有 5 名。

B. 男教师至多有 10 名。

C. 女青年都是教师。

D. 女青年至少有 7 名。

E. 青年教师都是女性。

33. 当企业处于蓬勃上升时期，往往紧张而忙碌，没有时间和精力去设计和修建“琼楼玉宇”；当企业所有的重要工作都已经完成，其时间和精力就开始集中在修建办公大楼上。所以，如果一个企业的办公大楼设计得越完美，装饰得越豪华，则该企业离解体的时间就越近；当某个企业的大楼设计和建造趋向完美之际，它的存在就逐渐失去意义。这就是所谓的“办公大楼法则”。

以下哪项如果为真，最能质疑上述观点？

A. 某企业的办公大楼修建得美轮美奂，入住后该企业的事业蒸蒸日上。

B. 一个企业如果将时间和精力都耗费在修建办公大楼上，则对其他重要工作就投入不足了。

C. 建造豪华的办公大楼，往往会加大企业的运营成本，损害其实际收益。

D. 企业的办公大楼越破旧，该企业就越有活力和生机。

E. 建造豪华办公大楼并不需要企业投入太多的时间和精力。

34. 张云、李华、王涛都收到了明年二月初赴北京开会的通知。他们可以选择乘坐飞机、高铁与大巴等交通工具进京。他们对这次进京方式有如下考虑：

(1) 张云不喜欢坐飞机，如果有李华同行，他就选择乘坐大巴；

(2) 李华不计较方式，如果高铁票价比飞机便宜，他就选择乘坐高铁；

(3) 王涛不在乎价格，除非预报二月初北京有雨雪天气，否则他就选择乘坐飞机；

(4) 李华和王涛家住得较近，如果航班时间合适，他们将一同乘飞机出行。

如果上述 3 人的考虑都得到满足，则可以得出以下哪项？

A. 如果李华没有选择乘坐高铁或飞机，则他肯定和张云一起乘坐大巴进京。

B. 如果张云和王涛乘坐高铁进京，则二月初北京有雨雪天气。

C. 如果三人都乘坐飞机进京，则飞机票价比高铁便宜。

D. 如果王涛和李华乘坐飞机进京，则二月初北京没有雨雪天气。

E. 如果三人都乘坐大巴进京，则预报二月初北京有雨雪天气。

35. 某市推出一项月度社会公益活动，市民报名踊跃。由于活动规模有限，主办方决定通过摇号抽签的方式选择参与者。第一个月中签率为 1∶20；随后连创新低，到下半年的 10 月份已达 1∶70。大多数市民屡摇不中，但从今年 7 至 10 月，“李祥”这个名字连续 4 个月中签。不少市民据此认为，有人在抽签过程中作弊，并对主办方提出质疑。

以下哪项如果为真，最能消解上述市民的质疑？

A. 摇号抽签全过程是在有关部门监督下进行的。

B. 在报名的市民中，名叫“李祥”的近 300 人。

C. 已经中签的申请者中，叫“张磊”的有 7 人。

D. 曾有一段时间，家长给孩子取名不回避重名。

E. 在摇号系统中，每一位申请人都被随机赋予一个不重复的编码。

36. 美国扁桃仁于上世纪 70 年代出口到我国，当时被误译成“美国大杏仁”。这种误译导致大多数消费者根本不知道扁桃仁、杏仁是两种完全不同的产品。对此，尽管我国林果专家一再努力澄清，但学界的声音很难传达到相关企业和普通大众。因此，必须制定林果的统一行业标准，这样才能还相关产品以本来面目。

以下哪项最可能是上述论证的假设？

A. 美国扁桃仁和中国大杏仁的外形很相似。

B. 进口商品名称的误译会扰乱我国企业正常的对外贸易活动。

C. “美国大杏仁”在中国市场上销量超过中国杏仁。

D. 我国相关企业和普通大众并不认可我国林果专家的意见。

E. 长期以来，我国没有关于林果的统一行业标准。

37. 10 月 6 日晚上，张强要么去电影院看了电影，要么拜访了他的朋友秦玲。如果那天晚上张强开车回家，他就没去电影院看电影。只有张强事先与秦玲约定，张强才能去拜访她。事实上,张强不可能事先与秦玲约定。

根据以上陈述,可以得出以下哪项?

A. 那天晚上张强与秦玲一道去电影院看电影。

B. 那天晚上张强拜访了他的朋友秦玲。

C. 那天晚上张强没有开车回家。

D. 那天晚上张强没有去电影院看电影。

E. 那天晚上张强开车去电影院看电影。

38~39题基于以下题干

天南大学准备选派两名研究生、三名本科生到山村小学支教。经过个人报名和民主评议,最终人选将在研究生赵婷、唐玲、殷倩等3人和本科生周艳、李环、文琴、徐昂、朱敏等5人中产生。按规定,同一学院或者同一社团至多选派一人。已知:

(1) 唐玲和朱敏均来自数学学院;

(2) 周艳和徐昂均来自文学院;

(3) 李环和朱敏均来自辩论协会。

38. 根据上述条件,以下必定入选的是:

A. 唐玲。 B. 赵婷。 C. 周艳。 D. 殷倩。 E. 文琴。

39. 如果唐玲入选,那么以下必定入选的是:

A. 李环。 B. 徐昂。 C. 周艳。 D. 赵婷。 E. 殷倩。

40. 有些阔叶树是常绿植物,因此,所有阔叶树都不生长在寒带地区。

以下哪项如果为真,最能反驳上述结论?

A. 常绿植物不都是阔叶树。

B. 寒带的某些地区不生长阔叶树。

C. 有些阔叶树不生长在寒带地区。

D. 常绿植物都不生长在寒带地区。

E. 常绿植物都生长在寒带地区。

41~42题基于以下题干

某大学运动会即将召开,经管学院拟组建一支12人的代表队参赛,参赛队员将从该院4个年级的学生中选拔。学校规定:每个年级都须在长跑、短跑、跳高、跳远、铅球等5个项目中选择1~2项参加比赛,其余项目可任意选择;一个年级如果选择长跑,就不能选择短跑或跳高;一个年级如果选择跳远,就不能选择长跑或铅球;每名队员只参加1项比赛。已知该院:

(1) 每个年级均有队员被选拔进入代表队;

(2) 每个年级被选拔进入代表队的人数各不相同;

(3) 有两个年级的队员人数相乘等于另一个年级的队员人数。

41. 根据以上信息,一个年级最多可选拔

A. 8人。 B. 7人。 C. 6人。 D. 5人。 E. 4人。

42. 如果某年级队员人数不是最少的,且选择了长跑,那么对于该年级来说,以下哪项是不可能的?

A. 选择短跑或铅球。

B. 选择短跑或跳远。

C. 选择铅球或跳高。

D. 选择长跑或跳高。

E. 选择铅球或跳远。

43. 为防御电脑受到病毒侵袭，研究人员开发了防御病毒、查杀病毒的程序，前者启动后能使程序运行免受病毒侵袭，后者启动后能迅速查杀电脑中可能存在的病毒。某台电脑上现装有甲、乙、丙三种程序，已知：

（1）甲程序能查杀目前已知的所有病毒；

（2）若乙程序不能防御已知的一号病毒，则丙程序也不能查杀该病毒；

（3）只有丙程序能防御已知的一号病毒，电脑才能查杀目前已知的所有病毒；

（4）只有启动甲程序，才能启动丙程序。

根据上述信息，可以得出以下哪项？

A. 如果启动了丙程序，就能防御并查杀一号病毒。

B. 如果启动了乙程序，那么不必启动丙程序也能查杀一号病毒。

C. 只有启动乙程序，才能防御并查杀一号病毒。

D. 只有启动丙程序，才能防御并查杀一号病毒。

E. 如果启动了甲程序，那么不必启动乙程序也能查杀所有病毒。

44. 研究人员将角膜感觉神经断裂的兔子分为两组：实验组和对照组。他们给实验组兔子注射一种从土壤霉菌中提取的化合物。3 周后检查发现，实验组兔子的角膜感觉神经已经复合；而对照组兔子未注射这种化合物，其角膜感觉神经都没有复合。研究人员由此得出结论：该化合物可以使兔子断裂的角膜感觉神经复合。

以下哪项与上述研究人员得出结论的方式最为类似？

A. 科学家在北极冰川地区的黄雪中发现了细菌，而该地区的寒冷气候与木卫二的冰冷环境有着惊人的相似。所以，木卫二可能存在生命。

B. 绿色植物在光照充足的环境下能茁壮成长，而在光照不足的环境下只能缓慢生长。所以，光照有助于绿色植物的生长。

C. 一个整数或者是偶数，或者是奇数。0 不是奇数，所以，0 是偶数。

D. 昆虫都有三对足，蜘蛛并非三对足。所以，蜘蛛不是昆虫。

E. 年逾花甲的老王戴上老花眼镜可以读书看报，不戴则视力模糊。所以，年龄大的人都要戴老花眼镜。

45. 张教授指出，明清时期科举考试分为四级，即院试、乡试、会试、殿试。院试在县府举行，考中者称“生员”；乡试每三年在各省省城举行一次，生员才有资格参加，考中者称为“举人”，举人第一名称“解元”；会试于乡试后第二年在京城礼部举行，举人才有资格参加，考中者称为“贡士”，贡士第一名称“会元”；殿试在会试当年举行，由皇帝主持，贡士才有资格参加，录取分三甲，一甲三名，二甲、三甲各若干名，统称“进士”，一甲第一名称“状元”。

根据张教授的陈述，以下哪项是不可能的？

A. 未中解元者，不曾中会元。　　B. 中举者，不曾中进士。

C. 中状元者曾为生员和举人。　　D. 中会元者，不曾中举。

E. 可有连中三元者（解元、会元、状元）。

46. 有人认为，任何一个机构都包括不同的职位等级或层级，每个人都隶属于其中的一个层级。如果某人在原来级别岗位上干得出色，就会被提拔，而被提拔者得到重用后却碌碌无为，这会造成机构效率低下、人浮于事。

以下哪项如果为真，最能质疑上述观点？

A. 不同岗位的工作方法是不同的,对新岗位要有一个适应过程。

B. 部门经理王先生业绩出众,被提拔为公司总经理后工作依然出色。

C. 个人晋升常常在一定程度上影响所在机构的发展。

D. 李明的体育运动成绩并不理想,但他进入管理层后却干得得心应手。

E. 王副教授教学科研能力都很强,而晋升为正教授后却表现平平。

47. 如果把一杯酒倒进一桶污水中,你得到的是一桶污水;如果把一杯污水倒进一桶酒中,你得到的仍然是一桶污水。在任何组织中,都可能存在几个难缠人物,他们存在的目的似乎就是把事情搞糟。如果一个组织不加强内部管理,一个正直能干的人进入某低效的部门就会被吞没,而一个无德无才者很快就能将一个高效的部门变成一盘散沙。

根据以上信息,可以得出以下哪项?

A. 如果组织中存在几个难缠人物,很快就会把组织变成一盘散沙。

B. 如果不将一杯污水倒进一桶酒中,你就不会得到一桶污水。

C. 如果一个正直能干的人在低效部门没有被吞没,则该部门加强了内部管理。

D. 如果一个正直能干的人进入组织,就会使组织变得更为高效。

E. 如果一个无德无才的人把组织变成一盘散沙,则该组织没有加强内部管理。

48. 孤独症会影响社会交往、语言交流和兴趣爱好等方面的行为。研究人员发现,实验鼠体内神经连接蛋白的蛋白质如果合成过多,会导致孤独症。由此他们认为,孤独症与神经连接蛋白的蛋白质合成量具有重要关联。

以下哪项如果为真,最能支持上述观点?

A. 生活在群体之中的实验鼠较之独处的实验鼠患孤独症的比例要小。

B. 雄性实验鼠患孤独症的比例是雌性实验鼠的5倍。

C. 抑制神经连接蛋白的蛋白质合成可缓解实验鼠的孤独症状。

D. 如果将实验鼠控制蛋白合成的关键基因去除,其体内的神经连接蛋白就会增加。

E. 神经连接蛋白正常的老年实验鼠患孤独症的比例很低。

49. 张教授指出,生物燃料是指利用生物资源生产的燃料乙醇或生物柴油,它们可以替代由石油制取的汽油和柴油,是可再生能源开发利用的重要方向。受世界石油资源短缺、环保和全球气候变化的影响,20世纪70年代以来,许多国家日益重视生物燃料的发展,并取得显著成效。所以,应该大力开发和利用生物燃料。

以下哪项最可能是张教授论证的预设?

A. 发展生物燃料可有效降低人类对石油等化石燃料的消耗。

B. 发展生物燃料会减少粮食供应,而当今世界有数以百万计的人食不果腹。

C. 生物柴油和燃料乙醇是现代社会能源供给体系的适当补充。

D. 生物燃料在生产与运输过程中需要消耗大量的水、电和石油等。

E. 目前我国生物燃料的开发和利用已经取得很大成绩。

50. 有关数据显示,2011年全球新增870万结核病患者,同时有140万患者死亡。因为结核病对抗生素有耐药性,所以对结核病的治疗一直都进展缓慢。如果不能在近几年消除结核病,那么还会有数百万人死于结核病。如果要控制这种流行病,就要有安全、廉价的疫苗。目前有12种新疫苗正在测试之中。

根据以上信息,可以得出以下哪项?

A. 2011 年结核病患者死亡率已达 16.1%。

B. 有了安全、廉价的疫苗，我们就能控制结核病。

C. 如果解决了抗生素的耐药性问题，结核病治疗将会获得突破性进展。

D. 只有在近几年消除结核病，才能避免数百万人死于这种疾病。

E. 新疫苗一旦应用于临床，将有效控制结核病的传播。

51. 一个人如果没有崇高的信仰，就不可能守住道德的底线；而一个人只有不断加强理论学习，才能始终保持崇高的信仰。

根据以上信息，可以得出以下哪项？

A. 一个人没能守住道德的底线，是因为他首先丧失了崇高的信仰。

B. 一个人只要有崇高的信仰，就能守住道德的底线。

C. 一个人只有不断加强理论学习，才能守住道德的底线。

D. 一个人如果不能守住道德的底线，就不可能保持崇高的信仰。

E. 一个人只要不断加强理论学习，就能守住道德的底线。

52. 研究人员安排了一次实验，将 100 名受试者分为两组：喝一小杯红酒的实验组和不喝酒的对照组。随后，让两组受试者计算某段视频中篮球队员相互传球的次数。结果发现，对照组的受试者都计算准确，而实验组中只有 18% 的人计算准确。经测试，实验组受试者的血液中酒精浓度只有酒驾法定值的一半。由此专家指出，这项研究结果或许应该让立法者重新界定酒驾法定值。

以下哪项如果为真，最能支持上述专家的观点？

A. 酒驾法定值设置过低，可能会把许多未饮酒者界定为酒驾。

B. 即使血液中酒精浓度只有酒驾法定值的一半，也会影响视力和反应速度。

C. 饮酒过量不仅损害身体健康，而且影响驾车安全。

D. 只要血液中酒精浓度不超过酒驾法定值，就可以驾车上路。

E. 即使酒驾法定值设置较高，也不会将少量饮酒的驾车者排除在酒驾范围之外。

53. 某研究人员在 2004 年对一些 12~16 岁的学生进行了智商测试，测试得分为 77~135 分。4 年之后再次测试，这些学生的智商得分为 87~143 分。仪器扫描显示，那些得分提高了的学生，其脑部比此前呈现更多的灰质（灰质是一种神经组织，是中枢神经的重要组成部分）。这一测试表明，个体的智商变化确实存在，那些早期在学校表现并不突出的学生未来仍有可能成为佼佼者。

以下除哪项外，都能支持上述实验结论？

A. 随着年龄的增长，青少年脑部区域的灰质通常也会增加。

B. 有些天才少年长大后智力并不出众。

C. 学生的非言语智力表现与他们大脑结构的变化明显相关。

D. 部分学生早期在学校表现不突出与其智商有关。

E. 言语智商的提高伴随着大脑左半球运动皮层灰质的增多。

54~55 题基于以下题干

某高校有数学、物理、化学、管理、文秘、法学等 6 个专业毕业生需要就业，现有风云、怡和、宏宇三家公司前来学校招聘。已知，每家公司只招聘该校上述 2 至 3 个专业的若干毕业生，且需要满足以下条件：

（1）招聘化学专业的公司也招聘数学专业；
（2）怡和公司招聘的专业，风云公司也招聘；
（3）只有一家公司招聘文秘专业，且该公司没有招聘物理专业；
（4）如果怡和公司招聘管理专业，那么也招聘文秘专业；
（5）如果宏宇公司没有招聘文秘专业，那么怡和公司招聘文秘专业。

54. 如果只有一家公司招聘物理专业，那么可以得出以下哪项？

A. 宏宇公司招聘数学专业。
B. 怡和公司招聘管理专业。
C. 怡和公司招聘物理专业。
D. 风云公司招聘化学专业。
E. 风云公司招聘物理专业。

55. 如果三家公司都招聘 3 个专业的若干毕业生，那么可以得出以下哪项？

A. 风云公司招聘数学专业。
B. 怡和公司招聘物理专业。
C. 宏宇公司招聘化学专业。
D. 风云公司招聘化学专业。
E. 怡和公司招聘法学专业。

2014年管理类综合能力逻辑推理试题

26. 随着光纤网络带来的网速大幅度提高,高速下载电影、在线看大片等都不再是困扰我们的问题。即使在社会生产力发展水平较低的国家,人们也可以通过网络随时随地获得最快的信息、最贴心的服务和最佳体验。有专家据此认为:光纤网络将大幅提高人们的生活质量。

以下哪项如果为真,最能质疑该专家的观点?

A. 网络上所获得的贴心服务和美妙体验有时是虚幻的。

B. 即使没有光纤网络,同样可以创造高品质的生活。

C. 随着高速网络的普及,相关上网费用也随之增加。

D. 人们生活质量的提高仅决定于社会生产力的发展水平。

E. 快捷的网络服务可能使人们将大量时间消耗在娱乐上。

27. 李栋善于辩论,也喜欢诡辩。有一次他论证道:“郑强知道数字 87654321,陈梅家的电话号码正好是 87654321,所以郑强知道陈梅家的电话号码。”

以下哪项与李栋论证中所犯的错误最为类似?

A. 中国人是勤劳勇敢的,李岚是中国人,所以李岚是勤劳勇敢的。

B. 金砖是由原子构成的,原子不是肉眼可见的,所以金砖不是肉眼可见的。

C. 黄兵相信晨星在早晨出现,而晨星其实就是暮星,所以黄兵相信暮星在早晨出现。

D. 张冉知道如果 1∶0 的比分保持到终场,他们的队伍就出线,现在张冉听到了比赛结束的哨声,所以张冉知道他们的队伍出线了。

E. 所有蚂蚁是动物,所以所有大蚂蚁是大动物。

28. 陈先生在鼓励他孩子时说道:“不要害怕暂时的困难和挫折。不经历风雨怎么见彩虹?”他孩子不服气地说:“您说得不对。我经历了那么多风雨,怎么就没见到彩虹呢?”

陈先生孩子的回答最适宜用来反驳以下哪项?

A. 如果想见到彩虹,就必须经历风雨。

B. 只要经历了风雨,就可以见到彩虹。

C. 只有经历风雨,才能见到彩虹。

D. 即使经历了风雨,也可能见不到彩虹。

E. 即使见到了彩虹,也不是因为经历了风雨。

29. 在某次考试中,有 3 个关于北京旅游景点的问题,要求考生每题选择某个景点的名称作为唯一答案。其中 6 位考生关于上述 3 个问题的答案依次如下:

第一位考生:天坛、天坛、天安门;

第二位考生:天安门、天安门、天坛;

第三位考生:故宫、故宫、天坛;

第四位考生:天坛、天安门、故宫;

第五位考生:天安门、故宫、天安门;

第六位考生:故宫、天安门、故宫。

考试结果表明,每位考生都至少答对其中 1 道题。

根据以上陈述,可知这 3 个问题的正确答案依次是:

A. 天坛、故宫、天坛。

B. 故宫、天安门、天安门。

C. 天安门、故宫、天坛。

D. 天坛、天坛、故宫。

E. 故宫、故宫、天坛。

30. 人们普遍认为适量的体育运动能够有效降低中风的发生率,但科学家还注意到有些化学物质也有降低中风风险的效用。番茄红素是一种让番茄、辣椒、西瓜和番木瓜等果蔬呈现红色的化学物质。研究人员选取一千余名年龄在 46 至 55 岁之间的人,进行了长达 12 年的跟踪调查,发现其中番茄红素水平最高的四分之一的人中有 11 人中风,番茄红素水平最低的四分之一的人中有 25 人中风。他们由此得出结论:番茄红素能降低中风的发生率。

以下哪项如果为真,最能对上述研究结论提出质疑?

A. 番茄红素水平较低的中风者中有三分之一的人病情较轻。

B. 吸烟、高血压和糖尿病等会诱发中风。

C. 如果调查 56 至 65 岁之间的人,情况也许不同。

D. 番茄红素水平高的人约有四分之一喜爱进行适量的体育运动。

E. 被跟踪的另一半人中有 50 人中风。

31. 最新研究发现,恐龙腿骨化石都有一定的弯曲度,这意味着恐龙其实并没有人们想象的那么重。以前根据其腿骨为圆柱形的假定计算动物体重时,会使得计算结果比实际体重高出 1.42 倍。科学家由此认为,过去那种计算方式高估了恐龙腿部所能承受的最大身体重量。

以下哪项如果为真,最能支持上述科学家的观点?

A. 恐龙腿骨所能承受的重量比之前人们所认为的要大。

B. 恐龙身体越重,其腿部骨骼也越粗壮。

C. 圆柱形腿骨能够承受的重量比弯曲的腿骨大。

D. 恐龙腿部的肌肉对于支撑其体重作用不大。

E. 与陆地上的恐龙相比,翼龙的腿骨更接近圆柱形。

32. 已知某班共有 25 位同学,女生中身高最高者与最矮者相差 10 厘米;男生中身高最高者与最矮者则相差 15 厘米。小明认为,根据已知信息,只要再知道男生、女生最高者的具体身高,或者再知道男生、女生的平均身高,均可确定全班同学中身高最高者与最低者之间的差距。

以下哪项如果为真,最能构成对小明观点的反驳?

A. 根据已知信息,如果不能确定全班同学中身高最高者与最低者之间的差距,则也不能确定男生、女生最高者的具体身高。

B. 根据已知信息,即使确定了全班同学中身高最高者与最低者之间的差距,也不能确定男生、女生的平均身高。

C. 根据已知信息,如果不能确定全班同学中身高最高者与最低者之间的差距,则既不能确定男生、女生最高者的具体身高，也不能确定男生、女生的平均身高。

D. 根据已知信息，尽管再知道男生、女生的平均身高，也不能确定全班同学中身高最高者与最低者之间的差距。

E. 根据已知信息，仅仅再知道男生、女生最高者的具体身高，就能确定全班同学中身高最高者与最低者之间的差距。

33. 近 10 年来，某电脑公司的个人笔记本电脑的销量持续增长，但其增长率低于该公司所有产品总销量的增长率。

以下哪项关于该公司的陈述与上述信息相冲突？

A. 近 10 年来，该公司个人笔记本电脑的销量每年略有增长。

B. 个人笔记本电脑的销量占该公司产品总销量的比例近 10 年来由 68%上升到 72%。

C. 近 10 年来，该公司产品总销量增长率与个人笔记本电脑的销量增长率每年同时增长。

D. 近 10 年来，该公司个人笔记本电脑的销量占该公司产品总销量的比例逐年下降。

E. 个人笔记本电脑的销量占该公司产品总销量的比例近 10 年来由 64%下降到 49%。

34. 学者张某说："问题本身并不神秘，因与果也不仅仅是哲学家的事。每个凡夫俗子一生之中都将面临许多问题，但分析问题的方法与技巧却很少有人掌握，无怪乎华尔街的分析大师们趾高气扬、身价百倍。"

以下哪项如果为真，最能反驳张某的观点？

A. 有些凡夫俗子可能不需要掌握分析问题的方法与技巧。

B. 有些凡夫俗子一生之中将要面临的问题并不多。

C. 凡夫俗子中很少有人掌握分析问题的方法与技巧。

D. 掌握分析问题的方法与技巧对多数人来说很重要。

E. 华尔街的分析大师们大都掌握分析问题的方法与技巧。

35. 实验发现，孕妇适当补充维生素 D 可降低新生儿感染呼吸道合胞病毒的风险。科研人员检测了 156 名新生儿脐带血中维生素 D 的含量，其中 54%的新生儿被诊断为维生素 D 缺乏，这当中有 12%的孩子在出生后一年内感染了呼吸道合胞病毒，这一比例远高于维生素 D 正常的孩子。

以下哪项如果为真，最能对科研人员的上述发现提供支持？

A. 维生素 D 具有多种防病健体功能，其中包括提高免疫系统功能、促进新生儿呼吸系统发育、预防新生儿呼吸道病毒感染等。

B. 孕妇适当补充维生素 D 可降低新生儿感染流感病毒的风险，特别是在妊娠后期补充维生素 D，预防效果会更好。

C. 上述实验中，46%补充维生素 D 的孕妇所生的新生儿也有一些在出生一年内感染呼吸道合胞病毒。

D. 科研人员实验时所选的新生儿在其他方面跟一般新生儿的相似性没有得到明确验证。

E. 上述实验中，54%的新生儿维生素 D 缺乏是由于他们的母亲在妊娠期间没有补充足够的维生素 D 造成的。

36. 英国有家小酒馆采取客人吃饭付费"随便给"的做法，即让顾客享用葡萄酒、蟹柳及三文鱼等美食后,自己决定付账金额。大多数顾客均以公平或慷慨的态度结账,实际金额比那些酒水菜肴本来的价格高出 20%。该酒馆老板另有 4 家酒馆,而这 4 家酒馆每周的利润与付账"随便给"的酒馆相比少 5%。这位老板因此认为,"随便给"的营销策略很成功。

以下哪项如果为真,最能解释老板营销策略的成功?

A. 部分顾客希望自己看上去有教养,愿意掏足够甚至更多的钱。

B. 如果客人所付低于成本价格,就会受到提醒而补足差价。

C. 另外 4 家酒馆位置不如这家"随便给"酒馆。

D. 客人常常不知道酒水菜肴的实际价格,不知道该付多少钱。

E. 对于过分吝啬的顾客,酒馆老板常常也无可奈何。

37~38 题基于以下题干

某公司年度审计期间,审计人员发现一张发票,上面有赵义、钱仁礼、孙智、李信 4 个签名,签名者的身份各不相同,是经办人、复核、出纳或审批领导之中的一个,且每个签名都是本人所签。询问 4 位相关人员,得到以下回答:

赵义:"审批领导的签名不是钱仁礼。"

钱仁礼:"复核的签名不是李信。"

孙智:"出纳的签名不是赵义。"

李信:"复核的签名不是钱仁礼。"

已知上述每个回答中,如果提到的人是经办人,则该回答为假;如果提到的人不是经办人,则为真。

37. 根据以上信息,可以得出经办人是:

A. 赵义。　　B. 钱仁礼。

C. 孙智。　　D. 李信。

E. 无法确定。

38. 根据以上信息,该公司的复核与出纳分别是:

A. 李信、赵义。　　B. 孙智、赵义。

C. 钱仁礼、李信。　　D. 赵义、钱仁礼。

E. 孙智、李信。

39. 长期以来,人们认为地球是已知唯一能支持生命存在的星球,不过这一情况开始出现改观。科学家近期指出,在其他恒星周围,可能还存在着更加宜居的行星。他们尝试用崭新的方法开展地外生命搜索,即搜寻放射性元素钍和铀。行星内部含有这些元素越多,其内部温度就会越高,这在一定程度上有助于行星的板块运动,而板块运动有助于维系行星表面的水体,因此板块运动可被视为行星存在宜居环境的标志之一。

以下哪项最可能是科学家的假设?

A. 行星如能维系水体,就可能存在生命。

B. 行星板块运动都是由放射性元素钍和铀驱动的。

C. 行星内部温度越高,越有助于它的板块运动。

D. 没有水的行星也可能存在生命。

E. 虽然尚未证实,但地外生命一定存在。

40. 为了加强学习型机关建设,某机关党委开展了菜单式学习活动,拟开设课程有"行政学”“管理学”“科学前沿”“逻辑”和“国际政治”等5门课程，要求其下属的4个支部各选择其中两门课程进行学习。已知：第一支部没有选择“管理学”“逻辑”，第二支部没有选择“行政学”“国际政治”，只有第三支部选择了“科学前沿”。任意两个支部所选课程均不完全相同。

根据上述信息，关于第四支部的选课情况可以得出以下哪项？

A. 如果没有选择“行政学”，那么选择了“管理学”。

B. 如果没有选择“管理学”，那么选择了“国际政治”。

C. 如果没有选择“行政学”，那么选择了“逻辑”。

D. 如果没有选择“管理学”，那么选择了“逻辑”。

E. 如果没有选择“国际政治”，那么选择了“逻辑”。

41. 有气象专家指出，全球变暖已经成为人类发展最严重的问题之一，南北极地区的冰川由于全球变暖而加速融化，已导致海平面上升；如果这一趋势不变，今后势必淹没很多地区。但近几年来，北半球许多地区的民众在冬季感到相当寒冷，一些地区甚至出现了超强降雪和超低气温，人们觉得对近期气候的确切描述似乎更应该是“全球变冷”。

以下哪项如果为真，最能解释上述现象？

A. 除了南极洲，南半球近几年冬季的平均温度接近常年。

B. 近几年来，全球夏季的平均气温比常年偏高。

C. 近几年来，由于两极附近海水温度升高导致原来洋流中断或者减弱，而北半球经历严寒冬季的地区正是原来暖流影响的主要区域。

D. 近几年来，由于赤道附近海水温度升高导致了原来洋流增强，而北半球经历严寒冬季的地区不是原来寒流影响的主要区域。

E. 北半球主要是大陆性气候，冬季和夏季的温差通常比较大，近年来冬季极地寒流南侵比较频繁。

42. 这两个《通知》或者属于规章或者属于规范性文件，任何人均无权依据这两个《通知》将本来属于当事人选择公证的事项规定为强制公证的事项。

根据以上信息，可以得出以下哪项？

A. 规章或者规范性文件既不是法律，也不是行政法规。

B. 规章或规范性文件或者不是法律，或者不是行政法规。

C. 这两个《通知》如果一个属于规章，那么另一个属于规范性文件。

D. 这两个《通知》如果都不属于规范性文件，那么就属于规章。

E. 将本来属于当事人选择公证的事项规定为强制公证的事项属于违法行为。

43. 若一位管理者是某领域优秀的专家学者，则他一定会管理好公司的基本事务；一位品行端正的管理者可以得到下属的尊重；但是对所有领域都一知半解的人一定不会得到下属的尊重。浩瀚公司董事会只会解除那些没有管理好公司基本事务者的职务。

根据以上信息，可以得出以下哪项？

A. 浩瀚公司董事会不可能解除品行端正的管理者的职务。

B. 浩瀚公司董事会解除了某些管理者的职务。

C. 浩瀚公司董事会不可能解除受下属尊重的管理者的职务。

D. 作为某领域优秀专家学者的管理者，不可能被浩瀚公司董事会解除职务。

E. 对所有领域都一知半解的管理者,一定会被浩瀚公司董事会解除职务。

44. 某国大选在即,国际政治专家陈研究员预测:选举结果或者是甲党控制政府,或者是乙党控制政府。如果甲党赢得对政府的控制权,该国将出现经济问题;如果乙党赢得对政府的控制权,该国将陷入军事危机。

根据陈研究员上述预测,可以得出以下哪项?

A. 该国可能不会出现经济问题也不会陷入军事危机。

B. 如果该国出现经济问题,那么甲党赢得了对政府的控制权。

C. 该国将出现经济问题,或者将陷入军事危机。

D. 如果该国陷入了军事危机,那么乙党赢得了对政府的控制权。

E. 如果该国出现了经济问题并且陷入了军事危机,那么甲党与乙党均赢得了对政府的控制权。

45. 某大学顾老师在回答有关招生问题时强调:"我们学校招收一部分免费师范生,也招收一部分一般师范生。一般师范生不同于免费师范生。没有免费师范生毕业时可以留在大城市工作,而一般师范生毕业时都可以选择留在大城市工作,任何非免费师范生毕业时都需要自谋职业,没有免费师范生毕业时需要自谋职业。"

根据顾老师的陈述,可以得出以下哪项?

A. 该校需要自谋职业的大学生都可以选择留在大城市工作。

B. 不是一般师范生的该校大学生都是免费师范生。

C. 该校需要自谋职业的大学生都是一般师范生。

D. 该校所有一般师范生都需要自谋职业。

E. 该校可以选择留在大城市工作的唯一一类毕业生是一般师范生。

46. 某单位有负责网络、文秘以及后勤的三名办公人员:文珊、孔瑞和姚薇,为了培养年轻干部,领导决定她们三人在这三个岗位之间实行轮岗,并将她们原来的工作间110室、111室和112室也进行了轮换。结果,原本负责后勤的文珊接替了孔瑞的文秘工作,由110室调到了111室。

根据以上信息,可以得出以下哪项?

A. 姚薇接替孔瑞的工作。

B. 孔瑞接替文珊的工作。

C. 孔瑞被调到了110室。

D. 孔瑞被调到了112室。

E. 姚薇被调到了112室。

47. 某小区业主委员会的4名成员晨桦、建国、向明和嘉媛围坐在一张方桌前(每边各坐一人)讨论小区大门旁的绿化方案。4人的职业各不相同,每个人的职业是高校教师、软件工程师、园艺师或邮递员之中的一种。已知:晨桦是软件工程师,他坐在建国的左手边;向明坐在高校教师的右手边;坐在建国对面的嘉媛不是邮递员。

根据以上信息,可以得出以下哪项?

A. 嘉媛是高校教师,向明是园艺师。

B. 向明是邮递员,嘉媛是园艺师。

C. 建国是邮递员,嘉媛是园艺师。

D. 建国是高校教师,向明是园艺师。

E. 嘉媛是园艺师,向明是高校教师。

48. 兰教授认为:不善于思考的人不可能成为一名优秀的管理者,没有一个谦逊的智者学习占星术,占星家均学习占星术,但是有些占星家却是优秀的管理者。

以下哪项如果为真，最能反驳兰教授的上述观点？

A. 有些占星家不是优秀的管理者。

B. 有些善于思考的人不是谦逊的智者。

C. 所有谦逊的智者都是善于思考的人。

D. 谦逊的智者都不是善于思考的人。

E. 善于思考的人都是谦逊的智者。

49. 不仅人上了年纪会难以集中注意力，就连蜘蛛也有类似的情况。年轻蜘蛛结的网整齐均匀，角度完美；年老蜘蛛结的网可能出现缺口，形状怪异。蜘蛛越老，结的网就越没有章法。科学家由此认为，随着时间的流逝，这种动物的大脑也会像人脑一样退化。

以下哪项如果为真，最能质疑科学家的上述论证？

A. 优美的蛛网更容易受到异性蜘蛛的青睐。

B. 年老蜘蛛的大脑较之年轻蜘蛛，其脑容量明显偏小。

C. 运动器官的老化会导致年老蜘蛛结网能力下降。

D. 蜘蛛结网只是一种本能的行为，并不受大脑控制。

E. 形状怪异的蛛网较之整齐均匀的蛛网，其功能没有大的差别。

50. 某研究中心通过实验对健康男性和女性听觉的空间定位能力进行了研究。起初，每次只发出一种声音，要求被试者说出声源的准确位置，男性和女性都非常轻松地完成了任务；后来，多种声音同时发出，要求被试者只关注一种声音并对声源进行定位，与男性相比，女性完成这项任务要困难得多，有时她们甚至认为声音是从声源相反方向传来的。研究人员由此得出：在嘈杂环境中准确找出声音来源的能力，男性要胜过女性。

以下哪项如果为真，最能支持研究者的结论？

A. 在实验使用的嘈杂环境中，有些声音是女性熟悉的声音。

B. 在实验使用的嘈杂环境中，有些声音是男性不熟悉的声音。

C. 在安静的环境中，女性注意力更易集中。

D. 在嘈杂的环境中，男性注意力更易集中。

E. 在安静的环境中，人的注意力容易分散；在嘈杂的环境中，人的注意力容易集中。

51. 孙先生的所有朋友都声称，他们知道某人每天抽烟至少两盒，而且持续了 40 年，但身体一直不错。不过可以确信的是，孙先生并不知道有这样的人，在他的朋友中也有像孙先生这样不知情的。

根据以上信息，可以得出以下哪项？

A. 抽烟的多少和身体健康与否无直接关系。

B. 朋友之间的交流可能会夸张，但没有人想故意说谎。

C. 孙先生的每位朋友知道的烟民一定不是同一个人。

D. 孙先生的朋友中有人没有说真话。

E. 孙先生的大多数朋友没有说真话。

52. 现有甲、乙两所高校，根据上年度的教育经费实际投入统计，若仅仅比较在校本科生的学生人均投入经费，甲校等于乙校的 86%；但若比较所有学生（本科生加上研究生）的人均经费投入，甲校是乙校的 118%。各校研究生的人均经费投入均高于本科生。

根据以上信息，最可能得出以下哪项？

A. 上年度，甲校学生总数多于乙校。

B. 上年度，甲校研究生人数少于乙校。

C. 上年度，甲校研究生占该校学生的比例高于乙校。

D. 上年度，甲校研究生人均经费投入高于乙校。

E. 上年度，甲校研究生占该校学生的比例高于乙校，或者甲校研究生人均经费投入高于乙校。

53～55 题基于以下题干

孔智、孟睿、荀慧、庄聪、墨灵、韩敏等 6 人组成一个代表队参加某次棋类大赛，其中两人参加围棋比赛，两人参加中国象棋比赛，还有两人参加国际象棋比赛。有关他们具体参加比赛项目的情况还需满足以下条件：

（1）每位选手只能参加一个比赛项目；

（2）孔智参加围棋比赛，当且仅当，庄聪和孟睿都参加中国象棋比赛；

（3）如果韩敏不参加国际象棋比赛，那么墨灵参加中国象棋比赛；

（4）如果荀慧参加中国象棋比赛，那么庄聪不参加中国象棋比赛；

（5）荀慧和墨灵至少有一人不参加中国象棋比赛。

53. 如果荀慧参加中国象棋比赛，那么可以得出以下哪项？

A. 庄聪和墨灵都参加围棋比赛。

B. 孟睿参加围棋比赛。

C. 孟睿参加国际象棋比赛。

D. 墨灵参加国际象棋比赛。

E. 韩敏参加国际象棋比赛。

54. 如果庄聪和孔智参加相同的比赛项目，且孟睿参加中国象棋比赛，那么可以得出以下哪项？

A. 墨灵参加国际象棋比赛。

B. 庄聪参加中国象棋比赛。

C. 孔智参加围棋比赛。

D. 荀慧参加围棋比赛。

E. 韩敏参加中国象棋比赛。

55. 根据题干信息，以下哪项可能为真？

A. 庄聪和韩敏参加中国象棋比赛。

B. 韩敏和荀慧参加中国象棋比赛。

C. 孔智和孟睿参加围棋比赛。

D. 墨灵和孟睿参加围棋比赛。

E. 韩敏和孔智参加围棋比赛。

2013年管理类
综合能力逻辑推理试题

26. 某公司自去年初开始实施一项“办公用品节俭计划”，每位员工每月只能免费领用限量的纸笔等各类办公用品。年末统计时发现，公司用于各类办公用品的支出较上年度下降了30%。在未实施该计划的过去5年间，公司年均消耗办公用品10万元。公司总经理由此得出：该计划去年已经为公司节约了不少经费。

以下哪项如果为真，最能构成对总经理推论的质疑？

A. 在过去的5年间，该公司大力推广无纸化办公，并且取得很大成效。

B. 去年，该公司在员工困难补助、交通津贴等方面的开支增加了3万元。

C. “办公用品节俭计划”是控制支出的重要手段，但说该计划为公司“一年内节约不少经费”，没有严谨的数据分析。

D. 另一家与该公司规模及其他基本情况均类似的公司，未实施类似的节俭计划，在过去的5年间办公用品消耗额年均也为10万元。

E. 另一家与该公司规模及其他基本情况均类似的公司，未实施类似的节俭计划，但在过去的5年间办公用品人均消耗额越来越低。

27. 公司经理：我们招聘人才时最看重的是综合素质和能力，而不是分数。人才招聘中，高分低能者并不鲜见，我们显然不希望招到这样的“人才”。从你的成绩单可以看出，你的学业分数很高，因此我们有点怀疑你的能力和综合素质。

以下哪项和经理得出结论的方式最为类似？

A. 人的一生中健康开心最重要，名利都是浮云，张立名利双收，所以很有可能张立并不开心。

B. 猫都爱吃鱼，没有猫患近视，所以吃鱼可以预防近视。

C. 有些歌手是演员，所有的演员都很富有，所以有些歌手可能不是很富有。

D. 公司管理者并非都是聪明人，陈然不是公司管理者，所以陈然可能是聪明人。

E. 闪光的物体并非都是金子，考古队挖到了闪闪发光的物体，所以考古队挖到的可能不是金子。

28. 某省大力发展旅游产业，目前已经形成东湖、西岛、南山三个著名景点，每处景点都有二日游、三日游、四日游三种线路。李明、王刚、张波拟赴上述三地进行9日游，每个人都设计了各自的旅游计划。后来发现，每处景点他们三人都选择了不同的线路：李明赴东湖的计划天数与王刚赴西岛的计划天数相同，李明赴南山的计划是三日游，王刚赴南山的计划是四日游。

根据以上陈述，可以得出以下哪项？

A. 李明计划东湖二日游，王刚计划西岛二日游。

B. 王刚计划东湖三日游，张波计划西岛四日游。

C. 张波计划东湖三日游,李明计划西岛四日游。

D. 李明计划东湖二日游,王刚计划西岛三日游。

E. 张波计划东湖四日游,王刚计划西岛三日游。

29. 国际足联一直坚称,世界杯冠军队所获得的“大力神”杯是实心的纯金奖杯。某教授经过精密测量和计算认为,世界杯冠军奖杯——实心的“大力神”杯不可能是纯金制成的,否则球员根本不可能将它举过头顶并随意挥舞。

以下哪项与这位教授的意思最为接近?

A. 若球员能够将“大力神”杯举过头顶并自由挥舞,则它很可能是空心的纯金杯。

B. 若“大力神”杯是实心的纯金杯,则球员不可能把它举过头顶并随意挥舞。

C. 若“大力神”杯是由纯金制成,则它肯定是空心的。

D. 只有“大力神”杯是实心的,它才可能是纯金的。

E. 只有球员能够将“大力神”杯举过头顶并自由挥舞,它才由纯金制成,并且不是实心的。

30. 根据学习在动机形成和发展中所起的作用,人的动机可分为原始动机和习得动机两种。原始动机是与生俱来的动机,它们是以人的本能需要为基础的;习得动机是指后天获得的各种动机,即经过学习产生和发展起来的各种动机。

根据以上陈述,以下哪项最可能属于原始动机?

A. 不入虎穴,焉得虎子?

B. 宁可食无肉,不可居无竹。

C. 窈窕淑女,君子好逑。

D. 尊师重教,崇文尚武。

E. 尊敬老人,孝顺父母。

31~32题基于以下题干

互联网好比一个复杂多样的虚拟世界,每台联网主机上的信息又构成一个微观虚拟世界。若在某主机上可以访问本主机的信息,则称该主机相通于自身;若主机 x 能通过互联网访问主机 y 的信息,则称 x 相通于 y。已知代号分别为甲、乙、丙、丁的四台联网主机有如下信息:

(1) 甲主机相通于任一不相通于丙的主机;

(2) 丁主机不相通于丙;

(3) 丙主机相通于任一相通于甲的主机。

31. 若丙主机不相通于自身,则以下哪项一定为真?

A. 甲主机相通于乙,乙主机相通于丙。

B. 甲主机相通于丁,也相通于丙。

C. 丙主机不相通于丁,但相通于乙。

D. 若丁主机相通于乙,则乙主机相通于甲。

E. 只有甲主机不相通于丙,丁主机才相通于乙。

32. 若丙主机不相通于任何主机,则以下哪项一定为假?

A. 甲主机相通于乙。

B. 乙主机相通于自身。

C. 丁主机不相通于甲。

D. 若丁主机不相通于甲,则乙主机相通于甲。

E. 若丁主机相通于甲,则乙主机相通于甲。

33. 某科研机构对市民所反映的一种奇异现象进行研究,该现象无法用已有的科学理论进行解释。助理研究员小王由此断言:该现象是错觉。

以下哪项如果为真，最可能使小王的断言不成立？

A. 有些错觉可以用已有的科学理论进行解释。

B. 有些错觉不能用已有的科学理论进行解释。

C. 错觉都可以用已有的科学理论进行解释。

D. 所有错觉都不能用已有的科学理论进行解释。

E. 已有的科学理论尚不能完全解释错觉是如何形成的。

34. 人们知道鸟类能感觉到地球磁场，并利用它们导航。最近某国科学家发现，鸟类其实是利用右眼"查看"地球磁场的。为检验该理论，当鸟类开始迁徙的时候，该国科学家把若干知更鸟放进一个漏斗形状的庞大的笼子里，并给其中部分知更鸟的一只眼睛戴上一种可屏蔽地球磁场的特殊金属眼罩。笼壁上涂着标记性物质，鸟要通过笼子细口才能飞出去。如果鸟碰到笼壁，就会黏上标记性物质，以此判断鸟能否找到方向。

以下哪项如果为真，最能支持研究人员的上述发现？

A. 没戴眼罩的鸟和左眼戴眼罩的鸟朝哪个方向飞的都有，右眼戴眼罩的鸟顺利从笼中飞了出去。

B. 没戴眼罩的鸟顺利从笼中飞了出去；戴眼罩的鸟，不论左眼还是右眼，朝哪个方向飞的都有。

C. 戴眼罩的鸟，不论左眼还是右眼，顺利从笼中飞了出去；没戴眼罩的鸟朝哪个方向飞的都有。

D. 没戴眼罩的鸟和右眼戴眼罩的鸟顺利从笼中飞了出去，左眼戴眼罩的鸟朝哪个方向飞的都有。

E. 没戴眼罩的鸟和左眼戴眼罩的鸟顺利从笼中飞了出去，右眼戴眼罩的鸟朝哪个方向飞的都有。

35～36 题基于以下题干

年初，为激励员工努力工作，某公司决定根据每月的工作绩效评选"月度之星"。王某在当年前 10 个月恰好只在连续的 4 个月中当选"月度之星"，他的另三位同事郑某、吴某、周某也做到了这一点。关于这四人当选"月度之星"的月份，已知：

（1）王某和郑某仅有三个月同时当选；

（2）郑某和吴某仅有三个月同时当选；

（3）王某和周某不曾在同一个月当选；

（4）仅有 2 人在 7 月同时当选；

（5）至少有 1 人在 1 月当选。

35. 根据以上信息，有 3 人同时当选"月度之星"的月份是

A. 1～3 月。　B. 2～4 月。　C. 3～5 月。　D. 4～6 月。　E. 5～7 月。

36. 根据以上信息，王某当选"月度之星"的月份是

A. 1～4 月。　B. 3～6 月。　C. 4～7 月。　D. 5～8 月。　E. 7～10 月。

37. 若成为白领的可能性无性别差异，按正常男女出生率 102 : 100 计算，当这批人中的白领谈婚论嫁时，女性与男性数量应当大致相等。但实际上，某市妇联近几年举办的历次大型白领相亲活动中，报名的男女比例约为 3 : 7，有时甚至达到 2 : 8。这说明，文化越高的女性越难嫁，文化低的反而好嫁；男性则正好相反。

以下除哪项外，都有助于解释上述分析与实际情况的不一致？

A. 与男性白领不同，女性白领要求高，往往只找比自己更优秀的男性。

B. 大学毕业后出国的精英分子中，男性多于女性。

C. 一般说来，男性参加大型相亲会的积极性不如女性。

D. 与本地女性竞争的外地优秀女性多于与本地男性竞争的外地优秀男性。

E. 男性因长相身高、家庭条件等被女性淘汰者多于女性因长相身高、家庭条件等被男性淘汰者。

38. 张霞、李丽、陈露、邓强和王硕一起坐火车去旅游，他们正好坐在同一车厢相对两排的五个座位上，每人各坐一个位置。第一排的座位按顺序分别记作1号和2号，第2排的座位按顺序记为3、4、5号。座位1和座位3直接相对，座位2和座位4直接相对，座位5不和上述任何座位直接相对。李丽坐在4号位置；陈露所坐的位置不与李丽相邻，也不与邓强相邻（相邻是指同一排上紧挨着）；张霞不坐在与陈露直接相对的位置上。

根据以上信息，张霞所坐位置有多少种可能的选择？

A. 5种。　　B. 4种。　　C. 3种。　　D. 2种。　　E. 1种。

39. 某大学的哲学学院和管理学院今年招聘新教师，招聘结束后受到了女权主义代表的批评，因为他们在12名女性应聘者中录用了6名，但在12名男性应聘者中却录用了7名。该大学对此解释说，今年招聘新教师的两个学院中，女性应聘者的录用率都高于男性的录用率。具体的情况是：哲学学院在8名女性应聘者中录用了3名，而在3名男性应聘者中录用了1名；管理学院在4名女性应聘者中录用了3名，而在9名男性应聘者中录用了6名。

以下哪项最有助于解释女权主义代表和该大学之间的分歧？

A. 整体并不是局部的简单相加。

B. 有些数学规则不能解释社会现象。

C. 人们往往从整体角度考虑问题，不管局部如何，最终的整体结果才是最重要的。

D. 各个局部都具有的性质在整体上未必具有。

E. 现代社会提倡男女平等，但实际执行中还是有一定难度。

40. 教育专家李教授指出：每个人在自己的一生中，都要不断地努力，否则就会像龟兔赛跑的故事一样，一时跑得快并不能保证一直领先。如果你本来基础好又能不断努力，那你肯定能比别人更早取得成功。

如果李教授的陈述为真，以下哪项一定为假？

A. 人的成功是有衡量标准的。

B. 只要不断努力，任何人都可能取得成功。

C. 一时不成功并不意味着一直不成功。

D. 不论是谁，只有不断努力，才可能取得成功。

E. 小王本来基础好并且能不断努力，但也可能比别人更晚取得成功。

41. 新近一项研究发现，海水颜色能够让飓风改变方向，也就是说，如果海水变色，飓风的移动路径也会变向。这也就意味着科学家可以根据海水的“脸色”判断哪些地区将被飓风袭击，哪些地区会幸免于难。值得关注的是，全球气候变暖可能已经让海水变色。

以下哪项最可能是科学家作出判断所依赖的前提？

A. 海水颜色与飓风移动路径之间存在某种相对确定的联系。

B. 海水温度升高会导致生成的飓风数量增加。

C. 海水温度变化会导致海水改变颜色。

D. 海水温度变化与海水颜色变化之间的联系尚不明朗。

E. 全球气候变暖是最近几年飓风频发的重要原因之一。

42. 某金库发生了失窃案。公安机关侦查确定，这是一起典型的内盗案，可以断定金库管理员甲、乙、丙、丁中至少有一人是作案者。办案人员对四人进行了询问，四人的回答如下：

甲："如果乙不是窃贼，我也不是窃贼。"

乙："我不是窃贼，丙是窃贼。"

丙："甲或者乙是窃贼。"

丁："乙或者丙是窃贼。"

后来事实表明，他们四人中只有一人说了真话。

根据以上陈述，以下哪项一定为假？

A. 甲说的是真话。　　B. 丙说的是假话。

C. 丙不是窃贼。　　D. 乙不是窃贼。

E. 丁说的是真话。

43. 所有参加此次运动会的选手都是身体强壮的运动员，所有身体强壮的运动员都是极少生病的，但是有一些身体不适的选手参加了此次运动会。

以下哪项**不能**从上述前提中得出？

A. 有些身体不适的选手是极少生病的。

B. 极少生病的选手都参加了此次运动会。

C. 参加此次运动会的选手都是极少生病的。

D. 有些身体强壮的运动员感到身体不适。

E. 有些极少生病的选手感到身体不适。

44. 足球是一项集体运动，若想不断取得胜利，每个强队都必须有一位核心队员，他总能在关键场次带领全队赢得比赛。友南是某国甲级联赛强队西海队队员。据某记者统计，在上赛季参加的所有比赛中，有友南参赛的场次，西海队胜率高达75.5%，另有16.3%的平局，8.2%的场次输球；而在友南缺阵的情况下，西海队胜率只有58.9%，输球的比率高达23.5%。该记者由此得出结论，友南是上赛季西海队的核心队员。

以下哪项如果为真，最能质疑该记者的结论？

A. 西海队教练表示："球队是一个整体，不存在有友南的西海队和没有友南的西海队。"

B. 上赛季友南缺席且西海队输球的比赛，都是小组赛中西海队已经确定出线后的比赛。

C. 西海队队长表示："没有友南我们将失去很多东西，但我们会找到解决办法。"

D. 上赛季友南上场且西海队输球的比赛，都是西海队与传统强队对阵的关键场次。

E. 本赛季开始以来，在友南上阵的情况下，西海队胜率暴跌20%。

45. 只要每个司法环节都能坚守程序正义，切实履行监督制约职能，结案率就会大幅度提高。去年某国结案率比上一年提高了70%，所以，该国去年每个司法环节都能坚守程序正义，切实履行监督制约职能。

以下哪项与上述论证方式最为相似?

A. 只有在校期间品学兼优,才可以获得奖学金。李明获得了奖学金,所以他在校期间一定品学兼优。

B. 在校期间品学兼优,就可以获得奖学金。李明获得了奖学金,所以他在校期间一定品学兼优。

C. 在校期间品学兼优,就可以获得奖学金。李明没有获得奖学金,所以他在校期间一定不是品学兼优。

D. 在校期间品学兼优,就可以获得奖学金。李明在校期间不是品学兼优,所以他不可能获得奖学金。

E. 李明在校期间品学兼优,但是他没有获得奖学金。所以,在校期间品学兼优,不一定可以获得奖学金。

46. 在东海大学研究生会举办的一次中国象棋比赛中,来自经济学院、管理学院、哲学学院、数学学院和化学学院的 5 名研究生(每学院 1 名)相遇在一起,有关甲、乙、丙、丁、戊 5 名研究生之间的比赛信息满足以下条件:

(1) 甲仅与 2 名选手比赛过;

(2) 化学学院的选手和 3 名选手比赛过;

(3) 乙不是管理学院的,也没有和管理学院的选手对阵过;

(4) 哲学学院的选手和丙比赛过;

(5) 管理学院、哲学学院、数学学院的选手相互都交过手;

(6) 丁仅与 1 名选手比赛过。

根据以上条件,请问丙来自哪个学院?

A. 经济学院　　B. 管理学院

C. 数学学院　　D. 哲学学院

E. 化学学院

47. 据统计,去年在某校参加高考的 385 名文、理科考生中,女生 189 人,文科男生 41 人,非应届男生 28 人,应届理科考生 256 人。

由此可见,去年在该校参加高考的考生中:

A. 非应届文科男生多于 20 人。　　B. 应届理科女生少于 130 人。

C. 非应届文科男生少于 20 人。　　D. 应届理科女生多于 130 人。

E. 应届理科男生多于 129 人。

48. 某公司人力资源管理部人士指出:由于本公司招聘职位有限,在本次招聘考试中,不可能所有的应聘者都被录用。

基于以下哪项可以得出该人士的上述结论?

A. 在本次招聘考试中,必然有应聘者被录用。

B. 在本次招聘考试中,可能有应聘者被录用。

C. 在本次招聘考试中,可能有应聘者不被录用。

D. 在本次招聘考试中,必然有应聘者不被录用。

E. 在本次招聘考试中,可能有应聘者被录用,也可能有应聘者不被录用。

49. 在某次综合性学术年会上,物理学会作学术报告的人都来自高校;化学学会作学术报告的人有些来自高校，但是大部分来自中学；其他作学术报告者均来自科学院。来自高校的学术报告者都具有副教授以上职称，来自中学的学术报告者都具有中教高级以上职称。李默、张嘉参加了这次综合性学术年会，李默并非来自中学，张嘉并非来自高校。

以上陈述如果为真，可以得出以下哪项结论？

A. 张嘉不是物理学会的。

B. 李默不是化学学会的。

C. 张嘉不具有副教授以上职称。

D. 李默如果作了学术报告，那么他不是化学学会的。

E. 张嘉如果作了学术报告，那么他不是物理学会的。

50. 根据某位国际问题专家的调查统计可知：有的国家希望与某些国家结盟，有三个以上的国家不希望与某些国家结盟；至少有两个国家希望与每个国家建交，有的国家不希望与任一国家结盟。

根据上述统计可以得出以下哪项？

A. 每个国家都有一些国家希望与之结盟。

B. 每个国家都有一些国家希望与之建交。

C. 至少有一个国家，既有国家希望与之建交，也有国家不希望与之建交。

D. 至少有一个国家，既有国家希望与之结盟，也有国家不希望与之结盟。

E. 有些国家之间希望建交但是不希望结盟。

51. 翠竹的大学同学都在某德资企业工作，溪兰是翠竹的大学同学。涧松是该德资企业的部门经理。该德资企业的员工有些来自淮安。该德资企业的员工都曾到德国研修，他们都会说德语。

以下哪项可以从以上陈述中得出？

A. 涧松来自淮安。

B. 翠竹的大学同学有些是部门经理。

C. 溪兰会说德语。

D. 翠竹与涧松是大学同学。

E. 涧松与溪兰是大学同学。

52. 某国研究人员报告说，与心跳速度每分钟低于 58 次的人相比，心跳速度每分钟超过 78 次者心脏病发作或者发生其他心血管问题的概率高出 39%，死于这类疾病的风险高出 77%，其整体死亡率高出 65%。研究人员指出，长期心跳过快导致了心血管疾病。

以下哪项如果为真，最能对该研究人员的观点提出质疑？

A. 在老年人中，长期心跳过快的超过 39%。

B. 在老年人中，长期心跳过快的不到 39%。

C. 相对于老年人，年轻人生命力旺盛，心跳较快。

D. 各种心血管疾病影响身体的血液循环机能，导致心跳过快。

E. 野外奔跑的兔子心跳很快，但是很少发现它们患心血管疾病。

53. 专业人士预测：如果粮食价格保持稳定，那么蔬菜价格也将保持稳定；如果食用油价格不稳，那么蔬菜价格也将出现波动。老李由此断定：粮食价格将保持稳定，但是肉类食品价格将上涨。

根据上述专业人士的预测，以下哪项如果为真，最能对老李的观点提出质疑？

A. 如果食用油价格稳定，那么肉类食品价格不会上涨。

B. 如果食用油价格稳定,那么肉类食品价格将会上涨。

C. 如果肉类食品价格不上涨,那么食用油价格将会上涨。

D. 如果食用油价格出现波动,那么肉类食品价格不会上涨。

E. 只有食用油价格稳定,肉类食品价格才不会上涨。

54~55 题基于以下题干

晨曦公园拟在园内东、南、西、北四个区域种植四种不同的特色树木,每个区域只种植一种。选定的特色树种为:水杉、银杏、乌柏、龙柏。布局的基本要求是:

(1) 如果在东区或者南区种植银杏,那么在北区不能种植龙柏或者乌柏;

(2) 北区或者东区要种植水杉或者银杏之一。

54. 根据上述种植要求,如果北区种植龙柏,以下哪项一定为真?

A. 南区种植乌柏。

B. 东区种植乌柏。

C. 南区种植水杉。

D. 西区种植水杉。

E. 西区种植乌柏。

55. 根据上述种植要求,如果水杉必须种植于西区或南区,以下哪项一定为真?

A. 北区种植银杏。

B. 东区种植银杏。

C. 西区种植水杉。

D. 南区种植水杉。

E. 南区种植乌柏。

2012年管理类综合能力逻辑推理试题

26. 1991年6月15日，菲律宾吕宋岛上的皮纳图博火山突然大喷发，2000万吨二氧化硫气体冲入平流层，形成的霾像毯子一样盖在地球上空，把部分要照射到地球的阳光反射回太空。几年之后，气象学家发现这层霾使得当时地球表面的温度累计下降了0.5℃。而皮纳图博火山喷发前的一个世纪，因人类活动而造成的温室效应已经使地球表面温度升高了1℃。某位持“人工气候改造论”的科学家据此认为，可以用火箭弹等方式将二氧化硫充入大气层，阻挡部分阳光，达到给地球表面降温的目的。

以下哪项如果为真，最能对该科学家提议的有效性构成质疑？

A. 如果利用火箭弹将二氧化硫充入大气层，会导致航空乘客呼吸不适。

B. 如果在大气层上空放置反光物，就可以避免地球表面受到强烈阳光的照射。

C. 可以把大气中的碳提取出来存储到地下，减少大气层中的碳含量。

D. 不论何种方式，“人工气候改造”都将破坏地球的大气层结构。

E. 火山喷发形成的降温效应只是暂时的，经过一段时间温度将再次回升。

27. 只有具有一定文学造诣且具有生物学专业背景的人，才能读懂这篇文章。

如果上述命题为真，以下哪项不可能为真？

A. 小张没有读懂这篇文章，但他的文学造诣是大家所公认的。

B. 计算机专业的小王没有读懂这篇文章。

C. 从未接触过生物学知识的小李读懂了这篇文章。

D. 小周具有生物学专业背景，但他没有读懂这篇文章。

E. 生物学博士小赵读懂了这篇文章。

28. 经过反复核查，质检员小李向厂长汇报说：“726车间生产的产品都是合格的，所以不合格的产品都不是726车间生产的。”

以下哪项和小李的推理结构最为相似？

A. 所有入场的考生都经过了体温测试，所以没能入场的考生都没有经过体温测试。

B. 所有出厂设备都是检测合格的，所以检测合格的设备都已出厂。

C. 所有已发表文章都是认真校对过的，所以认真校对过的文章都已发表。

D. 所有真理都是不怕批评的，所以怕批评的都不是真理。

E. 所有不及格的学生都没有好好复习，所以没好好复习的学生都不及格。

29. 王涛和周波是理科(1)班同学，他们是无话不说的好朋友。他们发现班里每一个人或者喜欢物理，或者喜欢化学。王涛喜欢物理，周波不喜欢化学。

根据以上陈述，以下哪项必定为真？

Ⅰ. 周波喜欢物理。

Ⅱ. 王涛不喜欢化学。

Ⅲ. 理科(1)班不喜欢物理的人喜欢化学。

Ⅳ. 理科(1)班一半人喜欢物理,一半人喜欢化学。

A. 仅Ⅰ。 B. 仅Ⅲ。

C. 仅Ⅰ、Ⅱ。 D. 仅Ⅰ、Ⅲ。

E. 仅Ⅱ、Ⅲ、Ⅳ。

30. 李明、王兵、马云三位股民对股票 A 和股票 B 分别作了如下预测:

李明:只有股票 A 不上涨,股票 B 才不上涨。

王兵:股票 A 和股票 B 至少有一个不上涨。

马云:股票 A 上涨当且仅当股票 B 上涨。

若三人的预测都为真,则以下哪项符合他们的预测?

A. 股票 A 上涨,股票 B 不上涨。 B. 股票 A 不上涨,股票 B 上涨。

C. 股票 A 和股票 B 均上涨。 D. 股票 A 和股票 B 均不上涨。

E. 只有股票 A 上涨,股票 B 才不上涨。

31. 临江市地处东部沿海,下辖临东、临西、江南、江北四个区。近年来,文化旅游产业成为该市新的经济增长点。2010 年,该市一共吸引了全国数十万人次游客前来参观旅游。12 月底,关于该市四个区当年吸引游客人次多少的排名,各位旅游局长作了如下预测:

临东区旅游局长:如果临西区第三,那么江北区第四;

临西区旅游局长:只有临西区不是第一,江南区才第二;

江南区旅游局长:江南区不是第二;

江北区旅游局长:江北区第四。

最终的统计表明,只有一位局长的预测符合事实,则临东区当年吸引游客人次的排名是

A. 第一。 B. 第二。

C. 第三。 D. 第四。

E. 在江北区之前。

32. 小张是某公司营销部的员工。公司经理对他说:“如果你争取到这个项目,我就奖励你一台笔记本电脑或者给你项目提成。”

以下哪项如果为真,说明该经理没有兑现承诺?

A. 小张没争取到这个项目,该经理没给他项目提成,但送了他一台笔记本电脑。

B. 小张没争取到这个项目,该经理没奖励他笔记本电脑,也没给他项目提成。

C. 小张争取到了这个项目,该经理给他项目提成,但并未奖励他笔记本电脑。

D. 小张争取到了这个项目,该经理奖励他一台笔记本电脑并且给他三天假期。

E. 小张争取到了这个项目,该经理未给他项目提成,但奖励了他一台台式电脑。

33.《文化新报》记者小白周四去某市采访陈教授与王研究员。次日,其同事小李问小白:“昨天你采访到那两位学者了吗?”小白说:“不,没那么顺利。”小李又问:“那么,你一个都没采访到?”小白说:“也不是。”

以下哪项最可能是小白周四采访所发生的实际情况?

A. 小白采访到了两位学者。

B. 小白采访了李教授,但没有采访王研究员。

C. 小白根本没有去采访两位学者。

D. 两位采访对象都没有接受采访。

E. 小白采访到了其中一位，但没有采访到另一位。

34. 只有通过身份认证的人才允许上公司内网，如果没有良好的业绩就不可能通过身份认证，张辉有良好的业绩而王纬没有良好的业绩。

如果上述断定为真，则以下哪项一定为真？

A. 允许张辉上公司内网。

B. 不允许王纬上公司内网。

C. 张辉通过身份认证。

D. 有良好的业绩，就允许上公司内网。

E. 没有通过身份认证，就说明没有良好的业绩。

35. 比较文字学者张教授认为，在不同的民族语言中，字形与字义的关系有不同的表现。他提出，汉字是象形文字，其中大部分是形声字，这些字的字形与字义相互关联；而英语是拼音文字，其字形与字义往往关联度不大，需要某种抽象的理解。

以下哪项如果为真，最不符合张教授的观点？

A. 汉语中的“日”“月”是象形字，从字形可以看出其所指的对象；而英语中的 sun 与 moon 则感觉不到这种形义结合。

B. 汉语中“日”与“木”结合，可以组成“東”“杲”“杳”等不同的字，并可以猜测其语义。而英语中则不存在与此类似的 sun 与 wood 的结合。

C. 英语中，也有与汉语类似的象形文字，如，eye 是人的眼睛的象形，两个 e 代表眼睛，y 代表中间的鼻子；bed 是床的象形，b 和 d 代表床的两端。

D. 英语中的 sunlight 与汉语中的“阳光”相对应，而英语的 sun 与 light 和汉语中的“阳”与“光”相对应。

E. 汉语的“星期三”与英语中的 Wednesday 和德语中的 Mittwoch 意思相同。

36. 乘客使用手机及便携式电脑等电子设备会通过电磁波谱频繁传输信号，机场的无线电话和导航网络等也会使用电磁波谱，但电信委员会已根据不同用途把电磁波谱分成了几大块。因此，用手机打电话不会对专供飞机通讯系统或全球定位系统使用的波段造成干扰。尽管如此，各大航空公司仍然规定，禁止机上乘客使用手机等电子设备。

以下哪项如果为真，能解释上述现象？

Ⅰ. 乘客在空中使用手机等电子设备可能对地面导航网络造成干扰。

Ⅱ. 乘客在起飞和降落时使用手机等电子设备，可能影响机组人员工作。

Ⅲ. 便携式电脑或者游戏设备可能导致自动驾驶仪出现断路或仪器显示发生故障。

A. 仅Ⅰ。　　B. 仅Ⅱ。

C. 仅Ⅰ、Ⅱ。　　D. 仅Ⅱ、Ⅲ。

E. Ⅰ、Ⅱ和Ⅲ。

37. 2010 年上海世博会盛况空前，200 多个国家场馆和企业主题馆让人目不暇接。大学生王刚决定在学校放暑假的第二天前往世博会参观。前一天晚上，他特别上网查看了各位网友对相关热门场馆选择的建议，其中最吸引王刚的有三条：

（1）如果参观沙特馆，就不参观石油馆。

（2）石油馆和中国国家馆择一参观。

(3) 中国国家馆和石油馆不都参观。

实际上，第二天王刚的世博会行程非常紧凑，他没有接受上述三条建议中的任何一条。

关于王刚所参观的热门场馆，以下哪项描述正确？

A. 参观沙特馆、石油馆，没有参观中国国家馆。

B. 沙特馆、石油馆、中国国家馆都参观了。

C. 沙特馆、石油馆、中国国家馆都没有参观。

D. 没有参观沙特馆，参观石油馆和中国国家馆。

E. 没有参观石油馆，参观沙特馆、中国国家馆。

38. 经理说：“有了自信不一定赢。”董事长回应说：“但是没有自信一定会输。”

以下哪项与董事长的意思最为接近？

A. 不输即赢，不赢即输。

B. 如果自信，则一定会赢。

C. 只有自信，才可能不输。

D. 除非自信，否则不可能输。

E. 只有赢了，才可能更自信。

39. 在家电产品“三下乡”活动中，某销售公司的产品受到了农村居民的广泛欢迎。该公司总经理在介绍经验时表示：只有用最流行畅销的明星产品面对农村居民，才能获得他们的青睐。

以下哪项如果为真，最能质疑总经理的论述？

A. 某品牌电视由于其较强的防潮能力，尽管不是明星产品，仍然获得了农村居民的青睐。

B. 流行畅销的明星产品由于价格偏高，没有赢得农村居民的青睐。

C. 流行畅销的明星产品只有质量过硬，才能获得农村居民的青睐。

D. 有少数娱乐明星为某些流行畅销的产品做虚假广告。

E. 流行畅销的明星产品最适合城市中的白领使用。

40. 居民苏女士在菜市场看到某摊位出售的鹌鹑蛋色泽新鲜、形态圆润，且价格便宜，于是买了一箱。回家后发现有些鹌鹑蛋打不破，甚至丢到地上也摔不坏，再细闻已经打破的鹌鹑蛋，有一股刺鼻的消毒液味道。她投诉至菜市场管理部门，结果一位工作人员声称鹌鹑蛋目前还没有国家质量标准，无法判定它有质量问题，所以他坚持这箱鹌鹑蛋没有质量问题。

以下哪项与该工作人员作出结论的方式最为相似？

A. 不能证明宇宙是没有边际的，所以宇宙是有边际的。

B. “驴友论坛”还没有论坛规范，所以管理人员没有权利删除帖子。

C. 小偷在逃跑途中跳入 2 米深的河中，事主认为没有责任，因此不予施救。

D. 并非外星人不存在，所以外星人存在。

E. 慈善晚会上的假唱行为不属于商业管理范围，因此相关部门无法对此进行处罚。

41. 概念 A 与概念 B 之间有交叉关系，当且仅当，(1) 存在对象 x，x 既属于 A 又属于 B；(2) 存在对象 y，y 属于 A 但是不属于 B；(3) 存在对象 z，z 属于 B 但是不属于 A。

根据上述定义，以下哪项中加点的两个概念之间有交叉关系？

A. 国画按题材分主要有人物画、花鸟画、山水画等等；按技法分主要有工笔画和写意画等等。

B.《盗梦空间》除了是最佳影片的有力争夺者外，它在技术类奖项的争夺中也将有所斩获。

C. 洛邑小学30岁的食堂总经理为了改善伙食，在食堂放了几个意见本，征求学生们的意见。

D. 在微波炉清洁剂中加入漂白剂，就会释放出氯气。

E. 高校教师包括教授、副教授、讲师和助教等。

42. 小李将自家护栏边的绿地毁坏，种上了黄瓜。小区物业管理人员发现后，提醒小李：护栏边的绿地是公共绿地，属于小区的所有人。物业为此下发了整改通知书，要求小李限期恢复绿地。小李对此辩称："我难道不是小区的人吗？护栏边的绿地既然属于小区的所有人，当然也属于我。因此，我有权在自己的土地上种黄瓜。"

以下哪项论证，和小李的错误最为相似？

A. 所有人都要对他的错误行为负责，小梁没有对他的这次行为负责，所以小梁的这次行为没有错误。

B. 所有参展的兰花在这次博览会上被订购一空，李阳花大价钱买了一盆花，由此可见，李阳买的必定是兰花。

C. 没有人能够一天读完大仲马的所有作品，没有人能够一天读完《三个火枪手》，因此，《三个火枪手》是大仲马的作品之一。

D. 所有莫尔碧骑士组成的军队在当时的欧洲是不可战胜的，翼雅王是莫尔碧骑士之一，所以翼雅王在当时的欧洲是不可战胜的。

E. 任何一个人都不可能掌握当今世界的所有知识，"地心说"不是当今世界的知识，因此，有些人可以掌握"地心说"。

43. 我国著名的地质学家李四光，在对东北的地质结构进行了长期、深入的调查研究后发现，松辽平原的地质结构与中亚细亚极其相似。他推断，既然中亚细亚蕴藏大量的石油，那么松辽平原很可能也蕴藏着大量的石油。后来，大庆油田的开发证明了李四光的推断是正确的。

以下哪项与李四光的推理方式最为相似？

A. 他山之石，可以攻玉。

B. 邻居买彩票中了大奖，小张受此启发，也去买了体育彩票，结果没有中奖。

C. 某乡镇领导在考察了荷兰等国的花卉市场后认为要大力发展规模经济，回来后组织全乡镇种大葱，结果导致大葱严重滞销。

D. 每到炎热的夏季，许多商店腾出一大块地方卖羊毛衫、长袖衬衣、冬靴等冬令商品，进行反季节销售，结果都很有市场。小王受此启发，决定在冬季种植西瓜。

E. 乌兹别克地区盛产长绒棉。新疆塔里木河流域与乌兹别克地区在日照情况、霜期长短、气温高低、降雨量等方面均相似，科研人员受此启发，将长绒棉移植到塔里木河流域，果然获得了成功。

44. 如果他勇于承担责任，那么他就一定会直面媒体，而不是选择逃避；如果他没有责任，那么他就一定会聘请律师，捍卫自己的尊严。可是事实上，他不仅没有聘请律师，现在逃得连人影都不见了。

根据以上陈述，可以得出以下哪项结论？

A. 即使他没有责任，也不应该选择逃避。

B. 虽然选择了逃避，但是他可能没有责任。

C. 如果他有责任,那么他应该勇于承担责任。

D. 如果他不敢承担责任,那么说明他责任很大。

E. 他不仅有责任,而且他没有勇气承担责任。

45. 有些通信网络维护涉及个人信息安全,因而,不是所有通信网络的维护都可以外包。

以下哪项可以使上述论证成立?

A. 所有涉及个人信息安全的都不可以外包。

B. 有些涉及个人信息安全的不可以外包。

C. 有些涉及个人信息安全的可以外包。

D. 所有涉及国家信息安全的都不可以外包。

E. 有些通信网络维护涉及国家信息安全。

46. 葡萄酒中含有白藜芦醇和类黄酮等对心脏有益的抗氧化剂。一项新研究表明,白藜芦醇能防止骨质疏松和肌肉萎缩。由此,有关研究人员推断,那些长时间在国际空间站或宇宙飞船上的宇航员或许可以补充一下白藜芦醇。

以下哪项如果为真,最能支持上述研究人员的推断?

A. 研究人员发现由于残疾或者其他因素而很少活动的人会比经常活动的人更容易出现骨质疏松和肌肉萎缩等症状,如果能喝点葡萄酒,则可以获益。

B. 研究人员模拟失重状态,对老鼠进行试验,一个对照组未接受任何特殊处理,另一组则每天服用白藜芦醇。结果对照组的老鼠骨头和肌肉的密度都降低了,而服用白藜芦醇的一组则没有出现这些症状。

C. 研究人员发现由于残疾或者其他因素而很少活动的人,如果每天服用一定量的白藜芦醇,则可以改善骨质疏松和肌肉萎缩等症状。

D. 研究人员发现,葡萄酒能对抗失重所造成的负面影响。

E. 某医学博士认为,白藜芦醇或许不能代替锻炼,但它能减缓人体某些机能的退化。

47. 一般商品只有在多次流通过程中才能不断增值,但艺术品作为一种特殊商品却体现出了与一般商品不同的特性。在拍卖市场上,有些古玩、字画的成交价有很大的随机性,往往会直接受到拍卖现场气氛、竞价激烈程度、买家心理变化等偶然因素的影响,成交价有时会高于底价几十倍乃至数百倍,使得艺术品在一次“流通”中实现大幅度增值。

以下哪项最无助于解释上述现象?

A. 艺术品的不可再造性决定了其交换价格有可能超过其自身价值。

B. 不少买家喜好收藏,抬高了艺术品的交易价格。

C. 有些买家就是为了炒作艺术品,以期获得高额利润。

D. 虽然大量赝品充斥市场,但是对艺术品的交易价格没有什么影响。

E. 国外资金进入艺术品拍卖市场,对价格攀升起到了拉动作用。

48. 近期国际金融危机对毕业生的就业影响非常大,某高校就业中心的陈老师希望广大同学能够调整自己的心态和预期。他在一次就业指导会上提到,有些同学对自己的职业定位还不够准确。

如果陈老师的陈述为真,则以下哪项不一定为真?

Ⅰ. 不是所有人对自己的职业定位都准确。

Ⅱ. 不是所有人对自己的职业定位都不够准确。

Ⅲ．有些人对自己的职业定位准确。

Ⅳ．所有人对自己的职业定位都不够准确。

A．仅Ⅱ和Ⅳ。　　B．仅Ⅲ和Ⅳ。

C．仅Ⅱ和Ⅲ。　　D．仅Ⅰ、Ⅱ和Ⅲ。

E．仅Ⅱ、Ⅲ和Ⅳ。

49．一位房地产信息员通过对某地的调查发现：护城河两岸房屋的租金都比较廉价；廉租房都坐落在凤凰山北麓；东向的房屋都是别墅；非廉租房不可能具有廉价的租金；有些单室套的两限房建在凤凰山南麓；别墅也都建在凤凰山南麓。

根据该房地产信息员的调查，以下哪项不可能存在？

A．东向的护城河两岸的房屋。　　B．凤凰山北麓的两限房。

C．单室套的廉租房。　　D．护城河两岸的单室套。

E．南向的廉租房。

50．探望病人通常会送上一束鲜花。但某国曾有报道说，医院花瓶中用于养花的水可能含有很多细菌，鲜花会在夜间与病人争夺氧气，还可能影响病房里电子设备的工作。这引起了人们对鲜花的恐慌，该国一些医院甚至禁止在病房内摆放鲜花。尽管后来证实鲜花并未导致更多的病人受感染，并且权威部门也澄清，未见任何感染病例与病房里的植物有关，但这并未减轻医院对鲜花的反感。

以下除哪项外，都能减轻医院对鲜花的担心？

A．鲜花并不比病人身边的餐具、饮料和食物带有更多可能危害病人健康的细菌。

B．在病房里放置鲜花让病人感到心情愉悦、精神舒畅，有助于病人康复。

C．给鲜花换水、修剪需要一定的人工，如果花瓶倒了还会导致危险产生。

D．已有研究证明，鲜花对病房空气的影响微乎其微，可以忽略不计。

E．探望病人所送的鲜花大都花束小、需水量少、花粉少，不会影响电子设备工作。

51．某公司规定，在一个月内，除非每个工作日都出勤，否则任何员工都不可能既获得当月绩效工资，又获得奖励工资。

以下哪项与上述规定的意思最为接近？

A．在一个月内，任何员工如果所有工作日不缺勤，必然既获得当月绩效工资，又获得奖励工资。

B．在一个月内，任何员工如果所有工作日不缺勤，都有可能既获得当月绩效工资，又获得奖励工资。

C．在一个月内，任何员工如果有某个工作日缺勤，仍有可能获得当月绩效工资，或者获得奖励工资。

D．在一个月内，任何员工如果有某个工作日缺勤，必然或者得不了当月绩效工资，或者得不了奖励工资。

E．在一个月内，任何员工如果所有工作日缺勤，必然既得不了当月绩效工资，又得不了奖励工资。

52．近期流感肆虐，一般流感患者可采用抗病毒药物治疗。虽然并不是所有流感患者均需接受达菲等抗病毒药物的治疗，但不少医生仍强烈建议老人、儿童等易出现严重症状的患者用药。

如果以上陈述为真,则以下哪项一定为假?

Ⅰ. 有些流感患者需接受达菲等抗病毒药物的治疗。

Ⅱ. 并非有的流感患者不需接受抗病毒药物的治疗。

Ⅲ. 老人、儿童等易出现严重症状的患者不需要用药。

A. 仅Ⅰ。

B. 仅Ⅱ。

C. 仅Ⅲ。

D. 仅Ⅰ、Ⅱ。

E. 仅Ⅱ、Ⅲ。

53~55 题基于以下题干

东宇大学公开招聘 3 个教师职位,哲学学院、管理学院和经济学院各一个。每个职位都有分别来自南山大学、西京大学、北清大学的候选人。有位"聪明"人士李先生对招聘结果作出了如下预测:

如果哲学学院录用北清大学的候选人,那么管理学院录用西京大学的候选人;如果管理学院录用南山大学的候选人,那么哲学学院也录用南山大学的候选人;如果经济学院录用北清大学或者西京大学的候选人,那么管理学院录用北清大学的候选人。

53. 如果哲学学院、管理学院和经济学院最终录用的候选人的大学归属信息依次如下,则哪项符合李先生的预测?

A. 南山大学、南山大学、西京大学。

B. 北清大学、南山大学、南山大学。

C. 北清大学、北清大学、南山大学。

D. 西京大学、北清大学、南山大学。

E. 西京大学、西京大学、西京大学。

54. 若哲学学院最终录用西京大学的候选人,则以下哪项表明李先生的预测错误?

A. 管理学院录用北清大学候选人。

B. 管理学院录用南山大学候选人。

C. 经济学院录用南山大学候选人。

D. 经济学院录用北清大学候选人。

E. 经济学院录用西京大学候选人。

55. 如果三个学院最终录用的候选人分别来自不同的大学,则以下哪项符合李先生的预测?

A. 哲学学院录用西京大学候选人,经济学院录用北清大学候选人。

B. 哲学学院录用南山大学候选人,管理学院录用北清大学候选人。

C. 哲学学院录用北清大学候选人,经济学院录用西京大学候选人。

D. 哲学学院录用西京大学候选人,管理学院录用南山大学候选人。

E. 哲学学院录用南山大学候选人,管理学院录用西京大学候选人。

2011年管理类综合能力逻辑推理试题

26. 巴斯德认为,空气中的微生物浓度与环境状况、气流运动和海拔高度有关。他在山上的不同高度分别打开装着煮过的培养液的瓶子,发现海拔越高,培养液被微生物污染的可能性越小。在山顶上,20个装了培养液的瓶子,只有1个长出了微生物。普歇另用干草浸液做材料重复了巴斯德的实验,却得出不同的结果:即使在海拔很高的地方,所有装了培养液的瓶子都很快长出了微生物。

以下哪项如果为真,最能解释普歇和巴斯德实验所得到的不同结果?

A. 只要有氧气的刺激,微生物就会从培养液中自发地生长出来。

B. 培养液在加热消毒、密封、冷却的过程中会被外界细菌污染。

C. 普歇和巴斯德的实验设计都不够严密。

D. 干草浸液中含有一种耐高温的枯草杆菌,培养液一旦冷却,枯草杆菌的孢子就会复活,迅速繁殖。

E. 普歇和巴斯德都认为,虽然他们用的实验材料不同,但是经过煮沸,细菌都能被有效地杀灭。

27. 张教授的所有初中同学都不是博士;通过张教授而认识其哲学研究所同事的都是博士;张教授的一个初中同学通过张教授认识了王研究员。

以下哪项能作为结论从上述断定中推出?

A. 王研究员是张教授的哲学研究所同事。

B. 王研究员不是张教授的哲学研究所同事。

C. 王研究员是博士。

D. 王研究员不是博士。

E. 王研究员不是张教授的初中同学。

28. 一般将缅甸所产的经过风化或经河水搬运至河谷、河床中的翡翠大砾石,称为"老坑玉"。老坑玉的特点是"水头好"、质坚、透明度高,其上品透明如玻璃,故称"玻璃种"或"冰种"。同为老坑玉,其质量相对也有高低之分,有的透明度高一些,有的透明度稍差些,所以价值也有差别。在其他条件都相同的情况下,透明度高的老坑玉比透明度较其低的单位价值高,但是开采的实践告诉人们,没有单位价值最高的老坑玉。

以上陈述如果为真,可以得出以下哪项结论?

A. 没有透明度最高的老坑玉。

B. 透明度高的老坑玉未必"水头好"。

C. "新坑玉"中也有质量很好的翡翠。

D. 老坑玉的单位价值还决定于其加工的质量。

E. 随着年代的增加,老坑玉的单位价值会越来越高。

29. 某教育专家认为:“男孩危机”是指男孩调皮捣蛋、胆小怕事、学习成绩不如女孩好等现象。近些年,这种现象已经成为儿童教育专家关注的一个重要问题。这位专家在列出一系列统计数据后,提出了“今日男孩为什么从小学、中学到大学全面落后于同年龄段的女孩”的疑问,这无疑加剧了无数男生家长的焦虑。该专家通过分析指出,恰恰是家庭和学校不适当的教育方法导致了“男孩危机”现象。

以下哪项如果为真,最能对该专家的观点提出质疑?

A. 家庭对独生子女的过度呵护,在很大程度上限制了男孩发散思维的拓展和冒险性格的养成。

B. 现在的男孩比以前的男孩在女孩面前更喜欢表现出“绅士”的一面。

C. 男孩在发展潜能方面要优于女孩,大学毕业后他们更容易在事业上有所成就。

D. 在家庭、学校教育中,女性充当了主要角色。

E. 现代社会游戏泛滥,男孩天性比女孩更喜欢游戏,这耗去了他们大量的精力。

30. 抚仙湖虫是泥盆纪澄江动物群中特有的一种,属于真节肢动物中比较原始的类型,成虫体长10厘米,有31个体节,外骨骼分为头、胸、腹三部分,它的背、腹分节数目不一致。泥盆纪直虾是现代昆虫的祖先,抚仙湖虫化石与直虾类化石类似,这间接表明了抚仙湖虫是昆虫的远祖。研究者还发现,抚仙湖虫化石的消化道充满泥沙,这表明它是食泥的动物。

以下除哪项外,均能支持上述论证?

A. 昆虫的远祖也有不食泥的生物。

B. 泥盆纪直虾的外骨骼分为头、胸、腹三部分。

C. 凡是与泥盆纪直虾类似的生物都是昆虫的远祖。

D. 昆虫是由真节肢动物中比较原始的生物进化而来的。

E. 抚仙湖虫消化道中的泥沙不是在化石形成过程中由外界渗透进去的。

31. 2010年某省物价总水平仅上涨2.4%,涨势比较温和,涨幅甚至比2009年回落了0.6个百分点。可是,普通民众觉得物价涨幅较高,一些统计数据也表明,民众的感觉有据可依。2010年某月的统计报告显示,该月禽蛋类商品价格涨幅达12.3%,某些反季节蔬菜涨幅甚至超过20%。

以下哪项如果为真,最能解释上述看似矛盾的现象?

A. 人们对数据的认识存在偏差,不同来源的统计数据会产生不同的结果。

B. 影响居民消费品价格总水平变动的各种因素互相交织。

C. 虽然部分日常消费品涨幅很小,但居民感觉很明显。

D. 在物价指数体系中占相当权重的工业消费品价格持续走低。

E. 不同的家庭,其收入水平、消费偏好、消费结构都有很大的差异。

32. 随着互联网的发展,人们的购物方式有了新的选择。很多年轻人喜欢在网络上选择自己满意的商品,通过快递送上门,购物足不出户,非常便捷。刘教授据此认为,那些实体商场的竞争力会受到互联网的冲击,在不远的将来,会有更多的网络商店取代实体商店。

以下哪项如果为真,最能削弱刘教授的观点?

A. 网络购物虽然有某些便利,但容易导致个人信息被不法分子利用。

B. 有些高档品牌的专卖店,只愿意采取街面实体商店的销售方式。

C. 网络商店与快递公司在货物丢失或损坏的赔偿方面经常互相推诿。

D. 购买黄金珠宝等贵重物品,往往需要现场挑选,且不适宜网络支付。

E. 通常情况下,网络商店只有在其实体商店的支撑下才能生存。

33. 受多元文化和价值观的冲击,甲国居民的离婚率明显上升。最近一项调查表明,甲国的平均婚姻存续时间为 8 年。张先生为此感慨,现在像钻石婚、金婚、白头偕老这样的美丽故事已经很难得,人们淳朴的爱情婚姻观一去不复返了。

以下哪项如果为真,最可能表明张先生的理解不确切?

A. 现在有不少闪婚一族,他们经常在很短的时间里结婚又离婚。

B. 婚姻存续时间长并不意味着婚姻的质量高。

C. 过去的婚姻主要由父母包办,现在主要是自由恋爱。

D. 尽管婚姻存续时间短,但年轻人谈恋爱的时间比以前增加很多。

E. 婚姻是爱情的坟墓,美丽感人的故事更多体现在恋爱中。

34. 某集团公司有四个部门,分别生产冰箱、彩电、电脑和手机。根据前三个季度的数据统计,四个部门经理对 2010 年全年的赢利情况作了如下预测:

冰箱部门经理:今年手机部门会赢利。

彩电部门经理:如果冰箱部门今年赢利,那么彩电部门就不会赢利。

电脑部门经理:如果手机部门今年没赢利,那么电脑部门也没赢利。

手机部门经理:今年冰箱和彩电部门都会赢利。

全年数据统计完成后,发现上述四个预测只有一个符合事实。

关于该公司各部门的全年赢利情况,以下除哪项外,均可能为真?

A. 彩电部门赢利,冰箱部门没赢利。

B. 冰箱部门赢利,电脑部门没赢利。

C. 电脑部门赢利,彩电部门没赢利。

D. 冰箱部门和彩电部门都没赢利。

E. 冰箱部门和电脑部门都赢利。

35. 随着数字技术的发展,音频、视频的播放形式出现了革命性转变。人们很快接受了一些新形式,比如 MP3、CD、DVD 等。但是对于电子图书的接受并没有达到专家所预期的程度,现在仍有很大一部分读者喜欢捧着纸质出版物。纸质书籍在出版业中依然占据重要地位。因此有人说,书籍可能是数字技术需要攻破的最后一个堡垒。

以下哪项最不能对上述现象提供解释?

A. 人们固执地迷恋着阅读纸质书籍时的舒适体验,喜欢纸张的质感。

B. 在显示器上阅读,无论是笨重的阴极射线管显示器还是轻薄的液晶显示器,都会让人无端地心浮气躁。

C. 现在仍有一些怀旧爱好者喜欢收藏经典图书。

D. 电子书显示设备技术不够完善,图像显示速度较慢。

E. 电子书和纸质书籍的柔软沉静相比,显得面目可憎。

36. 在一次围棋比赛中,参赛选手陈华不时地挤捏指关节,发出的声响干扰了对手的思考。在比赛封盘间歇时,裁判警告陈华:如果再次在比赛中挤捏指关节并发出声响,将判其违规。对此,陈华反驳说,他挤捏指关节是习惯性动作,并不是故意的,因此,不应被判违规。

以下哪项如果成立,最能支持陈华对裁判的反驳?

A. 在此次比赛中,对手不时打开、合拢折扇,发出的声响干扰了陈华的思考。

B. 在围棋比赛中,只有选手的故意行为,才能成为判罚的根据。

C. 在此次比赛中，对手本人并没有对陈华的干扰提出抗议。

D. 陈华一向恃才傲物，该裁判对其早有不满。

E. 如果陈华为人诚实、从不说谎，那么他就不应该被判违规。

37. 3D 立体技术代表了当前电影技术的尖端水准，由于使电影实现了高度可信的空间感，它可能成为未来电影的主流。3D 立体电影中的银幕角色虽然由计算机生成，但是那些包括动作和表情的电脑角色的“表演”，都以真实演员的“表演”为基础，就像数码时代的化妆技术一样。这也引起了某些演员的担心：随着计算机技术的发展，未来计算机生成的图像和动画会替代真人表演。

以下哪项如果为真，最能减弱上述演员的担心？

A. 所有电影的导演只能和真人交流，而不是和电脑交流。

B. 任何电影的拍摄都取决于制片人的选择，演员可以跟上时代的发展。

C. 3D 立体电影目前的高票房只是人们一时图新鲜的结果，未来尚不可知。

D. 掌握 3D 立体技术的动画专业人员不喜欢去电影院看 3D 电影。

E. 电影故事只能用演员的心灵、情感来表现，其表现形式与导演的喜好无关。

38. 公达律师事务所以为刑事案件的被告进行有效辩护而著称，成功率达 90% 以上。老余是一位以专门为离婚案件的当事人成功辩护而著称的律师。因此，老余不可能是公达律师事务所的成员。

以下哪项最为确切地指出了上述论证的漏洞？

A. 公达律师事务所具有的特征，其成员不一定具有。

B. 没有确切指出老余为离婚案件的当事人辩护的成功率。

C. 没有确切指出老余为刑事案件的当事人辩护的成功率。

D. 没有提供公达律师事务所统计数据的来源。

E. 老余具有的特征，其所在工作单位不一定具有。

39. 科学研究中使用的形式语言和日常生活中使用的自然语言有很大的不同。形式语言看起来像天书，远离大众，只有一些专业人士才能理解和运用。但其实这是一种误解，自然语言和形式语言的关系就像肉眼与显微镜的关系。肉眼的视域广阔，可以从整体上把握事物的信息；显微镜可以帮助人们看到事物的细节和精微之处，尽管用它看到的范围小。所以，形式语言和自然语言都是人们交流和理解信息的重要工具，把它们结合起来使用，具有强大的力量。

以下哪项如果为真，最能支持上述结论？

A. 通过显微镜看到的内容可能成为新的“风景”，说明形式语言可以丰富自然语言的表达，我们应重视形式语言。

B. 正如显微镜下显示的信息最终还是要通过肉眼观察一样，形式语言表述的内容最终也要通过自然语言来实现，说明自然语言更基础。

C. 科学理论如果仅用形式语言表达，很难被普通民众理解；同样，如果仅用自然语言表达，有可能变得冗长且很难表达准确。

D. 科学的发展很大程度上改善了普通民众的日常生活，但人们并没有意识到科学表达的基础——形式语言的重要性。

E. 采用哪种语言其实不重要，关键在于是否表达了真正想表达的思想内容。

40. 一艘远洋帆船载着5位中国人和几位外国人由中国开往欧洲。途中，除5位中国人外，全患上了败血症。同乘一艘船，同样是风餐露宿，漂洋过海，为什么中国人和外国人如此不同呢？原来这5位中国人都有喝茶的习惯，而外国人却没有。于是得出结论：喝茶是这5位中国人未得败血症的原因。

以下哪项和题干中得出结论的方法最为相似？

A. 警察锁定了犯罪嫌疑人，但是从目前掌握的事实看，都不足以证明他犯罪。专案组由此得出结论，必有一种未知的因素潜藏在犯罪嫌疑人身后。

B. 在两块土壤情况基本相同的麦地上，对其中一块施氮肥和钾肥，另一块只施钾肥。结果施氮肥和钾肥的那块麦地的产量远高于另一块。可见，施氮肥是麦地产量较高的原因。

C. 孙悟空："如果打白骨精，师父会念紧箍咒；如果不打，师父就会被妖精吃掉。"孙悟空无奈得出结论："我还是回花果山算了。"

D. 天文学家观测到天王星的运行轨道有特征a、b、c，已知特征a、b分别是由两颗行星甲、乙的吸引造成的，于是猜想还有一颗未知行星造成天王星的轨道特征c。

E. 一定压力下的一定量气体，温度升高，体积增大；温度降低，体积缩小。气体体积与温度之间存在一定的相关性，说明气体温度的改变是其体积改变的原因。

41. 所有重点大学的学生都是聪明的学生，有些聪明的学生喜欢逃学，小杨不喜欢逃学；所以，小杨不是重点大学的学生。

以下除哪项外，均与上述推理的形式类似？

A. 所有经济学家都懂经济学，有些懂经济学的爱投资企业，你不爱投资企业；所以，你不是经济学家。

B. 所有的鹅都吃青菜，有些吃青菜的也吃鱼，兔子不吃鱼；所以，兔子不是鹅。

C. 所有的人都是爱美的，有些爱美的还研究科学，亚里士多德不是普通人；所以，亚里士多德不研究科学。

D. 所有被高校录取的学生都是超过录取分数线的，有些超过录取分数线的是大龄考生，小张不是大龄考生；所以小张没有被高校录取。

E. 所有想当外交官的都需要学外语，有些学外语的重视人际交往，小王不重视人际交往；所以小王不想当外交官。

42. 按照联合国开发计划署2007年的统计，挪威是世界上居民生活质量最高的国家，欧美和日本等发达国家也名列前茅。如果统计1990年以来生活质量改善最快的国家，发达国家则落后了。至少在联合国开发计划署统计的116个国家中，17年来，非洲东南部国家莫桑比克的生活质量提高最快，2007年其生活质量指数比1990年提高了50%。很多非洲国家取得了和莫桑比克类似的成就。作为世界上最受瞩目的发展中国家，中国的生活质量指数在过去17年中也提高了27%。

以下哪项可以从联合国开发计划署的统计中得出？

A. 2007年，发展中国家的生活质量指数都低于西方国家。

B. 2007年，莫桑比克的生活质量指数不高于中国。

C. 2006年，日本的生活质量指数不高于中国。

D. 2006年，莫桑比克的生活质量的改善快于非洲其他各国。

E. 2007 年,挪威的生活质量指数高于非洲各国。

43. 某次认知能力测试,刘强得了 118 分,蒋明的得分比王丽高,张华和刘强的得分之和大于蒋明和王丽的得分之和,刘强的得分比周梅高;此次测试 120 分以上为优秀,五人之中有两人没有达到优秀。

根据以上信息,以下哪项是上述五人在此次测试中得分由高到低的排列?

A. 张华、王丽、周梅、蒋明、刘强。

B. 张华、蒋明、王丽、刘强、周梅。

C. 张华、蒋明、刘强、王丽、周梅。

D. 蒋明、张华、王丽、刘强、周梅。

E. 蒋明、王丽、张华、刘强、周梅。

44. 近日,某集团高层领导研究了发展方向问题。王总经理认为:既要发展纳米技术,也要发展生物医药技术;赵副总经理认为:只有发展智能技术,才能发展生物医药技术;李副总经理认为:如果发展纳米技术和生物医药技术,那么也要发展智能技术。最后经过董事会研究,只有其中一位的意见被采纳。

根据以上陈述,以下哪项符合董事会的研究决定?

A. 发展纳米技术和智能技术,但是不发展生物医药技术。

B. 发展生物医药技术和纳米技术,但是不发展智能技术。

C. 发展智能技术和生物医药技术,但是不发展纳米技术。

D. 发展智能技术,但是不发展纳米技术和生物医药技术。

E. 发展生物医药技术、智能技术和纳米技术。

45. 国外某教授最近指出,长着一张娃娃脸的人意味着他将享有更长的寿命,因为人们的生活状况很容易反映在脸上。从 1990 年春季开始,该教授领导的研究小组对 1826 对 70 岁以上的双胞胎进行了体能和认知测试,并拍了他们的面部照片。在不知道他们确切年龄的情况下,三名研究助手先对不同年龄组的双胞胎进行年龄评估,结果发现,即使是双胞胎,被猜出的年龄也相差很大。然后,研究小组用若干年时间对这些双胞胎的晚年生活进行了跟踪调查,直至他们去世。调查表明:双胞胎中,外表年龄差异越大,看起来老的那个就越可能先去世。

以下哪项如果为真,最能形成对该教授调查结论的反驳?

A. 如果把调查对象扩大到 40 岁以上的双胞胎,结果可能有所不同。

B. 三名研究助手比较年轻,从事该项研究的时间不长。

C. 外表年龄是每个人生活环境、生活状况和心态的集中体现,与生命老化关系不大。

D. 生命老化的原因在于细胞分裂导致染色体末端不断损耗。

E. 看起来越老的人,在心理上一般较为成熟,对于生命有更深刻的理解。

46. 由于含糖饮料的卡路里含量高,容易导致肥胖,因此无糖饮料开始流行。经过一段时期的调查,李教授认为:无糖饮料尽管卡路里含量低,但并不意味它不会导致体重增加。因为无糖饮料可能导致人们对于甜食的高度偏爱,这意味着可能食用更多的含糖类食物。而且无糖饮料几乎没什么营养,喝得过多就限制了其他健康饮品的摄入,比如茶和果汁等。

以下哪项如果为真,最能支持李教授的观点?

A. 茶是中国的传统饮料,长期饮用有益健康。

B. 有些瘦子也爱喝无糖饮料。

C. 有些胖子爱吃甜食。

D. 不少胖子向医生报告他们常喝无糖饮料。

E. 喝无糖饮料的人很少进行健身运动。

47. 只有公司相应部门的所有员工都考评合格了，该部门的员工才能得到年终奖金；财务部有些员工考评合格了；综合部所有员工都得到了年终奖金；行政部的赵强考评合格了。

如果以上陈述为真，则以下哪项可能为真？

Ⅰ. 财务部员工都考评合格了。

Ⅱ. 赵强得到了年终奖金。

Ⅲ. 综合部有些员工没有考评合格。

Ⅳ. 财务部员工没有得到年终奖金。

A. 仅Ⅰ、Ⅱ。　　B. 仅Ⅱ、Ⅲ。

C. 仅Ⅰ、Ⅱ、Ⅳ。　　D. 仅Ⅰ、Ⅱ、Ⅲ。

E. 仅Ⅱ、Ⅲ、Ⅳ。

48. 随着文化知识越来越重要，人们花在读书上的时间越来越多，文人学子中近视患者的比例也越来越高。即便在城里工人、乡镇农民中，也能看到不少人戴近视眼镜。然而，在中国古代很少发现患有近视的文人学子，更别说普通老百姓了。

以下除哪项外，均可以解释上述现象？

A. 古时候，只有家庭条件好或者有地位的人才读得起书；即便读书，用在读书上的时间也很少，那种头悬梁、锥刺股的读书人更是风毛麟角。

B. 古时交通工具不发达，出行主要靠步行、骑马，足量的运动对于预防近视有一定的作用。

C. 古人生活节奏慢，不用担心交通安全，所以即使患了近视，其危害也非常小。

D. 古代自然科学不发达，那时学生读的书很少，主要是四书五经，一本《论语》要读好几年。

E. 古人书写用的是毛笔，眼睛和字的距离比较远，写的字也相对大些。

49～50 题基于以下题干

某家长认为，有想象力才能进行创造性劳动，但想象力和知识是天敌。人在获得知识的过程中，想象力会消失。因为知识符合逻辑，而想象力无章可循。换句话说，知识的本质是科学，想象力的特征是荒诞。人的大脑一山不容二虎：学龄前，想象力独占鳌头，脑子被想象力占据；上学后，大多数人的想象力被知识驱逐出境，他们成为知识渊博但丧失了想象力、终身只能重复前人发现的人。

49. 以下哪项是该家长论证所依赖的假设？

Ⅰ. 科学是不可能荒诞的，荒诞的就不是科学。

Ⅱ. 想象力和逻辑水火不相容。

Ⅲ. 大脑被知识占据后很难重新恢复想象力。

A. 仅Ⅰ。　　B. 仅Ⅱ。

C. 仅Ⅰ和Ⅱ。　　D. 仅Ⅱ和Ⅲ。

E. Ⅰ、Ⅱ和Ⅲ。

50. 以下哪项与该家长的上述观点矛盾？

A. 如果希望孩子能够进行创造性劳动，就不要送他们上学。

B. 如果获得了足够知识,就不能进行创造性劳动。

C. 发现知识的人是有一定想象力的。

D. 有些人没有想象力,但能进行创造性劳动。

E. 想象力被知识驱逐出境是一个逐渐的过程。

51. 某公司总裁曾经说过:“当前任总裁批评我时,我不喜欢那感觉,因此,我不会批评我的继任者。”

以下哪项最可能是该总裁上述言论的假设?

A. 当遇到该总裁的批评时,他的继任者和他的感觉不完全一致。

B. 只有该总裁的继任者喜欢被批评的感觉,他才会批评继任者。

C. 如果该总裁喜欢被批评,那么前任总裁的批评也不例外。

D. 该总裁不喜欢批评他的继任者,但喜欢批评其他人。

E. 该总裁不喜欢被前任总裁批评,但喜欢被其他人批评。

52. 在恐龙灭绝 6500 万年后的今天,地球正面临着又一次物种大规模灭绝的危机。截至上个世纪末,全球大约有 20%的物种灭绝。现在,大熊猫、西伯利亚虎、北美玳瑁、巴西红木等许多珍稀物种面临着灭绝的危险。有三位学者对此作了预测。

学者一:如果大熊猫灭绝,则西伯利亚虎也将灭绝。

学者二:如果北美玳瑁灭绝,则巴西红木不会灭绝。

学者三:或者北美玳瑁灭绝,或者西伯利亚虎不会灭绝。

如果三位学者的预测都为真,则以下哪项一定为假?

A. 大熊猫和北美玳瑁都将灭绝。

B. 巴西红木将灭绝,西伯利亚虎不会灭绝。

C. 大熊猫和巴西红木都将灭绝。

D. 大熊猫将灭绝,巴西红木不会灭绝。

E. 巴西红木将灭绝,大熊猫不会灭绝。

53. 一些城市,由于作息时间比较统一,加上机动车太多,很容易形成交通早高峰和晚高峰。市民们在高峰时间上下班很不容易。为了缓解人们上下班的交通压力,某政府顾问提议采取不同时间段上下班制度,即不同单位可以在不同的时间段上下班。

以下哪项如果为真,最可能使该顾问的提议无法取得预期效果?

A. 有些上班时间段与员工的用餐时间冲突,会影响他们的生活乐趣,从而影响他们的工作积极性。

B. 许多上班时间段与员工的正常作息时间不协调,他们需要较长一段时间来调整适应,这段时间的工作效率难以保证。

C. 许多单位的大部分工作通常需要员工们在一起讨论,集体合作才能完成。

D. 该市的机动车数量持续增加,即使不在早晚高峰期,交通拥堵也时有发生。

E. 有些单位员工的住处与单位很近,步行即可上下班。

54. 统计数字表明,近年来,民用航空飞行的安全性有很大提高。例如,某国 2008 年每飞行 100 万次发生恶性事故的次数为 0.2 次,而 1989 年为 1.4 次。从这些年的统计数字看,民用航空恶性事故发生率总体呈下降趋势。由此看出,乘飞机出行越来越安全。

以下哪项不能加强上述结论?

A. 近年来,飞机事故中“死里逃生”的概率比以前提高了。

B. 各大航空公司越来越注意对机组人员的安全培训。

C. 民用航空的空中交通控制系统更加完善。

D. 避免“机鸟互撞”的技术与措施日臻完善。

E. 虽然飞机坠毁很可怕,但从统计数字上讲,驾车仍然要危险得多。

55. 有医学研究显示,行为痴呆症患者大脑组织中往往含有过量的铝。同时有化学研究表明,一种硅化合物可以吸收铝。陈医生据此认为,可以用这种硅化合物治疗行为痴呆症。

以下哪项是陈医生最可能依赖的假设?

A. 行为痴呆症患者大脑组织的含铝量通常过高,但具体数量不会变化。

B. 该硅化合物在吸收铝的过程中不会产生副作用。

C. 用来吸收铝的硅化合物的具体数量与行为痴呆症患者的年龄有关。

D. 过量的铝是导致行为痴呆症的原因,患者脑组织中的铝不是行为痴呆症引起的结果。

E. 行为痴呆症患者脑组织中的铝含量与病情的严重程度有关。

2010年管理类综合能力逻辑推理试题

26. 针对威胁人类健康的甲型H1N1流感,研究人员研制出了相应的疫苗,尽管这些疫苗是有效的,但某大学研究人员发现,阿司匹林、羟苯基乙酰胺等抑制某些酶的药物会影响疫苗的效果,这位研究人员指出:"如果你使用了阿司匹林或者对乙酰氨基酚,那么你注射疫苗后就必然不会产生良好的抗体反应。"

如果小张注射疫苗后产生了良好的抗体反应,那么根据上述研究结果可以得出以下哪项结论?

A. 小张服用了阿司匹林,但没有服用对乙酰氨基酚。

B. 小张没有服用阿司匹林,但感染了H1N1流感病毒。

C. 小张服用了阿司匹林,但没有感染H1N1流感病毒。

D. 小张没有服用阿司匹林,也没有服用对乙酰氨基酚。

E. 小张服用了对乙酰氨基酚,但没有服用羟苯基乙酰胺。

27. 为了调查当前人们的识字水平,某实验者列举了20个词语,请30位文化人士识读,这些人的文化程度都在大专以上。识读结果显示,多数人只读对3~5个词语,极少数人读对15个以上,甚至有人全部读错。其中,"蹒跚"的辨识率最高,30人中有19人读对;"呱呱坠地"所有人都读错。20个词语的整体误读率接近80%。该实验者由此得出,当前人们的识字水平并没有提高,甚至有所下降。

以下哪项如果为真,最能对该实验者的结论构成质疑?

A. 实验者选取的20个词语不具有代表性。

B. 实验者选取的30位识读者均没有博士学位。

C. 实验者选取的20个词语在网络流行语言中不常用。

D. "呱呱坠地"这个词的读音有些大学老师也经常读错。

E. 实验者选取的30位识读者中约有50%的大学成绩不佳。

28. 域控制器存储了域内的账户、密码和属于这个域的计算机三项信息。当计算机接入网络时,域控制器首先要鉴别这台计算机是否属于这个域,用户使用的登录账户是否存在,密码是否正确。如果三项信息均正确,则允许登录;如果以上信息有一项不正确,那么域控制器就会拒绝这个用户从这台计算机登录。小张的登录账号是正确的,但是域控制器拒绝小张的计算机登录。

基于以上陈述能得出以下哪项结论?

A. 小张输入的密码是错误的。

B. 小张的计算机不属于这个域。

C. 如果小张的计算机属于这个域,那么他输入的密码是错误的。

D. 只有小张输入的密码是正确的,他的计算机才属于这个域。

E. 如果小张输入的密码是正确的,那么他的计算机属于这个域。

29. 现在越来越多的人拥有了自己的轿车,但明显地缺乏汽车保养的基本知识,这些人会按照维修保养手册或4S店售后服务人员的提示做定期保养。可是,某位有经验的司机会告诉你,每行驶5000公里(1公里=1千米)做一次定期检查,只能检查出汽车可能存在问题的一小部分,这样的检查没有意义,是浪费时间和金钱的。

以下哪项不能削弱该司机的结论?

A. 每行驶5000公里做一次定期检查是保障车主安全所需要的。

B. 每行驶5000公里做一次定期检查能发现引擎的某些主要故障。

C. 在定期检查中所做的常规维护是保证汽车正常运行所必需的。

D. 赵先生的新车未做定期检查,行驶到5100公里时出了问题。

E. 某公司新购的一批汽车未做定期检查,均安全行驶了7000公里以上。

30. 化学课上,张老师演示了两个同时进行的教学实验:一个实验是高氯酸钾加热后,有氧气缓慢产生,另一个实验是高氯酸钾加热后迅速撒入少量二氧化锰,这时立即有大量的氧气产生。张老师由此指出:二氧化锰是氧气快速产生的原因。

以下哪项与张老师得出结论的方法类似?

A. 同一品牌的化妆品价格越高卖得越火。由此可见,消费者喜欢价格高的化妆品。

B. 居里夫人在沥青矿物中提取放射性元素时发现,从一定量的沥青矿物中提取的全部纯铀的放射性强度比同等数量的沥青矿物中放射性强度低数倍。她据此推断,沥青矿物中还存在其他放射性更强的元素。

C. 统计分析发现,30岁至60岁之间,年纪越大,胆子越小,有理由相信:岁月是勇敢的腐蚀剂。

D. 将闹钟放在玻璃罩里,使它打铃,可以听到铃声;然后把玻璃罩里的空气抽空,再使闹钟打铃,就听不到铃声了。由此可见,空气是声音传播的介质。

E. 人们通过对绿藻、蓝藻、红藻的大量观察,发现结构简单、无根叶是藻类植物的主要特征。

31. 湖队是不可能进入决赛的。如果湖队进入决赛,那么太阳就从西边出来了。

以下哪项与上述论证方式最相似?

A. 今天天气不冷。如果冷,湖面怎么结冰了?

B. 语言是不能创造财富的。若语言能够创造财富,则夸夸其谈的人就是世界上最富有的了。

C. 草木之生也柔脆,其死也枯槁。故坚强者死之徒,柔弱者生之徒。

D. 天上是不会掉馅饼的。如果你不相信这一点,那上当受骗是迟早的事。

E. 古典音乐不流行。如果流行,那就说明大众的音乐欣赏水平大大提高了。

32. 在某次课程教学改革的研讨会上,负责工程类教学的齐老师说,在工程设计中,用于解决数学问题的计算机程序越来越多了,这样就不必要求工程技术类大学生对基础数学有深刻的理解。因此,在未来的教学体系中,基础数学课程可以用其他重要的工程类课程替代。

以下哪项如果为真,能削弱齐老师的上述论证?

Ⅰ. 工程类基础课程中已经包含了相关的基础数学内容。

Ⅱ. 在工程设计中,设计计算机程序需要对基础数学有全面的理解。

Ⅲ. 基础数学课程的一个重要目标是培养学生的思维能力,这种能力对工程设计来说很关键。

A. 只有Ⅱ。
B. 只有Ⅰ和Ⅱ。
C. 只有Ⅰ和Ⅲ。
D. 只有Ⅱ和Ⅲ。
E. Ⅰ、Ⅱ和Ⅲ。

33. 蟋蟀是一种非常有趣的小动物,宁静的夏夜,草丛中传来阵阵清脆悦耳的鸣叫声,那是蟋蟀在唱歌。蟋蟀优美动听的歌声并不是出自它的好嗓子,而是来自它的翅膀。左右两翅一张一合,相互摩擦,就可以发出悦耳的声响了。蟋蟀还是建筑专家,与它那柔软的挖掘工具相比,蟋蟀的住宅真可以算得上是伟大的工程了。在其住宅门口,有一个收拾得非常舒适的平台。夏夜,除非下雨或者刮风,否则蟋蟀肯定会在这个平台上唱歌。

根据以上陈述,以下哪项是蟋蟀在无雨的夏夜所做的?

A. 修建住宅。
B. 收拾平台。
C. 在平台上唱歌。
D. 如果没有刮风,它就在抢修工程。
E. 如果没有刮风,它就在平台上唱歌。

34. 一般认为,出生地间隔较远的夫妻所生子女的智商较高。有资料显示,夫妻均是本地人,其所生子女的平均智商为102.45;夫妻是省内异地的,其所生子女的平均智商为106.17;而隔省婚配的,其所生子女的智商则高达109.35。因此,异地通婚可提高下一代的智商水平。

以下哪项如果为真,最能削弱上述结论?

A. 统计孩子平均智商的样本数量不够多。
B. 不难发现,一些天才儿童的父母均是本地人。
C. 不难发现,一些低智商儿童的父母的出生地间隔较远。
D. 能够异地通婚者是智商比较高的,他们自身的高智商促成了异地通婚。
E. 一些情况下,夫妻双方出生地间隔很远,但他们的基因可能接近。

35. 成品油生产商的利润很大程度上受国际市场原油价格的影响,因为大部分原油是按国际市场价购进的。近年来,随着国际原油市场价格的不断提高,成品油生产商的运营成本大幅度增加,但某国成品油生产商的利润并没有减少,反而增加了。

以下哪项如果为真,最有助于解释上述看似矛盾的现象?

A. 原油成本只占成品油生产商运营成本的一半。
B. 该国成品油价格根据市场供需确定,随着国际原油市场价格的上涨,该国政府为成品油生产商提供相应的补助。
C. 在国际原油市场价格不断上涨期间,该国成品油生产商降低了个别高薪雇员的工资。
D. 在国际原油市场价格上涨之后,除进口成本增加外,成品油生产的其他成本也有所提高。
E. 该国成品油生产商的原油有一部分来自国内,这部分受国际市场价格波动影响较小。

36. 太阳风中的一部分带电粒子可以到达M星表面,将足够的能量传递给M星表面粒子，使后者脱离 M 星表面，逃逸到 M 星大气中。为了判定这些逃逸的粒子，科学家们通过三个实验获得了如下信息：

实验一结论：或者是 X 粒子，或者是 Y 粒子。

实验二结论：或者不是 Y 粒子，或者不是 Z 粒子。

实验三结论：如果不是 Z 粒子，就不是 Y 粒子。

根据上述三个实验结论，可以推断以下哪项一定为真？

A. 这种粒子是 X 粒子。

B. 这种粒子是 Y 粒子。

C. 这种粒子是 Z 粒子。

D. 这种粒子不是 X 粒子。

E. 这种粒子不是 Z 粒子。

37. 美国某大学医学院的研究人员在《小儿科杂志》上发表论文指出，在对 2702 个家庭的孩子进行跟踪调查后发现，如果孩子在 5 岁前每天看电视超过 2 小时，他们长大后出现行为问题的风险将会增加 1 倍多。所谓行为问题是指性格孤僻、言行粗鲁、侵犯他人、难以与他人合作等。

以下哪项最好地解释了以上论述？

A. 电视节目会使孩子产生好奇心，容易导致孩子出现暴力倾向。

B. 电视节目中有不少内容容易使孩子长时间处于紧张、恐惧的状态。

C. 看电视时间过长，会影响孩子与其他人的交往，久而久之，孩子便会缺乏与他人打交道的经验。

D. 儿童模仿能力强，如果只对电视节目感兴趣，长此以往，会阻碍他们分析能力的发展。

E. 每天长时间地看电视，容易使孩子神经系统产生疲劳，影响身心发展。

38. 一种常见的现象是，从国外引进的一些畅销科普读物在国内并不畅销，有人对此解释说，这与我们多年来沿袭的文理分科有关。文理分科人为地造成了自然科学与人文社会科学的割裂，导致科普类图书的读者市场还没有真正形成。

以下哪项如果为真，最能加强上述观点？

A. 有些自然科学工作者对科普读物也不感兴趣。

B. 科普读物不是没有需求，而是有效供给不足。

C. 由于缺乏理科背景，非自然科学工作者对科学敬而远之。

D. 许多科普电视节目都拥有固定的收视群，相应的科普读物也大受欢迎。

E. 国内大部分科普读物只是介绍科学常识，很少真正关注科学精神的传播。

39. 大小行星悬浮在太阳系边缘，极易受附近星体引力作用的影响。据研究人员计算，有时这些力量会将彗星从奥尔特星云拖出。这样，它们更有可能靠近太阳。两位研究人员据此分别做出了以下两种有所不同的断定：

① 木星的引力作用要么将它们推至更小的轨道，要么将它们逐出太阳系；

② 木星的引力作用或者将它们推至更小的轨道，或者将它们逐出太阳系。

如果上述两种断定只有一种为真，可以推出以下哪项结论？

A. 木星的引力作用将它们推至更小的轨道，并且将它们逐出太阳系。

B. 木星的引力作用没有将它们推至更小的轨道，但是将它们逐出太阳系。

C. 木星的引力作用将它们推至更小的轨道，但是没有将它们逐出太阳系。

D. 木星的引力作用既没有将它们推至更小的轨道，也没有将它们逐出太阳系。

E. 木星的引力作用如果将它们推至更小的轨道,就不会将它们逐出太阳系。

40. 鸽子走路时,头部并不是有规律地前后移动,而是一直在往前伸。行走时,鸽子脖子往前一探,然后,头部保持静止,等待着身体和爪子跟进。有学者曾就鸽子走路时伸脖子的现象做出假设:在等待身体跟进的时候,暂时静止的头部有利于鸽子获得稳定的视野,看清周围的食物。

以下哪项如果为真,最能支持上述假设?

A. 鸽子行走时如果不伸脖子,很难发现远处的食物。

B. 步伐太大的鸟类,伸脖子的幅度远比步伐要小得多。

C. 鸽子行走速度的变化,刺激内耳控制平衡的器官,导致伸脖子。

D. 鸽子行走时“一举翅一投足”,都可能出现脖子和头部肌肉的自然反射,所以头部不断运动。

E. 如果雏鸽步态受到限制,功能发育不够完善,那么,成年后鸽子的步伐变小,脖子伸缩幅度则会随之降低。

41. S市环保检测中心的统计分析表明,2009年空气质量为优的天数为150天,比2008年多出22天。二氧化碳、一氧化碳、二氧化氮、可吸入颗粒物四项污染物浓度平均值,与2008年相比分别下降了约21.3%、25.6%、26.2%、15.4%。S市环保负责人指出,这得益于近年来本市政府持续采取的控制大气污染的相关措施。

以下除哪项外,均能支持上述市环保负责人的看法?

A. S市广泛展开环保宣传,加强了市民的生态理念和环保意识。

B. S市启动了内部控制污染方案,凡是不达标的燃煤锅炉停止运行。

C. S市执行了机动车排放国Ⅳ标准,单车排放比国Ⅲ标准降低了49%。

D. S市市长办公室最近研究了焚烧秸秆的问题,并着手制定相关条例。

E. S市制定了“绿色企业”标准,继续加快污染重、能耗高的企业的退出。

42. 在某次思维训练课上,张老师提出“尚左数”这一概念的定义:在连续排列的一组数字中,如果一个数字左边的数字都比其大(或无数字),且其右边的数字都比其小(或无数字),则称这个数字为尚左数。

根据张老师的定义,在8、9、7、6、4、5、3、2这列数字中,以下哪项包含了该列数字中所有的尚左数?

A. 4、5、7和9。

B. 2、3、6和7。

C. 3、6、7和8。

D. 5、6、7和8。

E. 2、3、6和8。

43. 一般认为,剑乳齿象是从北美洲迁入南美洲的。剑乳齿象的显著特征是具有较尖的长剑型门齿,颚骨较短,齿的齿冠隆起,齿板数目为7至8个,并呈乳状突起,剑乳齿象因此得名。剑乳齿象的牙齿比较复杂,这表明它能吃草,在南美洲的许多地方都有证据显示史前人类捕捉过剑乳齿象。由此可以推测,剑乳齿象的灭绝可能与人类的过度捕杀有密切关系。

以下哪项如果为真,最能反驳上述结论?

A. 史前动物之间经常发生大规模相互捕杀的现象。

B. 剑乳齿象在遇到人类攻击时缺乏自我保护能力。

C. 剑乳齿象也存在由南美洲进入北美洲的回迁现象。

D. 由于人类活动范围的扩大，大型食草动物难以生存。

E. 幼年剑乳齿象的牙齿结构比较简单，自我生存能力弱。

44. 小东在玩“勇士大战”游戏，进入第二关时，界面出现四个选项。第一个选项是“选择任意选项都需要支付游戏币”，第二个选项是“选择本项后可以得到额外游戏奖励”，第三个选项是“选择本项后游戏不会进行下去”，第四个选项是“选择某个选项不需要支付游戏币”。

如果四个选项中的陈述只有一句为真，则以下哪项一定为真？

A. 选择任意选项都需要支付游戏币。

B. 选择任意选项都不需要支付游戏币。

C. 选择任意选项都不能得到额外游戏奖励。

D. 选择第二个选项后可以得到额外游戏奖励。

E. 选择第三个选项后游戏能继续进行下去。

45. 有位美国学者做了一个实验，给被试儿童看了三幅图画：鸡、牛和青草，然后让儿童将其分为两类。结果大部分中国儿童把牛和青草归为一类，把鸡归为另一类；大部分美国儿童则把牛和鸡归为一类，把青草归为另一类。这位美国学者由此得出：中国儿童习惯于按照事物之间的关系来分类，美国儿童则习惯于把事物按照各自所属的“实体”范畴进行分类。

以下哪项是这位学者得出结论所必须假设的？

A. 马和青草是按照事物之间的关系被列为一类。

B. 鸭和鸡蛋是按照各自所属的“实体”范畴被归为一类。

C. 美国儿童只要把牛和鸡归为一类就是习惯于按照各自所属“实体”范畴进行分类。

D. 美国儿童只要把牛和鸡归为一类，就不是习惯于按照事物之间的关系来分类。

E. 中国儿童只要把牛和青草归为一类，就不是习惯于按照各自所属“实体”范畴进行分类。

46. 相互尊重是相互理解的基础，相互理解是相互信任的前提。在人与人的相互交往中，自重、自信也是非常重要的，没有一个人尊重不自重的人，没有一个人信任他所不尊重的人。

以上陈述可以推出以下哪项结论？

A. 不自重的人也不被任何人信任。

B. 相互信任才能相互尊重。

C. 不自信的人也不自重。

D. 不自信的人也不被任何人信任。

E. 不自信的人也不受任何人尊重。

47. 学生：IQ 和 EQ 哪个更重要？您能否给我指点一下？

学长：你去书店问问工作人员关于 IQ 和 EQ 的书，哪类销得快，哪类就更重要。

以下哪项与题干中的问答方式最为相似？

A. 员工：我们正制定一个度假方案，你说是在本市好，还是去外地好？

经理：现在年终了，各公司都在安排出去旅游，你去问问其他公司的同行，他们计划去哪里，我们就不去哪里，不凑热闹。

B. 平平：母亲节那天我准备送给妈妈一份礼物，你说是送花好还是巧克力好？

佳佳：你在母亲节前一天去花店看一下，看看买花的人多不多就行了嘛。

C. 顾客：我准备买一件毛衣，你看颜色是鲜艳一点好，还是素一点好？

店员：这个需要结合自己的性格与穿衣习惯，各人可以有自己的选择与喜好。

D. 游客：我们前面有两条山路，走哪一条更好？

导游：你仔细看看，哪一条山路上车马的痕迹深，我们就走哪一条。

E. 学生：我正在准备期末复习，是做教材上的练习重要，还是理解教材内容更重要？

老师：你去问问高年级得分高的同学，他们是否经常背书、做练习。

48. 李赫、张岚、林宏、何柏、邱辉 5 位同事近日各自买了一辆不同品牌的小轿车，分别为雪铁龙、奥迪、宝马、奔驰、桑塔纳。这五辆车的颜色分别与 5 人名字最后一个字谐音的颜色不同。已知，李赫买的是蓝色的雪铁龙。

以下哪项排列可能依次对应张岚、林宏、何柏、邱辉所买的车？

A. 灰色奥迪、白色宝马、灰色奔驰、红色桑塔纳。

B. 黑色奥迪、红色宝马、灰色奔驰、白色桑塔纳。

C. 红色奥迪、灰色宝马、白色奔驰、黑色桑塔纳。

D. 白色奥迪、黑色宝马、红色奔驰、灰色桑塔纳。

E. 黑色奥迪、灰色宝马、白色奔驰、红色桑塔纳。

49. 克鲁特是德国家喻户晓的"明星"北极熊，北极熊是北极名副其实的霸主。因此，克鲁特是名副其实的北极霸主。

以下除哪项外，均与上述论证中出现的谬误相似？

A. 儿童是祖国的花朵，小雅是儿童。因此，小雅是祖国的花朵。

B. 鲁迅的作品不是一天能读完的，《祝福》是鲁迅的作品。因此，《祝福》不是一天能读完的。

C. 中国人是不怕困难的，我是中国人。因此，我是不怕困难的。

D. 康怡花园坐落在清水街，清水街的建筑属于违章建筑。因此，康怡花园的建筑属于违章建筑。

E. 西班牙语是外语，外语是普通高等学校招生的必考科目。因此，西班牙语是普通高等学校招生的必考科目。

50. 在本年度篮球联赛中，长江队主教练发现，黄河队五名主力队员之间的上场配置有如下规律：

(1) 若甲上场，则乙也要上场。

(2) 只有甲不上场，丙才不上场。

(3) 要么丙不上场，要么乙和戊中有人不上场。

(4) 除非丙不上场，否则丁上场。

若乙不上场，则以下哪项配置合乎上述规律？

A. 甲、丙、丁同时上场。

B. 丙不上场，丁、戊同时上场。

C. 甲不上场，丙、丁都上场。

D. 甲、丁都上场，戊不上场。

E. 甲、丁、戊都不上场。

51. 陈先生：未经许可侵入别人的电脑，就好像开偷来的汽车撞伤了人，这些都是犯罪行为。但后者性质更严重，因为它既侵占了有形财产，又造成了人身伤害；而前者只是在虚拟世界中捣乱。

林女士：我不同意，例如，非法侵入医院的电脑，有可能扰乱医疗数据，甚至危及病人的生命。因此，非法侵入电脑同样会造成人身伤害。

以下哪项最为准确地概括了两人争论的焦点？

A. 非法侵入别人电脑和开偷来的汽车是否同样会危及人的生命？

B. 非法侵入别人电脑和开偷来的汽车伤人是否同样构成犯罪？

C. 非法侵入别人电脑和开偷来的汽车伤人是否是同样性质的犯罪？

D. 非法侵入别人电脑的犯罪性质是否和开偷来的汽车伤人一样的严重？

E. 是否只有侵占有形财产才构成犯罪？

52. 小明、小红、小丽、小强、小梅五人去听音乐会，他们五人在同一排且座位相连，其中只有一个座位最靠近走廊，结果小强想坐在最靠近走廊的座位上，小丽想跟小明紧挨着，小红不想跟小丽紧挨，小梅想跟小丽紧挨着，但不想跟小强或小明紧挨着。

以下哪项顺序符合上述五人的意愿？

A. 小明、小梅、小丽、小红、小强。

B. 小强、小红、小明、小丽、小梅。

C. 小强、小梅、小红、小丽、小明。

D. 小明、小红、小梅、小丽、小强。

E. 小强、小丽、小梅、小明、小红。

53. 参加某国际学术研讨会的 60 名学者中，亚裔学者 31 人，博士 33 人，非亚裔学者中无博士学位的有 4 人。

根据上述陈述，参加此次国际研讨会的亚裔博士有几人？

A. 1 人。 B. 2 人。 C. 4 人。 D. 7 人。 E. 8 人。

54. 对某高校本科生的某项调查统计发现：在因成绩优异被推荐免试攻读硕士研究生的文科专业学生中，女生占有 70%。由此可见，该校本科文科专业的女生比男生优秀。

以下哪项如果为真，能最有力地削弱上述结论？

A. 在该校本科文科专业学生中，女生占 30%以上。

B. 在该校本科文科专业学生中，女生占 30%以下。

C. 在该校本科文科专业学生中，男生占 30%以下。

D. 在该校本科文科专业学生中，女生占 70%以下。

E. 在该校本科文科专业学生中，男生占 70%以上。

55. 某中药配方有如下要求：

① 如果有甲药材，那么也要有乙药材；

② 如果没有丙药材，那么必须有丁药材；

③ 人参和天麻不能都有；

④ 如果没有甲药材而有丙药材，则需要有人参。

如果含有天麻，则关于该配方的断定哪项为真？

A. 含有甲药材。

B. 含有丙药材。

C. 没有丙药材。

D. 没有乙药材和丁药材。

E. 含有乙药材或丁药材。

2009年管理类综合能力逻辑推理试题

26. 某中学发现有学生课余用扑克玩带有赌博性质的游戏，因此规定学生不得带扑克进入学校。不过即使是硬币，也可以用作赌具，但禁止学生带硬币进入学校是不可思议的。因此，禁止学生带扑克进学校是荒谬的。

以下哪项如果为真，最能削弱上述论证？

A. 禁止带扑克进学校不能阻止学生在校外赌博。

B. 硬币作为赌具远不如扑克方便。

C. 很难查明学生是否带扑克进学校。

D. 赌博不但败坏校风，而且影响学生学习成绩。

E. 有的学生玩扑克不涉及赌博。

27. 甲、乙、丙和丁四人进入某围棋邀请赛半决赛，最后要决出一名冠军。张、王和李三人对结果作了如下预测：

张：冠军不是丙。

王：冠军是乙。

李：冠军是甲。

已知张、王、李三人中恰有一人的预测正确，以下哪项为真？

A. 冠军是甲。

B. 冠军是乙。

C. 冠军是丙。

D. 冠军是丁。

E. 无法确定冠军是谁。

28. 除非年龄在50岁以下，并且能持续游泳3000米以上，否则不能参加下个月举行的横渡长江活动。同时，高血压和心脏病患者不能参加。老黄能持续游泳3000米以上，但没有被批准参加这项活动。

以上断定能推出以下哪项结论？

Ⅰ. 老黄的年龄至少50岁。

Ⅱ. 老黄患有高血压。

Ⅲ. 老黄患有心脏病。

A. 只有Ⅰ。

B. 只有Ⅱ。

C. 只有Ⅲ。

D. Ⅰ、Ⅱ和Ⅲ至少有一个。

E. Ⅰ、Ⅱ和Ⅲ都不能从题干中推出。

29. 一项对西部山区小塘村的调查发现：小塘村约五分之三的儿童入中学后出现中度以上的近视，而他们的父母及祖辈，没有机会到正规学校接受教育，很少出现近视。

以下哪项作为上述断定的结论最为恰当？

A. 接受文化教育是造成近视的原因。

B. 只有在儿童时期接受正式教育才易于形成近视。

C. 阅读和课堂作业带来的视觉压力必然造成儿童的近视。

D. 文化教育的发展和近视现象的出现有密切的关系。

E. 小塘村约五分之二的儿童是文盲。

30. 小李考上了清华大学，或者小孙没考上北京大学。

增加以下哪项条件，能推出小李考上了清华大学？

A. 小张和小孙至少有一人未考上北京大学。

B. 小张和小李至少有一人未考上清华大学。

C. 小张和小孙都考上了北京大学。

D. 小张和小李都未考上清华大学。

E. 小张和小孙都未考上北京大学。

31. 大李和小王是某报新闻部的编辑。该报总编计划从新闻部抽调人员到经济部。总编决定：未经大李和小王本人同意，将不调用两人。大李告诉总编："我不同意调用，除非我知道小王已经调用。"小王说："除非我知道大李已经调用，否则我不同意调用。"

如果上述三人坚持各自的决定，则可推出以下哪项结论？

A. 两人都不可能调用。

B. 两人都可能调用。

C. 两人至少一人可能调用，但不可能两人都调用。

D. 要么两人都调用，要么两人都不调用。

E. 题干的条件推不出关于两人调用的确定结论。

32. 去年经纬汽车专卖店调高了营销人员的营销业绩奖励比例，专卖店李经理打算新的一年继续执行该奖励比例，因为去年该店的汽车销售数量较前年增加了16%。陈副经理对此持怀疑态度。她指出，他们的竞争对手并没有调整营销人员的奖励比例，但在过去的一年也出现了类似的增长。

以下哪项最为恰当地概括了陈副经理的质疑方法？

A. 运用一个反例，否定李经理的一般性结论。

B. 运用一个反例，说明李经理的论据不符合事实。

C. 运用一个反例，说明李经理的论据虽然成立，但不足以推出结论。

D. 指出李经理的论证对一个关键概念的理解和运用有误。

E. 指出李经理的论证中包含自相矛盾的假设。

33. 某综合性大学只有理科与文科，理科学生多于文科学生，女生多于男生。

如果上述断定为真，则以下哪项关于该大学学生的断定也一定为真？

Ⅰ. 文科的女生多于文科的男生。

Ⅱ. 理科的男生多于文科的男生。

Ⅲ. 理科的女生多于文科的男生。

A. 只有Ⅰ和Ⅱ。　　B. 只有Ⅲ。

C. 只有Ⅱ和Ⅲ。　　D. Ⅰ、Ⅱ和Ⅲ。

E. Ⅰ、Ⅱ和Ⅲ都不一定为真。

34. 对本届奥运会所有奖牌获得者进行了尿样化验，没有发现兴奋剂使用者。

如果上述陈述为假，则以下哪项一定为真？

Ⅰ. 或者有的奖牌获得者没有化验尿样，或者在奖牌获得者中发现了兴奋剂使用者。

Ⅱ. 虽然有的奖牌获得者没有化验尿样，但还是发现了兴奋剂使用者。

Ⅲ. 如果对所有奖牌获得者进行了尿样化验，则一定发现了兴奋剂使用者。

A. 只有Ⅰ。 B. 只有Ⅱ。

C. 只有Ⅲ。 D. 只有Ⅰ和Ⅲ。

E. 只有Ⅰ和Ⅱ。

35. 某地区过去三年日常生活必需品平均价格增长了30%。在同一时期，购买日常生活必需品的开支占家庭平均月收入的比例并未发生变化。因此，过去三年家庭平均收入一定也增长了30%。

以下哪项最可能是上述论证所假设的？

A. 在过去的三年中，平均每个家庭购买的日常生活必需品数量和质量没有变化。

B. 在过去的三年中，除生活必需品外，其他商品平均价格的增长低于30%。

C. 在过去的三年中，该地区家庭数量增长了30%。

D. 在过去的三年中，家庭用于购买高档消费品的平均开支明显减少。

E. 在过去的三年中，家庭平均生活水平下降了。

36~37 题基于以下题干

张教授：在南美洲发现的史前木质工具存在于13000年以前。有的考古学家认为，这些工具是其祖先从西伯利亚迁徙到阿拉斯加的人群使用的。这一观点难以成立，因为要到达南美洲，这些人群必须在13000年前经历长途跋涉，而在从阿拉斯加到南美洲之间，从未发现13000年前的木质工具。

李研究员：您恐怕忽视了——这些木质工具是在泥煤沼泽中发现的。北美很少有泥煤沼泽。木质工具在普通的泥土中几年内就会腐烂化解。

36. 以下哪项最为准确地概括了张教授与李研究员所讨论的问题？

A. 上述史前木质工具是否是其祖先从西伯利亚迁徙到阿拉斯加的人群使用的？

B. 张教授的论据是否能推翻上述考古学家的结论？

C. 上述人群是否可能在13000年前完成从阿拉斯加到南美洲的长途跋涉？

D. 上述木质工具是否只有在泥煤沼泽中才不会腐烂化解？

E. 上述史前木质工具存在于13000年以前的断定是否有足够的根据？

37. 以下哪项最为准确地概括了李研究员的应对方法？

A. 指出张教授的论据违背事实。

B. 引用与张教授的结论相左的权威性研究成果。

C. 指出张教授曲解了考古学家的观点。

D. 质疑张教授的隐含假设。

E. 指出张教授的论据实际上否定其结论。

38. 一些人类学家认为，如果不具备应付各种自然环境的能力，人类在史前年代不可能幸存下来。然而，相当多的证据表明，阿法种南猿——一种与早期人类有关的史前物种，在各种自然环境中顽强生存的能力并不亚于史前人类，但最终灭绝了。因此，人类学家的上述观点是错误的。

上述推理的漏洞也类似地出现在以下哪项中？

A. 大张认识到赌博是有害的，但就是改不掉。因此，“不认识错误就不能改正错误”这一断定是不成立的。

B. 已经找到了证明造成艾克矿难是操作失误的证据。因此，关于艾克矿难起因于设备老化、年久失修的猜测是不成立的。

C. 大李图便宜，买了双旅游鞋，穿不了几天就坏了。因此，怀疑“便宜无好货”是没有道理的。

D. 既然不怀疑小赵可能考上大学，那就没有理由担心小赵可能考不上大学。

E. 既然怀疑小赵一定能考上大学，那就没有理由怀疑小赵一定考不上大学。

39. 关于甲班体育达标测试，三位老师有如下预测：

张老师说：“不会所有人都不及格。”

李老师说：“有人会不及格。”

王老师说：“班长和学习委员都能及格。”

如果三位老师中只有一人的预测正确，则以下哪项一定为真？

A. 班长和学习委员都没及格。

B. 班长和学习委员都及格了。

C. 班长及格，但学习委员没及格。

D. 班长没及格，但学习委员及格了。

E. 以上各项都不一定为真。

40～41 题基于以下题干

因为照片的影像是通过光线与胶片的接触形成的，所以每张照片都具有一定的真实性。但是，从不同角度拍摄的照片总是反映了物体某个侧面的真实而不是全部的真实，在这个意义上，照片又是不真实的。因此，在目前的技术条件下，以照片作为证据是不恰当的，特别是在法庭上。

40. 以下哪项是上述论证所假设的？

A. 不完全反映全部真实的东西不能成为恰当的证据。

B. 全部的真实性是不可把握的。

C. 目前的法庭审理都把照片作为重要物证。

D. 如果从不同角度拍摄一个物体，就可以把握它的全部真实性。

E. 法庭具有判定任一证据真伪的能力。

41. 以下哪项如果为真，最能削弱上述论证？

A. 拍摄技术是不断发展的，理论上说，全景照片可以从外观上反映物体的全部真实。

B. 任何证据只需要反映事实的某个侧面。

C. 在法庭审理中，有些照片虽然不能成为证据，但有重要的参考价值。

D. 有些照片是通过技术手段合成或伪造的。

E. 就反映真实性而言，照片的质量有很大的差别。

42. 如果一个学校的大多数学生都具备足够的文学欣赏水平和道德自律意识，那么，像《红粉梦》和《演艺十八钗》这样的出版物就不可能成为在该校学生中销售最多的书。去年在 H 学院的学生中，《演艺十八钗》的销售量仅次于《红粉梦》。

如果上述断定为真，则以下哪项一定为真？

Ⅰ. 去年 H 学院的大多数学生都购买了《红粉梦》或《演艺十八钗》。

Ⅱ. H学院的大多数学生既不具备足够的文学欣赏水平,也不具备足够的道德自律意识。

Ⅲ. H学院至少有些学生不具备足够的文学欣赏水平,或者不具备足够的道德自律意识。

A. 只有Ⅰ。

B. 只有Ⅱ。

C. 只有Ⅲ。

D. Ⅱ和Ⅲ。

E. Ⅰ、Ⅱ和Ⅲ。

43. 这次新机种试飞只是一次例行试验,既不能算成功,也不能算不成功。

以下哪项对题干的评价最为恰当?

A. 题干的陈述没有漏洞。

B. 题干的陈述有漏洞,这一漏洞也出现在后面的陈述中:这次关于物价问题的社会调查结果,既不能说完全反映了民意,也不能说一点也没有反映民意。

C. 题干的陈述有漏洞,这一漏洞也出现在后面的陈述中:这次考前辅导既不能说完全成功,也不能说彻底失败。

D. 题干的陈述有漏洞,这一漏洞也出现在后面的陈述中:人有特异功能,既不是被事实证明的科学结论,也不是纯属欺诈的伪科学结论。

E. 题干的陈述有漏洞,这一漏洞也出现在后面的陈述中:在即将举行的大学生辩论赛中,我不认为我校代表队一定能进入前四名,我也不认为我校代表队可能进不了前四名。

44. S市持有驾驶证的人员数量较五年前增加了数十万,但交通死亡事故却较五年前有明显的减少。由此可以得出结论:目前S市驾驶员的驾驶技术熟练程度较五年前有明显的提高。

以下各项如果为真,都能削弱上述论证,除了:

A. 交通事故的主要原因是驾驶员违反交通规则。

B. 目前S市的交通管理力度较五年前有明显加强。

C. S市加强对驾校的管理,提高了对新驾驶员的培训标准。

D. 由于油价上涨,许多车主改乘公交或地铁上下班。

E. S市目前的道路状况及安全设施较五年前有明显改善。

45. 肖群一周工作五天,除非这周内有法定休假日,除了周五在志愿者协会,其余四天肖群都在太平洋保险公司上班。上周没有法定休假日。因此,上周的周一、周二、周三和周四肖群一定在太平洋保险公司上班。

以下哪项是上述论证所假设的?

A. 一周内不可能出现两天以上的法定休假日。

B. 太平洋保险公司实行每周四天工作日制度。

C. 上周的周六和周日肖群没有上班。

D. 肖群在志愿者协会的工作与保险业有关。

E. 肖群是位称职的雇员。

46. 在接受治疗的腰肌劳损患者中,有人只接受理疗,也有人接受理疗与药物双重治疗。前者可以得到与后者相同的预期治疗效果。对于上述接受药物治疗的腰肌劳损患者来说,此种药物对于获得预期的治疗效果是不可缺少的。

如果上述断定为真,则以下哪项一定为真?

Ⅰ. 对于一部分腰肌劳损患者来说,要配合理疗取得治疗效果,药物治疗是不可缺少的。

Ⅱ. 对于一部分腰肌劳损患者来说,要取得治疗效果,药物治疗不是不可缺少的。

Ⅲ. 对于所有腰肌劳损患者来说,要取得治疗效果,理疗是不可缺少的。

A. 只有Ⅰ。　　B. 只有Ⅱ。

C. 只有Ⅲ。　　D. 只有Ⅰ和Ⅱ。

E. Ⅰ、Ⅱ和Ⅲ。

47. 在潮湿的气候中仙人掌很难成活;在寒冷的气候中柑橘很难生长。在某省的大部分地区,仙人掌和柑橘至少有一种不难成活或生长。

如果上述断定为真,则以下哪项一定为假?

A. 该省的一半地区,既潮湿又寒冷。　　B. 该省的大部分地区炎热。

C. 该省的大部分地区潮湿。　　D. 该省的某些地区既不寒冷也不潮湿。

E. 柑橘在该省的所有地区都无法生长。

48. 主持人:有网友称你为"国学巫师",也有网友称你为"国学大师",你认为哪个名称更适合你?

上述提问中的不当也存在于以下各项中,除了:

A. 你要社会主义的低速度,还是资本主义的高速度?

B. 你主张为了发展可以牺牲环境,还是主张宁可不发展也不能破坏环境?

C. 你认为人都自私,还是认为人都不自私?

D. 你认为"9・11"恐怖袭击必然发生,还是认为有可能避免?

E. 你认为中国队必然夺冠,还是认为不可能夺冠?

49. 张珊:不同于"刀""枪""剑""戟","之""乎""者""也"这些字无确定所指。

李斯:我同意。因为"之""乎""者""也"这些字无意义。因此,应当在现代汉语中废止。

以下哪项最有可能是李斯认为张珊的断定所蕴含的意思?

A. 除非一个字无意义,否则一定有确定所指。

B. 如果一个字有确定所指,则它一定有意义。

C. 如果一个字无确定所指,则应当在现代汉语中废止。

D. 只有无确定所指的字,才应在现代汉语中废止。

E. 大多数字都有确定所指。

50. 中国要有一流的国家实力,必须有一流的教育。只有拥有一流的国家实力,中国才能做出应有的国际贡献。

以下各项都符合题干意思,除了:

A. 中国难以做出应有的国际贡献,除非拥有一流的教育。

B. 只要中国拥有一流的教育,就能做出应有的国际贡献。

C. 如果中国拥有一流的国家实力,就不会没有一流的教育。

D. 不能设想中国做出了应有的国际贡献,但缺乏一流的教育。

E. 中国面临选择:或者放弃应尽的国际义务,或者创造一流的教育。

51. 科学离不开测量,测量离不开单位长度。千米、米、分米、厘米等基本长度单位的确立完全是一种人为约定,因此,科学的结论完全是一种人的主观约定,谈不上客观的标准。

以下哪项与题干的论证最为类似?

A. 建立良好的社会保障体系离不开强大的综合国力;强大的综合国力离不开一流的国民教育。因此,建立良好的社会保障体系,必须有一流的国民教育。

B. 做规模生意离不开做广告;做广告要有大额资金投入;不是所有人都能有大额资金投入。因此,不是所有人都能做规模生意。

C. 游人允许坐公园的长椅;要坐公园长椅就要靠近它们;靠近长椅的一条路径要踩踏草地。因此,允许游人踩踏草地。

D. 具备扎实的舞蹈基本功必须经过常年不懈的艰苦训练;在春节晚会上演出的舞蹈演员必须具备扎实的基本功;长年不懈的艰苦训练是乏味的。因此,在春节晚会上演出是乏味的。

E. 家庭离不开爱情,爱情离不开信任;信任是建立在真诚的基础上的。因此,对真诚的背离是家庭危机的开始。

52. 所有的灰狼都是狼,这一断定显然是真的。因此,所有的疑似 SARS 病例都是 SARS 病例,这一断定也是真的。

以下哪项最为恰当地指出了题干论证的漏洞?

A. 题干的论证忽略了:一个命题是真的,不等于具有该命题形式的任一命题都是真的。

B. 题干的论证忽略了:灰狼与狼的关系,不同于疑似 SARS 病例和 SARS 病例的关系。

C. 题干的论证忽略了:在疑似 SARS 病例中,大部分不是 SARS 病例。

D. 题干的论证忽略了:许多狼不是灰色的。

E. 题干的论证忽略了:此种论证方式会得出其他许多明显违反事实的结论。

53. 违法必究,但几乎看不到违反道德的行为受到惩治,如果这成为一种常规,那么,民众就会失去道德约束。道德失控对社会稳定的威胁并不亚于法律的失控。因此,为了维护社会的稳定,任何违反道德的行为都不能不受到惩治。

以下哪项对上述论证的评价最为恰当?

A. 上述论证是成立的。

B. 上述论证有漏洞,它忽略了有些违法行为并未受到追究。

C. 上述论证有漏洞,它忽略了“由违法必究”,推不出“缺德必究”。

D. 上述论证有漏洞,它夸大了违反道德行为的社会危害性。

E. 上述论证有漏洞,它忽略了由否定“违反道德的行为都不受惩治”,推不出“违反道德行为都受惩治”。

54. 张珊喜欢喝绿茶,也喜欢喝咖啡;他的朋友中没有人既喜欢喝绿茶,又喜欢喝咖啡;但他的所有朋友都喜欢喝红茶。

如果上述断定为真,则以下哪项不可能为真?

A. 张珊喜欢喝红茶。

B. 张珊的所有朋友都喜欢喝咖啡。

C. 张珊的所有朋友喜欢喝的茶在种类上完全一样。

D. 张珊有一个朋友既不喜欢喝绿茶,也不喜欢喝咖啡。

E. 张珊喜欢喝的饮料,他有一个朋友都喜欢喝。

55. 一个善的行为,必须既有好的动机,又有好的效果。如果是有意伤害他人,或是无意伤害他人,但这种伤害的可能性是可以预见的,在这两种情况下,对他人造成伤害的行为都是恶的行为。

以下哪项叙述符合题干的断定？

A. P 先生写了一封试图挑拨 E 先生与其女友之间关系的信，P 的行为是恶的，尽管这封信起到了与他的动机截然相反的效果。

B. 为了在新任领导面前表现自己，争夺一个晋升名额，J 先生利用业余时间解决积压的医疗索赔案件，J 的行为是善的，因为 S 小姐的医疗索赔请求因此得到了及时的补偿。

C. 在上班途中，M 女士把自己的早餐汉堡给了街上的一名乞丐，乞丐由于急于吞咽而被意外噎死了。所以，M 女士无意中实施了一个恶的行为。

D. 大雪过后，T 先生帮邻居铲除了门前的积雪，但不小心在台阶上留下了冰，他的邻居因此摔了一跤。因此，一个善的行为导致了一个坏的结果。

E. S 女士义务帮邻居照看 3 岁的小孩，小孩在 S 女士不注意时跑到马路上，结果被车撞了。尽管 S 女士无意伤害这个小孩，但她的行为还是恶的。

2008年管理类综合能力逻辑推理试题

31~32题基于以下题干

只要不起雾，飞机就按时起飞。

31. 以下哪项正确地表达了上述断定？

Ⅰ. 如果飞机按时起飞，则一定没起雾。

Ⅱ. 如果飞机不按时起飞，则一定起雾。

Ⅲ. 除非起雾，否则飞机按时起飞。

A. 只有Ⅰ。　　B. 只有Ⅱ。

C. 只有Ⅲ。　　D. 只有Ⅱ和Ⅲ。

E. Ⅰ、Ⅱ和Ⅲ。

32. 以下哪项如果为真，说明上述断定不成立？

Ⅰ. 没起雾，但飞机没按时起飞。

Ⅱ. 起雾，但飞机仍然按时起飞。

Ⅲ. 起雾，飞机航班延期。

A. 只有Ⅰ。　　B. 只有Ⅱ。

C. 只有Ⅲ。　　D. 只有Ⅱ和Ⅲ。

E. Ⅰ、Ⅱ和Ⅲ。

33. 南口镇仅有一中和二中两所中学。一中的学生学习成绩一般比二中的学生好。由于来自南口镇的李明在大学一年级的学习成绩是全班最好的，因此，他一定是南口镇一中毕业的。

以下哪项与题干的论证方式最为类似？

A. 如果父母对孩子的教育得当，则孩子在学校的表现一般都较好。由于王征在学校的表现不好，因此他的家长一定教育失当。

B. 如果小孩每天背诵诗歌1小时，则会出口成章。郭娜每天背诵诗歌不足1小时，因此，她不可能出口成章。

C. 如果人们懂得赚钱的方法，则一般都能积累更多的财富。因此，彭总的财富是来源于他的足智多谋。

D. 儿童的心理教育比成年人更重要。张青是某公司心理素质最好的人，因此，他一定在儿童时获得良好的心理教育。

E. 北方人个子通常比南方人高，马林在班上最高，因此，他一定是北方人。

34. 现在能够纠正词汇、语法和标点符号使用错误的中文电脑软件越来越多，这使得记者们即使不具备良好的汉语基础也不妨碍撰稿。因此培养新闻工作者的学校不必重视学生汉语能力的提高，而应注重新闻工作者其他素质的培养。

以下哪项如果为真，最能削弱上述论证和建议？

A. 避免词汇、语法和标点符号的使用错误并不一定能确保文稿的语言质量。

B. 新闻学课程一直强调并要求学生能够熟练应用计算机并熟悉各种软件。

C. 中文软件越是有效，被盗版的可能性越大。

D. 在新闻学院开设新课要经过复杂的论证与报批程序。

E. 目前大部分中文软件经常更新，许多人还在用旧版本。

35. 通常认为左撇子比右撇子更容易出操作事故。这是一种误解。事实上，大多数家务事故，大到火灾、烫伤，小到切破手指，都出自右撇子。

以下哪项最为恰当地概括了上述论证中的漏洞？

A. 对两类没有实质性区别的对象作实质性的区分。

B. 在两类不具有可比性的对象之间进行类比。

C. 未考虑家务事故在整个操作事故中所占的比例。

D. 未考虑左撇子在所有人中所占的比例。

E. 忽视了这种可能性：一些家务事故是由多个人造成的。

36. 东山市威达建材广场每家商店的门边都设有垃圾桶。这些垃圾桶的颜色是绿色或红色。

如果上述断定为真，则以下哪项一定为真？

Ⅰ. 东山市有一些垃圾桶是绿色的。

Ⅱ. 如果东山市的一家商店门边没有垃圾桶，那么这家商店不在威达建材广场。

Ⅲ. 如果东山市的一家商店门边有一个红色垃圾桶，那么，这家商店是在威达建材广场。

A. 只有Ⅰ。

B. 只有Ⅱ。

C. 只有Ⅰ和Ⅱ。

D. 只有Ⅰ和Ⅲ。

E. Ⅰ、Ⅱ和Ⅲ。

37. 水泥的原料是很便宜的，像石灰石和随处可见的泥土都可以用作水泥的原料。但水泥的价格会受石油价格的影响，因为在高温炉窑中把原料变为水泥要耗费大量的能源。

以下哪项是上述论证所假设的？

A. 作为水泥的原料，石灰石并不像泥土那样随处可见。

B. 石油是制水泥的一些高温炉窑的能源。

C. 大多数工业产品的价格都会受石油价格的影响。

D. 高温炉窑把原料变为水泥所耗费的能源较前明显减少。

E. 地缘政治与特别是局部战争是影响石油价格的重要因素。

38. 郑女士：衡远市过去十年的 GDP（国内生产总值）增长率比易阳市高，因此衡远市的经济前景比易阳市好。

胡先生：我不同意你的观点。衡远市的 GDP 增长率虽然比易阳市高，但易阳市的 GDP 数值却更大。

以下哪项最为准确地概括了郑女士和胡先生争议的焦点：

A. 易阳市的 GDP 数值是否确实比衡远市大？

B. 衡远市的 GDP 增长率是否确实比易阳市高？

C. 一个城市的 GDP 数值大，是否经济前景一定好？

D. 一个城市的 GDP 增长率高,是否经济前景一定好?

E. 比较两个城市的经济前景,GDP 数值与 GDP 增长率哪个更重要?

39. 临床试验显示,对偶尔食用一定量的牛肉干的人而言,大多数品牌牛肉干的添加剂并不会导致动脉硬化。因此,人们可以放心食用牛肉干而无须担心对健康的影响。

以下哪项如果为真,最能削弱上述论证?

A. 食用大量牛肉干不利于动脉健康。

B. 动脉健康不等于身体健康。

C. 肉类都含有对人体有害的物质。

D. 喜欢吃牛肉干的人往往也喜欢食用其他对动脉健康有损害的食品。

E. 题干所述临床试验大都是由医学院的实习生在医师指导下完成的。

40. 和平基金会决定中止对 S 研究所的资助,理由是这种资助可能被部分地用于武器研究。对此,S 研究所承诺:和平基金会的全部资助,都不会用于任何与武器相关的研究。和平基金会因此撤销了上述决定,并得出结论:只要 S 研究所遵守承诺,和平基金会的上述资助就不再会有利于武器研究。

以下哪项最为恰当地概括了和平基金会上述结论中的漏洞?

A. 忽视了这种可能性:S 研究所并不遵守承诺。

B. 忽视了这种可能性:S 研究所可以用其他来源的资金进行武器研究。

C. 忽视了这种可能性:和平基金会的资助使 S 研究所有能力把其他资金改用武器研究。

D. 忽视了这种可能性:武器研究不一定危害和平。

E. 忽视了这种可能性:和平基金会的上述资助额度有限,对武器研究没有太大的意义。

41~42 题基于以下题干

一般人认为,广告商为了吸引顾客不择手段。但广告商并不都是这样。最近,为了扩大销路,一家名为《港湾》家庭类杂志改名为《炼狱》,主要刊登暴力与色情内容。结果,原先《港湾》杂志的一些常年广告客户拒绝续签合同,转向其他刊物。这说明这些广告商不只考虑经济效益,而且顾及道德责任。

41. 以下各项如果为真,都能削弱上述论证,除了

A.《炼狱》杂志所登载的暴力与色情内容在同类杂志中较为节制。

B. 刊登暴力与色情内容的杂志通常销量较高,但信誉度较低。

C. 上述拒绝续签合同的广告商主要推销家居商品。

D. 改名后的《炼狱》杂志的广告费比改名前提高了数倍。

E.《炼狱》因登载虚假广告被媒体曝光,一度成为新闻热点。

42. 以下哪项如果为真,最能加强题干的论证?

A.《炼狱》的成本与售价都低于《港湾》。

B. 上述拒绝续签合同的广告商在转向其他刊物后效益未受影响。

C. 家庭类杂志的读者一般对暴力与色情内容不感兴趣。

D. 改名后《炼狱》杂志的广告客户并无明显增加。

E. 一些在其他家庭类杂志做广告的客户转向《炼狱》杂志。

43. H 国赤道雨林的面积每年以惊人的比例减少,引起了全球的关注。但是,卫星照片

的数据显示,去年 H 国雨林面积的缩小比例明显低于往年。去年,H 国政府支出数百万美元用以制止乱砍滥伐和防止森林火灾。H 国政府宣称,上述卫星照片的数据说明,本国政府保护赤道雨林的努力取得了显著成效。

以下哪项如果为真,最能削弱 H 国政府的上述结论?

A. 去年 H 国用以保护赤道雨林的财政投入明显高于往年。

B. 去年与 H 国毗邻的 G 国赤道雨林面积的缩小比例也明显低于往年。

C. 去年 H 国的旱季出现了异乎寻常的大面积持续降雨。

D. H 国用于雨林保护的费用只占年度财政支出的很小比例。

E. 森林面积的萎缩是全球性的环保问题。

44. 根据一种心理学理论,一个人要想快乐就必须和周围的人保持亲密的关系。但是,世界上伟大的画家往往是在孤独中度过了他们大部分时光,并且没有亲密的人际关系。所以,这种心理学理论的上述结论是不成立的。

以下哪项最可能是上述论证所假设的?

A. 该心理学理论是为了揭示内心体验与艺术成就的关系。

B. 有亲密人际关系的人几乎没有孤独的时候。

C. 孤独对于伟大的绘画艺术家来说是必需的。

D. 有些著名画家有亲密的人际关系。

E. 获得伟大成就的艺术家是快乐的。

45. 小陈:目前 1996D3 彗星的部分轨道远离太阳,最近却可以通过太空望远镜发现其发出闪烁光。过去人们从来没有观察到远离太阳的彗星出现这样的闪烁光,所以最近发现的这种闪烁必然是不寻常的现象。

小王:通常人们都不会去观察那些远离太阳的彗星,这次发现的 1996D3 彗星闪烁光是有人通过持续而细心的追踪观测而获得的。

以下哪项最为准确地概括了小王反驳小陈的观点所使用的方法?

A. 指出小陈使用的关键概念含义模糊。

B. 指出小陈的论据明显缺乏说服力。

C. 指出小陈的论据自相矛盾。

D. 不同意小陈的结论,并且对小陈的论据提出了另一种解释。

E. 同意小陈的结论,但对小陈的论据提出了另一种解释。

46. 陈先生要举办一个亲朋好友的聚会。他出面邀请了他父亲的姐夫,他姐夫的父亲,他哥哥的岳母,他岳母的哥哥。

陈先生最少出面邀请了几个客人?

A. 未邀请客人。　　B. 1 个客人。

C. 2 个客人。　　D. 3 个客人。

E. 4 个客人。

47. 使用枪支的犯罪比其他类型的犯罪更容易导致命案。但是,大多数使用枪支的犯罪并没有导致命案。因此,没有必要在刑法中把非法使用枪支作为一种严重刑事犯罪,同其他刑事犯罪区分开来。

上述论证中的逻辑漏洞,与以下哪项中出现的最为类似?

A. 肥胖者比体重正常的人更容易患心脏病。但是,肥胖者在我国人口中只占很小的比例。因此,在我国,医疗卫生界没有必要强调肥胖导致心脏病的风险。

B. 不检点的性行为比检点的性行为更容易感染艾滋病。但是,在有不检点性行为的人群中,感染艾滋病的只占很小的比例。因此,没有必要在防治艾滋病的宣传中,强调不检点性行为的危害。

C. 流行的看法是,吸烟比不吸烟更容易导致肺癌。但是,在有的国家,肺癌患者中有吸烟史的人所占的比例,并不高于总人口中有吸烟史的比例。因此,上述流行看法很可能是一种偏见。

D. 高收入者比低收入者更有能力享受生活。但是不乏高收入者宣称自己不幸福。因此,幸福生活的追求者不必关注收入的高低。

E. 高分考生比低分考生更有资格进入重点大学。但是,不少重点大学学生的实际水平不如某些非重点大学的学生。因此,目前的高考制度不是一种选拔人才的理想制度。

48. 张珊获得的奖金比李思的高,得知王武的奖金比苗晓琴的高后,可知张珊的奖金也比苗晓琴的高。

以下各项假设均能使上述推断成立,除了

A. 王武的奖金比李思的高。　　B. 李思的奖金比苗晓琴的高。

C. 李思的奖金比王武的高。　　D. 李思的奖金和王武的一样高。

E. 张珊的奖金不比王武的低。

49. 某实验室一共有 A、B、C 三种类型的机器人,A 型能识别颜色,B 型能识别形状,C 型既不能识别颜色也不能识别形状。实验室用红球、蓝球、红方块和蓝方块对 1 号和 2 号机器人进行实验,命令它们拿起红球,但 1 号拿起了红方块,2 号拿起了蓝球。

根据上述实验,以下哪项断定一定为真?

A. 1 号和 2 号都是 C 型。

B. 1 号和 2 号中有且只有一个是 C 型。

C. 1 号是 A 型且 2 号是 B 型。

D. 1 号不是 B 型且 2 号不是 A 型。

E. 1 号可能不是 A、B、C 三种类型的任何一种。

50. [A]　[B]　[4]　[7]

以上四张卡片,一面是大写英文字母,另一面是阿拉伯数字。

主持人断定,如果一面是 A,则另一面是 4。

如果试图推翻主持人的断定,但只允许翻动以上的两张卡片,正确的选择是

A. 翻动 A 和 4。　　B. 翻动 A 和 7。

C. 翻动 A 和 B。　　D. 翻动 B 和 7。

E. 翻动 B 和 4。

51. 统计显示,在汽车事故中,装有安全气囊汽车的比例高于未装安全气囊的汽车。因此,在汽车中安装安全气囊,并不能使车主更安全。

以下哪项最为恰当地指出了上述论证的漏洞?

A. 不加说明就予假设:任何装有安全气囊汽车都有可能遭遇汽车事故。

B. 忽视了这种可能性:未装安全气囊的车主更注意谨慎驾驶。

C. 不当地假设:在任何汽车事故中,安全气囊都会自动打开。

D. 不当地把发生汽车事故的可能程度,等同于车主在事故中受伤害的严重程度。

E. 忽视了这种可能性:装有安全气囊的汽车所占的比例越来越大。

52. “有些好货不便宜。因此,便宜货不都是好货。”

与以下哪项推理作类比能说明上述推理不成立?

A. 湖南人不都爱吃辣椒。因此,有些爱吃辣椒的不是湖南人。

B. 有些人不自私。因此,人并不都自私。

C. 好的动机不一定有好的效果。因此,好的效果不一定都产生于好的动机。

D. 金属都导电。因此,导电的都是金属。

E. 有些南方人不是广东人。因此,广东人不都是南方人。

53. 某校以年级为单位,把学生的学习成绩分为优、良、中、差四等。在一学年中,各门考试总分前10%的为优;后30%的为差,其余的为良与中。在上一学年中,高二年级成绩为优的学生多于高一年级成绩为优的学生。

如果上述断定为真,则以下哪项一定为真?

A. 高二年级成绩为差的学生少于高一年级成绩为差的学生。

B. 高二年级成绩为差的学生多于高一年级成绩为差的学生。

C. 高二年级成绩为优的学生多于高一年级成绩为良的学生。

D. 高二年级成绩为优的学生少于高一年级成绩为良的学生。

E. 高二年级成绩为差的学生多于高一年级成绩为中的学生。

54. 有90个病人,都患难治疾病T,服用过同样的常规药物。这些病人被分为人数相等的两组,第一组服用一种用于治疗T的试验药物W素,第二组服用不含有W素的安慰剂。10年后的统计显示,两组都有44人死亡。因此,这种试验药物是无效的。

以下哪项如果为真,最能削弱上述论证?

A. 在上述死亡的病人中,第二组的平均死亡年份比第一组早两年。

B. 在上述死亡的病人中,第二组的平均寿命比第一组小两岁。

C. 在上述活着的病人中,第二组的比第一组的病情更严重。

D. 在上述活着的病人中,第二组的比第一组的更年长。

E. 在上述活着的病人中,第二组的比第一组的更年轻。

55. 小林因未戴泳帽被拒绝进入深水池。小林出示深水合格证说:根据规定我可以进入深水池。游泳池的规定是:未戴泳帽者不得进入游泳池;只有持有深水合格证,才能进入深水池。

小林最可能把游泳池的规定理解为:

A. 除非持有深水合格证,否则不能进入深水池。

B. 只有持有深水合格证的人,才不需要戴泳帽。

C. 如果持有深水合格证,就能进入深水池。

D. 准许进入游泳池的,不一定准许进入深水池。

E. 有了深水合格证,就不需要戴泳帽。

56. 北大西洋海域的鳕鱼数量锐减,但几乎同时海豹的数量却明显增加。有人说是海豹导致了鳕鱼的减少。这种说法难以成立，因为海豹很少以鳕鱼为食。

以下哪项如果为真，最能削弱上述论证？

A. 海水污染对鳕鱼造成的伤害比对海豹造成的伤害严重。

B. 尽管鳕鱼数量锐减，海豹数量明显增加，但在北大西洋海域，海豹的数量仍少于鳕鱼。

C. 在海豹的数量增加以前，北大西洋海域的鳕鱼数量就已经减少了。

D. 海豹生活在鳕鱼无法生存的冰冷海域。

E. 鳕鱼只吃毛鳞鱼，而毛鳞鱼也是海豹的主要食物。

57. 北方人不都爱吃面食，但南方人都不爱吃面食。

如果已知上述第一个断定真，第二个断定假，则以下哪项据此不能确定真假？

Ⅰ. 北方人都爱吃面食，有的南方人不爱吃面食。

Ⅱ. 有的北方人爱吃面食，有的南方人也爱吃面食。

Ⅲ. 北方人都不爱吃面食，南方人都爱吃面食。

A. 只有Ⅰ。　　B. 只有Ⅱ。

C. 只有Ⅲ。　　D. 只有Ⅱ和Ⅲ。

E. Ⅰ、Ⅱ和Ⅲ。

58. 人都不可能不犯错误，不一定所有人都会犯严重错误。

如果上述断定为真，则以下哪项一定为真？

A. 人都可能会犯错误，但有的人可能不犯严重错误。

B. 人都可能会犯错误，但所有的人都可能不犯严重错误。

C. 人都一定会犯错误，但有的人可能不犯严重错误。

D. 人都一定会犯错误，但所有的人都可能不犯严重错误。

E. 人都可能会犯错误，但有的人一定不犯严重错误。

59~60 题基于以下题干

某公司有 F,G,H,I,M 和 P 六位总经理助理，三个部门。每一部门恰由三个总经理助理分管。每个总经理助理至少分管一个部门。以下条件必须满足：

(1) 有且只有一位总经理助理同时分管三个部门。

(2) F 和 G 不分管同一部门。

(3) H 和 I 不分管同一部门。

59. 如果 F 和 M 不分管同一部门，则以下哪项一定为真？

A. F 和 H 分管同一部门。　　B. F 和 I 分管同一部门。

C. I 和 P 分管同一部门。　　D. M 和 G 分管同一部门。

E. M 和 P 不分管同一部门。

60. 以下哪项一定为真？

A. 有的总经理助理恰分管两个部门。　　B. 任一部门由 F 或 G 分管。

C. M 或 P 只分管一个部门。　　D. 没有部门由 F,M 和 P 分管。

E. P 分管的部门 M 都分管。

2007年管理类综合能力逻辑推理试题

26. 在青崖山区，商品通过无线广播电台进行密集的广告宣传就能迅速获得最大程度的知名度。

上述断定最能支持以下哪项结论？

A. 在青崖山区，无线广播电台是商品打开市场的最重要途径。

B. 在青崖山区，高知名度的商品将拥有众多消费者。

C. 在青崖山区，无线广播电台的广告宣传可以使商品的信息传到每户人家。

D. 在青崖山区，某一商品为了迅速获得最大程度的知名度，除了通过无线广播电台进行密集的广告宣传外，不需要利用其他宣传工具做广告。

E. 在青崖山区，某一商品的知名度与其性能和质量的关系很大。

27. 新疆的哈萨克族人用经过训练的金雕在草原上长途追击野狼。某研究小组为研究金雕的飞行方向和判断野狼群的活动范围，将无线电传导器放置在一只金雕身上进行追踪。野狼为了觅食，其活动范围通常很广，因此，金雕追击野狼的飞行范围通常也很大。然而，两周以来，无线电传导器不断传回的信号显示，金雕仅在放飞地 3 公里范围内飞行。

以下哪项如果为真，最有助于解释上述金雕的行为？

A. 金雕的放飞地周边重峦叠嶂，险峻异常。

B. 金雕的放飞地 2 公里范围内有一牧羊草场，成为狼群袭击的目标。

C. 由于受训金雕的捕杀，放飞地广阔草原的野狼几乎灭绝了。

D. 无线电传导器信号仅能在有限的范围内传导。

E. 无线电传导器的安放并未削弱金雕的飞行能力。

28. 除非不把理论当作教条，否则就会束缚思想。

以下各项都表达了与题干相同的含义，除了

A. 如果不把理论当作教条，就不会束缚思想。

B. 如果把理论当作教条，就会束缚思想。

C. 只有束缚思想，才会把理论当作教条。

D. 只有不把理论当作教条，才不会束缚思想。

E. 除非束缚思想，否则不会把理论当作教条。

29. 舞蹈学院的张教授批评本市芭蕾舞团最近的演出没能充分表现古典芭蕾舞的特色。他的同事林教授认为这一批评是个人偏见。作为芭蕾舞技巧专家，林教授考察过芭蕾舞团的表演者，结论是每一位表演者都拥有足够的技巧和才能来表现古典芭蕾舞的特色。

以下哪项最为恰当地概括了林教授反驳中的漏洞？

A. 他对张教授的评论风格进行攻击而不是对其观点加以批驳。

B. 他无视张教授的批评意见是与实际情况相符的。

C. 他仅从维护自己的权威地位的角度加以反驳。

D. 他依据一个特殊事例轻率概括出一个普遍结论。

E. 他不当地假设,如果一个团体每个成员具有某种特征,那么这个团体就总能体现这种特征。

30. 王园获得的奖金比梁振杰的高。得知魏国庆的奖金比苗晓琴的高后,可知王园的奖金也比苗晓琴的高。

以下各项假设均能使上述推断成立,除了

A. 魏国庆的奖金比王园的高。

B. 梁振杰的奖金比苗晓琴的高。

C. 梁振杰的奖金比魏国庆的高。

D. 梁振杰的奖金和魏国庆的一样。

E. 王园的奖金和魏国庆的一样。

31. 张华是甲班学生,对围棋感兴趣。该班学生或者对国际象棋感兴趣,或者对军棋感兴趣;如果对围棋感兴趣,则对军棋不感兴趣。因此,张华对中国象棋感兴趣。

假设以下哪项,上述结论可从题干的论据合乎逻辑地得出?

A. 如果对国际象棋不感兴趣,则对中国象棋感兴趣。

B. 甲班对国际象棋感兴趣的学生都对中国象棋感兴趣。

C. 围棋和中国象棋比军棋更具挑战性。

D. 甲班学生感兴趣的棋类只限于围棋、国际象棋、军棋和中国象棋。

E. 甲班所有学生都对中国象棋不感兴趣。

32. 神经化学物质的失衡可以引起人的行为失常,大到严重的精神疾病,小到常见的孤僻、抑郁甚至暴躁、嫉妒。神经化学的这些发现,使我们不但对精神疾病患者,而且对身边原本生厌的怪癖行为者,怀有同情和容忍。因为精神健康,无非是指具有平衡的神经化学物质。

以下哪项最为准确地表达了上述论证所要表达的结论?

A. 神经化学物质失衡的人在人群中只占少数。

B. 神经化学的上述发现将大大丰富精神病学的理论。

C. 理解神经化学物质与行为的关系将有助于培养对他人的同情心。

D. 神经化学物质的失衡可以引起精神疾病或其他行为失常。

E. 神经化学物质是否平衡是决定精神或行为是否正常的主要因素。

33. 在我国北方严寒冬季的夜晚,车辆前挡风玻璃会因低温而结冰霜。第二天对车辆发动预热后,玻璃上的冰霜会很快融化。何宁对此不解,李军解释道:因为车辆仅有的除霜孔位于前挡风玻璃,而车辆预热后除霜孔完全开启,因此,是开启除霜孔使车辆玻璃冰霜融化。

以下哪项如果为真,最能质疑李军对车辆玻璃冰霜迅速融化的解释?

A. 车辆一侧玻璃窗没有出现冰霜现象。

B. 尽管车尾玻璃窗没有除霜孔,其玻璃上的冰霜融化速度与前挡风玻璃没有差别。

C. 当吹在车辆玻璃上的空气气温增加,其冰霜的融化速度也会增加。

D. 车辆前挡风玻璃除霜孔排出的暖气流排出后可能很快冷却。

E. 即使启用车内空调暖风功能,除霜孔的功用也不能被取代。

34. 小莫十分渴望成为一名微雕艺术家,为此,他去请教微雕大师孔先生:“您如果教我学习微雕,我将要多久才能成为一名微雕艺术家?”孔先生回答道:“大约10年。”小莫不满足于此，再问："如果我不分昼夜每天苦练，能否缩短时间？"孔先生道："那要用20年"。

以下哪项最可能是孔先生的回答所提示的微雕艺术家的重要素质？

A. 谦虚。　B. 勤奋。　C. 尊师。　D. 耐心。　E. 决心。

35. 莫大伟到吉安公司上班的第一天，就被公司职工自由散漫的表现所震惊。莫大伟由此得出结论：吉安公司是一个管理失效的公司，吉安公司的员工都缺乏工作积极性和责任心。

以下哪项如果为真，最能削弱上述论证？

A. 当领导不在时，公司的员工会表现出自由散漫。

B. 吉安公司的员工超过2万，遍布该省的10多个城市。

C. 莫大伟大学刚毕业就到吉安公司，对校门外的生活不适应。

D. 吉安公司的员工和领导的表现完全不一样。

E. 莫大伟上班的这一天刚好是节假日后的第一个工作日。

36. 小王参加了某公司招工面试，不久，他得知以下消息：

(1) 公司已决定，他与小陈至少录用一人。

(2) 公司可能不录用他。

(3) 公司一定录用他。

(4) 公司已录用小陈。

其中两条消息为真，两条消息为假。

如果上述断定为真，则以下哪项为真？

A. 公司已录用小王，未录用小陈。　B. 公司未录用小王，已录用小陈。

C. 公司既录用了小王，也录用了小陈。　D. 公司既未录用小王，也未录用小陈。

E. 不能确定录用结果。

37. 魏先生：计算机对于当代人类的重要性，就如同火对于史前人类。因此，普及计算机知识应当从孩子抓起：从小学甚至幼儿园开始就应当介绍计算机知识；一进中学就应当学习计算机语言。

贾女士：你忽视了计算机技术的一个重要特点：这是一门知识更新和技术更新最为迅速的学科。童年时代所了解的计算机知识，中学时代所学的计算机语言，到需要运用的成年时代早已陈旧过时了。

以下哪项作为魏先生对贾女士的反驳最为有力？

A. 快速发展和更新并不仅是计算机技术的特点。

B. 孩子具备接受不断发展的新知识的能力。

C. 在中国，算盘早已被计算机取代，但这并不说明有关算盘的知识已毫无价值。

D. 学习计算机知识和熟悉某种计算机语言，有利于提高理解和运用计算机的能力。

E. 计算机课程并不是中小学教育中的主课。

38. 郑兵的孩子即将升高中。郑兵发现，在当地中学，学生与老师的比例低的学校，学生的高考成绩普遍都比较好。郑兵因此决定，让他的孩子选择学生总人数最少的学校就读。

以下哪项最为恰当地指出了郑兵上述决定的漏洞？

A. 忽略了学校教学质量既和学生与老师的比例有关，也和生源质量有关。

B. 仅注重高考成绩，忽略了孩子的全面发展。

C. 不当地假设:学生总人数少就意味着学生与老师的比例低。

D. 在考虑孩子的教育时忽略了孩子本人的愿望。

E. 忽略了学校教学质量主要与教师的素质而不是数量有关。

39. “男女”和“阴阳”似乎指的是同一种区分标准,但实际上,“男人和女人”区分人的性别特征,“阴柔和阳刚”区分人的行为特征。按照“男女”的性别特征,正常人分为两个不重叠的部分;按照“阴阳”的行为特征,正常人分为两个重叠的部分。

以下各项都符合题干的含义,除了

A. 人的性别特征不能决定人的行为特征。

B. 女人的行为,不一定具有阴柔的特征。

C. 男人的行为,不一定具有阳刚的特征。

D. 同一个人,可以既有阴柔的行为又有阳刚的行为。

E. 一个人的同一个行为,可以既有阴柔又有阳刚的特征。

40. 一项时间跨度为半个世纪的专项调查研究得出肯定结论:饮用常规量的咖啡对人的心脏无害。因此,咖啡的饮用者完全可以放心地享用,只要不过量,不会有碍身体健康。

以下哪项最为恰当地指出了上述论证的漏洞?

A. 咖啡的常规饮用量可能因人而异。

B. 心脏健康不等同于身体健康。

C. 咖啡饮用者可能在喝咖啡时吃对心脏有害的食物。

D. 喝茶,特别是喝绿茶比喝咖啡有利于心脏保健。

E. 有的人从不喝咖啡但心脏仍然健康。

41. 在印度发现了一群不平常的陨石,它们的构成元素表明,它们只可能来自水星、金星和火星。由于水星靠太阳最近,它的物质只可能被太阳吸引而不可能落到地球上;这些陨石也不可能来自金星,因为金星表面的任何物质都不可能摆脱它和太阳的引力而落到地球上。因此,这些陨石很可能是某次巨大的碰撞后从火星落到地球上的。

上述论证方式和以下哪项最为类似?

A. 这起谋杀或是劫杀,或是仇杀,或是情杀。但作案现场并无财物丢失;死者家庭和睦,夫妻恩爱,并无情人。因此,最大的可能是仇杀。

B. 如果张甲是作案者,那必有作案动机和作案时间。张甲确有作案动机,但没有作案时间。因此,张甲不可能是作案者。

C. 此次飞机失事的原因,或是人为破坏,或是设备故障,或是操作失误。被发现的黑匣子显示,事故原因确是设备故障。因此,可以排除人为破坏和操作失误。

D. 所有的自然数或是奇数,或是偶数。有的自然数不是奇数,因此,有的自然数是偶数。

E. 任一三角形或是直角三角形,或是钝角三角形,或是锐角三角形。这个三角形有两个内角之和小于90°。因此,这个三角形是钝角三角形。

42. 某公司一批优秀的中层干部竞选总经理职位。所有的竞选者除了李女士自身外,没有人能同时具备她的所有优点。

从以上断定能合乎逻辑地得出以下哪项结论?

A. 在所有竞选者中,李女士最具备条件当选总经理。

B. 李女士具有其他竞选者都不具备的某些优点。

C. 李女士具有其他竞选者的所有优点。

D. 李女士的任一优点都有竞选者不具备。

E. 任何其他竞选者都有不及李女士之处。

43. 去年某旅游胜地游客人数与前年游客人数相比，减少约一半。当地旅游管理部门调查发现，去年与前年的最大不同是入场门票从 120 元升到 190 元。

根据以上断定，以下哪项措施，最可能有效解决上述游客锐减问题？

A. 利用多种媒体加强广告宣传。

B. 旅游地增加更多的游玩项目。

C. 根据实际情况，入场门票实行季节浮动价。

D. 对游客提供更周到的服务。

E. 加强该旅游地与旅游公司的联系。

44. 2/3 的陪审员认为证人在被告作案时间、作案地点或作案动机上提供伪证。

以下哪项能作为结论从上述断定中推出？

A. 2/3 的陪审员认为证人在被告作案时间上提供伪证。

B. 2/3 的陪审员认为证人在被告作案地点上提供伪证。

C. 2/3 的陪审员认为证人在被告作案动机上提供伪证。

D. 在被告作案时间、作案地点或作案动机这三个问题中，至少有一个问题，2/3 的陪审员认为证人在这个问题上提供伪证。

E. 以上各项均不能从题干的断定推出。

45. 社会成员的幸福感是可以运用现代手段精确量化的。衡量一项社会改革措施是否成功，要看社会成员的幸福感总量是否增加。S 市最近推出的福利改革明显增加了公务员的幸福感总量，因此，这项改革措施是成功的。

以下哪项如果为真，最能削弱上述论证？

A. 上述改革措施并没有增加 S 市所有公务员的幸福感。

B. S 市公务员只占全市社会成员很小的比例。

C. 上述改革措施在增加公务员幸福感总量的同时，减少了 S 市民营企业人员的幸福感总量。

D. 上述改革措施在增加公务员幸福感总量的同时，减少了 S 市全体社会成员的幸福感总量。

E. 上述改革措施已经引起 S 市市民的广泛争议。

46. 有球迷喜欢所有参赛球队。

如果上述断定为真，则以下哪项不可能为真？

A. 所有参赛球队都有球迷喜欢。

B. 有球迷不喜欢所有参赛球队。

C. 所有球迷都不喜欢某个参赛球队。

D. 有球迷不喜欢某个参赛球队。

E. 每个参赛球队都有球迷不喜欢。

47. 帕累托最优，指这样一种社会状态：对于任何一个人来说，如果不使其他某个（或某些）人境况变坏，他的情况就不可能变好。如果一种变革能使至少有一个人的境况变好，同时没有其他人境况因此变坏，则称这一变革为帕累托变革。

以下各项都符合题干的断定,除了

A. 对于任何一个人来说,只要他的情况可能变好,就会有其他人的境况变坏。这样的社会,处于帕累托最优状态。

B. 如果某个帕累托变革可行,则说明社会并非处于帕累托最优状态。

C. 如果没有任何帕累托变革的余地,则社会处于帕累托最优状态。

D. 对于任何一个人来说,只有使其他某个(或某些)人境况变坏,他的情况才可能变好。这样的社会,处于帕累托最优状态。

E. 对于任何一个人来说,只要使其他人境况变坏,他的情况就可能变好。这样的社会,处于帕累托最优状态。

48. 蓝星航线上所有货轮的长度都大于 100 米,该航线上所有客轮的长度都小于 100 米。蓝星航线上的大多数轮船都是 1990 年以前下水的。金星航线上的所有货轮和客轮都是 1990 年以后下水的,其长度都小于 100 米。大通港一号码头只对上述两条航线的轮船开放,该码头设施只适用于长度小于 100 米的轮船。捷运号是最近停靠在大通港一号码头的一艘货轮。

如果上述断定为真,则以下哪项一定为真?

A. 捷运号是 1990 年以后下水的。

B. 捷运号属于蓝星航线。

C. 大通港只适用于长度小于 100 米的货轮。

D. 大通港不对其他航线开放。

E. 蓝星航线上的所有轮船都早于金星航线上的轮船下水。

49~50 基于以下题干

人的行为,分为私人行为和社会行为,后者直接涉及他人和社会利益。有人提出这样的原则:对于官员来说,除了法规明文允许的以外,其余的社会行为都是禁止的;对于平民来说,除了法规明文禁止的以外,其余的社会行为都是允许的。

49. 为使上述原则能对官员和平民的社会行为产生不同的约束力,以下哪项是必须假设的?

A. 官员社会行为的影响力明显高于平民。

B. 法规明文涉及(允许或禁止)的行为,并不覆盖所有的社会行为。

C. 平民比官员更愿意接受法规的约束。

D. 官员的社会行为如果不加严格约束,其手中的权力就会被滥用。

E. 被法规明文允许的社会行为,要少于被禁止的社会行为。

50. 如果实施上述原则能对官员和平民的社会行为产生不同的约束力,则以下各项断定均不违反这一原则,除了

A. 一个被允许或禁止的行为,不一定是被法规明文允许或禁止的。

B. 有些行为,允许平民实施,但禁止官员实施。

C. 有些行为,允许官员实施,但禁止平民实施。

D. 官员所实施的行为,如果法规明文允许,则允许平民实施。

E. 官员所实施的行为,如果法规明文禁止,则禁止平民实施。

51. 所有校学生会委员都参加了大学生电影评论协会。张珊、李斯和王武都是校学生会

委员。大学生电影评论协会不吸收大学一年级学生参加。

如果上述断定为真，则以下哪项一定为真？

Ⅰ. 张珊、李斯和王武都不是大学一年级学生。

Ⅱ. 所有校学生会委员都不是大学一年级学生。

Ⅲ. 有些大学生电影评论协会的成员不是校学生会委员。

A. 只有Ⅰ。　　B. 只有Ⅱ。

C. 只有Ⅲ。　　D. 只有Ⅰ和Ⅱ。

E. Ⅰ、Ⅱ和Ⅲ。

52. 对行为的解释与对行为的辩护，是两个必须加以区别的概念。对一个行为的解释，是指准确地表达导致这一行为的原因；对一个行为的辩护，是指出行为者具有实施这一行为的正当理由。事实上，对许多行为的辩护，并不是对此种行为的解释。只有当对一个行为的辩护成为对该行为解释的实质部分时，这样的行为才是合理的。

基于上述断定能得出以下哪项结论？

A. 当一个行为得到辩护，则也得到解释。

B. 当一个行为的原因中包含该行为的正当理由，则该行为是合理的。

C. 任何行为都不可能是完全合理的。

D. 有些行为的原因是不可能被发现的。

E. 如果一个行为是合理的，则实施这一行为的正当理由必定也是导致该行为的原因。

53. 在西方经济发展的萧条期，消费需求的萎缩导致许多企业解雇职工甚至倒闭。在萧条期，被解雇的职工很难找到新的工作，这就增加了失业人数。萧条之后的复苏，是指消费需求的增加和社会投资能力的扩张。这种扩张要求增加劳动力。但是经历了萧条之后的企业主大都丧失了经商的自信，他们尽可能地推迟雇用新的职工。

上述断定如果为真，最能支持以下哪项结论？

A. 经济复苏不一定能迅速减少失业人数。

B. 萧条之后的复苏至少需要两三年。

C. 萧条期的失业大军主要由倒闭企业的职工组成。

D. 萧条通常是由企业主丧失经商自信引起的。

E. 在西方经济发展中出现萧条是解雇职工造成的。

54. 司机：有经验的司机完全有能力并习惯以每小时120公里的速度在高速公路上安全行驶。因此，高速公路上的最高时速不应由120公里改为现在的110公里，因为这既会不必要地降低高速公路的使用效率，也会使一些有经验的司机违反交规。

交警：每个司机都可以在法律规定的速度内行驶，只要他愿意。因此，把对最高时速的修改说成是某些违规行为的原因，是不能成立的。

以下哪项最为准确地概括了上述司机和交警争论的焦点？

A. 上述对高速公路最高时速的修改是否必要。

B. 有经验的司机是否有能力以每小时120公里的速度在高速公路上安全行驶。

C. 上述对高速公路最高时速的修改是否一定会使一些有经验的司机违反交规。

D. 上述对高速公路最高时速的修改实施后，有经验的司机是否会在合法的时速内行驶。

E. 上述对高速公路最高时速的修改，是否会降低高速公路的使用效率。

55. 为了提高运作效率，H 公司应当实行灵活工作日制度，也就是充分考虑雇员的个人意愿，来决定他们每周的工作日与休息日。研究表明，这种灵活工作日制度，能使企业员工保持良好的情绪和饱满的精神。

上述论证依赖以下哪项假设？

Ⅰ. 那些希望实行灵活工作日的员工，大都是 H 公司的业务骨干。

Ⅱ. 员工良好的情绪和饱满的精神，能有效提高企业的运作效率。

Ⅲ. H 公司未实行周末休息制度。

A. 只有Ⅰ。

B. 只有Ⅱ。

C. 只有Ⅲ。

D. 只有Ⅱ和Ⅲ。

E. Ⅰ、Ⅱ和Ⅲ。

2006年管理类综合能力逻辑推理试题

26. 小张承诺：如果天不下雨，我一定去听音乐会。

以下哪项如果为真，说明小张没有兑现承诺？

Ⅰ. 天没下雨，小张没去听音乐会。

Ⅱ. 天下雨，小张去听了音乐会。

Ⅲ. 天下雨，小张没去听音乐会。

A. 仅Ⅰ。　B. 仅Ⅱ。　C. 仅Ⅲ。　D. 仅Ⅰ和Ⅱ。　E. Ⅰ、Ⅱ和Ⅲ。

27. 我想说的都是真话，但真话我未必都说。

如果上述断定为真，则以下各项都可能为真，除了

A. 我有时也说假话。

B. 我不是想啥说啥。

C. 有时说某些善意的假话并不违背我的意愿。

D. 我说的都是我想说的话。

E. 我说的都是真话。

28. 有些人若有某一次厌食，会对这次膳食中有特殊味道的食物持续产生强烈厌恶，不管这种食物是否会对身体有利。这种现象可以解释为什么小孩更易于对某些食物产生强烈的厌食。

以下哪项如果为真，最能加强上述解释？

A. 小孩的膳食配搭中含有特殊味道的食物比成年人多。

B. 对未尝过的食物，成年人比小孩更容易产生抗拒心理。

C. 小孩的嗅觉和味觉比成年人敏锐。

D. 和成年人相比，小孩较为缺乏食物与健康的相关知识。

E. 如果讨厌某种食物，小孩厌食的持续时间比成年人更长。

29. 在桂林漓江一些有地下河流的岩洞中，有许多露出河流水面的石笋。这些石笋是由水滴长年滴落在岩石表面而逐渐积累的矿物质形成的。

如果上述断定为真，最能支持以下哪项结论？

A. 过去漓江的江面比现在高。

B. 只有漓江的岩洞中才有地下河流。

C. 漓江的岩洞中大都有地下河流。

D. 上述岩洞内的地下河流是在石笋形成前出现的。

E. 上述岩洞内地下河流的水比过去某个时候深。

30～31题基于以下题干

一般认为，一个人80岁和他在30岁时相比，理解和记忆能力都显著减退。最近的一项

调查显示,80 岁的老人和 30 岁的年轻人在玩麻将时所表现出的理解和记忆能力没有明显差别。因此,认为一个人到了 80 岁理解和记忆能力会显著减退的看法是站不住脚的。

30. 以下哪项如果为真,最能削弱上述论证?

A. 玩麻将需要的主要不是理解和记忆能力。

B. 玩麻将只需要较低的理解和记忆能力。

C. 80 岁的老人比 30 岁的年轻人有更多时间玩麻将。

D. 玩麻将有利于提高一个人的理解和记忆能力。

E. 一个人到了 80 岁理解和记忆能力会显著减退的看法,是对老年人的偏见。

31. 以下哪项如果为真,最能加强上述论证?

A. 目前 30 岁的年轻人的理解和记忆能力,高于 50 年前的同龄人。

B. 上述调查的对象都是退休或在职的大学教师。

C. 上述调查由权威部门策划和实施。

D. 记忆能力的减退不必然导致理解能力的减退。

E. 科学研究证明,人的平均寿命可以达到 120 岁。

32. 除了吃川菜,张涛不吃其他菜肴。所有林村人都爱吃川菜。川菜的特色为麻辣香,其中有大量的干鲜辣椒、花椒、大蒜、姜、葱、香菜等调料。大部分吃川菜的人都喜好一边吃川菜,一边喝四川特有的盖碗茶。

如果上述断定为真,则以下哪项一定为真?

A. 所有林村人都爱吃麻辣香的食物。

B. 所有林村人都喝四川出产的茶。

C. 大部分林村人喝盖碗茶。

D. 张涛喝盖碗茶。

E. 张涛是四川人。

33. 地球在其形成的早期是一个熔岩状态的快速旋转体,绝大部分的铁元素处于其核心部分。有一些熔岩从这个旋转体的表面甩出,后来冷凝形成了月球。

如果以上这种关于月球起源的理论正确,则最能支持以下哪项结论?

A. 月球是唯一围绕地球运行的星球。

B. 月球将早于地球解体。

C. 月球表面的凝固是在地球表面凝固之后。

D. 月球像地球一样具有固体的表层结构和熔岩状态的核心。

E. 月球的含铁比例小于地球核心部分的含铁比例。

34. 雌性斑马和它们的幼小子女离散后,可以在相貌体形相近的成群斑马中很快又聚集到一起。研究表明,斑马身上的黑白条纹是它们互相辨认的标志,而幼小斑马不能将自己母亲的条纹与其他成年斑马的条纹区分开来。显而易见,每个母斑马都可以辨别出自己后代的条纹。

上述论证采用了以下哪种论证方法?

A. 通过对发生机制的适当描述,支持关于某个可能发生现象的假说。

B. 在对某种现象的两种可供选择的解释中,通过排除其中的一种来确定另一种。

C. 论证一个普遍规律,并用来说明某一特殊情况。

D. 根据两组对象有某些类似的特性,得出它们具有另一个相同特性。

E. 通过反例推翻一个一般性结论。

35. 海拔越高,空气越稀薄。因为西宁的海拔高于西安,因此,西宁的空气比西安稀薄。以下哪项中的推理与题干的最为类似?

A. 一个人的年龄越大,他就变得越成熟。老张的年龄比他的儿子大,因此,老张比他的儿子成熟。

B. 一棵树的年头越长,它的年轮越多。老张院子中槐树的年头比老李家的槐树年头长,因此,老张家的槐树比老李家的年轮多。

C. 今年马拉松冠军的成绩比前年好。张华是今年的马拉松冠军,因此,他今年的马拉松成绩比他前年的好。

D. 在激烈竞争的市场上,产品质量越高并且广告投入越多,产品需求就越大。甲公司投入的广告费比乙公司的多,因此,对甲公司产品的需求量比对乙公司的需求量大。

E. 一种语言的词汇量越大,越难学。英语比意大利语难学,因此,英语的词汇量比意大利语大。

36. 张教授:和谐的本质是多样性的统一。自然界是和谐的,例如没有两片树叶是完全相同的。因此,克隆人是破坏社会和谐的一种潜在危险。

李研究员:你设想的那种危险是不现实的,因为一个人和他的克隆复制品完全相同的仅仅是遗传基因。克隆人在成长和受教育的过程中,必然在外形、个性和人生目标等诸方面形成自己的不同特点。如果说克隆人有可能破坏社会和谐的话,我看一个现实危险是,有人可能把他的克隆复制品当作自己的活“器官银行”。

以下哪项最为恰当地概括了张教授与李研究员争论的焦点?

A. 克隆人是否会破坏社会的和谐?

B. 一个人和他的克隆复制品的遗传基因是否可能不同?

C. 一个人和他的克隆复制品是否完全相同?

D. 和谐的本质是否为多样性的统一?

E. 是否可能有人把他的克隆复制品当作自己的活“器官银行”?

37. 在近现代科技的发展中,技术革新从发明、应用到推广的循环过程不断加快。世界经济的繁荣是建立在导致新产业诞生的连续不断的技术革新之上的。因此,产业界需要增加科研投入以促使经济进一步持续发展。

上述论证基于以下哪项假设?

Ⅰ. 科研成果能够产生一系列新技术、新发明。

Ⅱ. 电信、生物制药、环保是目前技术革新循环最快的产业,将会在未来几年中产生大量的新技术、新发明。

Ⅲ. 目前产业界投入科研的资金量还不足以确保一系列新技术、新发明的产生。

A. 仅Ⅰ。 B. 仅Ⅲ。 C. 仅Ⅰ和Ⅱ。 D. 仅Ⅰ和Ⅲ。 E. Ⅰ、Ⅱ和Ⅲ。

38. 在一次对全省小煤矿的安全检查后,甲、乙、丙三个安检人员有如下结论:

甲:有小煤矿存在安全隐患。

乙:有小煤矿不存在安全隐患。

丙:大运和宏通两个小煤矿不存在安全隐患。

如果上述三个结论只有一个正确,则以下哪项一定为真?

A. 大运和宏通煤矿都不存在安全隐患。

B. 大运和宏通煤矿都存在安全隐患。

C. 大运存在安全隐患,但宏通不存在安全隐患。

D. 大运不存在安全隐患,但宏通存在安全隐患。

E. 上述断定都不一定为真。

39. 研究发现,市面上X牌香烟的Y成分可以抑制EB病毒。实验证实,EB病毒是很强的致鼻咽癌的病原体,可以导致正常的鼻咽部细胞转化为癌细胞。因此,经常吸X牌香烟的人将减少患鼻咽癌的风险。

以下哪项如果为真,最能削弱上述论证?

A. 不同条件下的实验,可以得出类似的结论。

B. 已经患有鼻咽癌的患者吸X牌香烟后并未发现病情好转。

C. Y成分可以抑制EB病毒,也可以对人的免疫系统产生负面作用。

D. 经常吸X牌香烟会加强Y成分对EB病毒的抑制作用。

E. Y成分的作用可以被X牌香烟的Z成分中和。

40~41题基于以下题干

免疫研究室的钟教授说:"生命科学院从前的研究生那种勤奋精神越来越不多见了,因为我发现目前在我的研究生中,起早摸黑做实验的人越来越少了。"

40. 钟教授的论证基于以下哪项假设?

A. 现在生命科学院的研究生需要从事的实验外活动越来越多。

B. 对于生命科学院的研究生来说,只有起早摸黑才能确保完成实验任务。

C. 研究生是否起早摸黑做实验是他们勤奋与否的一个重要标准。

D. 钟教授的研究生做实验不勤奋是由于钟教授没有足够的科研经费。

E. 现在的年轻人并不热衷于实验室工作。

41. 以下哪项最为恰当地指出了钟教授推理中的漏洞?

A. 不当地断定:除了生命科学院以外,其他学院的研究生普遍都不够用功。

B. 没有考虑到研究生的不勤奋有各自不同的原因。

C. 只是提出了问题,但没有提出解决问题的方法。

D. 不当地假设:他的学生状况就是生命科学院所有研究生的一般状况。

E. 没有设身处地考虑他的研究生毕业后找工作的难处。

42. 某报评论:H市的空气质量本来应该已经得到改善。5年来,市政府在环境保护方面花了气力,包括耗资600多亿元将一些污染最严重的工厂迁走。但是,H市仍难摆脱空气污染的困扰,因为解决空气污染问题面临着许多不利条件,其中,一个是机动车辆的增加,另一个是全球石油价格的上升。

以下各项如果为真,都能削弱上述论断,除了

A. 近年来H市加强了对废气排放的限制,加大了对污染治理费征收的力度。

B. 近年来H市启用了大量电车和使用燃气的公交车,地铁的运行路线也有明显增加。

C. 由于石油涨价,许多计划购买豪华车的人转为购买低耗油的小型车。

D. 由于石油涨价,在国际市场上一些价位偏低的劣质含硫石油进入H市。

E. 由于汽油涨价和公车改革,拥有汽车的人缩减了驾车旅游的计划。

43. 对常兴市23家老人院的一项评估显示,爱慈老人院在疾病治疗水平方面受到的评

价相当低,而在其他不少方面评价不错。虽然各老人院的入住老人的数量大致相当,但爱慈老人院医生与住院老人的比例在常兴市的老人院中几乎是最低的。因此,医生数量不足是造成爱慈老人院在疾病治疗水平方面评价偏低的原因。

以下哪项如果为真,最能加强上述论证?

A. 和祥老人院也在常兴市,对其疾病治疗水平的评价比爱慈老人院还要低。

B. 爱慈老人院的医务护理人员比常兴市其他老人院都要多。

C. 爱慈老人院的医生发表的相关学术文章很少。

D. 爱慈老人院位于常兴市的市郊。

E. 爱慈老人院某些医生的医术一般。

44~45 题基于以下题干

小红说:如果中山大道只允许通行轿车和不超过 10 吨的货车,大部分货车将绕开中山大道。

小兵说:如果这样的话,中山大道的车流量将减少,从而减少中山大道的撞车事故。

44. 以下哪项是小红的断定所假设的?

A. 轿车和 10 吨以下的货车仅能在中山大道行驶。

B. 目前中山大道的交通十分拥挤。

C. 货车司机都喜欢在中山大道行驶。

D. 大小货车在中山大道外的马路行驶十分便利。

E. 目前行驶在中山大道的大部分货车都在 10 吨以上。

45. 以下哪项如果为真,最能加强小兵的结论?

A. 中山大道的撞车事故主要发生在 10 吨以上的货车。

B. 在中山大道上,大客车很少发生撞车事故。

C. 中山大道因为常发生撞车事故,交通堵塞严重。

D. 许多原计划购买 10 吨以上货车的单位转而购买 10 吨以下的货车。

E. 近来中山大道周围的撞车事故减少了。

46. 一把钥匙能打开天下所有的锁。这样的万能钥匙是不可能存在的。

以下哪项最符合题干的断定?

A. 任何钥匙都必然有它打不开的锁。

B. 至少有一把钥匙必然打不开天下所有的锁。

C. 至少有一把锁天下所有的钥匙都必然打不开。

D. 任何钥匙都可能有它打不开的锁。

E. 至少有一把钥匙可能打不开天下所有的锁。

47. 在一次歌唱竞赛中,每一名参赛选手都有评委投了优秀票。

如果上述断定为真,则以下哪项不可能为真?

Ⅰ. 有的评委投了所有参赛选手优秀票。

Ⅱ. 有的评委没有给任何参赛选手投优秀票。

Ⅲ. 有的参赛选手没有得到一张优秀票。

A. 只有Ⅰ。 B. 只有Ⅱ。

C. 只有Ⅲ。 D. 只有Ⅰ和Ⅱ。

E. 只有Ⅰ和Ⅲ。

48~49题基于以下题干

陈先生：北欧人具有一种特别明显的乐观精神。这种精神体现为日常生活态度，也体现为理解自然、社会和人生的哲学理念。北欧人的人均寿命历来是最高的，这正是导致他们具备乐观精神的重要原因。

贾女士：你的说法难以成立。因为你的理解最多只能说明，北欧的老年人为何具备乐观精神。

48. 以下哪项最可能是贾女士的反驳所假设的？

A. 北欧的中青年人并不知道北欧人的人均寿命历来是最高的。

B. 只有已经长寿的人，才具备产生上述乐观精神的条件。

C. 北欧国家都有完善的保护老年人利益的社会福利制度。

D. 成熟的理解自然、社会和人生的哲学理念，只有老年人才可能具有。

E. 北欧人实际上并不具有明显的乐观精神。

49. 以下哪项如果为真，最能加强陈先生的观点并削弱贾女士的反驳？

A. 人均寿命是影响社会需求和生产的重要因素；经济发展水平是影响社会情绪的重要因素。

B. 北非的一些国家人均寿命不高，但并不缺乏乐观的民族精神。

C. 医学研究表明，乐观精神有利于长寿。

D. 经济发展水平是影响人的寿命及其情绪的决定因素。

E. 一家权威机构的最新统计表明，目前全世界人均寿命最高的国家是日本。

50. 大多数独生子女都有以自我为中心的倾向。有些非独生子女同样有以自我为中心的倾向。自我为中心倾向的产生有各种原因，但一个共同原因是缺乏父母的正确引导。

如果上述断定为真，则以下哪项一定为真？

A. 每个缺乏父母正确引导的家庭都有独生子女。

B. 有些缺乏父母正确引导的家庭有不止一个子女。

C. 有些家庭虽然缺乏父母正确引导，但子女并不以自我为中心。

D. 大多数缺乏父母正确引导的家庭都有独生子女。

E. 缺乏父母正确引导的多子女家庭，少于缺乏父母正确引导的独生子女家庭。

51. 脑部受到重击后人就会失去意识。有人因此得出结论：意识是大脑的产物，肉体一旦死亡，意识就不复存在。但是，一台被摔的电视机突然损坏，它正在播出的图像当然立即消失，但这并不意味着正由电视塔发射的相应图像信号就不复存在。因此，要得出“意识不能独立于肉体而存在”的结论，恐怕还需要更多的证据。

以下哪项最为准确地概括了“被摔的电视机”这一实例在上述论证中的作用？

A. 作为一个证据，它说明意识可以独立于肉体而存在。

B. 作为一个反例，它驳斥关于意识本质的流行信念。

C. 作为一个类似意识丧失的实例，它从自身中得出的结论和关于意识本质的流行信念显然不同。

D. 作为一个主要证据，它试图得出结论：意识和大脑的关系，类似于电视图像信号和接收它的电视机之间的关系。

E. 作为一个实例，它说明流行的信念都是应当质疑的。

52. 思考是人的大脑才具有的机能。计算机所做的事（如深蓝与国际象棋大师对弈）更接近于思考，而不同于动物（指人以外的动物，下同）的任何一种行为。但计算机不具有意志力，而有些动物具有意志力。

如果上述断定为真，则以下哪项一定为真？

Ⅰ. 具备意志力不一定要经过思考。

Ⅱ. 动物的行为中不包括思考。

Ⅲ. 思考不一定要具备意志力。

A. 只有Ⅰ。

B. 只有Ⅱ。

C. 只有Ⅲ。

D. 只有Ⅰ和Ⅱ。

E. Ⅰ、Ⅱ和Ⅲ。

53. 类人猿和其后的史前人类所使用的工具很相似。最近在东部非洲考古所发现的古代工具，就属于史前人类和类人猿都使用过的类型。但是，发现这些工具的地方是热带大草原，热带大草原有史前人类居住过，而类人猿只生活在森林中。因此，这些被发现的古代工具是史前人类而不是类人猿使用过的。

为使上述论证有说服力，以下哪项是必须假设的？

A. 即使在相当长的环境生态变化过程中，森林也不会演变为草原。

B. 史前人类从未在森林中生活过。

C. 史前人类比类人猿更能熟练地使用工具。

D. 史前人类在迁移时并不携带工具。

E. 类人猿只能使用工具，并不能制造工具。

54. 研究显示，大多数有创造性的工程师，都有在纸上乱涂乱画，并记下一些看来稀奇古怪想法的习惯。他们的大多数最有价值的设计，都直接与这种习惯有关。而现在的许多工程师都用电脑工作，在纸上乱涂乱画不再是一种普遍的习惯。一些专家担心，这会影响工程师的创造性思维，建议在用于工程设计的计算机程序中匹配模拟的便条纸，能让使用者在上面涂鸦。

以下哪项最可能是上述建议所假设的？

A. 在纸上乱涂乱画，只可能产生工程设计方面的灵感。

B. 计算机程序中所匹配的模拟便条纸，只能用于乱涂乱画，或记录看来稀奇古怪的想法。

C. 所有用计算机工作的工程师都不会备有纸笔以随时记下有意思的想法。

D. 工程师在纸上乱涂乱画所记下的看来稀奇古怪的想法，大多数都有应用价值。

E. 乱涂乱画所产生的灵感，并不一定通过在纸上的操作获得。

55. 在丈夫或妻子至少有一个是中国人的夫妻中，中国女性比中国男性多两万。

如果上述断定为真，则以下哪项一定为真？

Ⅰ. 恰有两万中国女性嫁给了外国人。

Ⅱ. 在和中国人结婚的外国人中，男性多于女性。

Ⅲ. 在和中国人结婚的人中，男性多于女性。

A. 只有Ⅰ。

B. 只有Ⅱ。

C. 只有Ⅲ。

D. 只有Ⅱ和Ⅲ。

E. Ⅰ、Ⅱ和Ⅲ。

2025 年管理类综合能力逻辑推理试题精讲

26.【答案】 D

【题型和难度】 论证分析:支持(加强)。难度一般。

【题干概括】

论据:艺术的本质是人内心世界的外化,通过艺术人们既可以表达自己的内心世界,也可以看到别人的内心世界。

结论:艺术对于促进不同国家、不同语言、不同文化之间人们的沟通交流具有天然优势。

【答案解析】 D 项指出了艺术能促进文化交流的原因,即艺术具有的许多特点是人所共有的,有力地支持了题干。

【选项排除】

A	指出文化交流的某种障碍,削弱。
B	指出艺术便于交流的事实,支持题干,但未分析其原因,力度不如 D 项。
C	加强论据,但不加强论据对于结论的支持力度。支持力度不如 D 项。
E	指出对文化交流仅有艺术的共情还不够,未涉及艺术何以能促进文化交流,力度不如 D 项。

27.【答案】 C

【题型和难度】 论证分析:支持(加强)。难度一般。

【题干概括】

论据:对 12 万名 50 岁及以上受访者活动与死亡风险的统计数据。

结论:每天活动 20 分钟可减少久坐危害,降低死亡风险。

【答案解析】 C 项直接指出每天活动 20 分钟不能改变中老年人因久坐导致的死亡风险提高,并说明了其原因,有力地质疑了题干。

【选项排除】

A	是题干论据的具体化,不能质疑。
B	说明坚持每天活动 20 分钟对许多中老年人有难度,但并不说明此种活动对健康无益,质疑力度不如 C 项。
D、E	不质疑。

28.【答案】 C

【题型和难度】 逻辑推断:非形式推理。难度一般。

【题干概括】 题干陈述的民俗学家的观点"汤圆的前身是宋代被称为'圆子'的小吃"是结论,要确定的是哪个选项作为前提对这一结论的支持力度最大。本题也可理解为一道论证分析题,题干的结论是民俗学家的上述观点,论据是题干的其余陈述。两种理解都不影响解题思考。

【答案解析】 C项说明宋代已有汤圆，并有利于说明此前没有汤圆，有力支持题干。

【选项排除】

A	A项说明，先秦的“蜜饵”不可能是（元宵节）汤圆的最早前身，这对民俗学家的观点有所支持，但并不直接支持宋代的“圆子”是最早的前身。
B、D	支持。说明宋已有汤圆，但不能说明此前没有汤圆。力度不如C项。
E	宋前无涉及“圆子”的诗词，有利于说明此前无“圆子”，这支持民俗学家的观点；宋后无涉及“圆子”的诗词，这削弱民俗学家的观点。

29.【答案】 E

【题型和难度】 论证分析：支持（加强）。难度一般。

【题干概括】

论据：人生病时出现的疲倦、头疼、心情抑郁和食欲不振等症状与清除病原体并没有直接的联系。

结论：有些症状的出现不是为了提高个人的生存率，而是为了保护整个种群的利益。

【答案解析】 E项说明病人的症状为何能并且如何能起到保护人的种群的作用，支持题干。

【选项排除】

A	A项涉及的是病原体的扩散途径，和题干的论证不相干。
B	B项涉及的是病症之间的关系，和题干的论证不相干。
C	削弱，说明病症是为了保护人的个体，而不是群体。
D	D项陈述了一个实例，说明症状的出现有利于保护群体，这支持题干，但作为个例，力度不如E项。

30.【答案】 D

【题型和难度】 论证分析：支持。难度一般。

【题干概括】

论据：一般认为，王羲之养鹅、爱鹅，是为了观察鹅行走的步态而体悟书法之道、君子之风。

结论：王羲之养鹅、爱鹅，其实也看重鹅的药用价值。

【答案解析】 D项涉及鹅的药用价值，又涉及王羲之与此的关系，有力支持题干。

【选项排除】

A、B	不支持。涉及鹅，未涉及鹅的药用价值。
C	支持，涉及鹅的药用价值，但未涉及王羲之，支持力度不如D项。
E	不支持。

31.【答案】 E

【题型和难度】 逻辑推断：非形式推理。难度一般。

【题干概括】 专家的观点是：如果铁路公司根据市场需求将有、无座位的票价拉开差距，就可能对低收入者不利，这是结论，要确定的是哪个选项作为前提对这一结论的支持力度最大。

【答案解析】 E 项指出，如果完全按市场供需来决定票价，那么在出行高峰期，票价就会上涨，低收入者可能完全没有机会得到座位。这说明，根据市场需求将有、无座位的票价拉开差距，不是无座位的票价打折，而是有座位的票价上涨，这显然对低收入者不利。这有力地支持了题干。

【选项排除】

A、B	不支持。A 项、B 项指出无座票打折的不利影响，这种不利影响并非针对低收入者。
C、D	指出“有无同价”“先到先得”的现行方法并非不公平，对题干的结论有所支持，但都不支持修改现行规定实行“有无差价”会不利于低收入者，力度显然不如 E 项。

32.【答案】 C

【题型和难度】 论证分析：支持（加强）。难度一般。

【题干概括】

论据：苏轼自称老泉。

结论：南宋以来的人们将苏轼的父亲苏洵称作老泉纯属误传。

【答案解析】 C 项说明，如果老泉是苏轼父亲苏洵的名号的话，出于宋时严格的避讳规矩，苏轼也不敢自称老泉。这有力地支持了题干。

【选项排除】

A	支持论据。力度显然不如 C 项。
B	说明以为苏老泉即苏洵是误解，支持。但作为孤例，力度显然不如 C 项。
D	说明老泉指称苏轼父亲苏洵，削弱。
E	不支持，有所削弱，说明苏轼有可能用父名以示纪念。

33.【答案】 E

【题型和难度】 逻辑推断：形式推理。难度一般。

【题干概括】

条件(1)：(连续 3 天以上未按时打卡 ∧ 绩效排名在倒数 10%之内)→扣发年终奖。

条件(2)：(多次未按时打卡 ∧ 绩效排名在前 10%之内)→不扣发年终奖。

【解题思路】 此题问的是，哪项作为公司作出该决定的一种根据最为合理，而不是问：哪项如果为真，最能说明该公司的决定是合理的。

【答案解析】 条件(1)的逆否式是

¬扣发年终奖→(¬连续 3 天以上未按时打卡 ∨ ¬绩效排名在倒数 10%之内)。

E 项说明王某具备不被扣发年终奖的必要条件，用以解释公司不扣发王某年终奖的决定具有显然的合理性。(例如，年满 18 岁是结婚的必要条件。因此，张某年满 18 岁是对民政部门给他颁发结婚证的一种合理解释，尽管年满 18 岁不一定允许结婚。)

【选项排除】

A	A 项断定的“年终绩效排名在前 10%之内”不是不扣发年终奖的必要条件，也不是充分条件，作为对公司决定的解释，其合理性显然不如 E 项。

续表

B	即使王某连续 3 天以上未按时打卡，仍然可以具备不扣年奖的必要条件（只要其年终绩效排名不在倒数 10%之内）。以“王某没有连续 3 天以上未按时打卡”来解释公司的决定，其合理性不如 E 项。
C	依据条件（2），多次未按时打卡，年终绩效在前 10%之内的员工，不扣发年终奖。而 C 项仅说明王某绩效在倒数 10%之外，不满足条件（2）的前件，因此合理性不如 E 项。
D	显然不具有解释力度。

34.【答案】 E

【题型和难度】 论证分析：质疑（削弱）。难度一般偏易。

【题干概括】

论据：罗马帝国的水渠管道有相当一部分是用铅铸造的。古罗马人的遗骨中铅含量异常。

结论：水在流经铅管道被铅污染，罗马居民饮用铅污染水铅中毒，加速了帝国的衰亡。

【答案解析】 E 项说明罗马铅水管不易污染饮用水，直接质疑题干。

【选项排除】

A	不相干。
B	不质疑，不涉及水污染。
C	不质疑，不涉及水管。
D	质疑，但力度不如 E 项。

35.【答案】 A

【题型和难度】 逻辑推断：非形式推理。难度一般。

【题干概括】 题干陈述的是结论（专家的观点）：RZN-Ⅲ虽只提供既有知识，但也能助力科技创新，大学禁用 RZN-Ⅲ不妥。要确定的是：哪个选项在题干相关信息的基础上作为前提对上述结论的支持力度最大。

【答案解析】 A 项具体说明 RZN-Ⅲ何以能有助于科技创新，支持题干。

【选项排除】

B	不支持，禁止学生使用 RZN-Ⅲ做论文和作业不意味着在 RZN-Ⅲ总结的前人智慧上躺平。
C	不支持，未涉及 RZN-Ⅲ。
D	削弱。D 项对禁用 RZN-Ⅲ有所支持。
E	有所支持，但力度不大，因为题干论及的禁用 RZN-Ⅲ，没有禁止 RZN-Ⅲ作为教学内容进入大学课堂的意思。

36.【答案】 B

【题型和难度】 论证分析：支持（加强）。难度一般。

【题干概括】

论据：一项针对万名 60 岁以上老人的体检统计显示，他们体内的牛磺酸水平越高，健康状况越好。

结论:人体内的牛磺酸水平与人体的健康状况呈正相关。

【答案解析】 B 项指出的是一个牛磺酸有利人体健康的实例,支持题干。

【选项排除】

A	A 项陈述的只是一种猜测,这种猜测支持题干,但力度不如 B 项,因为 B 项陈述的是事实。
C、E	C 项和 E 项均支持题干,但依据的是动物实验,力度不如 B 项。
D	不相干。只涉及如何提升牛磺酸水平,不涉及牛磺酸和提升健康水平的关系。

【提要】 统计相关可能因果相关,但不一定因果相关。统计正相关是指一种现象的数量值越高,另一种随之也越高。统计正相关显示因果关系。

37.【答案】 B

【题型和难度】 论证分析:支持(加强)。难度一般。

【题干概括】

论据:(1)生态文明建设是一项系统工程,需要系统性应对。

(2)生态环境数据共享不够导致生态环境治理不力,出现“碎片化”应对。

结论:建成生态环境数据“一张网”(数据共享)、建设数字生态文明非常必要。

【答案解析】 B 项断定建设数字生态文明能够有效提升生态文明建设的共享性、系统性和协同性,即有利于系统性应对生态文明建设这一系统工程,避免出现“碎片化”应对。这有力地支持了题干。

【选项排除】

A	支持。A 项说明数字生态文明(“数字化”)和环境治理(“绿色化”)互相融合互相促进的重要性,这支持题干,但未提及为何重要,因此支持力度不如 B 项。
C	支持。C 项断定生态数据共享对于解决生态环境问题有意义,这支持题干,但未能说明有利于对生态文明建设的系统性应对(这是题干论证的核心内容)。因此,支持力度不如 B 项。
D	支持。D 项只在一般层面(也包括生态)断定数字生态文明的重要性,支持力度不如 B 项。
E	支持。E 项断定了数字生态文明建设对于生态文明建设的一个具体意义,但和本题的论证无直接关系,支持力度不如 B 项。

38.【答案】 C

【题型和难度】 逻辑推断:非形式推理。难度一般偏易。

【题干概括】 许多登山爱好者的观点是:依靠索道或电梯的“无痛登山”没有乐趣可言。这是结论,要求确定的是,哪个选项如果作为前提,最能质疑上述结论。(“质疑”和“支持”可互相定义:A 质疑 B 的力度=A 支持¬B 的力度)

【答案解析】 C 项直接说明上述观点仅代表部分登山爱好者,不能代表所有游客。这有力地质疑了题干的上述观点。

【选项排除】

A	对于登山爱好者来说,A 项只能说明那些运动能力欠佳的游客很难享受登山的乐趣,不能说明上述观点不成立。

续表

B	不能质疑。登山爱好者说的是依靠索道或电梯的“无痛登山”没有乐趣可言。
D	指出了在山林中安装索道或电梯的某种弊端，但不质疑题干的观点。
E	支持。

【提要】 本题的提问方式是“哪项最能质疑”，但题型不是论证分析。题干只是基于某些相关信息提出某种观点，这些相关信息并不是得出此种观点的论据。类似的题型可归为非形式推理。“质疑”和“支持”可互相定义：P 质疑 Q 的力度＝P 支持¬Q 的力度。实际解题思考时无须这种换算，指出这种换算是要说明，不仅“支持”，而且“质疑”，也能表达非形式推理。

39.【答案】 D

【题型和难度】 逻辑推断：非形式推理。难度一般。

【题干概括】 题干列出了 6 个断定。要求确定的是，哪位专家的断定能反驳甲的断定。

【答案解析】 能源转型要花费巨大代价，因此，已实际上断定：以花费巨大代价实现能源转型来应对目前还存在不确定性的所谓气候风险是不明智的，这显然能反驳甲。

【选项排除】

A	乙不能反驳甲，因为“目前还无法很快”不能反驳“应当尽快”。一般地，“目前还缺乏能力做某件事”不能反驳“应当做某件事”，例如，“某企业目前缺乏能力按时还款”不能反驳“企业应当按时还款”。
B	丙不能反驳甲，事实上丙支持甲。
C	丁不能反驳甲，因为“有的更应当”不能反驳“都应当”。
E	戊显然不能反驳甲。

40.【答案】 C

【题型和难度】 逻辑推断：非形式推理（支持）。难度一般。

【答案解析】 乙和丁支持戊是显然的。

【选项排除】

A	乙和丁显然都不支持丙。
B	丙支持甲，戊不支持甲。
D	乙和丙都不支持“气候风险目前还存在不确定性”，因此不支持己。
E	戊支持乙（乙支持戊，戊对乙也有所支持），己不支持乙。

41.【答案】 A

【题型和难度】 分析性推理。难度一般。

【答案解析】 “春花开满园”和“满山梅花开”这两组文字中，“花”出现 2 次，位置排序分别是第二和第四；“开”出现 2 次，分别是第三和第五；“满”出现 2 次，分别是第四和第一。依此，可确定第一组文字对应第三组图形，第二组文字对应第一组图形，得：◆表示“花”，

●表示“开”,■表示“满”。继而由第二组文字对应第一组图形,得:★表示“山”,▲表示“梅”;由第一组文字对应第三组图形,得:☆表示“春”,□表示“园”。综上可得:“◆▲☆★□”表示“花梅春山园”。答案是 A。

42.【答案】 D

【题型和难度】 欧拉图。逻辑推断:非形式推理。难度一般。

【答案解析】 由“果树小部分是常绿树”,得“有些果树是常绿树”,由“阔叶树都不是常绿树”,得“有些果树不是阔叶树”。如下图所示:

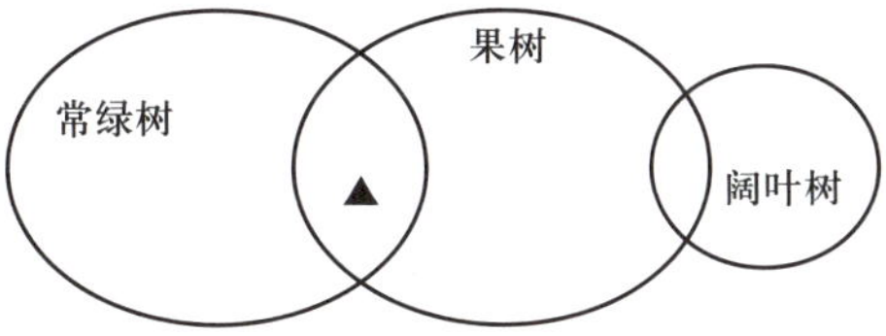

▲所示的即为“不是阔叶树的果树”。

【选项排除】

A 项推不出,反例如下图所示:

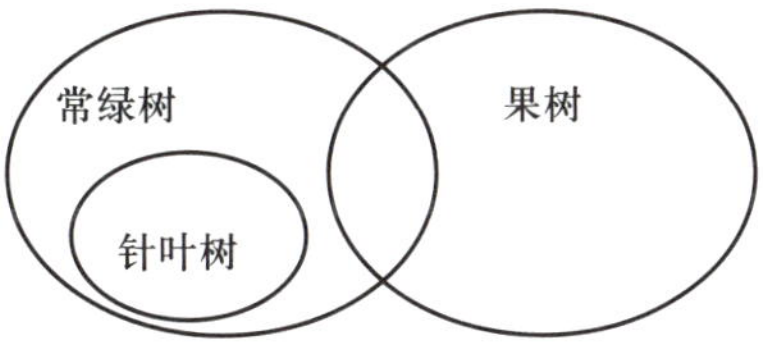

B 项推不出,反例如下图所示:

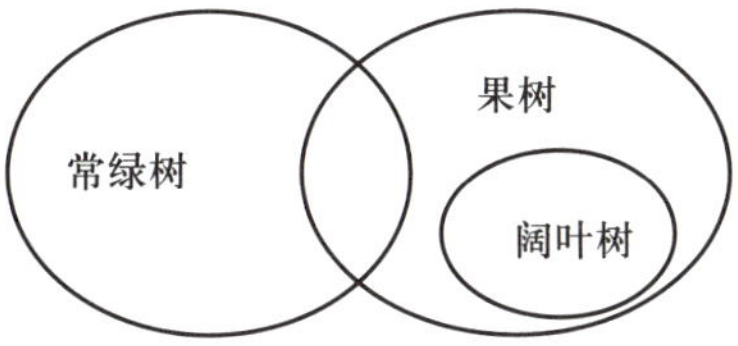

C 项推不出,反例如下图所示:

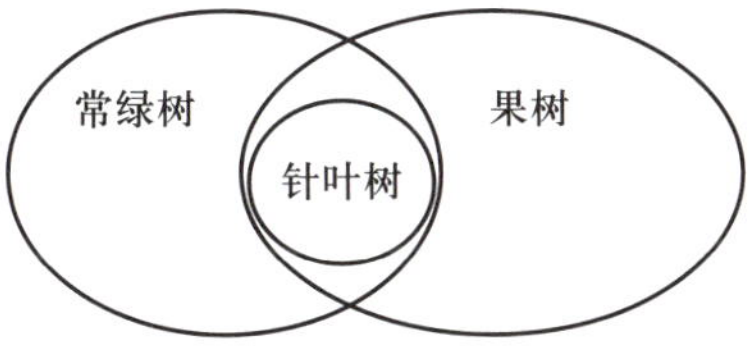

E 项推不出,反例如下图所示:

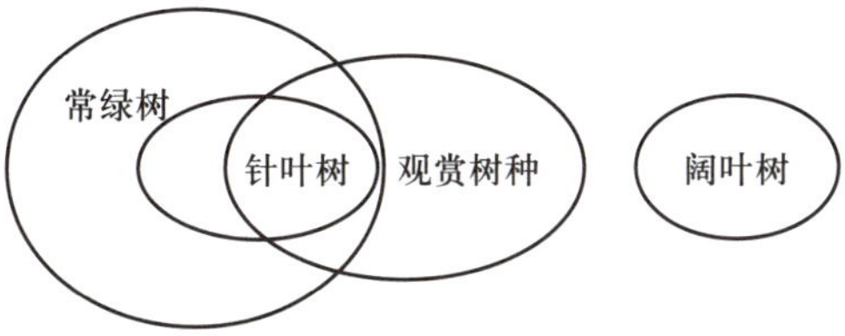

【提要】 上述图称为欧拉图,欧拉图方法可用于应对涉及概念外延关系的推理题,有如本题。

43.【答案】 B

【题型和难度】 分析性推理:综合。难度一般。

【解题思路】 本题的关键是条件(3),哪种类型的自然景观是3处,是本题的思考出发点和归宿。

【答案解析】 由条件(1)可得:有3处的不是林海,也不是峡谷,否则有2种类型有3处,违反条件(3)。继而得:高山草甸不是有3处的类型,否则可得景观总数小于16,违反条件。由此得:天坑3处,继而得:林海4处,峡谷2处,高山草甸7处。答案是B。

44.【答案】 B

【题型和难度】 分析性推理:综合。难度一般偏难。

【题干概括】 4位领导检查5项工作,每人至少1项,每项都只有1人检查。依此可得:有且只有1位领导检查2项工作。这是本题的一个重要隐藏条件。本题的另一个重要条件是,3种描述中的正确断定的总数是7。

【答案解析】

	工作1	工作2	工作3	工作4	工作5	正确数
描述一	乙×②	甲√①	丁√①	丁×②	丙×②	2
描述二	丙√⑥	甲√①	乙×②	甲×④	丁×⑤	2
描述三	甲×⑦	丙×②	丁√①	乙√③	甲√⑧	3

推导过程:

① 上表中,只有工作2和工作3两列有同一个人出现2次,其他均每个人出现一次。工作1、工作4、工作5三列每列至多有一个正确,这3列正确总数不超过3,5列正确总数是7,因此,工作2和3的总数不少于2。因此,甲检查工作2,丁检查工作3正确。

② 由条件“每项只有1人检查”和条件“描述一正确数为2”,可知描述一的其余三个均不对。

③ 描述三中,甲出现2次,不能都不正确,否则无法满足条件“描述三正确数为3”。因为已得甲检查工作2,所以甲是检查2项工作的领导人,得甲检查工作1或工作5,但不能工作1和工作5都检查,因此,得:乙检查工作4。

④ 由“每项工作只有1人检查”,可得甲不检查工作4。

⑤ 由丁检查工作3且不检查2项工作,可得丁不检查工作5。

⑥ 由“描述二的正确数为2”,可得丙检查工作1。

⑦ 由“每项工作只有1人检查”,可得甲不检查工作1。

⑧ 由“描述三的正确数为3”,得:甲检查工作5。

45.【答案】 E

【题型和难度】 分析性推理。难度一般。

【解题思路】 本题的关键信息是,4人在6门课程中每人报2门,报名总人次是8。因此,6门课程中,任意2门课程的报名总人次不能超过4,否则无法满足每门课程都有人报名的条件。本题的思考突破口是证明条件(3)的后件为假。

【答案解析】 4人的报课总人次是8。假设条件(3)的后件为真,则声乐、绘画已占4

人次，又由条件(2)，赵和王中有一人须报名声乐课程或绘画课程，否则有 2 人和李完全不同。这样，报名声乐、绘画课程不少于 5 人次，无法满足条件(1)每门课程均至少有 1 人报名。因此假设不成立，得条件(3)的后件为假。继而得：条件(3)的前件为假，即李和王都报名书法课程。答案是 E。

46.【答案】 A

【题型和难度】 分析性推理：对应。难度一般。

【答案解析】 推导过程：

① 乙和丁是女性。

证明：由题干条件，2 名男性，由条件(1)，乙、丁二人性别相同，得乙和丁都是女性，否则，无法满足条件(1)丙和己性别不同。

② 甲、己是学士。

证明：由条件(2)甲、己学位相同，由题干条件博士 1 人，得甲、己不是博士，又由题干条件硕士 2 人，条件(2)乙、丙、戊 3 人学位各不相同，得乙、丙、戊中必有一硕士，得甲、己不是硕士。因此，甲、己是学士。

③ 丁是硕士。

证明：由乙、丙、戊 3 人学位各不相同，得其学位分别是学士、硕士、博士。因此丁不是博士。又由题干条件学士 3 人，在②中已得甲、己是学士，乙、丙、戊中有 1 人是学士，得丁不是学士，因此，丁是硕士。

综上，得：丁是女硕士。答案是 A。

47.【答案】 B

【题型和难度】 分析性推理：排序。难度一般偏难。

【答案解析】 解答本题只需用到 2 个条件：

条件(1)：丙是士兵，其后有 2 名士兵；

条件(2)：丁之后有 2 名士兵。

假设丁是士兵。如果丁在丙之前，因为丙是士兵，因此，丁之后的 2 名士兵中包括丙，而丙之后有 2 名士兵，这样丁之后就有 3 名士兵，违反条件(2)。如果丁在丙之后，则丙之后的 2 名士兵中包括丁，而丁之后有 2 名士兵，这样，丙之后有 3 名士兵，违反条件(1)。因此，假设不成立。得：丁是军官。

【提要】 本题的难度在于，题干的大部分条件对于解答本题都是无关信息，这对解题思考会产生很大的干扰。

48.【答案】 B

【题型和难度】 分析性推理：对应。难度一般。

【题干概括】 由条件(1)，得：吴老师、讲授《诗经》的老师、讲授《论语》的老师是 3 个不同的人，即：吴老师不讲授《诗经》，也不讲授《论语》；讲授《诗经》的不讲授《论语》。同理，由条件(2)，得：周老师不讲授《墨经》，也不讲授《周易》；讲授《墨经》的不讲授《周易》。

【答案解析】 假设讲授《中庸》《尚书》的是同一位老师，不论这是哪一位，可推出：吴老师讲授《墨经》和《周易》，或者周老师讲授《诗经》和《论语》，违反上面的推论。因此假设不成立，即讲授《中庸》《尚书》的不可能是同一位老师。答案是 B。

49.【答案】 D

【题型和难度】 分析性推理:综合——方格填字。难度一般。

【答案解析】

①甜(3)				辣
				②苦(2)
		苦		酸(2)
				甜
酸				咸(1)

推导过程:

(1) 由题干条件,第五行第五列方格的字不可能是“酸”(第五行有此字),不可能是“辣”“甜”(第五列有此两字),也不可能是“苦”(对角线有此字),因此,是“咸”。

(2) 第五列的第二、第三行只可能分别是“苦”和“酸”,其中第三行不可能是“苦”,因为该行有此字,因此,第三行是“酸”,继而得第二行是“苦”。

(3) 同理,第一行第一列不可能是“酸”“辣”“苦”“咸”,因此是“甜”。

因此,答案是 D。

50.【答案】 A

【题型和难度】 分析性推理:综合。难度一般。

【题干概括】 4 种人物,共 6 人,3 名访客,其余各 1 人。主人和童子在院内,其余在院外。

【解题思路】 本题的 3 个条件均是假言判断,属推理无起点。须从假设出发,设法推出矛盾,以此证明假设不成立。

【答案解析】

方法一:

假设条件(1)的前件为真,即假设甲是主人,得:乙和丙均是访客,由丙是访客和条件(2),得:甲是童子,矛盾!得:假设不成立,即甲不是主人。由甲不是主人和条件(3),得:丙和丁都是访客。由丙是访客和条件(2),得:甲是童子。

方法二:

假设 A 项假,即假设甲不是童子,由条件(2),得:丙不是访客,继而由条件(1),得:甲不是主人,继而由条件(3),得:丙和丁都是访客,继而由条件(2),得:甲是童子,矛盾!因此,假设不成立,得:甲是童子。

51.【答案】 D

【题型和难度】 分析性推理:综合。难度一般。

【答案解析】 由甲是童子(50 题已证),得:甲不是主人,继而由条件(3),得:丙和丁都是访客,继而由条件(2),得:己在院外。丙和丁是访客,在院外,又乙在院外(51 题条件),得:乙、丙、丁、己在院外,得:甲和戊在院内,在院内的 2 人分别是主人和童子,甲是童子,因此戊是主人。

52.【答案】 A

【题型和难度】 分析性推理:综合。难度一般。

【题干概括】

	1	2	3	4	5	6	7	8	9	10
小李		×		×					×	
小王	×				×			×		
小文			×			×			×	

【答案解析】 由题干条件可得:每人有且只有 1 道答错的题未确定。确定了这道答错的题,就能确定全部答对的 6 道题。

	1	2	3	4	5	6	7	8	9	10
小李	√①	×	√①	×	√①			√①	×	√①
小王	×				×	√②	√②	×	√②	√②
小文			×			×			×	

推导过程:

① 小李答错的题不可能是第 1 题,否则答对的题中有 3 道题连续。同理可得:第 3、5、8、10 题都不可能是李答错的题。得:第 1、3、5、8、10 题小李都答对。

② 第 6、7、9、10 题都是小王答对的题,理由同上。

因此,答案是 A,其余选项都不可能为真。

53.【答案】 C

【题型和难度】 分析性推理:综合。难度一般。

【答案解析】 如果小王第 3 题答错,则小王第 2 题和第 4 题都答对,则每一题或者小李答对,或者小王答对,不可能有一题 3 人都答错。因此,C 项一定是错的。

【提要】 上述表格方法是应对分析性推理的一种方法,是否需要应用这种方法,要因题而异。有的题较易,不用表格也能应对,可不用(画表格毕竟费时间),有的题则需要表格,本题属于后者。

54.【答案】 E

【题型和难度】 分析性推理:综合。偏难。

【题干概括】 读完题干,两条明显的推论应当先记下:

推论(1):有且只有 1 位老师的监考次数是 3。因为戊的监考次数为 3,因此,其余老师的监考次数均为 2。(老师的监考总人次是 11,如果有 2 人的监考次数是 3,会得总人次是 12。)

推论(2):甲一定参与双人共同监考,否则会连续两个晚上监考,违反条件。

【答案解析】

证明一:由本题条件乙周五监考,得乙的监考没有都安排在前三天,即题干条件(乙的要求)前件为真,得:有一场考试由乙和丙在同一天同一时间监考。这场考试在时间上只有两种可能,第一种是周四下午,第二种是周一和周四的某个晚上(另一个甲参与监考)。如果是第一种可能,即乙和丙周四下午监考,戊不在周四下午监考,则戊在晚上的 4 个考场监考 3 个,其中必有 1 个是双人共同监考;如果是第二种可能,则周四晚上戊有 2 个考场不监考,一个是乙和丙监考的,另一个是甲单人监考的,得:戊监考的 3 个考场一定包括双人共同监考的。综上,得:戊至少有一场共同监考。

证明二:假设 E 项为假,即假设戊三场均是单独监考,则由条件,得这三场是周二晚上、周三晚上和周四下午。又由条件(甲的要求)得:周一晚上和周四晚上由甲监考(这两天晚上均是双人共同监考且均有甲)。由本题条件"乙周五监考"得:乙的监考没有都安排在前三天,得:有一场考试由乙和丙同一天同一时间监考(注意,这场考试不一定是双人共同监考),由题干条件,这场考试只可能是周一晚上、周四晚上或周四下午。这三种可能性都不成立:周一晚上和周四晚上是由甲参与的双人监考,不可能由乙和丙双人监考;周四下午两场考试虽然是同一天同一时间,但其中一场由戊参与监考,不可能分别是乙和丙。因此由假设推出矛盾,说明假设不成立,即戊至少有一场共同监考。

55.【答案】 C

【题型和难度】 分析性推理:综合。难度一般。

【答案解析】 由 55 题条件,得丁不安排在上午监考,又甲和戊都不在上午监考(甲的要求和戊的要求),得:上午的 3 次考试(都是单人监考),每次都由乙和丙 2 人中的 1 人监考,得:乙和丙中有 1 人在上午的考试中监考 2 次。因此,如果乙和丙在同一天同一时间监考,则其中 1 人监考 3 次,违反推论(1)。由条件(乙的要求),得:乙的监考在前三天,得:星期四下午 2 个考场的监考老师中没有乙,又丁不在下午监考,得:星期四下午的 2 个考场监考老师是丙和戊。

2024 年管理类综合能力逻辑推理试题精讲

26.【答案】 D

【题型和难度】 逻辑推断:形式推理。难度一般偏易。

【题干概括】

条件(1):对于个人:幸福→健康;

条件(2):对于国家:拥有高质量发展能力→人民健康。

【答案解析】 D 项是条件(2)的逆否式:由"否定后件"推"否定前件"。

【选项排除】

A	和条件(1)矛盾,一定为假。
B	推不出。由"肯定后件"不能推出"肯定前件"。
C	推不出。
E	推不出。由"肯定后件"不能推出"肯定前件"。

27.【答案】 D

【题型和难度】 分析性推理:排序。难度一般。

【题干概括】

条件(1):乙第四周;

条件(2):丁在己之前,戊在己之前;

条件(3):丙在甲之前,甲在乙之前。

【答案解析】

	第一周	第二周	第三周	第四周	第五周	第六周
甲	×②			×①	×②	×②
乙	×①	×①	×①	√①	×①	×①
丙			×③	×①	×②	×②
丁				×①		×④
戊				×①		×④
己	×⑥	×⑥	×⑥	×①	×⑥	√⑤

推导过程:

① 由条件(1)。

② 由条件(3)。

③ 由条件(3)和推导过程②。

④ 由条件(2)。

⑤ 由推导过程①②④。

⑥ 由推导过程⑤。

⑦ 第三周可以安排的值班人员仅甲、丁、戊。

【提要】 分析性推理是综合能力逻辑测试的一种重要题型,英文名称是“Analytical Reasoning”,分为“排序”“对应”和“综合”三种类型。表格方法是应对这一题型特别是较复杂的“排序”“对应”题的有效方法。考生作答“排序”题时,可用“甲乙”表示:甲和乙相邻,并且甲在乙之前;“(甲乙)”表示:甲在乙之前,但次序不确定;“甲……乙”表示:甲在乙之前,但是否相邻不确定。如果“甲……乙”,则甲不可能最后,乙不可能第一。一般地,如果甲后面至少有 n 个,则甲不可能是最后 n 位(即在表格中的后 n 格填入×),如果甲前面至少有 m 个,则甲不可能是最前 m 位(即在表格中的前 m 格填入×)。

28.【答案】 A

【题型和难度】 论证分析:质疑(削弱)。难度一般。

【题干概括】

论据:声媒接收门槛较低。

结论:声媒降低了就业门槛。

【答案解析】 声媒接收门槛较低,是指其产品容易被接受。声媒就业门槛降低,是指产品制作变得容易,因而对就业者的要求降低。显然,由产品较容易被接受,得不出产品制作变得较容易。A 项指出这一点,有力地质疑了题干。

【选项排除】

B	不相干。题干不涉及就业政策公平合理。
C	不相干。题干不涉及就业薪酬。
D	D 项有利于说明声媒产业不易，间接质疑题干，但力度显然不如 A 项。
E	E 项有利于说明声媒就业并不容易，间接质疑题干，但力度显然不如 A 项。

【提要】 关注关键词。本题的关键词是“接受门槛”和“就业门槛”。

29.【答案】 D

【题型和难度】 分析性推理：综合。难度一般。

【题干概括】 题干条件：5 选 3；

条件（1）：¬乙∨¬丁；

条件（2）：丙→（乙∧¬甲）；

条件（3）：（¬甲∨¬戊）→¬丙。

【答案解析】 假设选丙，由条件（2），得：¬甲；由条件（3），得：¬丙。矛盾！假设不成立，得：¬丙。由题干条件，有 2 位不选；由条件（1），乙和丁中有一个不选，又由丙不选，得：甲和戊都被选，得：乙、丙、丁恰选其一。

30.【答案】 C

【题型和难度】 论证分析：支持（加强）。难度一般。

【题干概括】 题干是一个论证。

论据：开卷有益，难免枯燥。

结论：年轻人读书要先克服前 30 页的阅读痛苦，这样才能获得知识与快乐。

题干专家的观点涉及两个关系：

第一，读书和枯燥的关系：开卷有益，枯燥难免；深入学习，须穿透枯燥。

第二，读书之苦和乐的关系：有苦有乐；克服前 30 页的苦，方能获得读书之乐。

【答案解析】 C 项说明读前 30 页为何苦，并断定克服这个苦是获得读书之乐的必要条件，有力地支持了题干。

【选项排除】

A	题干的观点是：读书有苦也有乐。A 项支持“读书枯燥难免”，不支持“读书有乐”。
B	支持“读书有乐”，不支持“读前 30 页苦”。
D	说明轻松阅读往往无效，支持读书开卷有益但并不轻松，总体支持力度不如 C 项。
E	显然削弱题干。

31.【答案】 C

【题型和难度】 认证分析：质疑（削弱）。难度一般。

【题干概括】 题干是一个论证。

论据：回收使用旧纸箱利于资源利用和环境保护；回收使用旧纸箱利于提高经营收益。

结论：快递点应回收使用旧纸箱。

【答案解析】 C 项如果为真，说明快递点如回收使用不收费的旧纸箱替代收费的新纸箱，不利于经营收益。这有力地质疑了题干。

【选项排除】

A	支持。有利于说明回收旧纸箱可行。
B	质疑。不利于说明回收旧纸箱可行。质疑力度不如 C 项，因为客户拆封后立即回收空纸箱只是回收旧纸箱的一种方式，不是唯一方式。
D	质疑。不利于说明回收旧纸箱可行。质疑力度不如 C 项，因为题干的论证要有说服力，只需满足有相当数量的客户接受使用旧纸箱，不要求所有客户都愿意使用旧纸箱。
E	支持。有利于说明回收旧纸箱可行。

【提要】 本题的结论使用了形式为“即使……也……”的让步条件句，意思是，两个论据，即使只有第二个论据成立，结论也能成立。因此，本题的论证，事实上只需要考虑第二个论据。

32.【答案】 D

【题型和难度】 二难推理。分析性推理：对应/综合。难度一般。

【答案解析】 推导过程：

① 由条件(2)，《松溪图》是苏所画→《雪钓图》是沈所画；

② 由条件(1)，《松溪图》不是苏所画→《山高图》是唐所画；

③《松溪图》是苏所画或不是苏所画； （逻辑真理：排中律）

④ 得：《雪钓图》是沈所画或《山高图》是唐所画； （二难推理）

⑤ 由条件(3)，得：《涧石图》是苏所画或《雪钓图》是唐所画；

⑥ 假设：《雪钓图》是唐所画；

⑦ 由条件(1)，得：《松溪图》是苏所画；

⑧ 由条件(2)，得：《雪钓图》是沈所画；

矛盾；

⑨ 得：《雪钓图》不是唐所画； （假设不成立）

⑩ 得：《涧石图》是苏所画。

【提要】 关注本题两个测试点：第一，二难推理(推理步骤①-⑤)；第二，归谬假设(推理步骤⑥-⑩)。

33.【答案】 B

【题型和难度】 论证分析：支持(加强)。难度一般。

【题干概括】

论据：感冒的原因是病毒或细菌感染；

流感的频繁活动通常发生在当年 11 月至次年 3 月期间。

结论：寒冷天气更容易让人感染流行性感冒。

【答案解析】 B 项要支持题干，须满足：在寒冷的天气户外活动有利于人体抵御感冒，但题干并未断定这一点，并且这也不是公认的经验常识。因此，B 项不支持题干。

【选项排除】 A、C、D、E 项都说明寒冷天气有利于病毒和细菌侵害人体导致感冒，显然支持研究人员的观点。

34.【答案】 E

【题型和难度】 论证分析:支持(加强)。难度一般。

【题干概括】 研究人员的观点是:良渚古城的摧毁很可能与洪水的暴发存在关联。这是结论,题干其余的陈述是得出这一结论的论据。

【答案解析】 E 项包含的两个断定有力地支持题干研究人员的观点:第一,所断定的时间为公元前 2277 年前的某个夏季,符合良渚古城被摧毁的时间,即大约 4300 年前;第二,断定当时存在异常降雨,超出了当时先进的良渚古城水坝和运河的承受极限,这有利于说明良渚古城的摧毁很可能与洪水的暴发存在关联。相比其余各项,E 项最能支持题干。

【选项排除】

A	支持。有利于排除人为原因,因而支持是自然原因,但并未特指洪水。
B	支持。有利于说明良渚古城的摧毁很可能与洪水的暴发存在关联。
C	削弱。不利于说明良渚古城的摧毁很可能与洪水的暴发存在关联。
D	支持。D 项断定的时间,符合良渚古城被摧毁的时间;D 项断定当时存在持续的强降雨,这有利于说明良渚古城的摧毁很可能与洪水的暴发存在关联。和 E 项有所不同的是,D 项并未断定,这种强降雨超出了当时先进的良渚古城水坝和运河的承受极限。因此,D 项的支持力度不如 E 项。

【提要】 关注本题的干扰项。D 项是本题有力度的干扰项。D 项对题干的支持力度,E 项都具备;但 E 项具备的支持力度,D 项并不都具备。因此,E 项的支持力度大于 D 项。

35.【答案】 A

【题型和难度】 分析性推理:综合。难度一般。

【解题思路】 题干的两个前提都是假言判断,缺乏条件直接启动推理,属于推理无起点。应对推理无起点的方法是通过假设来启动推理并推出矛盾或违反条件,以此证明假设不成立。

本题假设条件(1)的前件真可顺利推出矛盾,因而假设不成立,继而推出结论是 A。

【答案解析】 假设:6 种动物中至少有 4 种入选,即假设条件(1)的前件为真。由条件(1),得:刺猬和松鼠均入选。由松鼠入选和条件(2),得:刺猬不入选。矛盾!因此假设不成立,得:6 种动物中少于 4 种入选,即至多有 3 种入选,答案是 A。

【提要】 关注:通过假设归谬来应对推理无起点。

36.【答案】 C

【题型和难度】 分析性推理:综合。难度一般。

【答案解析】 假设喜鹊不入选,则由条件(2),得:松鼠、狐狸和乌鸦都不入选,违反 36 题条件:有 3 种动物入选。因此假设不成立,得:喜鹊入选,答案是 C。

【提要】 本题虽然增加了条件"恰好有 3 种动物入选",但仍无法直接启动推理,需通过假设来推出矛盾或违反条件,以此证明假设不成立。和 35 题不同,36 题是通过假设某个选项为假,"代入"题干启动推理推出违反条件,这是"反推"。35 题是假设题干的某个条件(假言判断)的前件为真来启动推理,这是"正推"。"反推"和"正推"是通过假设应对"推理无起点"的两种方式。注意,"反推",是假设某个选项为假(而不是为真)"代入"题干。

37.【答案】 E

【题型和难度】 论证分析:支持(加强)。难度一般。

【题干概括】 题干包含一个论证。

论据:脉冲星是银河系中难得的定位点,对导航极为有用;

1972年,科学家在一台宇宙探测器上安装了刻有14颗脉冲星的铭牌,试图以此引导外星人来到地球。

结论:地球人制作的这一“脉冲星地图”很难实现预想的目标。

【答案解析】【选项排除】

在诸选项中,A项、C项和E项都能支持题干专家的观点,区别是:A项和C项只能说明专家的观点可能成立,E项能说明专家的观点实际上成立。

38.【答案】 E

【题型和难度】 论证分析:支持(加强)。难度一般。

【题干概括】 题干包含一个论证。

论据:(1)食用瘦肉精含量极低的肉类仍是安全的,但科学还无法证明瘦肉精对人体完全无害。

(2)目前,全球有160多个国家禁止在本国销售含有瘦肉精的肉类。

结论:全球多数国家对莱克多巴胺零容忍是一项正确合理的决策。

注意,此处“零容忍”的含义是既不允许“销售”,也不允许“使用”。

【答案解析】 题干的论证包含一个明显的问题:既然食用瘦肉精含量极低的肉类是安全的,为什么还要对其零容忍?E项对此给出了合理的解释。E项说明,如果允许瘦肉精合法使用,则无法保证饲养者会严格按照使用指南喂养牲畜,即无法保证肉类中的食用瘦肉精的含量处于极低的安全标准之内。这有力地支持了题干专家的观点。

【选项排除】

A	A项指出瘦肉精的负面作用,支持专家观点,但力度显然不如E项。
B	不支持。
C	削弱。
D	D项说明摄入微量莱克多巴胺对人体无害的某个实验结论缺乏充分的说服力,支持专家观点,但力度显然不如E项。

39.【答案】 A

【题型和难度】 分析性推理:对应。难度一般偏难。

【答案解析】

	周一	周二	周三	周四	周五	周六	周日
老孟	√⑥	×①	√④	×①		√②	×①
小王	×⑤	√④	√④	×①	√①	×①	√②
大李	√⑥	√④	×③	√②	√①	×①	×①

① 由条件(1),(2),(3)。

② 由题干条件“每天至少1人值班”。

③ 由题干条件“没有人连续 3 天值班”。因为大李周四、周五值班，得：大李周三不值班。

④ 由题干条件“任意 2 人在同一天休假的情况均不超过 1 次”。因为 3 人中的任意 2 人都已知有一天（分别是周四、周六或周日）都不值班，因此，在其余的四天（周一、周二、周三、周五）中，由其中的 1 人不值班，可推出其余 2 人都值班。

⑤ 由题干条件“没有人连续 3 天值班”。

⑥ 由题干条件“任意 2 人在同一天休假的情况均不超过 1 次”。

【选项排除】 老孟周五是否值班都推不出。

【提要】 本题的要点是：3 人中的任意 2 人都已知有一天（分别是周四、周六或周日）都不值班，因此，在其余的 4 天（周一、周二、周三、周五）中，由其中的 1 人不值班，可推出其余 2 人都值班。抓住这一要点，可明显降低解题的难度。

40. 【答案】 E

【题型和难度】 分析性推理：综合。难度一般偏难。

【答案解析】 由条件，得：第一轮 5 场比赛的结果是：甲胜乙败；甲胜丁败；丁胜丙败；丙胜戊败；戊胜已败。第一轮甲的两场比赛结果在第二轮中不可能都不同，否则甲在第二轮都输，违反条件。因此，得第一轮中无甲参与的 3 场比赛的结果均不同于第二轮比赛，得已在第二轮比赛中无败绩，是冠军。

41. 【答案】 D

【题型和难度】 论证分析：质疑（削弱）。难度一般偏易。

【答案解析】【选项排除】

题干专家观点是未纳入保护名录的传统村落会走向衰亡。除了 E 项加强题干外，A，B，C，D 各项都能质疑传统村落走向衰亡，其中只有 D 项涉及“未纳入保护名录”，质疑力度最大。“未纳入保护名录”是本题的关键词。

42. 【答案】 B

【题型和难度】 逻辑推断：形式推理。较易。

【答案解析】 由“该店所销售的某类产品是环保类烟花”和条件(2)，“否定后件推否定前件”，得：这类烟花“不是危险性大的烟花”，继而依据条件(1)，“肯定前件推肯定后件”，得“可降解或没有漂浮物”，依据“或则置换”，得“若不可降解，则没有漂浮物”。

43. 【答案】 D

【题型和难度】 语义理解：抽象语义。难度一般。

【题干概括】 题干定义了两个抽象概念——曼特洛图形和曼特洛编码，相关的定义不涉及经验内容，是一种抽象的形式定义。要测试的是哪个选项是符合题干定义的曼特洛编码。

【答案解析】

((▲)(((☆▽)())))是曼特洛编码。（以下“曼特洛编码”简称为“编码”）

证明：(☆▽)是编码	（一对圆括号中只含 2 个不同的曼特洛图形）
()是编码	（一对圆括号中只含 0 个不同的曼特洛图形）
((☆▽)())是编码	（一对圆括号中只含 2 个编码且不含其他符号）
(((☆▽)()))是编码	（一对圆括号中只含 1 个编码且不含其他符号）
(▲)是编码	（一对圆括号中只含 1 个不同的曼特洛图形）
((▲)(((☆▽)())))是编码	（一对圆括号中只含 2 个编码且不含其他符号）

因此,答案是 D。

【选项排除】

A. (( )▲☆)(☆▽))

(☆▽)是编码,但( )▲☆)不是编码,因此,(( )▲☆)(☆▽))不是编码。

B. ((▲☆)(☆(▽)))

(▲☆)是编码,但(☆(▽))不是编码,因此((▲☆)(☆(▽)))不是编码。

C. ((▲)(☆( ))(☆▽))

(▲)是编码,(☆▽)是编码,此外,还包含其他符号(☆( ))。

因此,((▲)(☆( ))(☆▽))不是编码。

E. (▲)(☆)(▽( ))☆)显然不是编码。

【提要】 抽象语义理解是近年出现的新题型,应引起关注。

44.【答案】 B

【题型和难度】 论证分析:确定假设。难度一般。

【题干概括】

论据:智能手机和新能源汽车的销售势头放缓,两大行业的产能将会降低。

结论:芯片供应的紧张形势有望得到缓解。

【答案解析】 B 项如果不成立,即如果智能手机和新能源汽车不是半导体行业的主要终端用户,则其销售、产能的下降对芯片供应的影响不会很大,题干的论证就缺乏说服力,因此,B 项最可能是题干的假设。

【选项排除】

A	显然加强题干,但不是假设,因为如果 A 项不成立,即如果不是“大幅削减芯片库存”而只是“有所削减芯片库存”,题干的论证仍然可以成立。
C	C 项指出智能手机销售势头放缓的原因,很大程度上是重复论据,加强但不是假设。
D	不相干。
E	E 项说明销售是如何影响产能的,加强论据但不是整个论证的假设。

【提要】 一个论证的假设,是该论证并未断定的论据,如果这一论据不成立,该论证就缺乏说服力。一个论证的假设显然加强该论证,但加强一个论证的断定不一定是该论证的假设。某个选项如果为真,加强题干的论证,但如果为假,题干的论证仍然可以成立,则该选项只有加强(支持),而不是假设。

45.【答案】 A

【题型和难度】 分析性推理:综合。难度一般。

【答案解析】

稷	麦			黍
麦	豆			稷(4)
稻(3)	黍(1)	稷(5)	麦(5)	豆(4)
豆(2)	稻(1)	黍	稷(2)	麦
黍(3)	稷			稻

推导过程：

(1) 第二列两空格是黍和稻。因为第四行有黍，所以第二列第三行为黍，第四行为稻。

(2) 第四行两空格是豆和稷。因为第一列有稷，所以第四行第一列是豆，第四列是稷。

(3) 第一列两空格是稻和黍。因为第三行有黍，所以第一列第三行是稻，第五行是黍。

(4) 第五列两空格是稷和豆。因为第二行有豆，所以第五列第二行是稷，第三行是豆。

(5) 第三行两空格是稷和麦。因为第四行有稷，所以第三行第三列是稷，第四列是麦。

得：答案是 A。

46.【答案】 C

【题型和难度】 论证分析：支持（加强）。难度一般。

【题干概括】

论据：忽必烈寿命：《马可·波罗游记》称八十五岁；《元史》称八十岁；《史集》称八十三岁。

结论：《马可·波罗游记》很可能是正确的。

【答案解析】 C 项断定，《史集》纪年用的伊斯兰太阳历比《马可·波罗游记》用的突厥太阳历每 30 年少 1 年，因此，《史集》断定忽必烈 83 岁，相当于《马可·波罗游记》断定忽必烈 85 岁。又 C 项断定《史集》可信度较高，因此 C 项为真，能支持题干。其余选项均不支持。答案是 C。

47.【答案】 B

【题型和难度】 分析性推理：综合。难度一般。

【答案解析】 由 7 人中选 3 人和条件(1)，得：乙 ∨ 庚。假设乙未入选，则庚入选。又由乙未入选和条件(3)，得甲和丙都入选，再由条件(1)，得丁、戊、己未入选，再由条件(2)，得丁、庚都未入选，得：庚入选且庚未入选，矛盾！因此，假设不成立，得：乙入选。

48.【答案】 E

【题型和难度】 论证分析：质疑（削弱）。难度一般。

【题干概括】

论据：一些小众景点的实际情况与照片宣传不同。

结论：广大游客应远离小众景点，不给他们宰客的机会。

【答案解析】 E 项说明很多小众景点值得一去，直接否定专家的结论。

【选项排除】

A	不能质疑。“有些专家的建议可能存在偏狭之处”，这一断定自身不提供任何理由支持题干专家的建议存在偏狭。
B	不能质疑。事实上有所加强。
C	能质疑，但只能说明网络宣传的美图效果并非出于故意宰客，不能直接说明有小众景点值得一去。质疑力度不如 E 项。
D	能质疑，只能说明不能一概地否定景点的网络美图营销模式，不能直接说明有小众景点值得一去。质疑力度不如 E 项。

49.【答案】 D

【题型和难度】 二难推理。分析性推理：综合。难度一般。

【答案解析】 构造“二难推理”：

如果“短跑”得金牌，由条件（2），得“体操”得金牌。

如果“短跑”未得金牌，由条件（3），得“跳水”未得金牌；再由条件（1），得“射击”得金牌；再由条件（2），得“体操”得金牌。

得：“体操”得金牌。

即：

“短跑”得金牌→“体操”得金牌。

“短跑”未得金牌→“体操”得金牌。

“短跑”得金牌∨“短跑”未得金牌。

因此，“体操”得金牌。

【提要】 “二难推理”是实考命题率很高的测试点，在解题中多有应用，要加以关注。

50.【答案】 B

【题型和难度】 分析性推理：综合。难度一般。

【解题思路】 本题的解题思考突破点是：确认条件（2）的前件一定为真。确认这一点后，启动推理，可顺利得出结论。

【答案解析】 由条件“5人应聘，每人2岗”，可得应聘岗位的总人次为10，因此甲、丙、丁中至少有1人选择了市场部，即条件（2）的前件为真，否则市场部至多2人，外联部至多1人，不能满足总人次为10。由条件（2），得：只有甲和戊选择了外联部，继而得：乙、丙、丁都应聘了市场部和人事部。

51.【答案】 E

【题型和难度】 推理：形式推理/非形式推理。难度一般。

【题干概括】 “周末随心飞”特惠产品：可在本年度的任意周六和周日，不限次数乘坐该航空公司除飞往港澳台以外的任意国内航班。

上述断定含以下断定：

“周末随心飞”→不飞港澳台。

【答案解析】 E项的形式结构可概括为：

飞往香港→不是“周末随心飞”。

“否定后件”可推出“否定前件”，E项能从题干推出。

【选项排除】

A	A项，B项显然不能从题干得出。
B	
C	C项和D项涉及旅客的时间、价格敏感度和出行日期的关系，题干关于旅客的分类也涉及此种关系。但题干关于旅客的分类依据只是“在航空公司眼中”，依此显然得不出C项或D项。
D	

【提要】 本题的答案解析只涉及形式逻辑，但选项排除涉及非形式逻辑的内容。

52.【答案】 A

【题型和难度】 分析性推理：综合。难度一般。

【解题思考】 此题的三个条件都是假言判断，看似推理无起点，但实际上有起点。由前两个条件可得条件（3）的后件是假的，这是本题的思考突破点。

【答案解析】 由条件(1)和(2),得:百合→¬花生,即:¬百合∨¬花生。由条件(3),否定后件推否定前件,得:¬生姜∧¬棉花。题干断定6取3,得:不选的3种是生姜、棉花,以及百合和花生之一,得:甜菜和黄芪选上。再由条件(1),得:不选百合。因此选上的是甜菜、黄芪和花生。

53.【答案】 C

【题型和难度】 论证分析:支持(加强)。难度一般。

【题干概括】

论据:(1) 三星堆王国是由笄发的神权贵族和辫发的世俗贵族联合执政。

(2) 三星堆王国之后继起的金沙王国仅由三星堆王国中辫发的世俗贵族单独执政。

结论:三星堆王国衰亡很可能是内部权力冲突导致的。

【答案解析】 C项如果为真,说明由题干的两个论据可推出三星堆王国肯定存在内部冲突。论据(1)说明存在政治权力的平衡;论据(2)说明这种政治平衡被打破。由此可得:肯定存在内部冲突。因此C项有力地支持了题干。

【选项排除】

A	能支持。A项质疑三星堆王国由外敌入侵而衰亡的说法,因而支持内部冲突是导因。A项只是确认有这种质疑,但未提及这种质疑的理由,因此,对题干的支持力度显然不如C项。
B	不支持。
D	D项和E项都有利于说明三星堆文化末期可能存在内部冲突,因而支持题干,但支持力度不如C项。C项能说明三星堆文化末期肯定存在内部冲突。D项和E项只能说明“三星堆”末期可能存在内部冲突。
E	

54.【答案】 A

【题型和难度】 分析性推理:综合。难度一般。

【答案解析】

	张	陈	王	李
甲		×②	×④	
乙			×④	
丙		×②	√④	
丁			√④	

推导过程:

① 由条件“每个人均进行或接受了至少1次访谈,访谈共进行了6次”,得:条件(1)的后件为假。

② 条件(1)由“否定后件”推“否定前件”,得:甲和丙均未访谈陈。

③ 由②得:乙、丁至少有1人访谈了陈。

④ 条件(2)由“肯定前件”推“肯定后件”,得:王只分别接受了丙、丁各1次访谈。

⑤ 由④得:甲至少访谈了张、李中的1人。

【提要】 本题的任一推论，是由题干的条件推出的，是本题的“隐条件”，可用作后续题的条件。

55.【答案】 C

【答案解析】

	张	陈	王	李
甲		×	×	
乙		√③	×	
丙	√①	×	√	√①
丁	×②	×②	√	×②

推导过程：

① 55 题条件。

② 由丙访谈 3 次，得其余 3 人每人访谈 1 次。由丁访谈王，得不访谈其他 3 人。

③ 陈只接受了 1 次访谈。

2023 年管理类综合能力逻辑推理试题精讲

26.【答案】 B

【题型和难度】 逻辑推断：形式推理。难度一般。

【题干概括】

(1) 爱因斯坦：思想深刻、思维创新 ∧ 伟大的科学家 ∧ 思想家 ∧ 人道主义者；

(2) 思想深刻、思维创新→诙谐幽默、充满个性的独立人格。

【答案解析】 由条件(1)和(2)，得：爱因斯坦有诙谐幽默、充满个性的独立人格。又由条件(1)爱因斯坦是伟大的科学家，得：有些伟大的科学家拥有诙谐幽默、充满个性的独立人格。

【选项排除】

A	推不出。题干能推出“有的思想家是人道主义者”，但由“有的是”，推不出“有的不是”。
C	推不出：“肯定后件”推不出“肯定前件”。
D	不违反题干，但不能由题干推出。
E	违反条件(2)：“肯定前件”并且“否定后件”。

27.【答案】 B

【题型和难度】 论证分析：质疑。难度一般偏易。

【题干概括】

论据：某公司饲养了 3 亿只“美洲大蠊”蟑螂，每天可吃掉 15 吨餐厨垃圾。

结论：用“蟑螂吃掉垃圾”这一生物处理方式解决餐厨垃圾，既经济又环保。

【答案解析】 B项指出了“蟑螂吃垃圾”方式存在危害周边生态环境的隐患，有力地质疑了题干专家的观点。

【选项排除】

A	A项指出业已存在成熟的餐厨垃圾处理方式，能质疑题干提出的尝试新方式的必要性，但质疑力度不如B项。A项是间接质疑结论，B项是直接质疑结论。
C	C，D两选项支持结论。
D	
E	不质疑结论。

【提要】 分析一个论证时，间接质疑力度不如直接质疑；可能层面的质疑力度不如实际层面的质疑。一般地说，涉及安全性的质疑力度较大。

28.【答案】 C

【题型和难度】 语义理解。难度一般。

【题干概括】 本题的题型不是确定假设的论证分析题，而是语义理解题，测试对记者和受访者对话的理解。

【答案解析】【选项排除】

受访者被问的是如何培养创新型人才，但其回答只涉及对学生的创业精神及能力的培养。因此，受访者的陈述必须假设“创业”和“创新”之间存在联系，否则就是答非所问，转移论题。除E项外，其余各项都断定“创新”和“创业”的联系，其中，C项断定的是“创业”对于“创新型人才培养”的重要性，最可能是题干受访者的陈述的假设。

29.【答案】 D

【题型和难度】 分析性推理：综合。难度一般。

【答案解析】 本题的思考突破口是条件(2)。题干断定，所列的7类商品中不合格的有6种，依据条件(2)，得：乳制品、干果、饮料中不合格的有且只有1种。继而由条件(3)得：蔬菜不合格的不少于2种(否则乳制品、干果中不合格的不止1种，违反推论)，继而由条件(1)得：白酒中没有不合格样品。

30.【答案】 A

【题型和难度】 推理类比。较难。

【题干概括】

前提(1)：时时刻刻总在追求幸福的人→不一定能获得最大的幸福。

前提(2)：刘某说自己获得了最大的幸福。

结论：刘某从来不曾追求幸福。

题干的推理(论证方式)有如下特点：

第一，推理意向是条件推理(假言推理)的“否定后件推否定前件”。

第二，前提(2)不构成对前提(1)后件的否定。

第三，前提(1)前件的否定推不出题干结论。

概括地说，题干论证方式的特点是：推理意向是“否定后件否定前件”，但实际上既未“否定后件”，也非“否定前件”。

【答案解析】 A项同时具有题干论证方式的这三个特点，和题干最为类似。

【选项排除】

B	B 项是本题的干扰项，有很强的干扰力度。不难说明，B 项同时符合题干的上述三个特点。如果 B 项的结论改为“陈某过去从未说过喜欢你”，就难以排除了。这是 B 项和题干因而也是和 A 项的一个隐蔽的区别，这导致 B 项和题干及 A 项的一个实质性区别：B 项前提(1)的前件假，推不出其结论真；其结论真也推不出其前提(1)的前件假。这和题干不同。题干和 A 项均满足：前提(1)的前件假，推不出其结论真；但其结论真能推出前提(1)的前件假。因此，答案是 A 而不是 B。排除 B 项有难度，也是本题出彩的地方。
C D E	C，D，E 项都是两个前提一个结论，并且第一个前提均为假言判断。C 项是“否定后件肯定前件”，D 项是“肯定后件”，不符合题干的第一个特点。E 项前提(1)前件的否定能推出其结论，不符合题干的第三个特点。因此，这 3 个选项作为答案均不恰当。

【提要】 完成以上的分析，对于考前解题训练是完全必要的，但在实际考试时有难度。实际考试时，考生比较容易集中关注 A 项和 B 项，排除其中一项，是不能回避的。这时，关注 B 项的结论的表述是“陈某过去从未喜欢过你”，而不是“陈某过去从未说过喜欢你”，这有益于找到 B 项和题干及 A 项的不同。

31.【答案】 B

【题型和难度】 分析性推理：综合。难度一般偏难。

【答案解析】 假设“丙未报名铅球”，由条件(1)，得：甲、乙均未报名铅球，由题干条件“6 人中 3 人报名铅球”，得：丁、戊、己均报名铅球。由戊报名铅球和条件(3)，得：己报名跳高，再由条件(2)，得乙和己均报名跳远，得：己报名铅球、跳高和跳远，违反题干条件“每人都报名 1~2 项”。因此，假设不成立，得丙报名铅球，继而由条件(3)，得：己报名跳高，继而由条件(2)，得：乙和己均报名跳远。得：答案是 B。

【提要】 本题属推理无起点，需通过假设归谬来启动推理。本题不宜“反推”，即不宜假设某选项为假作为解题起点，而宜“正推”，即假设前提的某个假设判断的前件为真或后件为假作为解题起点。以上是假设条件(1)的后件为假，推出违反条件，继而得出假设不成立，得以启动推理，得出结论。

32.【答案】 A

【题型和难度】 分析性推理：综合。难度一般。

【答案解析】 由本题条件“甲、乙均报名跳高”和 31 题推论“己报名跳高”及题干条件“3 人报名跳高”，得：丙、丁、戊均不报名跳高。由 31 题推论“乙和己均报名跳远”及题干条件“2 人报名跳远”，得：甲、丙、丁、戊均不报名跳远。由丁和戊均不报名跳高且不报名跳远，和题干条件“每人都报名 1~2 项”，得：丁、戊均报名铅球。

【提要】 本题也可使用以下表格方法：

	甲	乙	丙	丁	戊	己
跳远 2 人	×③	√①	×③	×③	×③	√①
跳高 3 人	√②	√②	×③	×③	×③	√①
铅球 3 人			√①	√④	√④	

推导过程：

① 31 题推论。

② 本题条件。

③ 由题干条件“2 人报名跳远，3 人报名跳高”。

④ 由题干条件“每人都报名 1~2 项”。

33.【答案】 A

【题型和难度】 论证分析：质疑（削弱）。难度一般。

【题干概括】

论据：使用智能手机使生活越来越便捷，但很多老年人因为不会使用智能手机等设备而影响日常生活。

结论：专家的观点是，社会不可能“慢”下来等老年人。老年人应该加强学习，跟上时代发展。

【答案解析】 A 项说明，老年人因为不会使用智能手机等设备而影响日常生活，这妨碍了他们应该获得社会公共服务的权利，社会有义务为他们排除障碍，而不是只强调由他们自身来排除这种障碍。这有力地质疑了题干中专家的观点。

【选项排除】

B	支持。
C	不质疑。
D	能质疑。D 项说明，使用智能手机是社会管理和服务的一种模式，但不是唯一模式。社会有义务保留或提供有利于老年人的其他模式。D 项虽然质疑题干，但力度不如 A 项。
E	能质疑。E 项说明不能忽视老年人由于跟不上时代发展而面临的问题，对题干有所质疑，但力度显然不如 A 项。

【提要】 D 项是本题的主要干扰项。A 项从老年人应有的权利和社会应尽的义务两方面质疑题干，D 项只从社会应尽的义务这方面质疑题干，没有涉及老年人的权利，质疑力度不如 A 项。

34.【答案】 B

【题型和难度】 逻辑推断：非形式推理。难度一般。

【答案解析】 由条件（3）和（4），得：历史类图书都不是英文版的，继而由条件（1），得：历史类图书都不是哲学类图书，继而得出结论：有些历史类图书不属于哲学类。

【选项排除】

A	无法推出。题干并未断定所购图书只有中文版和英文版两种。
C	显然无法推出。
D	无法推出。因为假设该批图书中哲学类都不属于科学类不违反题干条件。
E	无法推出。因为假设该批图书中文学类都不属于历史类不违反题干条件。

35.【答案】 C

【题型和难度】 论证分析：质疑（削弱）。难度一般。

【题干概括】 题干专家的观点基于一个论证。

论据:人们大多不愿为网络阅读付费。

结论:知识付费市场的发展不可能长久。

【答案解析】【选项排除】

各选项中,B 项为不相干选项,D 项和 E 项加强题干。A 项和 C 项均能质疑题干。A 项说明网络阅读是一种稳定的社会需要,但未涉及题干的论据及其对结论的支持,只能间接地质疑专家的观点。C 项说明专家的观点依赖的论据不成立,这直接质疑专家的观点。因此,C 项的质疑力度大于 A 项。

36.【答案】 D

【题型和难度】 语义理解:评价。难度一般。

【答案解析】 D 项用“关心个人生活的独特性”和“关心个人生活的自我认同”分别评价题干甲和乙的陈述,第一,符合两人的陈述内容,第二,是对两人的陈述的一种恰当概括。这一评价恰当。

【选项排除】

<table>
<tr><td>A</td><td rowspan="2">A 项和 E 项对甲的评价均不符合题干甲的原义,均不恰当。题干甲断定“如今,独特性正成为中国人的一种生活追求”,由此得不出“甲认为独一无二是现在每个中国人的追求”。题干甲的陈述不涉及乙对“撞衫”的态度。</td></tr>
<tr><td>E</td></tr>
<tr><td>B</td><td rowspan="2">B 项和 C 项对甲的评价符合题干甲的原义,但所作的概括仅局限于对“撞衫”的关心,显然不如 D 项把甲的这种关心上升到追求个人生活的独特性恰当。</td></tr>
<tr><td>C</td></tr>
</table>

37.【答案】 E

【题型和难度】 分析性推理:对应/综合。难度一般。

【题干概括】 丙与丁结伴考察,是本题的关键条件。本题所列的三个条件均是假言判断,属推理无起点,须以假设启动推理。

【答案解析】

	普陀山	九华山	五台山	峨眉山
甲	√②	√②	×①	×①
乙				
丙	×⑤	×⑤	√⑥	√⑥
丁	×⑤	×⑤	√⑥	√⑥
戊	√③	√③	×④	×④

推导过程:

① 假设甲去五台山,可推出甲、乙、丙、丁均去五台山,违反题干条件,因此,甲不去五台山。假设甲去峨眉山,可推出甲、丙、丁、戊均去峨眉山,违反题干条件,因此,甲不去峨眉山。

② 由题干条件“每人去两座山”。

③ 由题干条件(3)。

④ 由题干条件“每人去两座山”。

⑤ 由题干条件“丙与丁结伴”“每座山 2~3 人”。

⑥ 由题干条件“每人去两座山”。

综上，答案是 E。

38.【答案】 A

【题型和难度】 分析性推理：对应/综合。难度一般。

【答案解析】

	普陀山	九华山	五台山	峨眉山
甲	√	√	×	×
乙	√①	√①	×②	×②
丙	×	×	√	√
丁	×	×	√	√
戊	√	√	×	×

推导过程：

① 38 题条件。

② 由题干条件“每人去两座山”。

39.【答案】 A

【题型和难度】 论证分析：支持（加强）。难度一般。

【题干概括】

论据：（1）超临界水的定义：温度高于 374℃、压力大于 22MPa 的条件下的水。

（2）超临界水的功能：溶解有机物。

结论：利用超临界水作为特殊溶剂，彻底“秒杀”有机物。

上述论证涉及的一个关键问题是，由于超临界水的超寻常的物理特征（温度高于 374℃、压力大于 22MPa），因此利用超临界水作为特殊溶剂，在技术操作上一定有超出一般的要求和难度。这是理解本题的一个关键性角度。

【答案解析】 A 项说明用超临界水作为特殊溶剂，彻底“秒杀”有机物，在技术操作是可行的。“分离装置”就是这样的技术设备。这有力地支持了题干。

【选项排除】

B D E	B 项，D 项，E 项只说明超临界水的应用价值，未涉及实现这些价值在技术操作上的可行性，支持力度不如 A 项。
C	C 项只断定了临界水“秒杀”有机物的必要条件，未说明这些条件实际上具备，支持力度不如 A 项。

40.【答案】 C

【题型和难度】 分析性推理：综合。难度一般。

【答案解析】 假设 C 项为假，即假设不选新四军军部旧址，则由条件（2），得：不选望江阁，继而由条件（1），得：不选桃花坞，6 不选 3，违反条件“6 选 4”。假设不成立，因此，C 项一定为真。

41.【答案】 D

【题型和难度】 逻辑推断:形式推理。难度一般。

【题干概括】 本题的3个条件都是假言判断,主要测试假言推理。本题属无推理起点,用假设的方法,可分别假设不买橱柜、不买卫浴和不买供暖设备,如能推出矛盾或违反条件,则能得出该项要买,否则不能确定该项要买。

【答案解析】 假设不买卫浴,由条件(2)和(1),可得不买供暖设备;假设不买卫浴,由条件(3),可得:买供暖设备。矛盾!因此,假设不成立,可得:买卫浴。

假设不买供暖设备,由条件(3),可得;买卫浴、橱柜。由买橱柜和条件(1),得:不买供暖设备。矛盾!因此,假设不成立,可得:买供暖设备。

假设不买橱柜,推不出矛盾。因此,不能确定橱柜要买。

42.【答案】 E

【题型和难度】 分析性推理:综合。难度一般偏难。

【题干概括】 "数字正确",指是密码中的数字;"位置正确",指"数字正确"的数字在密码中的排序正确。

【答案解析】 由题干条件,0~9这10个数字中,6个数字正确,4个数字不正确。由条件(3),4个不正确的数字在该条件所列的6个数字中,得:3、5、6、9是正确数字。在条件(2)所列数字中,3、9、6数字正确且位置正确,即密码的第一、四、五位、依次是3、9、6。可排除A、B、C选项。由条件(1),所排列的6个数字中,有且只有3个数字正确且位置正确,又该数列中第一、四、五位依次均不是3、9、6,得:第二、三、六位数字正确且位置正确,即密码的第二、三、六位依次是4、1、5。综上,得:第一位是3,第二位是4。答案是E。

43.【答案】 C

【题型和难度】 论证分析:支持(加强)。难度一般。

【题干概括】 题干的陈述包含了一个论证。这一论证的结论是:食用鱼油不一定能够有效控制血脂水平并预防由高血脂引起的各种疾病。题干其余的陈述是得出这一结论的相关信息,但这些陈述自身不能视为是得出结论的论据,因为这些陈述不直接支持结论。本题要求确定的是,哪个选项作为论据,能对题干的信息作出有利于题干结论的解读,从而有力地支持题干的结论。

【答案解析】 C项如果为真,有利于说明,虽然鱼油中的不饱和脂肪酸能够有效降低人体内的血脂水平并软化血管,但由于这种不饱和脂肪酸很不稳定,只要接触阳光、空气,就会氧化分解,这样,食用鱼油不一定能够有效控制血脂水平并预防由高血脂引起的各种疾病。因此,C项有力地支持了题干中研究人员的结论。

【选项排除】 A项能支持,但支持力度受限:第一,肥胖和高血脂的关系并未确定;第二,未涉及鱼油中的不饱和脂肪酸,而这正是食用鱼油能够有效控制血脂水平的原因。B项、D项、E项不支持。

44.【答案】 E

【题型和难度】 论证分析:支持(加强)。难度一般偏易。

【题干概括】

论据:相关条例肯定见义勇为,更倡导"见义智为"。

结论：从鼓励见义勇为到倡导“见义智为”反映了社会价值观念的进步。

【答案解析】【选项排除】

A	说明“见义智为”的合理性与科学性，是一种进步的价值取向，支持题干。
B	说明见义勇为的某种局限和隐患，间接说明“见义智为”的必要，支持题干。
C	从生命价值平等的角度说明“见义智为”的理由，支持题干。
D	说明倡导“见义智为”的一种实施，支持题干。
E	说明倡导“见义智为”可能产生的负面结果。不支持题干。

故答案是 E。

45.【答案】 B

【题型和难度】 语义理解：解释。较难。

【题干概括】 题干陈述了一个现象：中国人均拥有的外科医生数量同其他中高收入国家相当，但中国人均拥有的外科医生所做的手术量却比那些国家少 40%。对于这一现象，题干给出了一个解释：中国的外科医生中，能做手术的比例相对较低。题目实际要求确定的是，哪个选项如果成立，最有助于说明题干的这一解释成立。

【答案解析】 如果 B 项不成立，则完全可能中国能做手术的外科医生虽然比例较低，但人均手术量相对要高得多，例如，外国医生每月平均只做 2 例手术，我国医生则每月平均做 20 例。这样题干的解释就没有说服力。因此，B 项实际上是题干的解释需要假设的。相比其他选项，B 项显然最能解释题干。

【提要】 一个国家，人均拥有的外科医生 = 外科医生总数 ÷ 人口总数；人均拥有的外科医生所做的手术量 = 外科医生所做的手术量 ÷ 人口总数。题干的“人均拥有”这一概念的复杂性增加了难度，实际解题时可这样处理：可假设“其他中高收入国家”的人口与中国人口相同，这样，原题的相应表述改为“中国的外科医生数量同其他中高收入国家相同，但中国的外科医生所做的手术量却比那些国家少 40%”。这明显降低了试题的思考难度。

46.【答案】 D

【题型和难度】 分析性推理：综合。难度一般。

【题干概括】 由题干条件可得：有且只有一个部门分得 2 本书。

【答案解析】

	《尚书》	《周易》	《诗经》	《论语》	《老子》	《孟子》
甲	×①	×②			×②	×②
乙	×①	×②			×②	×②
丙	√①	√③	×④	×④	×③	×④
丁	×①	×③	×⑤	×⑤	×③	√⑤
戊	×①	×③	×④	×④	√③	×④

推导过程：

① 本题题干条件。

② 由条件(1),“否定后件”推“否定前件”。
③ 由条件(2),“肯定前件”推“肯定后件”
④ 由“有且只有一个部门分得 2 本书”。
⑤ 综上可得:《孟子》分发给丁部门,故选 D。

47.【答案】 E

【题型和难度】 分析性推理:综合。难度一般。

【答案解析】

	《尚书》	《周易》	《诗经》	《论语》	《老子》	《孟子》
甲部门	×③		×②	×②	×①	
乙部门	×③		×②	×②	×①	
丙部门	×③	×⑥	√⑤	×③	×①	×⑥
丁部门	√③	×④	×④	×③	√①	×④
戊部门	×③	×④	×④	√③	×①	×④

推导过程:
① 本题题干条件。
② 47 题条件否定条件(2)的后件,得否定其前件。
③ 综上可得:《周易》《孟子》至少有 1 本分发给甲部门或乙部门,否则《尚书》需分发给甲部门和乙部门,违反题干条件。再由条件(1),得:《尚书》分发给丁部门且《论语》分发给戊部门。
④ 由“有且只有一个部门分得 2 本书”。
⑤ 综上可得:《诗经》分发给丙部门。
⑥ 由“有且只有一个部门分得 2 本书”。
因此,E 项不可能为真,其余选项,C 项和 D 项一定为真,A 项和 B 项可能为真。

48.【答案】 C

【题型和难度】 难度一般。本题的题型,可理解为“论证分析—质疑”,也可理解为“语义理解”。不论作何种理解,都不影响解题思考:哪个选项为真,最能质疑研究人员的设想。

【题干概括】 研究人员的设想是,在太空中种植新鲜水果和蔬菜,有利于航天员的身体健康,为航天员生活与工作提供有氧环境。

【答案解析】 各选项中,除 D 项不能质疑外,其余各项都能质疑,其中,B 项和 C 项都涉及太空植物可能有损航天员的健康,质疑力度显然大于 A 项和 E 项。B 项涉及的危害可能性产生于人为操作,是可以设法避免的,而 C 项涉及的失重、宇宙射线等因素是难以人为避免的。因此,C 项的质疑力度大于 B 项。

49.【答案】 B

【题型和难度】 论证分析:削弱。难度一般。

【题干概括】

论据:中国和 M 国木材进出口角色转换(M 国由从中国进口木材制品转而向中国出口木材;中国由向 M 国出口木材制品转而从 M 国进口木材)。

结论：中国人的环保意识已经超越 M 国。

题干的论证基于对题干论据的一个解释：出口木材说明不注重森林资源保护，相反，进口木材说明有环保意识。

【答案解析】 B 项有利于说明，中国增加木材进口的原因是相关产业快速发展增加了对木材的需求，而不是为减少对本国的树木的采伐；M 国增加木材出口的原因不是忽视对森林资源的保护，而是因为多年养护的速生林正处于采伐期。这有力地削弱了题干的结论。

【选项排除】

<table>
<tr><td>A</td><td rowspan="2">A 项有利于说明 M 国从中国进口的原因是因为价格便宜而不是为了环保，C 项有利于说明中国从 M 国进口杉木是由于建筑业的某种特殊需求，而不是出于环保，这都能削弱题干。</td><td rowspan="4">A 项，C 项，D 项，E 项的削弱力度均不如 B 项。</td></tr>
<tr><td>C</td></tr>
<tr><td>D</td><td>D 项说明中国向 M 国出口一次性筷子并不影响森林资源保护，能削弱题干。</td></tr>
<tr><td>E</td><td>E 项说明“角色转换”的主要原因是经济发展的需求，这能削弱，但肯定环保意识也是原因之一，这减少了削弱力度。</td></tr>
</table>

50.【答案】 C

【题型和难度】 论证分析：质疑（削弱）。难度一般偏易。

【题干概括】 题干陈述了一个事实，并陈述了专家对这一事实的观点。这可理解为是一个论证，专家的观点是结论，所陈述的事实是论据。专家的观点是，该项奖励步行的规定能够促进员工的身心健康，引导整个企业积极向上。

【答案解析】 C 项肯定和支持专家的观点，显然不能质疑。

【选项排除】

A	A 项说明上述规定作为企业规章制度缺乏法律依据，能够质疑。
B	B 项说明执行上述规定会影响员工对企业的认同感，能够质疑。
D	D 项说明执行上述规定会影响员工的正常生活，能够质疑。
E	E 项说明上述规定在执行中会存在漏洞，并不能达到预期的目的，能够质疑。

51.【答案】 B

【题型和难度】 逻辑推断：形式推理。难度一般。

【题干概括】

(1)（通过第三方招聘进入甲公司 ∧ 从事销售）→会计学专业背景；

(2) 孔某的高中同学→¬会计学专业背景；

(3) 孟某：甲公司销售部经理 ∧ 孔某的高中同学；

(4) 孔某：通过第三方招聘进入甲公司。

【答案解析】 由条件(2)和(3)得：孟某没有会计学专业背景，再由条件(1)得：孟某不是通过第三方招聘进入甲公司，或者不是从事销售，结合条件(3)可得孟某从事销售，因此得：孟某不是通过第三方招聘进入甲公司。答案是 B。

【选项排除】

A	推不出，因为孔某不一定从事销售工作。
C	推不出，因为孟某不一定具备会计学专业知识。
D	显然推不出。
E	

52.【答案】 D

【题型和难度】 分析性推理：综合。较难。

【题干概括】

未来5天：

最高气温：4℃逐日下降至-1℃。

最低气温：≥-6℃，-6℃只出现一天。

最高气温和最低气温不在同一天。

若5号的最低气温最低，则2号最低气温比4号的高4℃。

2号和4号每天的最高气温与最低气温之差均为5℃。

注意区别：5天的最高气温（最低气温）和某天的最高气温（最低气温）。

【解题思路】 “-6℃（5天最低气温）”这一概念在条件中出现最多，是本题的关键概念。有理由认为，本题要确定的是：5天中哪一天的最低气温是-6℃。因此，本题的解题思路是，逐一排除不是-6℃的日子，最后确定最低气温是-6℃的日子。

【答案解析】

	最高气温	最低气温
1号	4℃	不是-6℃ ①
2号		不是-6℃ ③
3号		-6℃ ④
4号		不是-6℃ ③
5号	-1℃	不是-6℃ ②

推导过程：

① 由条件“最高气温和最低气温不在同一天”。

② 假设5号的最低气温是-6℃，得：4号最低气温≥-5℃，由条件“若5号的最低气温最低，则2号最低气温比4号的高4℃”，得：2号最低气温≥-1℃，由条件“2号和4号每天的最高气温与最低气温之差均为5℃”，得：2号最高气温≥4℃，违反条件“最高气温从4℃逐日下降”。因此，假设不成立，得：5号的最低气温不是-6℃。

③ 假设2号的最低气温是-6℃，由条件“2号和4号每天的最高气温与最低气温之差均为5℃”，得：2号最高气温为-1℃，违反条件“最高气温从4℃逐日下降”，假设不成立，得：2号的最低气温不是-6℃。同理可证：4号的最低气温不是-6℃。

④ 综上，由条件“-6℃只出现一天”，得：3号的最低气温为-6℃。

【提要】 如前所述，“-6℃（5天最低气温）”这一概念在条件中出现最多，是本题的关键概念。有理由认为，本题要确定的是：5 天中哪一天的最低气温是-6℃。诸选项中，只有 D 项涉及哪天是-6℃，因此，考试中如果考生已没有足够时间充分思考本题，可猜测性地选择 D 作为选项。这称为“合理猜测”。

53.【答案】 E

【题型和难度】 推理类比。难度一般。

【题干概括】 题干乙反驳的是某种主观态度（不喜欢张某爱出风头），反驳的方式是指出此种主观态度无法改变某种客观事实（张某工作一直很努力，成绩很突出）。

【答案解析】 E 项中乙反驳的是甲的主观态度（对邓某爱读书但不求甚解很有看法），反驳的方式是指出此种主观态度无法改变“他的文学素养挺高，已经发表了 3 篇小说”这一客观事实。这和题干类似。

【选项排除】

<table>
<tr><td>A</td><td rowspan="2">A 项乙对甲的看法有所肯定，D 项乙赞同甲的看法，不同于题干。</td></tr>
<tr><td>D</td></tr>
<tr><td>B</td><td rowspan="2">B 项乙为甲陈述的“贾某整天学习，寡言少语，神情严肃”进行辩解，C 项乙为甲陈述的“韩某爱管闲事”进行辩解，题干乙并未为甲陈述的“张某爱出风头”进行辩解，有所不同。</td></tr>
<tr><td>C</td></tr>
</table>

54.【答案】 E

【题型和难度】 分析性推理：对应/综合。难度一般。

【解题思路】 本题的三个条件均是假言判断，属推理无起点。可采用“反推”，即假设某个选项为假进行归谬。有理由首选 E 项，因为假设 E 项为假，可直接肯定前两个前提的前件启动推理。

【答案解析】 假设 E 项为假，推出违反题干条件。

	德	能	勤	绩	廉
甲	√②			√⑤	√③
乙	√②			√④	√③
丙	√②			√④	
丁	×①			√⑤	

推导过程：

① 假设。

② 由题干条件“每个单项恰有 3 人被评为优秀”。

③ 由条件（1），“肯定前件”推“肯定后件”。

④ 由条件（2），“肯定前件”推“肯定后件”。

⑤ 由条件（3），“肯定前件”推“肯定后件”。

⑥“绩”项 4 人都被评为优秀，违反条件“每个单项恰有 3 人被评为优秀”，假设不成立，即 E 项能从题干推出。

55.【答案】 C

【题型和难度】 分析性推理：对应/综合。难度一般。

【答案解析】

	德	能	勤	绩	廉
甲	√⑩	√③	√⑧	×②	×④
乙	×⑨	√③	√⑧	√③	√⑤
丙	√⑥	√③	×⑦	√③	√⑤
丁	√①	×②	√⑧	√③	√⑤

推导过程：

① 54 题推论。

② 本题条件。

③ 由条件“每个单项恰有 3 人被评为优秀”。

④ 由条件(3)，“否定后件”推“否定前件”。

⑤ 由条件“每个单项恰有 3 人被评为优秀”。

⑥ 由“甲在廉方面未被评为‘优秀’”和条件(1)，“否定后件”推“否定前件”，得：并非甲和乙在德方面均被评为“优秀”，得：丙在德方面被评为优秀。

⑦ 由条件“没有人 5 个单项均被评为优秀”。

⑧ 由条件“每个单项恰有 3 人被评为优秀”。

⑨ 由条件“没有人 5 个单项均被评为优秀”。

⑩ 由条件“每个单项恰有 3 人被评为优秀”。

综上，答案是 C。

2022 年管理类综合能力逻辑推理试题精讲

26.【答案】 C

【题型与难度】 逻辑推断：形式推理。难度一般。

【题干概括】

(1) 信念不坚定→(陷入停滞彷徨的思想迷雾 ∧ 无法面对前进道路上的各种挑战风险)；

(2) 把中国事情办好→坚持四个自信。

【答案解析】 C 项断定：能应对前进道路上的各种挑战风险→信念坚定。

C 项的前件，否定条件(1)的后件，可推出否定条件(1)的前件，条件(1)前件的否定即是 C 项的后件。因此，C 项可由条件(1)推出。

【选项排除】

A	由条件(2)，肯定后件不能肯定前件。
B	由条件(1)，否定前件推不出结论。
D	题干未断定“理解历史逻辑”和“将中国特色社会主义事业发展好”二者关系。
E	题干未断定“理解理论逻辑”和“遵循实践逻辑”二者关系。

【提要】 一个条件断定(假言判断)能从题干推出,是指:其前件依据题干的条件能推出其后件。条件(1)的后件是联言判断,否定其中一个子判断,就能否定整个复合判断。

27.【答案】 E

【题型与难度】 论证分析:支持。难度一般。

【题干概括】 学者的观点基于一个论证。

论据:《夜雨寄北》中的四句诗。

结论:《夜雨寄北》不是“家书”,是“寄给友人”的。

【答案解析】 E 项断定,诗中的“西窗”专指客房、客厅,这支持此诗不是“家书”,更支持“寄给友人”。E 项又断定“西窗”的这种含义,起自尊客于西的先秦古礼,并被后世习察日用,因而也适用于晚唐《夜雨寄北》,这有力地支持了题干。

【选项排除】

A	支持不是“家书”,但不支持“寄给友人”,力度不如 E 项。
B	B 项和 C 项均支持“西”有“客”“外人”的含义,但不能充分说明这种含义也适用于《夜雨寄北》,支持力度显然不如 E 项。
C	
D	削弱。

28.【答案】 A

【题型与难度】 分析性推理:对应。难度一般。

【题干概括】 在 5 个节目中选择 3 个节目观看。

条件(1):(“焦点访谈”→¬“人物故事”)=(¬“焦点访谈”∨¬“人物故事”)。

条件(2):(“国家记忆”→¬“自然传奇”)=(¬“国家记忆”∨¬“自然传奇”)。

【答案解析】 由条件(1),得“焦点访谈”和“人物故事”至少有一个节目不观看;由条件(2),得“国家记忆”和“自然传奇”至少有一个节目不观看。又观看 3 个节目,因此,得一定观看“纵横中国”。

【提要】 必要时,可将蕴含关系式中的“或”和“则”等值置换,口诀是:“右不变,左加否”。

29.【答案】 D

【题型与难度】 论证分析:支持。难度一般。

【题干概括】

论据:2020 年全球碳排放量创纪录下降。

结论:疫情期间汽车使用量半数下降是 2020 年碳排放量创纪录下降的原因。

【答案解析】 全球的碳排放量总量减少是多行业多渠道共同作用的结果。如果 D 项为真,说明以汽车为主要工具的交通运输业所占比例最大,这有力地支持了题干的结论。

【选项排除】

A	支持,因为美国和欧盟是较多使用汽车的国家和地区。但 A 项的支持力度取决于在全球各行业减少的碳排放总量中,交通运输业所占的比例。因此,力度不如 D 项。
B	不相干。
C	不相干。
E	不相干。

【提要】 A 项是干扰项。

30.【答案】 E

【题型与难度】 逻辑推断:形式推理。难度一般。

【题干概括】

条件(1):(2 号楼∧1 单元)→打了疫苗;

条件(2):小李家:¬(2 号楼∧1 单元);

条件(3):小赵家:打了疫苗;

条件(4):小陈家:没打疫苗。

【答案解析】 由条件(1)和条件(4),得

小陈家:¬(2 号楼∧1 单元)=¬2 号楼∨¬1 单元=2 号楼→¬1 单元。

【选项排除】

A	否定前件不能否定后件。
B	肯定后件不能肯定前件。
C	显然推不出。
D	显然推不出。

【提要】 否“且”得“或”;“或”“则”置换。

31.【答案】 B

【题型与难度】 论证分析:支持。难度一般。

【题干概括】

论据:(1)默认网络是一组参与内心思考的大脑区域,这些内心思考包括回忆旧事、规划未来、想象等。

(2)孤独者大脑的默认网络联结更为紧密,其灰质容积更大。

结论:大脑默认网络的结构和功能与孤独感存在正相关。

【答案解析】 B 项说明有孤独感的人具有更多的大脑默认网络的功能,这有力地支持了题干的结论。

【选项排除】

A	A 项支持论据,但未涉及孤独感,不支持结论。
C	削弱。
D	不相干。
E	不相干。

32.【答案】 B

【题型与难度】 逻辑推断:非形式推理(涉及形式推理)。难度一般。

【解题思路】 本题属“推理无起点”,需要通过假设,启动推理,推出矛盾或违反条件,以此证明该假设不成立。

【答案解析】 假设 B 项为真,即宋和孔都不参加。由孔不参加和条件(1),得:张和

李都参加。由李参加和条件(3)，得：张、宋两人要么都参加，要么都不参加。由张参加，排除张、宋都不参加，得两人都参加，即宋参加，和宋不参加的假设矛盾。因此，B项不可能为真。

【选项排除】 假设其余选项为真推不出矛盾。例如，假设A项为真，即宋、孔都参加。由条件(2)，得：李不参加，再由条件(1)，得：张、孔都参加，不矛盾。

【提要】 本题的要领是“反推”。本题的提问方式是“以下哪项是不可能的”，恰当的反推方式是假设某个选项为真，如能推出矛盾，则该选项不可能为真，即为答案。如果提问方式是“以下哪项一定为真”，正确的反推方式应是假设某个选项为假，设法推出矛盾。

33.【答案】 E

【题型与难度】 论证分析：支持。难度一般。

【题干概括】

论据：2009年甲型H1N1流感毒株出现时，自1977年以来一直传播的另一种甲型流感毒株消失了。

结论：人体同时感染新冠病毒和流感病毒的可能性应该低于预期。

【答案解析】 题干的论据仅陈述了两种现象伴随着出现，即统计相关，并未涉及二者的因果关系。E项陈述了二者的因果关系，有力地支持了题干的结论。

【选项排除】

A	不相干。
B	支持。但力度不如E项，因为，第一，未涉及内在因果关系，仍仅是统计层面；第二，依据仅是某项分析，其可信度未得确认。
C	支持。力度显然不如E项。
D	不相干。

34.【答案】 D

【题型与难度】 论证分析：质疑(削弱)。难度一般。

【题干概括】

论据：多吃猪蹄并不能补充胶原蛋白。

结论：吃猪蹄难以达到通过补充胶原蛋白养颜美容的效果。

【答案解析】 D项说明，猪蹄中的胶原蛋白虽然不会直接补充进皮肤达到美容的效果，但是能被人体分解再合成为人体必需的胶原蛋白，因此，多吃猪蹄能间接地补充有营养价值包括美容价值的胶原蛋白。这就有力地质疑了上述专家的观点。

【选项排除】

A	加强。A项实际是题干未陈述的专家得出其结论的一个论据。
B	不相干。
C	加强。
E	不相干。

35.【答案】 A

【题型与难度】 分析性推理:综合。难度一般。

【解题思路】 本题属“推理无起点”,需通过假设启动推理推出矛盾或违反条件,以此证明该假设不成立。本题的恰当选择是假设条件(2)的前件为真,如果能推出矛盾或违反条件,证明该假设不成立,就可直接确定答案是 A。因为断定条件(2)的前件为假,可直接得出 A 项为真。

【答案解析】 推导过程:

① 假设条件(2)的前件为真。

② 得条件(2)的后件为真,即:甲、丙、庚、辛 4 人专业各不相同。

③ 得:并非丁、庚、辛 3 人都是化学专业,即条件(1)的后件为假。

④ 得条件(1)的前件为假,即:甲、丙、壬、癸都是数学专业。

⑤ 以上推导中,第②步和第④步的断定矛盾,因此,假设不成立,即乙、戊、己都是哲学专业,即答案是 A。

36.【答案】 E

【题型与难度】 逻辑推断:形式推理。难度一般。

【题干概括】

条件(1):本市定点医疗机构→已实现医保电子凭证的实时结算;

条件(2):扫码使用→激活医保电子凭证。

【答案解析】 E 项是条件(2)的“逆否式”,能从题干推出,因此,最符合题干。

【选项排除】

A	不符合。
B	符合题干,但不能从题干推出。
C	不符合。题干未涉及外地参保人员。
D	同上。

【提要】 本题 B 项是干扰项。

37.【答案】 C

【题型与难度】 分析性推理:综合。难度一般。

【答案解析】 推导如下:

	《人民日报》	《光明日报》	《参考消息》	《文汇报》
宋		√⑤		×③
李	√①	×③	×③	√②
王	×⑥	×④	√⑦	√②
吴		√⑤		×③

推导过程:

① 本题题干条件。

② ①否定条件(2)的后件,得否定条件(2)的前件。

③ 由题干条件:每人订 2 份,每份 2 人订。

④ 由条件(1)。(因为吴不订《文汇报》,因此至少订阅了《光明日报》《参考消息》中的一种,在条件(1)中"肯前"推"肯后",得:王未订阅《光明日报》)

⑤ 由题干条件:每份 2 人订。

⑥ 由题干条件:各人订阅的均不完全相同。否则李、王两人完全相同。

⑦ 由题干条件:每人订 2 份。

因此,答案是 C。

38.【答案】 B

【题型与难度】 语义理解:解释。难度一般偏易。

【题干概括】 要解释的是:受噪声影响较长的鱼较早死亡。

【答案解析】 B 项如果为真,能对题干两种统计相关的现象给出因果关系层面的说明,能合理地解释题干。

【选项排除】

A	不能解释。
C	能解释,但力度不如 B 项,因为未涉及噪声干扰的程度和鱼死亡的关系。
D	能解释,但力度不如 B 项,理由同 C 项。
E	能解释,但力度不如 B 项,因为未断定长期噪声干扰会损害鱼类的免疫系统。

39.【答案】 D

【题型与难度】 语义理解:核对条件。难度一般偏易。

【解题思路】 此题涉及形式逻辑,但不测试推理,而只涉及对题干断定的条件的理解及核对。

【答案解析】【选项排除】

A	违反条件(1)。
B	违反条件(2)。
C	违反条件(1)。
D	不违反条件。
E	违反条件(2)。

40.【答案】 E

【题型与难度】 逻辑推断:形式推理。难度一般。

【题干概括】

(1)(发现不足∧确立目标∧通过实际行动改进不足∧实现目标)→乐观精神→幸福感;

(2)有些人:发现不足∧通过实际行动改进不足∧¬幸福感。

【答案解析】

由条件(1)和"有些人没有幸福感"能推出:

有些人:¬发现不足∨¬确立目标∨¬通过实际行动改进不足∨¬实现目标;

继而由上述这些人“能发现当下的不足,并通过实际行动去改进”能推出:

有些人:¬确立目标∨¬实现目标;

继而得:

有些人:¬(确立目标∧实现目标)。

这就是 E 项所断定的。

【选项排除】

A	题干断定:乐观精神→幸福感。又断定:大多数人都拥有幸福感。但由此不能推出 A 项。“肯定后件不能肯定前件”。
B	显然推不出。
C	肯定前件不充分,不能肯定后件。
D	显然推不出。

41~42

【题型与难度】 分析性推理。较难。

【题干概括】

显性条件:

每学年 1~3 门课;每门课一学年。

条件(1):后 3 学年的课数量均不同。

条件(2):(丙=己=辛)丁。

条件(3):第 4 学年(甲∨丙∨丁)→第 1 学年(仅戊、辛)。

隐性条件(显性条件的推论):

本题的关键隐性条件是条件(1)的推论:后 3 年的课程数量分别是 1、2 和 3(不一定按此顺序),因此,第 1 学年的课程数量是 2。

以下是基于显性条件得出隐性条件的推导过程:

	第 1 学年	第 2 学年	第 3 学年	第 4 学年
甲		×⑦		×④
乙		×⑦		
丙	×①	√⑥	×⑦	×②
丁	×③	×③	√⑤	×④
戊		×⑦		
己	×①	√⑥	×⑦	×②
庚		×⑦		
辛	×①	√⑥	×⑦	×②

① 由条件(1),可得:后 3 年的课程数量分别是 1、2 和 3(不一定按此顺序),因此,第 1

学年的课程数量是 2。由条件(2)，丙、己和辛 3 门课程安排在同一个学年，因此，丙、己、辛不可能安排在第 1 学年。

② 由条件(2)，丁在丙、己、辛之后，因此，丙、己、辛不在第 4 学年。

③ 由条件(2)和推论①，得：丁不在第 1、第 2 学年。

④ 由条件(2)，得：条件(3)的后件为假，则条件(3)的前件为假，得：甲、丙、丁均不在第 4 学年。

⑤ 由推论③和④得：丁在第 3 学年。

⑥ 由丁在第 3 学年和条件(2)，得：丙、己、辛在第 2 学年。

⑦ 由条件“每学年 1~3 门课；每门课一学年”和推论⑥得。

41.【答案】 A

【答案解析】

	第 1 学年	第 2 学年	第 3 学年	第 4 学年
甲		×		×
乙	√①	×		
丙	×	√	×	×
丁	×	×	√	×
戊		×		
己	×	√	×	×
庚		×		
辛	×	√	×	×

41 题条件：乙在丁之前。

① 因为丁在第 3 学年，乙在丁前，只能在第 1 学年（见上表）。

42.【答案】 A

【答案解析】

	第 1 学年	第 2 学年	第 3 学年	第 4 学年
甲	×①	×		×
乙	√②	×		
丙	×	√	×	×
丁	×	×	√	×
戊	√②	×		
己	×	√	×	×
庚	×①	×		
辛	×	√	×	×

42 题条件：甲、庚均在乙之后。

① 由本题条件，得：甲、庚不可能在第 1 学年。

② 由推论“第 1 学年的课程数量是 2”，综上，得：乙和戊在第 1 学年。

43.【答案】 C

【题型与难度】 逻辑推断：形式推理。难度一般。

【题干概括】

条件(1)：开辟未来→不忘历史。

条件(2)：善于创新→善于继承。

对于传统节日及其中的传统文化而言：

条件(3)：能得以赓续而繁荣兴盛→融入现代生活。

条件(4)：能为人们提供更多心灵滋养与精神力量→融入现代生活。

【答案解析】 题干断定：传统节日带给人们的不只是快乐和喜庆，还塑造着影响至深的文化自信。依此显然推出：有些带给人们欢乐和喜庆的节日塑造着人们的文化自信。

【选项排除】

A	A 项断定：传统文化能得以赓续而繁荣兴盛→能为人们提供更多心灵滋养与精神力量。A 项不能由条件(3)和(4)推出：“肯定后件不能肯定前件”。
B	B 项断定：传统节日融入现代生活→能为人们提供更多心灵滋养与精神力量。B 项不能由条件(4)推出：“肯定后件不能肯定前件”。
D、E	显然推不出。

【提要】 “只有 A，才 B，才 C”的一般结构是：“只有 A 才 B；只有 A 才 C”，可表示为：(B→A)∧(C→A)。但在某些特殊语境下，“只有 A，才 B，才 C”，含义是“只有 A，才 B；只有 B，才 C”，可表示为“C→B→A”，但这不具有一般性。

44.【答案】 C

【题型与难度】 语义理解。难度一般。

【答案解析】 题干陈述的教育题材影视剧贴近现实，直击痛点，引发了两个结果，一是广泛关注，二是焦虑情绪。C 项如果为真，说明上述专家只注意到第二个结果的消极影响，忽视了第一个结果的积极影响，有力地质疑了上述专家的观点。其余各项均不能质疑。

45.【答案】 B

【题型与难度】 分析性推理：综合。难度一般偏易。

【答案解析】 条件(3)否定条件(1)和条件(2)的后件，得周二、周五、周四、周六均不放映悬疑片，又由条件(3)周二放映战争片，不放映悬疑片，因此，周日放映悬疑片。

46.【答案】 C

【题型与难度】 分析性推理。难度一般。

【答案解析】 由本题题干条件，历史片、纪录片、科幻片的放映日期连续，又由条件(3)周三放映战争片，因此，周二不可能放映历史片、纪录片、科幻片。又周二不可能放映战争片、悬疑片(45 题已推出悬疑片周日放映)，因此，周二放映动作片。

47.【答案】 E

【题型与难度】 论证分析：质疑。难度一般。

【题干概括】

论据：实验室中调整了一种小型土壤线虫的两组基因序列，将这种生物的寿命延长了5倍。

结论：如果将延长线虫寿命的科学方法应用于人类，人活到500岁就会成为可能。

【答案解析】【选项排除】

A	指出了基因调整技术的某种负面作用，但不能质疑这种技术可能使人活到500岁。
B	说明人有可能活到500岁，加强题干。
C	不相干。
D	指出了影响人的寿命的其他因素，但不能质疑基因调整技术可能使人活到500岁。
E	指出题干类比不当，直接质疑人可能活到500岁。

48.【答案】 D

【题型与难度】 谬误辨析。难度一般。

【答案解析】 易某的回答存在的谬误是转移论题，D项恰当地指出了这一点。

【选项排除】 A项、B项和E项均是对易某的行为的评价，不是对易某的回答的评价，作为本题的答案显然不恰当。C项涉及对易某回答的评价，但未抓住其中的逻辑谬误。

49.【答案】 D

【题型与难度】 分析性推理。难度一般。

【题干概括】 创作→不爱好=爱好→不创作。（注意：由不创作推不出爱好；由不爱好推不出创作）

【答案解析】 以下两个表格，分别表示4人与4种文学形式之间的创作和爱好之间的一一对应关系：

创作：

	诗歌	散文	戏剧	小说
王	√①	×①	×①	×①
李	×①			×④
周	×①	×④		
丁	×①			

爱好：

	诗歌	散文	戏剧	小说
王	×②	×③	√⑥	×③
李	×③	×③	×③	√③
周	×③	√③	×③	×③
丁	√⑤	×③	×⑤	×③

推导过程：

① 假设王没有创作诗歌，则可推出李既创作又爱好小说，违反条件。因此，假设不成立，得：王创作诗歌。

② 由“王创作诗歌”和条件“创作→不爱好”，得：王不爱好诗歌。

③ 由王创作诗歌和条件（3），得：李爱好小说且周爱好散文。

④ 由“李爱好小说且周爱好散文”，得：李不创作小说且周不创作散文。

⑤ 由王、李、周均不爱好诗歌，得：丁爱好诗歌。

⑥ 由李、周、丁均不爱好戏剧，得：王爱好戏剧。

推论⑤即为D项。

上述推导可简述为：假设王没有创作诗歌，则可推出李既创作又爱好小说，违反题干条件。因此得：王创作诗歌，继而得：王不爱好诗歌。由王创作诗歌和条件(3)，得：李爱好小说且周爱好散文，继而得：李和周都不爱好诗歌。因此，得：丁爱好诗歌。

【提要】 表格方法的优点是全面。例如。上述推论④和⑥本题虽然可不涉及，但推论④却是下题不可缺少的条件；选项如果稍作改动，推论⑥可能成为本题的关键信息。

50.【答案】 A

【题型与难度】 分析性推理。难度一般。

【答案解析】 第 49 题的推论均是本题的条件。

	诗歌	散文	戏剧	小说
王	√	×	×	×
李	×	×①	√③	×
周	×	×	×②	√②
丁	×	√①	×①	×①

推导过程：

① 50 题条件。

② 由王、李、丁均不创作小说，得：周创作小说。

③ 由王、周、丁均不创作戏剧，得：李创作戏剧。

推论②即为 A 项。

51.【答案】 C

【题型与难度】 语义理解：解释。难度一般偏易。

【题干概括】 要解释的是：种了金盏草的花坛玫瑰长得很繁茂，而未种金盏草的花坛，玫瑰呈现病态，很快枯萎。

【答案解析】【选项排除】

A	A 项陈述的是题干的现象导致的一个合理结果，但不能解释该现象。
B	B 项有利于解释，为什么种了金盏草的花坛玫瑰长得很繁茂，但不能解释，为什么未种金盏草的花坛，玫瑰却呈现病态，很快枯萎。
C	C 项能解释，为什么未种金盏草的花坛玫瑰呈现病态，很快枯萎。解释力度大于 B 项。
D	未具体陈述金盏草对玫瑰生长所具有的奇特作用是什么，解释力度不如 C 项。
E	这样的花匠未必参加题干中的对比实验，解释力度不如 C 项。

52.【答案】 B

【题型与难度】 二难推理。逻辑推断：形式推理。难度一般。

【题干概括】

龙川→呈坎；

(龙川 ∨ 徽州古城) = (¬龙川→徽州古城)；

呈坎→新安江山水画廊；

徽州古城→新安江山水画廊；

新安江山水画廊→江村。

【答案解析】 本题两次运用“二难推理”。

推理一：

龙川→呈坎；

¬龙川→徽州古城；

龙川∨¬龙川；

得：

呈坎∨徽州古城。

推理二：

呈坎→新安江山水画廊；

徽州古城→新安江山水画廊；

呈坎∨徽州古城；

得：

新安江山水画廊。

推理三：

新安江山水画廊→江村；

新安江山水画廊；

得：

江村。

综上，5 人游览的地点肯定有江村和新安江山水画廊，故选 B。

【提要】 本题考点：二难推理。

53.【答案】 E

【题型与难度】 论证分析：支持。难度一般。

【题干概括】

论据：有胃底腺息肉的患者无人患胃癌，没有胃底腺息肉的患者中有 178 人发现有胃癌。

结论：胃底腺息肉与胃癌呈负相关。

【答案解析】 题干断定了胃底腺息肉和胃癌病患之间的统计相关性。统计相关，不一定因果相关。但正相关或负相关，显示因果相关。题干的论据是统计相关，结论是因果相关。E 项断定了胃底腺息肉与胃癌负相关的一个具体原因（有胃底腺息肉，就往往没有感染致癌物“幽门螺杆菌”，因而不易患胃癌），能支持题干的论证。

【选项排除】 A 项有利于说明胃底腺息肉与胃癌呈负相关的一个原因是遗传因素，支持题干，但力度不如 E 项，因为 A 项的依据是胃底腺息肉与家族癌症史的统计相关性，而 E 项断定的胃底腺息肉和不患胃癌的因果相关性。A 项是本题的干扰项。其余选项不支持题干。

【提要】 因果相关，一定统计相关。统计相关，很可能因果相关，但不一定因果相关。

54.【答案】 D

【题型与难度】 分析性推理。较难。

【题干概括】 每人 2 项，每门类 2~3 项。

【解题思路】　本题属“推理无起点”。解题的突破口是：依据条件（2）自身就能断定其前件为假。因为假设条件（2）的前件为真，推出乙或丁入选的项目不止 2 项，违反条件。

【答案解析】

	甲	乙	丙	丁	戊	己
纪念建筑	√⑤	√③				
观演建筑	×②	×①		×①		
会堂建筑	×④	×①	√⑤	×①	√⑤	×④
商业建筑	√⑤	√③				
工业建筑	×②	×②				×④

每人 2 项，每门类 2~3 项。

推导过程：

① 由条件（2）可得其前件为假，否则矛盾。由此可得：乙和丁均未入选观演建筑、会堂建筑。

② 由乙未入选观演建筑，得条件（1）的后件为假，继而得其前件为假，得：甲和乙均未入选观演建筑、工业建筑。

③ 继而得：乙入选纪念建筑、商业建筑。

④ 因为丁未入选观演建筑、会堂建筑，得条件（3）的前件为真，继而得：甲和己均未入选会堂建筑、工业建筑。

⑤ 继而得：甲入选纪念建筑、商业建筑；丙和戊入选会堂建筑。

故选 D。

55.【答案】　A

【题型与难度】　分析性推理。较难。

【答案解析】

	甲	乙	丙	丁	戊	己
纪念建筑	√	√	×④	√③	×④	×④
观演建筑	×	×		×		√⑤
会堂建筑	×	×	√	×	√	×
商业建筑	√	√	×②	×②	×②	√①
工业建筑	×	×		√③		×

每人 2 项，每门类 2~3 项。

推导过程：

① 55 题条件。

② 每门类不超过 3 项。

③ 每人 2 项。

④ 每门类不超过 3 项。

⑤ 每人 2 项。

已入选观演建筑，故选 A。

2021 年管理类综合能力逻辑推理试题精讲

26.【答案】 D

【题型与难度】 论证分析：支持（加强）。难度一般。

【题干概括】 题干为一个论证。

论据：哲学不是一门具体科学。

结论：经验个案不能反驳哲学。

【答案解析】 D 项断定：

经验的个案只能反驳具体科学

=只有具体科学，经验个案才能反驳

=不是具体科学，经验个案就不能反驳

题干的论据依据 D 项就能推出题干的结论，因此，D 项对题干的论证具有最强的支持力度。

【选项排除】

A	不支持。例如，任何一个命题，都推不出它的否定，但它的否定可以反驳该命题。因此，哲学不能推演出经验的个案，不支持“经验的个案不能反驳哲学”。
B	不支持。
C	不相干。
E	不相干

【提要】 “不相干”的含义是既不支持也不削弱。“不支持”不等同于“不相干”。“不支持”有可能削弱。

27.【答案】 B

【题型与难度】 逻辑推断：非形式推理。难度一般。

【题干概括】

(1) 每个 M 大学社会学学院的老师都曾调研甲县某些乡镇家庭收支情况。

(2) 每个 N 大学历史学院的老师都曾对甲县所有乡镇进行历史考察。

(3) 赵若兮曾调研甲县所有乡镇家庭收支情况，但未曾对项郢镇进行历史考察。

(4) 陈北鱼曾对梅河乡进行历史考察，但未调研甲县家庭收支情况。

【答案解析】 如果赵若兮是 N 大学历史学院的老师，由条件(2)得：赵若兮曾对甲县所有乡镇进行历史考察。又由条件(3)，赵未曾对项郢镇进行历史考察，得：项郢镇不是甲县的。因此，如果题干为真，B 项一定为真。

【选项排除】

A	一定为假。由条件(4),陈北鱼未调研甲县家庭收支情况,又由条件(1),得:陈北鱼不是 M 大学社会学学院的老师。
C	不一定为真。
D	不一定为真。
E	不一定为真。

【提要】 一个选项能从题干推出,是指如果题干为真,该选项一定为真。

28.【答案】 C

【题型与难度】 论证分析:加强(支持)。难度一般。

【题干概括】 题干为一个论证。

论据:(1) 餐前锻炼组和餐后锻炼组的锻炼时间和强度相同。

(2) 餐前锻炼组仅晨练前摄入 200 卡路里,餐后锻炼组仅晨练后摄入 200 卡路里。

(3) 餐前锻炼组燃烧的脂肪比餐后锻炼组多。

结论:餐前锻炼较有利于减肥。

【题干分析】 由题干,餐前锻炼组和餐后锻炼组摄入的卡路里数量相同,因此,两组减肥效果差异的原因,不在于两组摄入卡路里方式的差异,而在于锻炼时间餐前餐后的差异。

【答案解析】 C 项说明,餐前锻炼更能消耗体内的糖分和脂肪,因而有利于减肥。这有力地支持了题干。

【选项排除】

A	支持,但力度不如 C 项。A 项断定的"有关",不一定是因果相关。C 项可断定二者因果相关。
B	不支持。
D	不支持。
E	不支持。

29.【答案】 C

【题型与难度】 逻辑推断:形式推理。难度一般偏难。

【题干概括】

甲:经济效益→管理制度;

乙:管理制度 ∧ 经济效益;

丙:管理制度→经济效益;

丁:¬管理制度→¬经济效益;

戊:¬经济效益→¬管理制度。

【推导】

甲和丁互为逆否命题,真值性相同;丙和戊互为逆否命题,真值性相同。即

甲、丁:经济效益→管理制度;

乙:管理制度 ∧ 经济效益;

丙、戊:管理制度→经济效益。

依据公式“A→B = ¬A ∨ B”

在上式中，用“∨”置换“→”（口诀：“右不变，左加否”），得

甲、丁：¬经济效益 ∨ 管理制度；

乙：管理制度 ∧ 经济效益；

丙、戊：¬管理制度 ∨ 经济效益。

综上得：乙→甲。同理得；乙→丙。（如果乙符合决定，则其余都符合决定。）

【答案解析】【选项排除】

A	不可能。因为“乙→丙”。
B	不可能。如果只有 1 人，不可能是乙。也不可能是甲、丙、丁、戊。
C	可能。例如甲和丁符合决定。此项为答案。
D	不可能。如果只有 3 人符合决定，则必有乙，有乙则 5 人的意见都符合决定。
E	不可能。不难证明，由甲和丙都不符合，会推出矛盾。

【提要】 本题的要点，是证明“如果乙符合决定，则其余都符合决定”。

“如果前件为假，或后件为真，则相应的假言判断为真”，这会导致“蕴涵怪论”，这是逻辑学悬而未决的难题，也不符合日常思维的习惯，会引起思考的混乱。不要引导考生依此解题。依据“右不变，左加否”的口诀，可进行“则”“或”等值置换。必要的话，可把“A→B”置换为“¬A ∨ B”。相应的思考可更自然。

30.【答案】 A

【题型与难度】 语义理解：解释。难度一般偏易。

【答案解析】【选项排除】

A	能解释。
B	B、C、D、E 项均只从不同角度重复题干陈述的现象，即气象台的实测气温与人实际的冷暖感受常存在一定差异，但不提供解释。
C	
D	
E	

31.【答案】 C

【题型与难度】 逻辑推断：非形式推理。难度一般。

【答案解析】【选项排除】

由题干，甲、丙、己、壬、癸为本国运动员，可得：5 个外援来自 4 个国家，有且只有 2 人来自同一国家，这 2 人在乙、丁、辛 3 人之中。戊和庚不和乙、丁、辛 3 人来自同一国家。

A	一定为假。
B	可能为真，但不一定为真。
C	一定为真。
D	可能为真，但不一定为真。
E	一定为假。

32.【答案】 A

【题型与难度】 逻辑推断:非形式推理。难度一般。

【题干概括】 张教授断定,自己的论文不存在抄袭,这是结论,但并未陈述论据。本题测试,诸选项哪项如果作为论据(前提),对题干陈述的结论的支持力度最大。本题是逻辑推断(非形式推理)题,不是论证分析题。

【答案解析】【选项排除】

A	能构成反驳。
B	未提供证据,不构成反驳。
C	C项、D项、E项不涉及论文是否抄袭,不构成反驳。
D	
E	

33.【答案】 D

【题型与难度】 逻辑推断:形式推理。难度一般偏难。

【题干概括】

条件(1):甲或乙获"最佳导演"→"最佳女主角"和"最佳编剧"在丙和丁中;

条件(2a):影片P主角获"最佳男主角"或"最佳女主角"→影片P获"最佳故事片";

条件(2b):影片Q主角获"最佳男主角"或"最佳女主角"→影片Q获"最佳故事片";

条件(3):"最佳导演"和"最佳故事片"不会来自同一部影片。

条件(2)的理解和概括有复杂度,概括为(2a)和(2b)两个子判断是必要的。

【答案解析】 假设D项为真,可推出和题干的预测不一致。如果"最佳女主角""最佳导演"都来自影片P,则由条件(2),得P获"最佳故事片",又由条件(3),得"最佳导演"不可能来自影片P。因此,D项和题干的预测不一致。

【提要】 本题的方法是"反推",即假设某个选项为真,如果能推出和题干中的某个条件不一致,则为答案,否则不是。

34.【答案】 B

【题型与难度】 逻辑推断:形式推理。难度一般偏易。

【答案解析】 由该画不是"特品"和条件(2),得:该画不是"稀品"且不是"名品"。由该画不是"稀品"和条件(1),得:该画不是"完品"且不是"真品"。又由题干断定:收藏的书画作品只有"真品""精品""名品""稀品""特品""完品"。因此,该画是"精品"。

35.【答案】 B

【题型与难度】 逻辑推断:非形式推理。难度一般偏难。

【答案解析】 假设B项为真,"代入"题干,不违反题干条件。假设其余选项为真,均违反题干条件。依此确定B项为答案,在实际考试时,是可以的,但这种方法在逻辑上不严谨。因为假设B项为真,"代入"题干,不违反题干条件,只能得出B项可能为真,不能得出一定为真。

严格的推导如下:

先证甲的序号是4。

陆和田的意见，只有“甲的序号是4”相同，其余均不同。假设甲的序号不是4，陆和田关于序号4的意见均假。除4号，陆一定有三个序号的意见为真，可得田对这三个序号的意见均假，这样，田不正确的意见至少有四个，违反题干条件。因此，假设不成立，得甲的序号是4。

同理，由王和田的意见可断定戊的序号是5，由王和陆的意见可断定丙的序号是6。

依此，在王的意见中，可确定序号5、6对，序号1、4错。假设序号2对，则陆的意见中，序号1、2、3、5均错，违反条件，因此，王的意见中，序号2不对，可得序号3对，即己的序号是3。继而可得丁的序号是1，乙的序号是2。

36.【答案】 A

【题型与难度】 逻辑推断：形式推理。难度一般。

【题干概括】 四个姓氏作为常见姓氏和四个国家一一对应。

【答案解析】 假设“施米特”不是卢森堡常见姓氏，则由条件（1），得：“施米特”是阿根廷常见姓氏。由条件（2）得：“冈萨雷斯”是爱尔兰常见姓氏，因此不是墨西哥常见姓氏，也不是卢森堡的常见姓氏。再由条件（3），得“埃尔南德斯”和“墨菲”都不是卢森堡常见姓氏，继而得“施米特”是卢森堡常见姓氏。矛盾！假设不成立。因此A项一定为真。

【提要】 本题的解题要领：反推。即假设某个选项为假，如能推出矛盾或违反题干条件，则该选项可由题干推出。

37.【答案】 E

【题型与难度】 逻辑推断：非形式推理。难度一般。

【答案解析】 由条件（1）和“每位导师都有1至2人选择”，得：张老师1人选择，陆老师2人选择，陈老师2人选择。因此，“只有戊选择陈老师”假。由条件（3），得：甲、丙、丁都不选择陆老师，得：乙、戊选择陆老师，再由条件（2），得：丙和丁都不选择张老师，得：丙和丁选择陈老师。

38.【答案】 B

【题型与难度】 论证分析：确定假设。难度一般。

【题干概括】 题干为一个论证。

论据：（1）审美需求和情感表达对于艺术创作不可缺少。

（2）人工智能没有自我意识，其艺术作品的本质是模仿。

结论：人工智能永远不能取代艺术家的创造性劳动。

【答案解析】 如果B项不成立，则可得：不具备自我意识，也能具有审美需求和情感表达，因而也能进行艺术创作，这样，就不能依据人工智能没有自我意识，就得出结论“人工智能永远不能取代艺术家的创造性劳动”，即题干的论证就没有说服力。因此，B项最可能是题干的假设。

【选项排除】

A	不相干。
C	加强但不是假设。如果C项不成立，题干的论证仍然可以成立，因为事实上许多人工智能作品都有创造性，这种创造性是人的创造性的一种体现，并不说明人工智能可以取代艺术家的创造性劳动。

续表

D	不是假设。D 项只是重复结论。
E	加强但不是假设。

【提要】

(1) 一个论证的假设有两种:必要性假设和充分性假设。必要性假设是指:如果该假设不成立,则论证不成立;充分性假设是指:如果该假设成立,则论证成立,即结论能从论据合乎逻辑地得出。本题主要测试必要性假设。本题的解析说明 B 项是必要性假设,事实上,B 项也是题干的充分性假设(读者可自行证明这点)。

(2) 请考生关注 D 项。假设是一个论证并未断定但又不可缺少的论据,即假设属于论据。D 项是重复结论,如果把 D 项作为假设,就是把结论作为论据,这叫“循环论证”,是一种逻辑谬误。

39.【答案】 B

【题型与难度】 论证分析:支持(加强)。难度一般。

【题干概括】 题干为一个论证。

论据:(1) 太阳风对地球产生有害影响。

(2) 目前我们对太阳风的变化及其如何影响地球知之甚少。

结论:为保护地球免受太阳风影响,必须更新现有研究模式,另辟蹊径研究太阳风。

【答案解析】 B 项具体说明了现有模式的获测结果和实际情况的差距,这有力地说明了更新现有模式的必要性,因而有力地支持了题干。

【选项排除】

A	A 项断定的是更新现有研究模式具有有利条件,加强题干,但力度不如 B 项。
C	C 项断定的是研究太阳风的意义,加强题干,但力度不如 B 项。
D	D 项断定的是研究太阳风的难度,加强题干,但力度不如 B 项。
E	不相干。

40~41

【题型与难度】 逻辑推断:形式推理。难度一般偏易。

【题干概括】

条件(1):张明→刘伟;

条件(2):庄敏→孙兰;

条件(3):(刘伟 ∨ 孙兰)→李梅;

条件(4):5 人中恰有 3 人报名。

40.【答案】 E

【答案解析】 假设李梅不报名,由条件(3),得刘伟、孙兰都不报名,再由条件(1)和条件(2),得张明、庄敏都不报名。故 5 人都未报名,与条件(4)矛盾。因此,假设不成立,得李梅报名。

41.【答案】 C

【答案解析】 如果庄敏不报名,则刘伟、张明不报名,与条件(4)矛盾。因此,庄敏报名。由庄敏报名,得孙兰报名。

42.【答案】 D

【题型与难度】 逻辑推断:非形式推理。难度一般偏易。

【题干概括】 此题是推理题,不是论证分析的加强型题。题干专家的观点是结论,问的是哪个选项作为前提最能支持这一结论。

【答案解析】 D 项断定,酸奶缺少帮助消化必需的东西,对题干的支持力度最大。

【选项排除】

A B	A 项和 B 项断定,酸奶缺少有助消化的东西,支持题干,但力度不如 D 项。
C	C 项断定酸奶会加重肠胃负担,这支持题干,但同时断定酸奶使身体增加额外的营养,这说明有助消化,又削弱题干。
E	削弱题干。

43.【答案】 E

【题型与难度】 逻辑推断:形式推理。难度一般。

【题干概括】 6 天中的 3 天确定为“传统文化宣传日”(本题为简记以月份代替日期)。

条件(1):$2\rightarrow(9\wedge\neg 12)$;

条件(2):$(3\vee 4)\rightarrow\neg 11$。

【答案解析】【选项排除】

A	不一致。可推出 2、3、4、9,违反条件“6 天中确定 3 天”。
B	不一致。可推出 2、4、9、11,违反条件“6 天中确定 3 天”。又肯定条件(2)的前件,并且否定条件(2)的后件,违反条件(2)。
C	不一致。肯定条件(2)的前件,并且否定条件(2)的后件,违反条件(2)。
D	不一致。肯定条件(2)的前件,并且否定条件(2)的后件,违反条件(2)。
E	一致。不违反题干条件。

44.【答案】 D

【题型与难度】 论证分析:支持(加强)。难度一般。

【题干概括】 题干专家的推断是一个论证:

论据:(1) 今天的教育质量将决定明天的经济实力。

(2) 2019 年 PISA 测试中国学生领先。

结论:中国有一支优秀的后备力量以保障未来经济的发展。

【答案解析】【选项排除】

各选项均能支持题干,其中,D 项的支持力度最大。

题干的论证需要假设:这次 PISA 测试能如实反映被测试者的受教育质量。D 项有力地支持了这一假设,因而相比其余选项,最能支持题干。

【提要】 诸选项中,只有选项 D 涉及第一个论据和第二个论据的关系,即涉及此次测试和教育质量的关系。这是解答本题的一个要领。

45.【答案】 A

【题型与难度】 逻辑推断:非形式推理。难度一般。

【答案解析】【选项排除】

推导过程:(参见下图,数字表示推导步骤)

① 道路(3)	② 理论(7)	③ 制度(8)	④ 文化(8)	自信(2)
文化(1)	自信	道路	理论(1)	制度
理论	制度(7)	文化(8)	自信(8)	道路
制度	文化(4)	自信	道路(4)	理论(2)
自信(3)	道路(6)	理论(6)	制度(5)	文化

(1) 第二行的第一列和第四列只可能分别为“理论”和“文化”(不一定以此顺序,下同)。因为第一列已有“理论”,所以第二行第一列为“文化”,第四列为“理论”。

(2) 第五列的第一行和第四行只可能分别为“理论”和“自信”。因为第一行已有“理论”,所以第五列第一行为“自信”,第四行为“理论”。

(3) 第一列的第一行和第五行只可能分别为“自信”和“道路”,因为第一行已有“自信”,所以第一列的第一行为“道路”,第五行为“自信”。

(4) 第四行的第二列和第四列只可能分别为“文化”和“道路”,因为右下方的粗线条圈住的五个小方格中已有“文化”,所以第四行的第二列为“文化”,第四列为“道路”。

(5) 右下方的粗线条圈住的五个小方格中,已确定了四个,得:第五行第四列为“制度”。

(6) 第五行的第二列和第三列只可能分别为“理论”和“道路”,因为第三列已有“道路”,所以第五行的第二列为“道路”,第三列为“理论”。

(7) 第二列的第一行和第三行只可能分别为“制度”和“理论”,因为第三行已有“理论”,所以第二列的第一行为“理论”,第三行为“制度”。

(8) 类似地,不难得出其余结论(见上图)。

46.【答案】 B

【题型与难度】 论证分析:支持(加强)。难度一般。

【题干概括】

论据:(1) 脂肪含量:肥畜肉>瘦畜肉>禽肉>水产品;

(2) 脂肪酸:水产品>禽肉>畜肉。

脂肪酸有利于预防血脂异常和心血管疾病。

结论:优选水产,其次禽肉,(再次畜肉),这样食用有利于健康。

【答案解析】 题干关于脂肪酸排序的这一论据支持结论,因为题干断定:脂肪酸有利于健康。但题干关于脂肪含量排序的这一论据并不直接支持结论,因为题干并未断定:肉类脂肪含量较低,较有利于人体健康。B 项断定了这一点,因此有力地支持了结论。

【选项排除】

A	不支持。
C	不支持。
D	削弱。

续表

E	E 项如果为真，支持题干关于脂肪酸的排序这一论据，因而支持题干，但是脂肪含量低也可能有不利健康的一面，因此支持力度不如 B 项。

47.【答案】 B

【题型与难度】 分析性推理：综合。难度一般。

【答案解析】 假设乙不扮演项王，由条件(1)，得甲扮演沛公；由条件(3)，得丙扮演张良。由丙扮演张良，和条件(2)，得丁扮演范增。由丁扮演范增，得：丁不扮演樊哙，再由条件(4)，得庚或戊扮演沛公，和“甲扮演沛公”的推论矛盾。因此，假设不成立。得乙扮演项王。

【提要】 本题的 4 个条件，均是假言判断，缺乏推理起点。在此种情况下，可考虑假设某种相关断定，若能推出矛盾，则能得该假设不成立。本题有理由首选假设 B 项为假，因为 B 项假能直接否定条件(1)的后件和肯定条件(3)的前件。

48.【答案】 D

【题型与难度】 分析性推理：综合。难度一般。

【题干概括】 47 题的推论“乙扮演项王”可作为本题的条件。

【答案解析】 由庚扮演项庄，和条件(4)，得丁扮演樊哙，再由条件(2)，得丙和已都不扮演张良，又甲（扮演沛公）、乙（扮演项王）、丁（扮演樊哙）、庚（扮演项庄）都不扮演张良，因此，戊扮演张良。

49.【答案】 E

【题型与难度】 论证分析：质疑（削弱）。难度一般。

【题干概括】

论据：手指出现杵状改变是患有某种心脏或肺部疾病的迹象。

结论：通过手指自我检测能快速判断自己是否患有心脏或肺部疾病。

【答案解析】 题干断定心脏或肺部疾病是手指出现杵状改变的原因。E 项断定手指末端软组织积液是造成杵状改变的原因，如果这种积液是由心脏或肺部疾病导致，那么 E 项不能质疑题干。但 E 项断定这种积液是由于过量血液注入该区域导致，其内在机理仍然不明，即不能确定这种积液和心脏或肺部疾病的因果关系，因此，E 项有力地质疑了题干的结论。

【选项排除】

A	不能质疑。因为 A 项肯定肺部疾病可能是杵状改变的原因之一，这支持题干。
B	不能质疑。因为杵状改变不是肺癌的明确标志，可以是肺部其他疾病或心脏疾病的标志。
C	不能质疑。因为题干并未断定所提及的手指自我检测可以替代医生的专业判断。
D	不能质疑。因为题干的结论所说的“快速”，是指每次手指自测只要很短时间，不是指用手指自测来确定是否有心脏或肺部疾病只要很短时间。

50.【答案】 C

【题型与难度】 论证分析：支持（加强）。难度一般。

【题干概括】

论据：快速阅读是一种按“之”字形浏览文章的阅读方式。

结论：快速阅读不可能达到既提高速度又不影响理解的目的。

【答案解析】 C 项如果为真，说明快速阅读不可能覆盖阅读一个页面需要识别的单词，而这又会限制阅读者对文本的理解。这有力地支持了题干。

【选项排除】 其余各选项均支持题干的结论，但支持力度受限，因而均不如 C 项。

A	未具体说明快速阅读为什么可能遗漏词。
B	快速阅读面对质疑，宣传快速阅读目的是谋生或赚钱，不能充分说明快速阅读不可行。
D	说明快速阅读对有些人，在有些特殊情况下还是可行的。
E	

51.【答案】 C

【题型与难度】 逻辑推断：形式推理。难度一般。

【题干概括】

条件(1)：优秀论文→(逻辑清晰∧论据翔实)；

条件(2)：经典论文→(主题鲜明∧语言准确)；

条件(3)：((论据翔实∧¬主题鲜明)∨(语言准确∧¬逻辑清晰))→¬优秀论文。

【解题思路】 本题的选项均是假言判断。如果一个假言判断的前件依据题干的条件能推出其后件，那么这一假言判断就能从题干推出，否则不能从题干推出。

【答案解析】 C 项的前件是“主题不鲜明”。如果主题不鲜明并且论据翔实，则由条件(3)，得不是优秀论文；如果论据不翔实，则由条件(1)，得不是优秀论文。所以，只要主题不鲜明，则不论论据是否翔实，这样的论文都不是优秀论文。C 项可由题干推出。

【选项排除】 以下各选项，其前件依据题干的条件均不能推出其后件，因此均不能从题干推出。

A	结构是：(语言准确∧经典论文)→逻辑清晰。
B	结构是：¬论据详实→¬主题鲜明。
D	结构是：¬逻辑清晰→¬经典论文。
E	结构是：(语言准确∧优秀论文)→经典论文。

52.【答案】 C

【题型与难度】 逻辑推断；语义理解。难度一般。

【答案解析】【选项排除】

A	不准确。类型Ⅲ融冰速度较慢，但污染水体方面的风险并不低。
B	不准确。类型Ⅰ融冰速度快，但在三个方面风险都高。
C	准确。融冰速度较慢只有Ⅲ和Ⅴ，这两种类型都满足至少两个方面风险低。
D	不准确。类型Ⅳ三方面风险都不高，但其融冰速度快。
E	不准确。类型Ⅳ在破坏道路设施和污染土方面的风险都不高，其融冰速度并不慢。

53.【答案】 C

【题型与难度】 逻辑推断：非形式推理(支持)。难度一般。

【题干概括】 题干陈述了一种现象，随着孩子慢慢长大，特别是进入学校之后，他们的好奇心越来越少。专家认为，这是由于孩子受到外在的不当激励所造成的。专家的观点是本题作为推理题的结论。本题测试的是，哪个选项作为前提，对这一结论的支持力度最大。

【答案解析】【选项排除】

A	不支持。未涉及“不当激励”。电脑和手机完全可能激发孩子的好奇心。
B	不支持。B 项并未断定孩子长时间在家缺少郊游。
C	支持。涉及“不当激励”。只看考试成绩，导致孩子只知道死记硬背书本知识，就是导致孩子缺少好奇心的一种不当激励。
D	支持。涉及外部压力，但未明确涉及“不当激励”。支持力度不如 C 项。
E	削弱。断定的是“正当激励”。

【提要】 本题的题型也可归为论证分析。题干陈述一个论证，结论是专家的观点，其余的陈述为论据。本题也可归为非形式推理（如上）。这两种处理都不影响本题的解题思考。

54.【答案】 A

【题型与难度】 分析性推理：综合。难度一般。

【解题思路】 本题的三个条件都是假言判断，看似推理无起点，实际有起点，这个起点就是，可确定条件（3）的后件为假，并以此启动推理。这是本题解题的思考突破点。

【答案解析】 由条件“甲和乙停靠站均不同”，得条件（3）后件为假，则其前件假，即乙和丙不都停靠“东沟”，这否定条件（1）的后件，得乙和丙都不停靠“北阳”，由条件“每站恰好有 3 趟车停靠”，得丁停靠“北阳”，由条件（2），得丙、丁和戊车均在“中丘”停靠，得甲车不在“中丘”停靠。

55.【答案】 C

【题型与难度】 分析性推理。较难。

【答案解析】 不难证明，丁和戊在“东沟”“北阳”和“中丘”三个站都停靠，这一结论已由上题得出。

参见上题的证明，由条件“甲和乙停靠站均不同”，得条件（3）后件假，得其前件假，得：甲、乙和丙车中至多 1 趟车在“东沟”停靠，又甲和乙不能都在“东沟”停靠，得：丁和戊都在“东沟”停靠。由“甲、乙和丙车中至多 1 趟车在‘东沟’停靠”，得：乙和丙不都停靠“东沟”，这否定条件（1）的后件，得乙和丙都不停靠“北阳”，由条件“每站恰好有 3 趟车停靠”，得甲、丁、戊停靠“北阳”，由条件（2），得丙、丁和戊车均在“中丘”停靠。

由上题得出的这些结论是解答本题的重要依据，见下图：

	东沟	西山	南镇	北阳	中丘
甲				√	×
乙				×	×
丙				×	√
丁	√			√	√
戊	√			√	√

假设丙不在“西山”停靠，则由于甲和乙不能都在“西山”停靠，得丁和戊都在“西山”停

靠。由本题条件“没有车在每站都停靠”，得丁和戊都不在“南镇”停靠，则“南镇”无法满足“每站恰好有 3 趟车停靠”(因为甲车和乙车停靠的站均不相同)。因此，假设不成立，得丙在“西山”停靠。类似地，可证明丙在“南镇”停靠。

2020 年管理类综合能力逻辑推理试题精讲

26.【答案】 C

【题型与难度】 逻辑推断：形式推理。难度一般。

【题干概括】

条件(1)：(知无不言∧言无不尽)→(有则改之∧无则加勉∧言者无罪∧闻者足戒)；

条件(2)：(兼听则明∨科学决策)→(从谏如流∧为说真话者撑腰)；

条件(3)：风清气正的政治生态→乐于和善于听取不同意见。

【答案解析】 C 项“不能从谏如流”否定条件(2)的后件，从而否定其前件，得：不能兼听则明且不能科学决策，得：不能科学决策。

【选项排除】

A	题干只断定“从谏如流并为说真话者撑腰”是领导干部“兼听则明”或“作出科学决策”的必要条件，并未断定领导干部必须这么做。
B	题干断定“应采取”，依此不能推出“能够采取”。
D	D 项断定：风清气正的政治生态→言者无罪、闻者足戒。依据题干，由“风清气正的政治生态”，可推出“乐于和善于听取不同意见”；但“乐于和善于听取不同意见”，支持但推不出“言者无罪、闻者足戒”。
E	E 项断定：知无不言、言无不尽→领导干部乐于和善于听取不同意见。依据题干，“知无不言、言无不尽”，支持但推不出“风清气正的政治生态”，因而推不出“领导干部乐于和善于听取不同意见”。

27.【答案】 A

【题型与难度】 论证分析：质疑(削弱)。难度一般。

【题干概括】 题干为一个论证。

论据：方向感强和嗅觉灵敏统计相关。

结论：方向感强是嗅觉灵敏的原因。

【答案解析】 A 项的断定有利于说明，在动物的进化过程中，是寻找食物、躲避天敌的生存需要导致嗅觉灵敏度提高，而嗅觉灵敏度提高又导致方向感的增强，前者是原因，后者是结果。这有利于说明题干的结论倒置因果，相较 B 项和 E 项，更能质疑题干的论证。

【选项排除】

B	B 项说明有的参试者嗅觉灵敏是因为偏好美食，不是因为方向感强，这是针对题干断定的原因，指出“另有他因”，能削弱题干，但力度不如 A 项。
C	不相干。
D	不相干。

续表

E	E 项断定有的年轻人方向感强，但嗅觉不灵敏，相应于题干，这是“有因无果”，能削弱题干，但力度不如 A 项。

【提要】 本题 A、B、E 项分别对应于“倒置因果”“另有他因”“有因无果”，在削弱因果论证的试题中，熟悉并参考这些要点有利于解题。考生应对论证分析题的思考出发点和基本依据，是对试题具体内容的具体思考。

28.【答案】 C

【题型与难度】 论证分析：确定假设。难度一般。

【题干概括】 题干为一个论证。

论据：调剂生享受优惠条件；

医生要有足够的爱心和兴趣。

结论：不要招收调剂生。

【答案解析】 题干断定对医学的兴趣是当个好医生的重要条件。因此，相比其余各项，C 项最可能是题干的论证所假设的，否则，题干的论证就缺乏说服力。

【选项排除】

A	不相干。题干未提及“奉献精神”。
B	重复论据，不是假设。
D	不是假设。因为题干未断定当医生要有奉献精神。
E	加强但不是假设。

【提要】

（1）一个论证的假设，是该论证未加断定的，即：第一，不是题干断定的论据，第二，也不是题干的论据能推出的，否则，就不是假设。这是排除 B 项和 D 项的理由。

（2）E 项事实上有很强的干扰性，这种干扰性被 C 项作为答案的明显性掩盖了。E 项可能被认为是假设的理由是：E 项断定，在意是否收费的学生没有爱心或对医学没有兴趣，调剂生都在意是否收费，因此，调剂生不适合当医生。即如果假设 E 项正确，题干的结论就能合乎逻辑地从题干的论据推出。这一理由的漏洞在于：学校以提供减免学费等优惠条件吸引调剂生，推不出调剂生都在意是否收费。

29.【答案】 D

【题型与难度】 分析性推理。难度一般。

【答案解析】

	菊花茶	绿茶	红茶	咖啡	大麦茶
甲	√①			×①	×①
乙	√①			×①	×①
丙					
丁				√②	√②
戊					

推导过程：

① 由条件(1)，得：甲和乙都喜欢菊花茶，但都不喜欢咖啡，并且都不喜欢大麦茶。

② 由条件(2)，得：不可能丙和戊都喜欢咖啡，否则丙和戊都不喜欢大麦茶，违反条件"每种饮品都只有2人喜欢"；同理，不可能丙和戊都喜欢大麦茶。因此得：丙和戊一人喜欢咖啡，一人喜欢大麦茶，由此得：丁喜欢咖啡和大麦茶。

30.【答案】 C

【题型与难度】 类比：推理形式类比。难度一般。

【题干概括】 题干的推理形式是：

前提：如果P，并且Q，那么R。

结论：如果P，并且非R，那么非Q。

【答案解析】【选项排除】

A	结论的前件不是"且"，排除。
B	结论的前件不包含对前提后件的否定，排除。
C	同题干，此项为答案。
D	结论的前件肯定前提的后件，排除。
E	结论的前件肯定前提的后件，排除。

【提要】 本题题干的推理形式在逻辑测试中时有出现，一个常用的名称是"反三段论"。

31.【答案】 B

【题型与难度】 分析性推理。难度一般。

【题干概括】【答案解析】

	凉风	广莫风	明庶风	条风	清明风	景风	阊阖风	不周风
立春	×①	×②	×②	√②	×②	×②	×②	×②
春分	×①	×④		×②	×②			×③
立夏	×①	×②	×②	×②	√②	×②	×②	×②
夏至	×①	×④		×②	×②			×③
立秋	√①	×①	×①	×①	×①	×①	×①	×①
秋分	×①	×④		×②	×②			×③
立冬	×①	×③	×③	×②	×②	×③	×③	√③
冬至	×①	√④	×①	×①	×①	×①	×①	×③

条件(1)：立秋-凉风。

条件(2)：冬至-(不周风∨广莫风)。

条件(3)：(立夏-清明风)→((夏至-条风)∨(立冬-不周风))。

条件(4)：(¬(立夏-清明风)∨¬(立春-条风))→(冬至-明庶风)。

推导：

① 条件(1)和条件(2)。

② 由“¬(冬至-明庶风)”和条件(4)，得：(立夏-清明风)∧(立春-条风)。

③ 由“立夏-清明风”和条件(3)，得：(夏至-条风)∨(立冬-不周风)，再由“¬(夏至-条风)”，得：“立冬-不周风”。

④ 由条件(2)得“冬至-广莫风”。

答案即为 B。

32.【答案】 E

【题型与难度】 分析性推理。难度一般。

【题干概括】【答案解析】 （接上题）

由题干的条件和上题的推论，已得：只有春分、夏至、秋分未确定和节风的对应，如下图（以阴影部分代替已知可排除的对应关系）：

	凉风	广莫风	明庶风	条风	清明风	景风	阊阖风	不周风
立春				√				
春分								
立夏					√			
夏至								
立秋	√							
秋分								
立冬								√
冬至		√						

本题条件：“春分”和“秋分”两节气对应的节风在“明庶风”和“阊阖风”之中。

	凉风	广莫风	明庶风	条风	清明风	景风	阊阖风	不周风
立春				√				
春分								
立夏					√			
夏至			×①			√②	×①	
立秋	√							
秋分								
立冬								√
冬至		√						

推导：

① 由 32 题条件，可得“夏至”对应的节风不在“明庶风”和“阊阖风”之中。

② 可得：“夏至”对应“景风”。

答案即为 E。

33.【答案】 C

【题型与难度】 论证分析：支持(加强)。难度一般。

【题干概括】 小李的论断为一个论证。

论据：女员工的绩效都比男员工高。

结论：新入职员工中绩效最好的还不如绩效最差的女员工。

【答案解析】 C 项如果为真，由论据得：女员工的绩效都比新入职的员工高，由此可得结论：新入职员工中绩效最好的还不如绩效最差的女员工。这说明，C 项如果为真，小李的论据能推出结论，最能支持小李的论证。

【选项排除】 理解和排除以下选项的一个关键问题是，新员工中如果有女员工并且参加考评，小李的结论就陷入矛盾。

A	A 项不能确保新入职的都是男员工，即新入职的可能有女员工并参加考评，如果这样，小李的结论就不成立。
B	排除理由同上。
D	可得新入职中有女员工并且其中一部分可能参与考评。排除理由同上。
E	不相干。

34.【答案】 A

【题型与难度】 逻辑推断：非形式推理。难度一般。

【题干概括】

常住人口=户籍人口+外来人口；

G 区常住人口 240 万；

H 区常住人口 200 万；

两个区常住外来人口总数 200 万。

【答案解析】

G 区常住人口 240 万

=G 区户籍人口+G 区外来人口

=G 区户籍人口+(200 万-H 区外来人口)

整理得：

G 区户籍人口-H 区外来人口=40 万

即 G 区户籍人口比 H 区外来人口多 40 万，答案是 A。

【选项排除】

B	类似可证：H 区的户籍人口，等于 G 区的外来人口。
C	可考虑一个反例：H 区户籍人口 99 万，外来人口 101 万。
D	可考虑一个反例：G 区户籍人口 119 万，外来人口 121 万。
E	由于其他各区的具体人口情况未知，在其他各区的总外来人口为 240 万，可考虑其中某区的户籍人口 1 万，外来人口 129 万，H 区户籍人口 99 万，外来人口 101 万，即为反例。

35.【答案】 B

【题型与难度】 论证分析：质疑（削弱）。难度一般偏易。

【题干概括】

论据：许多老年人不习惯移动支付。

结论：移动支付会将老年人阻挡在消费经济之外，影响到他们的晚年生活质量。

【答案解析】 B 项断定，老年人的消费支付基本不是由本人进行，相比其他选项，最能质疑题干的论证。

【选项排除】

A	不相干。
C	“使用现金支付被拒时可以投诉”，削弱；“不少商家我行我素”，加强。
D	削弱题干，但“学会”，不等于“习惯”，削弱力度不如 B 项。
E	加强。

36.【答案】 E

【题型与难度】 语义理解。难度一般。

【答案解析】【选项排除】

A	不准确。例如，星期五不刮风且不下雨。排除。
B	不准确。例如，星期三不刮风且不是晴天。排除。
C	不准确。例如，星期四有风且有雨。排除。
D	不准确。例如，星期六有风且超过三级，但不是晴天。排除。
E	准确。有风且风力不超过三级，只有星期一、星期四和星期日，均不是晴天。

37.【答案】 A

【题型与难度】 分析性推理。难度一般。

【题干概括】【答案解析】

	第一天	第二天	第三天
①			×[4]
②	√[3]	×[5]	×[1]
③	×[1]	√[2]	×[4]
④	×[5]	√[2]	×[4]
⑤	×[5]	√[3]	×[4]
⑥			×[4]

条件(1)：每件事均做一次，且在一天内做完，每天至少做两件事。

条件(2)：④和⑤安排在同一天完成。

条件(3)：②在③之前一天完成。

推导过程：

[1] ②在③之前一天完成，因此，②不可能最后一天，③不可能第一天。

[2] 37 题条件。

[3] 根据条件(2)和条件(3)。

[4] 根据题干条件：有一天休息。

[5] 根据题干条件:每件事均做一次。

综上,只有 A 项是可能的。

38.【答案】 C

【题型与难度】 分析性推理:难度一般。

【答案解析】

	第一天	第二天	第三天
①		√[3]	
②			×条件(3)
③	×条件(3)		
④		×[2]	
⑤		×[2]	
⑥		√[1]	

条件(1):每件事均做一次,且在一天内做完,每天至少做两件事。

条件(2):④和⑤安排在同一天完成。

条件(3):②在③之前一天完成。

推导过程:

[1] 38 题条件。

[2] 由条件(3),得:②或③在第二天完成。再由条件(2),得:④和⑤不在第二天完成,否则 4 件事在第二天完成,违反本题条件。

[3] 因为⑥在第二天完成,②和③有且只有一件在第二天完成,为满足第二天只做 3 件事,得:①在第二天完成,即①和⑥在第二天即在同一天完成。

【选项排除】

A	②可以和①都安排在第二天。
B	①可以安排在一天休息之前(第三天可以是休息天)。
D	②和④可以分别依次安排在第二天和第三天。
E	③和④可以分别依次安排在第二天和第一天。

39.【答案】 D

【题型与难度】 分析性推理:综合。难度一般。

【解题思路】 本题属推理无起点,须从假设出发启动推理推出矛盾以此证明假设不成立。此题的思考突破点是假设条件(2)的前件为真,这能推出矛盾,以此得条件(2)的前件为假,继而可得正确答案是 D。

【答案解析】 假设条件(2)的前件为真,由“肯定前件”推“肯定后件”,得:戊和甲均合并到丑公司。由甲合并到丑公司,得:甲、己、庚中至少有一个未合并到卯公司,即肯定条件(3)的前件,由“肯定前件”推“肯定后件”,得:戊合并到寅公司且丙合并到卯公司。得:戊合并到寅公司且戊合并到丑公司。矛盾!假设不成立,得:丁、丙均合并到丑公司。答案是 D。

40.【答案】 C

【题型与难度】 论证分析：支持（加强）。较易。

【题干概括】 李教授的观点为一个论证。

论据：不吃早餐不仅会增加患Ⅱ型糖尿病的风险，还会增加患其他疾病的风险。

结论：不吃早餐对身体有害。

【答案解析】【选项排除】

A	支持。说明吃早餐有利于健康。
B	不相干。
C	支持。说明不吃早餐不利于健康。
D	支持。说明不吃早餐和亚健康可能因果相关。但支持力度不如 C 项，因为原因可能是晚睡晚起而不是不吃早餐。
E	不相干。

诸选项中，B 和 E 项不相干。其余选项都支持，其中，C 项的支持力度较大。

41.【答案】 A

【题型与难度】 语义理解：抽象语义。难度一般。

【答案解析】

A. aWbcdXeZ

aWbcdXeZ 是合法语句。

证明：

① aWb 是有涵义语词。 由条件（2）；

② dXe 是有涵义语词。 由条件（2）；

③ dXeZ 是有涵义语词。 由条件（3）；

④ aWbcdXeZ 是合法语句。 由条件（4）。

【选项排除】

B. aWbcdaZe

① aWb 是有涵义语词。

② aZe 是有涵义语词。

③ 不能确定 aWbcdaZe 是合法语句。

因此，B 项不能确定是合法语句。

C. fXaZbZWb

① fXa 是有涵义语词。

② fXaZ 是有涵义语词。

③ ZW 是有涵义语词。

④ fXaZbZW 是合法语句。

⑤ 不能确定 fXaZbZWb 是合法语句。

因此，C 项不能确定是合法语句。

D. aZdacdfX

① aZd 是有涵义语词。

② 不能确定 aZdacdfX 是合法语句。

因此，D 项不是合法语句。

E. XWbaZdWc

① XW 是有涵义语词。

② aZd 是有涵义语词。

③ aZdW 是有涵义语词。

④ XWbaZdW 是合法语句。

⑤ 不能确定 XWbaZdWc 是合法语句。

因此，E 项不能确定是合法语句。

【提要】 上述解题方法是从分析选项符号串中的“有涵义语词”开始。本题的另一种解题思路是从分析“无涵义语词”入手。由题干条件(4)，合法语句是由 1 个无涵义语词联结 2 个有涵义语词。因此，正确选项的符号串中，肯定存在 1 个并且只存在 1 个无涵义语词(不妨称为“标志性无涵义语词”)，它左边的符号串和右边的符号串均为有涵义语词。一个选项中如果存在“标志性无涵义语词”，则是合法语句，否则就不是。在选项 A 中，共有 5 个无涵义语词，不难排除 4 个，只有 c 是“标志性无涵义语词”，不难证明，它两边的符号串均是有涵义语词。在其余选项中，不难证明，所有出现的无涵义语词均不是“标志性有涵义语词”。

42.【答案】 E

【题型与难度】 逻辑推断：形式推理。难度一般偏易。

【题干概括】

条件(1)：椿树 ∨ 枣树；

条件(2)：椿树→(楝树 ∧ ¬雪松)；

条件(3)：枣树→(雪松 ∧ ¬银杏)。

【答案解析】 由“种植银杏”和条件(3)，得“不种植枣树”，再由条件(1)，得“种植椿树”，再由条件(2)，得“种植楝树且不种植雪松”。由选择 4 种栽种，得：种植桃树。因此，E 项是不可能的。

43.【答案】 C

【题型与难度】 论证分析：支持(加强)。难度一般。

【题干概括】

论据：西藏披毛犀化石的鼻中隔只是一块不完全的硬骨，早先在亚洲北部、西伯利亚等地发现的披毛犀化石的鼻中隔要比西藏披毛犀的“完全”。

结论：西藏披毛犀具有更原始的形态。

【答案解析】【选项排除】

A	支持。有利于说明西藏披毛犀和欧亚大陆北部披毛犀有相同的起源地。
B	支持。有利于说明西藏披毛犀具有更原始的形态。
C	支持。有利于说明西藏披毛犀化石鼻中隔的不完全，是这一物种进化早期的一个特征。
D	不相干。
E	不相干。

诸选项中,D 和 E 项不相干。其余选项都支持,其中,C 项的支持力度较大。

44.【答案】 C

【题型与难度】 论证分析:确定假设。难度一般。

【题干概括】 题干专家的推断是一个论证。

论据:黄土高原植物稀少的原因是水土流失。

结论:黄土高原植物稀少的原因是这里的黄土都是生土。

【答案解析】【选项排除】

A	加强但不是假设。
B	加强但不是假设。
C	可能是题干的假设。
D	不相干。
E	可能是题干的假设。

C 项和 E 项都说明生土不适合植物生长,因此,都是题干论证要假设的,但 C 项涉及生土和水土流失的因果关系,E 项未涉及生土和水土流失的因果关系,因此,C 项最可能题干专家推断的假设。

A 和 B 项如果为真,加强题干的论证,但如果为假,题干的论证仍然可以成立,因此,不是假设。

【提要】

(1) 两种提问方式的区别:第一,以下哪项是上述论证的假设?第二,以下哪项最可能是上述论证的假设?本题的 C 和 E 项很好地说明了这一点。

(2) 加强和假设的区别。

45.【答案】 B

【题型与难度】 论证分析:支持(加强)。难度一般。

【题干概括】 科学家的观点基于一个论证。

论据:一项技术可以把二氧化碳等物质“电成”有营养价值的蛋白粉,这项技术不像种庄稼那样需要具备合适的气温湿度和土壤等条件。

结论:这项技术开辟了未来新型食物生产,有助于解决全球饥饿问题。

【答案解析】【选项排除】

A	支持。
B	不支持。B 项只说明题干的结论如果成立的意义,但并不支持题干的论证本身。
C	支持。
D	支持。
E	支持。

E 项如果为真,说明这项新技术确实有助于解决饥饿问题,因而支持题干。B 项只说明需要解决全球粮食问题,但并未提及这项新技术是否有助于解决全球粮食问题,因而不支持题干。

46.【答案】 E

【题型与难度】 分析性推理。难度一般。

【题干概括】

	日本	韩国	英国	法国
甲		×③		
乙	×①	×①	√②	√②
丙	√⑥	√④	×⑤	×⑤
丁	×①	×①	√②	√②
戊	√⑥	√④	×⑤	×⑤

题干条件:

条件(1):每人去两国;每国去 2~3 人;

条件(2):甲去韩国→丁不去英国;

条件(3):丙与戊结伴。

【答案解析】

推导过程:

① 由条件(3):丁和乙只去欧洲国家旅游。

② 由条件(1):每人去两国。

③ 由条件(2):甲去韩国→丁不去英国。

④ 由条件(1):每人去两国。

⑤ 由条件(1):每人去两国;丙与戊结伴。如丙和戊结伴去英国或法国,则一国去 4 人,违反题干条件。

⑥ 由条件(1):每人去两国。

答案是 E。

47.【答案】 A

【答案解析】

接 46 题。参见 46 题表,已得;甲不去韩国。如果甲不去日本,则甲去英国和法国,从而去欧洲国家旅游的总人次比去亚洲国家的多,违反 47 题条件。

48.【答案】 A

【题型与难度】 论证分析:支持(加强)。难度一般偏易。

【题干概括】

被告的论证:

论据:鲸鱼不是鱼。

结论:鲸鱼油不需要接受检查并缴费。

陪审团反对被告。

本题的问题是:哪项最能支持陪审团所作的判决?

【答案解析】【选项排除】

A	说明陪审团的判决符合相关法律。支持。
B	不相干。

续表

C	不支持也不削弱。
D	支持被告,因而不支持陪审团。
E	支持被告,因而不支持陪审团。

49.【答案】 C

【题型与难度】 论证分析:加强。难度一般偏易。

【题干概括】

论据:高层次人才紧缺是全球普遍存在的问题;

发展中国家的高层次人才紧缺状况更甚于发达国家。

结论:我国高层次人才引进工作急需进一步加强。

【答案解析】 【选项排除】

A	说明我国存在高层次人才紧缺问题。加强。
B	不相干。
C	说明和发达国家相比,我国的高层次人才紧缺问题更为突出。加强。
D	说明我国高层次人才引进工作事关国家综合实力。加强。
E	说明和美国等发达国家相比,我国的高层次人才紧缺问题较为突出。加强。

除 B 项外,其余选项均加强题干。A 项和 E 项的力度显然不如 C 项。D 项所断定的引进人才的重要性对任何一个国家都成立,力度不如 C 项。

50.【答案】 E

【题型与难度】 逻辑推断:非形式推理。难度一般。

【题干概括】 专家的观点:数字阅读具有重要价值,是阅读的未来发展趋势。

本题是逻辑推断题。题干陈述的是结论,即专家的观点。本题设问的是,哪个选项作为前提,能最有力地支持题干陈述的结论。

【答案解析】【选项排除】

A	不支持。
B	B 项断定,数字阅读是当前人们了解信息、相互交流的途径,这支持题干;B 项其余的断定削弱题干。
C	C 项断定,数字阅读采用“听”的方式,效率较低,这削弱题干;C 项其余的断定支持题干。
D	削弱题干。
E	支持。

A 项和 D 项不支持题干。B 项和 C 项部分支持,部分不支持。因此,E 项最能支持题干。

51.【答案】 E

【题型与难度】 逻辑推断:形式推理。难度一般。

【答案解析】 【选项排除】

A	假设 A 项为真,可推出综合部和民生部都负责秩序。不可能为真。

续表

B	假设 B 项为真,可推出民生部和综合部都负责协调。不可能为真。
C	假设 C 项为真,可推出建设部和民生部都负责协调。不可能为真。
D	假设 D 项为真,可推出综合部和平安部都负责秩序。不可能为真。
E	假设 E 项为真,可推出综合部负责协调,民生部负责环境。不违反条件,可能为真。

具体说明如下:

假设 A 项为真,则题干两个条件的前件都得到肯定,由此可肯定两个后件。因为平安部负责协调,因此,综合部和民生部都负责秩序。假设不成立。

假设 B 项为真。由“建设部负责秩序”和条件(1),可得“综合部负责协调”。因此,可推出民生部和综合部都负责协调。假设不成立。

假设 C 项为真。由“综合部负责安全”和条件(1),可推出建设部和民生部都负责协调。假设不成立。

假设 D 项为真。由“民生部负责安全”和条件(2),可推出综合部和平安部都负责秩序。假设不成立。

52.【答案】 E

【题型与难度】 逻辑推断:形式推理。难度一般。

【题干概括】

条件(1):人非生而知之者,孰能无惑

=有惑;

条件(2):惑而不从师,其为惑也,终不解矣

=(有惑 ∧ 不从师)→惑不解;

条件(3):生乎吾前,其闻道也固先乎吾,吾从而师之

=(生乎吾前 ∧ 闻道先乎吾)→吾从而师之;

条件(4):生乎吾后,其闻道也亦先乎吾,吾从而师之

=(生乎吾后 ∧ 闻道先乎吾)→吾从而师之;

条件(5):道之所存,师之所存也

=道之所存→师之所存。

【答案解析】

假设:解惑。由条件(2),得:¬有惑 ∨ 从师。再由条件(1),得:从师。

即得:若解惑,必从师。

【选项排除】

A	推不出。题干断定的是,不管出生先后,只要闻道先于我,就是我的老师;题干并未断定出生先后和闻道之间的必然关系。
B	推不出。由“道之所存,师之所存也”推不出“师之所存,道之所存也”。
C	推不出。
D	推不出。理由同 A 项。
E	可推出。由“不从师,惑终不解”,可推出“若解惑,必从师”。

53.【答案】 B

【题型与难度】 推理类比。难度一般。

【题干概括】 题干的推理形式是：

P；如果 Q，则非 P。因此，不应该 Q。

题干推理形式的一个特征是：结论是否定判断。

【答案解析】【选项排除】

A C D	题干的推理的结论是否定判断，关键词是“不应该”。A 项、C 项和 D 项的结论是肯定判断，关键词是“应该”“必须”，不同于题干。排除。
E	E 项的推理形式是：P；如果仅仅 P，则 Q。因此，不应该仅仅 P。不同于题干。
B	B 项的推理形式同题干，此项为答案。

【提要】 首先比较结论的形式结构特征，是推理形式类比试题值得参考的一个方法要领。但具体解题时，方法要领不能成为思考的出发点和完全依据，最重要的是要具体内容具体思考。

54.【答案】 D

【题型与难度】 分析性推理。难度一般。

【答案解析】 第一题和第二题的特点是 4 人的答案穷尽了所有选项。由条件，张、赵都错，因此，这两题中的每一题，王和李都是一对一错。这两题王不可能都错，否则李都对，违反条件，因此，王对的那道题在前两题中，后两题都错。同理，李对的那道题在前两题中，后两题都错。由此得：第四题的答案是 A，故选 D。

55.【答案】 A

【题型与难度】 分析性推理。难度一般。

【答案解析】 已得：第四题的答案是 A。又第三题王和李两人的答案均不正确，得第三题的答案只可能是 C 或 D。又第二题张和赵两人的答案均不正确，得第二题的答案也只可能是 C 或 D，因此，第一题的答案是 B，故选 A。

2019 年管理类综合能力逻辑推理试题精讲

26.【答案】 B

【题型与难度】 逻辑推断：形式推理—假言推理。难度一般。

【题干概括】 题干断定：低质量的产能必然会过剩，而顺应市场需求不断更新换代的产能不会过剩。这两个断定可概括为：

（1）低质量的产能→过剩；

（2）顺应市场需求不断更新换代的产能→¬过剩。

【答案解析】 由条件（1）和（2）可得：顺应市场需求不断更新换代的产能→¬低质量的

产能,这即是 B 项所断定的。

【选项排除】

A	A 项断定,满足需求的产品一定价高,题干没有表达这个意思,也不支持这个断定。排除。
C	C 项涉及产品质量和满足需求的关系。由题干,可得对于相当一部分消费者来说,低质量的产品不能满足需求,但由题干不能得出,对所有消费者来说都如此。因此,题干支持但不能推出 C 项。
D	题干断定,不断更新换代的产能不会过剩,这就是断定,如果产品不断更新换代,能满足个性化、多样化消费需求。D 项断定,只有不断更新换代的产品才能满足个性化、多样化消费的需求。题干断定的是“如果……,则能……”,D 项断定的“只有……,才能……”,这是两种不同的条件关系,互相不能推出。
E	如果题干断定(或者能推出),目前的产品不能满足需求,则 E 项可推出。但题干未作(也不能推出)这样的断定,因此,不能确定 E 项能推出。

27.【答案】 C

【题型与难度】 论证分析:支持(加强)。难度一般。

【题干概括】 题干是一个论证。

论据:在许多画面中,人们手持长矛,追逐着前方的猎物。

结论:岩画时代人类已经居于食物链的顶端。

【答案解析】 题干的结论是当时的人类已经居于食物链的顶端。“食物链的顶端”是本题的关键词。C 项如果为真,有利于说明,能够使用画面中显示的长矛(工具),使得当时的人类可以猎杀其他动物,而其他动物难以捕杀人类,这有力地支持了题干的结论。

【选项排除】

A	A 项如果为真,能说明当时人类猎捕其他动物,但无助于说明其他动物难以捕杀人类,因此,支持力度不如 C 项。
B	削弱题干。
D	不相干。
E	不相干。

【提要】 “食物链的顶端”是本题的关键词。

28.【答案】 D

【题型与难度】 逻辑推断:形式推理—条件推理(假言推理)。难度一般。

【题干概括】

每人喜爱的唐诗作者不与自己同姓。

(1) 王维的诗→辛弃疾的词;

(2) 刘禹锡的诗→岳飞的词;

(3) 杜甫的诗→苏轼的词。

李诗不爱好苏轼和辛弃疾的词。

【答案解析】 “李诗不爱好苏轼和辛弃疾的词”的含义是:李诗不爱好苏轼的词,并且不爱好辛弃疾的词。由李诗不爱好苏轼的词和条件(3),可得李诗不爱好杜甫的诗。由李诗不爱好辛弃疾的词和条件(1),可得李诗不爱好王维的诗。又由题干得李诗不喜爱李白的诗,继而得,李诗喜爱刘禹锡的诗,又由条件(2),得李诗爱好岳飞的词。

【选项排除】

<table>
<tr><td>A</td><td rowspan="4">除了“每人喜爱的唐诗作者不与自己同姓”这一条件外,题干未对王悦、杜舒、刘默三人有所断定。因此,解答此题应首选思考 D 项,其余选项显然不能从题干推出。</td></tr>
<tr><td>B</td></tr>
<tr><td>C</td></tr>
<tr><td>E</td></tr>
</table>

29.【答案】　C

【题型与难度】　论证分析:确定假设。难度一般偏易。

【题干概括】　题干是一个论证。

论据:猫的大脑皮层神经细胞的数量只有普通金毛犬的一半。

结论:狗比猫更聪明。

【答案解析】　C 项断定,动物大脑皮层神经细胞的数量与动物的聪明程度呈正相关,即断定,前者的数量越多,后者的程度越高。C 项如果不成立,就不能根据普通金毛犬的大脑皮层神经细胞的数量是猫的一倍,就得出结论:狗比猫更聪明,即题干的论证不成立。因此,C 项是题干的假设。

【选项排除】

<table>
<tr><td>A</td><td rowspan="2">A 和 B 项不涉及动物大脑皮层神经细胞,也不涉及其聪明程度的比较,不相干。</td></tr>
<tr><td>B</td></tr>
<tr><td>D</td><td rowspan="2">D 项和 E 项虽然涉及动物的大脑皮层神经细胞,但不涉及其聪明程度的比较,均不是题干的假设。</td></tr>
<tr><td>E</td></tr>
</table>

30.【答案】　D

【题型与难度】　逻辑推断:形式推理。难度一般。

【题干概括】　为简化表达,将陈甲、傅乙、赵丙、邓丁、刘戊、张己简记为甲、乙、丙、丁、戊、己。甲、乙、丙、丁、戊、己:6 选 3。

条件(1):甲→(丁∧¬己);

条件(2):(乙∨丙)→¬戊。

【答案解析】　本题五个选项中,只有 D 项不违反各条件,即为答案。

【选项排除】

A	有丙且有戊,违反条件(2)。
B	有甲则有丁,共有 4 人,违反题干条件“6 选 3”。
C	有乙且有戊,违反条件(2)。
E	有丙且有戊,违反条件(2)。

31.【答案】 E

【题型与难度】 二难推理。逻辑推断:形式推理。难度一般偏难。

【题干概括】 见30题。

【答案解析】 如果派遣甲,可得派遣丁。如果派遣戊,可得不派遣乙和不派遣丙,继而可得派遣丁,因为如果不派遣丁,可得不派遣甲,违反派遣3人这一条件。因此,可得以下二难推理:

如果派遣甲,则派遣丁。

如果派遣戊,则派遣丁。

派遣甲或派遣戊。

因此,派遣丁。

【选项排除】 此类题的一般性方法是正推(从题干出发)。如果确定推出E项无误,其余选项的排除思考在考试时可以省略。

A项推不出。因为不派遣戊,例如派遣甲、乙和丁,不违反条件。

B项推不出。因为不派遣丙,例如派遣甲、乙和丁,不违反条件

C项推不出。因为不派遣甲,例如派遣戊、丁和己,不违反条件。

D项推不出。因为不派遣乙,例如派遣甲、丁和戊,不违反条件。

【提要】 本题考点:二难推理。

32.【答案】 A

【题型与难度】 论证分析:支持(加强)。难度一般偏易。

【题干概括】 题干是一个论证。

论据:熬夜有损身体健康。

结论:应该遵守作息规律。

【答案解析】 各选项均能说明睡眠不足对健康有害,或者说明充足睡眠对健康有利,因而都支持题干。其中A项说明睡眠不足对人体健康的严重乃至致命的影响,显然对题干的支持力度最大。

【选项排除】

B	缺乏睡眠易导致肥胖,从反面支持题干。力度不如A项。
C	熬夜影响精神健康,从反面支持题干。力度不如A项。
D	睡眠是生命存在和进化的必要条件,从正面支持题干。力度不如A项。
E	睡眠有利美容,从正面支持题干。力度不如A项。

【提要】 D项是本题的干扰项。D项强调睡眠对于生命不可缺少,看似很强,但力度不如A项,因为题干论证的是熬夜有损身体健康,不是是否需要休息与睡眠。

33.【答案】 D

【题型与难度】 论证分析:概括论证结构。难度一般。

【答案解析】【选项排除】

解答本题可有两种思考方式。

方式一(从排除选项出发):

②和③都有关键词“社会保障资源”，可考虑二者的逻辑关系。“②→③”不成立，因为“节约可以增加社会保障资源”显然不支持“有一些人浪费严重”，但“③→②”显然成立。依此可排除 B 项和 C 项（二者都断定“②→③”）。④和⑤都有关键词“资源消耗”，可考虑二者的逻辑关系。⑤以“因为”开头，显然是论据，因此，“④→⑤”不成立，而“⑤→④”显然成立。依此，可排除 A 项和 E 项（二者都断定“④→⑤”）。因此，答案是 D。

方式二（从思考题干出发）：

题干的主结论是①，主论据是②和④。而②和④又分别依次是次论据③和⑤的推论。因此，答案是 D。

【提要】 论证分析的题目，都要首先概括论证的结构。此题仅测试考生对论证结构的恰当概括，这是本题的一个特点。

34.【答案】 E

【题型与难度】 论证分析：支持（加强）。难度一般。

【题干概括】 题干是一个论证。

论据：母亲与婴儿对视时，双方的脑电波趋于同步。

结论：母亲与婴儿对视有助于婴儿的学习与交流。

【答案解析】 题干断定，母婴对视时，双方的脑电波趋于同步。E 项如果为真，说明母婴对视时双方交流更加默契，处于优化状态，这有力地支持了题干。

【选项排除】

A	A 项断定脑电波同步，交流就会更顺畅，这支持题干，但所断定的是两个成年人，而题干涉及的是母婴，因此，支持力度不如 E 项。
B	B 项断定父母和孩子互动时的一种可能出现的状况，未涉及脑电波和互动的关系，不支持题干。
C	C 项涉及脑电波同步有利于学习，但未涉及互动，对题干支持力度不如 E 项。
D	D 项说明母婴通过对视表达交流意向，但说明对视能有助于交流，发出信号并未特指“脑电波”，力度不如 E 项。

【提要】 本题的关键词是“脑电波”。“对视”尽管在论据和结论中都出现，但不是关键词。如果不紧扣对试题内容的具体思考，仅从形式层面考虑关键词，就可能误判关键词并误选 D 项。

35.【答案】 B

【题型与难度】 二难推理。逻辑推断：形式推理。难度一般偏难。

【题干概括】 由条件(1)和条件(2)，得：数字之和≥15，继而由条件(3)，得：数字之和等于 18。由数字之和等于 18 和条件(2)的逆否命题，得：4 个英文字母不连续排列。

【答案解析】【选项排除】

<table>
<tr><td>A</td><td rowspan="3">不可能，因为其数字之和≠18。排除。</td></tr>
<tr><td>C</td></tr>
<tr><td>E</td></tr>
<tr><td>D</td><td>不可能，因为其 4 个英文字母连续排列。排除。</td></tr>
<tr><td>B</td><td>可能，即为答案。</td></tr>
</table>

【提要】 本题涉及：二难推理。

若4个英文字母不连续排列，则密码组合中的数字之和大于15。

若4个英文字母连续排列，则密码组合中的数字之和等于15。

密码组合中的数字之和等于18，或者小于15。

因此，密码组合中的数字之和等于18。

因此，密码组合中4个英文字母不连续排列。

36.【答案】 A

【题型与难度】 分析性推理—方格填字。难度一般。

【题干概括】 本题的要领是，任一字，在任一行中出现且只出现一次，在任一列中出现且只出现一次。

【答案解析】【选项排除】

本题可依据核对条件直接排除B项，C项，E项：

B	底行第五格中的“礼”在题干第三行第五格中已出现。排除。
C	底行第四格中的“御”在题干第一行第四格中已出现。排除。
E	底行第五格中的“礼”在题干第三行第五格中已出现。排除。

又可依据推理排除D项：

D	第三行第四空格只可能是“乐”或“数”，又“乐”已在题干第二行第四格中出现，因此，第三行第四格为“数”。D项中底行的第四格是“数”，违反题干条件。排除。

综上所述，除A项外，其余各项都可排除，因此，答案是A。

排除其余选项，不等于证明了A项能从题干推出。但这一证明思考在考试中可以省略。事实上，上述方阵每个空格中应填的汉字都可以从题干的条件中推出，以下是完成这一证明的推导过程，这种推导是应对方格填字型试题的一般方法，应熟练掌握，尽管对有的题，例如本题，并非必要。

礼③	乐	射③	御	书	数②
书⑦	数⑨	礼⑧	乐	射⑩	御②
射	御	书	数①	礼	乐①
乐⑤	射	御⑤	书④	数	礼
御	书⑥	数	礼⑤	乐⑥	射
数⑦	礼⑨	⑧乐	射⑤	御⑩	书

推导过程：

①第三行的第四格和第六格只可能是“数”和“乐”，因为第四列有“乐”，所以第三行的第四格和第六格依次是“数”和“乐”。

②、③理由与①类似，具体过程略。

④第四行的第四格不可能是“射”“数”“礼”“御”“乐”，因此是“书”。

⑤、⑥、⑦、⑧、⑨理由与①类似，具体过程略。

37.【答案】 C

【题型与难度】 分析性推理。难度一般。

【答案解析】 由条件(1)和条件(2)，可得：有且只有一个类别没入围，并且没入围的是流行类、民谣类和摇滚类中的某一个，即民族类、电音类、说唱类和爵士类都入围。由电音类和说唱类都入围和条件(3)，得：摇滚类没入围或民族类没入围，再由民族类入围，得摇滚类没入围。

38.【答案】 D

【题型与难度】 逻辑推断：形式推理。难度一般偏难。

【题干概括】

甲说：乙；

乙说：¬乙∧丙；

丙说：¬丙；

丁说：¬丁∧甲；

戊说：¬甲→¬丁；

以上五人，只有一人做此好事。以上五个断定，只有一真。

【答案解析】 题干断定，只有一个人做了这件事。假设甲的断定为真，则丙的断定为真，违反题干条件"只有一人说的话符合真实情况"，因此，假设不成立，得甲的断定为假，得：这件好事不是乙做的。

由不是乙，得乙的断定等值于：丙做了这件好事（如果是丙做的好事，则乙的断定为真；如果不是丙，则乙的断定为假）。因此，乙和丙的断定矛盾，必有一真。因此，甲、丁和戊的断定均为假。

由戊的断定为假，得：非甲且丁，即甲没有做好事，是丁做的好事。答案是 D。

【提要】 本题乙和丙的断定在形式上不是矛盾关系，不能确定必有一真，但因为已推知这件事不是乙做的，因此，乙和丙的断定矛盾，必有一真。这是解答本题的关键。

39.【答案】 A

【题型与难度】 谬误辨析。难度一般。

【题干概括】 题干的结论是赵博士节能减排的观点不能令人信服，论据是他的某些个人情况。这一论证的错误在于，用以反驳某种观点的论据，是观点提出者的个人情况，而这些个人情况和其提出的观点是否成立不相干。这一非形式谬误称为"诉诸个人"，属于非形式谬误"诉诸不相干"。"诉诸不相干"包括"诉诸个人""诉诸众人""诉诸情感""诉诸权威""诉诸强势"等。

【答案解析】 A 项的结论是反对张某提出的同工同酬，论据是她年轻、级别低，同工同酬对她有利。张某的这一个人情况和她提出的主张是否成立不相干。题干的谬误"诉诸个人"也类似地出现在 A 项中。

【选项排除】

B	B 项的论据是：绩效奖励制度对所有员工都公平，其逻辑形式可概括为：绩效奖励制度→公平。结论是：不赞同绩效奖励制度就是反对公平，其逻辑形式可概括为：¬绩效奖励制度→¬公平，这是形式谬误（否前不能否后），和题干不同。

续表

C	C 项的论据是:领导对你不错。结论:你不能反对领导的意见。这一论证出现的非形式谬误,称为"诉诸情感",和题干不同。
D	D 项的论据是:大家对李某担任科长都没有意见。结论:你有意见是不对的。这一论证出现的非形式谬误。称为"诉诸众人",和题干不同。
E	该结论无误。不存在与题目中相似的错误论证。

【提要】 本题的测试点是"谬误"。谬误包括形式谬误和非形式谬误。常见的非形式谬误有:混淆(偷换)概念、自相矛盾、不当两否定、非黑即白、以偏概全、强置因果、倒置因果、样本不当、不当类比、循环论证、转移论题、诉诸无知、诉诸个人、诉诸众人、诉诸情感等。

这些谬误,历年逻辑真题都有测试,有些多有测试。

40.【答案】 B

【题型与难度】 逻辑推断:形式推理。难度一般。

【答案解析】 验证"每张至少有一面印的是偶数或者花卉",其含义是:对题中 6 张卡片,每一张都要验证至少有一面印的是偶数或者花卉。

题中 6 张卡片中,第二、第三和第六张卡片不需要翻看即可确定至少有一面印的是偶数或者花卉。其余 3 张均须翻看才能确定。因此,答案是 B。

41.【答案】 B

【题型与难度】 分析性推理:对应。难度一般。

【题干概括】 4 种岗位,4 个应聘者,一一对应。

条件(1):丁网管→甲物业;

条件(2):¬乙保洁→(甲保洁∧丙销售);

条件(3):乙保洁→(丙销售∧丁保洁)。

【答案解析】

	保洁	物业	网管	销售
甲	√②	×③	×③	×③
乙	×①		√⑥	×③
丙	×③	×③	×③	√②
丁	×③	√⑤	×④	×③

推导过程:

① 由条件(3)得:乙不应聘保洁,否则乙和丁都应聘保洁。

② 由条件(2)得:甲应聘保洁,丙应聘销售。

③ 由②和题干条件"每人一岗,每岗一人"得。

④ 由甲不应聘物业和条件(1)得:丁不应聘网管。

⑤ 由丁不应聘保洁、网管、销售,得:丁应聘物业。

⑥ 综上,得乙应聘网管。

42.【答案】 C

【题型与难度】 论证分析—削弱。难度一般偏易。

【题干概括】

论据：智能导游可以为自由行游客提供全程讲解，满足他们了解旅游景点的文化需求。

结论：智能导游必然会取代人工导游。

【答案解析】 C项如果为真，说明智能导游虽然有讲解功能，但不能提供好的人工导游能提供的个性化讲解，这能有力地质疑题干。答案是C。

【选项排除】

A	A项不涉及智能导游和人工导游的对比，只涉及App和其他某些导游讲解器具的对比，用以说明App的长处，加强题干。
B	B项能质疑题干，但诉诸的是不确定性，力度不如C项。
D	D项能质疑题干，但只说明App的开发推广还在起步阶段，离理想目标还有距离，无助于说明这一目标难以实现，力度不如C项。
E	E项指出的是人工导游的短处，加强题干。

43.【答案】 E

【题型与难度】 逻辑推断：非形式推理。难度一般偏难。

【题干概括】

条件(1)：甲：上周给我看病的医生在抽烟；

条件(2)：乙：抽烟的医生→不关心自己的健康→不关心他人健康；

条件(3)：甲：不关心他人健康→没有医德→不会找他看病。

【答案解析】【选项排除】

A	由甲同意乙的断定及条件(2)和条件(3)，得：甲认为，抽烟的医生→不会找他看病。A项能从题干推出。
B	乙的话是紧接甲的第一句话说的，因此有理由认为，乙赞同甲的第一句话，又由条件(1)和条件(2)，得：乙认为上周给甲看病的医生不会关心乙的健康。B项能从题干推出。
C D	由甲赞同乙的意见及条件(1)和条件(2)，得：甲认为上周给她看病的医生既不关心医生自己的健康，也不关心他人(包括甲)的健康。因此，C项和D项都能从题干推出。
E	甲有两个断定即条件(1)和条件(3)。乙说话在甲的第二个断定之前，因此，不能断定乙认同甲的第二个断定，因此，E项不能由题干推出。答案是E。

【提要】 此题的关键是：可以断定，乙赞同甲的第一个断定，但不能断定，乙赞同甲的第二个断定。此题另一个值得关注的方法是，如果需要，“所有A都是B”和“所有A都不是B”，可以分别表示为“A→B”“A→¬B”。

44.【答案】 B

【题型与难度】 论证分析：确定假设。难度一般。

【题干概括】 题干是一个论证。

论据：得道→多助→天下顺之；

失道→寡助→亲戚畔之；

以天下之所顺，攻亲戚之所畔→必胜。

结论：君子战必胜。

【答案解析】 题干的论据，只涉及“得道”和“战必胜”的关系，而结论断定的是“君子”和“战必胜”的关系。题干的论据要能支持或推出结论，蕴含的前提必须断定“君子”和“得道”的关系。诸选项中，只有 B 项断定此种关系。B 项如果不成立，则题干的论证就不成立。因此，B 项是题干的论证所蕴含的前提。

【选项排除】 其余选项，均不涉及“君子”，显然不是题干蕴含的前提。

【提要】 解答此题的要领，是抓住关键概念“君子”。

45.【答案】 C

【题型与难度】 论证分析：加强。难度一般。

【题干概括】

论据：大多数中小学生的家长陪孩子写作业，使家庭成为课堂的延伸。

结论：这种现象对孩子的成长不利。

【答案解析】 C 项指出家长陪孩子写作业的几大弊端：加重学习压力，影响学习兴趣，妨碍独立人格的培养，这有力地支持了题干，基于和其余选项的比较，C 项最能支持题干。

【选项排除】

A	A 项明显削弱题干。
B	B 项和 D 项说明家长不能胜任辅导孩子完成作业，这能说明家长陪孩子写作业无助于孩子完成作业，但未说明不利于孩子成长，对题干的支持力度显然不如 C 项。
D	
E	E 项并不赞成辅导孩子完成作业，这和题干一致，但 E 项并未涉及陪孩子写作业的弊端，因此，对题干的支持力度不大。

46.【答案】 B

【题型与难度】 分析性推理：排序。难度一般。

【题干概括】 约定：“A<B”表示“A 比 B 低”从低到高依次记为 1,2,3,4,5,6,7。

条件(1)：荒漠<森林带<冰雪带。

条件(2)：荒漠<山地草原<森林带。

条件(3)：山地草原<森林带<山地草甸。

条件(4)：山地草甸草原≤山地草甸≤高寒草甸。

可得：

	荒漠	山地草原	森林带	山地草甸草原	山地草甸	高寒草甸	冰雪带
7							
6							
5							
4							
3							
2							
1							

表中阴影表示不可能的取值

【答案解析】【选项排除】

A	可能。如上页表所示，山地草甸草原可能低于森林带。
B	不可能。B 项断定森林带比高寒草甸高，违反条件(3)和条件(4)的推论。
C	可能。如上页表所示，山地草甸草原可能比山地草原低。
D	可能。如上页表所示，高寒草甸可能比冰雪带高。
E	可能。如上页表所示。

【提要】 本题的条件涉及 7 个植被形态，准确地把握其高低排序有复杂度，B 项作为正确答案只涉及条件(2)（其中只涉及 3 个植被形态），证明其违反条件没有难度。但本题没有明显的信息提示首先并只需思考 B 项，因此，要排除其余选项，接受本题的充分训练，上述完整解析是必要的。

47.【答案】 D

【题型与难度】 分析性推理：对应。难度一般。

【题干概括】【答案解析】

	《论语》	《史记》	《唐诗三百首》	《奥德赛》	《资本论》
甲	×①	×④	×①		×①
乙	×③	√④	×②	×②	×②
丙	×⑤	×④			
丁	√⑤	×④	×②	×②	×②
戊	×⑤	×④			

推导过程：

① 条件(1)。

② 条件(2)。

③ 假设乙选《论语》，由条件(2)和条件(3)，得丁和戊都选《史记》。因此，乙不选《论语》。

④ 由乙不选《论语》，得乙选《史记》。

⑤ 由乙选《史记》，得丁选《论语》。

48.【答案】 B

【题型与难度】 逻辑推断：形式推理—假言推理。难度一般。

【题干概括】

条件(1)只为自己劳动→不能成为完美无瑕的伟大人物。

条件(2)为人类福利劳动（为大家而献身）→（重担不能压倒∧感到的不是可怜的、有限的、自私的乐趣∧幸福属于千万人们∧我们的事业将默默地、永恒发挥作用地存在下去∧面对我们的骨灰，高尚的人们将洒下热泪）。

【答案解析】 由条件(2)，依据肯定前件可以肯定后件，可推出 B 项。

【选项排除】

A C	A 和 C 项均推不出，因为依据条件(2)，否定前件不能否定后件。

续表

D	D 和 E 项显然推不出。
E	

49.【答案】 A

【题型与难度】 分析性推理:组合。难度一般偏易。

【题干概括】 见 50 题。

【答案解析】 条件(2)断定“芹菜不能在黄椒那一组”,条件(4)断定“黄椒必须与豇豆在同一组”,由此直接可得:芹菜与豇豆不在同一组。

【选项排除】 A 项所断定的两样蔬菜如果在同一组,能推出违反题干条件,因此,A 项能从题干推出。其余选项所断定的两样蔬菜如果在同一组均不能推出违反题干条件,因此,均不能从题干推出。

50.【答案】 B

【题型与难度】 分析性推理:组合。难度一般偏难。

【题干概括】 (“=”表示在同一组;“≠”表示不在同一组。)

菜			椒			瓜			豆		
芹菜	菠菜	韭菜	青椒	红椒	黄椒	黄瓜	冬瓜	丝瓜	扁豆	毛豆	豇豆

条件(1):同一类别的蔬菜不在一组;

条件(2):芹菜≠黄椒,冬瓜≠扁豆;

条件(3):毛豆=(红椒或韭菜);

条件(4):黄椒=豇豆。

【答案解析】 由 50 题条件:韭菜、青椒与黄瓜在同一组,设该组为甲组,其余两组分别为乙和丙组。推导参见下表,序号表示推导步骤:

菜			椒			瓜			豆		
芹菜	菠菜	韭菜	青椒	红椒	黄椒	黄瓜	冬瓜	丝瓜	扁豆	毛豆	豇豆
丙③	乙④	甲①	甲①		乙②	甲①					乙②

① 50 题条件。

② 由条件(1)“同一类别的蔬菜不在一组”,得黄椒不在甲组,不妨设所在组为乙组,再由条件“黄椒=豇豆”,得豇豆在乙组。

③ 由条件(2)“芹菜≠黄椒”,得:芹菜不在乙,又芹菜不在甲组(因为韭菜在甲组),得芹菜在丙组。

④ 由韭菜在甲组和芹菜在丙组,得菠菜在乙组。

综上,得:菠菜、黄椒与豇豆在同一组。答案是 B。

【选项排除】

A	A 项推不出,因为可推出芹菜和红椒在丙组,但扁豆可以在甲组。
C	C 项推不出,因为韭菜和黄瓜同在甲组,但毛豆可以在丙组。

续表

D	D 项推不出，因为菠菜和豇豆同在乙组，但冬瓜可以在丙组。
E	E 项推不出，因为可推出芹菜和红椒在丙组，但丝瓜可以在乙组。

51.【答案】 E

【题型与难度】 论证分析：加强（支持）。难度一般。

【题干概括】

论据：《淮南子·齐俗训》有制作牛肉汤的记载。

结论：牛肉汤的起源不会晚于春秋战国时期。

【答案解析】 如果《淮南子·齐俗训》的写作年代不晚于春秋战国时期，那么题干的论证有说服力，但题干并未断定这一点（事实上《淮南子·齐俗训》完成于西汉时期，晚于春秋战国时期），这影响了题干的说服力。E 项如果为真，说明即使《淮南子·齐俗训》写作年代晚于春秋战国时期，但其所记述的牛肉汤制作属于春秋战国时期的风俗习惯，这有力地支持了题干。

【选项排除】

A	A 如果为真，如上所述，削弱了题干。排除。
B	B 项支持题干，但力度不如 E 项，因为使用耕牛和制作牛肉汤没有直接的关系。
C	C 项支持题干，但力度不如 E 项，因为作者来自齐国故地，不见得其记载的一定是齐国的风俗习惯。
D	D 项支持题干，但力度不如 E 项。因为有熬汤的鼎器不见得能制作牛肉汤。

52.【答案】 E

【题型与难度】 论证分析：削弱（质疑）。难度一般。

【题干概括】

论据：和不苟言笑的老人相比，爱笑老人健康状态的自我评价往往较高。

结论：爱笑的老人更健康。

【答案解析】 题干的论证依赖于这样一个假设：老年人的自我健康评价基本符合他们的实际健康状况，否则，题干的论证就不成立。E 项如果为真，有力地质疑了这一假设，因而有力地质疑了题干。

【选项排除】

A	有利于说明爱笑（乐观）的人比不爱笑（悲观）的人更健康，加强题干。
B	有利于说明对自我健康评价不高的人事实上不健康，加强题干。
C	不相干。
D	有利于说明爱笑（乐观）的人更健康，加强题干。

53.【答案】 A

【题型与难度】 论证分析：削弱。难度一般偏易。

【题干概括】

论据：阔叶树的降尘效果比针叶树强。

结论：为了降尘北京应大力推广阔叶树，并尽量减少针叶林面积。

【答案解析】【选项排除】

A	题干的结论是尽量减少针叶林面积。A 项说明如果实施结论中的大力推广阔叶树，会导致阔叶树与针叶树比例失调，这会产生严重的负面影响。削弱题干。

续表

B	不相干。
C	不相干。
D	D 项断定阔叶树冬天落叶，不利于降尘，又断定养护成本较高，削弱题干，但力度不如 A 项。
E	E 项涉及城市降尘的另外一种方式，这和题干的论证有一定的相干性，但不削弱题干。

综上，答案是 A。

54.【答案】 C

【题型与难度】 分析性推理：对应。难度一般。

【题干概括】 由题干条件，不难证明，3 种花，在 6 个格子中每种花恰出现 2 次，格子 1 和格子 5，格子 2 和格子 6，格子 3 和格子 4 分别是同一种花。

【答案解析】 54 题的条件是，格子 5 中是红色的花。由题干条件，红色的花只可能是玫瑰或兰花，因此，格子 5 是玫瑰或兰花。由于格子 1 和格子 5 是同一种花，因此，格子 1 只可能是玫瑰或兰花，不可能是菊花，即 C 项不可能为真。

55.【答案】 D

【题型与难度】 分析性推理：对应。较难。

【题干概括】

玫瑰：紫色、红色、白色；

兰花：红色、白色、黄色；

菊花：白色、黄色、蓝色；

本题条件：格子 5 中是红色的玫瑰，格子 3 中是黄色的花。

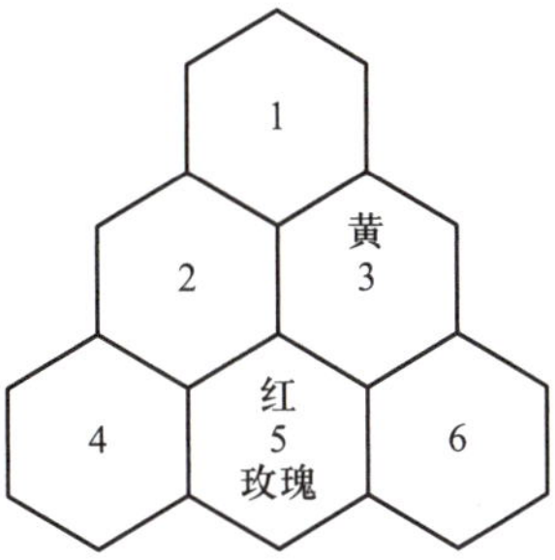

【答案解析】【选项排除】

因为格子 5 是玫瑰，因此格子 2 和格子 3 分别是兰花和菊花。假设格子 2 是兰花，则格子 6 是兰花。又格子 2 和 6 都分别与格子 3 和 5 相邻，都不能是黄色或红色，因而只能是白色这一种颜色，违反题干条件(2)，因此，假设不成立，得：格子 2 是菊花，格子 3 是兰花。依此，不难得出以下结论：

① 格子 4 是白色兰花。

证明：格子 4 中兰花的颜色不可能是黄色，因为格子 3 是黄色兰花，也不可能是红色，因为格子 5 是红色玫瑰。因此格子 4 中兰花的颜色是白色。

以下结论证明略：

② 格子 2 是蓝色菊花。

③ 格子 6 是白色菊花。

④ 格子 1 是玫瑰，颜色是紫色或白色。

得诸选项中，D 项一定为真。A 项可能为真，但不一定为真（也可能是白色的玫瑰）；B 项，C 项，E 项一定为假。

2018 年管理类综合能力逻辑推理试题精讲

26.【答案】 A

【题型与难度】 逻辑推断：形式推理。难度一般。

【题干概括】

条件（1）：离开人民→文艺就会变成无根的浮萍、无病的呻吟、无魂的躯壳；

条件（2）：在人民中传之久远→表达人民的心愿、心情、心声。

【答案解析】

由条件（1）：

（离开人民→文艺就会变成无根的浮萍、无病的呻吟、无魂的躯壳）

=（文艺不会变成无根的浮萍、无病的呻吟、无魂的躯壳→不离开人民）

=（只有不离开人民，文艺才不会变成无根的浮萍、无病的呻吟、无魂的躯壳）

即 A 选项正确。

【选项排除】

<table>
<tr><td>B</td><td>B 项违反题意，显然推不出。</td></tr>
<tr><td>C</td><td rowspan="2">C 项推不出。因为题干只断定“人民是历史的创造者”，但并未断定“只有人民才是历史的创造者”，因此，不能由“人民既是历史的创造者，也是历史的见证者”，得出“历史的创造者都是历史的见证者”。同理，D 项推不出。</td></tr>
<tr><td>D</td></tr>
<tr><td>E</td><td>E 项推不出，因为题干断定，表达人民的心愿、心情、心声，是作品在人民中传之久远的必要条件，而 E 项断定前者是后者的充分条件。由条件（2），肯定后件不能肯定前件。</td></tr>
</table>

27.【答案】 C

【题型与难度】 逻辑推断：非形式推理。难度一般。

【答案解析】【选项排除】 题干陈述的是我国 12 个城市在某天的天气预报。这 12 个城市只是我国城市的一小部分，依此信息得出的有关所有天气类型的结论，是不完全归纳推理的结论。不完全归纳的结论，是或然性结论（可能），不是必然性结论（一定）。各选项都是对所有天气类型的断定，其中只有 C 项是或然性断定，其余都是必然性断定，因此，答案是 C。

【提要】 本题考点：不完全归纳。

28.【答案】 D

【题型与难度】 逻辑推断：非形式推理。难度一般。

【题干概括】 专家的结论：晚睡其实隐藏着某种烦恼。问题是哪项最能支持专家的结论。本题结论在题干，作为正确答案的前提在选项中。

【答案解析】 在各选项中，只有 D 项支持“晚睡其实隐藏着某种烦恼”。

【选项排除】

A	A 项只说明晚睡者从晚睡中得到快乐，不能说明这种快乐隐藏着烦恼。
B	B 项说明晚睡的原因是要完成工作，并断定这是“积极的人生态度”，不能说明存在烦恼。
C	C 项说明晚睡者精力充沛，想做点有意义的事，显然没有烦恼。
E	E 项只能说明晚睡者无聊，不能说明有烦恼。

【提要】 本题是逻辑推断题。推理指向是由选项到题干，需要运用“倒推”的方式从选项寻找答案。

29.【答案】 A

【题型与难度】 逻辑推断：非形式推理。难度一般。

【题干概括】 专家的观点：分心驾驶已成为我国道路交通事故的罪魁祸首。

问题：哪项最能支持专家的这一观点？

本题结论在题干，作为正确答案的前提在选项中。

【答案解析】 A 项断定，我国由分心驾驶导致的交通事故的占比，高于酒驾、药驾、超速驾驶、疲劳驾驶等，这支持“分心驾驶已成为我国道路交通事故的罪魁祸首”。

【选项排除】

B	B 项、C 项和 D 项只说明使用手机容易导致车祸，但并不能说明相比其他因素更容易导致车祸，因此，对题干的支持力度不如 A 项。
C	
D	
E	E 项断定的是美国的情况，对题干的支持力度显然不如 A 项。

30.【答案】 B

【题型与难度】 分析性推理。难度一般偏易。

【题干概括】 甲、乙、丙、丁、戊、己、庚，每人每周值日一天，每天仅一人值日。

条件(1)：乙周二值日 ∨ 乙周六值日；

条件(2)：甲周一值日→(丙周三值日 ∧ 戊周五值日)；

条件(3)：¬甲周一值日→(己周四值日 ∧ 庚周五值日)；

条件(4)：乙周二值日→己周六值日。

【答案解析】 由“丙周日值日”和条件(2)，得：甲周一不值日，再由条件(3)，得：己周四值日且庚周五值日。由“己周四值日”和条件(4)，得：乙周二不值日，再由条件(1)，得：乙周六值日。

31.【答案】 D

【答案解析】 由“庚周四值日”和条件(3)，得：甲周一值日，再由条件(2)，得：丙周三值日且戊周五值日。因此，D 项一定为假。

32.【答案】 E

【题型与难度】 逻辑推断：形式推理—模态对当关系。难度一般。

【答案解析】 师不必然贤于弟子 = 师可能不贤于弟子。

由“师可能不贤于弟子”，可得：有的师可能不贤于弟子。

【考点与要领】　本题考点，模态对当关系：

不必然＝可能不；

不可能＝必然不。

【选项排除】

<table>
<tr><td>A</td><td rowspan="3">弟子不必（然）不如师（题干）＝弟子可能如师。在韩愈的观点中，可能存在一种极端的特例，即所有的弟子都贤于师，在这种情况下，可容易排除 A、B 和 D 项。</td></tr>
<tr><td>B</td></tr>
<tr><td>D</td></tr>
<tr><td>C</td><td>师不必（然）贤于弟子（题干）＝师可能不贤于弟子。由此，得不出 C 项。</td></tr>
</table>

【提要】　注意：师不必贤于弟子＝（任一）师不必然贤于弟子＝（任一）师可能不贤于弟子。因此，“师不必贤于弟子”不等于 E 项，但可以推出 E 项。

33.【答案】　E

【题型与难度】　逻辑推断：形式推理。难度一般。

【答案解析】　由条件（2）得：“雨水”在春季；由“‘雨水’在春季”和条件（4）得：“霜降”在秋季；由“‘霜降’在秋季”和条件（3）得：“清明”在春季。E 项把“清明”列在夏季，是不可能的。

【选项排除】　有一种思考认为 A 项不可能，理由是，A 项的春季中没有“清明”，根据条件（3）可得：“霜降”不在秋季，而 A 项的秋季中列有“霜降”，因此不可能，这一思考不成立，因为 A 项所列出的春季的两个节气中没有“清明”选项中仅列的节气未囊括该季节所有的节气，得不出：“清明”不在春季。

【提要】　“清明”在春季，是经验常识，但不能作本题推理的前提，推出本题结论的前提只能是题干已作出的断定。一般地，公认的经验常识不能作为形式推理的前提，但可以作为非形式逻辑题的解题依据。

34.【答案】　C

【题型与难度】　类比：推理形式类比。难度一般。

【题干概括】　题干的两个前提和结论均为条件断定。结论的特点是由否定一个前提的后件“落后”，来否定另一个前提的前件“刀不磨”。

【答案解析】　C 项具有题干的上述特点，其结论由否定一个前提的后件“不富”，来否定另一个前提的前件“马无夜草”。

【选项排除】

A	A 项的结论由否定一个前提的后件“不揭锅”，来否定同一个前提的前件“不到火候”。
B	B 项的两个前提均不是条件断定。
D	D 项的结论由否定一个前提的后件“无完人”，来肯定而不是否定另一个前提的前件“是金子”。
E	E 项的结论由否定一个前提的后件“空活百岁”，来肯定而不是否定另一个前提的前件“有志”。

35.【答案】　D

【题型与难度】　逻辑推断：非形式推理。难度一般。

【答案解析】　由条件（4）和条件（1），得：小张乘坐 7 站；由条件（4）和条件（3），得：小李乘坐 8 站。因此，D 项和题干不一致。

【选项排除】 除 D 项外，其余各项均涉及小王。由题干条件不能确定小王乘坐的站数，因此无法确定其余选项是否和题干一致。

36.【答案】 C

【题型与难度】 论证分析：削弱（质疑）。难度一般。

【题干概括】 题干为一个论证。

论据：年轻人中去医院治疗老年病的人数增加。

结论：年轻人中老年病的发病率提高。

【答案解析】 某群体的发病率，是病人数和总人数之比，因此，此题的解题思路是关注年轻人总数的变化。C 项断定该国 45 岁以下年轻人的数量急剧增加，这有利于说明，虽然 30 岁至 45 岁人群中，去医院治疗冠心病、骨质疏松等病症的人越来越多，但该国年轻人中“老年病”发病率可能并没有提高，因为 45 岁以下年轻人的总量同时增加了。这就有力地削弱了题干。

【选项排除】

A	A 项有利于说明现在患“老年病”的患者中，可能包括一些以往因为不关注自身健康而漏诊的病人，因而现在越来越多的病人可能不是新增加的病人，这能削弱题干。但相比之下，削弱力度不如 C 项。
B	不相干。
D	不相干。
E	不相干。

【提要】 此题考点：绝对数和百分比。仅根据分子的数量增加，不能确定百分比提高，还需考虑分母的数量是否同时增加。这是本题排除 A 项的一个主要理由。

37.【答案】 A

【题型与难度】 逻辑推断：形式推理。难度一般。

【题干概括】【答案解析】

（每一个体不损害他人利益 ∧ 尽可能满足自身的利益需求）→良善社会（题干）

=¬良善社会→¬（每一个体不损害他人利益 ∧ 尽可能满足自身的利益需求）

=¬良善社会→（¬每一个体不损害他人利益 ∨ ¬尽可能满足自身的利益需求）

=¬良善社会→（有的个体损害他人利益 ∨ ¬尽可能满足自身的利益需求）（A 项）

【选项排除】 C 项，D 项和 E 项不能推出，因为根据题干的条件断定，否定前件和肯定后件均不能推出结论。

B	B 项：尽可能满足每一个体的利益需求→损害社会的整体利益。显然推不出。
C	C 项：良善社会→尽可能满足每一个体的利益需求。推不出。“肯定后件不能肯定前件”。
D	D 项：有些个体通过损害他人利益来满足自身的利益需求→社会不良善。推不出。“否定前件不能否定后件”。
E	E 项：某些个体的利益需求没有尽可能得到满足→社会不良善。推不出。“否定前件不能否定后件”。

38.【答案】 D

【题型与难度】 分析性推理。难度一般。

【题干概括】 李晓明选修的不是“《诗经》鉴赏”就是“唐诗鉴赏”=李晓明选修的是“《诗经》鉴赏”或者“唐诗鉴赏”，即李不选修“老子研究”，也不选修“宋词选读”。（注意：“不是A，就是B”=“A或B”）。

【解题思路】 本题可有两种不同的解题方法：

方法一：

本题的提问方式是：哪项如果为真，则赵珊珊选修的是“宋词选读”？这一问题等价于：如果赵珊珊选修的不是“宋词选读”，则以下哪项为假？因此，假设赵珊珊选修的不是“宋词选读”，如果能推出某个选项的否定，则该选项就是正确答案。

方法二：

分别假设各选项为真，依据题干条件，如能推出赵珊珊选修的是“宋词选读”，即为正确答案。

方法一应是解答本题的首选。

【答案解析】

方法一：假设：赵珊珊选的不是“宋词选读”。

	“《诗经》鉴赏”	“老子研究”	“唐诗鉴赏”	“宋词选读”
李晓明		×②		×②
陈文静	×④		×④	
赵珊珊		×①		×③假设
庄志达	×④		×④	

推导过程：

① 条件(2)。

② 条件(3)。

③ 假设。

④ 综上，可得：李晓明和赵珊珊分别选修“《诗经》鉴赏”和唐诗鉴赏，继而得：陈文静和庄志达都不选修“《诗经》鉴赏”和“唐诗鉴赏”，得：D项一定为假。综上。得：如果赵珊珊选修的不是“宋词选读”，则庄志达不选修“《诗经》鉴赏”，即如果庄志达选修“《诗经》鉴赏”，则赵珊珊选修“宋词选读”。

因此，答案是D。

方法二：假设D项为真。

	“《诗经》鉴赏”	“老子研究”	“唐诗鉴赏”	“宋词选读”
李晓明	×④	×②		×②
陈文静	×④	√⑤	×⑥	×⑥
赵珊珊	×④	×①		√⑦
庄志达	√③	×④	×④	×④

推导过程：

① 条件(2)。

② 条件(3)。

③ 假设(D)项为真。

④ 表示③的推论。

⑤ 表示①,②和④的推论。

⑥ 表示⑤的推论。

⑦ 表示②,④和⑥的推论。

【选项排除】 依据上述方法，不难发现，除 D 项外，其余选项均不能推出“赵珊珊选修的是‘宋词选读’”。例如：

B 项不能推出。

	“《诗经》鉴赏”	“老子研究”	“唐诗鉴赏”	“宋词选读”
李晓明		×(条件(3))		×(条件(3))
陈文静		×②		
赵珊珊		×(条件(2))		
庄志达	×②	√①(选项 B)	×②	×②

C 项不能推出。

	“《诗经》鉴赏”	“老子研究”	“唐诗鉴赏”	“宋词选读”
李晓明		×(条件(3))		×(条件(3))
陈文静	×③	√②	×③	×③
赵珊珊		×(条件(2))		
庄志达		×①(选项 C)		

39.【答案】 C

【题型与难度】 语义理解：解释。难度一般偏易。

【题干概括】 题干断定：如果降水量偏低，水草总量会增加。要解释的是，为什么去年极端干旱，水流量十分低，但水草总量并未增加。

【答案解析】【选项排除】

C 项如果为真，是对题干现象的一个合理解释。其余选项均不能解释。

40.【答案】 D

【题型与难度】 分析性推理。难度一般偏易。

【答案解析】 由“甲在第二编队”和条件(3)得丙在第一编队。由“丙在第一编队”和条件(2)，得戊在第二编队。

41.【答案】 D

【题型与难度】 分析性推理。难度一般偏难。

【答案解析】 本题条件只断定丁和庚在同一编队，但并未断定是哪一编队。如果丁和庚同在第二编队，则由条件(4)得：乙在第二编队。又由条件(3)甲和丙中有一艘在第二编队，又由条件（1）己在第二编队，则第二编队有 5 艘舰艇，违反题干条件。因此，丁和庚同在第一编队，又由条件（3）甲和丙中有且只有一艘在第一编队，因为第一编队舰艇总数为 3，因此，戊在第二编队。

42.【答案】　C

【题型与难度】　类比：形式类比。难度一般。

【题干概括】　题干的结构是：

甲：对于 P，最重要的是 Q。

乙：对于 P，最重要的是 R。没有 R，就没有 P。

【答案解析】　C 项和题干具有相同的结构。

【选项排除】　其余选项和题干的结构不同。

A	A 项的结构是： 甲：对于 P，最重要的是 Q。 乙：对于 P，最重要的是 R。任何 Q 都源于 S。 注意："文学创作"和"优秀文学作品"不是同一概念。
B D E	B 项，D 项和 E 项的结构都是： 甲：对于 P，最重要的是 Q。 乙：对于 P，最重要的是 R。没有 R，就没有 Q。

43.【答案】　B

【题型与难度】　逻辑推断：形式推理。难度一般。

【题干概括】【答案解析】

若要人不知，除非己莫为

=除非己莫为，否则人定知

=己为→人知；

若要人不闻，除非己莫言

=除非己莫言，否则人定闻

=己言→人闻；

因此，答案是 B 项。

【选项排除】

A	由"己言→人闻"，推不出"若己不言，则人不闻"。
D	由"己为→人知"，推不出"若己不为，则人不知"。
C E	题干把"言之而欲人不闻"，比作"盗钟而掩耳"，并未断定二者之间的条件关系（真假关系）。因此，C 项得不出。同理，E 项得不出。一般地，把 P 比作 Q，不能依此得出：如果 P 真，那么 Q 真。例如，把某人贪心不足比作蛇吞象，不能依此得出：如果某人贪心不足，那么蛇就能吞象。

【提要】

（1）除非 P，否则 Q=¬P→Q。（口诀：否前则后）

（2）"除非"和"否则"是固定搭配，它的完整结构是"除非……，否则……"。

“P,否则 Q”=除非 P,否则 Q;

“P,除非 Q”=除非 Q,否则 P。

本题“若要人不知,除非己莫为”的显结构是“除非……,否则……”,应整理概括为“除非己莫为,否则人定知”,即:“己为→人知”。有一种意见认为“若要人不知,除非己莫为”的显结构是“若……,则……”,按照这种理解,“若要人不知,除非己莫为”应整理概括为“人不知→除非己莫为”,这不能直接表示为“人不知→己莫为”,因为“除非己莫为≠己莫为”。

44.【答案】 B

【题型与难度】 逻辑推断:非形式推理。难度一般。

【题干概括】

条件(1):中国卷烟消费在 2014 年同比上升 2.4%。

条件(2):中国卷烟消费在 2015 年同比下降 2.4%。

条件(3):中国卷烟消费的上述下降使全球卷烟总消费量同比下降 2.1%(下降幅度低于中国)。

【答案解析】 由上述条件可得:2015 年世界其他国家卷烟消费量同比下降比率低于中国,否则,全球卷烟总消费量同比下降比率不会低于中国。

比照考虑以下推理:

家中就丈夫和妻子挣钱。和去年相比,丈夫今年收入降低 10%,这使得家庭总收入降低 8%,能推出什么结论?结论显然是:妻子的同比降薪低于 10%。如果妻子的同比降薪高于 10%,例如 12%,家庭总收入不会只降低 8%。这个推理中,丈夫收入就相当于中国的卷烟消费量,妻子收入相当于除中国外世界其他国家的卷烟消费量,家庭总收入相当于世界卷烟的总消费量。

A	推不出,因为题干未涉及发达国家与发展中国家的相关信息。
C	推不出,已证 B 能推出,C 和 B 不能同真。
D、E	设 2013 年中国卷烟消费量为 x,则 2014 年为 $(1+2.4\%)x$,2015 年为 $(1-2.4\%)(1+2.4\%)x$,可得 2015 年中国卷烟消费量小于 2013 年。

【提要】 题干断定“2015 年中国卷烟消费量仍占全球的 45%”,是指虽然中国卷烟消费量在 2015 年下降,但在全球总量中仍占近半,而不是指相对 2014 年,2015 年中国在全球总量中的占比不变。事实上,由中国这个分量的同比降幅高于全球总量的同比降幅,可得:相对 2014 年,2015 年中国在全球的占比降低。这点与本题选项中的结论无关,但在此类试题中是一个重要考点,考生应予关注。

45.【答案】 D

【题型与难度】 语义理解:核对条件。难度一般。

【答案解析】 D 项不可能,因为条件(2)断定“法学类新书都放在第 5 排”,所以徐莉不可能在第 6 排找到法学类新书。

【选项排除】 其余各项均有可能。

<table>
<tr><td>A</td><td rowspan="2">A 项和 C 项均可能,因为条件(1)断定“前 3 排书橱均放有哲学类新书”,由此得不出,其余各排均不放有哲学类新书。</td></tr>
<tr><td>C</td></tr>
</table>

续表

B	B 项可能,因为条件(2)断定,第 5 排书橱也放有经济类新书,由此得不出经济类新书不可能放在第 3 排。
E	E 项可能,因为最后一排可能就是第 7 排。

46.【答案】 A

【题型与难度】 逻辑推断:形式推理。难度一般。

【题干概括】 欢迎参加会议→收到邀请函→论文通过审核。

【答案解析】 由题干可得:如果论文未通过审核,则不被欢迎参加会议,这即是 A 项所断定的。

【选项排除】

B C	推不出,“肯定后件不能肯定前件”。
D	推不出,因为如果题干为真,则 D 项为假:D 项“肯定前件,并且否定后件”。
E	推不出,因为“肯定后件不能确定(肯定或否定)前件”。

47.【答案】 B

【题型与难度】 逻辑推断:分析性推理。难度较易。

【答案解析】 由条件(3)和条件(4)直接可得。条件(4)否定条件(3)的后件,可否定其前件,即得菊园不在园林的中心。

48.【答案】 C

【题型与难度】 逻辑推断:分析性推理。难度一般偏易。

【答案解析】 由北门位于兰园,和条件(1)和条件(2)可得:南门位于竹园,东门不位于松园且不位于菊园,因此,东门位于梅园。

49.【答案】 E

【题型与难度】 论证分析:加强(支持)。难度一般。

【题干概括】 题干专家的观点基于以下论证。

论据:冬季在公路上撒盐除冰,会让本来要成为雌性的青蛙变成雄性。

结论:这会导致相关区域青蛙数量的下降。

【答案解析】 题干的论据说明,冬季在公路上撒盐除冰,会减少雌性青蛙的比例。E 项如果为真,说明这会影响青蛙物种的繁衍生息,这有力地支持了题干专家的观点。

【选项排除】

A D	A 项和 D 项如果为真,都说明冬季在公路上撒盐除冰,会影响青蛙的生长,能支持题干专家的观点。但题干的论据是,冬季在公路上撒盐除冰,会让本来要成为雌性的青蛙变成雄性,而不仅仅是撒盐除冰,因此,A 项和 D 项与题干的论证的关联不大,因而支持力度不如 E 项。
B	不能确定 B 项支持题干,因为 B 项断定的可能性,不一定是指:一个物种以雌性为主,该物种的个体数量会减少。
C	C 项加强题干的论据,但题干中未说明雌性青蛙数量的减少和整个种群的规模的关系,因此支持力度不如 E 项。

50.【答案】 D

【题型与难度】 逻辑推断:形式推理。难度一般。

【题干概括】 对最终审定的项目来说,以下断定成立:

(1) 意义重大 ∨ 关注度高。

(2) 意义重大→涉及民生。

(3) 有些项目不涉及民生。

【答案解析】 由(3)和(2),可得:

(4)这些(不涉及民生的)项目意义不重大。

由(4)和(1),可得:

(5)这些项目关注度高。

即“有些项目尽管关注度高但并非意义重大”。

51.【答案】 E

【题型与难度】 类比。难度一般偏难。

【题干概括】 题干对话涉及两个要点:第一,何者为难,何者为易;第二,何者在先,何者在后。甲、乙两人都认为先难后易,分歧在于何难何易。

【答案解析】【选项排除】

A	A 项和 C 项未涉及何者在先,何者在后。
C	
B	B 项未涉及何者为难,何者为易。
D	D 项两个要点都涉及,但题干甲、乙两人都认为难在前,易在后,而 D 项甲、乙两人都认为易在前,难在后,不同于题干。
E	甲、乙两人都认为先难后易,分歧在于甲认为做人难做事易,而乙认为做人易做事难。和题干类似。

52.【答案】 C

【题型与难度】 逻辑推断:形式推理。难度一般。

【题干概括】 题干断定:条件(1)值得拥有专利→创新;条件(2)模仿→非创新。

【答案解析】 由条件(1)和条件(2),得:值得拥有专利→非模仿。因此,C 项不可能。

【提要】 “所有 P 都是 Q”,根据需要,可表达为“P→Q”。

53.【答案】 A

【题型与难度】 逻辑推断:分析性推理。难度一般。

【解题思路】 题干的条件均是形式为“如果……”的条件断定。条件(1)可概括为“不违禁→进口”,属“推理无起点”。考虑假设。此题丁在条件中出现最多,可首先考虑作为假设对象。

【答案解析】【选项排除】

假设进口丁,由条件(3),得:丙不含有违禁成分,又由条件(1),得进口丙。又由条件(5),得不进口丙,矛盾!因此,假设不成立,得:不进口丁。由不进口丁和条件(4),得:不进口戊。由不进口丁和戊,可排除 B 项,C 项,D 项和 E 项。

由不进口戊和条件(2),可得甲和乙都不违禁,由条件(1),得甲和乙都进口。由不进口丁和条件(5)，得丙进口。因此，甲、乙、丙都进口，答案是 A。

54.【答案】 B

【题型与难度】 逻辑推断：分析性推理。难度一般偏难。

【答案解析】 由题干，总分最高的是 6 分，和 6 分者对弈的人所得分数是 0。由条件(4)，总分为 0 的是李龙。因此，需要确定李龙的对弈者。作为男生，李龙的对弈者只可能是施琳、张芳、王玉、杨虹。由条件(1)，李龙的对弈者不是张芳（张芳和吕伟对弈），不是王玉（王玉的赛桌在李龙的右边），也不是杨虹（杨虹在 4 号桌，即最右，王玉的赛桌在李龙的赛桌的右边，因此，李龙的比赛桌不在最右），因此，李龙的对弈者是施琳，施琳的总积分最高。

55.【答案】 C

【题型与难度】 逻辑推断：分析性推理。难度一般偏难。

【答案解析】 本题条件是：有位选手前三局均与对手下成和局。

由条件(3)和条件(4)得，前三局均为和局的男选手不是赵虎、李龙和范勇，因此，是男选手吕伟。由条件(1)，张芳和吕伟对弈。因此，张芳前三局均与对手下成和局。答案是 C。

【提要】 这两题属于偏难的题，但只要得法，整个解题思考的必要步骤并不多。一般地说，如果某道试题的解答过于复杂，即使每一步无误，也很可能不是最佳思路。

2017 年管理类综合能力逻辑推理试题精讲

26.【答案】 A

【题型与难度】 逻辑推断：形式推理。难度一般。

【题干概括】

条件(1)：任何涉及核心技术的项目决不能受制于人。

条件(2)：我国许多网络安全建设项目涉及信息核心技术。

条件(3)：全盘引进国外先进技术而不努力自主创新→我国的网络安全将会受到严重威胁。

【答案解析】【选项排除】

A	由条件(1)和条件(2)，可推出 A 项。
B	B 项不能推出，因为题干并未断定：我国工程技术领域的所有项目都涉及核心技术。
C E	C 项和 E 项不能推出，因为基于条件(3)，不能由否定前件，得否定后件。
D	D 项不能推出，因为题干未断定也不能推出：与国外先进技术合作一定会导致受制于人。

27.【答案】 C

【题型与难度】 逻辑推断：形式推理。难度一般。

【题干概括】 结果出现→有原因→可被认识→必然不是毫无规律。

“所有 P 都是 Q”，可表达为“P→Q”。

【答案解析】 由题干可推出：任何结果的出现都必然不是毫无规律的。因此，如果题干断定为真，C 项一定为假。

【选项排除】 A 项，B 项，D 项显然能由题干推出。

题干断定，任何有原因的事物都可以被认识，但没有断定任何事物背后都有原因。因此，题干不能推出 E 项。但由题干也不能断定 E 项一定为假。

28.【答案】 D

【题型与难度】 论证分析：加强（支持）。难度一般偏易。

【题干概括】 题干专家的观点基于一个论证。

论据：海外代购有损政府的税收。

结论：政府应该严厉打击海外代购的行为。

【答案解析】 D 项如果为真，说明去年我国的奢侈品海外代购严重有损政府的税收。这有力地支持了论据，因而有力地支持了专家的观点。

【选项排除】

A	支持题干，但力度显然不如 D 项。
B、E	不相干。
C	削弱题干。

29.【答案】 E

【题型与难度】 逻辑推断：形式推理及非形式推理。较难。

【题干概括】

条件(1)：外国游客→(甲 ∨ 乙)；

条件(2)：每个场景：至少 3 类角色；

条件(3)：每个场景：(乙商贩 ∨ 丁商贩)→(甲购物者 ∧ 丙购物者)；

条件(4)：每个场景：(购物者+路人)≤2。

【答案解析】 E 项可由题干推出。证明：假设在同一场景中，若丁和戊出演购物者，则由条件(4)，得其余人(包括乙)都不出演购物者，且不出演路人。由甲和丙不出演购物者和条件(3)，得：乙不出演商贩。因此，乙只可能出演外国游客。

【选项排除】

A	A 项不能推出，因为同一场景中，戊和己出演路人，甲出演商贩不违反条件。
B	B 项不能推出，因为在同一场景中，例如，甲出演购物者，乙出演外国游客，丙出演商贩，丁出演路人，不违反题干条件。
C	C 项不能推出，因为由题干，如果某个演员在某个场景中饰演某个角色不违反条件，则该演员在任一场景中饰演该角色都不违反条件，又因为每人在同一场景中只能出演一个角色，所以，如果一个演员在某个场景中饰演某个角色，则在任一场景中都出演这一角色不违反条件。
D	D 项不能推出，因为在同一场景中，乙出演外国游客，甲不出演商贩，例如出演购物者，不违反条件。

【提要】 要判定一个假言判断是否能从题干推出，方法是：把其前件作为补充条件附加

到题干中去，看是否能推出后件。此题有理由首先考虑 E 项，因为由 E 项的前件能顺利启动推理。

30.【答案】 E

【题型与难度】 语义理解。难度一般偏难。

【解题思路】【答案解析】【选项排除】

解答本题的关键是如何准确理解家长起诉的内容。有两种理解。理解一，根据孩子上学舍近求远，起诉施教区的划分违反“就近入学”原则；理解二，根据孩子上学舍近求远，起诉这一决定违反“就近入学”原则。如果理解一符合题干，则 A 项恰当；如果理解二符合题干，则 E 项恰当。由题干，家长起诉的根据仅是市教育局“就近入学”的原则，没有涉及区教育局关于施教区的划分，因此，理解二准确，E 项恰当。

除 E 项和 A 项外，其余选项作为法院判决的依据显然不合理。

31.【答案】 C

【题型与难度】 逻辑推断：形式推理。难度一般。

【题干概括】

条件(1)：黄金投资高于 1/2→剩余部分投入国债和股票。

条件(2)：股票投资低于 1/3→剩余部分不能投入外汇或国债。

条件(3)：外汇投资低于 1/4→剩余部分投入基金或黄金。

条件(4)：国债投资不低于 1/6。

【解题思路】 本题的前 3 个条件均是假言判断，条件(4)是简单判断，显然是推理的起点。条件(4)涉及国债，因此，无需考虑条件(3)，因为条件(3)不涉及国债；也无需考虑条件(1)，因为条件(4)肯定条件(1)的后件。可集中考虑条件(2)。

【答案解析】 由条件(2)得：股票投资比例低于 1/3→不能投资外汇且不能投资国债。条件(4)否定上述条件断定的后件，得：股票投资比例不低于 1/3，自然不低于 1/4，因此，C 项能从题干推出。

【提要】 不能投入外汇或国债=不能投入外汇且不能投入国债。

32.【答案】 E

【题型与难度】 论证分析：加强（支持）。难度一般偏易。

【题干概括】 题干专家的断言基于一个论证。

论据：通识教育和人文教育的区别。前者注重知识，后者注重意义和价值（“智识”）。

结论：人文教育对个人未来生活的影响会更大一些。

【答案解析】 E 项断定意义和价值（“智识”）比知识更重要，这有助于说明，人文教育比通识教育更重要，支持题干。

【选项排除】

A	A 项削弱题干。
B	B 项指出了“知识”和“智识”的某种区别，但不支持题干。
C	C 项分别指出了“知识”和“智识”的价值，但没比较，不支持题干。
D	D 项指出“智识”的价值，但未与“知识”比较，不支持题干。

33.【答案】 C

【题型与难度】 分析性推理—排序。难度一般。

【答案解析】 由题干条件(2)和 33 题条件“首先调研安徽省”,得第四个调研浙江省,并且福建省不在浙江省之前调研,再由题干条件(3),得第五个调研福建省。

34.【答案】 C

【答案解析】 由题干条件(2)和 34 题条件“第二个调研安徽省”,得第五个调研浙江省。

35.【答案】 D

【题型与难度】 语义理解:确定争论分歧。难度一般。

【题干概括】 王研究员和李教授的分歧在于:什么对于创业者来说最重要。王研究员认为是坚持精神:不管在创业中遇到什么困难,都要坚持下去;李教授认为是尝试新技术:抓住成功的契机。

【考点与要领】 “坚持精神”是王研究员观点中的关键词;“尝试新技术”是李教授观点中的关键词。两人分别对各自关键词的内涵作出了界定。本题主要不是测试什么是两人的分歧,而是测试哪个选项符合两人对各自关键词的界定。

【答案解析】【选项排除】

<table>
<tr><td>A</td><td>A 项未提及“坚持精神”。</td></tr>
<tr><td>B</td><td>B 项对“尝试新技术”的概括不符合题干。</td></tr>
<tr><td>C</td><td rowspan="2">C 项和 E 项对“坚持精神”和“尝试新技术”的概括均不符合题干。</td></tr>
<tr><td>E</td></tr>
<tr><td>D</td><td>D 项对“坚持精神”和“尝试新技术”这两个关键概念含义的概括符合题干。</td></tr>
</table>

36.【答案】 B

【题型与难度】 论证分析:加强(支持)。难度一般。

【题干概括】 题干专家的观点基于一个论证。

论据:抽样调查显示,持续接触高浓度污染物导致 10%至 15%的人患有眼睛慢性炎症和干眼症。

结论:如果不采取紧急措施改善空气质量,这些疾病的发病率和相关的并发症将会增加。

【答案解析】 B 项指出了污染空气中的有毒颗粒物导致眼疾的具体原因,有力地支持了上述专家的观点。

【选项排除】

A	A 项有利于说明题干的调查样本具有恰当性,支持题干,但力度不如 B 项。
C	C 项不相干。
D	D 项如果为真,说明不采取紧急措施改善空气质量,通过其他方式也能预防干眼症,这削弱了专家的观点。
E	因为冬季不是花粉季,所以,E 项有利于说明“冬季眼病的出现和雾霾有关”,支持题干,但不能说明二者的因果关系,因此,力度不如 B 项。

37.【答案】　D

【题型与难度】　逻辑推断：非形式推理。较难。

【题干概括】

	名句与诗名对应		名句与作者对应	
	能	不能	能	不能
一年级	全部	无	全部	无
二年级	比例未知	比例未知	2/3	1/3
三年级	2/3	1/3	比例未知	比例未知

【解题思路】　本题有理由首先考虑 A 项和 D 项，因为涉及的信息是确定的。其余选项涉及不确定信息。

【答案解析】　由"三年级 1/3 的学生不能把该书中的名句与诗名对应起来"，可推出"三年级 2/3 的学生能把该书中的名句与诗名对应起来"；再由"一年级学生都能把该书中的名句与诗名及其作者对应起来"，可推出"5/6 的一、三年级学生能把该书中的名句与诗名对应起来"，即"2/3 以上的一、三年级学生能把该书中的名句与诗名对应起来"。因此，答案是 D。

细节如下：

每个年级人数相等，设每个年级人数为 x，则一、三年级的总人数为 $2x$。

一、三年级学生能把该书中的名句与诗名对应起来的人数 $=\frac{2}{3}x+x$。

一、三年级学生中能把该书中的名句与诗名对应起来的所占的比例 $=\dfrac{\frac{2}{3}x+x}{2x}=\dfrac{5}{6}$。

【选项排除】

A	A 项不能推出，因为由题干只能推出 1/6 的一、二年级学生不能把该书中的名句和作者对应起来。
B	B 项推不出，因为由题干条件，可能二年级学生都能把名句与诗名对应起来，三年级学生都能把名句与作者对应起来，在这种情况下，无人两个都不能对应。
C	C 项推不出，因为由题干条件，可能二年级学生都不能把名句与诗名对应起来，三年级学生都不能把名句与作者对应起来，在这种情况下，只有 1/3 的学生，即一年级学生两个都能对应。
E	E 项显然推不出。

【提要】　在实际考试时，如果考生对正确选项有把握，相关的排除性思考可以省略。考前训练中，这样的排除性思考很有价值，不要省略。注意：（1）由"有的 P 不是 Q"，推不出"有的 P 是 Q"；但由"1/3 的 P 不是 Q"，可推出"2/3 的 P 是 Q"。（2）不能将该书中的名句与诗名或作者对应起来 = 不能将该书中的名句与诗名对应起来，并且不能将该书中的名句与作者对应起来。

38.【答案】　B

【题型与难度】　论证分析：确定假设。难度一般偏难。

【题干概括】　题干中科学家的观点，依赖于以下论证。这一论证的结构比较复杂，可概括为：

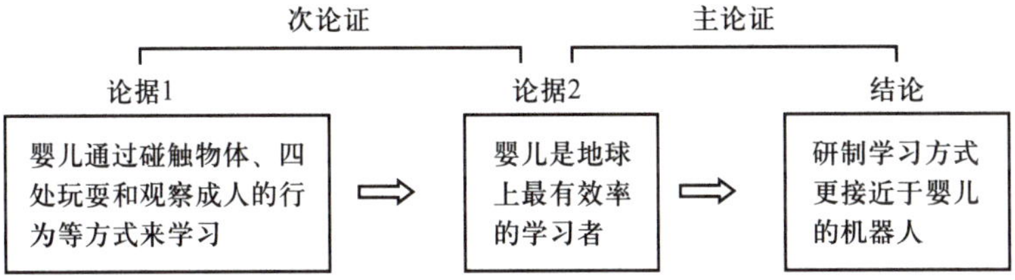

题干包括主次两个论证。主论证的论据是论据 2；次论证的结论是论据 2，论据是论据 1。

【答案解析】　上述次论证要成立，显然必须假设：题干所断定的婴儿的学习方式，即通过触碰、玩耍和观察等方式来学习，是地球上最有效率的学习方式。即如果 B 项不成立，次论证就不能成立，即 B 项是题干的一个假设。

【选项排除】

A	A 项，C 项和 E 项削弱题干，排除。
C	
E	
D	D 项加强题干，但如果不成立，题干的论证仍然可以成立，因此，不是题干的假设。

【提要】

（1）本题干难点在于论据结构的分析：区分主论证和次论证，本题的答案是次论证的假设。

（2）在分析一个论证时，注意区分假设和加强：假设一定加强论证，但加强论证的选项不一定是假设。

39.【答案】　D

【题型与难度】　论证分析：加强（支持）。难度一般偏难。

【题干概括】

论据：黄金纳米粒子容易被人体癌细胞吸收。

结论：将黄金纳米粒子包上化疗药物准确地投放到癌细胞中，能提升癌症化疗的效果，并降低化疗的副作用。

【答案解析】【选项排除】

题干的论证要有说服力，须满足三个条件：第一，有利于发挥化疗疗效；第二，投放准确；第三，减少副作用。除 A 项显然不支持题干外，其余各项均能支持题干。其中，B 项支持“有利于发挥化疗疗效”；E 项支持“投放准确”；D 项同时支持上述三个条件，因此，最能支持题干。C 项如果为真，说明作为“运输工具”的黄金纳米粒子除了投放化疗药物外，自身不会对人体细胞包括癌细胞产生对人体不利的影响，这能加强题干，但力度不如 D 项。

40.【答案】　D

【题型与难度】　类比：形式类比。难度一般。

【题干概括】【答案解析】

题干的对话方式是：

甲：如果非 P，则非 Q。

乙:我反对,如果 P,则 Q。

D 项的方式与题干最为类似。

【选项排除】

A	A 项的方式是:甲:如果 P 不是 Q,则 P 不是 R。乙:我反对,Q 不是 R,但是 P 是 R。	均和题干的方式不同。
B	B 项的方式是:甲:如果非 P,则 Q。乙:我反对,P,并且 Q。	
C	C 项的方式是:甲:如果非 P,则非 Q。乙:我反对,如果 Q,则 P。	
E	E 项的方式是:甲:如果非 P,则非 Q。乙:我反对,如果 P,则 R。	

注意,E 项甲的"谋其政",不同于乙的"行其政"。E 项是本题的干扰项。

41.【答案】 C

【题型与难度】 逻辑推断:形式推理。难度一般偏难。

【题干概括】

条件(1):颜子主持人→(曾寅∨荀辰)成员;

条件(2):曾寅主持人→(颜子∨孟申)成员;

条件(3):荀辰主持人→颜子成员;

条件(4):孟申主持人→(荀辰∨颜子)成员。

【答案解析】【选项排除】

A	A 项可能为真:曾寅是主持人,孟申是成员,满足条件(2)。
B	B 项可能为真:孟申是主持人,荀辰是成员。满足条件(4)。
C	C 项不可能为真,因为如果曾寅是主持人,不满足条件(2);如果荀辰是主持人,不满足条件(3)。
D	D 项可能为真:孟申是主持人,颜子是成员。满足条件(4)。
E	E 项可能为真:颜子是主持人,荀辰是成员。满足条件(1)。

42.【答案】 E

【题型与难度】 论证分析:分析相干性。难度一般。

【题干概括】

论据:抽样调查,两个现象统计相关。第一,有规律的工作;第二,体重增加。

结论:有规律的工作会增加人们的体重。

【答案解析】 如果 E 项问题的回答是:和该组调查对象其他情况相仿但没有从事有规律工作的人,在同样的 8 年中体重也有类似增加,则削弱题干;反之,则加强题干的论证。因此,E 项问题的回答可以确定题干结论的正确性。

【选项排除】

A	A 项和 B 项的问题与题干的论证有条件相干。A 项的相干条件是:题干的调查对象不经常进行体育锻炼;B 项的相干条件是:知道题干的调查对象在 8 年后是否能继续从事有规律的工作。题干不能确定这些条件被满足,因此,不能确定 A 项和 B 项与题干论证相干。
B	
C	不相干。
D	不相干。

【提要】 一个选项提出的问题，如果其不同回答会对题干论证的说服力产生（加强或削弱）不同的影响，则称为相干，否则就是不相干。考生在解答此种题型的试题时，首先要区分相干和不相干选项，在相干选项中，再比较相干程度，选择相干性最强的选项。

43.【答案】 E

【题型与难度】 类比：形式结构类比。难度一般。

【题干概括】 题干的结构是：

如果（P 并且 Q），则 R。

因此，R。

【答案解析】【选项排除】

其余选项的结构和题干均不同。

A	A 项的结构是： 如果（非 P 并且非 Q），则非 R。 因此，R。 这一结构和题干不同。
B	B 项的结构是： 如果 R，则（P 并且 Q）。 因此，R。 这一结构和题干不同。
C	C 项的结构是： P。 因此，只有 Q，才 R。 这一结构和题干不同。
D	D 项的结构是： 如果非 P，则非 Q 且非 R。 因此，S。 这一结构和题干不同。
E	E 项的结构是： 如果（树立目标并且提升能力），则具有凝聚力。 因此，具有凝聚力。 这一结构和题干相同。

【提要】 本题测试的是抽象和概括推理的形式结构的能力。在“如果（P 并且 Q），则 R”这样的结构形式中，P、Q 和 R 称为变项，承载不同的思维内容；“如果……，那么……”，“并且”等称为逻辑常项，表达思维内容间的逻辑关系。思维形式结构的抽象，关键是抓住逻辑常项。

44.【答案】 D

【题型与难度】 逻辑推断：非形式推理。难度一般。

【题干概括】【答案解析】

题干断定，有些藏书家却因喜爱书的价值和精致装帧而购书收藏，至于阅读则放到了自己以后闲暇的时间，而一旦他们这样想，这些新购的书就很可能不被阅读了。由此可推出：有些藏书家不会立即读自己新购的书，即由题干能推出 D 项。

【选项排除】

A	题干不支持 A 项。
B	题干支持但推不出 B 项。
C	题干不支持 C 项。
E	题干不支持 E 项。

【提要】 在应对非形式推理题时，要注意区分“推出”和“支持”。本题是非形式推断题，题干能推出 D 项，支持但不能推出 B 项，不支持其余选项。由题干可知，有些喜爱书的价值和精致装帧而购书收藏的藏书家可能在闲暇时读自己的藏书，因此，题干支持 B 项。但题干明确断定的是有些藏书家喜爱自己藏书的价值和精致装帧，并没有明确断定有些藏书家喜爱闲暇时读自己的藏书，因此，题干不能推出 B 项。

45.【答案】 C

【题型与难度】 论证分析：削弱（质疑）。难度一般。

【题干概括】 题干是一个论证。

论据：幸福或不幸福并不意味着死亡的风险会相应地变得更低或更高。

结论：不幸福本身并不会对健康状况造成损害。

【答案解析】 题干的漏洞在于，不当地把一个人所面临的死亡风险程度，作为衡量他的健康程度的一个标准。C 项恰当地指出了这一点。

【选项排除】

A	A 项支持题干的断定“不幸福本身并不会对健康状况造成损害”。
B	B 项削弱题干的断定“疾病可能导致不幸福”，对题干的削弱力度不如 C 项。
D	D 项和 E 项指出题干所采用的方法的某些不足，能削弱题干，但力度均不如 C 项。
E	

46.【答案】 B

【题型与难度】 类比：结构特征类比。难度一般。

【题干概括】 题干的结构及其特征是：

甲：只有 P，才 Q。

乙：我不同意。如果过分 P，则非 Q。

【答案解析】【选项排除】

A	妻子：只有 P，才 Q。丈夫：不对。如果仅仅 P，则非 Q。不同于题干。
B	母亲：只有 P，才 Q。孩子：不对，如果过分 P，则非 Q。同题干。
C	老板：只有 P，才 Q。员工：不对。P 且非 Q。不同于题干。
D	老师：只有 P，才 Q。学生：不。如果非 P，则更 Q。不同于题干。
E	顾客：只有 P，才 Q。商人：不可能。如果 P，则非 Q。不同于题干。

47.【答案】 D

【题型与难度】 分析性推理：排序。难度一般。

【答案解析】 由条件(4)可知,“仙人晒靴”是第五或第六个游览的景点。诸选项中,D 项和 E 项分别是关于第五和第六个游览的景点的断定,因此,先思考这两个选项。假设第五个游览“妙笔生花”,则由条件(3)得:第六个游览“美人梳妆”;又由条件(4)得:第六个游览“仙人晒靴”。矛盾!即如果 D 项为真,由题干条件可推出矛盾,因此,D 项不可能为真。

【提要】 此题的解题方法为“反推”,即从选项出发进行推断。此题的提问方式是,以下哪项不可能为真?“反推”的方法是:假设某个选项为真,如果能推出违反题干条件,则可断定该选项不可能为真,否则,该选项可能为真。此题除 D 项外,假设其余任一选项为真,都推不出违反题干条件,因此,都可能为真。如果试题的提问方式是,以下哪项一定为真?则“反推”的方法是,假设某个选项为假,如果能推出违反题干条件,则可断定该选项一定为真,否则,该选项不一定为真。

48.【答案】 C

【题型与难度】 语义理解。较易。

【题干概括】 题干陈述了“自我陶醉人格”这一概念的内涵及其表现特征。

【答案解析】 除 C 项外,其余各项均能体现“自我陶醉人格”“过分重视自己”的特点。

49.【答案】 C

【题型与难度】 语义理解:解释。难度一般。

【题干概括】 要解释的是:为什么相当多长期在寒冷环境中生活的北方居民,到南方过冬,怕冷程度超过当地人。

【答案解析】【选项排除】

A	不能解释。
B	不能解释。
D	不能解释。
C E	C 和 E 项均能解释题干,但 C 项的解释力度比 E 项大。理由是:如果 E 项不成立,仅 C 项成立,仍能有力地解释题干;但如果 C 项不成立,仅 E 项成立,则对题干陈述的现象几乎没有解释力度。例如,难以设想一个长年生活在零下 40℃且没有供暖设备的北方人,到 0℃左右但湿度较大的南方,会比当地人觉得更冷。

E 项是本题的干扰项。

50.【答案】 A

【题型与难度】 论证分析:加强(支持)。较易。

【题干概括】 题干专家的观点基于一个论证。

论据:许多人已不喜欢看配过音的外国影视剧,觉得还是听原汁原味的声音才感觉到位。

结论:配音已失去观众,必将退出历史舞台。

【答案解析】【选项排除】

A 项指出配过音的外国影视剧仍有观众,不支持专家的观点。其余选项尽管力度不等,但都能支持专家的观点。

51.【答案】 B

【题型与难度】 分析性推理。难度一般偏易。

【答案解析】 由条件(5)可知,小明和小花两人均只收到一份礼物。A 项和 E 项断定小明收到两份礼物,C 项和 D 项断定小花收到两份礼物,均不可能为真。故 B 项可能为真。

52.【答案】 B

【题型与难度】 逻辑推断:分析性推理。难度一般。

【题干概括】 每份礼物只能由一人获得,每人最多获得两份礼物。(以下为简化描述,将小明记作“明”,小雷记作“雷”,小刚记作“刚”,小芳记作“芳”,小花记作“花”。)

条件(1):明(橙)→芳(蓝);

条件(2):¬雷(红)→¬芳(蓝)=(芳(蓝)→雷(红));

条件(3):¬刚(黄)→¬花(紫)=(花(紫)→刚(黄));

条件(4):¬(黄∧绿)=(黄→¬绿);

条件(5):明(仅橙)∧花(仅紫)。

【答案解析】 推导过程参见下表,圈中的数字序号表示推导步骤:

	红	橙	黄	绿	青	蓝	紫
明	×条件(5)	√条件(5)	×条件(5)	×条件(5)	×条件(5)	×条件(5)	×条件(5)
雷	√②	×条件(5)	×③			×①	×条件(5)
刚	×②	×条件(5)	√③	×④	√⑤	×①	×条件(5)
芳	×②	×条件(5)	×③			√①	×条件(5)
花	×条件(5)	×条件(5)	×条件(5)	×条件(5)	×条件(5)	×条件(5)	√条件(5)

① 由条件(5)和条件(1),得:芳(蓝)。

② 由芳(蓝)和条件(2),得:雷(红)。

③ 由条件(5)和条件(3),得:刚(黄)。

④ 由刚(黄)和条件(4),得:刚(¬绿)。

⑤ 由本题条件,得:刚(青)。

53.【答案】 D

【题型与难度】 二难推理。逻辑推断:形式推理。较难。

【题干概括】

条件(1):二胡→¬箫;

条件(2):笛子∨二胡∨古筝;

条件(3):箫、古筝、唢呐至少购买两种;

条件(4):箫→¬笛子;

【答案解析】 本题属于推理无起点,可由假设出发。诸条件中,箫出现次数最多,可先假设买箫。如果买箫,由条件(1),得不买二胡;由条件(4),得不买笛子;再由条件(2),得买古筝。因此得:箫→古筝;如不买箫,由条件(3)得:¬ 箫→古筝。

运用“二难推理”:

箫→古筝;

¬箫→古筝;

箫 ∨ ¬ 箫;

因此,古筝。

由此可得:古筝、二胡至少购买一种。

【提要】 本题可有不尽相同的解题方法,“二难推理”比较简明。

54.【答案】 A

【题型与难度】 逻辑推断:分析性推理。较难。

【题干概括】

	周一	周二	周三	周四	周五	周六	周日
科幻片 5 部				2 部			
警匪片 3 部				×			
武侠片 3 部				×			
战争片 2 部				×			
爱情片 1 部	×	×	×	×	×	×	1 部

条件(1):每天两部,不同类型(除周四);条件(2):爱情片(周日);条件(3):科幻→¬武侠;条件(4):警匪→¬战争。

【答案解析】 假设爱情片和警匪片在同一天(周日)放映,则周日不可能放其他电影,则除了周日和周四(放映 2 部科幻片)外,其余五天必须放映 3 部科幻片和 3 部武侠片,即至少有一天必须同时放映科幻片和武侠片,违反条件(3),矛盾。因此爱情片和警匪片不可能在同一天放映。

【提要】 此题的解题方法为“反推”:假设选项断定的两部电影在同一天放映,设法推出矛盾,以此证明,这两部电影不可能在同一天放映。应从较为特殊的选项入手。此题 A 项较为特殊,因为爱情片只有一部,且放映日期确定,其他选项均不具有此特点。

55.【答案】 C

【题型与难度】 分析性推理。较难。

【答案解析】【选项排除】

A	A 项不成立。因为如果周六放科幻片和警匪片,则警匪片周五、周六、周日放映。科幻片两种可能:第一,在周四至周日连续 5 天放映,在这种情况下,周日放映三部(科幻片、警匪片和爱情片),违反条件(1)。第二,在周三至周六连续 5 天放映。在这种情况下,周三必须同时放映武侠片和科幻片,违反条件(3)。排除。
B	B 项不成立。因为如果周六放映武侠片和警匪片,则两类都在周五至周日连续 3 天放映,则周日放映三部(武侠片、警匪片和爱情片),违反条件(1)。排除。
C	C 项不违反条件,科幻片和战争片可以在周六放映(周一至周三每天放映武侠片和警匪片,周五和周六每天放映科幻片和战争片,周日放映科幻片和爱情片)。故 C 项成立。
D	违反条件(3)。排除。
E	违反条件(4)。排除。

2016 年管理类综合能力逻辑推理试题精讲

26.【答案】 D

【题型与难度】 逻辑推断：形式推理。难度一般。

【题干概括】 题干的条件断定可概括为：

激发自主创新的活力→推进与高校、科研院所的合作；

催生重大科技成果→搭建平台（服务科技创新发展、科技创新与经济发展对接、聚集创新人才）。

可进一步简约概括为：

条件（1）：活力→合作；

条件（2）：成果→平台。

【答案解析】【选项排除】

A	由肯定条件（2）的后件，不能肯定条件（1）的前件。
B	由肯定条件（2）的后件，不能肯定条件（2）的前件。
C	C 项断定“合作”是“活力”的充分必要条件，题干只断定必要，未断定充分。
D	D 项由条件（2）否定后件得否定前件，可从题干得出。
E	由肯定条件（1）的后件，不能肯定条件（1）的前件。

【提要】 根据不同语境，“如要 P，就要 Q，这样才能 R”这一表达，可有两种不同的形式概括。第一种：R→（P→Q）。例如：如要结婚，就要满 20 岁，这样才符合婚姻法。这一表达的结构是：符合婚姻法→（结婚→满 20 岁）；第二种：P→Q；R→Q。例如：如要通过逻辑考试，就要多做试题，这样才能提高解题能力。这一表达的结构是：通过考试→多做试题；提高解题能力→多做试题。本题语境表达属第二种。

27.【答案】 C

【题型与难度】 逻辑推断：形式推理。难度一般。

【题干概括】

为生态文明建设提供可靠保障→实行严格的制度、最严密的法治→建立责任追究制度。

【答案解析】【选项排除】

A	A 项由肯定后件得肯定前件，不能由题干得出。
B	题干支持但不能推出 B 项。一般地，由 P 是 Q 的必要条件，不能得出 P 一定是 Q 当下的重要目标。例如，假设某次竞选规定，有高学历才能当选总经理，对于一个有博士学位的总经理竞选者来说，取得高学历显然不是他在此次竞选中的重要目标。
C	C 项由否定后件得否定前件，可由题干得出。
D	不相干，显然不能由题干得出。
E	E 项由肯定后件得肯定前件，不能由题干得出。

28.【答案】 D

【题型与难度】 类比:形式类比。难度一般。

【题干概括】 题干的陈述形式是:如果 P,那么 Q;如果非 P,那么非 Q。

【答案解析】 D 项中的“闭门造车”是对“调查研究”的否定,“脱离实际”是对“掌握第一手资料”的否定。D 项的形式与题干类似。

【选项排除】

A	A 项中的“脱离环境保护搞经济发展”和“离开经济发展抓环境保护”不是非此即彼的关系,和题干的陈述方式不同。
B	B 项包含 3 个断定,题干只包含 2 个断定。和题干不同。
C	C 项的断定均不是条件断定,和题干不同。
E	E 项只包含 1 个条件断定,和题干不同。

29.【答案】 E

【题型与难度】 逻辑推断:非形式推理。难度一般。

【题干概括】

干支对应

甲乙丙丁戊己庚辛壬癸　　　（10 天干）

子丑寅卯辰巳午未申酉戌亥　（12 地支）

2014 年起的干支对应

甲乙丙丁戊己庚辛壬癸

午未申酉戌亥子丑寅卯辰巳

【答案解析】 由题干,根据干支纪年,公元 2014 年为甲午年。又由题干,这一纪年六十年重复一次,由此可得:2074 年为甲午年。再按干支纪年排序,得 2084 年为甲辰年,继而得:

2084 年为甲辰年

2085 年为乙巳年,

2086 年为丙午年

2087 年为丁未年。

即答案是 E。

【选项排除】

A C	A 项和 C 项显然不能从题干推出,直接排除。
B	由题干,可得: 2014 年为甲午年; 2024 年为甲辰年; 2034 年为甲寅年; 2044 年为甲子年; 2054 年为甲戌年; 2064 年为甲申年。 2074 年仍为甲午年,此后重复。 可见,不会出现甲丑年,排除 B 项。

续表

D	2024 年为甲辰年，排除 D 项。

【提要】 此题排除不正确选项的思考比证明正确选项的思考简明，在这种情况下，排除性思考有重要意义。

30.【答案】 D

【题型与难度】 语义理解：确定争论焦点。难度一般。

【题干概括】 赵明认为招募的标准是对辩论的爱好；王洪认为招募的标准是辩论的能力。

【答案解析】 D 项所概括的问题，双方都有确定观点，并且观点对立，作为对双方争论焦点问题的概括恰当。

【选项排除】

A	A 项不恰当。因为没有一方主张不从现实出发。
B	B 项所概括的问题，双方都有涉及，但以“招募的目的是研究辩论规律”概括赵明的观点，以“招募的目的是培养实战能力”概括王洪的观点，并不恰当。
C	C 项不恰当，因为双方都未涉及招募的目的是否包括培养新人。
E	E 项不恰当，因为双方都未涉及集体荣誉。

31.【答案】 A

【题型与难度】 逻辑推断：形式推理。难度一般。

【题干概括】 甲国队教练的陈述：

甲国队出线→（甲国队下一场比赛取胜 ∧ 本组另一场比赛平局）。

【答案解析】 A 项肯定甲国队教练的陈述的前件，但否定其后件（“第三轮比赛该小组两场比赛都分出了胜负”否定“本组另一场比赛平局”，又后件是联言判断，否定之一就是否定整个联言判断），因此，如果甲国主教练的陈述为真，则 A 项是不可能的。

【选项排除】

B	未肯定前件，因此，均可能出现。
C	
E	
D	肯定前件，但未否定后件，因此，可能出现。

32.【答案】 D

【题型与难度】 逻辑推断：形式推理。难度一般。

【题干概括】 题干的一个论据是：（边缘整齐 ∧ 无切割痕迹）→模具压制成型。

【答案解析】 D 项断定：没有采用模具成型→（边缘不整齐 ∨ 有切割痕迹）。

该断定的“逆否式”为：

¬（边缘不整齐 ∨ 有切割痕迹）→¬没有采用模具成型

=（边缘整齐 ∧ 无切割痕迹）→模具压制成型。

因此，D 项如果为真，则题干的上述论据一定为真，这有力地支持了题干。

【选项排除】 A项不相干。其余选项均可支持题干，但力度显然不如D项。

33.【答案】 A

【题型与难度】 论证分析：削弱（质疑）。难度一般偏难。

【题干概括】 题干的研究人员的观点基于一个论证。

论据：对一批已死亡老年人的统计显示，拥有AA型和AG型基因类型的人都在上午11时之前去世，而拥有GG型基因类型的人几乎都在下午6时左右去世。

结论：拥有GG型基因类型的人的平均寿命比其他人长7小时。

"平均晚死7个小时"的含义是"平均寿命长7个小时"，不能解读为"平均死亡时间晚7个小时"。"平均寿命"是个科学概念，"平均死亡时间"是个杜撰出来的伪概念。

【答案解析】 一个人的寿命，是其生命存续长度。要确定和比较已亡人的寿命，需要两个数据，一个是出生时间，一个是死亡时间。题干研究人员的漏洞是，仅根据已亡人的死亡时间比较寿命的长短。A项正确地指出了这一点。

【选项排除】

B	B项不相干，排除。
C	C项指出实验对象的死亡除受基因因素影响外，还另有他因。能削弱题干，但力度不如A项，因为，第一，未指出题干的上述漏洞；第二，所指出的他因，对不同基因的死者同样存在，无助于说明不是此因（基因因素），因此，力度不如A项。
D	D项指出了题干的一个漏洞，即根据死者死亡时间比较寿命的长短，而不是死亡的年月来比较寿命的长短，这能削弱题干；但同样没有指出题干的主要漏洞，忽视了仅根据死亡时间无从确定和比较寿命，因此力度不如A项。
E	E项指出GG型基因不利于长寿的一个因素，削弱题干，但没有涉及题干的漏洞，削弱力度不如A项。

【提要】 这是一道有争议的试题。有意见认为，答案是D。这一意见的问题在于，没有注意到一个人的寿命，是其生命存续长度，忽视了题干的主要漏洞在于：不诉诸出生时间，仅根据死亡时间确定和比较寿命。事实上，不知出生时间，仅依据死亡时间（即使是年月而不是时辰），仍无从确定寿命。一个人死于1960年，一个人死于1950年，不能依此确定谁活得长。D项的干扰性增加了本题的难度。

34.【答案】 E

【题型与难度】 语义理解。较易。

【答案解析】 由题干知，7天内无理由退货的含义是只要消费者在7天内退货，不需要任何理由。E项指明了这一点，能有力地质疑商家阻挠退货的理由。

【选项排除】 E项没有针对商家阻挠退货的具体理由，而只是强调，无理由退货就是不需要理由。相比之下，A项、B项和C项针对的是商家阻挠退货的具体理由，质疑角度显然与"无理由"退货不符，排除。D项实际上支持商家。排除。

35.【答案】 B

【题型与难度】 逻辑推断：形式推理。难度一般。

【题干概括】 王是书记，李、张为副书记。

条件(1):李值班→李参加宣传工作例会;

条件(2):张值班→张做信访接待工作;

条件(3):王下乡→(张值班∨李值班);

条件(4):王不下乡→(王参加宣传工作例会∨王做信访接待工作)。

条件(5):宣传工作例会只需分管宣传的副书记参加,信访接待工作也只需一名副书记参加。

【答案解析】 由条件(5),得王书记不参加宣传工作例会,也不做信访接待工作,再由条件(4),得王书记下乡调研。

【提要】 本题的解答只需用到条件(4)和条件(5),其他条件为不相干条件。如果考生纠缠于不相干条件,解题思考会走弯路。

36.【答案】 D

【题型与难度】 论证分析:削弱(质疑)。难度一般。

【题干概括】 题干专家的观点基于一个论证。

论据:越来越多的机器人被用于在战场上执行任务。

结论:机器人战争技术的出现可以使人类远离危险,更安全、更有效地实现战争目标。

【答案解析】【选项排除】

诸选项中,C 项加强题干,其余选项均能削弱和质疑题干,其中质疑力度最大的是 D 项。

A	A 项断定了机器人技术不利于人类的一种可能性。削弱题干,但力度不如 D 项。
B	B 项断定机器人战争技术不能使所有国家远离危险,这削弱题干,但力度不如 D 项,因为 D 项断定机器人战争技术使大多数国家变得更为危险。
C	C 项加强题干。
D	D 项说明机器人战争技术使大多数国家变得更为危险。削弱题干。
E	E 项断定了机器人战争技术不利于人类的一种情况,削弱题干,力度不如 D 项。

37.【答案】 A

【题型与难度】 逻辑推断:形式推理。难度一般。

【答案解析】 陈安和李康的断定互相矛盾,必有一真一假。因此,张幸和汪福两人的断定也必为一真一假。如果汪福的断定为真,则张幸的断定为真,违反条件。因此,汪福的断定为假,即汪福送郝大爷来医院。因此,说真话的是李康和张幸。

【提要】 本题涉及两个要点:第一,直言命题的对当关系;第二,无起点推理。

38.【答案】 E

【题型与难度】 语义理解。难度一般偏易。

【题干概括】 题干举例说明何为驾车中的“理性计算”观点。

【答案解析】【选项排除】

题干的“理性计算”,所陈述的是一种消极的“避让原则”。

A	A 项指出此种消极避让的弊端:助长歪风邪气。质疑题干。
B	B 项指出此种避让难以如愿。质疑题干。

续表

C	C 项指出此种消极避让的弊端:可能带来危险,伤及自己和无辜。质疑题干。
D	D 项指出此种避让并非必要。质疑题干。
E	E 项支持题干的观点。

39.【答案】 E

【题型与难度】 论证分析:加强(支持)。难度一般。

【题干概括】 题干为一个论证。

论据:城市高楼阻碍通风循环,易形成雾霾天气和热岛效应。

结论:有必要建立"城市风道"。

【答案解析】【选项排除】

诸选项中,B 项和 C 项削弱题干;A 项、D 项和 E 项均能支持题干,其中,E 项直接断定城市风道"驱霾"和散热的功能,显然支持力度最大。

40.【答案】 E

【题型与难度】 语义理解:解释。难度一般偏易。

【题干概括】 需要解释的困惑是:既然政府能在短期内实施"APEC 治理模式"取得良好效果,为什么不将这一模式长期坚持下去?

【答案解析】【选项排除】

除 E 项外,其余各项均有助于解释这一困惑。E 项能解释的是为什么要实施"APEC 治理模式",但不能解释,既然政府能在短期内实施"APEC 治理模式"取得良好效果,为什么不将这一模式长期坚持下去。

41.【答案】 C

【题型与难度】 论证分析:削弱(质疑)。难度一般。

【题干概括】 题干天文学家的结论基于一个论证。

论据:有些天文学家发现,伽马射线的速度超过了光速。

结论:光速不变定律需要修改了。

【答案解析】 题干中天文学家得出结论的论据,是关于伽马射线速度的观察数据。C 项断定:要么天文学家的观测有误,要么有人篡改了天文观测数据。这两种可能性无论哪一种成立,都能说明这一论据不成立,这有力地质疑了上述天文学家的结论。

【选项排除】

A	A 项和 B 项都支持题干。这两个选项表达相同的内容,区别是一个用"或"表达,一个用"则"表达。
B	
D	D 项能质疑题干,但断定的是产生偏差的可能性,力度不如 C 项。
E	E 项提及的反例,不包括题干的论据,因此不能质疑题干。

42.【答案】 A

【题型与难度】 语义理解:解释。难度一般。

【题干概括】 要解释的现象是:为什么贴着"眼睛"的那一周,收款箱里的钱远远超过贴其他图片的情形。

【答案解析】 A 项说明“眼睛”图片能在人的心理上产生监督效应，能解释题干。

【选项排除】

B	B 项未涉及图片，不能解释。
C	C 项说明图片会产生心理影响，有助于解释题干，但未涉及“眼睛”图片，力度不如 A 项。
D	D 项说明“眼睛”图片能对人的心理产生影响，有助于解释题干，但这种影响不是监督效应，力度不如 A 项。
E	E 项有助解释题干，但力度不大，因为张贴“眼睛”图片，不等于有人监督。

43.【答案】 D

【题型与难度】 分析性推理。较难。

【解题思路】 “金”“月”两庭院间隔数，简称“间隔数”。“间隔数”在 0~4 之间都是可能的。重点考虑 0 和 1。如果是 0，则“金”“月”相邻，“木”“水”相邻；如果是 1，则“金”“月”“木”“水”四个庭院排列在一起，其中“金”和“月”不相邻，“木”和“水”不相邻。

【答案解析】 如果“日”是第五个庭院，考虑第一个至第四个庭院可依次为“金”“木”“月”“水”，第六个、第七个庭院分别为“火”“土”，不违反条件。因此，D 项是可能的。

【选项排除】 由条件(1)，“日”不是第一个庭院，排除 A 项。本题的难点是，如何证明“日”不可能是第二个、第四个、第六个庭院。

证明：如果“间隔数”是 0 或 1，则“日”字庭院的前面和后面庭院的数量都是偶数。假设“日”字庭院是第二个、第四个或第六个，则其前后庭院的数量都是奇数，这说明“间隔数”大于 1。如果“间隔数”大于 1，则“日”或者“火”“土”，既在“金”“月”之间又在“木”“水”之间。如果“日”既在“金”“月”之间又在“木”“水”之间，则“日”字庭院的前面和后面都分别既有“金”“月”之一，又有“木”“水”之一。当“日”字庭院是第二个、第四个或第六个时，都不满足这一点（第二个时前面不满足，第六个时后面不满足，第四个时前面或后面必有一不满足）。同理可证，当“日”字庭院是第二个、第四个或第六个时，“火”“土”庭院都不满足这一点。因此，“日”字庭院不可能是第二个、第四个或第六个。

44.【答案】 E

【答案解析】 由第二个庭院是“土”字庭院，则“火”为第一个庭院或第三个庭院。假设“火”是第三个庭院，则由于条件(1)第一个庭院不是“日”，得第一个庭院是“金”“月”“木”“水”中的一个，不妨记为“金”，则“金”和“月”的间隔数至少是 2，不论“月”是第四个庭院至第七个庭院中哪个庭院，都不能满足条件：“金”“月”两庭院间隔的庭院数与“木”“水”两庭院间隔的庭院数相同。假设不成立，得：“火”是第一个庭院。

45.【答案】 C

【题型与难度】 语义理解：解释。难度一般。

【题干概括】 要解释的是，为什么乐于助人者寿命长，损人利己者寿命短。

【答案解析】 C 项断定了人的社会关系心理（与人为善、损人利己）和身体健康的因果关系，能够解释题干。

【选项排除】

<table>
<tr><td>A</td><td>A 项断定身心健康状况和人际关系有因果关系，能解释题干，但 A 项断定的是，身心健康状况是原因，人际关系是结果，对题干的解释力度不如 C 项。</td></tr>
<tr><td>B</td><td rowspan="3">B 项、D 项和 E 项断定的是人的社会关系心理和身心健康的统计相关性，但并未断定二者的因果相关性，解释力度不如 C 项。</td></tr>
<tr><td>D</td></tr>
<tr><td>E</td></tr>
</table>

【提要】 本题考点：统计相关和因果相关。甲现象和乙现象统计相关通常表达为“甲伴随乙”；甲现象和乙现象因果相关通常表达为“甲导致乙，或乙导致甲”。二者的关系是：因果相关一定统计相关，但统计相关不一定因果相关。

46.【答案】 B

【题型与难度】 论证分析：确定假设。难度一般。

【题干概括】 题干牛师傅的看法基于一个论证。

论据：水果在收摘之前都喷洒了农药。

结论：消费者在超市购买水果后，一定要清洗干净方能食用。

【答案解析】 如果 B 项不成立，即如果超市里的水果在销售前都已得到彻底清洗，则或者说明苹果的油脂痕迹不是农药留下的，或者说明农药留在苹果上的油脂痕迹是清洗不掉的。在这两种情况下题干的论证都不能成立。因此，B 项是题干的论证所假设的。

【选项排除】

A	不相干。
C	不相干。
D	不相干。
E	题干的论证需要假设，在水果收摘之前喷洒的农药“有些”会在水果上留下油脂痕迹，但不需要假设“大多数”。E 项如果为真，能加强题干，但如果不成立，即如果不是大多数，而只是有一部分，题干的论证仍然可以成立。因此，E 项不是必须假设的。E 项是本题的干扰项。

【提要】 注意区分“假设”和“加强”。

47.【答案】 D

【题型与难度】 谬误辨析：循环论证。难度一般。

【题干概括】 题干为一个论证。

论据：不理解自己的人不可能理解别人。

结论：缺乏自我理解的人不会理解别人。

【答案解析】 “缺乏自我理解”即“不理解自己”。因此，题干的结论是对论据的简单重复，这一谬误称为“循环论证”，即把所要论证的结论作为得出这一结论的论据。D 项恰当地指出了这一点。

【选项排除】 其余选项均未指出题干的上述谬误。

48.【答案】 B

【题型与难度】 逻辑推断：非形式推理。难度一般偏易。

【题干概括】【答案解析】

	壹	贰	叁	肆
绿茶				×（条件1）
红茶	×（条件2）			×（条件1）
花茶	×（条件2）			√（推论）
白茶		×（条件3）		×（条件3）

条件（1）：装绿茶和红茶的盒子在壹、贰、叁号范围之内；

条件（2）：装红茶和花茶的盒子在贰、叁、肆号范围之内；

条件（3）：装白茶的盒子在壹、叁号范围之内。

由条件可知装绿茶、红茶和白茶的盒子都不是肆号，因此，肆号盒子装花茶。

49.【答案】 B

【题型与难度】 逻辑推断：形式推理。难度一般。

【题干概括】

看法（1）：赵嘉 ∨ 钱宜

看法（2）：¬孙斌

看法（3）：¬周武 ∧ ¬吴纪

【答案解析】 因为有且只有一人中标，因此，如果看法（1）真，则看法（2）和看法（3）真，违反题干条件，因此，看法（1）假，即赵嘉和钱宜都没有中标。假设李汀中标，则看法（2）和看法（3）真，违反题干条件，因此，李汀没有中标。因此，赵嘉、钱宜和李汀都没有中标。

【提要】 （1）不是 P，就是 $Q = \neg P \rightarrow Q = P \vee Q$。

（2）本题属“推理无起点”，注意其解题方法。

50.【答案】 A

【题型与难度】 论证分析：加强（支持）。难度一般。

【题干概括】 题干关于专家观点的陈述为一个论证。

论据：父母陪孩子阅读纸质图书有利于儿童成长。

结论：电子学习机可能不利于儿童成长。

【答案解析】【选项排除】

A	题干的论据自身并不支持结论。A 项如果为真，说明电子学习机使得父母难以陪孩子阅读，因而不利于儿童的成长，这使得题干的论据能有力地支持结论。
B	B 项要支持专家的结论，还必须假设“电子瘾”不利于儿童成长，但依据 B 项自身并不能断定这一点，因此，支持力度不如 A 项。
C	C 项支持专家的结论，但无助于说明题干的论据支持结论，因此支持力度不如 A 项。
D	D 项能说明由父母陪伴阅读纸质图书有利于儿童成长，但不能说明电子学习机不利于儿童成长。因此，支持力度不如 A 项。
E	E 项不相干。

51.【答案】 D

【题型与难度】 论证分析:削弱(质疑)。难度一般。

【题干概括】 田先生的观点基于一个论证。

论据:绝大部分笔记本电脑运行速度慢的原因不是 CPU 性能太差,也不是内存容量太小,而是硬盘速度太慢。

结论:给老旧的笔记本电脑换装固态硬盘可以大幅提升使用者的游戏体验。

【答案解析】 D 项如果为真,说明要提升老旧笔记本电脑使用者的游戏体验,关键是更新显卡,而不是换装硬盘。这就有力地质疑了田先生的观点。

【选项排除】

A	A 项指出电脑运行速度慢的一个原因是使用者的使用习惯不好,即另有他因,对题干有所削弱,但力度不大,因为此种另有他因,无助于说明不是题干指出的“此因”。
B	不相干。
C	C 项说明换装固态硬盘的费用不低,但费用高无助于质疑田先生的观点,因此,不能削弱题干。
E	不削弱题干。

52.【答案】 A

【题型与难度】 论证分析:确定假设。难度一般。

【题干概括】 题干钟医生的陈述为一个论证。

论据:(1) 医学研究重要成果在杂志发表前需经过匿名评审,这耗费不少时间。

(2) 新医学信息的及时公布将允许人们利用这些信息提高他们的健康水平。

结论:研究者不经匿名评审事先公开其成果可提高公共卫生水平。

【答案解析】 如果 A 项不成立,即如果一个医学成果必须先在杂志上公开发表,人们才会加以利用,则题干的论证就不成立。因此,A 项是题干的论证所依赖的假设。

53.【答案】 C

【题型与难度】 论证分析:削弱。难度一般。

【题干概括】 同 52 题。

【答案解析】 C 项如果为真,说明不经匿名评审的新医学信息可能含有错误结论,利用这些信息可能有害于人们的健康。这就有力地削弱了题干的论证。其余选项均不能削弱。

54.【答案】 C

【题型与难度】 逻辑推断:分析性推理。难度一般。

【题干概括】

	金针菇	木耳	水蜜桃	火腿	土豆
金粲	×				
木心		×			
水仙			×		
火珊				×	
土润					×

每种食材只能有 2 人选用；每人只能选用 2 种食材。

条件(1)：金粲选水蜜桃→水仙不选金针菇；

条件(2)：木心选金针菇或土豆→木心选木耳；

条件(3)：火珊选水蜜桃→火珊选木耳和土豆；

条件(4)：木心选火腿→火珊不选金针菇。

【答案解析】 圈中数字序号表示推导步骤：

	金针菇	木耳	水蜜桃	火腿	土豆
金粲	×(题干条件)		×⑥		
木心	×①	×(题干条件)	√③	√③	×①
水仙	√⑤		×(题干条件)		
火珊	×④	√⑤	×②	×(题干条件)	√⑤
土润	√⑤	×⑧	√⑦	×⑧	×(题干条件)

① 由条件(2)得：木心不选金针菇且不选土豆。

② 由题干条件每人只能选用 2 种食材和条件(3)得：火珊不选水蜜桃。

③ 由木心不选金针菇、木耳、土豆，得木心选水蜜桃和火腿。

④ 由木心选火腿和条件(4)得：火珊不选金针菇。

⑤ 由金粲、木心和火珊不选金针菇，得水仙和土润选金针菇；由火珊不选金针菇、水蜜桃、火腿，得火珊选木耳和土豆。

⑥ 由水仙选金针菇和条件(1)得金粲不选水蜜桃。

⑦ 由题干条件金粲、水仙和火珊不选水蜜桃，得土润选水蜜桃。

⑧ 由土润选金针菇、水蜜桃，得土润不选木耳、火腿。

因此得：土润选用金针菇和水蜜桃。

55.【答案】 B

【题型与难度】 分析性推理。难度一般。

【答案解析】 如果水仙选用土豆，基于 54 题结果，可得：金粲不选用金针菇、水蜜桃和土豆。因此，金粲选用木耳、火腿。

推导过程：由 55 题条件，①②均运用题干条件“每种食材只能有 2 人选用，每人又只能选用 2 种食材”。

	金针菇	木耳	水蜜桃	火腿	土豆
金粲	×	√②	×	√②	×①
木心	×	×	√	√	×
水仙	√		×		√(55 题条件)
火珊	×	√	×	×	√
土润	√	×	√	×	×

【提要】 注意，第 54 题的推论仅依据题干的条件推出，可用作第 55 题的条件。

2015 年管理类综合能力逻辑推理试题精讲

26.【答案】 D

【题型与难度】 语义理解:解释。难度一般。

【题干概括】 题干断定,行星能被现有的光学望远镜“看到”,是因为反射附近恒星产生的光。要解释的现象是,为什么太阳系外的行星大多无法用现有的光学望远镜“看到”。

【答案解析】 D 项断定,太阳系外的行星因距离遥远,很少能将恒星光反射到地球上。这对题干提供了一个合理的解释。

【选项排除】

A	显然无助于解释。
B	显然无助于解释。
C	无助于解释,因为题干并未断定,太阳系外的行星体积不够大。
E	显然无助于解释。

27.【答案】 B

【题型与难度】 论证分析:削弱。难度一般。

【题干概括】 题干专家的提议基于一个论证。

论据:统计显示,每天使用移动电话通话 30 分钟以上的人患神经胶质瘤的风险比从未使用者要高出 40%,手机产生的电磁辐射威胁人体健康。

结论:人们应该采取更加安全的措施防范手机产生的电磁辐射,如尽量使用固定电话通话或使用短信进行沟通。

【答案解析】 题干由每天使用移动电话通话 30 分钟以上,和患神经胶质瘤的风险增大,这二者统计相关,推断二者因果相关,并由此推断手机产生的电磁辐射可能威胁人体健康。这是题干专家的提议之依据。B 项如果为真,说明即使不使用手机,人也会受到超过手机所产生的电磁辐射强度,因此,上述两个现象很可能仅是统计相关,但并不因果相关。这说明专家的提议之依据不成立。

【选项排除】

A	削弱题干,但力度不如 B 项。因为国家规定的安全标准并非不可修改。
C	削弱题干,但力度不如 B 项,因为,第一,要经过较长时间的适应,其间仍可能受伤害,第二,适应环境不意味着不受伤害。
D	不削弱题干,因为题干的论证不需要排除 D 项断定的可能性。
E	削弱题干,但力度不如 B 项。因为 E 项只能说明专家列举的安全措施不切实际(举的例子缺少说服力),但不能说明要采取安全措施的此种建议不切实际。

28.【答案】 D

【题型与难度】 逻辑推断：分析性推理。难度一般。

【答案解析】 如右图所示：

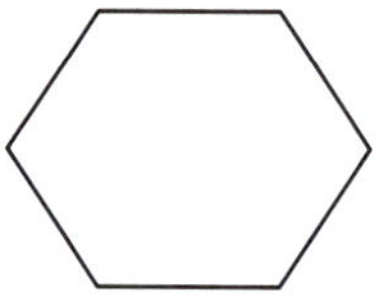

由“甲与乙正面相对”和“丙与丁不相邻”，得丙和丁不在甲的同一侧，得甲的一侧是“丙和戊”或“丙和己”，即“如果丙与戊不相邻，则丙与己相邻”。

题干断定的其他条件，“丙与丁不正面相对”和“己与乙不相邻”，对于解答此题不是必要的。

29.【答案】 E

【题型与难度】 论证分析：确定假设。难度一般。

【题干概括】 题干为一个论证。

论据：(1) 人类具备直觉、多层次抽象等独特智能。

(2) 计算机具备一定的学习能力，完全的自我学习能力还有待在人类指导下发展。

结论：计算机要达到甚至超过人类的智能水平是不可能的。

【答案解析】 题干断定，直觉、多层次抽象等是人类的独特智能。E 项断定，直觉、多层次抽象等这些人类的独特智能无法通过学习获得。因此，尽管现代计算机已经具备了一定的学习能力，并且能发展此种能力，但不可能达到或超过人类的智能水平。这说明，E 项如果为真，则由题干的论据就能推出其结论，即 E 项为真可以保证题干论证的成立具有充分性；另一方面，如果 E 项为假，即事实上直觉、多层次抽象等这些人类的独特智能够通过学习获得，而题干又断定计算机具备并发展着学习能力，这样题干的结论就没有说服力。这说明 E 项对保证题干论证的成立具有必要性。因此，E 项最可能是题干的预设。

【选项排除】

A	A 项断定计算机很难真正懂得人类的语言，这能加强题干。但如果 A 项不成立，即如果事实上计算机能真正懂得人类的语言，题干的论证仍然可以成立，因为懂得人类的语言，不等于能把握人类的直觉及基于之上的独特智能。因此，A 项能加强题干，但并不是题干的假设，这是 A 项和 E 项的区别。
B	不相干。
C	削弱题干。
D	削弱题干。

30.【答案】 D

【题型与难度】 逻辑推断：形式推理。难度一般。

【题干概括】 题干断定以下条件：

条件(1)：交通信号指示不一致→不得录入道路交通违法信息系统。

条件(2)：有证据证明救助危难→不得录入道路交通违法信息系统。

条件(3)：已录入信息系统的交通违法记录：必须完善异议受理、核查、处理等工作规范，最大限度减少执法争议

(最大限度减少执法争议→完善异议受理、核查、处理等工作规范)。

【答案解析】 由条件(1)，因信号灯相位设置和配时不合理等造成交通信号不一致而

引发的交通违法情形，不得录入道路交通违法信息系统；由“不得录入道路交通违法信息系统”，可得“可以不录入道路交通违法信息系统”。因此，D 项可从题干推出。

【选项排除】

A	A 项涉及条件（2），但不能由此推出。“缺乏当时现场的录音录像证明”否定条件（2）的前件，但不能由此否定后件。
B	B 项涉及条件（3），但不能由此推出。条件（3）只断定“完善异议受理、核查、处理等工作规范”，是“最大限度减少执法争议”的必要条件，没有断定“倾听群众异议，加强群众监督”也是“最大限度减少执法争议”的必要条件。
C	如果 C 项中的“大大减少”，改为“减少”，则题干有力地支持 C 项，但仍不能推出 C 项，因为题干并没有断定因救助危难而交通违法的现象一定存在。C 项断定的是“大大减少”，因此，题干对 C 项的支持极弱，自然不能推出。
E	E 项涉及条件（3），但不能由此推出。条件（3）断定“完善异议受理、核查、处理等工作规范”，是“最大限度减少执法争议”的必要条件，不是充分条件。

【提要】 注意：由“不得录入……”可以推出“可以不录入……”，但由“可以不录入……”，推不出“不得录入……”。

31.【答案】 E

【题型与难度】 逻辑推断：非形式推理。难度一般。

【题干概括】

条件（1）：“至少有 5 名青年教师是女性”=“至少 5 名青年女教师”。

条件（2）：“至少有 6 名女教师已过中年”=“至少 6 名中年女教师”。

条件（3）：“至少有 7 名女青年是教师”=“至少 7 名青年女教师”。

【答案解析】 由条件（2），得至少有 6 名中年女教师；由条件（3），得至少有 7 名青年女教师。因此，女教师至少有 13 名。

【提要】 题干断定了与会者的三种属性：年龄、性别和职业。在题干断定的三个条件中，对这三种属性按一致的标准调整排序，使这三个条件及其关系变得简明，有利于解题思考。

32.【答案】 A

【题型与难度】 逻辑推断：非形式推理。难度一般。

【题干概括】 同 31 题，但 3 个条件中两真一假，需要断定的是条件（1）不可能为假，如条件（1）为假，则条件（3）为假，从而 3 个条件中至少有两个为假，矛盾。

【答案解析】 由条件（1）为真可知，至少有 5 名青年女教师，进而 A 项“青年教师至少有 5 名”正确。

33.【答案】 A

【题型与难度】 逻辑推断：形式推理。难度一般。

【题干概括】 题干的观点是：如果一个企业的办公大楼设计得越完美，装饰得越豪华，则该企业离解体的时间就越近。即：办公大楼修建得越完美→该企业越接近解体。

【答案解析】 对于上述条件断定，A 项肯定其前件，否定其后件，最能质疑该断定。

【提要】 本题考点：“$P \to Q$”和“$P \land \neg Q$”矛盾。

34.【答案】 E

【题型与难度】 逻辑推断：形式推理。难度一般。

【题干概括】

条件(1)：¬张云飞机；李华大巴→张云大巴；

条件(2)：高铁票价比飞机便宜→李华高铁；

条件(3)：¬预报二月初北京有雨雪天气→王涛飞机；

条件(4)：航班时间合适→(李华飞机∧王涛飞机)。

【答案解析】 如果三人都乘坐大巴进京，则王涛不乘飞机，由条件(3)得预报二月初北京有雨雪天气。因此E项能从题干推出。

【选项排除】

A	A项不能由题干推出：由李华没有选择乘坐高铁或飞机，不能推出李华乘大巴。因为题干断定的是“他们可以选择乘坐飞机、高铁与大巴等交通工具进京”，依此不能断定，进京的交通工具仅限于飞机、高铁与大巴。
B	B项不能由题干推出：由张云和王涛乘高铁进京，得王涛不乘飞机；再由条件(3)，能得：预报二月初北京有雨雪天气，不能得：二月初北京有雨雪天气。
C	C项不能由题干推出：由三人都乘飞机进京，得李华不乘坐高铁，再由条件(2)，能得：高铁票价不比飞机便宜，不能得：飞机票价比高铁便宜，因为二者可能票价相同。
D	D项显然不能由题干推出。

35.【答案】 B

【题型与难度】 论证分析：削弱。难度一般。

【题干概括】 题干市民的质疑基于一个论证。

论据：“李祥”这个名字连续4个月中签。

结论：抽签过程存在作弊。

【答案解析】 题干的摇号抽签方式是：每一位申请人先都被随机赋予一个不重复的编码，然后继续以随机的方式决定其中哪些号码中签。如果正常操作，每个申请者，即每个不同的号码在同一个月中签概率应该是一样的。上述市民的质疑是，为什么“李祥”这个名字连续4个月中签。如果B项为真，说明“李祥”这个名字连续4个月中签，不等于某个叫李祥的申请者连续4个月中签。这就有力地削弱了上述市民的质疑。

【选项排除】

A	能削弱题干，但力度不如B项。因为监督可能出现漏洞。
C D	C项和D项都能削弱题干，理由同B项（重名），但力度显然不如B项。
E	不能削弱题干。每一位申请人都被随机赋予一个不重复的编码，这是参与的市民事先都知道的，所产生的质疑是，为什么编码都不一样，但有的名下的编码中签概率高。因此，E项不能削弱这一质疑。

36.【答案】 E

【题型与难度】 论证分析：确定假设。难度一般。

【题干概括】 题干为一个论证。

论据:误译导致我国大多数消费者根本不知道扁桃仁、杏仁是两种完全不同的产品;林果专家的澄清很难纠正这一误解。

结论:必须制定林果的统一行业标准。

【答案解析】 E 项如果不成立,即如果我国已经有关于林果的统一行业标准,则题干结论中“必须制定林果的统一行业标准”这一陈述及其论证就没有意义。因此,E 项是题干的假设。

【选项排除】 D 项是本题的干扰项。D 项如果为真,说明制定林果的统一行业标准有必要,能加强题干的论证;但是,如果 D 项不成立,即事实上我国相关企业和普通大众认可我国林果专家的意见,也不能说明制定林果的统一行业标准不必要,因为法规比专家的意见更正式和权威,也就是说,如果 D 项不成立,题干的论证仍然可以成立。因此,D 项加强题干,但不是题干论证依赖的假设。A 项、B 项、C 项都支持题干,但显然不是假设。

【提要】 对于一个论证而言,“假设”和“加强”的关系是:“假设”是最有力的“加强”,“加强”不一定是“假设”,区别二者的方法是“加否验证”。

37.【答案】 C

【题型与难度】 逻辑推断:形式推理。难度一般。

【题干概括】 题干断定:

条件(1):张强要么看了电影,要么拜访了秦玲;

条件(2):张强开车回家→¬看电影;

条件(3):张强拜访秦玲→事先约定;

条件(4):张强¬事先约定。

【答案解析】 由条件(3)和条件(4),得张强“¬拜访秦玲”。

由张强“¬拜访秦玲”和(1),得张强“看了电影”。

由张强“看了电影”和(2),得张强“¬开车回家”。

38.【答案】 E

【题型与难度】 逻辑推断:非形式推理。难度一般。

【题干概括】

条件(1):本科生:周艳、李环、文琴、徐昂、朱敏(5 选 3);

条件(2):研究生:赵婷、唐玲、殷倩(3 选 2);

条件(3):唐玲和朱敏至多一人。

条件(4):周艳和徐昂至多一人。

条件(5):李环和朱敏至多一人。

【答案解析】 由条件(4),周艳和徐昂 2 人中至多选派 1 人。由条件(5),李环和朱敏至多选派 1 人。又由条件(1),周艳、李环、文琴、徐昂、朱敏 5 名本科生中选派 3 人。因此,文琴必定入选。

39.【答案】 A

【题型与难度】 逻辑推断:非形式推理。难度一般。

【答案解析】 由唐玲入选,得朱敏不入选。又因周艳和徐昂至多选派一人,故五个本科生中,李环必定入选。

40.【答案】 E

【题型与难度】 逻辑推断:形式推理—词项(概念)推理。难度一般。

【题干概括】

前提:有些阔叶树是常绿植物。

结论:所有阔叶树都不生长在寒带地区。

问题:以下哪项如果为真,最能反驳上述结论?

【答案解析】【选项排除】

题干结论的矛盾命题是:有些阔叶树生长在寒带地区。本题测试:由题干的前提,加上哪个选项作为附加前提,可推出结论“有些阔叶树生长在寒带地区”。即

前提:有些阔叶树是常绿植物。

附加前提:5 个选项中的某一个。

结论:有些阔叶树生长在寒带地区。

原前提涉及“阔叶树”和“常绿植物”的关系,结论涉及“阔叶树”和“寒带地区”,要从前提推出结论,附加前提必须涉及“常绿植物”和“寒带地区”的关系。

A 项未涉及“寒带地区”,排除。

B 项和 C 项未涉及“常绿植物”,排除。

同时涉及“常绿植物”和“寒带地区”的只有 D 项和 E 项。答案显然是 E。

题干的前提是:有些阔叶树是常绿植物。E 项断定,常绿植物都生长在寒带地区。这两个断定推出:有些阔叶树生长在寒带地区。这和题干的结论矛盾。因此,如果 E 项为真,最能反驳题干的结论。

【提要】 不应引导考生运用三段论有效性判定的形式规则来解答此类题。理由是:第一,这不符合大纲。三段论的规则涉及“周延性”这样的专业知识,日常思维不这样思考;第二,这会把简单问题复杂化。

41.【答案】 C

【题型与难度】 逻辑推断:分析性推理。难度一般偏难。

【答案解析】 假设一个年级选拔 6 人,则另外三个年级选拔的人数可分别为 1、2、3,满足题干的条件。

【选项排除】 因为 C 项满足条件,可排除 D 项和 E 项。

假设一个年级选拔 7 人,则另外三个年级选拔的人数只有两种可能:(1) 1、1、3;(2) 1、2、2。这两种情况都不满足题干条件。假设一个年级选拔 8 人,则另外三个年级选拔的人数只有一种可能:1、1、2,不满足题干条件。因此,排除 A 项和 B 项。

42.【答案】 B

【题型与难度】 逻辑推断:分析性推理。难度一般。

【题干概括】 题干断定:

条件(1):长跑→(¬短跑∧¬跳高);

条件(2):跳远→(¬长跑∧¬铅球)。

【答案解析】 如果该年级有队员选择了长跑,则由条件(1),该年级不可能选择短跑;由条件(2),该年级不可能选择跳远。因此,B 项是不可能的。

43.【答案】 A

【题型与难度】 逻辑推断:形式推理。难度一般偏难。

【题干概括】 题干条件概括:

条件(1):甲能查杀所有已知病毒。

条件(2):乙不能防御一号病毒→丙不能查杀一号病毒。

条件(3):电脑查杀所有已知病毒→丙能防御一号病毒。

条件(4):启动丙→启动甲。

【选项概括】

A项:启动丙→防御并查杀一号病毒。

B项:启动乙→不启动丙也能查杀一号病毒。

C项:防御并查杀一号病毒→启动乙。

D项:防御并查杀一号病毒→启动丙。

E项:启动甲程序→不启动乙也能查杀所有病毒。

【答案解析】 A项能从题干得出。如果启动丙,由条件(4)得:启动甲,由条件(1)得:能查杀所有已知病毒,由条件(3)得:丙能防御一号病毒。一号病毒被标号以区别于其他病毒,显然是已知病毒,由条件(1),因而能被查杀。因此,如果启动丙程序,就能防御并查杀一号病毒。

【选项排除】 如果启动甲程序,只能推出能查杀所有已知病毒,不能推出能查杀所有病毒。因此,E项不能被推出。

44.【答案】 B

【题型与难度】 推理形式类比;求因果五法。难度一般。

【答案解析】 题干运用的推理,是或然性推理(如果前提真,结论可能真,但不必然真),方法是推断因果关系的求异法。B项的推理方法和题干最为类似。

【选项排除】

A	A项是或然性推理,推理方法是类比推理,和题干不同。
C	C项和D项是必然性推理,推理方法是演绎推理,和题干不同
D	
E	E项是或然性推理,推理方法是不完全归纳推理,和题干不同。

45.【答案】 D

【题型与难度】 逻辑推断:形式推理。难度一般。

【题干概括】 题干断定:只有生员才有资格报考举人(第一名为解元);只有举人才有资格报考贡士(第一名为会元);只有贡士才有资格报考进士(第一名为状元)。可概括为:

进士(第一名为状元)→贡士(第一名为会元)→举人(第一名为解元)→生员。

【答案解析】 诸选项中,只有D项肯定前件,并且否定其后件,不符合张教授的陈述。

【提要】 本题考点:“P→Q”和“P∧¬Q”矛盾。

46.【答案】 B

【题型与难度】 语义理解。较易。

【题干概括】 题干的观点是，如果某人在原来级别岗位上干得出色，就会被提拔，而被提拔者得到重用后却碌碌无为，这会造成机构效率低下、人浮于事。

问题是哪项最能质疑上述观点。

【答案解析】 B 项所举的事例显然是对上述观点的质疑。

【选项排除】

A	不相干。
C	不相干。
D	不能质疑题干。因为 D 项中李明的提拔并不是因为在原来级别岗位上干得出色，和题干断定的情况不同，所以，他提拔后并非碌碌无为不能质疑题干的观点。
E	E 项加强题干的观点。

47.【答案】 C

【题型与难度】 逻辑推断：形式推理。较易。

【题干概括】 如果一个组织不加强内部管理，一个正直能干的人进入某低效的部门就会被吞没。

【答案解析】 上述条件断定，由否定后件可否定前件，得：

如果一个正直能干的人在低效部门没有被吞没，则该部门加强了内部管理。

即为 C 项。

【选项排除】

A	A 项不能推出，因为可以加强管理。
B	B 项不能推出，因为“否定前件不能否定后件”。
D	D 项不能推出，因为可能不加强管理。
E	E 项不能推出，因为“肯定后件不能肯定前件”。

48.【答案】 C

【题型与难度】 论证分析：加强（支持）。难度一般。

【题干概括】 题干为一个论证。

论据：实验鼠体内神经连接蛋白的蛋白质如果合成过多，会导致孤独症。

结论：孤独症与神经连接蛋白质合成量具有重要关联。

【答案解析】 C 项断定，抑制神经连接蛋白的蛋白质合成可缓解实验鼠的孤独症症状。这显然有力地支持了题干的观点。

【选项排除】

A	未涉及神经连接蛋白质，不能支持题干。
B	未涉及神经连接蛋白质，不能支持题干。
D	未涉及孤独症，不能支持题干。
E	E 项断定的是神经连接蛋白正常，而不是神经连接蛋白的蛋白质的合成量正常，不能支持题干。

49.【答案】 A

【题型与难度】 论证分析:确定假设。难度一般。

【题干概括】 题干为一个论证。

论据:生物燃料可以替代由石油制取的汽油和柴油,许多国家日益重视生物燃料的发展,并取得显著成效。

结论:应该大力开发和利用生物燃料。

【答案解析】 A 项断定,发展生物燃料可有效降低人类对石油等化石燃料的消耗。如果 A 项不成立,则情况可能是“虽然生物燃料可以替代由石油制取的汽油和柴油,但制取生物燃料的过程会大量消耗石油等化石燃料。”这样,题干的论证就不成立。因此,A 项是题干的论证需要预设的。

【选项排除】 其余选项如果不成立,题干的论证仍然可以成立,因此均不是题干的预设。

50.【答案】 D

【题型与难度】 逻辑推断:形式推理。难度一般。

【题干概括】【答案解析】

题干断定:

如果不能在近几年消除结核病,那么还会有数百万人死于结核病

=(¬在近几年消除结核病→数百万人死于结核病)

=(¬数百万人死于结核病→在近几年消除结核病)

=只有在近几年消除结核病,才能避免数百万人死于这种疾病,即 D 项。

51.【答案】 C

【题型与难度】 二难推理。逻辑推断:形式推理。难度一般。

【题干概括】

条件(1):¬崇高信仰→¬守住道德底线。

条件(2):崇高信仰→不断加强理论学习。

【答案解析】

解法一:

构造以下二难推理:

¬崇高信仰→¬守住道德底线;

崇高信仰→不断加强理论学习;

崇高信仰∨¬崇高信仰。

因此,¬守住道德底线∨不断加强理论学习

=(守住道德底线→不断加强理论学习)

=只有不断加强理论学习,才能守住道德底线,故 C 项正确。

解法二:

假设不加强理论学习,则由条件(2),得没有崇高信仰,再由条件(1),得不能守住道德底线。由此得,如果不加强理论学习,则不能守住道德底线,即只有不断加强理论学习,才能守住道德底线。

52.【答案】 B

【题型与难度】 论证分析:加强(支持)。难度一般。

【题干概括】 题干为一个论证。

论据：实验显示，即使血液中酒精浓度只有酒驾法定值的一半，也会影响视力和反应速度。

结论：应该重新界定（降低）酒驾法定值。

【答案解析】 B 项断定的就是实验结论，即题干的论据。但题干的这一论据只是一次实验的结论，是或然的，即只是可能为真，但不一定为真。如果这一观点一定为真，则专家的观点将获得有力的支持。因此，B 项如果为真，最能支持题干。

【选项排除】

A	A 项指出酒驾法定值设置过低的弊端，削弱题干。
C	C 项断定饮酒和驾车安全的关系，加强题干，但力度显然不如 B 项。
D	D 项仅陈述相关法规，不涉及酒驾法定值的修改，不相干。
E	E 项说明专家关于修改（降低）酒驾法定值的观点是不必要的，削弱题干。

53.【答案】 D

【题型与难度】 论证分析：加强（支持）。较难。

【题干概括】 题干为一个论证。

论据：实验结论：（1）个体的智商变化确实存在；（2）个体的智商变化与其脑部灰质变化有关。

结论：个体的智商变化确实存在，早期在校表现并不突出的学生未来仍有可能成为佼佼者。

本题问的是，哪个选项能（或不能）支持上述实验结论。实验结论是指论据，而不是指整个论证的结论。

【答案解析】【选项排除】

题干的实验结论有两个要点：第一，个体的智商变化确实存在；第二，个体的智商变化与其脑部灰质变化有关。

A	A 项能支持。个体随着年龄的增长，一般智商随之增长，A 项断定，随着年龄的增长，青少年脑部区域的灰质通常也会增加。这支持上述第二个要点。排除。
B	B 项直接支持第一个要点。排除。
C	C 项直接支持第二个要点。排除。
D	D 项说明的是学生智商和其在校表现的相关性，不能说明个体的智商变化确实存在，也不能说明个体的智商变化与其脑部灰质变化相关，因此，不能支持题干。
E	E 项直接支持第二个要点。排除。

54.【答案】 E

【题型与难度】 逻辑推断：分析性推理。较难。

【题干概括】

条件（1）：招聘化学→招聘数学；

条件（2）：怡和→风云；

条件(3):只有一家公司招聘文秘,且该公司没有招聘物理;

条件(4):怡和招聘管理→怡和招聘文秘;

条件(5):¬宏宇招聘文秘→怡和招聘文秘。

下表是基于上述条件(显条件)的推论(隐条件):

公司名称	数学	物理	化学	管理	文秘	法学
怡和				×②	×①	
风云					×④	
宏宇		×⑤			√③	

推导过程:

① 由"只有一家公司招聘文秘"和"怡和→风云",得:¬怡和招聘文秘。

② 由"¬怡和招聘文秘"和"怡和招聘管理→怡和招聘文秘",得:¬怡和招聘管理。

③ 由"¬怡和招聘文秘"和"¬宏宇招聘文秘→怡和招聘文秘",得:宏宇招聘文秘。

④ 由"只有一家公司招聘文秘"和"宏宇招聘文秘",得:¬风云招聘文秘。

⑤ 由"仅一家公司招聘文秘,且该公司没有招聘物理"和"宏宇招聘文秘",得:¬宏宇招聘物理。

【答案解析】 本题的附加条件是:只有一家公司招聘物理专业,具体分析见下表:

公司名称	数学	物理	化学	管理	文秘	法学
怡和		×①		×	×	
风云		√②			×	
宏宇		×			√	

推导过程:

① 如果怡和招聘物理,则由"怡和→风云",得风云招聘物理,违反本题条件。因此,怡和不招聘物理。

② 已推得:宏宇不招聘物理,因此,风云招聘物理。

55.【答案】 A

【题型与难度】 逻辑推断:分析性推理。难度一般。

【答案解析】 本题的附加条件是:三家公司都招聘 3 个专业,具体分析见下表:

公司名称	数学	物理	化学	管理	文秘	法学
怡和	√①			×	×	
风云	√②				×	
宏宇		×			√	

推导过程:

① 如果怡和不招聘数学招聘,则由"招聘化学→招聘数学",得"怡和不招聘化学",又已推得:怡和不招聘管理且不招聘文秘,则怡和至多招聘 2 个专业,违反本题条件。因此,怡和

招聘数学。

② 由“怡和招聘数学”和“怡和→风云”,得:风云招聘数学。

2014 年管理类综合能力逻辑推理试题精讲

26.【答案】 D

【题型与难度】 论证分析:削弱(质疑)。难度一般。

【题干概括】 题干是一个论证。

论据:光纤网络能提供快捷服务。

结论:光纤网络将大幅提高人们的生活质量,包括社会生产力发展水平较低国家的人们的生活质量。

【答案解析】 D 项断定社会生产力发展水平是决定生活质量的唯一因素,由此得社会生产力发展水平较低国家的人们的生活质量不可能大幅提高。这是对题干的严重质疑。

【选项排除】 其余各项和题干的论证均相干,其中,A 项、C 项、E 项均能削弱题干,但力度显然不如 D 项;B 项不能削弱题干,例如,甲说:“骄傲使人落后。”乙接着说:“不骄傲,自卑,也会使人落后。”乙的话显然不能削弱甲的话。

【提要】 注意抓住本题的关键概念:“社会生产力发展水平”。

27.【答案】 C

【题型与难度】 谬误辨析:不当同一替代。难度一般偏难。

【答案解析】 题干中李栋的论证存在的谬误是“不当同一替代”。有两种不同的判断,事实判断和认知判断(包含相信、知道这样的认知概念的判断)。在一个事实判断中出现某个概念 P,又“P=Q”,则在该断定中以 Q 替代 P,则所得到的断定仍然成立。例如:“北京 2014 年元旦天晴”,又因为“北京=中国的首都”,替代后“中国的首都 2014 年元旦天晴”仍然成立。但在认知判断中这种概念同一替代不一定成立。例如:小冰冰知道鲁迅是作家,又因为“鲁迅=周树人”,由此不能替代推断“小冰冰知道周树人是作家”。这种推断中存在的谬误,就是“不当同一替代”。

在诸选项中,C 项存在“不当同一替代”,因为“晨星=暮星”,但由认知判断“黄兵相信晨星在早晨出现”不能得到“黄兵相信暮星在早晨出现”。这是本题的考点。

【选项排除】

A	A 项存在谬误“偷换概念”,第一个“中国人”是集合概念,第二个“中国人”是非集合概念,不是同一概念。这一谬误和题干不同。
B	B 项中,金子是集合体,组成金子的分子是个体,集合体具有(或不具有)的性质,组成它的个体可以不具有(或具有)。B 项断定,个体不具有的性质,集合体也一定不具有,这一谬误称为“集合体误用”。这一谬误和题干不同。
D	D 项的前提推不出结论,但未出现题干的谬误。
E	E 项存在谬误“偷换概念”,两个“大”,具有不同的内涵,不是同一概念。这一谬误和题干不同。

28.【答案】 B

【题型与难度】 逻辑推断:形式推理。难度一般。

【题干概括】 题干中陈先生孩子的断定:经历风雨∧¬见到彩虹。

【答案解析】 B 项断定:经历风雨→见到彩虹。B 项的断定与题干矛盾。因此,陈先生孩子的回答最适宜用来反驳 B 项。

【选项排除】 其余选项不与题干矛盾。

【提要】 此题的考点是:“P→Q”和“P∧¬Q”矛盾。

29.【答案】 B

【解题思路】 本题是逻辑推断题,问的是依据题干条件能推出哪项结论,完成这一推断有难度,在实际考试中,可通过核对条件,排除不正确选项,从而确定答案。但这种方法并没有达到本题的要求,因为确定一个选项不违反条件不等于证明这一选项能从题干推出。作为考前训练,必须完成这一证明。

【答案解析】【选项排除】

核对条件的解题思考如下表所示。在 B 项所断定的情况下,每位考生都至少有一个答案正确,符合条件。其余选项都违反题干。例如,在 A 项断定的情况下,第六位考生的三个答案都错,违反题干条件。

	第一位考生	第二位考生	第三位考生	第四位考生	第五位考生	第六位考生
A 项	√××	××√	×√√	√××	×√×	×××
B 项	××√	×√×	√××	×√×	××√	√√×

【提要】 以下是从题干条件得出 B 项的推理:

在 6 位考生的答案中,只有第二题的答案中“天安门”出现 3 次,其他都是每个景点出现 2 次。从证明第二题的正确答案是“天安门”开始。假设第二题的答案不是“天安门”,即第二位、第四位、第六位考生第二题的答案都是错的,得:第三题的正确答案是故宫,否则第四位和第六位考生至少一位答案都错。继而由第二位考生后二题答案都错,得第一题正确答案是“天安门”,得:第一位考生和第三位考生的第一题和第三题答案都错,又两位的第二题答案不一样,得其中至少一人答案都错,违反条件。因此,假设不成立,得:第二题的正确答案是“天安门”。由第二题的答案是“天安门”,得第三题的答案也是“天安门”,否则第一位考生和第五位考生中至少一位都错,违反条件。由第三位考生的后两题答案都错,得:第一题的正确答案是故宫。

30.【答案】 E

【题型与难度】 论证分析:削弱(质疑)。难度一般。

【题干概括】 记“番茄红素水平最高的四分之一”为第一组,“番茄红素水平最低的四分之一”为第三组,其余的一半人为第二组。

论据:

第一组	番茄红素水平最高	11 人中风
第二组		
第三组	番茄红素水平最低	25 人中风

结论：番茄红素能降低中风的发生率。

【答案解析】 E 项说明，第二组和第三组的中风比例是一样的，但第二组比第三组的番茄红素水平高。这有利于说明番茄红素含量高并不能降低中风的发生率，削弱题干。

【选项排除】

A	不能削弱题干。因为题干只断定番茄红素和中风发生率的关系，并未断定和中风病情严重程度的关系。
B	不能削弱题干。B 项指出，诱发中风另有他因（吸烟、高血压和糖尿病等），但无助于说明不是此因（番茄红素含量低），因此不能削弱题干。
C	显然不能削弱题干。
D	D 项能削弱题干，但力度不如 E 项。D 项有利于说明，第一组中风发生率低另有他因（体育运动），和 B 项不同，此种另有他因有利于说明不是此因（番茄红素含量高），因此能削弱题干，但力度显然不如 E 项。

【提要】 解答论证分析题的思考出发点，是对试题具体内容的具体分析，抽象概括出来的一些解题要领只能作为参考，不能作为解题思考的依据和出发点。“另有他因”是削弱一个论证的常用方法，可视作一个可供考生参考的解题要领，本题的 D 项具有明显的“另有他因”的特征，但并不是正确答案。作为正确答案的 E 项，很难从中概括出具有一般性的解题要领。这是应对非形式论证不同于应对形式推理的一个重要之点。

31.【答案】 C

【题型与难度】 论证分析：加强（支持）。难度一般。

【答案解析】 由题干，恐龙腿骨实际有一定的弯曲度。科学家认为，假定恐龙腿骨为圆柱形会高估恐龙的实际体重，这显然是假设：圆柱形腿骨能承受的重量比弯曲的腿骨大。C 项就是对这一假设的断定。C 项如果不成立，题干科学家的观点就不能成立，因此，C 项最能支持题干。

例如，断定：假设考生接受的考前辅导是完全到位的，会高估他们的实际应试能力。这一断定显然假设，相比之下，完全到位的考前辅导更能提高考生的应试能力。

32.【答案】 D

【题型与难度】 逻辑推断：形式推理。难度一般。

【题干概括】 小明断定：（知道最高者身高 ∨ 知道平均身高）→确定高低差距。

【答案解析】 D 项断定：知道平均身高 ∧ ¬ 确定高低差距。

D 项肯定题干的前件，否定其后件。因此，如果 D 项为真，则小明的断定为假。

注意，如果肯定“知道平均身高”，则肯定“知道最高者身高，或者知道平均身高”。

【提要】

（1）“P→Q”与“P ∧ ¬Q”矛盾；

（2）如果 P 真，则“P ∨ Q”真。

（3）“尽管 P，也 Q”的一般结构是“P ∧ Q”；“即使 P，也 Q”的一般结构是“P→Q”。

33.【答案】 B

【题型与难度】 逻辑推断：分析性推理—数字比例。难度一般。

【解题思路】 本题涉及数量增长中，总量和分量，增幅和比例的关系：

如果分量的增幅等于总量的增幅,则分量占总量的比例不变。

如果分量的增幅大于总量的增幅,则分量占总量的比例增加。

如果分量的增幅小于总量的增幅,则分量占总量的比例下降。

【答案解析】 本题的总量是该公司所有产品总销量,分量是该公司个人笔记本电脑的销量。题干断定,分量的增幅低于总量的增幅,可得:分量的比例下降。B 项断定,分量的占比上升,这是不可能的。

34.【答案】 B

【题型与难度】 逻辑推断:形式推理—对当关系。难度一般。

【题干概括】 张某的观点是:凡夫俗子和华尔街的分析大师的区别,不在于面临的问题多少,而在于是否具有分析问题的方法和技巧。

【答案解析】 张某断定:每个凡夫俗子一生之中都将面临许多问题,B 项断定有些凡夫俗子一生之中将要面临的问题并不多,这两个断定矛盾,因此,B 项直接反驳张某的观点。

【选项排除】

A	A 项如果为真,说明有些凡夫俗子和华尔街大师看来有区别,可能并不是因为缺乏分析问题的技巧和方法,而是因为不需要运用和显示这种技巧。A 项有助于反驳张某,但力度不如 B 项,因为诉诸的是可能性:由 A 项,对有些凡夫俗子来说,不需要掌握分析问题的方法与技巧只是一种可能性;其次,不需要掌握分析问题的方法与技巧,不意味着实际上具有这种方法和技巧。
C、E	加强张某的观点。
D	不反驳张某的观点。

35.【答案】 E

【题型与难度】 论证分析:加强(支持)。难度一般偏难。

【题干概括】 题干为一个论证。

论据:统计显示,缺乏维生素 D 的新生儿感染呼吸道合胞病毒的比例较高。

结论:孕妇补充维生素 D 可降低新生儿感染呼吸道合胞病毒的风险。

【答案解析】【选项排除】

本题的答案是 E,要重点说明的是:为什么不是 A。

题干的论证基于两个假设。第一,上述新生儿感染呼吸道合胞病毒的比例较高的原因,是缺乏维生素 D(题干只断定二者统计相关,由此不能直接断定因果相关);第二,上述新生儿缺乏维生素 D 的原因是他们的母亲在妊娠期间没有补充足够的维生素 D。这两个假设中任何一个不成立,题干的论证就没有说服力。

E 项如果为真,充分说明第二个假设成立。A 项如果为真,支持但不能充分说明第一个假设成立。因此,A 项和 E 项都支持题干,但 A 项的支持力度不如 E 项。

B 项支持题干,但力度不如 E 项,因为 B 项只断定孕妇适当补充维生素 D 可降低新生儿感染流感病毒的风险,这里只一般性地断定流感病毒,未涉及呼吸道合胞病毒。排除。

C 项和 D 项削弱题干。排除。

36.【答案】 B

【题型与难度】 语义理解:解释。难度一般。

【答案解析】 客人“随便给”的付费只可能有两种情况:第一,高于或等于成本价格;第二,低于成本价格。B 项如果为真,说明此种营销只可能赚钱,不可能赔钱。由题干,“随便给”的含义是,付账金额由顾客决定。由 B 项不能得出结论,受到提醒的顾客自己不能决定付账金额,因而违反“随便给”的店规。受到提醒的顾客,可以补交也可以不补交。但由 B 项,那些受到提醒的顾客都会补足差价,这说明此种营销不可能赔钱,一定成功。

【选项排除】

A	A 项有助于说明此种营销策略可能成功,但不能说明此种营销只可能赚钱,不可能赔钱,即不能说明一定成功。又因为 A 项只断定部分顾客,这也削弱了解释力度。因此,解释力度不如 B 项。
C	C 项不利于解释题干。
D、E	D 项和 E 项无助于解释题干。

37.【答案】 C

【题型与难度】 分析性推理。难度一般。

【题干概括】 题干有两个关键条件:

条件(1):每个签名都是本人所签。

条件(2):在每个回答中,如果提到的人是经办人,则该回答为假;如果提到的人不是经办人,则为真。

【答案解析】 赵义的回答中提到的是钱。如果钱仁礼是经办人,则依据条件(2),赵义的回答为假;但依据条件(1),赵义的回答为真,矛盾。因此,钱仁礼不是经办人。同理,李信、赵义都不是经办人。因此,经办人是孙智。

38.【答案】 D

【题型与难度】 逻辑推断:分析性推理。难度一般。

【答案解析】 由钱仁礼、李信、赵义都不是经办人,依据条件(2),得:四人的上述回答均真。由赵义、李信的回答真,得:钱仁礼不是审批领导,也不是复核,又不是经办人,因此,钱仁礼是出纳。再由钱仁礼的回答真,得:李信不是复核,又不是经办人,也不是出纳,因而是审批领导。继而得赵义是复核。

39.【答案】 A

【题型与难度】 论证分析:确定假设。难度一般。

【题干概括】 题干是一个论证。

论据:板块运动有助于维系行星表面的水体。

结论:板块运动可被视为行星存在宜居环境的标志之一。

【答案解析】 A 项如果为假,即能维系水体的行星不可能存在生命,那么,就没有理由依据板块运动有助于维系行星表面的水体,就把板块运动作为行星存在生命宜居环境的一个标志。因此,为使题干的论证有说服力,A 项是必须假设的。

【选项排除】

B	题干断定,放射性元素钍和铀有利于促进行星板块运动,这一断定不必假设行星板块运动都是由放射性元素钍和铀驱动的。
C	题干断定,行星内部温度的提高,在一定程度上有助于行星的板块运动,这一断定不必假设行星内部温度越高,越有助于它的板块运动。

续表

D	削弱题干，显然不是假设。
E	题干科学家的观点及其探索基于地外生命可能存在，没有也不必假设地外生命一定存在。

40.【答案】 D

【题型与难度】 逻辑推断：分析性推理。难度一般。

【题干概括】【答案解析】

见下表，由条件可得：第一支部选择"行政学"和"国际政治"；第二支部选择"管理学"和"逻辑"。

由条件，只有第三支部选择"科学前沿"，得：第四支部不选择"科学前沿"。如果第四支部没有选择"管理学"，也没有选择"逻辑"，则第四支部选择"行政学"和"国际政治"，同第一支部，违反条件。因此，如果第四支部没有选择"管理学"，则一定选择"逻辑"。

	行政学	管理学	科学前沿	逻辑	国际政治
第一支部	√	×（条件）	×（条件）	×（条件）	√
第二支部	×（条件）	√	×（条件）	√	×（条件）
第三支部			√（条件）		
第四支部			×（条件）		

41.【答案】 C

【题型与难度】 语义理解：解释。难度一般。

【题干概括】 需要解释的现象是，为什么一方面全球变暖造成两极冰川加速融化，另一方面近几年来，北半球许多地区却反而超常寒冷。

【答案解析】 C项断定，全球变暖造成两极附近海水温度升高阻断或减弱了原来通往北半球某些地区的暖流，这些地区正是民众在冬季感到相当寒冷的地区。这就给题干看似矛盾的现象以一个合理的解释。

【选项排除】 其余各项不能解释题干。

42.【答案】 D

【题型与难度】 逻辑推断：形式推理及非形式推理。难度一般。

【答案解析】 题干断定，这两个《通知》或者属于规章或者属于规范性文件。由此可以推出，这两个《通知》如果都不属于规范性文件，那么就属于规章。因此，答案是D项。

【选项排除】

A B	法律或行政法规都具有强制性。题干断定，依据这两个通知，不能强制性处置某种事项，由此不能得出，这两个通知不是法律或不是行政法规。因为题干提及的此种事项，很可能不在某种法律、法规的处置范围之内。因此，A项和B项均不能得出。
C	C项不能得出。因为由题干，完全可能两个《通知》都属于规章。
E	E项不能得出。因为题干只是断定，任何人均无权依据这两个《通知》将本来属于当事人选择公证的事项规定为强制公证的事项，这一断定不能排除，当事人可以依据其他某种法律或法规合法地处置此种事项。

【提要】 本题确定 D 项能从题干推出，依据的是形式推理。排除其余选项，用到非形式推理。

43.【答案】 D

【题型与难度】 逻辑推断：形式推理。难度一般。

【题干概括】 题干断定：

条件(1)：若一位管理者是优秀的专家学者，则他一定会管理好公司基本事务

=优秀的专家学者→管理好公司基本事务。

题干又断定：

条件(2)：浩瀚公司董事会只会解除那些没有管理好公司基本事务者的职务

=只有没有管理好公司基本事务者，才会被（浩瀚公司）解除职务

=被（浩瀚公司）解除职务→没有管理好公司基本事务

=管理好公司基本事务→不会被（浩瀚公司）解除职务。

【答案解析】 由条件(1)和条件(2)可得：

优秀的专家学者→不会被（浩瀚公司）解除职务。

44.【答案】 C

【题型与难度】 二难推理。逻辑推断：形式推理。难度一般偏易。

【题干概括】 题干断定：

条件(1)：甲党控制政府 ∨ 乙党控制政府；

条件(2)：甲党控制政府→出现经济问题；

条件(3)：乙党控制政府→陷入军事危机。

【答案解析】 由题干可得：出现经济问题 ∨ 陷入军事危机。

【提要】 本题考点：二难推理。

45.【答案】 D

【题型与难度】 欧拉图解。逻辑推断：非形式推理。难度一般。

【题干概括】 题干条件可用图(1)与图(2)两个欧拉图表示：

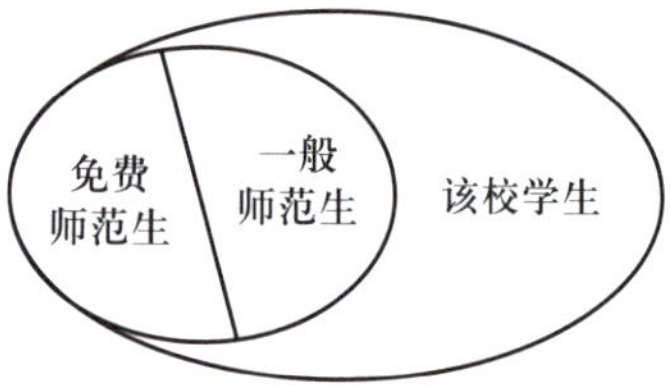

图(1)

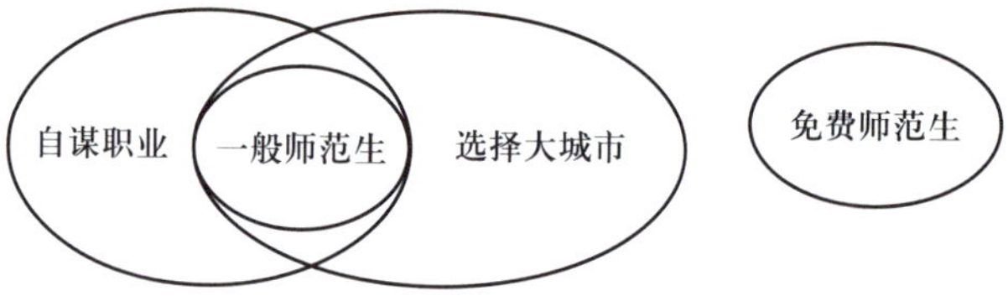

图(2)

【答案解析】 如图(2)所示，该校所有一般师范生都需要自谋职业。因此，答案是 D。

【选项排除】 A 项、B 项、C 项和 E 项都不能推出，因为该校大学生不都是师范生。

【提要】 此题涉及概念与外延之间的关系，此类题可恰当用欧拉图辅助解题。

46.【答案】 D

【题型与难度】 逻辑推断：非形式推理，分析性推理-对应。难度一般。

【题干概括】【答案解析】

由“原本负责后勤的文珊接替了孔瑞的文秘工作，由 110 室调到了 111 室”，可得后勤工作间的号码是 110，文秘工作间的号码是 111，因此，网络工作间的号码是 112，见下表。孔瑞或者调任后勤，或者调任网络。如果孔瑞调任后勤，则是和文珊对调，则姚薇不作调动，违反条件。因此，孔瑞调任网络，即调到了 112 室。

	110 室（后勤办公室）	111 室（文秘办公室）	112 室（网络办公室）
文珊		√	
孔瑞			
姚薇			

47.【答案】 B

【题型与难度】 逻辑推断：非形式推理。分析性推理-对应。难度一般偏易。

【题干概括】【答案解析】

在下表中，未标有数字的是题干条件或由条件直接得到的结论，标有数字的是由条件推出的结论。由题干条件，直接可得：四人围绕方桌的位置如下图所示；晨桦是软件工程师。

	高校教师	软件工程师	园艺师	邮递员
晨桦	×	√	×	×
建国	√①	×	×①	×①
向明	×①	×		√②
嘉媛	×①	×	√②	×

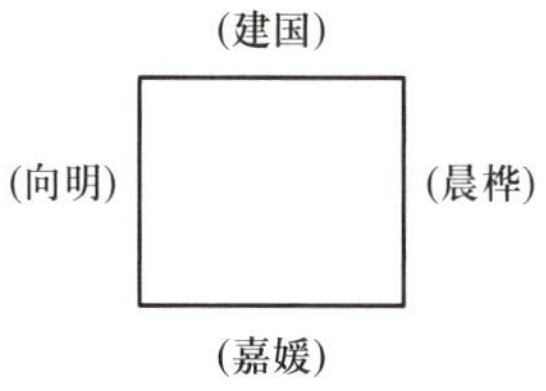

推导过程：

① 由“向明坐在高校教师的右手边”得：建国是高校教师。

② 由建国是高校教师得：向明是邮递员，嘉媛是园艺师。

48.【答案】 E

【题型与难度】 逻辑推断：形式推理。难度一般。

【题干概括】

条件(1)：优秀的管理者→善于思考；

条件(2)：谦逊的智者→不学占星术；

条件(3)：占星家→占星术；

条件(4):有些占星家是优秀的管理者。

【解题思路】 本题的思考分两步。第一步确定由题干条件能得出哪些推论;第二步确定哪个选项和题干的推论冲突。

【答案解析】 由条件(3)和条件(2),得:占星家都不是谦逊的智者(推论一);由条件(4)和条件(1),得:有些占星家善于思考(推论二),由推论一和推论二得:有些善于思考的人不是谦逊的智者(推论三)。推论三和E项矛盾,因此,最能反驳题干。

49.【答案】 D

【题型与难度】 论证分析:削弱(质疑)。难度一般。

【题干概括】 题干为一个论证。

论据:蜘蛛越老,结的网就越没有章法。

结论:动物的大脑也会像人脑一样退化。

【答案解析】 题干的论证要成立,必须假设:蜘蛛结网的行为是受其大脑控制的。D项如果为真,说明这一假设不成立,这是对题干的严重质疑。

【选项排除】 A项和E项不相干。B项加强题干。C项有助于说明,年老蜘蛛结网能力下降有可能与大脑无关,这能削弱题干,但能断定的只是可能,力度显然不如D项。

50.【答案】 D

【题型与难度】 论证分析:加强(支持)。难度一般。

【题干概括】 题干为一个论证。

论据:实验显示,在嘈杂环境,和男性相比,女性较难准确找出声音的来源。

结论:在嘈杂环境中准确找出声音来源的能力,男性要胜过女性。

【答案解析】 题干的论据只是陈述了现象,D项断定了产生这一现象的原因,显然支持题干。

【选项排除】 对声源定位的准确性和对此种声音是否熟悉几乎不具有相关性。因此,A项和B项为不相干选项。C项不涉及嘈杂环境,因此不相干。E项相干,但不支持也不削弱题干。

51.【答案】 D

【题型与难度】 逻辑推断:非形式推理。难度一般。

【题干概括】【答案解析】

题干断定,第一,孙先生所有朋友都声称知道某人;第二,孙先生有的朋友事实上不知道此人。由此可得:孙先生的朋友中有人没有说真话。

52.【答案】 E

【题型与难度】 逻辑推断:非形式推理。难度一般。

【题干概括】【答案解析】

题干断定,本科生的人均投入,甲校少于乙校;所有学生(本科生加上研究生)的人均投入,甲校多于乙校。有两种情况,可能造成这一结果:第一,甲校研究生的人均投入高于乙校;第二,甲校研究生所占的比例高于乙校(因为研究生的人均经费投入均高于本科生)。因此,E项是题干的合理推论。

【提要】 本题有思考捷径。这一捷径是:可简明地排除4个不正确选项。第一,A项和B项涉及的是“人数”,题干只涉及“人均投入”,没有“总投入”的数据,因此不可能确定“人数”，由此排除 A 项和 B 项。第二，如果 C 项为真，则 E 项为真，试题的正确答案就不具有唯一性。由此，排除 C 项，同理，排除 D 项。

53. 【答案】 E

【题型与难度】 逻辑推断：分析性推理。难度较难。

【题干概括】【答案解析】

题干条件可概括为：

条件（1）：每位选手只参加一个比赛项目，每个比赛项目两位选手参加。

条件（2）：孔智参加围棋比赛↔（庄聪参加中国象棋比赛∧孟睿参加中国象棋比赛）

条件（3）：¬韩敏参加国际象棋比赛→墨灵参加中国象棋比赛。

条件（4）：荀慧参加中国象棋比赛→¬庄聪参加中国象棋比赛。

条件（5）：¬荀慧参加中国象棋比赛∨¬墨灵参加中国象棋比赛。

	围棋比赛 2 人	中国象棋比赛 2 人	国际象棋比赛 2 人
孔智	×②		
孟睿			
荀慧		√（53 题条件）	
庄聪		×①	
墨灵		×①	
韩敏			√②

推导过程：

① 由 53 题条件：（荀慧参加中国象棋比赛）和条件（4）和条件（5），得：¬庄聪参加中国象棋比赛，¬墨灵参加中国象棋比赛。

② 由①和条件（2），得：¬孔智参加围棋比赛。

由“¬墨灵参加中国象棋比赛；¬韩敏参加国际象棋比赛→墨灵参加中国象棋比赛”，得：韩敏参加国际象棋比赛。

54. 【答案】 D

【题型与难度】 逻辑推断：分析性推理。难度较难。

【题干概括】【答案解析】

	围棋比赛 2 人	中国象棋比赛 2 人	国际象棋比赛 2 人
孔智	×②	×①	√③
孟睿	×（54 题条件）	√（54 题条件）	×（54 题条件）
荀慧	√⑦		×⑤
庄聪	×④	×①	√④
墨灵	×⑥	√⑥	×⑤
韩敏	√⑦		×⑤

① 由“庄聪和孔智参加相同的比赛项目；孟睿参加中国象棋比赛”，得：庄聪和孔智都不参加中国象棋比赛，否则三人参加。

② 由“庄聪不参加中国象棋比赛；孔智参加围棋比赛↔（庄聪参加中国象棋比赛∧孟睿参加中国象棋比赛）”，得：孔智不参加围棋比赛。

③ 由②得：孔智参加国际象棋比赛。

④ 由“③庄聪和孔智参加相同的比赛项目”，得：庄聪参加国际象棋比赛。

⑤ 由“③和④”得：荀慧、墨灵、韩敏都不参加国际象棋比赛。

⑥ 由“韩敏不参加国际象棋比赛；¬韩敏参加国际象棋比赛→墨灵参加中国象棋比赛”，得：墨灵参加中国象棋比赛。

⑦ 由“孔智、孟睿、庄聪、墨灵均不参加围棋比赛”，得：荀慧和韩敏参加围棋比赛。

55.【答案】 D

【题型与难度】 逻辑推断：分析性推理。难度较难。

【答案解析】【选项排除】

A、B	A 项不可能为真。由“庄聪和韩敏参加中国象棋”，得：韩敏不参加国际象棋比赛；再由“¬韩敏参加国际象棋比赛→墨灵参加中国象棋比赛”，得：墨灵参加中国象棋比赛。三人参加中国象棋比赛，违反条件（1）。同理，B 项不可为真。
C	违反条件（2）。
D	D 项不违反条件，可能为真。
E	E 项不可能为真。由“孔智参加围棋比赛”和条件（2），得：庄聪和孟睿参加中国象棋比赛。由“韩敏参加围棋比赛”，得：韩敏不参加国际象棋比赛。由“韩敏不参加国际象棋比赛；条件（3），得：墨灵参加中国象棋比赛。三人参加中国象棋比赛，违反条件（1）。

2013 年管理类综合能力逻辑推理试题精讲

26.【答案】 E

【题型与难度】 论证分析：削弱（质疑）。难度一般。

【题干概括】 题干为一个论证。

论据：（1）去年实施办公用品节俭计划；

（2）去年办公用品支出较之前下降。

结论：该计划去年已经为公司节约了不少经费（前者是后者的原因）。

【答案解析】 E 项指出某类似公司没有论据（1），但也类似有论据（2），这有利于说明二者可能没有因果关系，构成了对题干的质疑。

【选项排除】

A	如果 A 项的“过去 5 年间”改为“去年以来”，则能说明无纸办公的推广也是办公支出下降的原因，因而也能质疑题干。但过去 5 年间都推广了无纸办公，就不能说明为什么唯独去年办公支出下降。因此，不能质疑题干。
B	不相干。

续表

C	C 项削弱题干的论据(2),但不能说明论据(2)不成立,对题干的削弱力度不如 E 项。
D	D 项断定某类似公司没有论据(1),但不能确定是否类似有论据(2),因此,不能削弱或加强题干。

【提要】 题干根据“有 P,有 Q”,断定:P 是 Q 的原因。E 项断定“无 P,有 Q”,在本题的语境下,能质疑题干,但由此不宜得出一般性结论:“无因有果”都能质疑相应的因果关系。例如,某人不吸烟但患了肺癌,不能质疑“吸烟是患肺癌的原因”。是否削弱一个论证,思考的依据是对试题内容的具体思考,即个案性思考,不是一般性的要领或规则,这是非形式逻辑题和形式逻辑题的一个重要区别。

27.【答案】 E

【题型与难度】 类比:推理形式类比。难度一般。

【题干概括】 题干的推理可整理为:“有些高分者不是人才。你高分,因此,你可能不是人才”。其推理形式是:有些 P 不是 Q。某物是 P,因此,某物可能不是 Q。

【答案解析】 E 项的推理可整理为:有些闪光的物体不是金子。考古队挖到的东西闪闪发光,所以考古队挖到的东西可能不是金子。该推理形式和题干相同。

【选项排除】

A	A 项断定,名利都是浮云。这一断定的意思是:名利带来的开心是暂时的,这不等于断定:有些名利双收者并不开心。因此,A 项和题干的推理形式不同。
B、D	题干的结论是否定判断,B 项和 D 项的结论是肯定判断。
C	题干的结论是单称判断(主项是单独概念),C 项的结论是特称判断(包含量词“有些”)。

【提要】 推理形式的类比要注意区分两种推理:命题推理和词项推理。命题推理的关键词是“且”“或”“则”;词项推理的关键词是“所有”“有些”。本题是词项推理。

28.【答案】 A

【题型与难度】 逻辑推断:分析性推理。难度一般。

【题干概括】 假设李明赴东湖与王刚赴西岛的天数为 a,则可依题意列出下表。

	东湖	西岛	南山
李明	a		3
王刚		a	4
张波			

每人三地共 9 天;三人游玩各景点的天数不同。

【答案解析】【选项排除】

分析:$a=?$

显然:$a\neq 4$,否则王刚游东湖的天数是 1,违反题干条件。

假设:$a=3$,则李明和王刚游西岛的天数都是 3,违反题干条件。

因此,$a=2$。

由此，不难得：

	东湖	西岛	南山
李明	2	4	3
王刚	3	2	4
张波	4	3	2

29.【答案】 B

【题型与难度】 逻辑推断：形式推理。难度一般。

【解题思路】 理解本题的关键是，题干教授的观点，是个假言判断，断定的是“大力神”杯的质料结构和能被挥舞这二者之间的条件关系，对这二者自身并未作断定，如同“如果天下雨，那么地上湿”并未断定天是否下雨，也未断定地上是否湿。

【题干概括】【答案解析】

题干断定：

实心的“大力神”杯不可能是纯金制成的，否则球员不可能将它举过头顶并随意挥舞

＝若“大力神”杯是实心的纯金杯，则球员不可能把它举过头顶并随意挥舞

＝（“大力神”杯：实心 ∧ 纯金）→球员不可能把它举过头顶并随意挥舞。

故 B 项等同于题干的断定。

【选项排除】

A	A 项不等同于题干，因为根据题干，若球员能够将“大力神”杯举过头顶并自由挥舞，则它或者不是实心的，或者不是纯金的，即也很可能是空心的非纯金杯，或实心的非纯金杯也可能是空心的纯金杯。A 项的后件断定的可能性，只是题干断定的一部分。题干和 A 项的关系是：题干能推出 A 项，但不等同于 A 项，这和题干与 B 项的关系不同。
C、D	题干教授的观点断定的是“大力神”杯的质料结构和能被挥舞这二者之间的条件关系，对这二者自身并未作断定。C 项和 D 项是有关“大力神”杯的质料结构的断定，不是题干中教授的观点。
E	E 项的结构是：（“大力神”杯：纯金 ∧ ¬实心）→球员能举过头顶并自由挥舞。 题干的结构是：（“大力神”杯：实心 ∧ 纯金）→球员不能把它举过头顶并随意挥舞。 E 项不同于题干，也不能由题干推出（否定前件不能否定后件）。

30.【答案】 C

【题型与难度】 语义理解。难度易。

【答案解析】 此题是语义理解题，考查两个概念的区分——原始动机和习得动机。在诸选项中，“窈窕淑女，君子好逑”最可能是以人的本能需要为基础的、与生俱来的动机，其余都是后天习得的。

【提要】 公认的经验常识可以作为本题解题的依据。一般地，公认的经验常识如果未作断定，不能作为形式推理的前提，但可以作为非形式逻辑题的依据。

31.【答案】 B

【题型与难度】 逻辑推断：非形式推理。难度一般。

【答案解析】 由题干条件（1）和条件（2），得：甲相通于丁；由题干条件（1）和 31 题条件

“丙主机不相通于自身”,得:甲相通于丙。

32.【答案】　D

【题型与难度】　逻辑推断:非形式推理。难度一般。

【答案解析】　由题干条件(3)“丙主机相通于任一相通于甲的主机”和 32 题条件“丙主机不相通于任何主机”,得:任何主机都不相通于甲。因此,D 项不可能为真。

33.【答案】　C

【题型与难度】　逻辑推断:形式推理。难度一般。

【题干概括】【答案解析】

题干断定:一种现象不能用已有的科学理论进行解释。

C 项断定:错觉都可以用已有的科学理论进行解释。

由此可推出:此种现象不是错觉。即小王的断言不成立。

基于题干,C 项能推出小王的结论不成立。

【选项排除】　可用欧拉图分析各选项。以下图示中,方形表示“可用科学理论解释的事物”,圆形表示“错觉”,▲表示“该现象”。

以下各选项相应的图形都满足题干也满足该选项的断定,可直观地说明,各选项能或不能使小王的断定不成立。

A 项:有些错觉可以用已有的科学理论进行解释。

B 项:有些错觉不能用已有的科学理论进行解释。

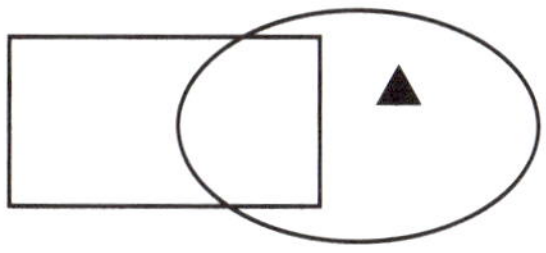

上图说明,在 A 项和 B 项断定的情况下,小王的断定可以成立。

C 项错觉都可以用已有的科学理论进行解释。

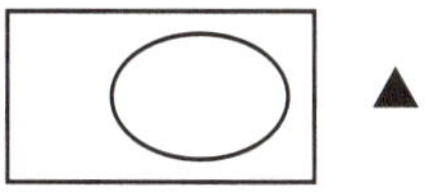

上图说明,在 C 项断定的情况下,小王的断定不成立。因此,答案是 C。

D 项所有错觉都不能用已有的科学理论进行解释。

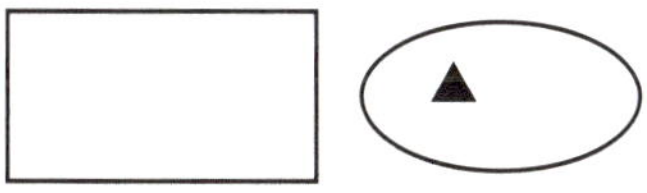

上图说明,在 D 项断定的情况下,小王的断定可以成立。

E 项显然不能说明小王的断定不成立。

【提要】　本题直接确定 C 项为正确答案的难度并不大,在实际考试中,上述欧拉图可以省略,除非确实必要。

34.【答案】　E

【题型与难度】　逻辑推断:非形式推理。难度一般。

【题干概括】　题干研究人员的发现是:鸟类用右眼“查看”地球磁场。要确定哪项结果支持或不支持这一发现,首先要关注实验鸟右眼被遮(戴眼罩)的结果。

【答案解析】【选项排除】

A 项、C 项、D 项的结果都是右眼戴眼罩的实验鸟都顺利飞出，不支持题干。B 项和 E 项都断定右眼戴眼罩的实验鸟有的没飞出，都支持题干。B 项和 E 项的区别在于，B 项的结果能支持鸟类利用右眼“查看”地球磁场，同样也支持鸟类利用左眼“查看”地球磁场；而 E 项只支持前者，不支持后者，即最能支持研究人员的发现。

35.【答案】 D

【题型与难度】 分析性推理。难度一般。

【答案解析】 除 D 项外，其余各项都违反条件（4）。由题干可知，4 人均只在连续四个月当选“月度之星”。如果有 3 人同时当选的月份如 A 项、B 项和 C 项所示，则至多只有一人在 7 月当选，违反条件（4）；如果有 3 人同时当选的月份如 E 项所示，则至少有三人在 7 月当选，均违反条件（4）。

36.【答案】 D

【题型与难度】 分析性推理。较难。

【解题思路】 本题的思考突破口是：王某、郑某和吴某当选的月份连续，并且不同月份的数目不超过 6，因此，王某、郑某、吴某不可能是 1 月当选。

【答案解析】【选项排除】

由条件（1）和条件（2），得：王某、郑某和吴某当选的月份连续，并且不同月份的数目不超过 6，因此，王某、郑某和吴某都不可能在 1 月当选，否则违反条件（4）。因此，周某 1 月当选，即周某当选的月份是 1~4 月。由此可得王某的月份是：5~8 月，或 6~9 月，或 7~10 月。A 项、B 项、C 项可排除。王某不可能是 7~10 月，否则郑某是 6~9 月，则吴某是 7~10 月或 5~8 月，违反条件（4）。D 项不违反条件：王某 5~8 月，郑某 4~7 月，吴某 3~6 月。

要证明从题干能推出 D，仅说明 D 项不违反条件尚不充分，还须排除王某是 6~9 月的情况。实际解题时，排除其他所有选项后，即可确定答案为 D。

37.【答案】 E

【题型与难度】 语义理解：解释。难度一般。

【题干概括】 要解释的现象是，为什么白领征婚，女性多于男性。

【答案解析】【选项排除】

除 E 项外，其余各项都能对题干的现象做出不同于题干的合理解释。例如，D 项如果为真，有利于说明，白领相亲活动中女性居多的原因是其中外地优秀女性多于外地优秀男性。

E 项无助于解释题干的现象。E 项说明女性相亲者对长相、身高、家庭条件等的要求比男性相亲者高，这会减少这方面条件差的男性相亲者，但同时也会增加这方面条件好的男性相亲者，因此，从总体上不能解释为什么白领相亲活动中女性多于男性。

【提要】 注意，此题的提问方式是“以下除哪项外，都能……”，而不是“以下哪项能……”。

38.【答案】 B

【题型与难度】 分析性推理。较难。

【题干概括】【答案解析】

解析参见下表：

	第一排		第二排		
	1 号	2 号	3 号	4 号	5 号
张霞				×①	
李丽	×①	×①	×①	√①	×①
陈露			×②	×①	×②
邓强	×③	×③		×①	
王硕				×①	

1 号和 3 号相对;2 号和 4 号相对;陈露和李丽不相邻;陈露和邓强不相邻;张霞和陈露不相对。

推导步骤:

① 李丽坐在 4 号位置。

② 陈露所坐的位置不与李丽相邻(陈露坐第一排)。

③ 陈露所坐的位置不与邓强相邻(邓强不坐第一排)。

因此,除了第二排 4 号位置外,张霞坐其他位置都不违反条件,即可能选择有 4 种。

39.【答案】 D

【题型与难度】 谬误辨析:集合体误用。难度一般。

【题干概括】【答案解析】

女权主义代表和大学之间的分歧是:女权主义者认为女性应聘者受到了某种歧视,理由是男性录用率总体上高于女性。校方认为,女性应聘者未受歧视,理由是每个学院的女性录用率都高于男性。校方的理由看似和女权主义代表的理由对立,实际上不对立,因为各个局部都具有的性质在整体上未必具有。D 项指出了这一点,能恰当地解释女权主义代表和大学校方之间的分歧。认定各个部分都具有的性质整体一定具有,是一种逻辑谬误,称为“集合体误用”。D 项准确地指出了“集合体误用”的谬误之所在。

【选项排除】 如何排除 A 项?“集合体误用”这一谬误涉及的是整体和部分的质的关系,而不是量的关系。A 项虽然也涉及了整体和局部的关系,但这种关系是量的关系还是质的关系,语焉不详,无助于说明“集合体误用”的谬误之所在。其余选项显然不能像 D 项那样合理地解释题干。

40.【答案】 E

【题型与难度】 逻辑推断:形式推理。难度一般。

【题干概括】【答案解析】

题干李教授断定:

(基础好 ∧ 努力)→必然比别人早成功。

这一断定的否定是:

¬[(基础好 ∧ 努力)→必然比别人早成功]

=(基础好 ∧ 努力)∧¬必然比别人早成功

=(基础好 ∧ 努力)∧可能(¬比别人早成功)

=(基础好 ∧ 努力)∧可能比别人晚成功。(E 项)。

因此，如果李教授的陈述为真，则 E 项一定为假。

【提要】 此题不仅涉及条件关系，也涉及模态："必然更早取得成功"和"可能较晚取得成功"矛盾。

41.【答案】 A

【题型与难度】 论证分析：确定假设。难度一般。

【题干概括】

论据：研究发现：如果海水变色，飓风的移动路径也会变向。

结论：科学家可以根据海水的"脸色"判断飓风的走向。

【答案解析】 本题的论据断定海水变色和飓风的移动路径之间具有相关性，这种相关性只是统计层面的，统计相关可能因果相关，但不一定因果相关。统计相关的两个现象如果没有因果联系，则可能不确定。而这种确定性正是题干的科学家的根据。A 项正是断定海水颜色与飓风移动路径之间存在的这种确定联系，因而最可能是科学家作出判断所依赖的前提。

【选项排除】

B	题干涉及的是飓风的走向，未涉及飓风的数量。
C	由题干，全球气候变暖可能导致海水变暖和变色。题干科学家的判断，显然不必依据海水变暖和变色的因果关系。
D	
E	E 项是本题的干扰项。如果混淆题型，把本题误解为逻辑推断题，把本题的提问方式误解为"上述断定最能支持以下哪项结论"，就会误选 E 项为答案。

【提要】 (1) 本题考点：统计相关和因果相关。

(2) 不要混淆题型。本题是论证分析题，如果误解为逻辑推断题，会误选 E 项为答案。

42.【答案】 E

【题型与难度】 逻辑推断：形式推理。难度一般偏难。

【答案解析】 假设乙是窃贼，则丙和丁都说真话，违反条件，假设不成立，由此得：乙不是窃贼。假设丙是窃贼，则乙和丁都说真话，违反条件，假设不成立，由此得：丙不是窃贼，即乙和丙都不是窃贼。因此，丁说假话，E 项一定为假。

43.【答案】 B

【题型与难度】 逻辑推断：非形式推理—词项推理。难度一般。

【题干概括】

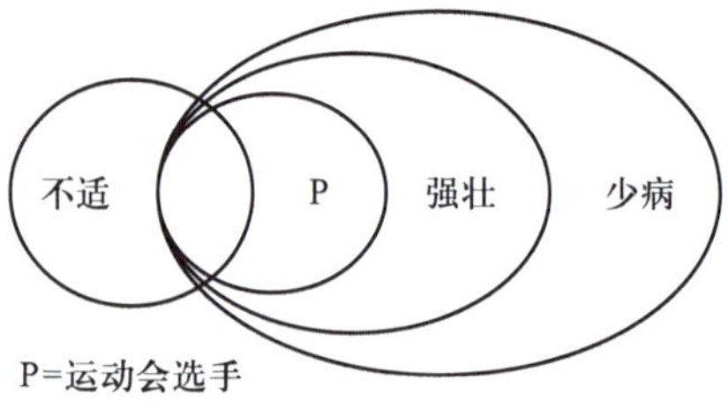

【答案解析】【选项排除】

对于 A 项，有些身体不适的选手是极少生病的，如下图所示。

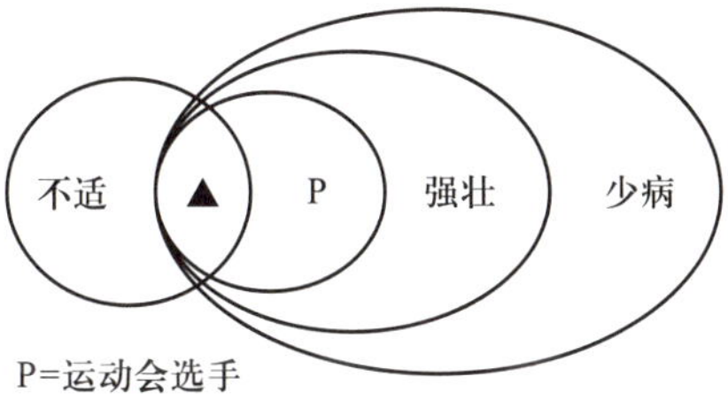

A 项能推出。“▲”表示“身体不适但极少生病的选手”。

对于 B 项，极少生病的选手都参加了此次运动会，如下图所示。

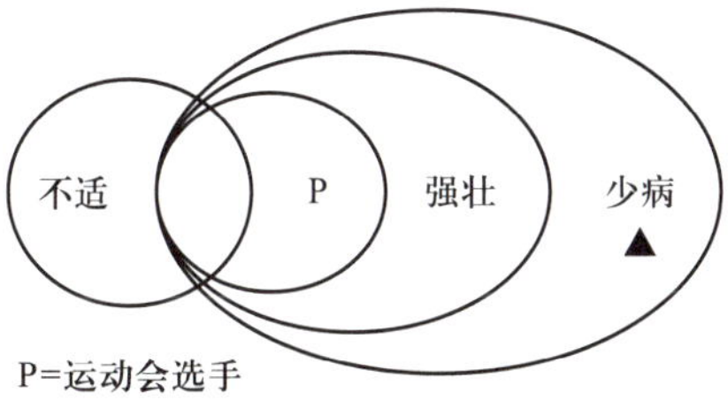

B 项不能推出。“▲”表示“极少生病但没有参加运动会的选手”。

对于 C 项，参加此次运动会的选手都是极少生病的，如下图所示。

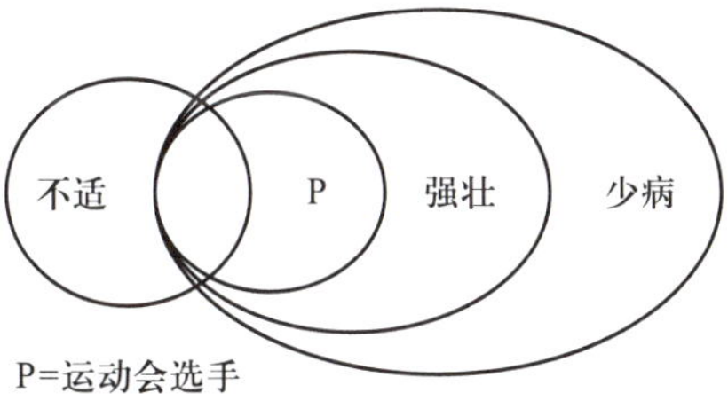

C 项能推出。如上图所示。

对于 D 项，有些身体强壮的运动员感到身体不适，如下图所示。

对于 E 项，有些极少生病的选手感到身体不适，如下图所示。

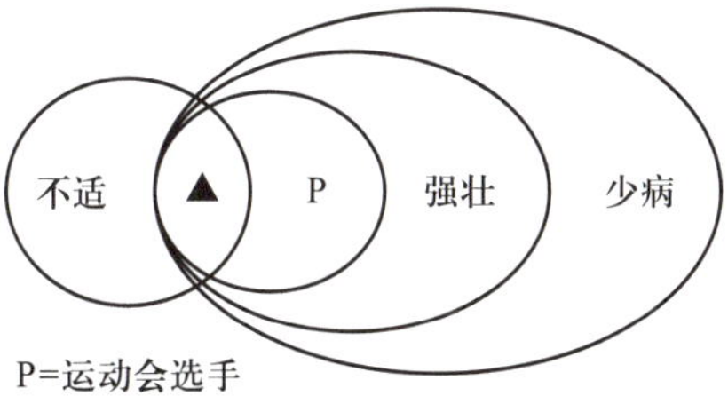

D 项能推出。“▲”表示“身体强壮但感到身体不适的运动员”。

E 项能推出。“▲”表示“极少生病但感到身体不适的选手”。

44.【答案】 D

【题型与难度】 论证分析。难度一般。

【答案解析】 题干断定：核心队员总能在关键场次赢得比赛。D 项断定上赛季友南上场且输球的都是关键场次，足以说明友南不是核心队员。

【提要】 “关键场次”是理解此题的关键概念。题干记者推论的漏洞在于忽视了这一关键概念，仅依据出场的胜败率来推断友南是否为核心队员。如果忽略了这一关键概念，就会误选 E 项。

45.【答案】 B

【题型与难度】 类比：推理形式类比。难度一般。

【题干概括】 题干的推理形式是："P→Q；Q。所以，P"。

这是个错误的推理式。但本题测试的不是形式谬误，而是推理形式的类比。

【答案解析】 B 项推理形式：品学兼优→获得奖学金；获得奖学金。所以，品学兼优。和题干相同。

【选项排除】

A	A 项推理形式：获得奖学金→品学兼优；获得奖学金。所以，品学兼优。排除。
C	C 项推理形式：品学兼优→获得奖学金；¬获得奖学金。所以，¬品学兼优。排除。
D	D 项推理形式：品学兼优→获得奖学金；¬品学兼优。所以，¬获得奖学金。排除。
E	E 项推理形式：品学兼优∧¬获得奖学金；所以，品学兼优→¬获得奖学金。排除。

46.【答案】 C

【题型与难度】 逻辑推断：分析性推理。较难。

【题干概括】【答案解析】

	经济学院	管理学院	哲学学院	数学学院	化学学院
甲	×⑤	√⑨	×⑧	×⑧	×⑦
乙	×⑤	×①	×①	×①	√⑥
丙	×⑤	×⑩	×②	√⑪	×⑦
丁	√④	×③	×③	×③	×③
戊	×⑤	×⑩			×⑦

推导过程：

① 由条件(3)，得：乙不是管理学院的；由条件(3)和条件(5)，得：乙不是哲学学院的或数学学院的，否则乙和管理学院的对阵过。

② 由条件(4)，得：丙不是哲学学院的。

③ 由条件(6)、条件(2)和条件(5)，得：丁不是化学学院、管理学院、哲学学院和数学学院的。

④ 由③得：丁是经济学院的。

⑤ 由④得：除丁外，其余都不是经济学院的。

⑥ 由①和⑤得：乙是化学学院的。

⑦ 由⑥得：甲不是化学学院的。

⑧ 由⑦和条件(1)、条件(2)、条件(3)和条件(5)，得：甲不是哲学学院或数学学院的。分析过程如下：因为乙是化学学院的且乙不和管理学院的对阵，则化学学院的要和经济学院、哲学学院、数学学院的对阵。如果甲是哲学学院或数学学院的，则必须和包括化学学院在内的 3 个对手对阵，违反条件(1)。

⑨ 由⑧得：甲是管理学院的。

⑩ 由⑨得:丙不是管理学院的。

⑪ 由⑩得:丙是数学学院的。

47.【答案】 B

【题型与难度】 逻辑推断:非形式推理。难。

【答案解析】 由题干,得:理科男生有 385-189-41=155(人),又因非应届男生有 28 人,因此,应届理科男生至少有 155-28=127(人);因此,应届理科女生至多有 256-127=129(人),即应届理科女生少于 130 人。

48.【答案】 D

【题型与难度】 逻辑推断:形式推理。难度一般。

【答案解析】 不可能所有的应聘者都被录用=必然有的应聘者不被录用。

【提要】 此题考点:模态词(必然、可能)和量词(所有、有的)的逻辑关系。

49.【答案】 E

【题型与难度】 逻辑推断:形式推理。难度一般偏难。

【题干概括】【答案解析】

题干断定:物理学会做学术报告的人都来自高校;张嘉并非来自高校。由此可得:张嘉或者没有做学术报告,或者不是物理学会的,即:张嘉如果做了学术报告,那么他不是物理学会的。

此推理可如下刻画:

题干断定:(1)(物理学会∧学术报告)→高校;

(2)(张嘉)¬高校。

可得:(张嘉)¬物理学会∨(张嘉)¬学术报告

=(张嘉)物理学会→(张嘉)¬学术报告

=(张嘉)学术报告→(张嘉)¬物理学会。

50.【答案】 B

【题型与难度】 逻辑推断:非形式推理。难度一般。

【题干概括】

条件(1):有的国家希望与某些国家结盟。

条件(2):有三个以上的国家不希望与某些国家结盟。

条件(3):至少有两个国家希望与每个国家建交,有的国家不希望与任一国家结盟。

【答案解析】 题干断定:至少有两个国家希望与每个国家建交。不妨称这两个国家为甲国和乙国。得:甲国至少有乙国希望与之建交,乙国至少有甲国希望与之建交,其他国家都至少有甲国和乙国两国希望与之建交。因此可得:每个国家都有一些国家希望与之建交。

【思考】 如果条件(3)改为“至少有一个国家希望与每个国家建交”,能否得出结论“每个国家都有一些国家希望与之建交”? 不能。因为这个希望与每个国家建交的国家,其他所有国家都可能不希望与之建交。

【选项排除】 此题难点在于如何排除 D 项。由“有的国家希望与某些国家结盟”可得:至少有一个国家,有国家希望与之结盟;但由“有的国家不希望与任一国家结盟”,得不出“每个国家都有国家不希望与之结盟”,因为那个不希望与任一国家结盟的国家,可能其他国家都希望与之结盟。因此,D 项不能从题干得出。

51.【答案】 C

【题型与难度】 逻辑推断:非形式推理。难度一般。

【答案解析】 题干断定:翠竹的大学同学都在某德资企业工作;溪兰是翠竹的大学同学,由此可得:溪兰在该德资企业工作。题干又断定:该德资企业的员工都会说德语,由此可得:溪兰会说德语。

52.【答案】 D

【题型与难度】 谬误辨析:因果倒置。难度一般偏易。

【答案解析】【选项排除】

题干指出了心跳速度和心血管疾病的统计相关性,并由此断定长期心跳过速是导致心血管疾病的原因。D 项如果为真,说明题干研究人员倒置了因果。

【提要】 此题考点:因果倒置。

53.【答案】 A

【题型与难度】 逻辑推断:形式推理。难度一般。

【题干概括】【答案解析】

题干专业人士预测:粮食价格稳定→蔬菜价格稳定→食用油价格稳定。

A 项断定:食用油价格稳定→¬肉类食品价格上涨。

由此可得:粮食价格稳定→¬肉类食品价格上涨。

这和老李的断定“粮食价格稳定∧肉类食品价格上涨”矛盾。

54.【答案】 A

【题型与难度】 分析性推理。难度一般偏难。

【题干概括】 题干条件可概括为:

(1)(东区种植银杏∨南区种植银杏)→(¬北区种植龙柏∧¬北区种植乌柏);

(2)北区种植水杉∨北区种植银杏∨东区种植水杉∨东区种植银杏。

【答案解析】

	水杉	银杏	乌柏	龙柏
东区	√④	×②		×①
南区		×②	√⑤	×①
西区	×③	√③	×③	×①
北区	×①	×①	×①	√①

推导过程:

① 本题条件:北区种植龙柏。

② 由①,根据条件(1),得:¬东区种植银杏;¬南区种植银杏。

③ 由①和②,得:西区种植银杏。

④ 由①:¬北区种植银杏;¬北区种植水杉;由②:¬东区种植银杏;根据条件(2),得:东区种植水杉。

⑤ 由①、③、④(北区种植龙柏、西区种植银杏、东区种植水杉),得:南区种植乌柏。

55.【答案】 A

【题型与难度】 分析性推理。难度一般。

【答案解析】 由 55 题条件“水杉必须种植于西区或者南区”，得“北区和东区都不种植水杉”；由条件(2)，得“北区或东区种植银杏”；假设东区种植银杏，则北区不种植龙柏、乌柏；由“北区不种植水杉”，得“北区种植银杏”，违反题干条件“四个区域种植四种不同的特色树木”，假设不成立。因此，东区不种植银杏。由此得：北区种植银杏。

2012 年管理类综合能力逻辑推理试题精讲

26.【答案】 E

【题型与难度】 论证分析。难度一般。

【题干概括】 此题要求评价题干中科学家提议的有效性，就是要求评价该提议是否能达到给地球表面降温的目的。

【答案解析】 E 项如果为真，说明题干中科学家提议的方式所能产生的降温效应至多只是暂时的，这就对其有效性构成严重质疑。

【选项排除】 本题需要重点排除的是 D 项。D 项如果为真，只能有助于说明题干中科学家提议的方式在产生降温效应时可能对地球产生其他负面影响，最多只能说明地球要降温需要付出代价，但无助于说明此种方式不能产生有效的降温效应，因此不能质疑题干中科学家提议的有效性。其余各项显然不能质疑题干中科学家提议的有效性。

【提要】 本题的关键概念是“有效性”。题干中科学家的提议是否有效，就是指是否能降温。有助于降温，就是有效；否则就是无效。如果本题的问题改为“以下哪项如果为真，最能对该科学家提议的合理性构成质疑”，就不能排除 D 项。

27.【答案】 C

【题型与难度】 逻辑推断：形式推理。难度一般。

【题干概括】 题干断定：读懂→(文学造诣 ∧ 生物学背景)。

【答案解析】 C 项肯定这一条件断定(蕴涵式)的前件，否定这一断定的后件，和该断定矛盾。如果题干断定为真，则 C 项不可能为真。

【提要】 本题考点：(1)“P→Q”和“P ∧ ¬Q”矛盾；

(2) 如果 P 假，则“P ∧ Q”假。

28.【答案】 D

【题型与难度】 类比：推理形式类比。难度一般偏易。

【题干概括】 题干的推理结构是：P 都是 Q，所以非 Q 都是非 P。

【答案解析】 D 项的推理结构是：P 都是非 Q，所以 Q 都是非 P。和题干类似。

【选项排除】

A	A 项的结构是：P 都是 Q，所以非 P 都是非 Q。和题干不同，排除。
B、C	B 项和 C 项的结构是：P 都是 Q，所以 Q 都 P。和题干不同，排除。
E	E 项的结构是：非 P 都是非 Q，所以非 Q 都是非 P。和题干不同，排除。

29.【答案】 D

【题型与难度】 逻辑推断:形式推理。难度一般偏易。

【答案解析】 由“班里每一个人或者喜欢物理,或者喜欢化学”可得:理科(1)班不喜欢物理的人喜欢化学(Ⅲ)。

由“班里每一个人或者喜欢物理,或者喜欢化学”及“周波不喜欢化学”,可得:周波喜欢物理(Ⅰ)。

由“班里每一个人或者喜欢物理,或者喜欢化学”及“王涛喜欢物理”,不可得:王涛不喜欢化学(Ⅱ)。

Ⅳ显然不可由题干推出。

30.【答案】 D

【题型与难度】 逻辑推断:形式推理。难度一般偏易。

【题干概括】 题干条件可概括为:

条件(1):李明:(¬B→¬A)=(A→B)。

条件(2):王兵:(¬A∨¬B)=(A→¬B)。

条件(3):马云:A↔B。

【答案解析】 假设股票 A 上涨,则由条件(1)和条件(2),推出矛盾,因此股票 A 不上涨,继而由条件(3),得:股票 A 和股票 B 均不上涨。

31.【答案】 D

【题型与难度】 逻辑推断:形式推理。难度一般偏难。

【题干概括】 题干条件可概括为:

条件(1):临东区旅游局长:(临西区第三→江北区第四)=(¬临西区第三∨江北区第四)。

条件(2):临西区旅游局长:(江南区第二→¬临西区第一)=(¬江南区第二∨¬临西区第一)。

条件(3):江南区旅游局长:¬江南区第二。

条件(4):江北区旅游局长:江北区第四。

【答案解析】 假设江北区旅游局长预测属实,则临东区旅游局长预测属实,违反题干条件。因此,江北区旅游局长预测不属实,得:江北区不是第四。

假设江南区旅游局长预测属实,则临西区旅游局长预测属实,违反题干条件。因此,江南区旅游局长预测不属实,得:江南区是第二。

由江南区和江北区都不是第四,可知,第四只可能是临东区或临西区。

临东区旅游局长和临西区旅游局长的预测必有一个不成立。如果临东区旅游局长的预测不成立,则临西区第三;如果临西区旅游局长的预测不成立,则临西区第一。因此,临西区或者第三,或者第一,不可能第四。因此,临东区必第四。

【提要】 此题用到一个有用的等值公式:P→Q=¬P∨Q。这个公式说明,“或”和“则”可等值置换。

32.【答案】 E

【题型与难度】 逻辑推断:形式推理。难度一般。

【题干概括】 经理承诺:争取到项目→(笔记本电脑∨提成)。

【答案解析】 说明这一承诺没有兑现的情况一定是:肯定“争取到项目”,同时否定“笔记本电脑∨提成”,即:争取到项目,但既没有笔记本电脑,也没有提成。诸选项中,只有 E 项符合此种情况。

33.【答案】 E

【题型与难度】 逻辑推断:形式推理。难度一般偏易。

【答案解析】 小白否定两个都采访,得至少一个没采访;小白否定两个都没采访,得至少一个采访。因此,小白采访到了一位,但没有采访到另一位。

34.【答案】 B

【题型与难度】 逻辑推断:形式推理。难度一般。

【题干概括】 题干断定:

条件(1):只有通过身份认证的人才允许上公司内网=(上网→身份认证)。

条件(2):如果没有良好的业绩就不可能通过身份认证

=(¬良好业绩→¬身份认证)

=(身份认证→良好业绩)。

题干条件可概括为:

上网→身份认证→良好业绩。

条件(3):张辉:良好业绩。

条件(4):王纬:¬良好业绩。

【答案解析】 由“否定后件,可以否定前件”,得:B 项。

【选项排除】 由肯定后件,不能肯定前件,不能得 A 项、C 项和 D 项。由否定前件,不能否定后件,不能得 E 项。

35.【答案】 C

【题型与难度】 语义理解。难度一般。

【题干概括】 张教授的观点是:汉字的字形与字义相互关联;英语的字形与字义关联度不大。

【答案解析】 C 项说明,英语中有的字其字形与字义有关联,不符合张教授的上述观点。

【选项排除】 A 项和 B 项符合张教授的观点,D 项和 E 项不相干。

36.【答案】 E

【题型与难度】 语义理解:解释。难度一般。

【题干概括】 要解释的现象是:用手机打电话不会对专供飞机通信系统或全球定位系统使用的波段造成干扰,但是,各大航空公司仍然规定,禁止机上乘客使用手机等电子设备。

【答案解析】 复选项Ⅰ、Ⅱ和Ⅲ所断定的情况,尽管使用手机等电子设备不对专供飞机通信系统或全球定位系统使用的波段造成干扰,但可能对飞机的正常飞行造成干扰。因此,都能解释题干。

37.【答案】 B

【题型与难度】 逻辑推断:形式推理。难度一般。

【题干概括】 题干断定,以下三个断定都不成立:

条件(1):沙特馆→¬石油馆。

条件(2):要么石油馆,要么中国国家馆。

条件(3):¬(中国国家馆∧石油馆)。

【答案解析】

推导过程:

① 由否定条件(1),得:沙特馆∧石油馆。

② 由否定条件(2),得:或者中国国家馆和石油馆都参观,或者都不参观。

③ 由否定条件(3),得:中国国家馆∧石油馆。

④ 由②和③,得:中国国家馆和石油馆都参观。

⑤ 由①和④,得:沙特馆、石油馆、中国国家馆都参观了。

38.【答案】 C

【题型与难度】 逻辑推断:形式推理。难度一般。

【题干概括】 董事长:¬自信→输。

【答案解析】【选项排除】

C 项是董事长断定之逆否式,等同于董事长的断定,其余选项均不同。

A	A 项的结构是:¬输→赢。未及"自信",排除。
B、E	B 项和 E 项的表达不同,但结构相同:自信→赢。"否定前件不能否定后件",排除。
C	C 项的结构是:¬输→自信。是董事长之断定的逆否式。正确。
D	D 项的结构是:¬自信→¬输。排除

【提要】 A 项的两个断定,互为"逆否式",可视为同一个断定。

39.【答案】 A

【题型与难度】 逻辑推断:形式推理。难度一般偏易。

【题干概括】 题干断定:只有明星产品,才能获得农民的青睐。这一条件断定可概括为:获得青睐→明星产品。

【答案解析】 A 项肯定题干的前件,否定其后件,是题干的断定之否定。

【提要】 "尽管 P,仍然 Q"的结构是"P∧Q"。

40.【答案】 A

【题型与难度】 谬误辨析。难度一般。

【答案解析】 题干工作人员陈述中存在的谬误为"诉诸无知",即把缺少证据证明某种情况存在,作为充分性证据证明该种情况不存在。A 项的谬误也是"诉诸无知"。

【选项排除】 其余各项均不存在逻辑错误。C 项陈述的事主观点及行为有不当,但 C 项作为对某事的一个陈述,自身没有逻辑错误。

【提要】 此题考点:谬误识别——诉诸无知。

41.【答案】 A

【题型与难度】 语义理解:核对。难度一般。

【答案解析】 有的画既是人物画,也是工笔画;有的画是人物画,但不是工笔画;有的画是工笔画,但不是人物画。因此,依据题干的定义,人物画和工笔画这两个概念具有交叉关系,答案是 A。

【选项排除】

B	B 项中《盗梦空间》和最佳影片的外延关系不能确定。排除。
C	C 项中洛邑小学 30 岁的食堂总经理和学生们外延关系是“全异”。排除。
D	D 项中微波炉清洁剂和氯气的外延关系是“全异”。排除。
E	E 项中高校教师和教授的外延关系是“包含”。排除

【提要】 本题考点:概念外延关系。

42.【答案】 D

【题型与难度】 谬误辨析。难度一般。

【答案解析】 题干小李存在的谬误,称为“集合体误用”。集合体具有的性质,组成集合体的个体不一定具有。小区的所有业主构成一个集合体。业主集合体拥有护栏边的公共绿地的所有权,不等于每个业主作为个体都单独拥有此种所有权。

D 项存在的谬误也是“集合体误用”。莫尔碧骑士组成的军队作为集合体是不可战胜的,不等于翼雅王作为这个集合体中的一个个体也是不可战胜的。

【选项排除】 其余选项的前提均推不出其结论,但都不存在“集合体误用”。

【提要】 本题考点:集合体误用。

43.【答案】 E

【题型与难度】 类比:推理形式类比。难度一般。

【题干概括】 题干中李四光的推断方式是类比,论据是松辽平原的地质结构与中亚细亚极其相似,而地质结构和石油的蕴藏实质相关。因此,李四光的类比是有说服力的。

【答案解析】 E 项也是依据类比,新疆塔里木河流域和乌兹别克地区在日照情况、霜期长短、气温高低、降雨量等方面均相似,而这些和长绒棉的生长实质性相关。因此,E 项的类比也是有说服力的。

【选项排除】 B 项、C 项和 D 项也运用类比,但忽视了进行类比的两个对象要具有共同的相关属性,和题干不同。

44.【答案】 E

【题型与难度】 逻辑推断:形式推理。难度一般偏易。

【题干概括】 题干条件可概括为:

条件(1):勇于承担责任→¬逃避。

条件(2):没有责任→聘请律师。

条件(3):¬聘请律师。

条件(4):逃避。

【答案解析】 由条件(1)和条件(4),可推出:不勇于承担责任;由条件(2)和条件(3),可推出:有责任。即由题干可推出:他不仅有责任,而且他没有勇气承担责任(E 项)。

45.【答案】 A

【题型与难度】 论证分析:确定(充分性)假设。难度一般。

【题干概括】【答案解析】

有些通信网络维护涉及个人信息安全;(题干前提)

所有涉及个人信息安全的都不可以外包；(A 项)

因此，有的通信网络的维护不可以外包；(题干结论)

因此，确定 A 项可使题干的论证成立。

【选项排除】 其余选项均不能。例如，D 项和 E 项不能使题干的论证成立，因为题干未断定通信网络维护和国家信息安全之间的关系。

【提要】 一个论证的假设分两种，充分性假设和必要性假设。充分性假设是指，如果该假设成立，则论证的论据就能推出其结论；必要性假设是指，如果该假设不成立，则论证就不成立。确定假设的论证分析试题，大多数要确定的必要性假设。本题要确定的是充分性假设。

46.【答案】 B

【题型与难度】 论证分析：加强(支持)。难度一般。

【题干概括】 题干是一个论证。

论据：白藜芦醇能防止骨质疏松和肌肉萎缩。

结论：宇航员可能有必要补充白藜芦醇。

【答案解析】【选项排除】

A 项和 C 项都提及喝葡萄酒或每天服用一定量的白藜芦醇，有利于改善因为缺少运动导致的骨质疏松和肌肉萎缩，而长时间在国际空间站或宇宙飞船上的宇航员容易缺少运动，因此，A 项和 C 项能支持题干。

B 项如果为真，说明服用白藜芦醇有利于在失重状态下防止骨质疏松和肌肉萎缩。和 A 项、C 项相比，B 项更能支持题干，因为一般地说，失重状态只有宇航员才会面临，缺少运动则不是。因此，B 项对题干的支持更有针对性。

D 项和 E 项都支持题干，但力度不如 B 项。例如，D 项断定葡萄酒能对抗失重所造成的负面影响，但葡萄酒的此种作用不一定是所包含的白藜芦醇产生的，而题干的结论是补充白藜芦醇，而不是喝葡萄酒。

47.【答案】 D

【题型与难度】 语义理解：解释。难度一般。

【题干概括】 要解释的现象是：为什么一般商品只有在多次流通过程中才能不断增值，而艺术品在一次“流通”中能大幅度增值。

【答案解析】【选项排除】

D 项不能解释这一现象，其余各项均能解释。例如，A 项有利于说明，艺术品在一次“流通”中大幅度增值的原因在于它的不可再造性，而一般商品都是可再生产的。

48.【答案】 E

【题型与难度】 逻辑推断：形式推理—对当关系。难度一般。

【题干概括】【答案解析】

题干断定：有些同学对自己的职业定位还不够准确，其结构是“有的 P 不是 Q”。Ⅰ的结构是“并非所有 P 都是 Q”，等同于“有的 P 不是 Q”，同题干，一定为真。Ⅱ的结构是“并非所有 P 都不是 Q”，等同于“有的 P 是 Q”，同Ⅲ；Ⅳ的结构是“所有 P 都不是 Q”。Ⅱ、Ⅲ和Ⅳ都不一定为真，因为由“有的 P 不是 Q”真，能确定“所有 P 都是 Q”假，但不能确定“有的 P 是 Q”和“所有 P 都不是 Q”的真假。

【提要】 此题涉及直言命题的对当关系。

49.【答案】 A

【题型与难度】 逻辑推断:形式推理。难度一般偏难。

【题干概括】【答案解析】

由题干可得:护城河两岸的房屋都坐落在凤凰山北麓,又因别墅都建在凤凰山南麓,因此,护城河两岸的房屋中没有别墅。又因东向的房屋都是别墅,因此,护城河两岸的房屋中不可能有东向的房屋。

在解题时,如果必要,“所有 P 都是 Q”可以记为“P→Q”。题干的条件可概括为:

条件(1):护城河两岸房屋→廉租房→凤凰山北麓;

条件(2):东向的房屋→别墅→凤凰山南麓。

由这两个条件可得:

东向的房屋→¬护城河两岸房屋。

即不可能存在东向的护城河两岸的房屋。

50.【答案】 C

【题型与难度】 语义理解。较易。

【答案解析】【选项排除】

除 C 项外,其余选项都能减轻医院对鲜花的担心。例如,A 项和 D 项说明,因为鲜花带有细菌或会影响病房空气质量而产生担心是没有道理的。C 项会加重医院对鲜花的担心。

51.【答案】 D

【题型与难度】 逻辑推断:形式推理。难度一般。

【题干概括】 题干条件可概括为:

¬都出勤→¬可能(绩效工资∧奖励工资)

=有不出勤→必然(¬绩效工资∨¬奖励工资)。

【答案解析】 D 项的断定同题干,其余均不同。

52.【答案】 B

【题型与难度】 逻辑推断:非形式推理。难度一般。

【答案解析】 Ⅱ断定:并非有的流感患者不需接受抗病毒药物的治疗,由此得:所有的流感患者均需接受抗病毒药物的治疗,这和题干“并不是所有流感患者均需接受达菲等抗病毒药物的治疗”的断定矛盾,因此,如果题干为真,Ⅱ一定为假。

【选项排除】 Ⅲ不一定为假,因为题干的陈述为真,只是表明不少医生确实有如此强烈的建议,而不是表明此种建议一定有充足的理由。Ⅲ是本题的干扰项。

Ⅰ显然不一定为假。

53.【答案】 D

【题型与难度】 分析性推理。难度一般。

【题干概括】 题干条件可概括为:

条件(1):哲学学院录用北清大学的候选人→管理学院录用西京大学的候选人;

条件(2):管理学院录用南山大学的候选人→哲学学院录用南山大学的候选人;

条件(3):(经济学院录用北清大学的候选人∨经济学院录用西京大学的候选人)→管理学院录用北清大学的候选人。

【答案解析】 D 项不违反条件。

【选项排除】 A 项和 E 项违反条件(3);B 项和 C 项违反条件(1)。

54.【答案】 B

【题型与难度】 分析性推理。难度一般。

【答案解析】 如果哲学学院录用西京大学的候选人,则由条件(2),得:管理学院不可能录用南山大学的候选人,即 B 项不成立。因此,如果 B 项成立,则李先生的预测有误。

55.【答案】 B

【题型与难度】 分析性推理。难度一般。

【答案解析】 本题断定,三个学院录用的候选人分别来自不同的大学,即三个学院和三个大学候选人一一对应。由 B 项可得:经济学院录用西京大学候选人,不违反条件。

【选项排除】

A、C	可得:管理学院录用南山大学候选人,由条件(2),得:哲学学院录用南山大学候选人,违反 55 题条件。排除。
D、E	可得:经济学院录用北清大学候选人,由条件(3),得:管理学院录用北清大学候选人,违反 55 题条件。排除。

2011 年管理类综合能力逻辑推理试题精讲

26.【答案】 D

【题型与难度】 语义理解:解释。难度一般。

【题干概括】 要解释的是:普歇和巴斯德在同样高海拔的山顶上做的实验为什么得出不同的结果?

【答案解析】【选项排除】

D 项指出了二者的不同条件。其余各项断定的条件都是二者共有的,不能解释题干。

27.【答案】 B

【题型与难度】 逻辑推断:非形式推理。难度一般偏难。

【题干概括】 不妨记题干张教授的那个初中同学为 a;

条件(1):张教授的所有初中同学都不是博士。

条件(2):通过张教授而认识其哲学研究所同事的都是博士。

条件(3):张教授的一个初中同学通过张教授认识了王研究员。

【答案解析】 由条件(1)可得:a 不是博士。再由条件(2)可得:a 通过张教授所认识的都不是张教授的哲学研究所同事。再由条件(3)可得:王研究员不是张教授的哲学研究所同事。也可反向思考:假设王研究员是张教授的哲学研究所同事,又 a 是通过张教授认识王研究员的,由条件可得 a 是博士,由条件已推得 a 不是博士,矛盾!因此,王研究员不是张教授的哲学研究所同事。

【选项排除】 C 项和 D 项显然推不出,可直接排除。E 项不能从题干推出,因为张教授的初中同学不一定互相认识。E 项有干扰性。证明了答案是 B 项,自然排除了 A 项。

28.【答案】 A

【题型与难度】 逻辑推断:非形式推理。难度一般。

【题干概括】【答案解析】

题干断定:第一,透明度高的老坑玉比透明度较其低的单位价值高;第二,没有单位价值最高的老坑玉。由此可以得出:没有透明度最高的老坑玉。

【点评】 此题的问题若改为"以上陈述如果为真,最能支持以下哪项结论"更为恰当。严格地说,A 项不能从题干中推出。因为题干的上述第一个断定前有一个限制:"在其他条件都相同的情况下"。在其他条件不尽相同的情况下,完全可能存在透明度最高的老坑玉,但它的单位价值并非最高,例如,它的质并非足够坚。

29.【答案】 E

【题型与难度】 语义理解。难度一般。

【题干概括】 要求质疑的观点是:家庭和学校不适当的教育方法导致了"男孩危机"现象。

本题要求质疑的观点并不是一个论证的结论,因此,本题的题型是"语义理解",不是"论证分析:削弱(质疑)"

【答案解析】 E 项指出了导致"男孩危机"现象的一个社会原因,这一原因不能归于家庭和学校的不当教育,对题干的观点有所削弱,因而构成质疑。

【选项排除】 A 项加强题干。B 项、C 项和 D 项不相干。

30.【答案】 A

【题型与难度】 论证分析:加强(支持)。难度一般。

【题干概括】 题干为一论证。

论据:(1) 抚仙湖虫化石与直虾类化石类似,而泥盆纪直虾是现代昆虫的祖先;

(2) 抚仙湖虫化石的消化道充满泥沙,这表明它是食泥动物(隐论据:昆虫的祖先是食泥动物)。

结论:抚仙湖虫是昆虫的远祖。

【答案解析】 A 项是对这一隐论据的一个反驳,因而削弱了题干。

【选项排除】 B 项、C 项、D 项和 E 项均能支持上述论证。例如,B 项有力地支持了论据(1);E 项是论据(2)成立的必要条件。

31.【答案】 D

【题型与难度】 语义理解:解释。难度一般。

【题干概括】 要解释的是:为什么物价总水平涨幅回落,而民众感觉涨幅较高。

【答案解析】 由题干,普通民众上述感觉的依据是禽蛋类食品和反季节蔬菜等涨幅较高。D 项如果为真,说明影响物价总水平的重要因素是工业消费品,这就有力地解释了题干。

【选项排除】 其余各项均不能解释题干。

32.【答案】 E

【题型与难度】 论证分析:削弱。难度一般。

【题干概括】 题干是一个论证。

论据:网络购物的优势——便捷。

结论：会有更多的网络商店取代实体商店。

【答案解析】 各选项均能削弱题干的结论，削弱力度最大的是 E 项。E 项说明，实体商店的支撑是网络商店生存的必要条件，因此，网络商店不可能取代实体商店。

33.【答案】 A

【题型与难度】 论证分析：削弱。难度一般。

【题干概括】 题干陈述的是张先生的一个论证。

论据：现在平均婚姻存续时间为 8 年。

结论：和过去相比，现在的婚姻维系时间短。

【答案解析】 如果 A 项为真，有利于说明，是闪婚现象造成了平均婚姻存续时间的降低，不能由此认为家庭从总体上不稳定。

【选项排除】 和 A 项相比，其余各项均不得要领，例如，B 项不得要领，因为 B 项充其量只能说明张先生由其结论而生的感慨不确切，但并不能削弱他得出这一结论的论证，不能说明张先生的理解不确切。所谓张先生的理解，就是他对“平均婚姻存续时间为 8 年”这一统计数据的理解，这是他得出感慨的依据。

34.【答案】 B

【题型与难度】 逻辑推断：形式推理。难度一般。

【题干概括】 题干条件可概括为：

断定（1）：冰箱部门经理：手机；

断定（2）：彩电部门经理：冰箱→¬彩电；

断定（3）：电脑部门经理：¬手机→¬电脑；

断定（4）：手机部门经理：冰箱∧彩电。

以上断定只有一个为真。

【答案解析】 彩电部门经理和手机部门经理的断定互相矛盾，必有一真。因为四个断定只有一真，因此，电脑部门经理的断定为假。由电脑部门经理的断定为假，得手机部门没赢利，并且电脑部门赢利。因此，B 项不可能为真。

35.【答案】 C

【题型与难度】 语义理解：解释。难度一般。

【题干概括】 需要解释的是，为什么电子数字读物有优势，但很大一部分读者仍喜欢阅读纸质出版物。

【答案解析】【选项排除】

A 项、B 项、D 项和 E 项都能对此做出解释。C 项说的是收藏，不能解释阅读，最不能解释题干。

36.【答案】 B

【题型与难度】 论证分析：加强（支持）。难度一般。

【题干概括】【答案解析】

陈华的反驳基于一个论证。结论是他（陈华）不应被判违规，论据是他（陈华）的行为不是故意的。如果 B 项为真，则以下的推理就成立：

只有选手的故意行为，才能成为判罚的根据。（B 项）

我（陈华）的行为不是故意的。（题干前提）

因此,我(陈华)不应被判违规。(题干结论)

因此,B 项最能支持陈华对裁判的反驳。

37.【答案】 E

【题型与难度】 论证分析:削弱。难度一般。

【题干概括】 题干为一个论证。

论据:3D 立体电影中的银幕角色由计算机生成,电脑角色的“表演”以真实演员的“表演”为基础。

结论:随着计算机技术的发展,未来计算机生成的图像和动画会替代真人表演。

【答案解析】 E 项如果为真,说明对电影来说,演员的表演是不可取代的。这有力地说明上述演员的担心是不必要的。

【选项排除】 A 项不能说明对电影来说,演员的表演不可取代。例如,导演可能通过和电脑工程师的交流,运用计算机技术在电影中取代真人的表演。

38.【答案】 A

【题型与难度】 谬误辨析:集合体误用。难度一般。

【答案解析】 集合体具有的特征,组成集合体的个体不一定具有。根据集合体具有某种特征,不当地推断组成集合体的个体也一定具有此种性质,此种谬误称为“集合体误用”。

上述论证根据公达律师事务所具有某种特征而老余不具有,推断老余不是公达律师事务所的成员,这一论证的假设是,事务所具有的特征,其成员也一定具有,这就是“集合体误用”。A 项确切地指出了题干的论证的这一漏洞。

【选项排除】 题干得出结论的根据是:公达律师事务所具有的特征老余不具有,而不是老余具有的特征公达律师事务所不具有,因此,E 项作为答案不恰当。

39.【答案】 C

【题型与难度】 论证分析:加强(支持)。难度一般偏易。

【题干概括】 题干为一个论证。

论据:形式语言和自然语言各有所长,都是人们交流和理解信息的重要工具。

结论:把形式语言和自然语言结合起来使用,具有强大的力量。

【答案解析】【选项排除】

A 项和 D 项说明形式语言的重要性;B 项说明自然语言的重要性;C 项说明二者结合的必要性。因此,C 项最能支持题干。

40.【答案】 B

【题型与难度】 类比:方法类比。难度一般。

【答案解析】【选项排除】

题干运用的是“求因果关系五法”中的“求异法”。B 项是求异法;A 项和 D 项是剩余法;C 项是二难推理;E 项是共变法。

【提要】 本题考点:求因果五法。

41.【答案】 C

【题型与难度】 类比:推理形式类比。难度一般。

【题干概括】 题干的推理形式是:所有 P 都是 Q,有些 Q 是 R,某某不是 R。所以,某某不是 P。

【答案解析】【选项排除】

C 项的推理形式是:所有 P 都是 Q,有些 Q 是 R,某某不是 S。所以,某某不是 R。这一推理形式和题干不同。其余各项的推理都具有类似的形式。

42.【答案】 E

【题型与难度】 逻辑推断:非形式推理。难度一般。

【题干概括】【答案解析】

题干断定:挪威是世界上居民生活质量最高的国家。由此显然可以推出 E 项。

【选项排除】 排除 D 项的过程如下。题干断定:在联合国开发计划署统计的 116 个国家中,17 年来,非洲东南部国家莫桑比克的生活质量提高最快。题干并未断定,这 116 个国家涵盖所有非洲国家,因此,D 项不一定为真。

【提要】 题干的两个关键概念内涵不同:

生活质量指数=生活质量的高低;

生活质量指数上升率=生活质量改善的快慢。

43.【答案】 B

【题型与难度】 逻辑推断:非形式推理。难度一般偏难。

【题干概括】 题干条件可概括为:

条件(1):刘强(118 分)>周梅;

条件(2):蒋明>王丽;

条件(3):(张华+刘强)>(蒋明+王丽);

条件(4):120 分以上为优秀;

条件(5):五人之中有两人没有达到优秀。

【答案解析】 由条件(1)和条件(4)得:刘强和周梅不是优秀。由条件(5)得:蒋明,张华,王丽三人皆达到优秀。由条件(3)得:张华分别大于蒋明和王丽,否则这一条件不能成立。又由条件(2)可以得到得分由高到低的排列是:张华、蒋明、王丽、刘强、周梅。

44.【答案】 B

【题型与难度】 逻辑推断:形式推理。难度一般偏难。

【题干概括】 本题为简化题干,将“王总经理”简记为“王”,“赵副总经理”简记为“赵”,“李副总经理”简记为“李”,“生物医药技术”简记为“生物”,“智能技术”简记为“智能”,“纳米技术”简记为“纳米”,则题干条件可概括为:

条件(1):王:纳米 ∧ 生物

条件(2):赵:生物→智能 =(¬生物 ∨ 智能)

条件(3):李:(纳米 ∧ 生物)→智能

=¬(纳米 ∧ 生物) ∨ 智能

=¬纳米 ∨ ¬生物 ∨ 智能。

【答案解析】 在 B 项断定的情况下,王的意见被采纳,赵和李的意见不能被采纳,即只有一位的意见被采纳。

【选项排除】 其余选项都断定发展智能,赵和李的意见都可被采纳,违反条件。

45.【答案】 C

【题型与难度】 论证分析:削弱(反驳)。难度一般。

【题干概括】 题干是一个论证。

论据:调查表明,双胞胎中,外表年龄差异越大,看起来老的那个就越可能先去世。

结论:脸相年轻,则寿命较长(长相与寿命有因果关系)。

【答案解析】 C 项如果为真,有利于说明长相与寿命没有因果关系,二者的相关只是一种统计相关,深层的因果关联是:生活环境、生活状况和心态(而不是长相)影响到人的寿命。这有力地反驳了题干。

【选项排除】

A	A 项断定的是可能性,对题干的削弱力度不大。排除。
B	B 项对题干有所削弱,但力度显然不如 C 项。排除。
D	D 项断定的生命老化的原因无助于说明长相和寿命的关系,不能反驳题干。排除。
E	E 项未说明一个人的心理成熟程度和寿命的关系,不能削弱题干。排除。

46.【答案】 D

【题型与难度】 论证分析:加强(支持)。难度一般。

【题干概括】 李教授的观点基于一个论证。

论据:无糖饮料可能导致人们对甜食高度偏爱,使他们可能食用更多的含糖类食物。

结论:无糖饮料也会导致体重增加。

【答案解析】 D 项显然支持题干的结论。

【选项排除】

A	A 项不相干,排除。
B	B 项削弱题干,排除。
C	C 项支持含糖饮料的卡路里含量高,容易导致肥胖,但不支持无糖饮料也会导致体重增加。排除。
E	E 项有助于说明喝无糖饮料并且肥胖的人可能另有他因,削弱题干。排除。

47.【答案】 C

【题型与难度】 逻辑推断:形式推理。难度一般。

【题干概括】 题干条件可概括为:

条件(1):所有员工都得到年终奖金→(该部门)所有员工都考评合格。

条件(2):财务部有些员工考评合格。

条件(3):综合部所有员工都得到了年终奖金。

条件(4):行政部的赵强考评合格。

【解题思路】 本题问的是以下哪项可能为真,解题的方法是分别假设四个复选项为真,如果依据题干条件能推出矛盾,则不可能为真,否则可能为真。

【答案解析】 假设复选项Ⅲ为真,即假设:综合部有些员工没有考评合格,则依据条件(1),“否定后件”推“否定前件”,得:并非综合部所有员工都得到了年终奖金,这和条件(3)矛盾,因此,复选项Ⅲ不可能为真。假设其余复选项为真,都不能推出矛盾,因此,复选项Ⅰ、Ⅱ、Ⅳ都可能为真。

【提要】 本题可依据条件(1)和条件(3)得复选项Ⅲ假,但本题问的是哪项可能为真,而不是问哪项不可能为真,因此,上述关于复选项Ⅰ、Ⅱ、Ⅳ都可能为真的证明不能省略。

48.【答案】 C

【题型与难度】 语义理解:解释。较易。

【题干概括】 要解释的现象是:为什么古代人近视的少。

【答案解析】【选项排除】

除C项外,其余各项均能解释。

49.【答案】 E

【题型与难度】 论证分析:确定假设。较难。

【题干概括】 题干包括两个论证。

论证1:

论据:① 知识符合逻辑,想象力无章可循;② 知识的本质是科学,想象力的特征是荒诞。

结论:人在获得知识的过程中,想象力会消失。(知识和想象力不相容)

论证2:

论据:① 知识和想象力不相容;② 有想象力才能进行创造性劳动。

结论:上学(获得知识)后,大多数人终身不能进行创造性劳动。

论证的结构如下图所示:

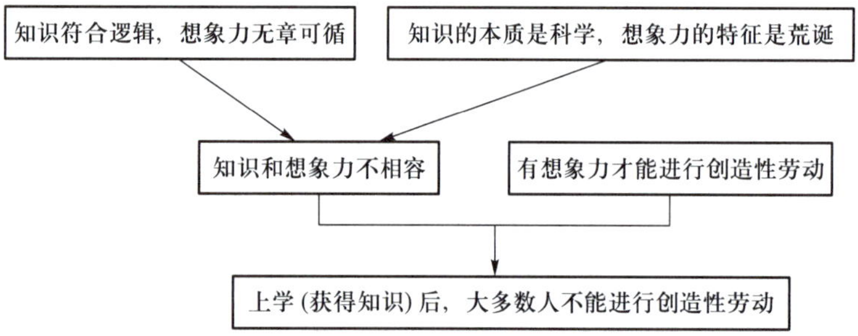

【答案解析】 Ⅰ是要假设的,否则就不可能根据“知识的本质是科学”得出:知识和想象力不相容。Ⅱ是要假设的,否则就不能根据“知识符合逻辑,想象力无章可循”得出:知识和想象力不相容。Ⅲ是要假设的,如果大脑被知识占据后消失的想象力可以重新恢复,题干的结论就不能成立.

50.【答案】 D

【题型与难度】 论证分析。难度一般。

【答案解析】 题干:(只有)有想象力才能进行创造性劳动。

D项:(有些人)没有想象力,但能进行创造性劳动。

二者矛盾。

51.【答案】 B

【题型与难度】 论证分析:确定假设。难度一般。

【题干概括】 本题涉及三人,第一个人:现任总裁,即“我”,第二个人:“我”的继任者;第三个人:“我”的前任总裁。因此,“当前任总裁批评我时,我不喜欢那感觉”,其含义是:继任者不喜欢被批评的感觉。

题干总裁的结论是:我不会批评我的继任者。

论据是:继任者不喜欢被批评的感觉。

【答案解析】 假设B项为真,就能依据论据推出结论:

只有继任者喜欢被批评的感觉,才会批评继任者。(B项)

继任者不喜欢被批评的感觉。(题干条件)

因此,(我)不会批评继任者。(题干结论)

【提要】 一个论证的假设分两种,充分性假设和必要性假设。本题要确定的是充分性假设。

52.【答案】 C

【题型与难度】 逻辑推断:形式推理。难度一般。

【题干概括】 题干条件可概括为:

条件(1):大熊猫灭绝→西伯利亚虎灭绝。

条件(2):北美玳瑁灭绝→¬巴西红木灭绝。

条件(3):北美玳瑁灭绝∨¬西伯利亚虎灭绝=(¬北美玳瑁灭绝→¬西伯利亚虎灭绝)。

【答案解析】 推导过程如下:

① 由条件(1)和条件(3),得:大熊猫灭绝→北美玳瑁灭绝。

② 由①和条件(2),得:大熊猫灭绝→¬巴西红木灭绝。

③ 由②和C项(大熊猫灭绝∧巴西红木灭绝)矛盾!

因此,C项一定为假。

53.【答案】 D

【题型与难度】 语义理解。难度一般。

【答案解析】 D项如果为真,有利于说明形成交通早高峰和晚高峰的原因,除了上下班时间统一外,更重要的是机动车数量持续增加,这样,采取不同时间段上下班制度,可能难以真正解决上下班的交通压力。

54.【答案】 E

【题型与难度】 论证分析:加强。难度一般。

【题干概括】 题干为一个论证。

论据:民用航空恶性事故发生率总体呈下降趋势。

结论:乘飞机出行越来越安全。

【答案解析】【选项排除】

除E项外,其余各项都支持和加强题干的结论:乘飞机出行越来越安全。题干涉及的是“自涉比较”,即比较以前、现在和将来飞机自身的安全性。E项涉及的是“互涉比较”,即比较飞机和驾车的安全性,与题干的论证不相干。

55.【答案】 D

【题型与难度】 论证分析:确定假设。难度一般。

【题干概括】

论据:(1) 行为痴呆症和患者大脑铝含量高,两个现象共存(统计相关);

(2) 硅化合物可以吸收铝。

结论:可以用这种硅化合物治疗行为痴呆症。

【答案解析】 要使上述论证成立，必须假设，行为痴呆症和患者大脑铝含量高，二者有因果关系（统计相关不一定因果相关）。这又有两种可能：前者是后者的原因，或后者是前者的原因。上述论证显然需要假设：过量的铝是导致行为痴呆症的原因，患者脑组织中的铝过量不是行为痴呆症引起的结果（D 项）。

2010 年管理类综合能力逻辑推理试题精讲

26.【答案】 D

【题型与难度】 逻辑推断：形式推理。较易。

【题干概括】 题干断定：

条件（1）：（阿司匹林 ∨ 对乙酰氨基酚）→¬ 良好抗体反应。

条件（2）：小张产生了良好抗体反应。

【答案解析】 由条件（1）、条件（2）得：小张¬（阿司匹林 ∨ 对乙酰氨基酚）。

由此得：小张¬阿司匹林 ∧ ¬ 对乙酰氨基酚。即小张没有服用阿司匹林，也没有服用对乙酰氨基酚。

27.【答案】 A

【题型与难度】 谬误辨析：样本不当。难度一般。

【题干概括】 题干为一个论证。

论据：20 个词语，读错率高。

结论：当前人们的识字水平并没有提高，甚至有所下降。

【答案解析】 题干的论证方式是基于抽样调查的统计推理。抽样调查要求调查样本具有代表性。A 项如果为真，说明识读词语这一统计样本不具有代表性，有力地质疑题干。

【选项排除】

B	B 项涉及题干的另一个统计样本识读人士，但具有博士学位并不是这一样本具有代表性须满足的条件，不能削弱题干，排除。
C	C 项涉及统计样本识读词语，但是网络流行语言并不是这一样本具有代表性须满足的条件，不能削弱题干，排除。
D	D 项有助于说明识读词语中有部分词语不具有代表性，能削弱题干，但力度不如 A 项，排除。
E	E 项有助于说明识读人士这一样本在某种程度上不具有代表性，能削弱题干，但力度不如 A 项，排除。

【提要】 样本不当是统计推理中的常见谬误，是本题的考点。

28.【答案】 C

【题型与难度】 逻辑推断：形式推理。难度一般。

【题干概括】 题干断定：

条件（1）：（域归属正确 ∧ 账号正确 ∧ 密码正确）→允许登录。

条件（2）：小张账号正确。

条件(3):小张¬允许登录。

【答案解析】 推导过程:

由条件(1)和条件(3),得:条件(4)小张¬域归属正确∨¬账号正确∨¬密码正确。

由条件(4)和条件(2),得:(5)小张¬域归属正确∨¬密码正确。

由条件(5)得:小张域归属正确→¬密码正确,即如果小张的计算机属于这个域,那么他输入的密码是错误的。

【选项排除】 题干推出的结论是:小张¬域归属正确∨¬密码正确,因此,只能推出A项和B两个选项至少有一为真,但不能确定哪项一定为真。排除。

D项断定:小张域归属正确→密码正确;E项断定:小张密码正确→域归属正确。均和题干推出的结论不同。排除。

29.【答案】 E

【题型与难度】 论证分析:削弱。易。

【题干概括】 题干是一个论证。

论据:每行驶5000公里做一次定期检查,只能检查出汽车可能存在问题的一小部分。

结论:这样的检查没有意义。

【答案解析】【选项排除】

E项不能削弱,事实上加强了题干。其余各项均能削弱题干。

30.【答案】 D

【题型与难度】 类比:求因果方法。难度一般。

【答案解析】【选项排除】

此题测试确定因果关系的常用方法。题干和D项都是求异法;A项和C项是共变法;B项是剩余法;E项不直接涉及因果关系,类似求同法。

【提要】 本题考点:求因果五法。

31.【答案】 B

【题型与难度】 类比:论证形式类比。难度一般。

【题干概括】 题干为一个论证。

论据:如果湖队进入决赛,那么太阳就从西边出来了。

结论:湖队不可能进入决赛。

题干的论证方法为归谬法。归谬法的结构是:为了证明P不成立,先假设P成立,由P可得Q,而Q明显不成立,因此,P不成立。

【答案解析】 B项为一个论证。

论据:若语言能够创造财富,则夸夸其谈的人就是世界上最富有的了。

结论:语言是不能创造财富的。

B项的论证方法为归谬法,因为“夸夸其谈的人在世界上最富有”是明显荒谬的断定,和题干类似。

【选项排除】

A	A项说不通,如果表述为“今天天气不冷。如果冷,湖面怎么没结冰”,则也为归谬法。
C	C项显然未运用归谬法,排除。

续表

D	在 D 项和 E 项中，“你上当受骗”和“大众的音乐欣赏水平大大提高”并不是明显荒谬的断定，因此，并未运用归谬法。排除。
E	

【提要】　本题考点：归谬法。

32.【答案】　D

【题型与难度】　论证分析：削弱。难度一般。

【题干概括】　题干为一个论证。

论据：在工程设计中，用于解决数学问题的计算机程序越来越多，不必要求工程技术类大学生对基础数学有深刻的理解。

结论：基础数学课程可以用其他重要的工程类课程替代。

【答案解析】　Ⅱ和Ⅲ如果为真，都说明基础数学对于工程设计的意义不仅在于解决其中的数学计算问题，因此，都能削弱题干。

【选项排除】　复选项Ⅰ不能削弱，事实上加强了齐老师的论证。

33.【答案】　E

【题型与难度】　逻辑推断：形式推理。难度一般。

【题干概括】　题干的相干信息是最后一句断定：除非下雨或者刮风，否则唱歌。

【答案解析】　除非下雨或者刮风，否则唱歌（题干）

$=\neg$（下雨 $\vee$ 刮风）$\rightarrow$唱歌

$=$（$\neg$下雨 $\wedge$ $\neg$刮风）$\rightarrow$唱歌。

即在无雨的夏夜，“如果没有刮风，它就在平台上唱歌”。

【提要】　本题的相干信息，只有最后一句，其余都是不相干信息。注意，“无雨”这一得出结论的条件，是在问句中而不是题干中给出的。

34.【答案】　D

【题型与难度】　谬误辨析：倒置因果。难度一般。

【题干概括】　题干为一论证。

论据：统计显示，出生地间隔较远的夫妻所生子女的智商较高。

结论：异地通婚可提高下一代的智商水平。

题干根据父母异地通婚和所生子女智商较高二者统计相关，断定异地通婚是原因，智商提高是结果。

【答案解析】　D 项如果为真，说明题干的论证倒置因果：不是异地通婚导致（下一代）智商水平的提高，而是智商水平较高，导致他们异地通婚。

【选项排除】

A	A 项如果为真，有助于说明题干的论证可能以偏概全，能削弱题干，但力度不如 D 项。一般地，“倒置因果”的削弱力度强于“以偏概全”。
B	B 项和 C 项断定的是题干论据的反例，能削弱题干，但力度不如 D 项。因为题干的结论是依据抽样调查归纳得到的概称句，不是全称句。概称断定和全称断定不同，是允许存在反例的。
C	
E	E 项没有断定所言及的出生地间隔很远的夫妻的基因和智商的关系，不能削弱题干。

35.【答案】 B

【题型与难度】 语义理解:解释。难度一般。

【题干概括】 要解释的现象是:为什么原油价格的提高大幅度增加了成品油生产商的运营成本,但某国成品油生产商的利润并没有减少,反而增加。

【答案解析】【选项排除】

诸选项中,D项无助于解释。其余各项均有助于解释。其中,C项的解释力度最弱,B项的解释力度最强。

36.【答案】 A

【题型与难度】 逻辑推断:形式推理。难度一般。

【题干概括】 题干条件可概括为:

条件(1):$X \lor Y$。

条件(2):$\neg Y \lor \neg Z = (Y \to \neg Z)$。

条件(3):$\neg Z \to \neg Y = (Y \to Z)$。

【答案解析】 假设这种粒子是Y粒子,则由条件(2)和条件(3)得:这种粒子不是Y粒子。矛盾!因此假设不成立,所以,这种粒子不是Y粒子。又由条件(1)得:是X粒子。

【提要】 本题属"推理无起点",须从假设入手。运用"则或置换",条件(2)、条件(3)明显提示假设Y能推出矛盾。对于E选项,存在一种可能,每一个Z粒子都是X粒子,但每一个X粒子不一定是Z粒子,题目中未确定是否有这种关系,故E选项的真假不能确定。

37.【答案】 C

【题型与难度】 语义理解:解释。难度一般。

【题干概括】 题干要求解释的是,为什么看电视时间过长会导致行为问题。

【答案解析】【选项排除】

"看电视时间过长"是本题的关键词。诸选项中,只有C项和E项涉及看电视时间过长的影响,其中C项最能解释题干。

38.【答案】 C

【题型与难度】 语义理解:解释。难度一般。

【题干概括】 题干陈述了一个现象,并对这一现象给出了一个解释。

现象:从国外引进的一些畅销科普读物在国内并不畅销。

解释:文理分科人为地造成了自然科学与人文社会科学的割裂,导致科普类图书的读者市场还没有真正形成。

问题是哪个选项最能加强上述解释。

【答案解析】 C项如果为真,显然能有力地加强题干的上述解释。

【选项排除】

<table>
<tr><td>A</td><td>A项说明题干的现象可能和文理分科无关,因为有些自然科学工作者对科普读物也不感兴趣,这削弱题干的解释。排除。</td></tr>
<tr><td>B</td><td rowspan="2">B项和E项对题干陈述的现象,给出了不同于题干的解释,因而削弱题干。排除。</td></tr>
<tr><td>E</td></tr>
<tr><td>D</td><td>D项陈述了和题干不同的现象,不能解释题干的现象。排除。</td></tr>
</table>

39.【答案】 A

【题型与难度】 逻辑推断:形式推理。难度一般偏难。

【题干概括】 题干条件可概括为:

条件(1):要么推至小轨道,要么逐出太阳系。

条件(2):推至小轨道,或者逐出太阳系。

条件(3):上述两个断定只有一真。

【答案解析】 如果条件(1)真,则条件(2)真,违反条件(3),因此,条件(1)假。由于两个断定有一真,因此条件(2)真。由条件(1)假得,以下两种情况必有一种成立:

Ⅰ. 推至小轨道并且逐出太阳系。

Ⅱ. 不推至小轨道并且不逐出太阳系。

由条件(2)真,得情况Ⅱ不成立。因此,情况Ⅰ成立。

故答案是 A。

【提要】 本题考点:逻辑概念"或者"和"要么……要么……"的含义及相互关系。

有一种解答此题的方法是:假设选项 A 真,"代入"题干,得断定条件(1)假,断定条件(2)真,满足题干条件"两个断定只有一个为真",因此,答案是 A。答案是对的,但这一解答方法是错的。因为假设选项 A 真,满足题干条件,只能说明选项 A 可能为真,不能得出选项 A 一定为真。

40.【答案】 A

【题型与难度】 语义理解:解释。难度一般。

【题干概括】 本题要求理解和解释的现象是:为什么鸽子走路时,脖子往前一探,然后头部保持静止。题干提出了一种假设(解释):暂时静止的头部有利于鸽子获得稳定的视野,看清周围的食物。

【答案解析】【选项排除】

A 项如果为真,最能支持此种假设(解释)。诸选项中,只有 A 项涉及鸽子伸脖子和发现食物的关系。B 项涉及的是伸脖子的幅度和步伐的关系;C 项涉及的是伸脖子和行走速度的关系;D 项和 E 项涉及的是伸脖子和行走方式的关系,均不能支持题干的假设。

41.【答案】 D

【题型与难度】 逻辑推断:非形式推理—支持。难度一般偏易。

【题干概括】 题干陈述的是一个结论:S 市空气质量的改善,得益于近年来本市政府持续采取的控制大气污染的相关措施。问题是五个选项中,哪项不能支持上述结论。

【答案解析】【选项排除】

D 项不能支持题干,因为 D 项所涉及的环保措施尚未实施。其余各项都是近年来市政府持续采取的控制大气污染的相关措施,因而都支持题干。

【提要】 "支持"型的试题(选项支持题干)有两种不同的题型:第一,题干是一论证,属论证分析,本题设问是哪个选项能(最能)加强一个论证。加强一个论证,可以加强结论,也可以加强论据或推理力度。第二,题干是一结论,选项是前提,问的是哪个选项能(最能)加强题干,属逻辑推断(或然性推理)型。

42.【答案】 B

【题型与难度】 语义理解。难度一般偏易。

【题干概括】 “尚左数”的定义：在连续排列的一组数字中，如果一个数字左边的数字都比其大（或无数字），且其右边的数字都比其小（或无数字），则称这个数字为尚左数。

【答案解析】【选项排除】

在 8、9、7、6、4、5、3、2 这列数字中，依据“尚左数”的定义，逐一核对题干所列的数字，得 2、3、6 和 7 是“尚左数”，其余都不是。例如，“8”不是“尚左数”，因为其右边的“9”比它大。“2”是“尚左数”，因为其右边无数字，左边的数字都比它大。

43.【答案】 A

【题型与难度】 论证分析：削弱（反驳）。难度一般。

【题干概括】 题干为一个论证。

论据：南美洲的许多地方都有证据显示史前人类捕捉过剑乳齿象。

结论：剑乳齿象的灭绝可能与人类的过度捕杀有密切关系。

【答案解析】 A 项如果为真，说明剑乳齿象的灭绝原因可能是史前动物大规模相互捕杀，这削弱题干。

【选项排除】

B	B 项加强题干。排除。
C	C 项不相关。排除。
D	D 项有助于说明人类活动与剑乳齿象的灭绝有关，但不能加强题干，因为不涉及人类活动中的捕杀。当然也不削弱题干。排除。
E	E 项削弱的力度不大，因为一般地，任何动物幼年时自我生存能力都弱。排除。

44.【答案】 E

【题型与难度】 逻辑推断：形式推理—直言命题对当关系。难度一般。

【题干概括】【答案解析】

第一个界面选项和第四个界面选项互相矛盾，必有一真。又题干断定四个界面选项只有一真，因此第二个和第三个界面选项为假。由第三个界面选项为假可得：选择第三个选项后游戏能继续进行下去。

45.【答案】 C

【题型与难度】 论证分析：确定假设。难度一般。

【题干概括】 题干是一个论证。

论据：大部分中国儿童把牛和青草归为一类，把鸡归为另一类；大部分美国儿童则把牛和鸡归为一类，把青草归为另一类。

结论：中国儿童习惯于按照事物之间的关系来分类，美国儿童则习惯于把事物按照各自所属的“实体”范畴进行分类。

【解题思路】 题干的论据要支持结论，首先要满足以下 2 个假设：

假设（1）：牛和鸡属于同一“实体”范畴。

假设（2）：牛和青草有直接关系。

选项中没有上述假设。基于上述假设的题干的论证缺乏说服力，例如，不能依据一个人在茄子和牛排中选择后者就得出结论，他习惯于吃荤菜。题干的论证还需要以下 2 个更强的假设：

假设（3）：美国儿童只要把牛和鸡归为一类就是习惯于按照各自所属“实体”范畴进行分类。

假设（4）：中国儿童只要把牛和青草归为一类就是习惯于按照事物之间的关系来分类。

【答案解析】 C 项就是假设（3）。C 项如果为真，题干的结论就能从其论据合乎逻辑地得出。

【选项排除】

A	题干未提及“马”，如果改成“牛”，则也是题干必须假设的。
B	不相关。排除。
D	D 项不是必须假设的，因为题干并没有断定美国儿童不习惯于按照事物之间的关系来分类，也没有断定：如果习惯于按照各自所属“实体”范畴进行分类，就不习惯于按照事物之间的关系来分类。同理，E 项也不是必须假设的。排除。
E	

【评论】 假设（3）和假设（4）的可信度是很低的，因此，上述美国学者的论证是武断的。有理由认为，这是本题所要表达的一种意向。

46.【答案】 A

【题型与难度】 逻辑推断：形式推理。难度一般偏难。

【题干概括】【答案解析】

由“没有一个人尊重不自重的人”，可得：不自重的人不被任何人尊重；再由“没有一个人信任他所不尊重的人”，可得：不被尊重的人不被任何人信任。可概括分析如下：

题干断定：

（1）没有一个人尊重不自重的人 =（不自重→不被尊重）。

（2）没有一个人信任他所不尊重的人 =（不被尊重→不被信任）。

由上述断定可得：

不自重→不被尊重→不被信任。

由此得：不自重的人也不被任何人信任。

【选项排除】 题干断定：相互尊重是相互理解的基础，相互理解是相互信任的前提。可解读为：不相互尊重，就不可能相互理解；不相互理解，就不可能相互信任。可概括为：

相互信任→相互理解→相互尊重

B	B 项的结构是：相互尊重→相互信任。“肯定后件不能肯定前件”，排除。
C	C 项的结构是：不自信→不自重。题干只断定自信和自重都很重要，但未断定二者的条件关系，排除。
D	D 项的结构是：不自信→不被信任。题干未断定自信和被信任之间的关系，排除。
E	E 项的结构是：不自信→不被尊重。题干未断定自信和被尊重之间的关系，排除。

47.【答案】 D

【题型与难度】 类比。难度一般。

【题干概括】 题干的方法是，根据受关注的程度，比较两个对象的等级。

【答案解析】 D项的方法是比较两条山路,选取走车马的痕迹深的那条,这一方法与题干的类似。

【选项排除】 其余各项对面临的两个选择,均未进行比较,和题干不同。排除。

48.【答案】 A

【题型与难度】 语义理解:核对。较易。

【答案解析】【选项排除】

A	A项不违反题干,可能为真。
B	B项不可能为真,因为林宏不买红色车。
C	C项不可能为真,因为何柏不买白色车。
D	D项不可能为真,因为邱辉不买灰色车。
E	E项不可能为真,因为何柏不买白色车。

49.【答案】 D

【题型与难度】 谬误辨析:偷换概念(集合概念和非集合概念)。难度一般。

【题干概括】 题干的谬误是偷换概念,题干中第一个“北极熊”是“非集合”概念,第二个“北极熊”是“集合”概念。

【答案解析】【选项排除】

选项中除D项外,都存在这一谬误。

A	A项偷换概念“儿童”。第一个“儿童”是“集合”概念,第二个“儿童”是“非集合”概念。
B	B项偷换概念“鲁迅的作品”。第一个“鲁迅的作品”是“集合”概念,第二个“鲁迅的作品”是“非集合”概念。
C	C项偷换概念“中国人”。第一个“中国人”是“集合”概念,第二个“中国人”是“非集合”概念。
D	D项无误。
E	E项偷换概念“外语”,第一个“外语”是“集合”概念,第二个“外语”是“非集合”概念。

【提要】 本题的考点:谬误识别:集合概念和非集合概念。

50.【答案】 C

【题型与难度】 逻辑推断:形式推理。难度一般。

【题干概括】 题干条件可概括为:

条件(1):甲→乙。

条件(2):只有¬甲,才¬丙(=甲→丙)。

条件(3):要么¬丙,要么(¬乙∨¬戊)。

条件(4):丙→丁。

条件(5):¬乙。

【答案解析】 推理:

由条件(1)和条件(5),得结论1:¬甲。

由条件(3)和条件(5),得结论2:丙。

由条件(4)和结论2,得结论3:丁。

其中,“由条件(3)和条件(5),得结论2:丙”的过程是这样的:

由条件(5)得:(¬乙∨¬戊)成立;

由(¬乙∨¬戊)成立和条件(3),得:"¬丙"不成立。因而,丙成立。

【提要】 本题的要点:如果 P 真,则对任意的 Q(不论真假),"P∨Q"真。

51.【答案】 D

【题型与难度】 语义理解:确定争论焦点。较难。

【解题思路】 本题的要求是确定争论焦点。选项陈述了 5 个不同的问题。作为正确答案所概括的焦点问题,必须具备两个条件,第一,双方对此都有确定观点;第二,双方观点对立。不同时满足这两个条件的选项,不是正确答案。如果不止一个选项概括的问题同时满足这两个条件,再具体分析哪项作为答案更为恰当。

【答案解析】【选项排除】

A	对 A 项的问题,陈先生认为不是,林女士认为是,两人有不同的明确观点。保留。
B	对 B 项的问题,两人都有确定的观点,但观点一致,即都认为是犯罪。排除。
C	对 C 项的问题,非法侵入别人电脑和开偷来的汽车伤人的犯罪性质,两人都没有明确的观点。排除。
D	对 D 项的问题,陈先生认为后者比前者严重,林女士认为一样严重,两人有不同的明确观点。保留。
E	对 E 项的问题,两人都没有明确观点。排除。

比较 A 项和 D 项,显然 D 项比 A 项作为两人争论的焦点问题更为恰当。

52.【答案】 B

【题型与难度】 语义理解:核对。难度一般。

【答案解析】 B 项符合上述五人的意愿。

【选项排除】

A	A 项不符合:小丽想跟小明紧挨着。
C	C 项不符合:小梅不想跟小强或小明紧挨着。
D	D 项不符合:小丽想跟小明紧挨着。
E	E 项不符合:小丽想跟小明紧挨着。

【提要】 本题仅需核对条件,不涉及逻辑分析。

53.【答案】 E

【题型与难度】 逻辑推断:非形式推理。难度一般。

【答案解析】 由 60 名学者中,亚裔学者 31 人,可得:非亚裔学者 29 人。

由非亚裔学者中无博士学位的有 4 人,可得:非亚裔学者中有博士学位的有 29-4=25(人)。

由博士总数 33 人,得:亚裔博士有 33-25=8(人)。

54.【答案】 C

【题型与难度】 论证分析:削弱。难度一般。

【题干概括】 题干为一个论证。

论据:该校推荐免试攻读硕士研究生的文科专业学生中女生占有 70%。

结论：该校文科专业的女生比男生优秀。

【答案解析】 题干根据该校推荐免试攻读硕士研究生的文科专业学生中女生比例较高，得出女生总体比男生优秀的结论。C 项如果为真，说明该校本科文科专业免试攻读硕士的学生中女生所占的比例，并不高于在该校本科文科专业学生中女生所占的比例。这就有力地削弱了题干的结论。

【提要】 本题的考点是“比例和因果”。根据某个统计样本中的百分比确定因果关系，是一种常用的论证方式。这里涉及两个百分比，一个是“特殊百分比”，即统计样本中的百分比，另一个是“一般百分比”。本题该校推荐免试攻读硕士研究生的文科专业学生中女生的比例，就是“特殊百分比”，该校文科专业女生的比例，就是“一般百分比”。两个百分比越接近，越说明根据统计样本中的百分比确定的因果关系不成立。

55.【答案】 E

【题型与难度】 逻辑推断：形式推理。难度一般。

【题干概括】 题干条件可概括为：

条件（1）：甲→乙。

条件（2）：¬丙→丁。

条件（3）：¬（人参∧天麻）=¬人参∨¬天麻。

条件（4）：（¬甲∧丙）→人参。

条件（5）：天麻。

【答案解析】 推理：

由条件（3）和条件（5）得结论 1：¬人参。

由结论 1 和条件（4）得结论 2：甲∨¬丙。

由结论 2 和条件（1）、条件（2）得结论 3：乙∨丁。

【提要】 本题用到了“二难推理”：甲→乙；¬丙→丁；甲∨¬丙。因此，乙∨丁。

2009 年管理类综合能力逻辑推理试题精讲

26.【答案】 B

【题型与难度】 谬误辨析：不当类比。难度一般。

【题干概括】 题干是一个论证。

论据：即使是硬币也可以用来赌博，禁止学生带硬币进入学校是不可思议的。

结论：因为发现有学生用扑克赌博而禁止学生带扑克进学校是荒谬的。

论证方式是类比推理：因为禁止学生带硬币进学校是不可思议的，所以禁止学生带扑克进学校也是荒谬的。

【答案解析】 B 项如果为真，说明用于赌博，硬币和扑克有实质区别，因此题干的类比是不当类比。类比推理的类比对象必须是同一类，否则出现的谬误称为“不当类比”。

【选项排除】 D 项、E 项对题干有所削弱，但并未指出题干的逻辑错误，力度不如 B 项。A 项、C 项不相干。

27.【答案】 D

【题型与难度】 逻辑推断：形式推理。难度一般。

【答案解析】 如果王的预测正确，则张的预测也正确，违反条件：恰有一人的预测正确。因此，王的预测不正确。同理，李的预测不正确。因此，张的预测正确。由张的预测正确知，王、李的预测均不正确，得：冠军不是甲、乙、丙。因此，冠军是丁。

【提要】 题干的条件是三个断定只有一个为真，但未断定哪个为真，这种情况，属于推理无起点。对此，第一种应对是，在只有一个为真的几个断定中找互相矛盾的断定，矛盾的两个断定必有一真；如果找不到矛盾，第二种应对是，在只有一个为真的几个断定中，如果有一断定为真，可推出存在另一个断定为真，则该断定必假。本题取第二种应对。

28.【答案】 E

【题型与难度】 逻辑推断：形式推理。难度一般。

【题干概括】 条件(1)：¬(50 岁以下 ∧ 3000 米以上)→不能参加。

条件(2)：高血压→不能参加。

条件(3)：心脏病→不能参加。

条件(4)：(老黄)3000 米以上 ∧ (老黄)不能参加。

【答案解析】【选项排除】

前三个条件都是断定条件关系，据此不能得出有关老黄的结论。条件(4)断定，“(老黄)不能参加”，这均是肯定前三个条件所断定的“→”表达式的后件，不能得出结论。条件(4)断定，“(老黄)3000 米以上”，由此既不能肯定条件(1)的前件，也不能否定其后件，因此不能得出结论。

因此，Ⅰ、Ⅱ和Ⅲ三个选项均不能从题干的条件中推出。

29.【答案】 D

【题型与难度】 逻辑推断：非形式推理。难度一般。

【题干概括】 读书和近视统计相关。

【答案解析】【选项排除】

两个现象同时或先后出现，称为“统计相关”。两个现象有因果关系，称为“因果相关”。统计相关，有可能因果相关，但不一定因果相关。由题干只能说明文化教育的发展和近视现象的出现，二者统计相关，还不能得出二者因果相关。因此，作为此题的结论，D 项比 A 项恰当。由题干，并非小塘村的儿童入中学后都出现近视，这说明 C 项不成立，排除。B 项和 E 项作为结论显然不恰当。

【提要】 本题考点：统计相关和因果相关。

30.【答案】 C

【题型与难度】 逻辑推断：形式推理。较易。

【题干概括】 小李考上清华 ∨ ¬小孙考上北大

【答案解析】【选项排除】

由 C 项可得：小孙考上了北京大学。由小孙考上了北京大学，依据题干的断定可得：小李考上了清华大学。

31.【答案】 A

【题型与难度】 逻辑推断：形式推理及非形式推理。较难。

【题干概括】 题干条件可概括为：

条件(1)：本人不同意→不调用

=调用→本人同意。

条件(2)：大李不知道小王已经调用→大李不同意调用

=大李同意调用→大李知道小王已经调用→小王已经调用。

条件(3)：小王不知道大李已经调用→小王不同意调用

=小王同意调用→小王知道大李已经调用→大李已经调用。

【答案解析】 由题干，在确定是否调用大李之前，须征求大李意见。假设大李同意调用，由条件(2)可得：小王已经调用；由小王已经调用，依据条件(1)可得：小王同意调用；由小王同意调用，依据条件(3)可得：大李已经调用，也就是说，在确定是否调用大李之前，大李已经调用，这是不可能的。因此，假设不成立，得：大李不同意调用。同理得：小王不同意调用。再由条件(1)得：两人都不可能调用。

【选项排除】 因为 A 项可推出，其余选项显然推不出。

32.【答案】 C

【题型与难度】 语义理解：概括。难度一般。

【题干概括】 题干陈述的是陈副经理的一个反驳，本题测试的是，哪个选项对陈副经理所使用的反驳方法的概括最为恰当。

【答案解析】 陈副经理的反驳运用了一个反例，这个反例并不否认李经理论据的真实性，但能说明经纬汽车专卖店去年汽车销售数量较前年增长的原因，很可能不是营销人员奖励比例的调整。因此，C 项的概括恰当。

【选项排除】

A	陈副经理所否定的李经理的结论是针对本店的，并不是一般性的。A 项不恰当。
B	李经理的论据是：第一，去年本店调高了营销业绩奖励比例；第二，去年本店的销量较前年增加。陈副经理的反例并不说明这些论据不符合事实。B 项不恰当。
D、E	D 项、E 项显然不恰当。

33.【答案】 B

【题型与难度】 逻辑推断：非形式推理。难度一般。

【答案解析】 由“理科学生多于文科学生”，得：

关系式(1)理科男生人数+理科女生人数>文科男生人数+文科女生人数。

由“女生多于男生”，得：

关系式(2)理科女生人数+文科女生人数>理科男生人数+文科男生人数。

上述两个关系式的左项之和，显然大于右项之和，即

理科男生人数+理科女生人数+理科女生人数+文科女生人数>文科男生人数+文科女生人数+理科男生人数+文科男生人数，整理，得：

理科女生人数>文科男生人数。只有断定Ⅲ一定为真。

34.【答案】 D

【题型与难度】 逻辑推断：形式推理。难度一般。

【题干概括】 题干断定：

所有奖牌获得者都进行了尿样化验∧没有发现兴奋剂使用者。

【答案解析】 如果题干的断定为假，则以下断定为真：

¬（所有奖牌获得者都进行了尿样化验∧没有发现兴奋剂使用者）

=¬所有奖牌获得者（都进行了尿样化验∨发现兴奋剂使用者）

=所有奖牌获得者（都进行了尿样化验→发现兴奋剂使用者）（Ⅲ）。

因为，

¬所有奖牌获得者（都进行了尿样化验）

=有的奖牌获得者（没有化验尿样）。

因此，

¬所有奖牌获得者（都进行了尿样化验∨发现兴奋剂使用者）

=有的奖牌获得者（没有化验尿样∨发现兴奋剂使用者）（Ⅰ）。

所以，Ⅰ和Ⅲ一定为真，Ⅱ不一定为真。

35.【答案】 A

【题型与难度】 论证分析：确定假设。难度一般。

【题干概括】 论据：日常生活必需品价格增长了30%；同期，日常生活必需品的开支占家庭平均月收入的比例并未发生变化。

结论：家庭平均收入增长了30%。

【答案解析】 如果A项不成立，则实际情况可能是：过去三年家庭平均收入没有增长；购买日常生活必需品的开支占家庭平均月收入的比例也未发生变化，但为了应对日常生活必需品平均价格的增长，家庭不得不减少所购买的日常生活必需品的数量，或者为省钱降低所购买的日常生活必需品的质量。在这种情况下，题干的论证不成立。因此，为使题干的论证有说服力，A项是需要假设的。

【选项排除】 B项和E项削弱题干。排除。C项和D项不相干，排除。

36.【答案】 B

【题型与难度】 语义理解：确定争论焦点。难度一般偏难。

【题干概括】 题干条件可概括为：

条件（1）：考古学家认为在南美洲发现的史前木质工具是其祖先从西伯利亚迁徙到阿拉斯加的人群使用的。

条件（2）：张教授的结论是考古学家的这一结论不能成立；论据是从阿拉斯加到南美洲之间，从未发现史前木质工具。

条件（3）：李研究员认为在北美没有发现史前木质工具，不等于没有，因为北美的土壤不同于南美，史前木质工具在其中早就腐烂化解了。

【答案解析】 由题干，李研究员认为，张教授的论据不能推翻考古学家的结论，而张教授认为自己的论据能推翻考古学家的结论。因此，B项所概括的问题，双方都有确定观点，并且观点对立，作为焦点问题最为恰当。

【选项排除】

A	对A项概括的问题，张教授持否定，李研究员对此的观点不能确定。排除。
C、E	C项和E项概括的问题，双方都无确定的观点，排除。

续表

D	D 项概括的问题,张教授无确定的观点,排除。

【提要】 作为双方争论的焦点问题,必须满足“双方都有观点,并且观点对立”。

37.【答案】 D

【题型与难度】 语义理解:概括。难度一般偏难。

【答案解析】 张教授的隐含论据即假设是:如果在北美从未发现史前木质工具,则说明北美不存在史前木质工具。李研究员的陈述是对这一假设的质疑。

【选项排除】

A	张教授的论据是:从阿拉斯加到南美洲之间,从未发现史前木质工具。李研究员并未质疑这一论据。A 项不恰当,排除。
B	李研究员并未直接反驳张教授的结论,只是指出其论据不能推出其结果。B 项不恰当,排除。
C	李研究员并未直接为考古学家的观点辩护,C 项不恰当,排除。
E	李研究员指出的是,张教授的论据不能证明其结论一定真,而不是指出,张教授的论据能证明其结论一定假。E 项不恰当,排除。

38.【答案】 A

【题型与难度】 谬误辨析:形式谬误,难度一般偏难。

【题干概括】 人类学家的观点是,具备应付各种自然环境的能力,是人类在史前年代幸存下来的必要条件。题干把此种必要条件误读为充分条件,并加以驳斥。

【答案解析】 题干的上述谬误也存在于 A 项中:“不认识错误就不能改正错误”,断定认识错误是改正错误的必要条件。“大张认识到赌博是有害的,但就是改不掉”驳斥的是:认识错误是改正错误的充分条件。

【选项排除】

B	B 项的推理形式可概括为:造成艾克矿难的原因是操作失误或设备老化。是操作失误,因此不是设备老化。这是关于“或”的推理(相容选言推理)的肯定否定式,是一形式谬误,但不同于题干。排除。
C	C 项的谬误是“以偏概全”,不同于题干,排除。
D	D 项无误,排除。
E	E 项有误:由否定必然能考上,推不出必然考不上。不同于题干,排除。

39.【答案】 A

【题型与难度】 逻辑推断:形式推理。难度一般。

【题干概括】

张老师的预测:不会所有人都不及格=有人及格。

李老师的预测:有人不及格。

王老师的预测:班长和学习委员都能及格。

【答案解析】 如果王老师的预测正确,则张老师的预测也正确,违反“只有一个人正确”的条件。因此,王老师的预测不正确。由王老师的预测不正确,得:班长和学习委员至少有一人不及格，由此得：李老师的预测正确。因此，张老师的预测不正确，由此得：所有人都不及格。因此，A 项一定为真。

40.【答案】 A

【题型与难度】 论证分析：确定假设。难度一般。

【题干概括】 题干是一个论证。

论据：照片只反映某个侧面的真实而不反映全部真实。

结论：照片不能作为恰当的证据。

【答案解析】 要使题干的这一论证成立，显然需要假设：不完全反映全部真实的东西不能成为恰当的证据。

【选项排除】 B 项削弱题干，排除。C 项、D 项和 E 项如果为真，都加强题干，但如果不成立，题干的论证仍然可以成立，因此不是题干的论证必须假设的。

41.【答案】 B

【题型与难度】 论证分析：削弱。难度一般。

【答案解析】 B 项如果为真，直接反驳上题所分析的题干论证所赖以成立的假设，因而有力地削弱了题干的论证。

【选项排除】 其余选项均不削弱，其中，A 项加强题干。

42.【答案】 C

【题型与难度】 逻辑推断：形式推理。难度一般。

【题干概括】【答案解析】

题干断定：

条件(1)：大多数学生(文学欣赏水平 ∧ 道德自律意识)→《红粉梦》和《演艺十八钗》不会销量最多。

条件(2)：《红粉梦》和《演艺十八钗》销量最多。

由此可得：

¬大多数学生(文学欣赏水平 ∧ 道德自律意识)。

=至少有些学生(¬文学欣赏水平 ∨ ¬道德自律意识)。

因此，Ⅲ一定为真。

【选项排除】 Ⅰ不一定为真，一本书销量最多，不一定大多数人都买。

条件(1)的前件断定“且”，否定后件只能得“或”，不能得“且”，因此，Ⅱ不一定为真。

43.【答案】 E

【题型与难度】 谬误辨析。难度一般偏难。

【题干概括】 试飞成功或不成功，二者必取其一。题干对二者都加以否定，此种谬误称为“不当两不可”，也称为“不当两否定”。两否定，并非都不当；只有对互相矛盾的两个断定都否定，才是“不当两不可”。

【答案解析】 E 项同时否定两个断定：“我校代表队一定能进入前四名”和“我校代表队可能进不了前四名”。这两个断定互相矛盾，因此，E 项“不当两不可”。

【选项排除】 B 项、C 项和 D 项也都提及两否定，但所否定的两个断定并不互相矛盾，无不当。

【提要】 本题考点：不当两否定。

44.【答案】 C

【题型与难度】 论证分析:削弱。难度一般。

【题干概括】

论据:S市持有驾驶证的人数较五年前增加,但交通死亡事故却较五年前明显减少。

结论:S市驾驶员的驾驶技术熟练程度较五年前有明显的提高。

【答案解析】【选项排除】

题干断定,交通死亡事故明显减少这一结果的原因,是驾驶员的驾驶技术熟练程度明显的提高。除C项外,其余各项都对题干论据所陈述的结果的原因做出了不同于题干的解释,都能削弱题干。

A	A项说明,S市交通死亡事故明显减少的原因,可能跟驾驶员的驾驶技术熟练程度无关,而是由于驾驶员自觉遵守交通法规,削弱题干,排除。
B	B项说明,上述结果的原因,可能跟驾驶员的驾驶技术熟练程度无关,而是由于加强了交通管理力度,削弱题干,排除。
C	C项不能削弱题干,事实上加强题干。答案是C。
D	D项说明,上述结果的原因,可能跟驾驶员的驾驶技术熟练程度无关,而是由于机动车数量的减少,削弱题干,排除。
E	E项说明,上述结果的原因,可能跟驾驶员的驾驶技术熟练程度无关,而是由于道路状况及安全设施的改善,削弱题干,排除。

45.【答案】 C

【题型与难度】 论证分析:确定假设。难度一般。

【题干概括】

论据:(1) 肖群一周工作五天。

(2) 周内没有法定休假日→周五在志愿者协会,其余四天都在太平洋保险公司上班。

(3) 上周没有法定休假日。

结论:上周的周一、周二、周三和周四肖群一定在太平洋保险公司上班。

【答案解析】 由题干的条件只能推出,上周肖群有四天在太平洋保险公司上班,不能推出这四天是周一、周二、周三和周四。要推出这一结论,还必须假设上周的周六和周日肖群没有上班。

【选项排除】 其余各项如果不成立,题干的论证均可以成立,因此,均不是题干的假设。

46.【答案】 D

【题型与难度】 逻辑推断:非形式推理。难度一般。

【题干概括】 在接受治疗的腰肌劳损患者中:

条件(1):有人只理疗,不药疗。

条件(2):有人既理疗,又药疗。

条件(3):有相同疗效。

条件(4):第二部分人药疗不可缺少。

【答案解析】【选项排除】

由条件(4),可推出Ⅰ。

由条件(1)和条件(3),可推出Ⅱ。

Ⅲ不一定为真,因为题干只是断定,在接受治疗的腰肌劳损患者中,有人只接受理疗,有人接受理疗与药物双重治疗;但没有断定,这两部分人包括所有接受治疗的腰肌劳损患者。因此,在题干断定的条件下,接受治疗的腰肌劳损患者中,完全可能有人没有接受理疗,例如,有人只接受药物治疗。因此,Ⅲ不一定为真。

【提要】 Ⅲ有很大的干扰性。E 项是本题的干扰项。

47.【答案】 A

【题型与难度】 逻辑推断:非形式推理。难度一般。

【答案解析】 由题干可得:在该省的大部分地区,或者不潮湿,或者不寒冷。因此,不可能一半地区既潮湿又寒冷。

【选项排除】 B 项和 D 项显然不一定为假,排除。

C 项如果为真,可得该省大部分地区仙人掌很难成活,但可能该省大部分地区柑橘不难生长。因此,不一定为假。排除。

E 项不一定为假,因为可能该省大部分地区仙人掌不难成活。排除。

48.【答案】 D

【题型与难度】 谬误辨析:非黑即白。较难。

【题干概括】 题干主持人提问方式的不当在于:在两个并不互相矛盾,还有第三种可能的选择中,要求被提问者选择其中之一。此种谬误,称为“非黑即白”。

【答案解析】 除 D 项外,其余各项均出现题干的不当。D 项无不当,因为“9·11”恐怖袭击必然发生和有可能避免,这两种观点互相矛盾,没有第三种选择。

【选项排除】

A	A 项不当。社会主义的低速度,和资本主义的高速度,并不是仅有的两种选择,可以选择社会主义的高速度或资本主义的低速度。排除。
B	B 项不当。为了发展而牺牲环境,和为了保护环境而牺牲发展,并不是仅有的两种选择,可以既发展又保护环境。排除。
C	C 项不当。人都自私,和人都不自私,不是非此即彼的关系,情况可以是有人自私,有人不自私。排除。
E	E 项不当。必然夺冠,和不可能夺冠,不是非此即彼的关系,情况可以是可能夺冠,也可能不夺冠。排除。

【提要】 本题考点:非黑即白。

49.【答案】 A

【题型与难度】 语义理解。难度一般。

【题干概括】【答案解析】

在李斯看来,同意张珊的断定,“之”“乎”“者”“也”这些字无确定所指,就是同意这些字无意义,这说明,李斯认为,张珊的断定包含的意思是:如果一个字无所指,则这个字无意义,即:如果一个字有意义,则这个字有所指,即:除非一个字无意义,否则一定有确定所指,这就是 A 项的断定。

【选项排除】

<table>
<tr><td>B</td><td>B 项断定的是，如果有所指，则有意义。A 项断定的是，如果有意义，则有所指。B 项不同于 A 项。排除。</td></tr>
<tr><td>C</td><td rowspan="2">在李斯看来，张珊的断定涉及一个字的所指和意义的关系。至于无意义的字应当在现代汉语中废止，是李斯自己的推断，和张珊的断定无关。因此，C 项、D 项不相干，排除。</td></tr>
<tr><td>D</td></tr>
<tr><td>E</td><td>张珊断定有些字有所指，有些字无所指，其中显然不包含断定大多数字都有确定所指。李斯显然也不认为张珊有此意思。排除。</td></tr>
</table>

50.【答案】 B

【题型与难度】 逻辑推断：形式推理。难度一般。

【题干概括】 题干断定：国际贡献→国家实力→一流教育

【答案解析】 B 项断定：一流教育→国际贡献。不符合题干：由肯定后件，不能肯定前件。

【选项排除】

A	A 项断定：¬一流教育→¬国际贡献。符合题干：由否定后件，可否定前件。排除。
C	C 项断定：国家实力→一流教育。符合题干：由肯定前件，可肯定后件。排除。
D	D 项断定：¬(国际贡献∧¬一流教育)=¬国际贡献∨一流教育=国际贡献→一流教育。符合题干：由肯定前件，可肯定后件。排除。
E	E 项断定：¬国际义务∨一流教育=国际义务→一流教育。符合题干：国际义务是不相干项。排除。

【提要】 本题涉及形式推理的三个要点：

第一，条件推理的规则：肯定前件可以肯定后件；否定后件可以否定前件；否定前件不能否定后件；肯定后件不能肯定前件。

第二，$\neg(P \wedge Q) = \neg P \vee \neg Q$。

第三，$P \rightarrow Q = \neg P \vee \neg Q$。

51.【答案】 D

【题型与难度】 类比：推理结构类比。难度一般偏难。

【题干概括】 题干的论证结构是：甲离不开乙，乙离不开丙，丙具有某种性质，因此，甲也具有此种性质。

【答案解析】 D 项的论证结构是：乙离不开丙，甲离不开乙，丙具有某种性质，因此，甲也具有此种性质。D 项的结构和题干的最为类似。

【选项排除】

A	A 项的结构是：甲离不开乙，乙离不开丙，甲离不开丙。不同于题干。排除。
B	B 项的结构是：甲离不开乙，乙离不开丙，丙不一定都成立，因此，甲不一定都成立。不同于题干。排除。
C	C 项的结构是：甲(坐长椅)离不开乙(靠近长椅)，乙离不开丙(踩踏草地)，允许甲，因此，允许丙。不同于题干。排除。

续表

E	E 项的结构是:甲离不开乙,乙离不开丙,丙离不开丁,因此,没有丁,就没有甲。不同于题干。排除。

52.【答案】 B

【题型与难度】 谬误辨析。难度一般。

【题干概括】 题干是一个论证。

论据:所有的灰狼都是狼。

结论:所有的疑似 SARS 病例都是 SARS 病例

【答案解析】 灰狼都是狼,但疑似 SARS 病例不都是 SARS 病例。题干的论据推不出结论。题干的漏洞在于,忽视了灰狼和狼的关系,不同于疑似 SARS 病例和 SARS 病例的关系。从概念外延的关系来看(如下图所示),“灰狼”和“狼”是种属关系,“疑似 SARS 病例”和“SARS 病例”是交叉关系。这是两种不同的关系。

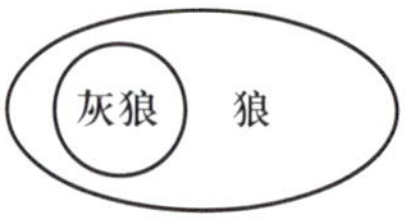

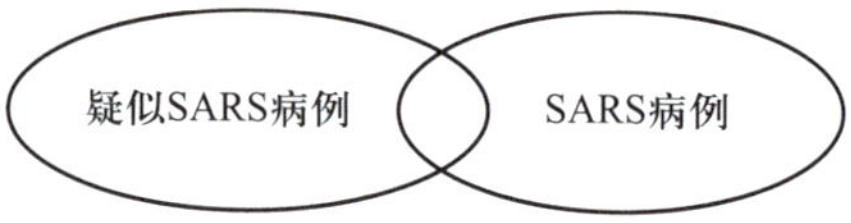

B 项恰当地指出了这一点。

【选项排除】

A	排除 A 项是本题的难点。表面上看,题干的论据和结论有相同的结构,但论据是真的,结论是假的,因此,A 项似乎指出了题干的漏洞,但 A 项作为答案不恰当。由于灰狼都是狼,因此,论据的命题形式是:某种 P 是 P。具有这一命题形式的任一命题不可能是假的。由于“疑似”的含义是“可能但不一定是”,因此,结论的命题形式是“某疑似 P 的东西是 P”,这和题干的命题形式不同。A 项不恰当,排除。
C	C 项指出的是题干结论不能成立的理由,但未指出为什么这一结论不能由题干的论据推出,即未能指出题干的漏洞。不恰当,排除。
D	D 项不能说明题干的论证有问题。不恰当,排除。
E	E 项指出了题干的论证存在的问题,但未指出这一问题是如果造成的。不恰当,排除。

53.【答案】 E

【题型与难度】 语义理解:错误识别。难度一般。

【题干概括】 题干为一个论证。

论据:违反道德的行为都不受惩治,将严重威胁社会稳定。

结论:任何违反道德的行为都应受到惩治。

【答案解析】 题干由否定“违反道德的行为都不受惩治”,只能得出结论“有些违反道德的行为要受惩治”,不能得出结论“违反道德的行为都要受惩治”。

【选项排除】 其余选项显然不恰当。排除。

【提要】 本题的考点是:直言命题的对当关系。由否定“所有 P 都不是 Q”,能得出肯定“有些 P 是 Q”,不能得出肯定“所有 P 都是 Q”。

54.【答案】 E

【题型与难度】 逻辑推断:非形式推理。难度一般。

【题干概括】

条件(1):张珊喜欢喝绿茶,也喜欢喝咖啡。

条件(2):他的朋友中没有人既喜欢喝绿茶,又喜欢喝咖啡。

条件(3):他的所有朋友都喜欢喝红茶。

【答案解析】 假设 E 项为真,则由条件(1),得:张珊有一个朋友和他一样既喜欢喝绿茶,也喜欢喝咖啡,这违反条件(2)。因此,E 项不可能为真。

【选项排除】 假设其余选项为真,均不违反题干条件,因此,都可能为真。例如,题干条件(2)断定,张珊的朋友中没有人既喜欢喝绿茶,又喜欢喝咖啡,由此,不能排除张珊的朋友都不喜欢喝绿茶,但都喜欢喝咖啡。因此,B 项可能为真。

【提要】 本题的推理方法为"反推":假设某选项为真,如果能推出题干的条件不成立,则可得该选项一定为假。如果提问方式是:如果上述断定为真,以下哪项一定为真?则相应的反推方式是:假设某选项为假,如果能推出与题干的条件矛盾,则可得该选项一定为真。

55.【答案】 E

【题型与难度】 语义理解。难度一般。

【题干概括】 题干条件可概括为:

善的行为 = 好动机 + 好效果。

恶的行为 = 已造成伤害 + {故意伤害他人 或 无意伤害他人 + 伤害的可能性可预见。}

【答案解析】 E 项中 S 女士对小孩的伤害虽然是无意的,但这种伤害的可能性可预见,因此,她的行为是恶的。E 项符合题干的断定。

【选项排除】

A	A 项行为未造成伤害,不符合题干关于"恶"的定义,排除。又由 P 先生的动机不好,可得他的行为不是善的,但由他的行为不是善的,得不出他的行为是恶的,因为题干并未断定(事实上也并非)任何行为非善即恶。
B	B 项行为动机不能认为是好,不符合题干关于"善"的定义,排除。
C	C 项行为伤害的可能性不可预见,不符合题干关于"恶"的定义,排除。
D	D 项行为效果不好,不符合题干关于"善"的定义,排除。

2008 年管理类综合能力逻辑推理试题精讲

31.【答案】 D

【题型与难度】 逻辑推断:形式推理—条件推理(假言推理)。难度一般偏易。

【题干概括】 不起雾→按时起飞。

【答案解析】【选项排除】

Ⅰ	不符合题干。肯定后件不能肯定前件。
Ⅱ	符合题干。否定后件可以否定前件。
Ⅲ	“除非 P，否则 Q”=“如果非 P，则 Q”。符合题干。

32.【答案】 A

【题型与难度】 逻辑推断：形式推理。难度一般。

【答案解析】【选项排除】

要说明题干的条件断定不成立，必须同时满足：第一，肯定前件，第二，否定后件。

<table>
<tr><td>Ⅰ</td><td>肯定前件并且否定合件，说明题干的断定不成立。</td></tr>
<tr><td>Ⅱ</td><td rowspan="2">否定前件，不能说明题干的断定不成立。</td></tr>
<tr><td>Ⅲ</td></tr>
</table>

33.【答案】 E

【题型与难度】 推理类比：识别和比较推理中的漏洞。难度一般。

【题干概括】 题干论证方式的漏洞是，根据概然性的前提（一般地说），本应得出可能性的结论，但却得出了必然性的结论。

【答案解析】 E 项和题干的推理形式相同，题干的漏洞也出现在 E 项中。

【选项排除】

A	题干中的漏洞，也类似地出现在 A 项中。但 A 项的前提是条件断定（如果，则），题干的前提是事实断定，有所不同。
B	B 项的前提是条件断定，和题干不同。B 项的漏洞是形式谬误：否定前件不能否定后件，和题干不同。
C	C 项的前提是条件断定，和题干不同。
D	D 项的前提不是概然性的，和题干不同。

34.【答案】 A

【题型与难度】 论证分析：削弱。难度一般。

【题干概括】

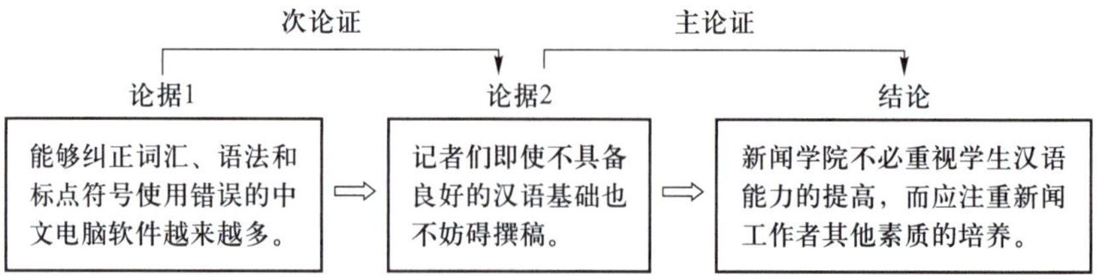

本论证包括两个论据，一个结论。论据 2 是主论证的论据，同时是次论证的结论。

【答案解析】 次论证基于一个假设：避免词汇、语法和标点符号的使用错误就能确保文稿的语言质量。A 项如果为真，说明这一假设不成立，因而说明次论证不成立，因而有力地削弱了题干的论证。

【选项排除】

B	B 项说明新闻学课程有利于学生掌握中文电脑软件,加强题干。
C	不相干。
D	不相干。
E	不相干。

【提要】 论证分析题需要基于对论证结构的准确概括。

35.【答案】 D

【题型与难度】 语义理解:识别漏洞。难度一般。

【题干概括】 本题的题干是一论证,但题型属于语义理解,语义漏洞识别。

【答案解析】 题干的漏洞在于,要确定左撇子和右撇子相比,哪个更容易出操作事故,要比较的不应是绝对数,而应是百分比(事故率)。如果左撇子在所有人中所占的比例很低,即大多数都是右撇子(事实上也是如此),那么,虽然大多数家务事故出自右撇子,但是右撇子的操作事故率仍然可能低于左撇子。D 项恰当地指明了题干的这一漏洞。

【选项排除】 其余选项所概括的均不是题干的漏洞,其中,C 项和题干论证的说服力有一定的相干性,但所作为对题干漏洞的概括不恰当。

【提要】 本题考点:绝对数和百分比。

36.【答案】 B

【题型与难度】 逻辑推断:形式推理。难度一般。

【答案解析】【选项排除】

Ⅰ	不一定为真。因为如果东山市所有垃圾桶都是红色的,并不违反题干的条件。
Ⅱ	一定为真。由东山市威达建材广场每家商店的门边都设有垃圾桶,可推出如果东山市的一家商店门边没有垃圾桶,那么这家商店不在威达建材广场。
Ⅲ	不一定为真。因为题干断定,东山市威达建材广场每家商店的门边都设有垃圾桶,由此不能推出,东山市只有位于威达建材广场的商店门边才设有垃圾桶。

37.【答案】 B

【题型与难度】 论证分析:确定假设。难度一般。

【题干概括】 题干是一个论证。

论据:(1) 水泥的原料很便宜。

(2) 在高温炉窑中把原料变为水泥要耗费大量的能源。

结论:水泥的价格会受石油价格的影响。

【答案解析】 题干断定,在高温炉窑中把原料变为水泥要耗费大量的能源。如果 B 项不成立,则说明在这种制造水泥的过程中要耗费的能源不包括石油,这样,题干的论据就不支持结论。因此,B 项是题干的假设。

【选项排除】

A	不相干。

续表

C	加强题干，但不是题干的假设。因为如果 C 项不成立，题干的论证仍然可以成立。
D	削弱题干。
E	不相干。

38.【答案】　E

【题型与难度】　语义理解：确定争论焦点。难度一般。

【答案解析】　由题干，郑女士认为衡远市的经济前景比易阳市好，根据是衡远市的 GDP 增长率较高。胡先生不同意郑女士的观点，根据是易阳市的 GDP 数值较大。显然，两人争论的焦点是，比较两个城市的经济前景，GDP 数值与 GDP 增长率哪个更重要。答案是 E。

【选项排除】

A	A 项郑女士未提及易阳市的 GDP 数值。排除。
B	B 项两人都认为衡远市的 GDP 增长率比易阳市高。排除。
C、D	C 项和 D 项均未涉及两个城市之间经济前景的比较。排除。

39.【答案】　B

【题型与难度】　论证分析：削弱，难度一般偏易。

【题干概括】

论据：对偶尔食用一定量的牛肉干的人而言，大多数品牌牛肉干的添加剂并不会导致动脉硬化。

结论：人们可以放心食用牛肉干而无须担心对健康的影响。

【答案解析】　B 项说明：食用牛肉干不会导致动脉硬化，不等于不会影响身体健康。这就有力地削弱了题干的论证。

【选项排除】

A	论据仅断定“偶尔食用一定量的牛肉干不会导致动脉硬化”，而结论断定“可以放心食用”，因此，如果 A 项为真，能削弱题干，但力度不如 B 项。
C	削弱题干，但力度不如 B 项。
D	不相干。
E	不相干。

40.【答案】　C

【题型与难度】　本题题干为一论证，但题型属于语义理解：识别漏洞。难度一般。

【题干概括】　题干的两个要点是：

第一，S 研究所的承诺：和平基金会的全部资助，都不会用于任何与武器相关的研究。

第二，和平基金的结论：只要 S 研究所遵守承诺，和平基金会对 S 研究所的资助就不会有利于武器研究。

【答案解析】【选项排除】

A	A 项不恰当。因为题干并未断定 S 研究所一定遵守承诺。

续表

B	B 项不恰当。因为 S 研究所用其他来源的资金进行武器研究,并不能说明题干的结论不成立,只要这种资金的来源与和平基金会对 S 研究所的资助无关。
C	C 项指出了题干的漏洞。因为如果 C 项指出的可能性是事实,则说明虽然和平基金的资助没有直接用于 S 研究所的武器研究,但还是间接有利于 S 研究所的武器研究。
D	D 项不恰当。因为题干的结论有关和平基金会对 S 研究所的资助是否有利于武器研究,这一结论是否成立和武器研究是否危害和平无关。
E	E 项不恰当。因为“没有太大的意义”不等于“没有意义”。

41.【答案】 A

【题型与难度】 论证分析:削弱。难度一般。

【题干概括】

论据:一家名为《港湾》家庭类杂志改名为《炼狱》,主要刊登暴力与色情内容。结果,原先《港湾》杂志的一些常年广告客户拒绝续签合同,转向其他刊物。

结论:这些广告商不只考虑经济效益,而且顾及道德责任。

【答案解析】【选项排除】

A	A 项说明,上述广告商对杂志内容的健康性有较高的要求(即使“较为节制”也不能接受),不能削弱题干。
B	B 项说明,上述广告商拒绝《炼狱》的原因是其缺乏信誉而影响广告效益,不是出于道德责任,能削弱题干。
C	C 项说明,上述广告商拒绝《炼狱》的原因是其和自己的经营领域(家居)不对口,不是出于道德责任,能削弱题干。
D	D 项说明,上述广告商拒绝《炼狱》的原因是出于对广告费的经济考虑,而不是出于道德责任,能削弱题干。
E	E 项说明上述广告商拒绝《炼狱》的原因不是因其刊登暴力与色情内容,而是因其登载虚假广告毁了声誉,能削弱题干。

【提要】 题干断定广告商拒绝《炼狱》的原因是顾及道德责任。除正确选项外,其余选项均指出了不同于题干的另外某种原因,即“另有他因”,并且这种“他因”有利于说明不是题干断定的原因,因此,都能削弱题干。一般地,如果某种“他因”,并非有利于说明不是“此因”,则不能削弱“此因”。例如,“遗传是癌症包括肺癌的重要原因”,不削弱“长期吸烟是导致肺癌的原因”。

42.【答案】 E

【题型与难度】 论证分析:加强。难度一般。

【答案解析】【选项排除】

A	不加强。
B	不加强。
C	不加强。

续表

D	不加强。
E	E 项如果为真，有利于说明，在《炼狱》杂志上登家居商品广告是有经济效益的。这有利于说明，原先《港湾》杂志的一些常年广告客户拒绝续签合同，转向其他刊物，不是出于只考虑经济效益。和其余各项相比，E 项最能加强题干。

43.【答案】 C

【题型与难度】 论证分析：削弱。难度一般。

【题干概括】 H 国政府的结论基于以下论证：

论据：(1) 去年 H 国雨林面积的缩小比例明显低于往年。

(2) 去年，H 国政府支出数百万美元用以制止乱砍滥伐和防止森林火灾。

结论：H 国政府保护赤道雨林的努力取得了显著成效。

【答案解析】 去年 H 国雨林面积的缩小比例明显低于往年，对于这一结果，题干的解释是由于 H 国政府的用以保护赤道雨林的财政投入取得了效果。C 项提出了一个明显不同于 H 国政府的解释，即去年异乎寻常的大面积持续降雨防止了森林火灾。因此，如果 C 项为真，能有力地削弱 H 国政府的结论。

【选项排除】

A	加强题干。
B	B 项削弱题干，因为 G 国可能并未有相应的财政支出，这说明，雨林面积的缩小可能并非是政府努力的结果。但这仅是一种可能，因而削弱力度不如 C 项。
D	不相干。
E	不相干。

44.【答案】 E

【题型与难度】 论证分析：确定假设。难度一般偏易。

【题干概括】

论据：世界上伟大的画家并没有亲密的人际关系。

结论：一个人要想快乐并不必须和周围的人保持亲密的关系。

【答案解析】【选项排除】

E 项如果不成立，即如果获得伟大成就的艺术家并不快乐，则题干的论据就不支持其结论，因此，E 项是题干的论证必须假设的。其余选项不是题干必须假设的。

45.【答案】 D

【题型与难度】 语义理解：概括。难度一般。

【题干概括】【答案解析】 小陈的结论是：远离太阳的彗星出现的闪烁光是不寻常的现象。其论据是：这种闪烁光过去从未被观察到。小王并不否定小陈的论据所陈述的情况存在，只是对这一情况做出了另一种解释，基于这一解释，可得出与小陈不同的结论。D 项最为准确地概括了小王所使用的这一方法。

【选项排除】

A	小王并未涉及对小陈所使用的某个关键概念的内涵分析。

续表

B	小王认为小陈的论据忽视了某种特殊的例外，因而不足以推出其结论，但并未断定这一论据明显缺乏说服力。
C	小王并未指出小陈的论据自相矛盾。
E	小王不同意小陈的结论。

46.【答案】 C

【题型与难度】 语义理解。难度一般。

【题干概括】【答案解析】

陈先生邀请的客人中有男性，也有女性，因此至少是 2 人。男性客人可以同时是他父亲的姐夫，他姐夫的父亲，他岳母的哥哥。因此，陈先生最少可能出面邀请 2 个客人。

47.【答案】 B

【题型与难度】 类比：逻辑漏洞类比。难度一般。

【题干概括】 题干的论证形式是：甲比乙更易导致丙；大多数甲并没有导致丙。因此，没有必要区分甲和乙。这一论证的逻辑漏洞在于忽视了：断定甲比乙更易导致丙，是断定甲导致丙的比例，高于乙导致丙的比例，因此，仅依据甲自身导致丙的比例，不能说明没有必要区分甲和乙。

【答案解析】 B 项和论证形式和存在的逻辑漏洞和题干相同。

【选项排除】

A	A 项和题干的论证形式不同。A 项的漏洞在于，不能因为所占的比例小，就忽视这部分人的健康问题。这一漏洞和题干不同。
C	C 项并未断定有吸烟史的人在肺癌患者中所占的比例并不高，这和题干的论证形式不同。C 项的论证在逻辑上是成立的，并无漏洞。
D、E	D 项和 E 项的论证形式不同于题干，并且未出现类似于题干的逻辑漏洞。

48.【答案】 A

【题型与难度】 论证分析：确定(充分性)假设。难度一般偏易。

【题干概括】 以下分析中将“张珊的奖金数”简记为“张”，“李思的奖金数”简记为“李”，“王武的奖金数”简记为“王”，“苗晓琴的奖金数”简记为“苗”。

论据：张>李；

王>苗；

结论：张>苗。

【答案解析】【选项排除】

题干的论据不能推出结论。要使题干的推断成立，还需加强前提。假设 B 项、C 项、D 项或 E 项为前提都能使题干的推断成立。假设 A 项为前提不能确保题干的推断成立。

A	由“张>李”和“王>苗”，增加论据“王>李”，不能推出“张>苗”。
B	由“张>李”和“王>苗”，增加论据“李>苗”，能推出“张>苗”。
C	由“张>李”和“王>苗”，增加论据“李>王”，能推出“张>苗”。

续表

D	由“张>李”和“王>苗”，增加论据“李=王”，能推出“张>苗”。
E	由“张>李”和“王>苗”，增加论据“张≥王”，能推出“张>苗”。

【提要】 本题要点：论证的充分性假设。

一个论证的假设，是其未陈述的论据。假设，分为必要性假设和充分性假设。必要性假设是指，如果这一假设不成立，该论证就不成立；充分性假设是指，如果这一假设成立，该论据的结论就能由其论据推出。本题测试确定一个论证的充分性假设。

49.【答案】 D

【题型与难度】 逻辑推断：非形式推理。难度一般。

【题干概括】 A 型能识别颜色，B 型能识别形状，C 型既不能识别颜色也不能识别形状。

实验：指令拿起红球，结果 1 号拿起红方块，2 号拿起蓝球。

【答案解析】【选项排除】

<table>
<tr><td>C</td><td rowspan="2">指令是拿起红球。1 号拿起红方块，形状错了，能推出 1 号不是 B 型；颜色对了，不能推出 1 号是 A 型。2 号拿起蓝球，颜色错了，能推出 2 号不是 A 型；形状对了，不能推出 2 号是 B 型。因此，D 项一定为真，C 项不一定为真。</td></tr>
<tr><td>D</td></tr>
<tr><td>A</td><td rowspan="2">由 1 号拿起红方块，2 号拿起蓝球，可得：1 号可能是 A 型且 2 号可能是 B 型，即 1 号和 2 号可能都不是 C 型。因此，A 和 B 项都不一定为真。</td></tr>
<tr><td>B</td></tr>
<tr><td>E</td><td>违反题干条件：该实验室一共有 A、B、C 三种类型的机器人。</td></tr>
</table>

50.【答案】 B

【题型与难度】 逻辑推断：形式推理。难度一般。

【答案解析】【选项排除】

要推翻主持人的断定，必须有一张卡片，一面是 A，另一面不是 4。

翻动 A，只要另一面不是 4，就推翻了主持人的断定；翻动 7，只要另一面是 A，就推翻了主持人的断定。翻动 B 和 4 都不能推翻主持人的断定。因此，答案是 B。

A	翻动 A，有可能推翻主持人断定；翻动 4，不可能推翻主持人的断定。
B	翻动 A 和 7，都有可能推翻主持人断定。
C	翻动 A，有可能推翻主持人断定；翻动 B，不可能推翻主持人的断定。
D	翻动 B，不可能推翻主持人断定；翻动 7，有可能推翻主持人的断定。
E	翻动 B 和 4，都不可能推翻主持人断定。

【提要】 本题要点：$\neg(P \rightarrow Q) = A \wedge \neg B$。

51.【答案】 D

【题型与难度】 语义理解：识别漏洞。难度一般。

【答案解析】【选项排除】

安全气囊的作用，不在于避免汽车事故，而在于当事故发生时减少车主受伤害的程度。题干的论证忽略了这一点。D 项恰当地指明了这一点。其余选项均不能恰当地指出题干的漏洞。

52.【答案】 E

【题型与难度】 谬误辨别:形式谬误。难度一般。

【答案解析】 E项与题干具有相同的推理形式,但明显前提真,结论假,因而说明:该推理形式不正确,即具有该形式的任一推理均不成立。

【选项排除】

A	推理形式有误,由"有的P不是Q",推不出"有的Q不是P",推理形式和题干类似,但A项的前提和结论都真,不足以说明题干的推理存在漏洞。
B	无误。推理形式和题干不同。
C	无误。推理形式和题干不同。
D	推理形式有误,由"P都是Q",推不出"Q都是P",但推理形式和题干不同。
E	推理形式有误,由"有些P不是Q",推不出"有的Q不是P",推理形式和题干相同,并且E项明显前提真,而结论假,说明题干的推理形式有误。

【提要】 本题要点:推理形式谬误。

一个推理形式有误,也称推理形式无效。一个推理形式有效,是指具有该推理形式的任一推理,如果前提真,则结论一定真。要证明一个推理形式无效,方法是:找到一个推理,和该推理具有相同的形式,但明显前提真,且结论。这样的方法,称为"反例判定"或"谬例判定"。

53.【答案】 B

【题型与难度】 逻辑推断:非形式推理。难度一般。

【答案解析】 由考试总分前10%的为优,上学年高二年级成绩为优的学生多于高一年级成绩为优的学生,可得:高二年级学生的数量多于高一年级。又由条件,总分后30%的为差,可得:高二年级成绩为差的学生多于高一年级成绩为差的学生。

【选项排除】 因为B项能推出,因此,A项显然推不出。C项、D项和E项推不出,因为由题干,只能得出良和中的总数占60%,不能确定良和中各自的比例。

54.【答案】 A

【题型与难度】 论证分析:削弱。难度一般。

【题干概括】

论据:第一组服用试验药物,第二组不服用试验药物,10年后两组都有44人死亡。

结论:这种试验药物无效。

【答案解析】 本题的关键词是"10年后"。10年,是个不短的时间段。这个关键词提示,考虑两组已死亡的44个人中,哪组平均死亡时间较晚,即存活时间较长。A项如果为真,说明服用药物的病人的平均生存期,比未服用药物的病人要长。这有利于说明该药物有效。

【选项排除】

B	一个病人,在死亡时的寿命,和他(她)在服药后的生存时间的长短无关。
C	有助于说明药物无效,因而加强题干。

续表

D	不削弱。
E	不削弱。

【提要】 关注试题的关键词。本题的关键词是“10 年后”。

55.【答案】 C

【题型与难度】 语义理解。难度一般。

【题干概括】

游泳池的规定：未戴泳帽者不得进入泳池；只有持有深水合格证，才能进入深水池。

小林：我有深水合格证，根据规定我可以进入深水池。

【答案解析】 根据游泳池的规定，持有深水合格证，是允许进入深水池的必要条件。小林显然把游泳池的这一规定，错误地理解为：持有深水合格证，是允许进入深水池的充分条件。

【提要】 本题要点：条件关系。

56.【答案】 E

【题型与难度】 论证分析：削弱。难度一般。

【题干概括】

论据：海豹很少以鳕鱼为食。

结论：海豹数量的明显增加不是造成鳕鱼数量锐减的原因。

【答案解析】 E 项如果为真，则有利于说明，由于海豹与鳕鱼争食，因此，海豹数量的增加导致了鳕鱼数量的减少。这就有力地削弱了题干的论证。

【选项排除】 其余选项，除了 B 项不相干外，都加强题干。

A	A 项有利于说明，造成鳕鱼数量锐减的原因是海水污染。加强题干。
B	不相干。
C	C 项有利于说明，海豹数量的增加不是造成鳕鱼数量锐减的原因。加强题干。
D	D 项有利于说明，北大西洋水温的降低可能是造成鳕鱼数量锐减的原因。加强题干。

57.【答案】 D

【题型与难度】 逻辑推断：形式推理。难度一般。

【答案解析】【选项排除】

北方人不都爱吃面食 = 有的北方人不爱吃面食。这一断定为真，根据对当关系，得：“北方人都爱吃面食”假，“有的北方人爱吃面食”和“北方人都不爱吃面食”真假不定。同理，由“南方人都不爱吃面食”假，得：“有的南方人爱吃面食”真，“有的南方人不爱吃面食”和“南方人都爱吃面食”真假不定。由此得：

Ⅰ	假 ∧ 真假不定 = 假
Ⅱ	真假不定 ∧ 真 = 真假不定
Ⅲ	真假不定 ∧ 真假不定 = 真假不定

【考点与要领】 本题考点：直言命题对当关系。

58.【答案】 C

【题型与难度】 逻辑推断:形式推理。难度一般。

【答案解析】 人都不可能不犯错误,等同于:人都一定会犯错误;不一定所有人都会犯严重错误,等同于:可能有的人不犯严重错误。

【提要】 本题考点:模态和直言对当关系。

59.【答案】 C

【题型与难度】 逻辑推断:分析性推理。难度一般偏难。

【题干概括】【答案解析】

题干断定,有一个助理同时分管三个部门,不妨简称为"都管助理"。"都管助理"和每个其他助理至少同管在一个部门。由条件(2)和(3),可得:"都管助理"只可能是 M 或 P。又由本题条件,可得"都管助理"不是 M,因而是 P。因此,P 和其余任一助理同时分管某一部门,自然与 I 分管同一部门,答案是 C。

【选项排除】

A	可能但不一定为真,因为 F 和 H 都不是"都管助理"。
B	可能但不一定为真,因为 F 和 I 都不是"都管助理"。
D	可能但不一定为真,因为 M 和 G 都不是"都管助理"。
E	一定为假,因为 P 是"都管助理"。

60.【答案】 A

【题型与难度】 逻辑推断:分析性推理。难度一般偏难。

【答案解析】 由题干,共有六位总经理助理,三个部门,每一部门恰由三个总经理助理分管,因此,此种部门分管职位共九个。又由条件(1),有且只有一位总经理助理同时分管三个部门,因此,其余五个助理担任剩余的六个职位,由此可推出,有且只有一个总经理助理恰分管两个部门,答案是 A。

【选项排除】

B	一定为假,因为 F 和 G 都不是"都管助理"。
C	不一定为真。因为 M 和 P 中一个是"都管助理",另一个可能分管两个部门。
D	不一定为真,因为 M 和 P 两人中,一个是"都管助理",另一个分管的部门 F 也可能参与分管,这样,F、M 和 P 可能分管同一个部门。
E	不一定为真,因为可能 P 是"都管助理"。

2007 年管理类综合能力逻辑推理试题精讲

26.【答案】 D

【题型与难度】 逻辑推断:非形式推理。难度一般。

【答案解析】 假设 D 项的断定不成立，则题干的断定不能成立。因为如果在青崖山区，某一商品为了迅速获得最大程度的知名度，除了通过无线广播电台进行密集的广告宣传外，还需要利用其他宣传工具做广告，那么，就不能断定，在青崖山区，商品通过无线广播电台进行密集的广告宣传就能迅速获得最大程度的知名度。因此，如果题干成立，则 D 项成立，即 D 项是题干的逻辑推论。

【选项排除】

A	题干只支持无线广播电台有利于商品通过广告打开市场，但并不支持更推不出无线广播电台是商品打开市场的最重要途径。
B	题干不支持 B 项，因为题干只断定广告宣传和商品知名度的关系，并未断定商品知名度的高低和拥有消费者的多少之间的关系。
C	题干支持但推不出 C 项，因为题干显然不能确保广告信息能传到“每户人家”。
E	题干不支持 E 项，因为题干只断定广告宣传和商品知名度的关系，并未断定商品知名度和其性能、质量的关系。

【提要】 本题要领：前提“推出”结论和前提“支持”结论的关系。“推出”一定“支持”，但“支持”不一定能“推出”。

27.【答案】 B

【题型与难度】 语义理解：解释。难度一般。

【题干概括】 金雕身上的无线电传导器使得可以通过金雕的飞行范围来判断野狼群的活动范围。要解释的是：为什么野狼的活动范围通常很广，而金雕仅在放飞地 3 公里范围内飞行。

【答案解析】 B 项断定，金雕的放飞地 2 公里范围内有一牧羊草场，吸引了狼群。这自然也就吸引了追击野狼的金雕，这合理地解释了题干。

【选项排除】

A	不能解释。
C	不能解释。因为 C 项如果为真，金雕的活动范围应该离放飞地更远
D	不能解释。因为 D 项如果为真，则金雕的活动范围如果超出限制，信号应该中断，而不是题干所断定的不断传回。
E	不能解释。

【提要】 D 项是本题的干扰项。

28.【答案】 B

【题型与难度】 语义理解：条件关系。难度一般。

【题干概括】【答案解析】【选项排除】

除非不把理论当作教条，否则就会束缚思想。（题干）

=¬（不把理论当作教条）→束缚思想

=把理论当作教条→束缚思想（B 项、C 项）

=¬束缚思想→¬把理论当作教条（D 项、E 项）

≠¬把理论当作教条→¬束缚思想（A 项）。

29.【答案】 E

【题型与难度】 谬误辨析:集合体误用。难度一般。

【解题思路】 本题考点:非形式谬误“集合体误用”。一个集合体具有的性质,组成集合体的个体不一定具有。集合体误用是指:根据集合体具有某种性质,推断组成集合体的个体也具有此种性质,或者根据个体都具有某种性质,推断由它们组成的集合体也具有此种性质。

【题干概括】【答案解析】

林教授的反驳,是根据每一位表演者拥有足够的技巧和才能来表现古典芭蕾舞的特色,得出结论,芭蕾舞团的演出总体上也能充分表现古典芭蕾舞的特色。这显然是不当假设,如果一个团体每个成员具有某种特征,那么这个团体就总能体现这种特征。这是集合体误用,E 项恰当地指明了这一点。

【选项排除】 其余选项均不恰当。

30.【答案】 A

【题型与难度】 论证分析:确定(充分性)假设。难度一般偏易。

【题干概括】 以下分析中将“王园的奖金数”简记为“王”,“梁振杰的奖金数”简记为“梁”,“魏国庆的奖金数”简记为“魏”,“苗晓琴的奖金数”简记为“苗”。

论据:王>梁;

魏>苗;

结论:王>苗。

【答案解析】【选项排除】

题干的论据不能推出结论。要使题干的推断成立,还需加强前提。假设 B 项、C 项、D 项或 E 项为前提都能使题干的推断成立。假设 A 项为前提不能确保题干的推断成立。

假设魏国庆的奖金比王园的高,不能使题干的推断成立。例如,假设魏国庆的奖金是 500 元,梁振杰的奖金是 300 元,王园的奖金是 400 元,苗晓琴的奖金是 450 元,题干的前提与 A 项均成立,但题干的结论不成立。

假设其余各项均能使题干的推断成立。

A	由“王>梁”和“魏>苗”,增加论据“魏>王”,不能推出“王>苗”。
B	由“王>梁”和“魏>苗”,增加论据“梁>苗”,能推出“王>苗”。
C	由“王>梁”和“魏>苗”,增加论据“梁>魏”,能推出“王>苗”。
D	由“王>梁”和“魏>苗”,增加论据“梁=魏”,能推出“王>苗”。
E	由“王>梁”和“魏>苗”,增加论据“王=魏”,能推出“王>苗”。

31.【答案】 B

【题型与难度】 论证分析:确定(充分性)假设。难度一般。

【题干概括】【答案解析】

题干有三个前提:

前提一:张华是甲班学生,对围棋感兴趣。

前提二:甲班学生或者对国际象棋感兴趣,或者对军棋感兴趣。

前提三:如果对围棋感兴趣,则对军棋不感兴趣。

由前提一和前提三，可得

结论一：张华对军棋不感兴趣。

由前提二和结论一，可得

结论二：张华对国际象棋感兴趣。

如果假设 B 项，则由结论二，可得题干的结论。

因此，如果假设 B 项，能使题干的论证成立。

【选项排除】 假设其余选项均不能保证题干的结论从其论据推出。

32.【答案】 C

【题型与难度】 论证分析：确定结论。难度一般。

【题干概括】 题干是一个论证，但仅陈述了论据，未陈述结论。本题测试的是，诸选项中，哪项作为题干论证的结论最为恰当。题干的论据是：

（1）神经化学物质的失衡可以引起人的行为失常，大到严重的精神疾病，小到常见的孤僻、抑郁甚至暴躁、嫉妒。

（2）这一发现使我们不但对精神疾病患者，而且对身边原本生厌的怪癖行为者，怀有同情和容忍。

【答案解析】【选项排除】

A	题干不支持 A 项。A 项作为结论不恰当。
B	题干支持 B 项，但作为题干的结论不恰当，因为论据（2）涉及的是社会伦理，而不是精神病学的理论。
C	题干有力地支持 C 项，作为题干的结论恰当，因为题干的论据断定了神经化学的发现和社会伦理的关系。
D	D 项只是重复题干的论据，作为题干的结论不恰当。
E	题干不支持 E 项。E 项作为结论不恰当。

33.【答案】 B

【题型与难度】 论证分析：削弱（质疑）。难度一般。

【题干概括】 题干李军的解释是一个论证。

论据：车辆仅有的除霜孔位于前挡风玻璃，而车辆预热后除霜孔完全开启。

结论：开启除霜孔是车辆玻璃冰霜融化的原因。

【答案解析】【选项排除】

A	不相干。排除
B	如果开启除霜孔（仅位于前挡风玻璃）是车辆玻璃冰霜融化的原因，那么就无法解释，为什么尾玻璃窗没有除霜孔，其玻璃上的冰霜融化速度与前挡风玻璃没有差别。B 项陈述的现象题干的论证无法解释，有利于说明，开启除霜孔并不是车辆玻璃冰霜融化的主要原因。这有力地削弱了题干。
C	加强题干。排除。
D	D 项指出了一种可能性，这种可能性能削弱题干。但因为是可能性，削弱力度不如 B 项。
E	加强题干。排除。

34.【答案】 D

【题型与难度】 语义理解。难度较易。

【答案解析】【选项排除】

小莫的第二个问题说明,他缺乏耐心。孔先生对此的回答提示了这一点。其余选项均不恰当。

35.【答案】 B

【题型与难度】 谬误辨析:以偏概全。难度一般。

【题干概括】 莫大伟的结论基于一个论证。

论据:到吉安公司上班的第一天,发现公司职工自由散漫。

结论:吉安公司管理失效,公司员工都缺乏工作积极性和责任心。

【答案解析】 B 项如果为真,说明莫大伟的论证以偏概全。

【选项排除】

A	不能削弱,因为论据并未断定“领导不在”。
C	显然不能削弱。
D	显然不能削弱。
E	显然不能削弱。

【提要】 本题题型是论证分析(削弱),实际考点是谬误辨析:以偏概全。

36.【答案】 A

【题型与难度】 逻辑推断:形式推理。难度一般。

【答案解析】 消息(2)和消息(3)互相矛盾,必为一真一假。又由题干条件,四条消息中有两真、两假,因此,消息(1)和消息(4)中,也必有一真一假。假设消息(1)假,可推出小王和小陈都未录用,则消息(4)亦假,不符合条件。因此,假设不成立,即消息(1)真,因而消息(4)假,从而得出结论;公司录用小王,未录用小陈。

37.【答案】 D

【题型与难度】 论证分析:削弱(反驳)。难度一般。

【题干概括】 贾女士的陈述是一个论证。

论据:童年时代所了解的计算机知识,中学时代所学的计算机语言,到需要运用的成年时代早已陈旧过时了。

结论:普及计算机知识不需要从孩子抓起。

本题测试,哪个选项如果为真,最能削弱上述论证?

【答案解析】 由 D 项可知,学习计算机知识和熟悉某种计算机语言的意义,不仅在于直接运用,而且在于此种学习过程本身有利于提高理解和运用计算机的能力。因此,即使某种计算机知识和语言过时,但其学习过程仍然有实质性的意义。这就有力地削弱了上述论证,即支持了魏先生对贾女士的反驳。

【选项排除】

A	不相干。

续表

B	不相干。
C	C 项有利于说明一个事物过时，不意味着学习有关这个事物的知识没有意义，因而能削弱题干的论证，但力度不如 D 项。
E	不相干。

38.【答案】 C

【题型与难度】 语义理解：识别漏洞。难度一般。

【题干概括】 郑兵的决定基于一个论证。

论据：学生与老师的比例低的学校，学生的高考成绩普遍都比较好。

结论：选择学生总人数最少的学校就读有利高考。

【答案解析】 郑兵的决定忽略了：一个学生总人数少的学校，如果老师人数也相应的少，则学生与老师的比例不一定低。C 项恰当地指明了这一点。

【选项排除】

A	郑兵的论证只需要假设学校师生比是有利于学生高考的一个因素，不需要假设是唯一因素。因此，A 项并未指出题郑兵的漏洞。
B	没有理由认为郑兵的决定忽略了孩子的全面发展。
D	没有理由认为郑兵的决定忽略了孩子本人的愿望。
E	郑兵注意到一个学校的师生比和学生的高考成绩相关，他认为学校教学质量仅和教师的数量有关，而和素质无关，E 项并非郑兵论证的漏洞。

【提要】 本题考点：绝对数和百分比。

39.【答案】 E

【题型与难度】 语义理解：概念划分。难度一般。

【题干概括】 “男女”区分人的性别特征，按照“男女”的性别特征，正常人分为如图(1)所示的两个不重叠的部分：

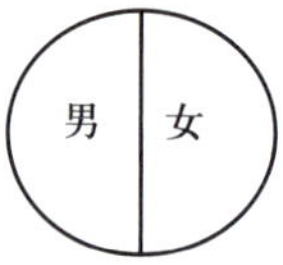

图(1)

“阴柔和阳刚”区分人的行为特征，如图(2)所示：

图(2)

按照“阴阳”的行为特征，正常人分为两个重叠的部分，如图(3)所示：

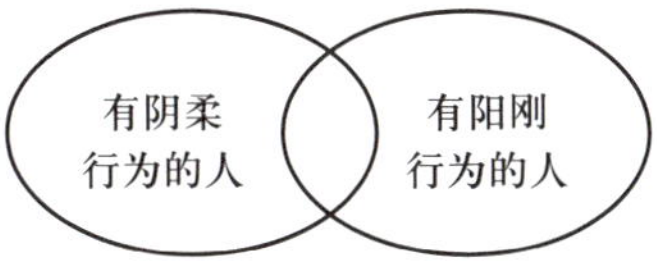

图(3)

【答案解析】 题干断定:“阴柔和阳刚”区分人的行为特征,即任何一种行为,如果阴柔,就不阳刚;如果阳刚,就不阴柔。E项显然不符合题干的上述含义。(参见图(2))

【选项排除】

A	由题干的断定,完全可能有一个男人有阳刚的行为,而另一个男人有阴柔的行为,即人的性别特征不能决定人的行为特征。
B	由题干的断定,完全可能有的女人的行为,具有阳刚的特征。
C	由题干的断定,完全可能有的男人的行为,具有阴柔的特征。
D	题干断定,按照“阴阳”的行为特征,正常人分为两个重叠的部分。这就是说,同一个人,可以既有阴柔的行为又有阳刚的行为。(参见图(3))

40.【答案】 B

【题型与难度】 谬误辨析:混淆概念。难度一般偏易。

【题干概括】 题干是一个论证。

论据:饮用常规量的咖啡对人的心脏无害。

结论:饮用常规量的咖啡不会有碍身体健康。

【答案解析】 B项如果为真,说明题干的论证把“心脏健康”和“身体健康”这两个内涵不尽相同的概念作为同一概念来使用,在同一思维过程没有保持概念内涵的同一性。这恰当地指出了题干的漏洞。

【选项排除】 其余选项均不能说明题干存在漏洞。

41.【答案】 A

【题型与难度】 类比:推理形式类比。难度一般。

【题干概括】 题干的论证方式(推理形式)是:$P \vee Q \vee R$;$\neg P$;$\neg Q$。因此,R。

【答案解析】【选项排除】

A	A项的推理形式是:$P \vee Q \vee R$;$\neg P$,$\neg R$。因此,Q。和题干类似。
B	B项的推理形式是:$P \to (Q \wedge R)$;Q;$\neg R$。因此,$\neg P$。和题干不同。
C	C项的推理形式是:$P \vee Q \vee R$;Q;因此,$\neg P \wedge \neg R$。和题干不同。
D	D项出现量词“所有”和“有的”。和题干不同。
E	E项断定:这个三角形有两个内角之和小于90°,由此可推出:这个三角形不是直角三角形,也不是锐角三角形。这是题干的一个前提推出的结论,并不是题干直接断定的前提,因此,推理形式和题干的不同。

【考点与要领】 E项是本题的一个干扰项。

42.【答案】 E

【题型与难度】 逻辑推断：非形式推理。较难。

【答案解析】【选项排除】

A	推不出。因为李女士具有的优点，可能都不是当总经理所要具备的条件。
B	推不出。因为可能李女士的任一优点都有某个竞选者具有。
C	推不出。因为可能某个竞选者具有的某个优点，李女士不具有。
D	推不出。因为可能李女士的某个优点所有竞选者都具有。
E	题干断定：不存在（其他）竞选者同时具备李女士的所有优点。这等于断定，对任一（其他）竞选者，都存在李女士的某个优点，这个竞选者不具备。这等于断定，任何其他竞选者都有不及李女士之处。

43.【答案】 C

【题型与难度】 语义理解。难度易。

【答案解析】【选项排除】

题干断定，去年某旅游胜地游客人数与前年游客人数相比，减少约一半。有关这一结果的原因，题干的陈述只涉及门票的价格。诸选项中，只有 C 项涉及门票价格，因此答案是 C。其余选项作为解决上述游客锐减问题的措施，其取得效果的可能性均不如 C 项，因为题干断定，去年与前年的最大不同是门票的价格的上升。

44.【答案】 E

【题型与难度】 逻辑推断：非形式推理。难度一般。

【答案解析】【选项排除】

A 项、B 项、C 项和 D 项均不能从题干推出，因此，答案是 E。

<table>
<tr><td>A</td><td>推不出。因为可能 2/3 的陪审员认为证人在被告作案地点或作案动机上提供伪证，但没有陪审员认为证人在被告作案时间上提供伪证。</td></tr>
<tr><td>B</td><td>推不出。因为可能 2/3 的陪审员认为证人在被告作案时间或作案动机上提供伪证，但没有陪审员认为证人在被告作案地点上提供伪证。</td></tr>
<tr><td>C</td><td>推不出。因为可能 2/3 的陪审员认为证人在被告作案时间或作案地点上提供伪证，但没有陪审员认为证人在被告作案动机上提供伪证。</td></tr>
<tr><td>D</td><td>推不出。参看下表。考虑以下情况（不妨设只有三个陪审员，“√”表示“认为提供伪证”；“×”表示“不认为提供伪证”）：
<table>
<tr><th></th><th>1 号陪审员</th><th>2 号陪审号</th><th>3 号陪审员</th></tr>
<tr><td>作案时间</td><td>√</td><td>×</td><td>×</td></tr>
<tr><td>作案地点</td><td>√</td><td>×</td><td>×</td></tr>
<tr><td>作案动机</td><td>×</td><td>√</td><td>×</td></tr>
</table>
上表显示的情况是：2/3 的陪审员认为证人在被告作案时间、作案地点或作案动机上提供伪证，即题干成立；但在被告作案时间、作案地点或作案动机这三个问题中，每一个问题都只有 1/3 的陪审员认为证人在这个问题上提供伪证，即 D 项不成立。这说明 D 项不能从题干推出。</td></tr>
</table>

45.【答案】 D

【题型与难度】 论证分析：削弱。难度一般。

【题干概括】

论据：(1) 衡量一项社会改革措施是否成功，要看社会成员的幸福感总量是否增加。

(2) S 市最近推出的福利改革明显增加了公务员的幸福感总量。

结论：这项改革措施是成功的。

【答案解析】 如果 D 项为真，则说明 S 市最近推出的福利改革减少了 S 市全体社会成员的幸福感总量，因而是不成功的。这就否定了题干的论证。

【选项排除】

A	不削弱。
B	削弱，但不能推翻论证的结论。因此，削弱力度不如 D 项。
C	削弱，但不能推翻论证的结论。因此，削弱力度不如 D 项。
E	不相干。

46.【答案】 C

【题型与难度】 逻辑推断：非形式推理。难度一般。

【答案解析】【选项排除】

A	一定为真。
B	可能为真。
C	一定为假。因为如果 C 项为真，就不可能有球迷喜欢所有参赛球队。
D	可能为真。
E	可能为真。

47.【答案】 E

【题型与难度】 语义理解。难度一般。

【解题思路】 本题的难度在于理解。帕累托最优，从直观来说，是这样一种理想状态：每一个体的“优”已达到极限，如果想再好一点，就要以其他个体的状态变坏为代价。如果有个体变好，没有个体随之变坏，说明还没有达到帕累托最优，还需要变革，这种变革称为帕累托变革。显然，“帕累托最优”和“帕累托变革”在逻辑上是互相矛盾，不能并存的。

【题干概括】

帕累托最优：如果有人情况变好，则有人的情况变坏。

帕累托变革：有人情况变好，但没有人的情况变坏。

显然，上述二者矛盾，不可能并存。

【答案解析】【选项排除】

A	符合“帕累托最优状态”的定义。
B	符合题干，因为二者矛盾，不可能都存在。

续表

C	符合题干,因为二者矛盾,不可能都不存在。
D	符合“帕累托最优状态”的定义。
E	不符合“帕累托最优状态”的定义。

48.【答案】 A

【题型与难度】 逻辑推断:非形式推理。难度一般偏难。

【答案解析】 由捷运号停靠在大通港一号码头,可推出其长度小于 100 米。因为大通港一号码头的设施只适用于长度小于 100 米的轮船。

由捷运号是货轮,可推出它不是蓝星航线上的。因为蓝星航线上的所有货轮的长度都大于 100 米。

由捷运号不是蓝星航线上的,可推出是金星航线上的。因为大通港一号码头只对这两条航线的轮船开放。

由捷运号是金星航线上的,可推出是 1990 年以后下水的。金星航线上的所有货轮和客轮都是 1990 年以后下水的。

49.【答案】 B

【题型与难度】 语义理解。难度一般。

【答案解析】 如果 B 项不成立,即法规明文涉及(允许或禁止)的行为,覆盖所有的社会行为,也就是说,任何社会行为,法规要么明文允许,要么明文禁止,那么,根据题干陈述的原则,官员允许的,平民也允许;官员禁止的,平民也禁止。即上述原则对官员和平民的社会行为并不会产生不同的约束力。因此,为使上述原则能对官员和平民的社会行为产生不同的约束力,B 项是必须假设的。

50.【答案】 C

【题干概括】

	明文允许	既不明文允许,也不明文禁止	明文禁止
官员	√	×	×
平民	√	√	×

“√”表示允许实施;“×”表示禁止实施。

【答案解析】【选项排除】

A	不违反题干。参见第 49 题解析。
B	不违反题干。参见上表,法规既不明文允许,也不明文禁止的行为,允许平民实施,但禁止官员实施。
C	违反题干。因为由题干,允许官员实施的行为,一定是法律允许的行为;而法律允许的行为,不可能禁止平民实施。
D	不违反题干。因为法规明文允许的行为,允许平民实施。
E	不违反题干。因为法规明文禁止的行为,禁止平民实施。

51.【答案】 D

【题型与难度】 逻辑推断：非形式推理。难度一般。

【题干概括】 题干的断定，可图示如下：

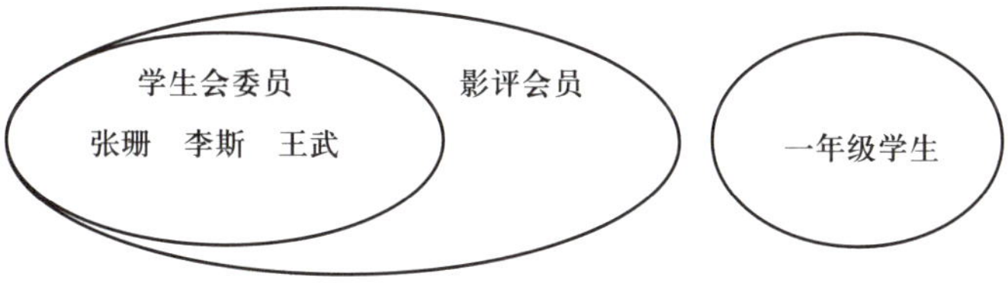

【答案解析】

如果题干为真，Ⅰ和Ⅱ显然一定为真。

Ⅲ不一定为真。假设所有大学生电影评论协会的成员都是校学生会委员不违反题干条件，在这一假设下，题干真，但Ⅲ假。

52.【答案】 E

【题型与难度】 逻辑推断：非形式推理。难度一般偏难。

【题干概括】

条件(1)：行为的解释：找到原因。

行为的辩护：理由正当。

条件(2)：行为合理→正当理由是行为的原因。

【答案解析】【选项排除】

题干断定，只有当对一个行为的辩护成为对该行为解释的实质部分时，这样的行为才是合理的。根据题干关于行为解释与行为辩护的定义，显然可以得出结论，如果一个行为是合理的，则实施这一行为的正当理由必定也是导致该行为的原因。

其余各项不能从题干推出。例如，B 项不能推出。因为由题干，一个行为的原因中即使包含该行为的正当理由，但这一正当理由如果不是导致该行为的实质性原因，这样的行为也不能认为是合理的。

A	推不出。因为一个行为的理由正当，不能保证能找到导致这一行为的真实原因。
B	推不出。肯定条件(2)的后件，不能肯定其前件。
C	推不出。题干的条件和 C 项的断定不相干。
D	推不出。题干的条件和 D 项的断定不相干。
E	能推出。E 项的断定即是条件(2)。

【提要】 本题的题型虽是逻辑推断，但测试的要点和难点是语义理解。

53.【答案】 A

【题型与难度】 逻辑推断：非形式推理。难度一般。

【答案解析】 由题干，经济复苏虽然增加了劳动力的需求，但由于在经济复苏初期，大多数企业主因丧失了经商的自信而尽可能推迟雇用新职工，因此，可得出结论，经济复苏不一定能迅速减少失业人数。答案是 A。题干不支持其余选项。

54.【答案】 C

【题型与难度】 语义理解：确定争论焦点。难度一般。

【答案解析】【选项排除】

司机的结论是高速公路上的最高时速不应由 120 公里改为现在的 110 公里。理由是两条：第一，会降低高速公路的使用效率；第二，会使一些有经验的司机违反交规。交警的反驳，不是针对司机的结论，因此 B 项不成立；也不是针对第一条理由，因此，E 项不成立。交警的反驳是针对司机的第二条理由，因此，C 项成立。

对 A 项和 D 项概括的问题，交警均无确定的观点，显然不是双方争论的焦点。

55.【答案】 D

【题型与难度】 论证分析：确定假设。难度一般。

【答案解析】【选项排除】

题干的结论是为了提高运作效率，H 公司应当实行灵活工作日制度，理由是灵活工作日制度能使企业员工保持良好的情绪和饱满的精神。要使上述论证成立，显然必须假设：H 公司尚未实行周末休息制度（Ⅲ），并且员工良好的情绪和饱满的精神能有效提高企业的运作效率（Ⅱ），但不必假设：希望实行灵活工作日制度的员工，大都是 H 公司的业务骨干（Ⅰ）。

2006 年管理类综合能力逻辑推理试题精讲

26.【答案】 A

【题型与难度】 逻辑推断：形式推理。较易。

【题干概括】 小张的承诺为一个条件断定：天不下雨→听音乐会。

这一断定只有在肯定前件并且否定后件的情况是假的。诸复选项中，只有 Ⅰ 肯定前提并且否定后件，因此，答案是 A。

【考点与要领】 本题考点：$\neg(P\rightarrow Q)=P\wedge\neg Q$

27.【答案】 C

【题型与难度】 逻辑推断：非形式推理。难度一般。

【答案解析】【选项排除】

A	可能真。因为我可能说我不想说的话。
B	可能真。因为我想说的都是真话，但真话我未必都说。
C	不可能真。因为我想说的都是真话，由此可推出：假话（包括善意的假话）都不是我想说的。
D	可能真。因为可能我只说真话。
E	可能真。因为可能我只说想说的话。

【提要】 本题的题型是逻辑推断，但测试的重点是语义理解。

28.【答案】 C

【题型与难度】 论证分析：加强。难度一般。

【题干概括】 题干的解释是一个论证。

论据:有些人若有某一次厌食,会对这次膳食中有特殊味道的食物持续产生强烈厌恶。

结论:小孩更易于对某些食物产生强烈的厌食。

【答案解析】 题干的论据要成立,必须假设:厌食者具有足够敏锐的嗅觉和味觉。如果C项为真,显然有利于解释为什么小孩更易于对某些食物产生强烈的厌食。

【选项排除】

A	A项有利于解释题干,但力度不如C项,因为题干断定厌食是原因,对其中特殊味道的厌恶是结果,而不是相反。因此,小孩的膳食配搭中含有特殊味道的食物,并不一定是小孩厌恶的食物。
B	不相干。
D	不相干。
E	不相干。

【提要】 A项是本题的干扰项。

29.【答案】 E

【题型与难度】 逻辑推断:非形式推理。难度一般。

【答案解析】 由题干,露出河流水面的石笋的根部是长在岩石上的,其成因是由水滴长年滴落在岩石表面而逐渐积累的矿物质形成的,由此可推出,在石笋形成的早期,这些岩石是露出水面的。这说明,石笋形成的早期,上述岩洞内地下河流的水比现在的浅(否则岩石不可能露出水面),即现在上述岩洞内地下河流的水比过去某个时候深。因此,E项能从题干推出。

【选项排除】 题干不支持其余选项。例如,题干不支持D项,因为上述岩洞内的地下河流完全可能是在石笋形成后出现的,这不影响石笋的形成。

30.【答案】 B

【题型与难度】 论证分析:削弱。难度一般。

【题干概括】

论据:80岁的老人和30岁的年轻人在玩麻将时所表现出的理解和记忆能力没有明显差别。

结论:一个人到了80岁理解和记忆能力不会显著减退。

【答案解析】 如果B项为真,则题干的论证难以有说服力。因为,例如,80岁的健康老人可以和年轻人一样轻松地提起一公斤大米,但由此不能得出结论,一个人到了80岁臂力并不显著减退,因为提起一公斤大米只需要较小的臂力。

【选项排除】

A	不能削弱。题干断定80岁的老人和30岁的年轻人在玩麻将时所表现出的理解和记忆能力没有明显差别,这需要假设,玩麻将需要理解和记忆能力,但不需要假设,玩麻将需要的主要是理解和记忆能力。
C	能削弱。C项如果为真,有利于说明,80岁老人在玩麻将时的理解和记忆能力比年轻人强,是因为受到较多的训练,因此不具有代表性,因而能削弱题干。但力度不如B项。

续表

D	不能削弱。
E	支持题干。

31.【答案】 A

【题型与难度】 论证分析:加强。较难。

【答案解析】 题干断定,目前80岁的老人和30岁的年轻人在玩麻将时所表现出的理解和记忆能力没有明显差别;由A项,目前30岁的年轻人的理解和记忆能力,高于50年前的同龄人。由此可推出,现在80岁的老人理解和记忆能力,高于他们30岁的时候。这就加强了题干的论证。

【选项排除】

B	不加强。
C	加强,但力度不如A项。
D	不相干。
E	不相干。

32.【答案】 A

【题型与难度】 逻辑推断:非形式推理。难度一般。

【答案解析】【选项排除】

题干断定,所有林村人都爱吃川菜;川菜的特色为麻辣香。由此可推出,所有林村人都爱吃麻辣香的食物。

其余各项均不能从题干推出。

33.【答案】 E

【题型与难度】 逻辑推断:非形式推理。难度一般。

【答案解析】 题干断定:第一,早期的地球的绝大部分的铁元素处于其核心部分(由此可得:地球核心部分铁元素的比例大于其表面部分);第二,月球是由早期地球表面部分甩出的熔岩形成。由此显然有力地支持结论:月球的含铁比例小于地球核心部分的含铁比例。

【选项排除】

A	不支持。
B	不支持。
C	不支持。如果确认月球的质量小于地球,题干应该支持C项的否定。
D	不支持。

34.【答案】 B

【题型与难度】 语义理解:概括。难度一般。

【题干概括】【答案解析】

题干的论证是:斑马身上的黑白条纹是它们互相辨认的标志;雌性斑马和它们的幼小子女离散后又能很快聚集到一起这一事实说明,或是小斑马能识别自己母亲的条纹,或是母斑马能辨别出自己后代的条纹。事实上小斑马不能识别自己母亲的条纹,因此,母斑马能辨别出自己后代的条纹。

显然,这一论证所采用的方法是:在对某种现象的两种可供选择的解释中,通过排除其中的一种,来确定另一种。

【选项排除】 其余选项对题干的论证方法的概括均不恰当。

35.【答案】 B

【题型与难度】 推理类比。难度一般。

【题干概括】【答案解析】【选项排除】

题干的推理结构是:对于任意两个不同的个体,如果它们在性质S上存在差异,那么,也一定在性质P上存在差异。个体a和b在性质S上存在差异,因此,也一定在性质P上存在差异。

B项的结构和题干相同。

A项看起来和题干类似,其实不同。A项的推理结构是:对于同一个体来说,如果它的性质S发生变化,那么它的性质P也一定发生变化。个体a和b在性质S上存在差异,因此,也一定在性质P上存在差异。显然这和题干有重要区别。

其余选项的结构显然和题干不同。

【提要】 题干的类比,是两个不同的对象之间的比较,称为"互涉类比"。B项也是互涉类比。A项的类比,涉及的是自身在不同情况下的类比,称为"自涉类比"。这是A项和题干的一个实质性的区别。"互涉类比"和"自涉类比"的区别,是本题的一个考点。

36.【答案】 C

【题型与难度】 语义理解:确定争论焦点。难度一般。

【答案解析】 张教授实际上认为,一个人和他的克隆复制品完全相同,否则,他就不会根据和谐的本质是多样性的统一,就断定克隆人是破坏社会和谐的一种潜在危险。

李研究员明确断定:一个人和他的克隆复制品不完全相同。

因此,张教授与李研究员争论的焦点是:一个人和他的克隆复制品是否完全相同(C项)。

【选项排除】

A	对A项概括的问题,两人都持肯定的回答(李研究员认为有人可能把他的克隆复制品当作自己的活"器官银行",这是破坏社会和谐的一个现实危险)。
B	对B项概括的问题,两人都持否定的回答。
D	对D项概括的问题,张持肯定的回答,李的观点未涉及。
E	对E项概括的问题,李持肯定的回答,张的观点未涉及。

37.【答案】 D

【题型与难度】 论证分析:确定假设。难度一般。

【题干概括】

论据:经济的繁荣是建立在导致新产业诞生的连续不断的技术革新之上的。

结论:产业界需要增加科研投入以促使经济进一步持续发展。

【答案解析】【选项排除】

I	必须假设。题干的论据断定的是经济发展与技术革新的关系,结论断定的是经济发展与科研的关系,论据要支持结论,必须假设科研投入有利于技术革新。

续表

Ⅱ	不相干。
Ⅲ	必须假设。否则，如果目前产业界投入科研的资金量足以确保一系列新技术、新发明的产生，那就没有必要为促使经济持续发展而增加科研投入。这样，题干的论证同样不能成立。

38.【答案】　B

【题型与难度】　逻辑推断：形式推理。难度一般。

【答案解析】　题干断定，三人的断定只有一真。如果丙真，则乙真，因此，丙不可能真。即事实上大运煤矿或宏通煤矿存在安全隐患，由此可推出甲真，则乙假，即事实上所有小煤矿都存在安全隐患。因此 B 项一定为真。

39.【答案】　E

【题型与难度】　论证分析：削弱。难度一般。

【题干概括】

论据：X 牌香烟的 Y 成分可以抑制 EB 病毒；EB 病毒会导致鼻咽癌。

结论：经常吸 X 牌香烟能减少患鼻咽癌的风险。

【答案解析】　E 项如果为真，说明 Y 成分能抑制 EB 病毒，不等于吸 X 牌香烟能抑制 EB 病毒，因而能减少患鼻咽癌的风险。这就有力地削弱了题干的论证。

【选项排除】

A	不相干。
B	不削弱，因为题干只断定吸 X 牌香烟能减少患鼻咽癌的风险，并未断定有利于癌症患者病情的好转。
C	能削弱，但力度不如 E 项，因为 Y 成分的负面作用，并不一定减少它对 EB 病毒的抑制作用。
D	加强题干。

40.【答案】　C

【题型与难度】　论证分析：确定假设。难度一般。

【题干概括】　钟教授的陈述是一个论证。

论据：我（钟教授）的研究生中，起早摸黑做实验的人越来越少了。

结论：生命科学院从前的研究生那种勤奋精神越来越不多见了。

【答案解析】【选项排除】

C 项是题干的论证必须假设的。否则，如果研究生是否起早摸黑做实验不是他们勤奋与否的一个重要标准，那么，显然不能根据研究生起早摸黑做实验的人越来越少，就得出他们的勤奋精神越来越不多见了的结论。

其余选项均不是题干的论证必须假设的。

41.【答案】　D

【题型与难度】　谬误辨析：以偏概全。难度一般。

【答案解析】　钟教授的结论有关生命科学院所有研究生的一般状况，但他的根据仅是他的学生的特殊状况。因此，这一推理有以偏概全之嫌。D 项恰当地指出了这一点。

42.【答案】　D

【题型与难度】　论证分析：削弱。难度一般。

【题干概括】

论据：机动车辆的增加；石油价格上升。

结论：H 市仍难摆脱空气污染的困扰。

【答案解析】 D 项断定：全球石油价格的上升导致价位偏低的劣质含硫石油进入 H 市，而这会加剧 H 市的空气污染。这加强了题干的论断。

【选项排除】

A	显然能削弱。
B	能削弱。因为有利于说明机动车辆会减少。
C	能削弱。因为有利于说明，低耗油的小型车增多，会减少尾气排放量。
E	能削弱。因为有利于说明机动车辆会减少。

43.【答案】 B

【题型与难度】 论证分析：加强。难度一般偏难。

【题干概括】

论据：各老人院的入住老人的数量大致相当，但爱慈老人院医生与住院老人的比例在常兴市的老人院中几乎是最低的。

结论：医生数量不足是造成爱慈老人院在疾病治疗水平方面评价偏低的原因。

【答案解析】 医务护理人员，指护士、护工，不包括医生。如果 B 项为真，说明可以排除这种情况：爱慈老人院的医务护理人员比常兴市其他老人院要少。这种情况如果不排除，那么造成“爱慈老人院在疾病治疗水平方面得到的评价相当低”的原因，可能主要不是医生数量不足，而是医务护理人员不足，这就会削弱题干的论证。因此，如果 B 项为真，能加强题干的论证。

【选项排除】

A	不加强也不削弱题干。
C	不相干。因为题干论及的是医生的数量，C 项涉及的是医生的质量。
D	不相干。
E	不相干。因为题干论及的是医生的数量，E 项涉及的是医生的质量。

44.【答案】 E

【题型与难度】 论证分析：确定假设。难度一般偏易。

【题干概括】 小红的断定是一个条件断定，可以理解为一个论证：前件是论据，后件是结论。

【答案解析】 如果 E 项不成立，即如果目前行驶在中山大道的大部分货车不超过 10 吨，小红的断定就不成立，因此，E 项是小红的断定所假设的。

【选项排除】 其余选项均不是小红的断定所假设的。

45.【答案】 A

【题型与难度】 论证分析：确定假设。难度一般偏易。

【题干概括】 小兵的断定是一个条件断定，可以理解为一个论证：前件是论据，后件是结论。

【答案解析】 如果A项为真，即如果中山大道的撞车事故主要发生在10吨以上的货车，则由于中山大道不允许10吨以上的货车通过，自然就能减少中山大道的撞车事故。这就有力地加强了小兵的结论。

【选项排除】 其余选项均不能加强小兵的结论。

46.【答案】 A

【题型与难度】 逻辑推断：形式推理。难度一般。

【题干概括】【答案解析】【选项排除】

“一把钥匙能打开天下所有的锁，这是不可能的”，等同于“并非：一把钥匙能打开天下所有的锁，这是必然的”。

又因为，“并非：一把钥匙能打开天下所有的锁”，等同于“任何钥匙都有它打不开的锁。”

因此，“一把钥匙能打开天下所有的锁，这是不可能的”，等同于“任何钥匙都有它打不开的锁，这是必然的”。

上述推理过程可表示为

¬可能一把钥匙能打开天下所有的锁

=（必然“¬一把钥匙能打开天下所有的锁”）

=必然任何钥匙都有它打不开的锁。

【提要】 本题考点：不可能=必然不。

本题题干断定“不可能”，正确选项一定包括“必然”。因此，可直接排除D项和E项。

47.【答案】 C

【题型与难度】 逻辑推断：非形式推理。难度一般。

【答案解析】【选项排除】

Ⅰ	可能真。
Ⅱ	可能真。
Ⅲ	不可能真，因为由题干，每一名参赛选手都有评委投了优秀票。

48.【答案】 B

【题型与难度】 语义理解。难度较难。

【题干概括】【答案解析】

陈先生断定了三点：

（1）北欧人乐观。

（2）北欧的人均寿命最高。

（3）人均寿命最高是北欧人乐观的原因。

贾女士不能接受“人均寿命”最高是北欧人乐观的原因，能够接受的是：北欧的老年人乐观是因为他们高寿。也就是说，贾女士认为，只有已经高寿的人，长寿才能成为他们乐观的原因。因此，在诸选项中，贾女士最可能假设B项。

【提要】 陈先生陈述中的“人均寿命”，是贾女士的反驳关注的关键词，也是理解和解答本题的关键词。

49.【答案】 A

【题型与难度】 语义理解;逻辑推断。难度一般偏难。

【答案解析】 A项如果为真,有利于说明:人均寿命高是促进需求和生产(因而促进经济发展)的原因,而经济发展是产生社会乐观情绪的原因。因而人均寿命高和乐观之间有因果联系,并且前者是后者的原因。这就加强了陈先生的观点。由于经济发展带来的乐观是不分年龄段的,因此也削弱了贾女士的反驳。

【选项排除】

B	不能加强。
C	削弱。因为C项如果为真,说明陈先生可能倒置因果。
D	不能加强。因为D项并未直接或间接地断定寿命和情绪的关系。
E	不相干。

50.【答案】 B

【题型与难度】 逻辑推断:非形式推理。难度一般。

【题干概括】【答案解析】

题干断定:有些非独生子女有以自我为中心的倾向;产生自我为中心倾向的一个共同原因是缺乏父母的正确引导。由此可以得出结论:有些非独生子女缺乏父母的正确引导,即有些缺乏父母正确引导的家庭有不止一个子女。

【选项排除】 其余选项均不一定为真。

51.【答案】 C

【题型与难度】 语义理解:概括。难度一般。

【题干概括】【答案解析】

题干所举的“被摔的电视机”的实例说明,信息可以独立于它的某种载体而存在,这和“意识不能独立于肉体而存在”流行信念相悖。题干引用这一实例并非要完全否定这一流行信念,而只是说明,论证这一信念需要更多的证据,仅依据“肉体一旦死亡,大脑意识就不复存在”是不够的。因此,C项的概括最为准确。

【选项排除】

A	不准确。题干并未否定“意识不能独立于肉体而存在”的结论,而只是指出,得出这一结论的证据并不充分。
B	不准确。题干的目标不是驳斥“意识不能独立于肉体而存在”的流行信念,而只是指出,这一流行信念的根据还不充分。
D	不准确。题干“被摔的电视机”的实例确实说明,意识和大脑的关系,类似于电视图像信号和接收它的电视机之间的关系,但这只是题干的论据,并不是所要得出的结论。
E	不准确。题干要说明的是有些流行信念需要更多的证据,题干的陈述没有流行的信念都应当质疑的意思。

52.【答案】 D

【题型与难度】 逻辑推断：非形式推理。难度一般。

【答案解析】【选项排除】

Ⅰ	一定为真。因为由题干，有些动物有意志力但不能思考，因此，具备意志力不一定要经过思考。
Ⅱ	一定为真。因为题干断定，思考是人的大脑才具有的机能。因此，动物的行为中不包括思考。
Ⅲ	不一定为真。因为由题干，计算机所做的事比动物更接近于思考，但并不是思考。因此，由计算机不具有意志力，不能得出结论：思考不一定要具备意志力。

53.【答案】 A

【题型与难度】 论证分析：确定假设。难度一般。

【题干概括】

论据：发现这些工具的地方是热带大草原，热带大草原有史前人类居住过，而类人猿只生活在森林中。

结论：这些被发现的古代工具是史前人类而不是类人猿使用过的。

【答案解析】 如果 A 项不成立，则发现这些工具的草原可能是在相当长的环境生态变化过程中由森林演变而来的。这样，这些被发现的古代工具完全可能是类人猿使用过的，题干的论证就没有说服力。因此，A 项是题干的论证必须假设的。

【选项排除】 其余各项如果不成立，题干的论证仍然可以成立，因此，均不是题干的假设。

54.【答案】 E

【题型与难度】 论证分析：确定假设。难度一般。

【题干概括】 题干的建议基于一个论证。

论据：在纸上乱涂乱画的习惯，有利于许多工程师的创造性设计。

结论：在程序中匹配模拟的用于涂鸦的便条纸，有利于使用计算机进行的创造性设计。

【答案解析】 E 项如果不成立，即如果乱涂乱画所产生的灵感，只有通过在纸上的操作才能获得，又由于计算机程序中匹配的便条纸，是模拟的而不是真实的纸，则题干的结论就难以成立。因此，E 项是题干的假设。

【选项排除】

A	显然不必须假设。
B	加强但不是假设。题干的论证只需假设计算机程序中所匹配的模拟便条纸，能用于乱涂乱画，或记录看来稀奇古怪的想法，不需要假设“只能”。
C	加强但不是假设。C 项如果为成立，则加强题干，但如果不成立，题干的论证仍然可以成立。
D	加强但不是假设。题干的论证只需假设工程师在纸上乱涂乱画所记下的看来稀奇古怪的想法，有些有应用价值，不需要假设“大多数”。

【提要】 一个论证的假设一定加强该论证，但某个选项加强一个论证，不一定是该论证的假设。区别二者的一个方法是“加否验证”，即假设某个选项不成立，如果能推出题干的论证不成立，则它就是题干所需的假设；否则，它至多是加强，而不是假设。

55.【答案】 D

【题型与难度】 逻辑推断:非形式推理。较难。

【题干概括】【答案解析】

丈夫或妻子至少有一个是中国人的夫妻,所指称的人群,就是和中国人结婚的人。

和中国人结婚的人,包括中国人和外国人两部分。

和中国人结婚的中国人中,男性和女性一样多(题干隐藏条件:中国施行一夫一妻制)。由条件,和中国人结婚的人中,中国女性比中国男性多两万,这说明:在和中国人结婚的外国人中,男性多于女性。即Ⅱ成立。

和中国人结婚的人,包括中国人和外国人两部分。现有:(1) 和中国人结婚的中国人中,男性和女性一样多;(2) 在和中国人结婚的外国人中,男性多于女性。由此可推出:在和中国人结婚的人中,男性多于女性。即Ⅲ成立。

参看下图:

和中国人结婚的人 { 中国人(男女一样多)
外国人(男性比女性多)

【选项排除】 Ⅰ不一定成立。在没有外国女人嫁给中国男人的情况下,Ⅰ成立。否则,Ⅰ不成立。Ⅱ显然不一定成立。

目　录

第一部分 题型说明及题型分布

一、5种基本题型

管理类综合能力逻辑推理试题分为5种基本题型，不同题型的试题有不同的应对方法。这5种基本题型及其分支或主要内容是：

（一）逻辑推断

1. 形式推理
2. 非形式推理
3. 分析性推理

（二）论证分析

1. 确定假设
2. 加强（支持）
3. 削弱（质疑）

（三）语义理解

1. 理解与概括
2. 解释
3. 确定争论焦点
4. 形式语义（抽象语义）

（四）谬误辨析

1. 形式谬误
2. 非形式谬误：偷换概念/集合体误用/转移论题/自相矛盾/不当两否定/非黑即白/强置因果/倒置因果/以偏概全/样本不当/不当类比/诉诸无知/诉诸不相干（诉诸个人、诉诸众人、诉诸怜悯、诉诸动机）/循环论证

（五）推理类比

1. 形式类比
2. 特征类比

在以上所列中，要特别关注3种题，这3种题在历年考题中累计占比接近90%：第一，形式推理；第二，论证分析；第三，分析性推理。此外，在以下的分类解析中，附带地专门列出了

“二难推理”（有较高的考频）、“欧拉图解”（涉及专门的方法）以及“方格填字”和“形式语义（抽象语义）”（真题中的“新面孔”）题型分布。

二、形式推理解题要点

形式推理包括命题推理、词项推理和模态推理，主要测试命题推理。

▲命题推理的应对要点：

第一，基本逻辑概念“非”“且”“或”“要么，要么”的含义及其相互关系

“非 P 为真”（记为“¬P”）：P 是假的。

“P 且 Q 为真”（记为“P∧Q 为真”）：P 和 Q 都真。

“P 或 Q 为真”（记为“P∨Q”）：P 和 Q 至少有一真。

“要么 P，要么 Q”：P 和 Q 有且只有一真。

如果“P 且 Q”为真，则“P 或 Q”为真。

如果“要么 P，要么 Q”为真，则“P 或 Q”为真。

“P 且 Q”假：P 和 Q 至少有一假。

“P 或 Q”假：P 和 Q 都假。

【德摩根律：¬(P∧Q)=¬P∨¬Q；¬(P∨Q)=¬P∧¬Q】

“要么 P，要么 Q”为假：P 和 Q 都真，或 P 和 Q 都假。

第二，条件关系（充分、必要）和假言推理

P 是 Q 的充分条件：有 P 一定有 Q。

P 是 Q 的必要条件：无 P 一定无 Q。

若 P 是 Q 的充分条件，则 Q 是 P 的必要条件；若 P 是 Q 的必要条件，则 Q 是 P 的充分条件。

假言推理的口诀：“一个箭头，四条规则”：

“一个箭头”：“如果 P，那么 Q”=“P→Q”；“只有 P，才 Q”=“Q→P”。

“四条规则”：肯定前件，可以肯定后件；否定后件，可以否定前件；
否定前件，不能确定后件；肯定后件，不能确定前件。

第三，条件关系的否定

由“P∧¬Q”可否定“P→Q”。

第四，“则”“或”置换

$$P \vee Q = \neg P \rightarrow Q$$

$$P \rightarrow Q = \neg P \vee Q$$

必要时可作“则”“或”等值置换，口诀是“右不变，左加否”。

▲词项推理的应对要点（直言对当关系）：

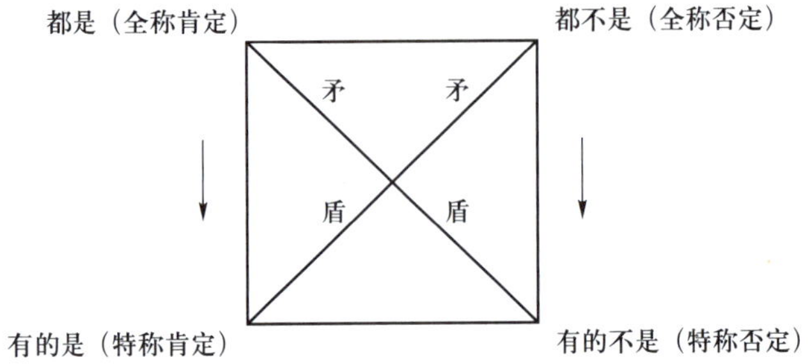

词项推理要处理的是:在“所有P都是Q(全称肯定)”“所有P都不是Q(全称否定)”“有的P是Q(特称肯定)”和“有的P不是Q(特称否定)”这四个直言判断中,依据其中一个的真或假,推断其余三个的真假情况。在上述逻辑方阵中,只须用到矛盾关系和蕴含关系(相当于“则”),不必涉及反对和下反对关系。

▲模态推理的应对要点:

不必然P=可能非P;

不可能P=必然非P;

形式推理题型分布:

	形式推理
2025年	33
2024年	26、42、51
2023年	26、41、51
2022年	26、30、36、40、43
2021年	29、33、34、36、40、41、43、51
2020年	26、42、51、52
2019年	26、28、30、38、40、48
2018年	26、32、33、37、43、46、50、52
2017年	26、27、31、41
2016年	26、27、31、32、35、37、49
2015年	30、33、34、37、40、43、45、47、50
2014年	28、32、34、43、48
2013年	29、33、40、42、48、49、53
2012年	27、29、30、31、32、33、34、37、38、39、44、48、49、51
2011年	34、44、47、52
2010年	26、28、33、36、39、44、46、50、55
2009年	27、28、30、34、39、42、50
2008年	31、32、36、50、57、58
2007年	36
2006年	26、38、46

三、非形式推理解题要点

非形式推理和形式推理的区别:

第一,形式推理处理的是语言结构之间的逻辑关系,对应于某些确定的逻辑知识点,有确定的规则可依（这些规则可表示为公式甚至口诀）；非形式推理处理的是语言内容之间的逻辑关系，一般地说，无确定的形式规则可依，主要依靠日常思维能力。总体上说，作为管理类综合逻辑试题，非形式推理的难度大于形式推理。

第二，形式推理是演绎推理（必然性推理），提问方式是“如果上述断定为真，以下哪项一定为真”；非形式推理除了演绎推理外，还包括各种或然性推理，如归纳、类比、统计推理等，其提问方式还包括“如果上述断定为真，最能支持以下哪项结论”。

要注意“合乎逻辑地**推出**”和“合乎逻辑地**支持**”之间的区别。“推出”一定“支持”，但“支持”不一定“推出”。

非形式推理题型分布：

	非形式推理
2025 年	28、31、35、38、39、40
2024 年	—
2023 年	34
2022 年	32
2021 年	27、31、32、35、37、42、45、53
2020 年	34、50
2019 年	43
2018 年	27、28、29、35、44
2017 年	29、37、44
2016 年	29、48
2015 年	31、32、38、39
2014 年	42、46、47、51、52
2013 年	31、32、34、43、47、50、51
2012 年	52
2011 年	27、28、42、43
2010 年	41、53
2009 年	29、31、33、46、47、54
2008 年	49、53
2007 年	26、42、44、46、48、51、52、53
2006 年	27、29、32、33、47、50、52、55

四、分析性推理解题要点

分析性推理总体属于非形式推理，有的包含形式推理的成分。

分析性推理是重点和难点。近年来，分析性推理在管理类综合逻辑试题中占比已达三分之一。这种推理题型，前提条件多，内容要素和思考线索杂，推理过程有难度。一般地说，在解决分析性推理问题的过程中，要领、技巧性较弱，对基于试题具体内容的个案性思考的要求较高。分析性推理测试区分度较高，既是挑战，又是机会，这种题型的得分有较高的"含金量"。

分析性推理分为三种类型：第一，排序；第二，对应（组合）；第三，综合。不同的类型的应对有不同的特点。在处理排序和对应的内容时，有时需要恰当使用表格。使用表格方法的优点是能直观完整地显示题干的条件及推理过程，缺点是列表费时间。有的问题在解题过程中表格不可或缺，有的问题则不一定要列表，要熟悉这种方法并恰当运用。

对阅读本部分内容有几点建议：

第一，尽可能先独立地完成解题。

第二，确定独立完成试题解析过程的准确性，即确定解析的每一步骤在逻辑上无误。

第三，如果解析过程满足准确性，考生还应思考是否还有更简明的解答方式。

分析性推理题型分布：

	分析性推理
2025 年	41、43、44、45、46、47、48、49、50、51、52、53、54、55
2024 年	27、29、35、36、39、40、47、50、52、54、55
2023 年	29、31、32、37、38、40、42、46、47、52、54、55
2022 年	28、35、37、41、42、45、46、49、50、54、55
2021 年	47、48、54、55
2020 年	29、31、32、37、38、39、46、47、54、55
2019 年	36、37、41、46、47、49、50、54、55
2018 年	30、31、38、40、41、47、48、53、54、55
2017 年	33、34、47、51、52、54、55
2016 年	43、44、54、55
2015 年	28、41、42、54、55
2014 年	29、33、37、38、40、53、54、55
2013 年	28、35、36、38、46、54、55
2012 年	53、54、55
2011 年	—
2010 年	—
2009 年	
2008 年	59、60
2007 年	—
2006 年	—

五、论证分析解题要点

▲题干和选项的关系

论证分析题的题干陈述一个论证。选项依据和题干的关系分为两类：相干和不相干。如果一个选项的真或假不影响题干论证的说服力，称为“不相干”，否则就是“相干”。相干的选项分为两类，一类是加强，另一类是削弱。加强或削弱的选项可以有不同的力度。考生应注意加强力度最大的是该论证的假设，加强题干的选项不一定是题干的假设。

▲论证的结构

论证有三个构成要素：结论、论据和论证方式（论据推出或支持结论的推理形式）。先要准确确定结论。结论只有一个。论据可以不止一个。如果论据不止一个，则有两种情况：一种是论据之间互相独立；另一种是论据之间存在推断或支持关系，在这种情况下，题干实际包含两个论证，一个是主论证，即论据和结论之间的论证，另一个是次论证，即论据之间的论证。论证方式能归纳、类比、统计（抽样调查）等。

▲论证的假设

一个论证的假设是一个断定，这一断定不是已陈述的论据，也不是已陈述的论据的推论，但这一断定的真假，关系该论证是否成立。假设分为必要性假设和充分性假设，考试中主要考查必要性假设。一个论据的假设，可以理解为该论证没有断定但又不可缺少的论据。

如何确定一个论证的假设？考生需从试题陈述的论证的具体内容出发，而不应从抽象的解题要领（如所谓的“假设确定法”）出发。当需要从不止一个加强题干的选项中确定假设时，可以用归谬的方法验证。假设某个选项为假，可得题干的论证不成立，则该选项即为假设。注意，这种方法只是验证假设的方法，不宜作为确定假设的一般方法。

▲加强和削弱

考生应熟悉几个常见的论证削弱的方法：以偏概全（削弱归纳论证）、不当类比（削弱类比论证）、样本不当（削弱抽样调查）、强置因果、倒置因果、另有他因（削弱因果论证）。但这些方法只是解题的参考，不是思考的出发点和基本依据。考生应对论证分析题的基本方式是对试题具体内容的个案性思考。

论证分析题型分布：

	论证分析
2025 年	26、27、29、30、32、34、36、37
2024 年	28、30、31、33、34、37、38、41、44、46、48、53
2023 年	27、33、35、39、43、44、49、50
2022 年	27、29、31、33、34、47、53
2021 年	26、28、38、39、44、46、49、50
2020 年	27、28、33、35、40、43、44、45、48、49
2019 年	27、29、32、33、34、42、44、45、51、52、53

续表

	论证分析
2018 年	36、49
2017 年	28、32、36、38、39、42、45、50
2016 年	33、36、39、41、46、50、51、52、53
2015 年	27、29、35、36、48、49、52、53
2014 年	26、30、31、35、39、49、50
2013 年	26、41、44
2012 年	26、45、46
2011 年	30、32、33、36、37、39、45、46、49、50、51、54、55
2010 年	29、32、43、45、54
2009 年	35、40、41、44、45
2008 年	34、37、39、41、42、43、44、48、54、56
2007 年	30、31、32、33、37、45、55
2006 年	28、30、31、37、39、40、42、43、44、45、53、54

六、语义理解题型分布

	语义理解
2025 年	—
2024 年	—
2023 年	28、36、45、48
2022 年	38、39、44、51
2021 年	30、52
2020 年	36
2019 年	—
2018 年	39、45
2017 年	30、35、48、49
2016 年	30、34、38、40、42、45
2015 年	26、46
2014 年	41
2013 年	30、37

续表

	语义理解
2012 年	35、36、41、47、50
2011 年	26、29、31、35、48、53
2010 年	35、37、38、40、42、48、51、52
2009 年	32、36、37、49、52、53、55
2008 年	35、38、40、45、46、51、55
2007 年	27、28、34、38、39、43、47、49、50、54
2006 年	34、36、48、49、51

七、谬误辨析题型分布

	谬误辨析
2025 年	—
2024 年	—
2023 年	—
2022 年	48
2021 年	—
2020 年	—
2019 年	39
2018 年	—
2017 年	—
2016 年	47
2015 年	—
2014 年	27、36
2013 年	39、52
2012 年	40、42
2011 年	38
2010 年	27、34、49
2009 年	26、38、43、48
2008 年	52
2007 年	29、35、40
2006 年	41

八、推理类比题型分布

	推理类比
2025 年	—
2024 年	—
2023 年	30、53
2022 年	—
2021 年	—
2020 年	30、53
2019 年	—
2018 年	34、42、51
2017 年	40、43、46
2016 年	28
2015 年	44
2014 年	—
2013 年	27、45
2012 年	28、43
2011 年	40、41
2010 年	30、31、47
2009 年	51
2008 年	33、47
2007 年	41
2006 年	35

附：

“二难推理”题型分布

	二难推理
2024 年	32、49
2022 年	52
2019 年	31、35
2017 年	53
2015 年	51
2014 年	44

“欧拉图解”题型分布

	欧拉图解
2025 年	42
2014 年	45

“方格填字”题型分布

	方格填字
2024 年	45

“形式语义（抽象语义）”题型分布

	形式语义（抽象语义）
2024 年	43
2020 年	41

第二部分 历年真题分类

一、形式推理题

1.（2025-33，P165）* 为加强考勤管理，某公司制订了相关条例。其中两条为：

（1）对连续 3 天以上未按时打卡且年终绩效排名在倒数 10%之内的员工，扣发年终奖；

（2）对出现多次未按时打卡但年终绩效排名在前 10%之内的员工，不扣发年终奖。

若该公司根据条例决定不扣发员工王某的年终奖，则以下哪项最能解释该公司决定的合理性？

A. 王某年终绩效排名在前 10%之内。

B. 王某没有连续 3 天以上未按时打卡。

C. 王某虽多次未按时打卡但年终绩效排名在倒数 10%之外。

D. 王某若年终绩效排名不在前 10%之内，则他不曾多次未按时打卡。

E. 王某没有连续 3 天以上未按时打卡或者其年终绩效排名不在倒数 10%之内。

2.（2024-26，P174）健康连着千家万户的幸福，关系国家民族未来，对于个人来说，健康是幸福之源。拥有健康，不一定拥有幸福；但失去健康，必然失去幸福。对于国家来说，人民健康是强盛之基。只有拥有健康的人民，才能拥有高质量发展能力。必须把保障人民健康放在优先发展的战略位置，大力推进健康中国建设。

根据以上陈述，可以得出以下哪项？

A. 有的人拥有幸福，但不一定拥有健康。

B. 只要人民健康，就能推动国家高质量发展。

C. 世界上只有少数国家实现了人民健康、国力强盛。

D. 若没有健康的人民，一个国家就不会拥有高质量发展能力。

E. 如果把保障人民健康放在优先发展的战略位置，就能实现国家强盛。

3.（2024-42）某烟花专卖店销售多种烟花。已知：

（1）若不是危险性大的烟花，则它们可降解或没有漂浮物；

（2）若是新型组合烟花或危险性大的烟花，则它们不是环保类烟花。

若该店所销售的某类产品是环保类烟花，则可以推出该类烟花具有以下哪种特性？

A. 可降解。

B. 若不可降解，则没有漂浮物。

C. 不可降解。

D. 若可降解，则有漂浮物。

E. 没有漂浮物。

---

* 括号中表示题目年份和题号以及对应真题套卷册中答案的页码，（2025-33，P165）即表示“2025 年第 33 题，答案见真题套卷册第 165 页”。

4.（2024-51,P183）在航空公司眼中，旅客大体分为两类："时间敏感而价格不敏感"且多在工作日出行的群体，"时间不敏感而价格敏感"且多在周末出行的群体。去年，为改善低客流状况，S航空公司推出了"周末随心飞"特惠产品：用户只需花3000元即可在本年度的任意周六和周日，不限次数乘坐该航空公司除飞往港澳台以外的任意国内航班。据统计，在S航空公司的大本营H市，多个航班的"周末随心飞"旅客占比超过90%，且这些旅客大多是从H市飞往成都、深圳、三亚、昆明等热点城市的。

根据上述信息，可以得出以下哪项？

A. 有些"周末随心飞"旅客以往并不曾飞往成都。

B. 去年S航空公司推出的"周末随心飞"产品可以跨年兑换使用。

C. 没有"时间不敏感而价格敏感"的旅客会选择工作日出行。

D. 有些"时间敏感而价格不敏感"的旅客会乘坐S航空公司的周末航班。

E. 去年乘坐S航空公司航班飞往香港的旅客，使用的不是"周末随心飞"特惠产品。

5.（2023-26,P185）爱因斯坦思想深刻、思维创新。他不仅是一位伟大的科学家，还是一位思想家和人道主义者，同时也是一位充满个性的有趣人物。他一生的经历表明，只有拥有诙谐幽默、充满个性的独立人格，才能做到思想深刻、思维创新。

根据以上陈述，可以得出以下哪项？

A. 有的思想家不是人道主义者。

B. 有些伟大的科学家拥有诙谐幽默、充满个性的独立人格。

C. 科学家一旦诙谐幽默、充满个性，就能做到思想深刻、思维创新。

D. 有些人道主义者诙谐幽默、充满个性，但做不到思想深刻、思维创新。

E. 有的思想家做不到诙谐幽默、充满个性，但能做到思想深刻、思维创新。

6.（2023-41,P191）张先生欲花5万元购置橱柜、卫浴或供暖设备。已知：

（1）如果买橱柜，就不买卫浴，也不买供暖设备；

（2）如果不买橱柜，就买卫浴；

（3）如果卫浴、橱柜至少有一种不买，则买供暖设备。

根据以上陈述，关于张先生的购买打算，可以得出以下哪项？

A. 买橱柜和卫浴。

B. 买橱柜和供暖设备。

C. 买橱柜，但不买卫浴。

D. 买卫浴和供暖设备。

E. 买卫浴，但不买供暖设备。

7.（2023-51,P194）通过第三方招聘进入甲公司从事销售工作的职员均具有会计学专业背景。孔某的高中同学均没有会计学专业背景，甲公司销售部经理孟某是孔某的高中同学，而孔某是通过第三方招聘进入甲公司的。

根据以上信息，可以得出以下哪项？

A. 孔某具有会计学专业背景。

B. 孟某不是通过第三方招聘进入甲公司的。

C. 孟某曾经自学了会计学专业知识。

D. 孔某在甲公司做销售工作。

E. 孔某和孟某在大学阶段不是同学。

8.（2022-26,P197）百年党史充分揭示了中国共产党为什么能、马克思主义为什么行、中国特色社会主义为什么好的历史逻辑、理论逻辑、实践逻辑。面对百年未有之大变局，如果信念不坚定，就会陷入停滞彷徨的思想迷雾，就无法应对前进道路上的各种挑战风险。只有坚持中国特色社会主义道路自信、理论自信、制度自信、文化自信，才能把中国的事情办好、把中国特色社会主义事业发展好。

根据以上陈述，可以得出以下哪项？

A. 如果坚持“四个自信”，就能把中国的事情办好。

B. 只要信念坚定，就不会陷入停滞彷徨的思想迷雾。

C. 只有信念坚定，才能应对前进道路上的各种挑战风险。

D. 只有充分理解百年党史揭示的历史逻辑，才能将中国特色社会主义事业发展好。

E. 如果不能理解百年党史揭示的理论逻辑，就无法遵循百年党史揭示的实践逻辑。

9.（2022-30，P199）某小区 2 号楼 1 单元的住户都打了甲公司的疫苗，小李家不是该小区 2 号楼 1 单元的住户，小赵家都打了甲公司的疫苗，而小陈家都没有打甲公司的疫苗。

根据以上陈述，可以得出以下哪项？

A. 小李家都没有打甲公司的疫苗。

B. 小赵家是该小区 2 号楼 1 单元的住户。

C. 小陈家是该小区的住户，但不是 2 号楼 1 单元的。

D. 小赵家是该小区 2 号楼的住户，但未必是 1 单元的。

E. 小陈家若是该小区 2 号楼的住户，则不是 1 单元的。

10.（2022-36，P201）H 市医保局发出如下公告：自即日起，本市将新增医保电子凭证就医结算，社保卡将不再作为就医结算的唯一凭证。本市所有定点医疗机构均已实现医保电子凭证的实时结算；本市参保人员可凭医保电子凭证就医结算，但只有将医保电子凭证激活后才能扫码使用。

以下哪项最符合上述 H 市医保局的公告内容？

A. H 市非定点医疗机构没有实现医保电子凭证的实时结算。

B. 可使用医保电子凭证结算的医院不一定都是 H 市的定点医疗机构。

C. 凡持有社保卡的外地参保人员，均可在 H 市定点医疗机构就医结算。

D. 凡已激活医保电子凭证的外地参保人员，均可在 H 市定点医疗机构使用医保电子凭证扫码就医。

E. 凡未激活医保电子凭证的本地参保人员，均不能在 H 市定点医疗机构使用医保电子凭证扫码结算。

11.（2022-40，P202）幸福是一种主观愉悦的心理体验，更是一种认知和创造美好生活的能力。在日常生活中，每个人如果既能发现当下的不足，也能确立前进的目标，并通过实际行动改进不足和实现目标，就能始终保持对生活的乐观精神。而有了对生活的乐观精神，就会拥有幸福感。生活中大多数人都拥有幸福感；遗憾的是，也有一些人能发现当下的不足，并通过实际行动去改进，但他们却没有幸福感。

根据以上陈述，可以得出以下哪项？

A. 生活中大多数人都有对生活的乐观精神。

B. 个体的心理体验也是个体的一种行为能力。

C. 如果能发现当下的不足并努力改进，就能拥有幸福感。

D. 那些没有幸福感的人即使发现当下的不足，也不愿通过行动去改变。

E. 确立前进的目标并通过实际行动实现目标，生活中有些人没能做到这一点。

12.（2022-43，P205）习俗因传承而深入人心，文化因赓续而繁荣兴盛。传统节日带给人们的不只是欢乐和喜庆，还塑造着影响至深的文化自信。不忘历史才能开辟未来，善于继承才能善于创新。传统节日只有不断融入现代生活，其中的文化才能得以赓续而繁荣兴盛，才能为人们提供更多心灵滋养与精神力量。

根据以上信息，可以得出以下哪项？

A. 只有为人们提供更多心灵滋养与精神力量，传统文化才能得以赓续而繁荣兴盛。

B. 若传统节日更好地融入现代生活，就能为人们提供更多心灵滋养与精神力量。

C. 有些带给人们欢乐和喜庆的节日塑造着人们的文化自信。

D. 带有厚重历史文化的传统将引领人们开辟未来。

E. 深入人心的习俗将在不断创新中被传承。

13.（2021-29，P211）某企业董事会就建立健全企业管理制度与提高企业经济效益进行研讨。在研讨中，与会者发言如下：

甲：要提高企业经济效益，就必须建立健全企业管理制度。

乙：既要建立健全企业管理制度，又要提高企业经济效益，二者缺一不可。

丙：经济效益是基础和保障，只有提高企业经济效益，才能建立健全企业管理制度。

丁：如果不建立健全企业管理制度，就不能提高企业经济效益。

戊：不提高企业经济效益，就不能建立健全企业管理制度。

根据上述讨论，董事会最终做出了合理的决定，以下哪项是可能的？

A. 甲、乙的意见符合决定，丙的意见不符合决定。

B. 上述5人中只有1人的意见符合决定。

C. 上述5人中只有2人的意见符合决定。

D. 上述5人中只有3人的意见符合决定。

E. 上述5人的意见均不符合决定。

14.（2021-33，P213）某电影节设有“最佳故事片”“最佳男主角”“最佳女主角”“最佳编剧”“最佳导演”等多个奖项。颁奖前，有专业人士预测如下：

（1）若甲或乙获得“最佳导演”，则“最佳女主角”和“最佳编剧”将在丙和丁中产生；

（2）只有影片P或影片Q获得“最佳故事片”，其片中的主角才能获得“最佳男主角”或“最佳女主角”；

（3）“最佳导演”和“最佳故事片”不会来自同一部影片。

以下哪项颁奖结果与上述预测不一致？

A. 乙没有获得“最佳导演”，“最佳男主角”来自影片Q。

B. 丙获得“最佳女主角”，“最佳编剧”来自影片P。

C. 丁获得“最佳编剧”，“最佳女主角”来自影片P。

D. “最佳女主角”“最佳导演”都来自影片P。

E. 甲获得“最佳导演”，“最佳编剧”来自影片Q。

15.（2021-34，P213）黄瑞爱好书画收藏，他收藏的书画作品只有“真品”“精品”“名品”“稀品”“特品”“完品”，它们之间存在如下关系：

(1) 若是“完品”或“真品”,则是“稀品”;

(2) 若是“稀品”或“名品”,则是“特品”。

现知道黄瑞收藏的一幅画不是“特品”,则可以得出以下哪项?

A. 该画是“稀品”。 B. 该画是“精品”。

C. 该画是“完品”。 D. 该画是“名品”。

E. 该画是“真品”。

16. (2021-36,P214)“冈萨雷斯”“埃尔南德斯”“施米特”“墨菲”这4个姓氏是且仅是卢森堡、阿根廷、墨西哥、爱尔兰四国中其中一国常见的姓氏,但所属的国家互不相同。已知:

(1)“施米特”是阿根廷或卢森堡常见姓氏;

(2) 若“施米特”是阿根廷常见姓氏,则“冈萨雷斯”是爱尔兰常见姓氏;

(3) 若“埃尔南德斯”或“墨菲”是卢森堡常见姓氏,则“冈萨雷斯”是墨西哥常见姓氏。

根据以上信息,可以得出以下哪项?

A.“施米特”是卢森堡常见姓氏。 B.“埃尔南德斯”是卢森堡常见姓氏。

C.“冈萨雷斯”是爱尔兰常见姓氏。 D.“墨菲”是卢森堡常见姓氏。

E.“墨菲”是阿根廷常见姓氏。

17~18 题基于以下题干

冬奥组委会官网开通全球招募系统,正式招募冬奥会志愿者。张明、刘伟、庄敏、孙兰、李梅5人在一起讨论报名事宜。他们商量的结果如下:

(1) 如果张明报名,则刘伟也报名;

(2) 如果庄敏报名,则孙兰也报名;

(3) 只要刘伟和孙兰两人中至少有1人报名,则李梅也报名。

后来得知,他们5人中恰有3人报名了。

17. (2021-40,P215)根据以上信息,可以得出以下哪项?

A. 张明报名了。 B. 刘伟报名了。

C. 庄敏报名了。 D. 孙兰报名了。

E. 李梅报名了。

18. (2021-41,P215)如果增加条件“若刘伟报名,则庄敏也报名”,那么可以得出以下哪项?

A. 张明和刘伟都报名了。 B. 刘伟和庄敏都报名了。

C. 庄敏和孙兰都报名了。 D. 张明和孙兰都报名了。

E. 刘伟和李梅都报名了。

19. (2021-43,P216)为进一步弘扬传统文化,有专家提议将每年的2月1日、3月1日、4月1日、9月1日、11月1日、12月1日6天中的3天确定为“传统文化宣传日”。根据实际需要,确定日期必须考虑以下条件:

(1) 若选择2月1日,则选择9月1日但不选12月1日;

(2) 若3月1日、4月1日至少选择其一,则不选11月1日。

以下哪项选定的日期与上述条件一致?

A. 2月1日、3月1日、4月1日。 B. 2月1日、4月1日、11月1日。

C. 3 月 1 日、9 月 1 日、11 月 1 日。　D. 4 月 1 日、9 月 1 日、11 月 1 日。

E. 9 月 1 日、11 月 1 日、12 月 1 日。

20.（2021-51,P219）每篇优秀的论文都必须逻辑清晰且论据翔实，每篇经典的论文都必须主题鲜明且语言准确。实际上，如果论文论据翔实但主题不鲜明，或者论文语言准确而逻辑不清晰，则它们都不是优秀的论文。

根据以上信息，可以得出以下哪项？

A. 语言准确的经典论文逻辑清晰。　B. 论据不翔实的论文主题不鲜明。

C. 主题不鲜明的论文不是优秀的论文。　D. 逻辑不清晰的论文不是经典的论文。

E. 语言准确的优秀论文是经典的论文。

21.（2020-26,P221）领导干部对于各种批评意见应采取有则改之、无则加勉的态度，营造言者无罪、闻者足戒的氛围。只有这样，人们才能知无不言、言无不尽。领导干部只有从谏如流并为说真话者撑腰，才能做到“兼听则明”或作出科学决策；只有乐于和善于听取各种不同意见，才能营造风清气正的政治生态。

根据以上信息，可以得出以下哪项？

A. 领导干部必须善待批评、从谏如流，为说真话者撑腰。

B. 大多数领导干部对于批评意见能够采取有则改之、无则加勉的态度。

C. 领导干部如果不能从谏如流，就不能作出科学决策。

D. 只有营造言者无罪、闻者足戒的氛围，才能形成风清气正的政治生态。

E. 领导干部只有乐于和善于听取各种不同意见，人们才能知无不言、言无不尽。

22.（2020-42,P229）某单位拟在椿树、枣树、楝树、雪松、银杏、桃树中选择 4 种栽种在庭院中。已知：

（1）椿树、枣树至少种植一种；

（2）如果种植椿树，则种植楝树但不种植雪松；

（3）如果种植枣树，则种植雪松但不种植银杏。

如果庭院中种植银杏，则以下哪项是不可能的？

A. 种植椿树。　B. 种植楝树。

C. 不种植枣树。　D. 不种植雪松。

E. 不种植桃树。

23.（2020-51,P232）某街道的综合部、建设部、平安部和民生部 4 个部门，需要负责街道的秩序、安全、环境、协调 4 项工作，每个部门只负责其中的一项工作，且各部门负责的工作各不相同。已知：

（1）如果建设部负责环境或秩序，则综合部负责协调或秩序；

（2）如果平安部负责环境或协调，则民生部负责协调或秩序。

根据以上信息，以下哪项工作安排是可能的？

A. 建设部负责环境，平安部负责协调。　B. 建设部负责秩序，民生部负责协调。

C. 综合部负责安全，民生部负责协调。　D. 民生部负责安全，综合部负责秩序。

E. 平安部负责安全，建设部负责秩序。

24.（2020-52,P233）人非生而知之者，孰能无惑？惑而不从师，其为惑也，终不解矣。生乎吾前，其闻道也固先乎吾，吾从而师之；生乎吾后，其闻道也亦先乎吾，吾从而师之。吾师道也，夫庸知其年之先后生于吾乎？是故无贵无贱，无长无少，道之所存，师之所存也。

根据以上信息，可以得出以下哪项？

A. 与吾生乎同时，其闻道也必先乎吾。

B. 师之所存，道之所存也。

C. 无贵无贱，无长无少，皆为吾师。

D. 与吾生乎同时，其闻道不必先乎吾。

E. 若解惑，必从师。

25. (2019-26，P234)新常态下，消费需求发生深刻变化，消费拉开档次，个性化、多样化消费渐成主流。在相当一部分消费者那里，对产品质量的追求压倒了对价格的考虑。供给侧结构性改革，说到底是满足需求。低质量的产能必然会过剩，而顺应市场需求不断更新换代的产能不会过剩。

根据以上陈述，可以得出以下哪项？

A. 只有质优价高的产品才能满足需求。

B. 顺应市场需求不断更新换代的产能不是低质量的产能。

C. 低质量的产能不能满足个性化需求。

D. 只有不断更新换代的产品才能满足个性化、多样化消费的需求。

E. 新常态下，必须进行供给侧结构性改革。

26. (2019-28，P235)李诗、王悦、杜舒、刘默是唐诗宋词的爱好者，在唐朝诗人李白、杜甫、王维、刘禹锡中 4 人各喜爱其中一位，且每人喜爱的唐诗作者不与自己同姓。关于他们 4 人，已知：

(1) 如果爱好王维的诗，那么也爱好辛弃疾的词；

(2) 如果爱好刘禹锡的诗，那么也爱好岳飞的词；

(3) 如果爱好杜甫的诗，那么也爱好苏轼的词。

如果李诗不爱好苏轼和辛弃疾的词，则可以得出以下哪项？

A. 杜舒爱好辛弃疾的词。

B. 王悦爱好苏轼的词。

C. 刘默爱好苏轼的词。

D. 李诗爱好岳飞的词。

E. 杜舒爱好岳飞的词。

27 题基于以下题干

某单位拟派遣 3 名德才兼备的干部到西部山区进行精准扶贫。报名者踊跃，经过考察，最终确定了陈甲、傅乙、赵丙、邓丁、刘戊、张己 6 名候选人。根据工作需要，派遣还需满足以下条件：

(1) 若派遣陈甲，则派遣邓丁但不派遣张己；

(2) 若傅乙、赵丙至少派遣 1 人，则不派遣刘戊。

27. (2019-30，P236)以下哪项的派遣人选和上述条件不矛盾？

A. 赵丙、邓丁、刘戊。

B. 陈甲、傅乙、赵丙。

C. 傅乙、邓丁、刘戊。

D. 邓丁、刘戊、张己。

E. 陈甲、赵丙、刘戊。

28. (2019-38，P240)某大学有位女教师默默资助一偏远山区的贫困家庭长达 15 年。记者多方打听，发现做好事者是该大学传媒学院甲、乙、丙、丁、戊 5 位教师中的一位。在接受采访时，5 位老师都很谦虚，他们是这么对记者说的：

甲：这件事是乙做的。

乙：我没有做，是丙做了这件事。

丙：我并没有做这件事。

丁：我也没有做这件事，是甲做的。

戊：如果甲没有做，则丁也不会做。

记者后来得知，上述5位老师中只有一人说的话符合真实情况。

根据以上信息，可以得出做这件好事的人是

A. 甲。　B. 乙。　C. 丙。　D. 丁。　E. 戊。

29.（2019-40，P241）下面6张卡片，一面印的是汉字（动物或者花卉），一面印的是数字（奇数或者偶数）。

虎	6	菊	7	鹰	8

对于上述6张卡片，如果要验证“每张至少有一面印的是偶数或者花卉”，至少需要翻看几张卡片？

A. 2。　B. 3。　C. 4。　D. 5。　E. 6。

30.（2019-48，P244）如果一个人只为自己劳动，他也许能够成为著名学者、大哲人、卓越诗人，然而他永远不能成为完美无瑕的伟大人物。如果我们选择了最能为人类福利而劳动的职业，那么，重担就不能把我们压倒，因为这是为大家而献身；那时我们所感到的就不是可怜的、有限的、自私的乐趣，我们的幸福将属于千百万人，我们的事业将默默地、但是永恒发挥作用地存在下去，而面对我们的骨灰，高尚的人们将洒下热泪。

根据以上陈述，可以得出以下哪项？

A. 如果一个人只为自己劳动，不是为大家而献身，那么重担就能将他压倒。

B. 如果我们为大家而献身，我们的幸福将属于千百万人，面对我们的骨灰，高尚的人们将洒下热泪。

C. 如果我们没有选择最能为人类福利而劳动的职业，我们所感到的就是可怜的、有限的、自私的乐趣。

D. 如果选择了最能为人类福利而劳动的职业，我们就不但能够成为著名学者、大哲人、卓越诗人，而且还能够成为完美无瑕的伟大人物。

E. 如果我们只为自己劳动，我们的事业就不会默默地、但是永恒发挥作用地存在下去。

31.（2018-26，P248）人民既是历史的创造者，也是历史的见证者；既是历史的“剧中人”，也是历史的“剧作者”。离开人民，文艺就会变成无根的浮萍、无病的呻吟、无魂的躯壳。观照人民的生活、命运、情感，表达人民的心愿、心情、心声，我们的作品才会在人民中传之久远。

根据以上陈述，可以得出以下哪项？

A. 只有不离开人民，文艺才不会变成无根的浮萍、无病的呻吟、无魂的躯壳。

B. 历史的创造者都不是历史的“剧中人”。

C. 历史的创造者都是历史的见证者。

D. 历史的“剧中人”都是历史的“剧作者”。

E. 我们的作品只要表达人民的心愿、心情、心声，就会在人民中传之久远。

32. (2018-32,P249)唐代韩愈在《师说》中指出:“孔子曰:三人行,则必有我师。是故弟子不必不如师,师不必贤于弟子,闻道有先后,术业有专攻,如是而已。”

根据上述韩愈的观点,可以得出以下哪项?

A. 有的弟子必然不如师。

B. 有的弟子可能不如师。

C. 有的师不可能贤于弟子。

D. 有的弟子可能不贤于师。

E. 有的师可能不贤于弟子。

33. (2018-33,P250)“二十四节气”是我国农耕社会生产生活的时间指南,反映了从春到冬一年四季的气温、降水、物候的周期性变化规律。已知各节气的名称具有如下特点:

(1) 凡含“春”“夏”“秋”“冬”字的节气各属春、夏、秋、冬季;

(2) 凡含“雨”“露”“雪”字的节气各属春、秋、冬季;

(3) 如果“清明”不在春季,则“霜降”不在秋季;

(4) 如果“雨水”在春季,则“霜降”在秋季。

根据以上信息,如果从春至冬每季仅列两个节气,则以下哪项是不可能的?

A. 雨水、惊蛰、夏至、小暑、白露、霜降、大雪、冬至。

B. 惊蛰、春分、立夏、小满、白露、寒露、立冬、小雪。

C. 清明、谷雨、芒种、夏至、秋分、寒露、小雪、大寒。

D. 立春、清明、立夏、夏至、立秋、寒露、小雪、大寒。

E. 立春、谷雨、清明、夏至、处暑、白露、立冬、小雪。

34. (2018-37,P251)张教授:利益并非只是物质利益,应该把信用、声誉、情感甚至某种喜好等都归入利益的范畴。根据这种对“利益”的广义理解,如果每一个体在不损害他人利益的前提下,尽可能满足其自身的利益需求,那么由这些个体组成的社会就是一个良善的社会。

根据张教授的观点,可以得出以下哪项?

A. 如果一个社会不是良善的,那么其中肯定存在个体损害他人利益或自身利益需求没有尽可能得到满足的情况。

B. 尽可能满足每一个体的利益需求,就会损害社会的整体利益。

C. 只有尽可能满足每一个体的利益需求,社会才可能是良善的。

D. 如果有些个体通过损害他人利益来满足自身的利益需求,那么社会就不是良善的。

E. 如果某些个体的利益需求没有尽可能得到满足,那么社会就不是良善的。

35. (2018-43,P254)若要人不知,除非己莫为;若要人不闻,除非己莫言。为之而欲人不知,言之而欲人不闻,此犹捕雀而掩目,盗钟而掩耳者。

根据以上陈述,可以得出以下哪项?

A. 若己不言,则人不闻。

B. 若己为,则人会知;若己言,则人会闻。

C. 若能做到盗钟而掩耳,则可言之而人不闻。

D. 若己不为,则人不知。

E. 若能做到捕雀而掩目,则可为之而人不知。

36. (2018-46,P256)某次学术会议的主办方发出会议通知:只有论文通过审核才能收到会议主办方发出的邀请函,本次学术会议只欢迎持有主办方邀请函的科研院所的学者参加。

根据以上通知，可以得出以下哪项？

A. 本次学术会议不欢迎论文没有通过审核的学者参加。

B. 论文通过审核的学者都可以参加本次学术会议。

C. 论文通过审核并持有主办方邀请函的学者，本次学术会议都欢迎其参加。

D. 有些论文通过审核但未持有主办方邀请函的学者，本次学术会议欢迎其参加。

E. 论文通过审核的学者有些不能参加本次学术会议。

37. （2018-50，P257）最终审定的项目或者意义重大或者关注度高，凡意义重大的项目均涉及民生问题，但是有些最终审定的项目并不涉及民生问题。

根据以上陈述，可以得出以下哪项？

A. 意义重大的项目比较容易引起关注。

B. 有些项目意义重大但是关注度不高。

C. 涉及民生问题的项目有些没有引起关注。

D. 有些项目尽管关注度高但并非意义重大。

E. 有些不涉及民生问题的项目意义也非常重大。

38. （2018-52，P257）所有值得拥有专利的产品或设计方案都是创新，但并不是每一项创新都值得拥有专利；所有的模仿都不是创新，但并非每一个模仿者都应该受到惩罚。

根据以上陈述，以下哪项是**不可能**的？

A. 有些创新者可能受到惩罚。

B. 有些值得拥有专利的创新产品并没有申请专利。

C. 有些值得拥有专利的产品是模仿。

D. 没有模仿值得拥有专利。

E. 所有的模仿者都受到了惩罚。

39. （2017-26，P258）倪教授认为，我国工程技术领域可以考虑与国外先进技术合作，但任何涉及核心技术的项目决不能受制于人；我国许多网络安全建设项目涉及信息核心技术，如果全盘引进国外先进技术而不努力自主创新，我国的网络安全将会受到严重威胁。

根据倪教授的陈述，可以得出以下哪项？

A. 我国有些网络安全建设项目不能受制于人。

B. 我国工程技术领域的所有项目都不能受制于人。

C. 如果能做到自主创新，我国的网络安全就不会受到严重威胁。

D. 我国许多网络安全建设项目不能与国外先进技术合作。

E. 只要不是全盘引进国外先进技术，我国的网络安全就不会受到严重威胁。

40. （2017-27，P258）任何结果都不可能凭空出现，它们的背后都是有原因的；任何背后有原因的事物均可以被人认识，而可以被人认识的事物都必然不是毫无规律的。

根据以上陈述，以下哪项一定为假？

A. 任何结果都可以被人认识。

B. 任何结果出现的背后都是有原因的。

C. 有些结果的出现可能毫无规律。

D. 那些可以被人认识的事物必然有规律。

E. 人有可能认识所有事物。

41. （2017-31，P260）张立是一位单身白领，工作 5 年积累了一笔存款。由于该笔存款金额尚不足以购房，他考虑将其暂时分散投资到股票、黄金、基金、国债和外汇 5 个方面。该笔存款的投资需要满足如下条件：

（1）如果黄金投资比例高于1/2，则剩余部分投入国债和股票；

（2）如果股票投资比例低于1/3，则剩余部分不能投入外汇或国债；

（3）如果外汇投资比例低于1/4，则剩余部分投入基金或黄金；

（4）国债投资比例不能低于1/6。

根据上述信息，可以得出以下哪项？

A. 国债投资比例高于1/2。

B. 外汇投资比例不低于1/3。

C. 股票投资比例不低于1/4。

D. 黄金投资比例不低于1/5。

E. 基金投资比例低于1/6。

42.（2017-41，P264）颜子、曾寅、孟申、荀辰申请一个中国传统文化建设项目。根据规定，该项目的主持人只能有一名，且在上述4位申请者中产生；包括主持人在内，项目组成员不能超过两位。另外，各位申请者在申请答辩时作出如下陈述：

（1）颜子：如果我成为主持人，将邀请曾寅或荀辰作为项目组成员；

（2）曾寅：如果我成为主持人，将邀请颜子或孟申作为项目组成员；

（3）荀辰：只有颜子成为项目组成员，我才能成为主持人；

（4）孟申：只有荀辰或颜子成为项目组成员，我才能成为主持人。

假定4人陈述都为真，关于项目组成员的组合，以下哪项是不可能的？

A. 孟申、曾寅。

B. 荀辰、孟申。

C. 曾寅、荀辰。

D. 颜子、孟申。

E. 颜子、荀辰。

43.（2016-26，P270）企业要建设科技创新中心，就要推进与高校、科研院所的合作，这样才能激发自主创新的活力。一个企业只有搭建服务科技创新发展战略的平台、科技创新与经济发展对接的平台以及聚集创新人才的平台，才能催生重大科技成果。

根据上述信息，可以得出以下哪项？

A. 如果企业搭建科技创新与经济发展对接的平台，就能激发其自主创新的活力。

B. 如果企业搭建了服务科技创新发展战略的平台，就能催生重大科技成果。

C. 能否推进与高校、科研院所的合作决定企业是否具有自主创新的活力。

D. 如果企业没有搭建聚集创新人才的平台，就无法催生重大科技成果。

E. 如果企业推进与高校、科研院所的合作，就能激发其自主创新的活力。

44.（2016-27，P270）生态文明建设事关社会发展方式和人民福祉。只有实行最严格的制度、最严密的法治，才能为生态文明建设提供可靠保障；如果要实行最严格的制度、最严密的法治，就要建立责任追究制度，对那些不顾生态环境盲目决策并造成严重后果者，追究其相应责任。

根据上述信息，可以得出以下哪项？

A. 如果对那些不顾生态环境盲目决策并造成严重后果者追究相应责任，就能为生态文明建设提供可靠保障。

B. 实行最严格的制度和最严密的法治是生态文明建设的重要目标。

C. 如果不建立责任追究制度，就不能为生态文明建设提供可靠保障。

D. 只有筑牢生态环境的制度防护墙，才能造福于民。

E. 如果要建立责任追究制度，就要实行最严格的制度、最严密的法治。

45.（2016-31，P272）在某届洲际杯足球大赛中，第一阶段某小组单循环赛共有 4 支队伍参加，每支队伍需要在这一阶段比赛三场。甲国足球队在该小组的前两轮比赛中一平一负。在第三轮比赛之前，甲国队主教练在新闻发布会上表示："只有我们在下一场比赛中取得胜利并且本组的另外一场比赛打成平局，我们才有可能从这个小组出线。"

如果甲国队主教练的陈述为真，以下哪项是不可能的？

A. 第三轮比赛该小组两场比赛都分出了胜负，甲国队从小组出线。

B. 甲国队第三场比赛取得了胜利，但他们未能从小组出线。

C. 第三轮比赛甲国队取得了胜利，该小组另一场比赛打成平局，甲国队未能从小组出线。

D. 第三轮比赛该小组另外一场比赛打成平局，甲国队从小组出线。

E. 第三轮比赛该小组两场比赛都打成了平局，甲国队未能从小组出线。

46.（2016-32，P272）考古学家发现，那件仰韶文化晚期的土坯砖边缘整齐，并且没有切割痕迹，由此他们推测，这件土坯砖应当是使用木质模具压制成型的；而其他 5 件由土坯砖经过烧制而成的烧结砖，经检测其当时的烧制温度为 850～900℃。由此考古学家进一步推测，当时的砖是先使用模具将黏土做成土坯，然后再经过高温烧制而成的。

以下哪项如果为真，最能支持上述考古学家的推测？

A. 仰韶文化晚期的年代约为公元前 3500 年～公元前 3000 年。

B. 仰韶文化晚期，人们已经掌握了高温冶炼技术。

C. 出土的 5 件烧结砖距今已有 5000 年，确实属于仰韶文化晚期的物品。

D. 没有采用模具而成型的土坯砖，其边缘或者不整齐，或者有切割痕迹。

E. 早在西周时期，中原地区的人们就可以烧制铺地砖和空心砖。

47.（2016-35，P273）某县县委关于下周一几位领导的工作安排如下：

（1）如果李副书记在县城值班，那么他就要参加宣传工作例会；

（2）如果张副书记在县城值班，那么他就要做信访接待工作；

（3）如果王书记下乡调研，那么张副书记或李副书记就需在县城值班；

（4）只有参加宣传工作例会或做信访接待工作，王书记才不下乡调研；

（5）宣传工作例会只需分管宣传的副书记参加，信访接待工作也只需一名副书记参加。

根据上述工作安排，可以得出以下哪项？

A. 张副书记做信访接待工作。

B. 王书记下乡调研。

C. 李副书记参加宣传工作例会。

D. 李副书记做信访接待工作。

E. 张副书记参加宣传工作例会。

48.（2016-37，P274）郝大爷过马路时不幸摔倒昏迷，所幸有小伙子及时将他送往医院救治。郝大爷病情稳定后，有 4 位陌生小伙陈安、李康、张幸、汪福来医院看望他。郝大爷问他们究竟是谁送他来医院，他们回答如下：

陈安：我们 4 人都没有送您来医院。

李康：我们 4 人中有人送您来医院。

张幸：李康和汪福至少有一人没有送您来医院。

汪福：送您来医院的人不是我。

后来证实上述 4 人中有两人说真话，有两人说假话。

根据上述信息，可以得出以下哪项？

A. 说真话的是李康和张幸。　　B. 说真话的是陈安和张幸。

C. 说真话的是李康和汪福。　　D. 说真话的是张幸和汪福。

E. 说真话的是陈安和汪福。

49.（2016-49，P278）在某项目招标过程中，赵嘉、钱宜、孙斌、李汀、周武、吴纪 6 人作为各自公司代表参与投标，有且只有一人中标。关于究竟谁是中标者，招标小组中有 3 位成员各自谈了自己的看法：

（1）中标者不是赵嘉就是钱宜；

（2）中标者不是孙斌；

（3）周武和吴纪都没有中标。

经过深入调查，发现上述 3 人中只有一人的看法是正确的。

根据以上信息，以下哪项中的 3 人都可以确定没有中标？

A. 赵嘉、孙斌、李汀。　　B. 赵嘉、钱宜、李汀。

C. 孙斌、周武、吴纪。　　D. 赵嘉、周武、吴纪。

E. 钱宜、孙斌、周武。

50.（2015-30，P282）为进一步加强对不遵守交通信号等违法行为的执法管理，规范执法程序，确保执法公正，某市交警支队要求：凡属交通信号指示不一致、有证据证明救助危难等情形，一律不得录入道路交通违法信息系统；对已录入信息系统的交通违法记录，必须完善异议受理、核查、处理等工作规范，最大限度减少执法争议。

根据上述交警支队的要求，可以得出以下哪项？

A. 有些因救助危难而违法的情形，如果仅有当事人说辞但缺乏当时现场的录音录像证明，就应录入道路交通违法信息系统。

B. 对已录入系统的交通违法记录，只有倾听群众异议，加强群众监督，才能最大限度减少执法争议。

C. 如果汽车使用了行车记录仪，就可以提供现场实时证据，大大减少被录入道路交通违法信息系统的可能性。

D. 因信号灯相位设置和配时不合理等造成交通信号不一致而引发的交通违法情形，可以不录入道路交通违法信息系统。

E. 只要对已录入系统的交通违法记录进行异议受理、核查和处理，就能最大限度减少执法争议。

51.（2015-33，P283）当企业处于蓬勃上升时期，往往紧张而忙碌，没有时间和精力去设计和修建“琼楼玉宇”；当企业所有的重要工作都已经完成，其时间和精力就开始集中在修建办公大楼上。所以，如果一个企业的办公大楼设计得越完美，装饰得越豪华，则该企业离解体的时间就越近；当某个企业的大楼设计和建造趋向完美之际，它的存在就逐渐失去意义。这就是所谓的“办公大楼法则”。

以下哪项如果为真，最能质疑上述观点？

A. 某企业的办公大楼修建得美轮美奂，入住后该企业的事业蒸蒸日上。

B. 一个企业如果将时间和精力都耗费在修建办公大楼上，则对其他重要工作就投入不足了。

C. 建造豪华的办公大楼，往往会加大企业的运营成本，损害其实际收益。

D. 企业的办公大楼越破旧，该企业就越有活力和生机。

E. 建造豪华办公大楼并不需要企业投入太多的时间和精力。

52.（2015-34，P284）张云、李华、王涛都收到了明年二月初赴北京开会的通知。他们可以选择乘坐飞机、高铁与大巴等交通工具进京。他们对这次进京方式有如下考虑：

（1）张云不喜欢坐飞机，如果有李华同行，他就选择乘坐大巴；

（2）李华不计较方式，如果高铁票价比飞机便宜，他就选择乘坐高铁；

（3）王涛不在乎价格，除非预报二月初北京有雨雪天气，否则他就选择乘坐飞机；

（4）李华和王涛家住得较近，如果航班时间合适，他们将一同乘飞机出行。

如果上述 3 人的考虑都得到满足，则可以得出以下哪项？

A. 如果李华没有选择乘坐高铁或飞机，则他肯定和张云一起乘坐大巴进京。

B. 如果张云和王涛乘坐高铁进京，则二月初北京有雨雪天气。

C. 如果三人都乘坐飞机进京，则飞机票价比高铁便宜。

D. 如果王涛和李华乘坐飞机进京，则二月初北京没有雨雪天气。

E. 如果三人都乘坐大巴进京，则预报二月初北京有雨雪天气。

53.（2015-37，P285）10 月 6 日晚上，张强要么去电影院看了电影，要么拜访了他的朋友秦玲。如果那天晚上张强开车回家，他就没去电影院看电影。只有张强事先与秦玲约定，张强才能去拜访她。事实上，张强不可能事先与秦玲约定。

根据以上陈述，可以得出以下哪项？

A. 那天晚上张强与秦玲一道去电影院看电影。

B. 那天晚上张强拜访了他的朋友秦玲。

C. 那天晚上张强没有开车回家。

D. 那天晚上张强没有去电影院看电影。

E. 那天晚上张强开车去电影院看电影。

54.（2015-40，P286）有些阔叶树是常绿植物，因此，所有阔叶树都不生长在寒带地区。

以下哪项如果为真，最能反驳上述结论？

A. 常绿植物不都是阔叶树。

B. 寒带的某些地区不生长阔叶树。

C. 有些阔叶树不生长在寒带地区。

D. 常绿植物都不生长在寒带地区。

E. 常绿植物都生长在寒带地区。

55.（2015-43，P287）为防御电脑受到病毒侵袭，研究人员开发了防御病毒、查杀病毒的程序，前者启动后能使程序运行免受病毒侵袭，后者启动后能迅速查杀电脑中可能存在的病毒。某台电脑上现装有甲、乙、丙三种程序，已知：

（1）甲程序能查杀目前已知的所有病毒；

（2）若乙程序不能防御已知的一号病毒，则丙程序也不能查杀该病毒；

（3）只有丙程序能防御已知的一号病毒，电脑才能查杀目前已知的所有病毒；

（4）只有启动甲程序，才能启动丙程序。

根据上述信息，可以得出以下哪项？

A. 如果启动了丙程序，就能防御并查杀一号病毒。

B. 如果启动了乙程序，那么不必启动丙程序也能查杀一号病毒。

C. 只有启动乙程序，才能防御并查杀一号病毒。

D. 只有启动丙程序，才能防御并查杀一号病毒。

E. 如果启动了甲程序，那么不必启动乙程序也能查杀所有病毒。

56.（2015-45，P287）张教授指出，明清时期科举考试分为四级，即院试、乡试、会试、殿试。院试在县府举行，考中者称“生员”；乡试每三年在各省省城举行一次，生员才有资格参加，考中者称为“举人”，举人第一名称“解元”；会试于乡试后第二年在京城礼部举行，举人才有资格参加，考中者称为“贡士”，贡士第一名称“会元”；殿试在会试当年举行，由皇帝主持，贡士才有资格参加，录取分三甲，一甲三名，二甲、三甲各若干名，统称“进士”，一甲第一名称“状元”。

根据张教授的陈述，以下哪项是不可能的？

A. 未中解元者，不曾中会元。

B. 中举者，不曾中进士。

C. 中状元者曾为生员和举人。

D. 中会元者，不曾中举。

E. 可有连中三元者（解元、会元、状元）。

57.（2015-47，P288）如果把一杯酒倒进一桶污水中，你得到的是一桶污水；如果把一杯污水倒进一桶酒中，你得到的仍然是一桶污水。在任何组织中，都可能存在几个难缠人物，他们存在的目的似乎就是把事情搞糟。如果一个组织不加强内部管理，一个正直能干的人进入某低效的部门就会被吞没，而一个无德无才者很快就能将一个高效的部门变成一盘散沙。

根据以上信息，可以得出以下哪项？

A. 如果组织中存在几个难缠人物，很快就会把组织变成一盘散沙。

B. 如果不将一杯污水倒进一桶酒中，你就不会得到一桶污水。

C. 如果一个正直能干的人在低效部门没有被吞没，则该部门加强了内部管理。

D. 如果一个正直能干的人进入组织，就会使组织变得更为高效。

E. 如果一个无德无才的人把组织变成一盘散沙，则该组织没有加强内部管理。

58.（2015-50，P289）有关数据显示，2011 年全球新增 870 万结核病患者，同时有 140 万患者死亡。因为结核病对抗生素有耐药性，所以对结核病的治疗一直都进展缓慢。如果不能在近几年消除结核病，那么还会有数百万人死于结核病。如果要控制这种流行病，就要有安全、廉价的疫苗。目前有 12 种新疫苗正在测试之中。

根据以上信息，可以得出以下哪项？

A. 2011 年结核病患者死亡率已达 16.1%。

B. 有了安全、廉价的疫苗，我们就能控制结核病。

C. 如果解决了抗生素的耐药性问题，结核病治疗将会获得突破性进展。

D. 只有在近几年消除结核病，才能避免数百万人死于这种疾病。

E. 新疫苗一旦应用于临床，将有效控制结核病的传播。

59.（2014-28，P293）陈先生在鼓励他孩子时说道：“不要害怕暂时的困难和挫折。不经历风雨怎么见彩虹？”他孩子不服气地说：“您说得不对。我经历了那么多风雨，怎么就没见到彩虹呢？”

陈先生孩子的回答最适宜用来反驳以下哪项？

A. 如果想见到彩虹，就必须经历风雨。

B. 只要经历了风雨，就可以见到彩虹。

C. 只有经历风雨，才能见到彩虹。

D. 即使经历了风雨，也可能见不到彩虹。

E. 即使见到了彩虹，也不是因为经历了风雨。

60.（2014-32，P294）已知某班共有 25 位同学，女生中身高最高者与最矮者相差 10 厘米；男生中身高最高者与最矮者则相差 15 厘米。小明认为，根据已知信息，只要再知道男生、女生最高者的具体身高，或者再知道男生、女生的平均身高，均可确定全班同学中身高最高者与最低者之间的差距。

以下哪项如果为真，最能构成对小明观点的反驳？

A. 根据已知信息，如果不能确定全班同学中身高最高者与最低者之间的差距，则也不能确定男生、女生最高者的具体身高。

B. 根据已知信息，即使确定了全班同学中身高最高者与最低者之间的差距，也不能确定男生、女生的平均身高。

C. 根据已知信息，如果不能确定全班同学中身高最高者与最低者之间的差距，则既不能确定男生、女生最高者的具体身高，也不能确定男生、女生的平均身高。

D. 根据已知信息，尽管再知道男生、女生的平均身高，也不能确定全班同学中身高最高者与最低者之间的差距。

E. 根据已知信息，仅仅再知道男生、女生最高者的具体身高，就能确定全班同学中身高最高者与最低者之间的差距。

61.（2014-34，P295）学者张某说："问题本身并不神秘，因与果也不仅仅是哲学家的事。每个凡夫俗子一生之中都将面临许多问题，但分析问题的方法与技巧却很少有人掌握，无怪乎华尔街的分析大师们趾高气扬、身价百倍。"

以下哪项如果为真，最能反驳张某的观点？

A. 有些凡夫俗子可能不需要掌握分析问题的方法与技巧。

B. 有些凡夫俗子一生之中将要面临的问题并不多。

C. 凡夫俗子中很少有人掌握分析问题的方法与技巧。

D. 掌握分析问题的方法与技巧对多数人来说很重要。

E. 华尔街的分析大师们大都掌握分析问题的方法与技巧。

62.（2014-43，P298）若一位管理者是某领域优秀的专家学者，则他一定会管理好公司的基本事务；一位品行端正的管理者可以得到下属的尊重；但是对所有领域都一知半解的人一定不会得到下属的尊重。浩瀚公司董事会只会解除那些没有管理好公司基本事务者的职务。

根据以上信息，可以得出以下哪项？

A. 浩瀚公司董事会不可能解除品行端正的管理者的职务。

B. 浩瀚公司董事会解除了某些管理者的职务。

C. 浩瀚公司董事会不可能解除受下属尊重的管理者的职务。

D. 作为某领域优秀专家学者的管理者，不可能被浩瀚公司董事会解除职务。

E. 对所有领域都一知半解的管理者，一定会被浩瀚公司董事会解除职务。

63.（2014-48，P299）兰教授认为：不善于思考的人不可能成为一名优秀的管理者，没有一个谦逊的智者学习占星术,占星家均学习占星术,但是有些占星家却是优秀的管理者。

以下哪项如果为真,最能反驳兰教授的上述观点?

A. 有些占星家不是优秀的管理者。

B. 有些善于思考的人不是谦逊的智者。

C. 所有谦逊的智者都是善于思考的人。

D. 谦逊的智者都不是善于思考的人。

E. 善于思考的人都是谦逊的智者。

64. (2013-29,P304)国际足联一直坚称,世界杯冠军队所获得的“大力神”杯是实心的纯金奖杯。某教授经过精密测量和计算认为,世界杯冠军奖杯——实心的“大力神”杯不可能是纯金制成的,否则球员根本不可能将它举过头顶并随意挥舞。

以下哪项与这位教授的意思最为接近?

A. 若球员能够将“大力神”杯举过头顶并自由挥舞,则它很可能是空心的纯金杯。

B. 若“大力神”杯是实心的纯金杯,则球员不可能把它举过头顶并随意挥舞。

C. 若“大力神”杯是由纯金制成,则它肯定是空心的。

D. 只有“大力神”杯是实心的,它才可能是纯金的。

E. 只有球员能够将“大力神”杯举过头顶并自由挥舞,它才由纯金制成,并且不是实心的。

65. (2013-33,P305)某科研机构对市民所反映的一种奇异现象进行研究,该现象无法用已有的科学理论进行解释。助理研究员小王由此断言:该现象是错觉。

以下哪项如果为真,最可能使小王的断言不成立?

A. 有些错觉可以用已有的科学理论进行解释。

B. 有些错觉不能用已有的科学理论进行解释。

C. 错觉都可以用已有的科学理论进行解释。

D. 所有错觉都不能用已有的科学理论进行解释。

E. 已有的科学理论尚不能完全解释错觉是如何形成的。

66. (2013-40,P307)教育专家李教授指出:每个人在自己的一生中,都要不断地努力,否则就会像龟兔赛跑的故事一样,一时跑得快并不能保证一直领先。如果你本来基础好又能不断努力,那你肯定能比别人更早取得成功。

如果李教授的陈述为真,以下哪项一定为假?

A. 人的成功是有衡量标准的。

B. 只要不断努力,任何人都可能取得成功。

C. 一时不成功并不意味着一直不成功。

D. 不论是谁,只有不断努力,才可能取得成功。

E. 小王本来基础好并且能不断努力,但也可能比别人更晚取得成功。

67. (2013-42,P308)某金库发生了失窃案。公安机关侦查确定,这是一起典型的内盗案,可以断定金库管理员甲、乙、丙、丁中至少有一人是作案者。办案人员对四人进行了询问,四人的回答如下:

甲:“如果乙不是窃贼,我也不是窃贼。”

乙:“我不是窃贼,丙是窃贼。”

丙:“甲或者乙是窃贼。”

丁:“乙或者丙是窃贼。”

后来事实表明,他们四人中只有一人说了真话。

根据以上陈述，以下哪项一定为假？

A. 甲说的是真话。
B. 丙说的是假话。
C. 丙不是窃贼。
D. 乙不是窃贼。
E. 丁说的是真话。

68.（2013-48，P311）某公司人力资源管理部人士指出：由于本公司招聘职位有限，在本次招聘考试中，不可能所有的应聘者都被录用。

基于以下哪项可以得出该人士的上述结论？

A. 在本次招聘考试中，必然有应聘者被录用。
B. 在本次招聘考试中，可能有应聘者被录用。
C. 在本次招聘考试中，可能有应聘者不被录用。
D. 在本次招聘考试中，必然有应聘者不被录用。
E. 在本次招聘考试中，可能有应聘者被录用，也可能有应聘者不被录用。

69.（2013-49，P311）在某次综合性学术年会上，物理学会作学术报告的人都来自高校；化学学会作学术报告的人有些来自高校，但是大部分来自中学；其他作学术报告者均来自科学院。来自高校的学术报告者都具有副教授以上职称，来自中学的学术报告者都具有中教高级以上职称。李默、张嘉参加了这次综合性学术年会，李默并非来自中学，张嘉并非来自高校。

以上陈述如果为真，可以得出以下哪项结论？

A. 张嘉不是物理学会的。
B. 李默不是化学学会的。
C. 张嘉不具有副教授以上职称。
D. 李默如果作了学术报告，那么他不是化学学会的。
E. 张嘉如果作了学术报告，那么他不是物理学会的。

70.（2013-53，P312）专业人士预测：如果粮食价格保持稳定，那么蔬菜价格也将保持稳定；如果食用油价格不稳，那么蔬菜价格也将出现波动。老李由此断定：粮食价格将保持稳定，但是肉类食品价格将上涨。

根据上述专业人士的预测，以下哪项如果为真，最能对老李的观点提出质疑？

A. 如果食用油价格稳定，那么肉类食品价格不会上涨。
B. 如果食用油价格稳定，那么肉类食品价格将会上涨。
C. 如果肉类食品价格不上涨，那么食用油价格将会上涨。
D. 如果食用油价格出现波动，那么肉类食品价格不会上涨。
E. 只有食用油价格稳定，肉类食品价格才不会上涨。

71.（2012-27，P313）只有具有一定文学造诣且具有生物学专业背景的人，才能读懂这篇文章。

如果上述命题为真，以下哪项**不可能**为真？

A. 小张没有读懂这篇文章，但他的文学造诣是大家所公认的。
B. 计算机专业的小王没有读懂这篇文章。
C. 从未接触过生物学知识的小李读懂了这篇文章。
D. 小周具有生物学专业背景，但他没有读懂这篇文章。
E. 生物学博士小赵读懂了这篇文章。

72. (2012-29,P314)王涛和周波是理科(1)班同学,他们是无话不说的好朋友。他们发现班里每一个人或者喜欢物理,或者喜欢化学。王涛喜欢物理,周波不喜欢化学。

根据以上陈述,以下哪项必定为真?

Ⅰ. 周波喜欢物理。

Ⅱ. 王涛不喜欢化学。

Ⅲ. 理科(1)班不喜欢物理的人喜欢化学。

Ⅳ. 理科(1)班一半人喜欢物理,一半人喜欢化学。

A. 仅Ⅰ。　　B. 仅Ⅲ。

C. 仅Ⅰ、Ⅱ。　　D. 仅Ⅰ、Ⅲ。

E. 仅Ⅱ、Ⅲ、Ⅳ。

73. (2012-30,P314)李明、王兵、马云三位股民对股票A和股票B分别作了如下预测:

李明:只有股票A不上涨,股票B才不上涨。

王兵:股票A和股票B至少有一个不上涨。

马云:股票A上涨当且仅当股票B上涨。

若三人的预测都为真,则以下哪项符合他们的预测?

A. 股票A上涨,股票B不上涨。　　B. 股票A不上涨,股票B上涨。

C. 股票A和股票B均上涨。　　D. 股票A和股票B均不上涨。

E. 只有股票A上涨,股票B才不上涨。

74. (2012-31,P314)临江市地处东部沿海,下辖临东、临西、江南、江北四个区。近年来,文化旅游产业成为该市新的经济增长点。2010年,该市一共吸引了全国数十万人次游客前来参观旅游。12月底,关于该市四个区当年吸引游客人次多少的排名,各位旅游局长作了如下预测:

临东区旅游局长:如果临西区第三,那么江北区第四;

临西区旅游局长:只有临西区不是第一,江南区才第二;

江南区旅游局长:江南区不是第二;

江北区旅游局长:江北区第四。

最终的统计表明,只有一位局长的预测符合事实,则临东区当年吸引游客人次的排名是

A. 第一。　　B. 第二。

C. 第三。　　D. 第四。

E. 在江北区之前。

75. (2012-32,P314)小张是某公司营销部的员工。公司经理对他说:"如果你争取到这个项目,我就奖励你一台笔记本电脑或者给你项目提成。"

以下哪项如果为真,说明该经理**没有**兑现承诺?

A. 小张没争取到这个项目,该经理没给他项目提成,但送了他一台笔记本电脑。

B. 小张没争取到这个项目,该经理没奖励他笔记本电脑,也没给他项目提成。

C. 小张争取到了这个项目,该经理给他项目提成,但并未奖励他笔记本电脑。

D. 小张争取到了这个项目,该经理奖励他一台笔记本电脑并且给他三天假期。

E. 小张争取到了这个项目,该经理未给他项目提成,但奖励了他一台台式电脑。

76. (2012-33,P315)《文化新报》记者小白周四去某市采访陈教授与王研究员。次日,

其同事小李问小白："昨天你采访到那两位学者了吗？"小白说："不，没那么顺利。"小李又问："那么，你一个都没采访到？"小白说："也不是。"

以下哪项最可能是小白周四采访所发生的实际情况？

A. 小白采访到了两位学者。

B. 小白采访了李教授，但没有采访王研究员。

C. 小白根本没有去采访两位学者。

D. 两位采访对象都没有接受采访。

E. 小白采访到了其中一位，但没有采访到另一位。

77. (2012-34, P315) 只有通过身份认证的人才允许上公司内网，如果没有良好的业绩就不可能通过身份认证，张辉有良好的业绩而王纬没有良好的业绩。

如果上述断定为真，则以下哪项一定为真？

A. 允许张辉上公司内网。

B. 不允许王纬上公司内网。

C. 张辉通过身份认证。

D. 有良好的业绩，就允许上公司内网。

E. 没有通过身份认证，就说明没有良好的业绩。

78. (2012-37, P315) 2010 年上海世博会盛况空前，200 多个国家场馆和企业主题馆让人目不暇接。大学生王刚决定在学校放暑假的第二天前往世博会参观。前一天晚上，他特别上网查看了各位网友对相关热门场馆选择的建议，其中最吸引王刚的有三条：

(1) 如果参观沙特馆，就不参观石油馆。

(2) 石油馆和中国国家馆择一参观。

(3) 中国国家馆和石油馆不都参观。

实际上，第二天王刚的世博会行程非常紧凑，他没有接受上述三条建议中的任何一条。关于王刚所参观的热门场馆，以下哪项描述正确？

A. 参观沙特馆、石油馆，没有参观中国国家馆。

B. 沙特馆、石油馆、中国国家馆都参观了。

C. 沙特馆、石油馆、中国国家馆都没有参观。

D. 没有参观沙特馆，参观石油馆和中国国家馆。

E. 没有参观石油馆，参观沙特馆、中国国家馆。

79. (2012-38, P316) 经理说："有了自信不一定赢。"董事长回应说："但是没有自信一定会输。"

以下哪项与董事长的意思最为接近？

A. 不输即赢，不赢即输。

B. 如果自信，则一定会赢。

C. 只有自信，才可能不输。

D. 除非自信，否则不可能输。

E. 只有赢了，才可能更自信。

80. (2012-39, P316) 在家电产品"三下乡"活动中，某销售公司的产品受到了农村居民的广泛欢迎。该公司总经理在介绍经验时表示：只有用最流行畅销的明星产品面对农村居民，才能获得他们的青睐。

以下哪项如果为真，最能质疑总经理的论述？

A. 某品牌电视由于其较强的防潮能力，尽管不是明星产品，仍然获得了农村居民的青睐。

B. 流行畅销的明星产品由于价格偏高，没有赢得农村居民的青睐。

C. 流行畅销的明星产品只有质量过硬，才能获得农村居民的青睐。

D. 有少数娱乐明星为某些流行畅销的产品做虚假广告。

E. 流行畅销的明星产品最适合城市中的白领使用。

81. (2012-44, P317)如果他勇于承担责任，那么他就一定会直面媒体，而不是选择逃避；如果他没有责任，那么他就一定会聘请律师，捍卫自己的尊严。可是事实上，他不仅没有聘请律师，现在逃得连人影都不见了。

根据以上陈述，可以得出以下哪项结论？

A. 即使他没有责任，也不应该选择逃避。

B. 虽然选择了逃避，但是他可能没有责任。

C. 如果他有责任，那么他应该勇于承担责任。

D. 如果他不敢承担责任，那么说明他责任很大。

E. 他不仅有责任，而且他没有勇气承担责任。

82. (2012-48, P318)近期国际金融危机对毕业生的就业影响非常大，某高校就业中心的陈老师希望广大同学能够调整自己的心态和预期。他在一次就业指导会上提到，有些同学对自己的职业定位还不够准确。

如果陈老师的陈述为真，则以下哪项不一定为真？

Ⅰ. 不是所有的人对自己的职业定位都准确。

Ⅱ. 不是所有人对自己的职业定位都不够准确。

Ⅲ. 有些人对自己的职业定位准确。

Ⅳ. 所有人对自己的职业定位都不够准确。

A. 仅Ⅱ和Ⅳ。

B. 仅Ⅲ和Ⅳ。

C. 仅Ⅱ和Ⅲ。

D. 仅Ⅰ、Ⅱ和Ⅲ。

E. 仅Ⅱ、Ⅲ和Ⅳ。

83. (2012-49, P319)一位房地产信息员通过对某地的调查发现：护城河两岸房屋的租金都比较廉价；廉租房都坐落在凤凰山北麓；东向的房屋都是别墅；非廉租房不可能具有廉价的租金；有些单室套的两限房建在凤凰山南麓；别墅也都建在凤凰山南麓。

根据该房地产信息员的调查，以下哪项不可能存在？

A. 东向的护城河两岸的房屋。

B. 凤凰山北麓的两限房。

C. 单室套的廉租房。

D. 护城河两岸的单室套。

E. 南向的廉租房。

84. (2012-51, P319)某公司规定，在一个月内，除非每个工作日都出勤，否则任何员工都不可能既获得当月绩效工资，又获得奖励工资。

以下哪项与上述规定的意思最为接近？

A. 在一个月内，任何员工如果所有工作日不缺勤，必然既获得当月绩效工资，又获得奖励工资。

B. 在一个月内，任何员工如果所有工作日不缺勤，都有可能既获得当月绩效工资，又获得奖励工资。

C. 在一个月内，任何员工如果有某个工作日缺勤，仍有可能获得当月绩效工资，或者获得奖励工资。

D. 在一个月内，任何员工如果有某个工作日缺勤，必然或者得不了当月绩效工资，或者得不了奖励工资。

E. 在一个月内，任何员工如果所有工作日缺勤，必然既得不了当月绩效工资，又得不了奖励工资。

85.（2011-34，P322）某集团公司有四个部门，分别生产冰箱、彩电、电脑和手机。根据前三个季度的数据统计，四个部门经理对 2010 年全年的赢利情况作了如下预测：

冰箱部门经理：今年手机部门会赢利。

彩电部门经理：如果冰箱部门今年赢利，那么彩电部门就不会赢利。

电脑部门经理：如果手机部门今年没赢利，那么电脑部门也没赢利。

手机部门经理：今年冰箱和彩电部门都会赢利。

全年数据统计完成后，发现上述四个预测只有一个符合事实。

关于该公司各部门的全年赢利情况，以下除哪项外，均可能为真？

A. 彩电部门赢利，冰箱部门没赢利。

B. 冰箱部门赢利，电脑部门没赢利。

C. 电脑部门赢利，彩电部门没赢利。

D. 冰箱部门和彩电部门都没赢利。

E. 冰箱部门和电脑部门都赢利。

86.（2011-44，P324）近日，某集团高层领导研究了发展方向问题。王总经理认为：既要发展纳米技术，也要发展生物医药技术；赵副总经理认为：只有发展智能技术，才能发展生物医药技术；李副总经理认为：如果发展纳米技术和生物医药技术，那么也要发展智能技术。最后经过董事会研究，只有其中一位的意见被采纳。

根据以上陈述，以下哪项符合董事会的研究决定？

A. 发展纳米技术和智能技术，但是不发展生物医药技术。

B. 发展生物医药技术和纳米技术，但是不发展智能技术。

C. 发展智能技术和生物医药技术，但是不发展纳米技术。

D. 发展智能技术，但是不发展纳米技术和生物医药技术。

E. 发展生物医药技术、智能技术和纳米技术。

87.（2011-47，P325）只有公司相应部门的所有员工都考评合格了，该部门的员工才能得到年终奖金；财务部有些员工考评合格了；综合部所有员工都得到了年终奖金；行政部的赵强考评合格了。

如果以上陈述为真，则以下哪项可能为真？

Ⅰ. 财务部员工都考评合格了。

Ⅱ. 赵强得到了年终奖金。

Ⅲ. 综合部有些员工没有考评合格。

Ⅳ. 财务部员工没有得到年终奖金。

A. 仅Ⅰ、Ⅱ。

B. 仅Ⅱ、Ⅲ。

C. 仅Ⅰ、Ⅱ、Ⅳ。

D. 仅Ⅰ、Ⅱ、Ⅲ。

E. 仅Ⅱ、Ⅲ、Ⅳ。

88.（2011-52，P327）在恐龙灭绝 6500 万年后的今天，地球正面临着又一次物种大规模灭绝的危机。截至上个世纪末，全球大约有20%的物种灭绝。现在，大熊猫、西伯利亚虎、北美玳瑁、巴西红木等许多珍稀物种面临着灭绝的危险。有三位学者对此作了预测。

学者一：如果大熊猫灭绝，则西伯利亚虎也将灭绝。

学者二：如果北美玳瑁灭绝，则巴西红木不会灭绝。

学者三：或者北美玳瑁灭绝，或者西伯利亚虎不会灭绝。

如果三位学者的预测都为真，则以下哪项一定为假？

A. 大熊猫和北美玳瑁都将灭绝。

B. 巴西红木将灭绝，西伯利亚虎不会灭绝。

C. 大熊猫和巴西红木都将灭绝。

D. 大熊猫将灭绝，巴西红木不会灭绝。

E. 巴西红木将灭绝，大熊猫不会灭绝。

89.（2010-26，P328）针对威胁人类健康的甲型H1N1流感，研究人员研制出了相应的疫苗，尽管这些疫苗是有效的，但某大学研究人员发现，阿司匹林、羟苯基乙酰胺等抑制某些酶的药物会影响疫苗的效果，这位研究人员指出："如果你使用了阿司匹林或者对乙酰氨基酚，那么你注射疫苗后就必然不会产生良好的抗体反应。"

如果小张注射疫苗后产生了良好的抗体反应，那么根据上述研究结果可以得出以下哪项结论？

A. 小张服用了阿司匹林，但没有服用对乙酰氨基酚。

B. 小张没有服用阿司匹林，但感染了H1N1流感病毒。

C. 小张服用了阿司匹林，但没有感染H1N1流感病毒。

D. 小张没有服用阿司匹林，也没有服用对乙酰氨基酚。

E. 小张服用了对乙酰氨基酚，但没有服用羟苯基乙酰胺。

90.（2010-28，P328）域控制器存储了域内的账户、密码和属于这个域的计算机三项信息。当计算机接入网络时，域控制器首先要鉴别这台计算机是否属于这个域，用户使用的登录账户是否存在，密码是否正确。如果三项信息均正确，则允许登录；如果以上信息有一项不正确，那么域控制器就会拒绝这个用户从这台计算机登录。小张的登录账号是正确的，但是域控制器拒绝小张的计算机登录。

基于以上陈述能得出以下哪项结论？

A. 小张输入的密码是错误的。

B. 小张的计算机不属于这个域。

C. 如果小张的计算机属于这个域，那么他输入的密码是错误的。

D. 只有小张输入的密码是正确的，他的计算机才属于这个域。

E. 如果小张输入的密码是正确的，那么他的计算机属于这个域。

91.（2010-33，P330）蟋蟀是一种非常有趣的小动物，宁静的夏夜，草丛中传来阵阵清脆悦耳的鸣叫声，那是蟋蟀在唱歌。蟋蟀优美动听的歌声并不是出自它的好嗓子，而是来自它的翅膀。左右两翅一张一合，相互摩擦，就可以发出悦耳的声响了。蟋蟀还是建筑专家，与它那柔软的挖掘工具相比，蟋蟀的住宅真可以算得上是伟大的工程了。在其住宅门口，有一个收拾得非常舒适的平台。夏夜，除非下雨或者刮风，否则蟋蟀肯定会在这个平台上唱歌。

根据以上陈述，以下哪项是蟋蟀在无雨的夏夜所做的？

A. 修建住宅。
B. 收拾平台。
C. 在平台上唱歌。
D. 如果没有刮风，它就在抢修工程。
E. 如果没有刮风，它就在平台上唱歌。

92. (2010-36，P331)太阳风中的一部分带电粒子可以到达M星表面，将足够的能量传递给M星表面粒子，使后者脱离M星表面，逃逸到M星大气中。为了判定这些逃逸的粒子，科学家们通过三个实验获得了如下信息：

实验一结论：或者是X粒子，或者是Y粒子。

实验二结论：或者不是Y粒子，或者不是Z粒子。

实验三结论：如果不是Z粒子，就不是Y粒子。

根据上述三个实验结论，可以推断以下哪项一定为真？

A. 这种粒子是X粒子。
B. 这种粒子是Y粒子。
C. 这种粒子是Z粒子。
D. 这种粒子不是X粒子。
E. 这种粒子不是Z粒子。

93. (2010-39，P332)大小行星悬浮在太阳系边缘，极易受附近星体引力作用的影响。据研究人员计算，有时这些力量会将彗星从奥尔特星云拖出。这样，它们更有可能靠近太阳。两位研究人员据此分别做出了以下两种有所不同的断定：

① 木星的引力作用要么将它们推至更小的轨道，要么将它们逐出太阳系；

② 木星的引力作用或者将它们推至更小的轨道，或者将它们逐出太阳系。

如果上述两种断定只有一种为真，可以推出以下哪项结论？

A. 木星的引力作用将它们推至更小的轨道，并且将它们逐出太阳系。
B. 木星的引力作用没有将它们推至更小的轨道，但是将它们逐出太阳系。
C. 木星的引力作用将它们推至更小的轨道，但是没有将它们逐出太阳系。
D. 木星的引力作用既没有将它们推至更小的轨道，也没有将它们逐出太阳系。
E. 木星的引力作用如果将它们推至更小的轨道，就不会将它们逐出太阳系。

94. (2010-44，P333)小东在玩"勇士大战"游戏，进入第二关时，界面出现四个选项。第一个选项是"选择任意选项都需要支付游戏币"，第二个选项是"选择本项后可以得到额外游戏奖励"，第三个选项是"选择本项后游戏不会进行下去"，第四个选项是"选择某个选项不需要支付游戏币"。

如果四个选项中的陈述只有一句为真，则以下哪项一定为真？

A. 选择任意选项都需要支付游戏币。
B. 选择任意选项都不需要支付游戏币。
C. 选择任意选项都不能得到额外游戏奖励。
D. 选择第二个选项后可以得到额外游戏奖励。
E. 选择第三个选项后游戏能继续进行下去。

95. (2010-46，P334)相互尊重是相互理解的基础，相互理解是相互信任的前提。在人与人的相互交往中，自重、自信也是非常重要的，没有一个人尊重不自重的人，没有一个人信任他所不尊重的人。

以上陈述可以推出以下哪项结论？

A. 不自重的人也不被任何人信任。
B. 相互信任才能相互尊重。

C. 不自信的人也不自重。　　D. 不自信的人也不被任何人信任。

E. 不自信的人也不受任何人尊重。

96. (2010-50,P335)在本年度篮球联赛中,长江队主教练发现,黄河队五名主力队员之间的上场配置有如下规律:

(1) 若甲上场,则乙也要上场。

(2) 只有甲不上场,丙才不上场。

(3) 要么丙不上场,要么乙和戊中有人不上场。

(4) 除非丙不上场,否则丁上场。

若乙不上场,则以下哪项配置合乎上述规律?

A. 甲、丙、丁同时上场。　　B. 丙不上场,丁、戊同时上场。

C. 甲不上场,丙、丁都上场。　　D. 甲、丁都上场,戊不上场。

E. 甲、丁、戊都不上场。

97. (2010-55,P337)某中药配方有如下要求:

① 如果有甲药材,那么也要有乙药材;

② 如果没有丙药材,那么必须有丁药材;

③ 人参和天麻不能都有;

④ 如果没有甲药材而有丙药材,则需要有人参。

如果含有天麻,则关于该配方的断定哪项为真?

A. 含有甲药材。　　B. 含有丙药材。

C. 没有丙药材。　　D. 没有乙药材和丁药材。

E. 含有乙药材或丁药材。

98. (2009-27,P338)甲、乙、丙和丁四人进入某围棋邀请赛半决赛,最后要决出一名冠军。张、王和李三人对结果作了如下预测:

张:冠军不是丙。

王:冠军是乙。

李:冠军是甲。

已知张、王、李三人中恰有一人的预测正确,以下哪项为真?

A. 冠军是甲。　　B. 冠军是乙。

C. 冠军是丙。　　D. 冠军是丁。

E. 无法确定冠军是谁。

99. (2009-28,P338)除非年龄在50岁以下,并且能持续游泳3000米以上,否则不能参加下个月举行的横渡长江活动。同时,高血压和心脏病患者不能参加。老黄能持续游泳3000米以上,但没有被批准参加这项活动。

以上断定能推出以下哪项结论?

Ⅰ. 老黄的年龄至少50岁。

Ⅱ. 老黄患有高血压。

Ⅲ. 老黄患有心脏病。

A. 只有Ⅰ。　　B. 只有Ⅱ。

C. 只有Ⅲ。　　D. Ⅰ、Ⅱ和Ⅲ至少有一个。

E. Ⅰ、Ⅱ和Ⅲ都不能从题干中推出。

100. (2009-30,P338)小李考上了清华大学,或者小孙没考上北京大学。

增加以下哪项条件,能推出小李考上了清华大学?

A. 小张和小孙至少有一人未考上北京大学。

B. 小张和小李至少有一人未考上清华大学。

C. 小张和小孙都考上了北京大学。

D. 小张和小李都未考上清华大学。

E. 小张和小孙都未考上北京大学。

101. (2009-34,P339)对本届奥运会所有奖牌获得者进行了尿样化验,没有发现兴奋剂使用者。

如果上述陈述为假,则以下哪项一定为真?

Ⅰ. 或者有的奖牌获得者没有化验尿样,或者在奖牌获得者中发现了兴奋剂使用者。

Ⅱ. 虽然有的奖牌获得者没有化验尿样,但还是发现了兴奋剂使用者。

Ⅲ. 如果对所有奖牌获得者进行了尿样化验,则一定发现了兴奋剂使用者。

A. 只有Ⅰ。

B. 只有Ⅱ。

C. 只有Ⅲ。

D. 只有Ⅰ和Ⅲ。

E. 只有Ⅰ和Ⅱ。

102. (2009-39,P341)关于甲班体育达标测试,三位老师有如下预测:

张老师说:“不会所有人都不及格。”

李老师说:“有人会不及格。”

王老师说:“班长和学习委员都能及格。”

如果三位老师中只有一人的预测正确,则以下哪项一定为真?

A. 班长和学习委员都没及格。

B. 班长和学习委员都及格了。

C. 班长及格,但学习委员没及格。

D. 班长没及格,但学习委员及格了。

E. 以上各项都不一定为真。

103. (2009-42,P342)如果一个学校的大多数学生都具备足够的文学欣赏水平和道德自律意识,那么,像《红粉梦》和《演艺十八钗》这样的出版物就不可能成为在该校学生中销售最多的书。去年在H学院的学生中,《演艺十八钗》的销售量仅次于《红粉梦》。

如果上述断定为真,则以下哪项一定为真?

Ⅰ. 去年H学院的大多数学生都购买了《红粉梦》或《演艺十八钗》。

Ⅱ. H学院的大多数学生既不具备足够的文学欣赏水平,也不具备足够的道德自律意识。

Ⅲ. H学院至少有些学生不具备足够的文学欣赏水平,或者不具备足够的道德自律意识。

A. 只有Ⅰ。

B. 只有Ⅱ。

C. 只有Ⅲ。

D. Ⅱ和Ⅲ。

E. Ⅰ、Ⅱ和Ⅲ。

104. (2009-50,P345)中国要有一流的国家实力,必须有一流的教育。只有拥有一流的国家实力,中国才能做出应有的国际贡献。

以下各项都符合题干意思,除了:

A. 中国难以做出应有的国际贡献,除非拥有一流的教育。

B. 只要中国拥有一流的教育,就能做出应有的国际贡献。

C. 如果中国拥有一流的国家实力,就不会没有一流的教育。

D. 不能设想中国做出了应有的国际贡献,但缺乏一流的教育。

E. 中国面临选择:或者放弃应尽的国际义务,或者创造一流的教育。

105~106 题基于以下题干

只要不起雾,飞机就按时起飞。

105.（2008-31,P347）以下哪项正确地表达了上述断定?

Ⅰ. 如果飞机按时起飞,则一定没起雾。

Ⅱ. 如果飞机不按时起飞,则一定起雾。

Ⅲ. 除非起雾,否则飞机按时起飞。

A. 只有Ⅰ。　　B. 只有Ⅱ。

C. 只有Ⅲ。　　D. 只有Ⅱ和Ⅲ。

E. Ⅰ、Ⅱ和Ⅲ。

106.（2008-32,P348）以下哪项如果为真,说明上述断定不成立?

Ⅰ. 没起雾,但飞机没按时起飞。

Ⅱ. 起雾,但飞机仍然按时起飞。

Ⅲ. 起雾,飞机航班延期。

A. 只有Ⅰ。　　B. 只有Ⅱ。

C. 只有Ⅲ。　　D. 只有Ⅱ和Ⅲ。

E. Ⅰ、Ⅱ和Ⅲ。

107.（2008-36,P349）东山市威达建材广场每家商店的门边都设有垃圾桶。这些垃圾桶的颜色是绿色或红色。

如果上述断定为真,则以下哪项一定为真?

Ⅰ. 东山市有一些垃圾桶是绿色的。

Ⅱ. 如果东山市的一家商店门边没有垃圾桶,那么这家商店不在威达建材广场。

Ⅲ. 如果东山市的一家商店门边有一个红色垃圾桶,那么,这家商店是在威达建材广场。

A. 只有Ⅰ。　　B. 只有Ⅱ。

C. 只有Ⅰ和Ⅱ。　　D. 只有Ⅰ和Ⅲ。

E. Ⅰ、Ⅱ和Ⅲ。

108.（2008-50,P354）A　B　4　7

以上四张卡片,一面是大写英文字母,另一面是阿拉伯数字。

主持人断定,如果一面是A,则另 面是4。

如果试图推翻主持人的断定,但只允许翻动以上的两张卡片,正确的选择是

A. 翻动A和4。　　B. 翻动A和7。

C. 翻动A和B。　　D. 翻动B和7。

E. 翻动B和4。

109.（2008-57,P356）北方人不都爱吃面食,但南方人都不爱吃面食。

如果已知上述第一个断定真,第二个断定假,则以下哪项据此不能确定真假?

Ⅰ. 北方人都爱吃面食,有的南方人不爱吃面食。

Ⅱ. 有的北方人爱吃面食,有的南方人也爱吃面食。

Ⅲ. 北方人都不爱吃面食,南方人都爱吃面食。

A. 只有Ⅰ。 B. 只有Ⅱ。

C. 只有Ⅲ。 D. 只有Ⅱ和Ⅲ。

E. Ⅰ、Ⅱ和Ⅲ。

110. (2008-58,P357)人都不可能不犯错误,不一定所有人都会犯严重错误。

如果上述断定为真,则以下哪项一定为真?

A. 人都可能会犯错误,但有的人可能不犯严重错误。

B. 人都可能会犯错误,但所有的人都可能不犯严重错误。

C. 人都一定会犯错误,但有的人可能不犯严重错误。

D. 人都一定会犯错误,但所有的人都可能不犯严重错误。

E. 人都可能会犯错误,但有的人一定不犯严重错误。

111. (2007-36,P361)小王参加了某公司招工面试,不久,他得知以下消息:

(1) 公司已决定,他与小陈至少录用一人。

(2) 公司可能不录用他。

(3) 公司一定录用他。

(4) 公司已录用小陈。

其中两条消息为真,两条消息为假。

如果上述断定为真,则以下哪项为真?

A. 公司已录用小王,未录用小陈。 B. 公司未录用小王,已录用小陈。

C. 公司既录用了小王,也录用了小陈。 D. 公司既未录用小王,也未录用小陈。

E. 不能确定录用结果。

112. (2006-26,P368)小张承诺:如果天不下雨,我一定去听音乐会。

以下哪项如果为真,说明小张没有兑现承诺?

Ⅰ. 天没下雨,小张没去听音乐会。

Ⅱ. 天下雨,小张去听了音乐会。

Ⅲ. 天下雨,小张没去听音乐会。

A. 仅Ⅰ。 B. 仅Ⅱ。 C. 仅Ⅲ。 D. 仅Ⅰ和Ⅱ。 E. Ⅰ、Ⅱ和Ⅲ。

113. (2006-38,P372)在一次对全省小煤矿的安全检查后,甲、乙、丙三个安检人员有如下结论:

甲:有小煤矿存在安全隐患。

乙:有小煤矿不存在安全隐患。

丙:大运和宏通两个小煤矿不存在安全隐患。

如果上述三个结论只有一个正确,则以下哪项一定为真?

A. 大运和宏通煤矿都不存在安全隐患。

B. 大运和宏通煤矿都存在安全隐患。

C. 大运存在安全隐患,但宏通不存在安全隐患。

D. 大运不存在安全隐患,但宏通存在安全隐患。

E. 上述断定都不一定为真。

114.（2006-46,P374）一把钥匙能打开天下所有的锁。这样的万能钥匙是不可能存在的。

以下哪项最符合题干的断定？

A. 任何钥匙都必然有它打不开的锁。

B. 至少有一把钥匙必然打不开天下所有的锁。

C. 至少有一把锁天下所有的钥匙都必然打不开。

D. 任何钥匙都可能有它打不开的锁。

E. 至少有一把钥匙可能打不开天下所有的锁。

二、非形式推理题

1.（2025-28，P163）南方人习惯元宵节吃汤圆，这一习俗古已有之。有人将汤圆追溯至先秦时期南方流行的小吃“蜜饵”，《楚辞》中曾提到过它；也有人认为是唐代时元宵节吃的一种称作“面茧”的带馅馒头。但有民俗学家指出，汤圆真正的前身是宋代被称为“圆子”的小吃。

以下哪项如果为真，最能支持上述民俗学家的观点？

A. “蜜饵”虽是一种用糯米粉裹以蜂蜜制成的糕点，但它不是元宵节的专属美食。

B. 宋代的“圆子”是用黑芝麻、猪油、白糖作馅，以糯米粉搓成圆形的“乳糖圆子”。

C. 宋代诗人周必大写的《元宵煮浮圆子》是迄今发现的最早描述元宵节水煮汤圆的诗歌。

D. 宋代饮食文化十分发达，相比于其他朝代，“圆子”种类更加繁多，比如山药圆子、珍珠圆子、金橘水团等。

E. 只有宋人常写涉及“圆子”的诗词，如南宋女诗人朱淑真曾在其《圆子》诗中写有“轻圆绝胜鸡头肉，滑腻偏宜蟹眼汤”。

2.（2025-31，P164）近日，火车无座票和有座票价格相同的话题再次引起广泛关注。有人在暑期买不到有座票，持无座票上车后又找不到座位，于是在“站得实在辛苦”之余，觉得“有无同价”有失公平。他们认为，既然一个有座位、另一个无座位，两者享受的服务不一样，价格怎么可以一样呢？对此，有专家却认为，如果铁路公司根据市场需求将有、无座位的票价拉开差距，就可能对低收入者产生不利影响。

以下哪项如果为真，最能支持上述专家的观点？

A. 现在的无座票只是表明没有事先预留座位，无座票乘客上车后仍可能找到座位，如果实行无座票打折政策，有座票乘客会觉得不公平。

B. 如果无座票打折，就会激励一些人去购买无座票，而买了无座票的人上车后看到空座位一般总会去坐，这种“蹭座”行为会加大铁路公司的监管成本。

C. 即使“有无同价”，与较晚购到无座票相比，提早买到有座票仍需要在时间和精力等方面付出更多的代价，这意味着有座票的真实价格其实是高于无座票的。

D. 目前，铁路公司以先到先得的原则先售完有座票，再出售无座票，低收入者只要早些去抢票，还是可以买到有座票的。

E. 如果铁路公司执行“谁花钱多谁就有座位使用权”的原则，完全按市场供需来决定票价，那么在出行高峰期，低收入者可能完全没有机会得到座位。

3.（2025-35，P166）作为一款生成式人工智能软件，RZN-Ⅲ利用已有网络文献，可为提问者提供经过搜索整理后相对合理的答案，给大学生学习带来便利。目前，有些大学禁止学生在做论文和课程作业时使用 RZN-Ⅲ，否则将被视为学术不端；但也有一些大学不阻拦甚至鼓励学生使用它。对此有专家认为，RZN-Ⅲ虽只提供既有知识，但也能助力科技创新，大学禁用 RZN-Ⅲ其实不妥。

以下哪项如果为真，最能支持上述专家的观点？

A. 将 RZN-Ⅲ作为人的“外脑”，对人类的已有智慧进行向量化的储存和提取，会加速和简化人们的学习过程，这将为科技创新腾出时间和精力。

B. 传承文明需要一代代人组成人才梯队，不断学习、应用和创新。如果人类在 RZN-Ⅲ总结的前人智慧上躺平，其文明进程就会出现停滞甚至倒退。

C. 目前人类知识呈现大爆炸状态，很多人即便穷其一生都学不完某领域的基础知识，根本没有时间为该领域做些添砖加瓦的创新工作。

D. 大学不仅要传授知识与技艺，更要培养学生独立思考、科学思维的能力。如果让 RZN-Ⅲ代替学生思考，就会弱化他们的创新思维和进取心。

E. 作为一种现代社会的实用工具，RZN-Ⅲ应进入大学课堂，成为重要的大学教学内容，否则学生毕业后很难适应社会，更不用说参与激烈的人才竞争。

4.（2025-38，P167）名山公园最美的风景往往在山顶才可寻觅。为了让游客既能看到美景又能轻松登山，很多公园在大山上安装了索道或电梯，实现了有些游客追求的"无痛登山"梦想。对此，许多登山爱好者却认为，"无痛登山"让登山失去了灵魂，这样的登山其实已经没有乐趣可言。

以下哪项如果为真，最能质疑上述登山爱好者的观点？

A. 很多名山公园的登山步道长达数千米，海拔高差也达数百米乃至千米以上，对那些运动能力欠佳但又想"一览众山小"的游客实在不太友好。

B. 一般来说，现在许多装有登山索道或电梯的名山公园，还留有传统登山步道供登山爱好者使用，游客可以量力而行，追寻各自的便利和快乐。

C. 无须风吹雨打、烈日炙烤，无须劳累辛苦、久耗时间，很多游客走出高山索道或电梯，就能欣赏眼前一片广阔风景，打卡拍照后潇洒离去，好不自在。

D. 在自然的山林中安装索道或电梯，不仅因耗费巨资而增加游客费用，而且会造成对绿水青山的破坏，不符合人与自然和谐共生的理念。

E. 登山追求的是探索自然的乐趣和登险克难的快感，"无痛登山"用身心的闲置取代身心的磨砺，让这种乐趣和快感荡然无存。

5~6 题基于以下题干

全球气候正在变暖。权威科学报告显示，最近 50 年的全球气候变暖主要是人类燃烧化石燃料导致的。全球气候变暖已经给人类的生存和发展带来巨大危害。当前，人类的生产生活排放量正在逼近多个气候临界点，一旦突破这些临界点，人类的未来将面临巨大风险。如何应对这样的气候风险？以下几位专家相继提出不同看法：

甲：各国应当尽快停止依赖化石燃料，转向开发风能、水能、太阳能等清洁能源。

乙：有些发展中国家由于经济、技术等条件的限制，目前还无法很快实现能源转型。

丙：当前气候风险巨大，不能尽快实现能源转型的国家就是在破坏人类的共同家园。

丁：全球气候变暖主要是发达国家 200 多年的工业排放导致的，他们更应对此负责。

戊：若要求发展中国家尽快实现能源转型，发达国家就必须向他们提供资金和技术。

己：所谓气候风险目前还存在不确定性，在此情况下花费巨大代价去应对并不明智。

5.（2025-39，P168）根据以上信息，可以得出以下哪项？

A. 乙反驳了甲。　　B. 丙反驳了甲。

C. 丁反驳了甲。　　D. 己反驳了甲。

E. 戊反驳了甲。

6.（2025-40，P168）对于上述专家的观点，可以得出以下哪项？

A. 乙和丁支持丙。 B. 丙和戊支持甲。

C. 乙和丁支持戊。 D. 乙和丙支持己。

E. 戊和己支持乙。

7.（2023-34，P188）某单位采购了一批图书，包括科学和人文两大类。具体情况如下：

（1）哲学类图书都是英文版的；

（2）部分文学类图书不是英文版的；

（3）历史类图书都是中文版的；

（4）没有一本书是中英双语版的；

（5）科学类图书既有中文版的，也有英文版的；

（6）人文类图书既有哲学类的，也有文学类的，还有历史类的。

根据以上信息，关于该单位采购的这批图书，可以得出以下哪项？

A. 有些文学类图书是中文版的。 B. 有些历史类图书不属于哲学类。

C. 英文版图书比中文版图书数量多。 D. 有些图书既属于哲学类也属于科学类。

E. 有些图书既属于文学类也属于历史类。

8.（2022-32，P199）关于张、李、宋、孔 4 人参加植树活动的情况如下：

（1）张、李、孔至少有 2 人参加；

（2）李、宋、孔至多有 2 人参加；

（3）如果李参加，那么张、宋两人要么都参加，要么都不参加。

根据以上陈述，以下哪项是不可能的？

A. 宋、孔都参加。 B. 宋、孔都不参加。

C. 李、宋都参加。 D. 李、宋都不参加。

E. 李参加，宋不参加。

9.（2021-27，P210）M 大学社会学学院的老师都曾经对甲县某些乡镇进行家庭收支情况调研，N 大学历史学院的老师都曾经到甲县的所有乡镇进行历史考察。赵若兮曾经对甲县所有乡镇家庭收支情况进行调研，但未曾到项郢镇进行历史考察；陈北鱼曾经到梅河乡进行历史考察，但从未对甲县家庭收支情况进行调研。

根据以上信息，可以得出以下哪项？

A. 陈北鱼是 M 大学社会学学院的老师，且梅河乡是甲县的。

B. 若赵若兮是 N 大学历史学院的老师，则项郢镇不是甲县的。

C. 对甲县的家庭收支情况调研，也会涉及相关的历史考察。

D. 陈北鱼是 N 大学的老师。

E. 赵若兮是 M 大学的老师。

10.（2021-31，P212）某俱乐部共有甲、乙、丙、丁、戊、己、庚、辛、壬、癸 10 名职业运动员，他们来自 5 个不同的国家（不存在双重国籍的情况）。已知：

（1）该俱乐部的外援刚好占一半，他们是乙、戊、丁、庚、辛；

（2）乙、丁、辛 3 人来自两个国家。

根据以上信息，可以得出以下哪项？

A. 甲、丙来自不同国家。 B. 乙、辛来自不同国家。

C. 乙、庚来自不同国家。 D. 丁、辛来自相同国家。

E. 戊、庚来自相同国家。

11.（2021-32,P213）某高校的李教授在网上撰文指责另一高校张教授早年发表的一篇论文存在抄袭现象。张教授知晓后，立即在同一网站对李教授的指责作出反驳。

以下哪项作为张教授的反驳最为有力？

A. 自己投稿在先而发表在后，所谓论文抄袭其实是他人抄自己。

B. 李教授的指责纯属栽赃陷害，混淆视听，破坏了大学教授的整体形象。

C. 李教授的指责是对自己不久前批评李教授学术观点所做的打击报复。

D. 李教授的指责可能背后有人指使，不排除受到两校不正当竞争的影响。

E. 李教授早年的两篇论文其实也存在不同程度的抄袭现象。

12.（2021-35,P213）王、陆、田 3 人拟到甲、乙、丙、丁、戊、己 6 个景点结伴游览。关于游览的顺序，3 人意见如下：

（1）王：1 甲、2 丁、3 己、4 乙、5 戊、6 丙；

（2）陆：1 丁、2 己、3 戊、4 甲、5 乙、6 丙；

（3）田：1 己、2 乙、3 丙、4 甲、5 戊、6 丁。

实际游览时，各人意见中都恰有一半的景点序号是正确的。

根据以上信息，他们实际游览的前 3 个景点分别是

A. 己、丁、丙。　　B. 丁、乙、己。

C. 甲、乙、己。　　D. 乙、己、丙。

E. 丙、丁、己。

13.（2021-37,P214）甲、乙、丙、丁、戊 5 人是某校美学专业 2019 级研究生，第一学期结束后，他们在张、陆、陈 3 位教授中选择导师，每人只选择 1 人作为导师，每位导师都有 1 至 2 人选择，并且得知：

（1）选择陆老师的研究生比选择张老师的多；

（2）若丙、丁中至少有 1 人选择张老师，则乙选择陈老师；

（3）若甲、丙、丁中至少有 1 人选择陆老师，则只有戊选择陈老师。

根据以上信息，可以得出以下哪项？

A. 甲选择陆老师。　　B. 乙选择张老师。

C. 丁、戊选择陆老师。　　D. 乙、丙选择陈老师。

E. 丙、丁选择陈老师。

14.（2021-42,P216）酸奶作为一种健康食品，既营养丰富又美味可口，深受人们的喜爱，很多人饭后都不忘来杯酸奶。他们觉得，饭后喝杯酸奶能够解油腻、助消化。但近日有专家指出，饭后喝酸奶其实并不能帮助消化。

以下哪项如果为真，最能支持上述专家的观点？

A. 足量膳食纤维和维生素 B_1 被人体摄入后可有效促进肠胃蠕动，进而促进食物消化，但酸奶不含膳食纤维，维生素 B_1 的含量也不丰富。

B. 酸奶中的益生菌可以维持肠道消化系统的健康，但是这些菌群大多不耐酸，胃部的强酸环境会使其大部分失去活性。

C. 酸奶含有一定的糖分，吃饱了饭再喝酸奶会加重肠胃负担，同时也使身体增加额外的营养，容易导致肥胖。

D. 人体消化需要消化酶和有规律的肠胃运动，酸奶中没有消化酶，饮用酸奶也不能纠正无规律的肠胃运动。

E. 酸奶可以促进胃酸分泌，抑制有害菌在肠道内繁殖，有助于维持消化系统健康，对于食物消化能起到间接帮助作用。

15.（2021-45，P216）下面有一 5×5 的方阵，它所含的每个小方格中可填入一个词（已有部分词填入）。现要求该方阵中的每行、每列及每个粗线条围住的五个小方格组成的区域中均含有“道路”“制度”“理论”“文化”“自信”5 个词，不能重复也不能遗漏。

根据上述要求，以下哪项是方阵顶行①②③④空格中从左至右依次应填入的词？

①	②	③	④	
	自信	道路		制度
理论				道路
制度		自信		
				文化

A. 道路、理论、制度、文化。　　B. 道路、文化、制度、理论。

C. 文化、理论、制度、自信。　　D. 理论、自信、文化、道路。

E. 制度、理论、道路、文化。

16.（2021-53，P219）孩子在很小的时候，对接触到的东西都要摸一摸、尝一尝，甚至还会吞下去。孩子天生就对这个世界抱有强烈的好奇心，但随着孩子慢慢长大，特别是进入学校之后，他们的好奇心越来越少。对此有教育专家认为，这是由于孩子受到外在的不当激励所造成的。

以下哪项如果为真，最能支持上述专家观点？

A. 现在许多孩子迷恋电脑、手机，对书本知识感到索然无味。

B. 野外郊游可以激发孩子好奇心，长时间宅在家里就会产生思维惰性。

C. 老师、家长只看考试成绩，导致孩子只知道死记硬背书本知识。

D. 现在孩子所做的很多事情大多迫于老师、家长等的外部压力。

E. 孩子助人为乐能获得褒奖，损人利己往往受到批评。

17.（2020-34，P225）某市 2018 年的人口发展报告显示，该市常住人口 1170 万，其中常住外来人口 440 万，户籍人口 730 万。从区级人口分布情况来看，该市 G 区常住人口 240 万，居各区之首；H 区常住人口 200 万，位居第二；同时，这两个区也是吸纳外来人口较多的区域，两个区常住外来人口 200 万，占全市常住外来人口的 45%以上。

根据以上陈述，可以得出以下哪项？

A. 该市 G 区的户籍人口比 H 区的常住外来人口多。

B. 该市 H 区的户籍人口比 G 区的常住外来人口多。

C. 该市 H 区的户籍人口比 H 区的常住外来人口多。

D. 该市 G 区的户籍人口比 G 区的常住外来人口多。

E. 该市其他各区的常住外来人口都没有 G 区或 H 区的多。

18.（2020-50，P232）移动互联网时代，人们随时都可进行数字阅读。浏览网页、读电子书是数字阅读，刷微博、朋友圈也是数字阅读。长期以来，一直有人担忧数字阅读的碎片化、表面化。但近来有专家表示，数字阅读具有重要价值，是阅读的未来发展趋势。

以下哪项如果为真，最能支持上述专家的观点？

A. 长有长的用处，短有短的好处，不求甚解的数字阅读也未尝不可，说不定在未来某一时刻，当初阅读的信息就会浮现出来，对自己的生活产生影响。

B. 当前人们越来越多地通过数字阅读了解热点信息，通过网络进行相互交流，但网络交流者常常伪装或匿名，可能会提供虚假信息。

C. 有些网络读书平台能够提供精致的读书服务，它们不仅帮你选书，而且帮你读书，你只需“听”即可，但用“听”的方式去读书，效率较低。

D. 数字阅读容易挤占纸质阅读的时间，毕竟纸质阅读具有系统、全面、健康、不依赖电子设备等优点，仍将是阅读的主要方式。

E. 数字阅读便于信息筛选，阅读者能在短时间内对相关信息进行初步了解，也可以此为基础作深入了解，相关网络阅读服务平台近几年已越来越多。

19.（2019-43，P242）甲：上周去医院，给我看病的医生竟然还在抽烟。

乙：所有抽烟的医生都不关心自己的健康，而不关心自己健康的人也不会关心他人的健康。

甲：是的，不关心他人健康的医生没有医德。我今后再也不会让没有医德的医生给我看病了。

根据上述信息，以下除了哪项，其余各项均可得出？

A. 甲认为他不会再找抽烟的医生看病。

B. 乙认为上周给甲看病的医生不会关心乙的健康。

C. 甲认为上周给他看病的医生不关心医生自己的健康。

D. 甲认为上周给他看病的医生不会关心甲的健康。

E. 乙认为上周给甲看病的医生没有医德。

20.（2018-27，P248）盛夏时节的某一天，某市早报刊载了由该市专业气象台提供的全国部分城市当天的天气预报，择其内容列表如下：

天津	阴	上海	雷阵雨	昆明	小雨
呼和浩特	阵雨	哈尔滨	少云	乌鲁木齐	晴
西安	中雨	南昌	大雨	香港	多云
南京	雷阵雨	拉萨	阵雨	福州	阴

根据上述信息，以下哪项作出的论断最为准确？

A. 由于所列城市盛夏天气变化频繁，所以上面所列的 9 类天气一定就是所有的天气类型。

B. 由于所列城市并非我国的所有城市，所以上面所列的 9 类天气一定不是所有的天气类型。

C. 由于所列城市在同一天不一定展示所有的天气类型，所以上面所列的 9 类天气可能不是所有的天气类型。

D. 由于所列城市在同一天可能展示所有的天气类型，所以上面所列的 9 类天气一定是所有的天气类型。

E. 由于所列城市分处我国的东南西北中，所以上面所列的 9 类天气一定就是所有的天气类型。

21.（2018-28，P248）现在许多人很少在深夜 11 点以前安然入睡，他们未必都在熬夜用功，大多是在玩手机或看电视，其结果就是晚睡，第二天就会头昏脑胀、哈欠连天。不少人常常对此感到后悔，但一到晚上他们多半还会这么做。有专家就此指出，人们似乎从晚睡中得到了快乐，但这种快乐其实隐藏着某种烦恼。

以下哪项如果为真，最能支持上述专家的结论？

A. 晨昏交替，生活周而复始，安然入睡是对当天生活的满足和对明天生活的期待，而晚睡者只想活在当下，活出精彩。

B. 晚睡者具有积极的人生态度。他们认为，当天的事须当天完成，哪怕晚睡也在所不惜。

C. 大多数习惯晚睡的人白天无精打采，但一到深夜就感觉自己精力充沛，不做点有意义的事情就觉得十分可惜。

D. 晚睡其实是一种表面难以察觉的、对“正常生活”的抵抗，它提醒人们现在的“正常生活”存在着某种令人不满的问题。

E. 晚睡者内心并不愿意睡得晚，也不觉得手机或电视有趣，甚至都不记得玩过或看过什么，但他们总是要在睡觉前花较长时间磨蹭。

22.（2018-29，P249）分心驾驶是指驾驶人为满足自己的身体舒适、心情愉悦等需求而没有将注意力全部集中于驾驶过程的驾驶行为，常见的分心行为有抽烟、饮水、进食、聊天、刮胡子、使用手机、照顾小孩等。某专家指出，分心驾驶已成为我国道路交通事故的罪魁祸首。

以下哪项如果为真，最能支持上述专家的观点？

A. 一项统计研究表明，相对于酒驾、药驾、超速驾驶、疲劳驾驶等情形，我国由分心驾驶导致的交通事故占比最高。

B. 驾驶人正常驾驶时反应时间为 0.3～1.0 秒，使用手机时反应时间则延迟 3 倍左右。

C. 开车使用手机会导致驾驶人注意力下降 20%；如果驾驶人边开车边发短信，则发生车祸的概率是其正常驾驶时的 23 倍。

D. 近来使用手机已成为我国驾驶人分心驾驶的主要表现形式，59%的人开车过程中看微信，31%的人玩自拍，36%的人刷微博、微信朋友圈。

E. 一项研究显示，在美国超过 1/4 的车祸是由驾驶人使用手机引起的。

23.（2018-35，P250）某市已开通运营一、二、三、四号地铁线路，各条地铁线每一站运行加停靠所需时间均彼此相同。小张、小王、小李三人是同一单位的职工，单位附近有北口地铁站。某天早晨，3 人同时都在常青站乘一号线上班，但 3 人关于乘车路线的想法不尽相同。已知：

（1）如果一号线拥挤，小张就坐 2 站后转三号线，再坐 3 站到北口站；如果一号线不拥挤，小张就坐 3 站后转二号线，再坐 4 站到北口站。

（2）只有一号线拥挤，小王才坐 2 站后转三号线，再坐 3 站到北口站。

（3）如果一号线不拥挤，小李就坐 4 站后转四号线，坐 3 站之后再转三号线，坐 1 站到达北口站。

（4）该天早晨地铁一号线不拥挤。

假定三人换乘及步行总时间相同，则以下哪项最可能与上述信息不一致？

A. 小王和小李同时到达单位。　　B. 小张和小王同时到达单位。

C. 小王比小李先到达单位。　　D. 小李比小张先到达单位。

E. 小张比小王先到达单位。

24.（2018-44，P255）中国是全球最大的卷烟生产国和消费国，但近年来政府通过出台禁烟令、提高卷烟消费税等一系列公共政策努力改变这一形象。一项权威调查数据显示，在 2014 年同比上升 2.4%之后，中国卷烟消费量在 2015 年同比下降了 2.4%，这是 1995 年来首次下降。尽管如此，2015 年中国卷烟消费量仍占全球的 45%，但这一下降对全球卷烟总消费量产生巨大影响，使其同比下降了 2.1%。

根据以上信息，可以得出以下哪项？

A. 2015 年发达国家卷烟消费量同比下降比率高于发展中国家。

B. 2015 年世界其他国家卷烟消费量同比下降比率低于中国。

C. 2015 年世界其他国家卷烟消费量同比下降比率高于中国。

D. 2015 年中国卷烟消费量大于 2013 年。

E. 2015 年中国卷烟消费量恰好等于 2013 年。

25.（2017-29，P259）某剧组招募群众演员。为配合剧情，需要招募 4 类角色：外国游客 1 到 2 名，购物者 2 到 3 名，商贩 2 名，路人若干。仅有甲、乙、丙、丁、戊、己等 6 人可供选择，且每个人在同一场景中只能出演一个角色。已知：

（1）只有甲、乙才能出演外国游客；

（2）上述 4 类角色在每个场景中至少有 3 类同时出现；

（3）每一场景中，若乙或丁出演商贩，则甲和丙出演购物者；

（4）购物者和路人的数量之和在每个场景中不超过 2。

根据上述信息，可以得出以下哪项？

A. 在同一场景中，若戊和己出演路人，则甲只可能出演外国游客。

B. 甲、乙、丙、丁不会在同一场景中同时出现。

C. 至少有 2 人需要在不同的场景中出演不同的角色。

D. 在同一场景中，若乙出演外国游客，则甲只可能出演商贩。

E. 在同一场景中，若丁和戊出演购物者，则乙只可能出演外国游客。

26.（2017-37，P262）很多成年人对于儿时熟悉的《唐诗三百首》中的许多名诗，常常仅记得几句名句，而不知诗作者或诗名。甲校中文系硕士生只有三个年级，每个年级人数相等。统计发现，一年级学生都能把该书中的名句与诗名及其作者对应起来；二年级 2/3 的学生能把该书中的名句与作者对应起来；三年级 1/3 的学生不能把该书中的名句与诗名对应起来。

根据上述信息，关于该校中文系硕士生，可以得出以下哪项？

A. 1/3 以上的一、二年级学生不能把该书中的名句与作者对应起来。

B. 1/3 以上的硕士生不能将该书中的名句与诗名或作者对应起来。

C. 大部分硕士生能将该书中的名句与诗名及其作者对应起来。

D. 2/3 以上的一、三年级学生能把该书中的名句与诗名对应起来。

E. 2/3 以上的一、二年级学生不能把该书中的名句与诗名对应起来。

27.（2017-44，P265）爱书成痴注定会藏书。大多数藏书家也会读一些自己收藏的书；但有些藏书家却因喜爱书的价值和精致装帧而购书收藏，至于阅读则放到了自己以后闲暇的时间，而一旦他们这样想，这些新购的书就很可能不被阅读了。但是，这些受到“冷遇”的书只要被友人借去一本，藏书家就会失魂落魄，整日心神不安。

根据上述信息，可以得出以下哪项？

A. 有些藏书家将自己的藏书当作友人。

B. 有些藏书家喜欢闲暇时读自己的藏书。

C. 有些藏书家会读遍自己收藏的书。

D. 有些藏书家不会立即读自己新购的书。

E. 有些藏书家从不读自己收藏的书。

28.（2016-29，P271）古人以干支纪年。甲乙丙丁戊己庚辛壬癸为十干，也称天干。子丑寅卯辰巳午未申酉戌亥为十二支，也称地支。顺次以天干配地支，如甲子、乙丑、丙寅、……、癸酉、甲戌、乙亥、丙子等，六十年重复一次，俗称六十花甲子。根据干支纪年，公元 2014 年为甲午年，公元 2015 年为乙未年。

根据以上陈述，可以得出以下哪项？

A. 现代人已不用干支纪年。

B. 21 世纪会有甲丑年。

C. 干支纪年有利于农事。

D. 根据干支纪年，公元 2024 年为甲寅年。

E. 根据干支纪年，公元 2087 年为丁未年。

29.（2016-48，P277）在编号壹、贰、叁、肆的 4 个盒子中装有绿茶、红茶、花茶和白茶 4 种茶，每只盒子只装一种茶，每种茶只装在一个盒子中。已知：

（1）装绿茶和红茶的盒子在壹、贰、叁号范围之内；

（2）装红茶和花茶的盒子在贰、叁、肆号范围之内；

（3）装白茶的盒子在壹、叁号范围之内。

根据以上陈述，可以得出以下哪项？

A. 绿茶装在叁号盒子中。

B. 花茶装在肆号盒子中。

C. 白茶装在叁号盒子中。

D. 红茶装在贰号盒子中。

E. 绿茶装在壹号盒子中。

30～31 题基于以下题干

某次讨论会共有 18 名参会者。已知：

（1）至少有 5 名青年教师是女性；

（2）至少有 6 名女教师已过中年；

（3）至少有 7 名女青年是教师。

30.（2015-31，P283）根据上述信息，关于参会人员可以得出以下哪项？

A. 有些青年教师不是女性。

B. 有些女青年不是教师。

C. 青年教师至少有 11 名。

D. 女青年至多有 11 名。

E. 女教师至少有 13 名。

31.（2015-32，P283）如果上述三句话两真一假，那么关于参会人员可以得出以下哪项？

A. 青年教师至少有 5 名。

B. 男教师至多有 10 名。

C. 女青年都是教师。　　D. 女青年至少有 7 名。

E. 青年教师都是女性。

32~33 题基于以下题干

天南大学准备选派两名研究生、三名本科生到山村小学支教。经过个人报名和民主评议，最终人选将在研究生赵婷、唐玲、殷倩等 3 人和本科生周艳、李环、文琴、徐昂、朱敏等 5 人中产生。按规定，同一学院或者同一社团至多选派一人。已知：

（1）唐玲和朱敏均来自数学学院；

（2）周艳和徐昂均来自文学院；

（3）李环和朱敏均来自辩论协会。

32.（2015-38，P285）根据上述条件，以下必定入选的是：

A. 唐玲。　B. 赵婷。　C. 周艳。　D. 殷倩。　E. 文琴。

33.（2015-39，P285）如果唐玲入选，那么以下必定入选的是：

A. 李环。　B. 徐昂。　C. 周艳。　D. 赵婷。　E. 殷倩。

34.（2014-42，P297）这两个《通知》或者属于规章或者属于规范性文件，任何人均无权依据这两个《通知》将本来属于当事人选择公证的事项规定为强制公证的事项。

根据以上信息，可以得出以下哪项？

A. 规章或者规范性文件既不是法律，也不是行政法规。

B. 规章或规范性文件或者不是法律，或者不是行政法规。

C. 这两个《通知》如果一个属于规章，那么另一个属于规范性文件。

D. 这两个《通知》如果都不属于规范性文件，那么就属于规章。

E. 将本来属于当事人选择公证的事项规定为强制公证的事项属于违法行为。

35.（2014-46，P299）某单位有负责网络、文秘以及后勤的三名办公人员：文珊、孔瑞和姚薇，为了培养年轻干部，领导决定她们三人在这三个岗位之间实行轮岗，并将她们原来的工作间 110 室、111 室和 112 室也进行了轮换。结果，原本负责后勤的文珊接替了孔瑞的文秘工作，由 110 室调到了 111 室。

根据以上信息，可以得出以下哪项？

A. 姚薇接替孔瑞的工作。　　B. 孔瑞接替文珊的工作。

C. 孔瑞被调到了 110 室。　　D. 孔瑞被调到了 112 室。

E. 姚薇被调到了 112 室。

36.（2014-47，P299）某小区业主委员会的 4 名成员晨桦、建国、向明和嘉媛围坐在一张方桌前（每边各坐一人）讨论小区大门旁的绿化方案。4 人的职业各不相同，每个人的职业是高校教师、软件工程师、园艺师或邮递员之中的一种。已知：晨桦是软件工程师，他坐在建国的左手边；向明坐在高校教师的右手边；坐在建国对面的嘉媛不是邮递员。

根据以上信息，可以得出以下哪项？

A. 嘉媛是高校教师，向明是园艺师。　　B. 向明是邮递员，嘉媛是园艺师。

C. 建国是邮递员，嘉媛是园艺师。　　D. 建国是高校教师，向明是园艺师。

E. 嘉媛是园艺师，向明是高校教师。

37.（2014-51，P300）孙先生的所有朋友都声称，他们知道某人每天抽烟至少两盒，而且持续了 40 年，但身体一直不错。不过可以确信的是，孙先生并不知道有这样的人，在他的朋友中也有像孙先生这样不知情的。

根据以上信息,可以得出以下哪项?

A. 抽烟的多少和身体健康与否无直接关系。

B. 朋友之间的交流可能会夸张,但没有人想故意说谎。

C. 孙先生的每位朋友知道的烟民一定不是同一个人。

D. 孙先生的朋友中有人没有说真话。

E. 孙先生的大多数朋友没有说真话。

38. (2014-52,P300)现有甲、乙两所高校,根据上年度的教育经费实际投入统计,若仅仅比较在校本科生的学生人均投入经费,甲校等于乙校的86%;但若比较所有学生(本科生加上研究生)的人均经费投入,甲校是乙校的118%。各校研究生的人均经费投入均高于本科生。

根据以上信息,最可能得出以下哪项?

A. 上年度,甲校学生总数多于乙校。

B. 上年度,甲校研究生人数少于乙校。

C. 上年度,甲校研究生占该校学生的比例高于乙校。

D. 上年度,甲校研究生人均经费投入高于乙校。

E. 上年度,甲校研究生占该校学生的比例高于乙校,或者甲校研究生人均经费投入高于乙校。

39~40题基于以下题干

互联网好比一个复杂多样的虚拟世界,每台联网主机上的信息又构成一个微观虚拟世界。若在某主机上可以访问本主机的信息,则称该主机相通于自身;若主机 x 能通过互联网访问主机 y 的信息,则称 x 相通于 y。已知代号分别为甲、乙、丙、丁的四台联网主机有如下信息:

(1) 甲主机相通于任一不相通于丙的主机;

(2) 丁主机不相通于丙;

(3) 丙主机相通于任一相通于甲的主机。

39. (2013-31,P304)若丙主机不相通于自身,则以下哪项一定为真?

A. 甲主机相通于乙,乙主机相通于丙。

B. 甲主机相通于丁,也相通于丙。

C. 丙主机不相通于丁,但相通于乙。

D. 若丁主机相通于乙,则乙主机相通于甲。

E. 只有甲主机不相通于丙,丁主机才相通于乙。

40. (2013-32,P305)若丙主机不相通于任何主机,则以下哪项一定为假?

A. 甲主机相通于乙。

B. 乙主机相通于自身。

C. 丁主机不相通于甲。

D. 若丁主机不相通于甲,则乙主机相通于甲。

E. 若丁主机相通于甲,则乙主机相通于甲。

41. (2013-34,P305)人们知道鸟类能感觉到地球磁场,并利用它们导航。最近某国科学家发现,鸟类其实是利用右眼“查看”地球磁场的。为检验该理论,当鸟类开始迁徙的时候,该国科学家把若干知更鸟放进一个漏斗形状的庞大的笼子里,并给其中部分知更鸟的一只眼睛戴上一种可屏蔽地球磁场的特殊金属眼罩。笼壁上涂着标记性物质,鸟要通过笼子细口才能飞出去。如果鸟碰到笼壁,就会黏上标记性物质,以此判断鸟能否找到方向。

以下哪项如果为真,最能支持研究人员的上述发现?

A. 没戴眼罩的鸟和左眼戴眼罩的鸟朝哪个方向飞的都有,右眼戴眼罩的鸟顺利从笼中飞了出去。

B. 没戴眼罩的鸟顺利从笼中飞了出去;戴眼罩的鸟,不论左眼还是右眼,朝哪个方向飞的都有。

C. 戴眼罩的鸟,不论左眼还是右眼,顺利从笼中飞了出去;没戴眼罩的鸟朝哪个方向飞的都有。

D. 没戴眼罩的鸟和右眼戴眼罩的鸟顺利从笼中飞了出去,左眼戴眼罩的鸟朝哪个方向飞的都有。

E. 没戴眼罩的鸟和左眼戴眼罩的鸟顺利从笼中飞了出去,右眼戴眼罩的鸟朝哪个方向飞的都有。

42. (2013-43,P308)所有参加此次运动会的选手都是身体强壮的运动员,所有身体强壮的运动员都是极少生病的,但是有一些身体不适的选手参加了此次运动会。

以下哪项不能从上述前提中得出?

A. 有些身体不适的选手是极少生病的。

B. 极少生病的选手都参加了此次运动会。

C. 参加此次运动会的选手都是极少生病的。

D. 有些身体强壮的运动员感到身体不适。

E. 有些极少生病的选手感到身体不适。

43. (2013-47,P311)据统计,去年在某校参加高考的385名文、理科考生中,女生189人,文科男生41人,非应届男生28人,应届理科考生256人。

由此可见,去年在该校参加高考的考生中:

A. 非应届文科男生多于20人。

B. 应届理科女生少于130人。

C. 非应届文科男生少于20人。

D. 应届理科女生多于130人。

E. 应届理科男生多于129人。

44. (2013-50,P311)根据某位国际问题专家的调查统计可知:有的国家希望与某些国家结盟,有三个以上的国家不希望与某些国家结盟;至少有两个国家希望与每个国家建交,有的国家不希望与任一国家结盟。

根据上述统计可以得出以下哪项?

A. 每个国家都有一些国家希望与之结盟。

B. 每个国家都有一些国家希望与之建交。

C. 至少有一个国家,既有国家希望与之建交,也有国家不希望与之建交。

D. 至少有一个国家,既有国家希望与之结盟,也有国家不希望与之结盟。

E. 有些国家之间希望建交但是不希望结盟。

45. (2013-51,P312)翠竹的大学同学都在某德资企业工作,溪兰是翠竹的大学同学。涧松是该德资企业的部门经理。该德资企业的员工有些来自淮安。该德资企业的员工都曾到德国研修,他们都会说德语。

以下哪项可以从以上陈述中得出？

A. 涧松来自淮安。

B. 翠竹的大学同学有些是部门经理。

C. 溪兰会说德语。

D. 翠竹与涧松是大学同学。

E. 涧松与溪兰是大学同学。

46. (2012-52,P319)近期流感肆虐，一般流感患者可采用抗病毒药物治疗。虽然并不是所有流感患者均需接受达菲等抗病毒药物的治疗，但不少医生仍强烈建议老人、儿童等易出现严重症状的患者用药。

如果以上陈述为真，则以下哪项一定为假？

Ⅰ. 有些流感患者需接受达菲等抗病毒药物的治疗。

Ⅱ. 并非有的流感患者不需接受抗病毒药物的治疗。

Ⅲ. 老人、儿童等易出现严重症状的患者不需要用药。

A. 仅Ⅰ。

B. 仅Ⅱ。

C. 仅Ⅲ。

D. 仅Ⅰ、Ⅱ。

E. 仅Ⅱ、Ⅲ。

47. (2011-27,P320)张教授的所有初中同学都不是博士；通过张教授而认识其哲学研究所同事的都是博士；张教授的一个初中同学通过张教授认识了王研究员。

以下哪项能作为结论从上述断定中推出？

A. 王研究员是张教授的哲学研究所同事。

B. 王研究员不是张教授的哲学研究所同事。

C. 王研究员是博士。

D. 王研究员不是博士。

E. 王研究员不是张教授的初中同学。

48. (2011-28,P321)一般将缅甸所产的经过风化或经河水搬运至河谷、河床中的翡翠大砾石，称为“老坑玉”。老坑玉的特点是“水头好”、质坚、透明度高，其上品透明如玻璃，故称“玻璃种”或“冰种”。同为老坑玉，其质量相对也有高低之分，有的透明度高一些，有的透明度稍差些，所以价值也有差别。在其他条件都相同的情况下，透明度高的老坑玉比透明度较其低的单位价值高，但是开采的实践告诉人们，没有单位价值最高的老坑玉。

以上陈述如果为真，可以得出以下哪项结论？

A. 没有透明度最高的老坑玉。

B. 透明度高的老坑玉未必“水头好”。

C. “新坑玉”中也有质量很好的翡翠。

D. 老坑玉的单位价值还决定于其加工的质量。

E. 随着年代的增加，老坑玉的单位价值会越来越高。

49. (2011-42,P324)按照联合国开发计划署2007年的统计，挪威是世界上居民生活质量最高的国家，欧美和日本等发达国家也名列前茅。如果统计1990年以来生活质量改善最快的国家，发达国家则落后了。至少在联合国开发计划署统计的116个国家中，17年来，非洲东南部国家莫桑比克的生活质量提高最快，2007年其生活质量指数比1990年提高了50%。很多非洲国家取得了和莫桑比克类似的成就。作为世界上最受瞩目的发展中国家，中国的生活质量指数在过去17年中也提高了27%。

以下哪项可以从联合国开发计划署的统计中得出？

A. 2007 年，发展中国家的生活质量指数都低于西方国家。

B. 2007 年，莫桑比克的生活质量指数不高于中国。

C. 2006 年，日本的生活质量指数不高于中国。

D. 2006 年，莫桑比克的生活质量的改善快于非洲其他各国。

E. 2007 年，挪威的生活质量指数高于非洲各国。

50.（2011-43，P324）某次认知能力测试，刘强得了 118 分，蒋明的得分比王丽高，张华和刘强的得分之和大于蒋明和王丽的得分之和，刘强的得分比周梅高；此次测试 120 分以上为优秀，五人之中有两人没有达到优秀。

根据以上信息，以下哪项是上述五人在此次测试中得分由高到低的排列？

A. 张华、王丽、周梅、蒋明、刘强。

B. 张华、蒋明、王丽、刘强、周梅。

C. 张华、蒋明、刘强、王丽、周梅。

D. 蒋明、张华、王丽、刘强、周梅。

E. 蒋明、王丽、张华、刘强、周梅。

51.（2010-41，P332）S 市环保检测中心的统计分析表明，2009 年空气质量为优的天数为 150 天，比 2008 年多出 22 天。二氧化碳、一氧化碳、二氧化氮、可吸入颗粒物四项污染物浓度平均值，与 2008 年相比分别下降了约 21.3%、25.6%、26.2%、15.4%。S 市环保负责人指出，这得益于近年来本市政府持续采取的控制大气污染的相关措施。

以下除哪项外，均能支持上述市环保负责人的看法？

A. S 市广泛展开环保宣传，加强了市民的生态理念和环保意识。

B. S 市启动了内部控制污染方案，凡是不达标的燃煤锅炉停止运行。

C. S 市执行了机动车排放国Ⅳ标准，单车排放比国Ⅲ标准降低了 49%。

D. S 市市长办公室最近研究了焚烧秸秆的问题，并着手制定相关条例。

E. S 市制定了“绿色企业”标准，继续加快污染重、能耗高的企业的退出。

52.（2010-53，P336）参加某国际学术研讨会的 60 名学者中，亚裔学者 31 人，博士 33 人，非亚裔学者中无博士学位的有 4 人。

根据上述陈述，参加此次国际研讨会的亚裔博士有几人？

A. 1 人。　B. 2 人。　C. 4 人。　D. 7 人。　E. 8 人。

53.（2009-29，P338）一项对西部山区小塘村的调查发现：小塘村约五分之三的儿童入中学后出现中度以上的近视，而他们的父母及祖辈，没有机会到正规学校接受教育，很少出现近视。

以下哪项作为上述断定的结论最为恰当？

A. 接受文化教育是造成近视的原因。

B. 只有在儿童时期接受正式教育才易于形成近视。

C. 阅读和课堂作业带来的视觉压力必然造成儿童的近视。

D. 文化教育的发展和近视现象的出现有密切的关系。

E. 小塘村约五分之二的儿童是文盲。

54.（2009-31，P338）大李和小王是某报新闻部的编辑。该报总编计划从新闻部抽调人员到经济部。总编决定：未经大李和小王本人同意，将不调用两人。大李告诉总编：“我不同意调用，除非我知道小王已经调用。”小王说：“除非我知道大李已经调用，否则我不同意调用。”

如果上述三人坚持各自的决定，则可推出以下哪项结论？

A. 两人都不可能调用。

B. 两人都可能调用。

C. 两人至少一人可能调用，但不可能两人都调用。

D. 要么两人都调用，要么两人都不调用。

E. 题干的条件推不出关于两人调用的确定结论。

55. (2009-33，P339)某综合性大学只有理科与文科，理科学生多于文科学生，女生多于男生。

如果上述断定为真，则以下哪项关于该大学学生的断定也一定为真？

Ⅰ. 文科的女生多于文科的男生。

Ⅱ. 理科的男生多于文科的男生。

Ⅲ. 理科的女生多于文科的男生。

A. 只有Ⅰ和Ⅱ。

B. 只有Ⅲ。

C. 只有Ⅱ和Ⅲ。

D. Ⅰ、Ⅱ和Ⅲ。

E. Ⅰ、Ⅱ和Ⅲ都不一定为真。

56. (2009-46，P343)在接受治疗的腰肌劳损患者中，有人只接受理疗，也有人接受理疗与药物双重治疗。前者可以得到与后者相同的预期治疗效果。对于上述接受药物治疗的腰肌劳损患者来说，此种药物对于获得预期的治疗效果是不可缺少的。

如果上述断定为真，则以下哪项一定为真？

Ⅰ. 对于一部分腰肌劳损患者来说，要配合理疗取得治疗效果，药物治疗是不可缺少的。

Ⅱ. 对于一部分腰肌劳损患者来说，要取得治疗效果，药物治疗不是不可缺少的。

Ⅲ. 对于所有腰肌劳损患者来说，要取得治疗效果，理疗是不可缺少的。

A. 只有Ⅰ。

B. 只有Ⅱ。

C. 只有Ⅲ。

D. 只有Ⅰ和Ⅱ。

E. Ⅰ、Ⅱ和Ⅲ。

57. (2009-47，P344)在潮湿的气候中仙人掌很难成活；在寒冷的气候中柑橘很难生长。在某省的大部分地区，仙人掌和柑橘至少有一种不难成活或生长。

如果上述断定为真，则以下哪项一定为假？

A. 该省的一半地区，既潮湿又寒冷。

B. 该省的大部分地区炎热。

C. 该省的大部分地区潮湿。

D. 该省的某些地区既不寒冷也不潮湿。

E. 柑橘在该省的所有地区都无法生长。

58. (2009-54，P347)张珊喜欢喝绿茶，也喜欢喝咖啡；他的朋友中没有人既喜欢喝绿茶，又喜欢喝咖啡；但他的所有朋友都喜欢喝红茶。

如果上述断定为真，则以下哪项不可能为真？

A. 张珊喜欢喝红茶。

B. 张珊的所有朋友都喜欢喝咖啡。

C. 张珊的所有朋友喜欢喝的茶在种类上完全一样。

D. 张珊有一个朋友既不喜欢喝绿茶，也不喜欢喝咖啡。

E. 张珊喜欢喝的饮料，他有一个朋友都喜欢喝。

59.（2008-49,P354）某实验室一共有 A、B、C 三种类型的机器人，A 型能识别颜色，B 型能识别形状，C 型既不能识别颜色也不能识别形状。实验室用红球、蓝球、红方块和蓝方块对 1 号和 2 号机器人进行实验，命令它们拿起红球，但 1 号拿起了红方块，2 号拿起了蓝球。

根据上述实验，以下哪项断定一定为真？

A. 1 号和 2 号都是 C 型。

B. 1 号和 2 号中有且只有一个是 C 型。

C. 1 号是 A 型且 2 号是 B 型。

D. 1 号不是 B 型且 2 号不是 A 型。

E. 1 号可能不是 A、B、C 三种类型的任何一种。

60.（2008-53,P355）某校以年级为单位，把学生的学习成绩分为优、良、中、差四等。在一学年中，各门考试总分前 10%的为优；后 30%的为差，其余的为良与中。在上一学年中，高二年级成绩为优的学生多于高一年级成绩为优的学生。

如果上述断定为真，则以下哪项一定为真？

A. 高二年级成绩为差的学生少于高一年级成绩为差的学生。

B. 高二年级成绩为差的学生多于高一年级成绩为差的学生。

C. 高二年级成绩为优的学生多于高一年级成绩为良的学生。

D. 高二年级成绩为优的学生少于高一年级成绩为良的学生。

E. 高二年级成绩为差的学生多于高一年级成绩为中的学生。

61.（2007-26,P357）在青崖山区，商品通过无线广播电台进行密集的广告宣传就能迅速获得最大程度的知名度。

上述断定最能支持以下哪项结论？

A. 在青崖山区，无线广播电台是商品打开市场的最重要途径。

B. 在青崖山区，高知名度的商品将拥有众多消费者。

C. 在青崖山区，无线广播电台的广告宣传可以使商品的信息传到每户人家。

D. 在青崖山区，某一商品为了迅速获得最大程度的知名度，除了通过无线广播电台进行密集的广告宣传外，不需要利用其他宣传工具做广告。

E. 在青崖山区，某一商品的知名度与其性能和质量的关系很大。

62.（2007-42,P364）某公司一批优秀的中层干部竞选总经理职位。所有的竞选者除了李女士自身外，没有人能同时具备她的所有优点。

从以上断定能合乎逻辑地得出以下哪项结论？

A. 在所有竞选者中，李女士最具备条件当选总经理。

B. 李女士具有其他竞选者都不具备的某些优点。

C. 李女士具有其他竞选者的所有优点。

D. 李女士的任一优点都有竞选者不具备。

E. 任何其他竞选者都有不及李女士之处。

63.（2007-44,P364）2/3 的陪审员认为证人在被告作案时间、作案地点或作案动机上提供伪证。

以下哪项能作为结论从上述断定中推出？

A. 2/3 的陪审员认为证人在被告作案时间上提供伪证。

B. 2/3 的陪审员认为证人在被告作案地点上提供伪证。

C. 2/3 的陪审员认为证人在被告作案动机上提供伪证。

D. 在被告作案时间、作案地点或作案动机这三个问题中，至少有一个问题，2/3 的陪审员认为证人在这个问题上提供伪证。

E. 以上各项均不能从题干的断定推出。

64.（2007-46，P365）有球迷喜欢所有参赛球队。

如果上述断定为真，则以下哪项不可能为真？

A. 所有参赛球队都有球迷喜欢。

B. 有球迷不喜欢所有参赛球队。

C. 所有球迷都不喜欢某个参赛球队。

D. 有球迷不喜欢某个参赛球队。

E. 每个参赛球队都有球迷不喜欢。

65.（2007-48，P366）蓝星航线上所有货轮的长度都大于 100 米，该航线上所有客轮的长度都小于 100 米。蓝星航线上的大多数轮船都是 1990 年以前下水的。金星航线上的所有货轮和客轮都是 1990 年以后下水的，其长度都小于 100 米。大通港一号码头只对上述两条航线的轮船开放，该码头设施只适用于长度小于 100 米的轮船。捷运号是最近停靠在大通港一号码头的一艘货轮。

如果上述断定为真，则以下哪项一定为真？

A. 捷运号是 1990 年以后下水的。

B. 捷运号属于蓝星航线。

C. 大通港只适用于长度小于 100 米的货轮。

D. 大通港不对其他航线开放。

E. 蓝星航线上的所有轮船都早于金星航线上的轮船下水。

66.（2007-51，P367）所有校学生会委员都参加了大学生电影评论协会。张珊、李斯和王武都是校学生会委员。大学生电影评论协会不吸收大学一年级学生参加。

如果上述断定为真，则以下哪项一定为真？

Ⅰ. 张珊、李斯和王武都不是大学一年级学生。

Ⅱ. 所有校学生会委员都不是大学一年级学生。

Ⅲ. 有些大学生电影评论协会的成员不是校学生会委员。

A. 只有Ⅰ。

B. 只有Ⅱ。

C. 只有Ⅲ。

D. 只有Ⅰ和Ⅱ。

E. Ⅰ、Ⅱ和Ⅲ。

67.（2007-52，P367）对行为的解释与对行为的辩护，是两个必须加以区别的概念。对一个行为的解释，是指准确地表达导致这一行为的原因；对一个行为的辩护，是指出行为者具有实施这一行为的正当理由。事实上，对许多行为的辩护，并不是对此种行为的解释。只有当对一个行为的辩护成为对该行为解释的实质部分时，这样的行为才是合理的。

基于上述断定能得出以下哪项结论？

A. 当一个行为得到辩护，则也得到解释。

B. 当一个行为的原因中包含该行为的正当理由，则该行为是合理的。

C. 任何行为都不可能是完全合理的。

D. 有些行为的原因是不可能被发现的。

E. 如果一个行为是合理的,则实施这一行为的正当理由必定也是导致该行为的原因。

68. (2007-53,P367)在西方经济发展的萧条期,消费需求的萎缩导致许多企业解雇职工甚至倒闭。在萧条期,被解雇的职工很难找到新的工作,这就增加了失业人数。萧条之后的复苏,是指消费需求的增加和社会投资能力的扩张。这种扩张要求增加劳动力。但是经历了萧条之后的企业主大都丧失了经商的自信,他们尽可能地推迟雇用新的职工。

上述断定如果为真,最能支持以下哪项结论?

A. 经济复苏不一定能迅速减少失业人数。

B. 萧条之后的复苏至少需要两三年。

C. 萧条期的失业大军主要由倒闭企业的职工组成。

D. 萧条通常是由企业主丧失经商自信引起的。

E. 在西方经济发展中出现萧条是解雇职工造成的。

69. (2006-27,P368)我想说的都是真话,但真话我未必都说。

如果上述断定为真,则以下各项都可能为真,除了

A. 我有时也说假话。

B. 我不是想啥说啥。

C. 有时说某些善意的假话并不违背我的意愿。

D. 我说的都是我想说的话。

E. 我说的都是真话。

70. (2006-29,P369)在桂林漓江一些有地下河流的岩洞中,有许多露出河流水面的石笋。这些石笋是由水滴长年滴落在岩石表面而逐渐积累的矿物质形成的。

如果上述断定为真,最能支持以下哪项结论?

A. 过去漓江的江面比现在高。

B. 只有漓江的岩洞中才有地下河流。

C. 漓江的岩洞中大都有地下河流。

D. 上述岩洞内的地下河流是在石笋形成前出现的。

E. 上述岩洞内地下河流的水比过去某个时候深。

71. (2006-32,P370)除了吃川菜,张涛不吃其他菜肴。所有林村人都爱吃川菜。川菜的特色为麻辣香,其中有大量的干鲜辣椒、花椒、大蒜、姜、葱、香菜等调料。大部分吃川菜的人都喜好一边吃川菜,一边喝四川特有的盖碗茶。

如果上述断定为真,则以下哪项一定为真?

A. 所有林村人都爱吃麻辣香的食物。

B. 所有林村人都喝四川出产的茶。

C. 大部分林村人喝盖碗茶。

D. 张涛喝盖碗茶。

E. 张涛是四川人。

72. (2006-33,P370)地球在其形成的早期是一个熔岩状态的快速旋转体,绝大部分的铁元素处于其核心部分。有一些熔岩从这个旋转体的表面甩出,后来冷凝形成了月球。

如果以上这种关于月球起源的理论正确,则最能支持以下哪项结论?

A. 月球是唯一围绕地球运行的星球。

B. 月球将早于地球解体。

C. 月球表面的凝固是在地球表面凝固之后。

D. 月球像地球一样具有固体的表层结构和熔岩状态的核心。

E. 月球的含铁比例小于地球核心部分的含铁比例。

73.（2006-47,P374）在一次歌唱竞赛中,每一名参赛选手都有评委投了优秀票。

如果上述断定为真,则以下哪项不可能为真?

Ⅰ. 有的评委投了所有参赛选手优秀票。

Ⅱ. 有的评委没有给任何参赛选手投优秀票。

Ⅲ. 有的参赛选手没有得到一张优秀票。

A. 只有Ⅰ。　　B. 只有Ⅱ。

C. 只有Ⅲ。　　D. 只有Ⅰ和Ⅱ。

E. 只有Ⅰ和Ⅲ。

74.（2006-50,P375）大多数独生子女都有以自我为中心的倾向。有些非独生子女同样有以自我为中心的倾向。自我为中心倾向的产生有各种原因,但一个共同原因是缺乏父母的正确引导。

如果上述断定为真,则以下哪项一定为真?

A. 每个缺乏父母正确引导的家庭都有独生子女。

B. 有些缺乏父母正确引导的家庭有不止一个子女。

C. 有些家庭虽然缺乏父母正确引导,但子女并不以自我为中心。

D. 大多数缺乏父母正确引导的家庭都有独生子女。

E. 缺乏父母正确引导的多子女家庭,少于缺乏父母正确引导的独生子女家庭。

75.（2006-52,P376）思考是人的大脑才具有的机能。计算机所做的事（如深蓝与国际象棋大师对弈）更接近于思考,而不同于动物（指人以外的动物,下同）的任何一种行为。但计算机不具有意志力,而有些动物具有意志力。

如果上述断定为真,则以下哪项一定为真?

Ⅰ. 具备意志力不一定要经过思考。

Ⅱ. 动物的行为中不包括思考。

Ⅲ. 思考不一定要具备意志力。

A. 只有Ⅰ。　　B. 只有Ⅱ。

C. 只有Ⅲ。　　D. 只有Ⅰ和Ⅱ。

E. Ⅰ、Ⅱ和Ⅲ。

76.（2006-55,P377）在丈夫或妻子至少有一个是中国人的夫妻中,中国女性比中国男性多两万。

如果上述断定为真,则以下哪项一定为真?

Ⅰ. 恰有两万中国女性嫁给了外国人。

Ⅱ. 在和中国人结婚的外国人中,男性多于女性。

Ⅲ. 在和中国人结婚的人中,男性多于女性。

A. 只有Ⅰ。　　B. 只有Ⅱ。

C. 只有Ⅲ。　　D. 只有Ⅱ和Ⅲ。

E. Ⅰ、Ⅱ和Ⅲ。

三、分析性推理题

1.（2025-41，P168）已知“■★▲◆●”“▲☆◆●□”和“☆◆●■□”是三组图形符号，其中有两组分别表示“春花开满园”和“满山梅花开”。

根据以上信息，可知“◆▲☆★□”中两个相邻图形符号表示的汉字有

A. 春山。　　B. 梅园。

C. 梅山。　　D. 花园。

E. 山花。

2.（2025-43，P170）某地群山连绵，森林覆盖率高达75%，具有林海、高山草甸、天坑、峡谷4种类型的自然景观，吸引着世界各地游客。一位细心的游客发现，该地四种自然景观共16处，每种类型的自然景观数量各不相同，另外，他还发现：

（1）林海和峡谷的总数共是6处；

（2）林海和天坑的总数共是7处；

（3）4种类型自然景观中有一种类型的数量是3处。

根据以上信息，可以得出以下哪项？

A. 该地有2处林海。　　B. 该地有3处天坑。

C. 该地有4处峡谷。　　D. 该地有5处高山草甸。

E. 该地有8处高山草甸。

3.（2025-44，P170）某大学新校区建成后，甲、乙、丙、丁4位校领导对新校区建设的5项工作进行了检查，已知他们每个人至少检查了其中1项工作，每项工作均被检查过一遍，且不会被重复检查，关于他们4人与其检查工作的对应情况有如下3种描述：

	工作1	工作2	工作3	工作4	工作5	对应情况描述正确的数量
描述一	乙	甲	丁	丁	丙	2
描述二	丙	甲	乙	甲	丁	2
描述三	甲	丙	丁	乙	甲	3

根据上述信息，可以得出以下哪项一定为真？

A. 甲检查了工作4。　　B. 甲检查了工作5

C. 乙检查了工作3。　　D. 丙检查了工作2。

E. 丁检查了工作4。

4.（2025-45，P170）近期，某老年大学开设书法、手工、台球、古筝、声乐、绘画6门秋季课程，陆、赵、王、李4位老人均报名参加了其中2门课程的学习。已知：

（1）上述每门课程均至少有其中的1人报名；

（2）李所报课程仅与其他3人中的1人所报课程完全不同。

（3）若李、王2人至多有1人报书法课程，则李和陆均报了声乐和绘画课程。

根据以上信息，可以得出以下哪项？

A. 赵报名古筝课程。　　B. 李报名声乐课程。

C. 陆报名绘画课程。　　D. 王报名台球课程。

E. 李报名书法课程。

5.（2025-46,P171）某单位今年招聘了甲、乙、丙、丁、戊、己 6 名应届毕业生，其中博士 1 人，硕士 2 人，学士 3 人；2 名男性，4 名女性。已知：

（1）乙、丁 2 人性别相同，丙、己 2 人性别不同；

（2）甲、己 2 人学位相同，乙、丙、戊 3 人学位各不相同。

根据以上信息，可以得出以下哪项？

A. 乙、丁中至少有 1 人是女硕士。　　B. 乙、丙中至少有 1 人是女硕士。

C. 丁、戊中至少有 1 人是男硕士。　　D. 丙、戊中有 1 人是男博士。

E. 丙、戊中有 1 人是女博士。

6.（2025-47,P171）某部甲、乙、丙、丁、戊、己、庚、辛 8 名官兵以一路纵队方式行进（先后顺序未必如此）。已知：甲之后有 3 名士兵；丙是士兵，其后有 2 名士兵；丁之前有 2 名军官，其后有 2 名士兵；己之后无士兵。

根据以上信息，可以得出以下哪项？

A. 乙是军官。　　B. 丁是军官。

C. 戊是士兵。　　D. 己是军官。

E. 8 人中有 5 名军官、3 名士兵。

7.（2025-48,P171）某大学开设 6 门中国古代经典选读课程，分别讲授《论语》《周易》《中庸》《墨经》《诗经》《尚书》之一，由周、吴、王 3 位老师各讲授其中 2 门且所讲完全不同。已知：

（1）吴老师、讲授《诗经》的和讲授《论语》的 3 人均是文学院的；

（2）周老师、讲授《墨经》的和讲授《周易》的 3 人均住在教师公寓。

根据以上信息，以下哪项是不可能的？

A. 讲授《论语》《周易》的是同一位老师。　　B. 讲授《中庸》《尚书》的是同一位老师。

C. 讲授《墨经》《诗经》的是同一位老师。　　D. 讲授《中庸》《墨经》的是同一位老师。

E. 讲授《诗经》《尚书》的是同一位老师。

8.（2025-49,P172）下图是一个 5×5 的方阵，它所含的每个小方格中均可填入“酸”“甜”“苦”“辣”“咸”五味名称之一，有部分方格已经填入，要求该方阵每行、每列以及两条对角线的 5 个小方格中均含有五味名称，不能重复也不能遗漏。

根据上述要求，以下哪项是空格①②中依次应填入的五味名称？

①				辣
				②
		苦		
				甜
酸				

A. 甜、酸。　　B. 甜、咸。　　C. 咸、酸。　　D. 甜、苦。　　E. 咸、苦。

9~10 题基于以下题干

在欣赏一幅古代山水画时，某人发现在一片山水屋舍之间，有主人、童子、访客和钓者 4

种人物共 6 人点缀其中。3 名访客正走在门外的小桥上高声呼喊，画中的主人正要打开院门迎客，童子正在院中煮茶，1 名钓者正在远离人群的一条小溪旁安静垂钓。赏画人将这 6 人当作甲、乙、丙、丁、戊、己，并且设想：

（1）如果甲是主人，则乙和丙均是访客；

（2）如果丙是访客，则己在院外且甲是童子；

（3）如果丙和丁至多有一人是访客，则甲是主人且戊在院内。

9.（2025-50，P172）根据以上信息，可以得出以下哪项？

A. 甲是童子。　B. 乙是访客。　C. 丙是主人。　D. 戊是访客。　E. 己是钓者。

10.（2025-51，P172）如果乙在院外，则可以得出以下哪项？

A. 丁是钓者。　B. 乙是钓者。　C. 乙是访客。　D. 戊是主人。　E. 己是访客。

11～12 题基于以下题干

某次考试有 10 道选择题，小李、小王、小文 3 人均只答对其中 6 道题。已知：

（1）没有人连续答对 3 道题；

（2）小李第 2、4、9 题答错了，小王第 1、5、8 题答错了，小文第 3、6、9 题答错了。

11.（2025-52，P173）根据以上信息，以下哪项是可能的？

A. 小李第 6 题答错了。　B. 小李第 10 题答错了。

C. 小王第 9 题答错了。　D. 小王第 10 题答错了。

E. 小王第 6 题答错了。

12.（2025-53，P173）若有一题 3 人均答对了，有一题 3 人均答错了，则以下哪项一定是错误的？

A. 小李第 3 题答对了。　B. 小王第 2 题答对了。

C. 小王第 3 题答错了。　D. 小文第 2 题答错了。

E. 小文第 4 题答对了。

13～14 题基于以下题干

某学院尚余 9 个考场的监考任务供甲、乙、丙、丁、戊 5 位老师选择。已知：每场考试 2 小时，每位老师需监考 2～3 个考场；有 2 个考场要求其中 2 人共同监考；其余 7 个考场要求单独监考，各需 1 名监考人员。这 9 个考场的时间安排如下：

时间	星期一	星期二	星期三	星期四	星期五
上午 9:00-11:00	已安排	1 个考场	1 个考场	已安排	1 个考场
下午 14:00-16:00	已安排	无监考	例会	2 个考场	已安排
晚上 18:30-20:30	1 个考场 （2 人共同监考）	1 个考场	1 个考场	1 个考场 （2 人共同监考）	已安排

对于监考安排，丙、丁没有任何要求，但其他 3 位老师有如下要求：

甲：我的监考需安排在晚上，但不要连续两个晚上都安排监考；

乙：若我的监考没有都安排在前三天，则有一场需安排我和丙在同一天同一时间监考；

戊：我想监考三场，但都不要安排在上午。

事后得知，这 3 位老师的要求均得到了满足。

13.（2025-54，P173）若周五安排乙监考，则可以得出以下哪项？

A. 甲都是单独监考。

B. 乙有一场共同监考。

C. 丙都是共同监考。

D. 丁有一场共同监考。

E. 戊至少有一场共同监考。

14.（2025-55，P174）若丁的监考都安排在晚上，则可以得出以下哪项？

A. 周一晚上甲有监考。

B. 周五上午乙有监考。

C. 周四下午丙有监考。

D. 周三晚上丁有监考。

E. 周二晚上戊有监考。

15.（2024-27，P175）某大学管理学院安排甲、乙、丙、丁、戊、己 6 位院务会成员暑期值班 6 周，每人值班一周。已知：

（1）乙第四周值班；

（2）丁和戊的值班时间都早于己；

（3）甲值班的时间早于乙，但晚于丙。

根据以上信息，第三周可以安排的值班人员有哪些？

A. 仅甲、丁。

B. 仅甲、戊。

C. 仅丁、戊。

D. 仅甲、丁、戊。

E. 仅丁、戊、己。

16.（2024-29，P176）某部门拟在甲、乙、丙、丁、戊 5 个乡镇中选择 3 个进行调研，调研要求如下：

（1）乙、丁至多调研其一；

（2）若选择丙，则选择乙而不选择甲；

（3）若甲、戊中至少有一个不选择，则不选择丙.

根据以上信息，可以得出以下哪项？

A. 甲、戊均不选。

B. 甲、戊恰选其一。

C. 乙、丙均不选。

D. 乙、丙、丁恰选其一。

E. 乙、丙、丁恰选其二。

17~18 题基于以下题干

某大学进行校园形象动物评选，对于喜鹊、松鼠、狐狸、刺猬、乌鸦和白鹭 6 种动物能否进入初选，有人预测如下：

（1）上述 6 种动物中若至少有 4 种入选，则刺猬和松鼠均入选；

（2）若松鼠、狐狸和乌鸦中至少有 1 种入选，则喜鹊入选，而刺猬不会入选。评选结果表明，上述预测正确。

17.（2024-35，P178）根据以上信息，关于上述 6 种动物的入选情况，可以得出以下哪项？

A. 至多有 3 种入选。

B. 至少有 3 种入选。

C. 乌鸦和刺猬均未入选。

D. 乌鸦和刺猬至少有 1 种入选。

E. 白鹭、松鼠和狐狸中至少有 1 种入选。

18.（2024-36，P178）若恰好有 3 种动物入选，则可以得出以下哪项？

A. 刺猬入选。　B. 狐狸入选。　C. 喜鹊入选。　D. 松鼠入选。　E. 白鹭入选。

19. (2024-39,P179)老孟、小王、大李 3 人为某小区保安。已知:一周 7 天每天总有他们 3 人中的至少 1 人值班,没有人连续 3 天值班,任意 2 人在同一天休假的情况均不超过 1 次。另外,还知道:

(1) 老孟周二、周四和周日休假;

(2) 小王周四、周六休假,周五值班;

(3) 大李周六、周日休假,周五值班。

根据以上信息,可以得出以下哪项?

A. 老孟周一值班。　B. 小王周一值班。

C. 老孟周五值班。　D. 小王周三休假。

E. 大李周四休假。

20. (2024-40,P180)某单位举办两轮羽毛球单打表演赛,共有甲、乙、丙、丁、戊、己 6 位选手参加。每轮表演赛都按以下组合进行了 5 场比赛:甲对乙、甲对丁、丙对戊、丙对丁、戊对己。已知:

(1) 每场比赛均决出胜负;

(2) 每轮比赛中,各参赛选手均至多输一场;

(3) 每轮比赛决出的冠军在该轮比赛中未有败绩,甲在第一轮比赛中获冠军;

(4) 只有一组选手在第二轮比赛中的胜负结果与第一轮相同,其余任一组选手的两轮比赛结果均不同。

根据上述信息,可以得出第二轮表演赛的冠军是以下哪位选手?

A. 乙。　B. 丙。　C. 丁。　D. 戊。　E. 己。

21. (2024-47,P182)某大学从候选人甲、乙、丙、丁、戊、己、庚 7 人中选出 3 人作为本年度优秀教师。

已知:

(1) 甲、丙、丁、戊、己中至多有 2 人入选;

(2) 若戊、己都没有入选,则丁、庚也都没有入选;

(3) 若乙、庚中至少有 1 人没入选,则甲、丙都入选。

根据上述信息,可以得出以下哪项?

A. 甲入选。　B. 乙入选。　C. 丙入选。　D. 戊入选。　E. 庚入选。

22. (2024-50,P183)甲、乙、丙、丁、戊 5 人参加某单位招聘,他们分别应聘市场部、人事部和外联部 3 个岗位。已知每人都选择了 2 个岗位应聘,其中 1 个岗位 5 人都选择应聘。另外,还知道:

(1) 选择市场部的人数比选择外联部的多 1 人;

(2) 若甲、丙、丁中至少有 1 人选择了市场部,则只有甲和戊选择了外联部。

根据以上信息,可以得出以下哪项?

A. 甲选择了市场部和外联部。　B. 乙选择了市场部和人事部。

C. 丙选择了人事部和外联部。　D. 丁选择了市场部和外联部。

E. 戊选择了市场部和人事部。

23. (2024-52,P183)为了提高效益,经销商李军拟在花生、甜菜、棉花、百合、黄芪和生姜 6 种农产品中选择 3 种经营。他有如下考虑：

(1) 若经营百合，则也经营黄芪但不经营甜菜；

(2) 若经营花生，则也经营甜菜但不经营棉花；

(3) 若生姜或者棉花至少经营一种，则同时经营花生和百合。

根据以上信息，以下哪两种农产品是李军拟经营的？

A. 花生和甜菜。

B. 甜菜和棉花。

C. 百合和黄芪。

D. 花生和百合。

E. 棉花和生姜。

24~25 题基于以下题干

甲、乙、丙、丁 4 位记者对张、陈、王、李 4 位市民就民生问题进行了访谈。每次访谈均是 1 对 1 进行，每个人均进行或接受了至少 1 次访谈，访谈共进行了 6 次。已知：

(1) 若甲、丙至少有 1 人访谈了陈，则乙分别访谈了王、李各 2 次；

(2) 若乙、丁至少有 1 人访谈了陈，则王只分别接受了丙、丁各 1 次访谈。

24. (2024-54, P184) 根据以上信息，可以得出以下哪项？

A. 甲至少访谈了张、李中的 1 人。

B. 乙至少访谈了陈、李中的 1 人。

C. 乙至少访谈了张、王中的 1 人。

D. 丁至少访谈了陈、张中的 1 人。

E. 丁至少访谈了李、张中的 1 人。

25. (2024-55, P185) 若丙访谈了张和李，则可以得出以下哪项？

A. 张只接受了 1 次访谈。

B. 丙只进行了 2 次访谈

C. 陈只接受了 1 次访谈。

D. 丁只进行了 2 次访谈。

E. 李只接受了 1 次访谈。

26. (2023-29, P186) 某部门抽检了肉制品、白酒、乳制品、干果、蔬菜、水产品、饮料 7 类商品共 521 种样品，发现其中合格样品 515 种，不合格样品 6 种。已知：

(1) 蔬菜、白酒中有 2 种不合格样品；

(2) 肉制品、白酒、蔬菜、水产品中有 5 种不合格样品；

(3) 蔬菜、乳制品、干果中有 3 种不合格样品。

根据上述信息，可以得出以下哪项？

A. 乳制品中没有不合格样品。

B. 肉制品中没有不合格样品。

C. 蔬菜中没有不合格样品。

D. 白酒中没有不合格样品。

E. 水产品中没有不合格样品。

27~28 题基于以下题干

某中学举行田径运动会，高二(3)班甲、乙、丙、丁、戊、己 6 人报名参赛。在跳远、跳高和铅球 3 项比赛中，他们每人都报名 1~2 项，其中 2 人报名跳远，3 人报名跳高，3 人报名铅球。另外，还知道：

(1) 如果甲、乙至少有 1 人报名铅球，则丙也报名铅球；

(2) 如果己报名跳高，则乙和己均报名跳远；

(3) 如果丙、戊至少有 1 人报名铅球，则己报名跳高。

27. (2023-31, P187) 根据以上信息，可以得出以下哪项？

A. 甲报名铅球，乙报名跳远。

B. 乙报名跳远，丙报名铅球。

C. 丙报名跳高,丁报名铅球。 D. 丁报名跳远,戊报名跳高。

E. 戊报名跳远,己报名跳高。

28. (2023-32,P187)如果甲、乙均报名跳高,则可以得出以下哪项?

A. 丁、戊均报名铅球。 B. 乙、丁均报名铅球。

C. 甲、戊均报名铅球。 D. 乙、戊均报名铅球。

E. 甲、丁均报名铅球。

29~30 题基于以下题干

某研究所甲、乙、丙、丁、戊 5 人拟定去我国四大佛教名山普陀山、九华山、五台山、峨眉山考察。他们每人去了上述两座名山,且每座名山均有其中的 2~3 人前往,丙与丁结伴考察。已知:

(1) 如果甲去五台山,则乙和丁都去五台山;

(2) 如果甲去峨眉山,则丙和戊都去峨眉山;

(3) 如果甲去九华山,则戊去九华山和普陀山。

29. (2023-37,P189)根据以上信息,可以得出以下哪项?

A. 甲去五台山和普陀山。 B. 乙去五台山和峨眉山。

C. 丙去九华山和五台山。 D. 戊去普陀山和峨眉山。

E. 丁去峨眉山和五台山。

30. (2023-38,P190)如果乙去普陀山和九华山,则 5 人去四大名山(按题干所列顺序)的人次之比是

A. 3 : 3 : 2 : 2。 B. 2 : 3 : 3 : 2。

C. 2 : 2 : 3 : 3。 D. 3 : 2 : 2 : 3。

E. 3 : 2 : 3 : 2。

31. (2023-40,P190)小陈与几位朋友商定利用假期到某地旅游,他们在桃花坞、第一山、古生物博物馆、新四军军部旧址、琉璃泉、望江阁 6 个景点中选择了 4 个游览。已知:

(1) 如果选择桃花坞,则不选择古生物博物馆而选择望江阁;

(2) 如果选择望江阁,则不选择第一山而选择新四军军部旧址。

根据以上信息,可以得出以下哪项?

A. 他们选择了桃花坞。 B. 他们没有选择望江阁。

C. 他们选择了新四军军部旧址。 D. 他们没有选择第一山。

E. 他们没有选择古生物博物馆。

32. (2023-42,P191)某台电脑的登录密码由 0~9 中的 6 个数字组成,每个数字最多出现一次。关于该 6 位密码,已知:

(1) 7 4 1 6 0 5 中,共有 4 个数字正确,其中 3 个位置正确,1 个位置不正确;

(2) 3 2 0 9 6 8 中,恰有 3 个数字正确且位置正确;

(3) 4 1 7 2 8 0 中,共有 4 个数字不正确。

根据上述信息,可以得出该登录密码的前两位是以下哪项?

A. 7 1 B. 4 2 C. 7 2 D. 3 1 E. 3 4

33~34 题基于以下题干

某单位购买了《尚书》《周易》《诗经》《论语》《老子》《孟子》各 1 本,分发给甲、乙、丙、

丁、戊 5 个部门，每个部门至少 1 本。已知：

（1）若《周易》《老子》《孟子》至少有 1 本分发给甲或乙部门，则《尚书》分发给丁部门且《论语》分发给戊部门；

（2）若《诗经》《论语》至少有 1 本分发给甲或乙部门，则《周易》分发给丙部门且《老子》分发给戊部门。

33.（2023-46，P192）若《尚书》分发给丙部门，则可以得出以下哪项？

A.《诗经》分发给甲部门。

B.《论语》分发给乙部门。

C.《老子》分发给丙部门。

D.《孟子》分发给丁部门。

E.《周易》分发给戊部门。

34.（2023-47，P193）若《老子》分发给丁部门，则以下哪项是**不可能**的？

A.《周易》分发给甲部门。

B.《周易》分发给乙部门。

C.《诗经》分发给丙部门。

D.《尚书》分发给丁部门。

E.《诗经》分发给戊部门。

35.（2023-52，P195）入冬以来，天气渐渐寒冷。11 月 30 日，某地气象台对未来 5 天的天气预报显示：未来 5 天每天的最高气温从 4℃ 开始逐日下降至 -1℃；每天的最低气温不低于 -6℃；最低气温 -6℃ 只出现在其中一天。预报还包含如下信息：

（1）未来 5 天中的最高气温和最低气温不会出现在同一天，每天的最高气温和最低气温均为整数；

（2）若 5 号的最低气温是未来 5 天中最低的，则 2 号的最低气温比 4 号的高 4℃；

（3）2 号和 4 号每天的最高气温与最低气温之差均为 5℃。

根据以上预报信息，可以得出以下哪项？

A. 1 号的最低气温比 2 号的高 2℃。

B. 3 号的最高气温比 4 号的高 1℃。

C. 4 号的最高气温比 5 号的高 1℃。

D. 3 号的最低气温为 -6℃。

E. 2 号的最低气温为 -3℃。

36～37 题基于以下题干

某机关甲、乙、丙、丁 4 人参加本年度综合考评。在德、能、勤、绩、廉 5 个方面的单项考评中，他们之中都恰有 3 人被评为“优秀”，但没有人 5 个单项均被评为“优秀”。已知：

（1）若甲和乙在德方面均被评为“优秀”，则他们在廉方面也均被评为“优秀”；

（2）若乙和丙在德方面均被评为“优秀”，则他们在绩方面也均被评为“优秀”；

（3）若甲在廉方面被评为“优秀”，则甲和丁在绩方面均被评为“优秀”。

36.（2023-54，P196）根据上述信息，可以得出以下哪项？

A. 甲在廉方面被评为“优秀”。

B. 丙在绩方面被评为“优秀”。

C. 丙在能方面被评为“优秀”。

D. 丁在勤方面被评为“优秀”。

E. 丁在德方面被评为“优秀”。

37.（2023-55，P196）若甲在绩方面未被评为“优秀”且丁在能方面未被评为“优秀”，则可以得出以下哪项？

A. 甲在勤方面未被评为“优秀”。

B. 甲在能方面未被评为“优秀”。

C. 乙在德方面未被评为“优秀”。

D. 丙在廉方面未被评为“优秀”。

E. 丁在廉方面未被评为“优秀”。

38.（2022-28，P198）退休在家的老王今晚在“焦点访谈”“国家记忆”“自然传奇”“人物故事”“纵横中国”这5个节目中选择了3个节目观看。老王对观看的节目有如下要求：

（1）如果观看“焦点访谈”，就不观看“人物故事”；

（2）如果观看“国家记忆”，就不观看“自然传奇”。

根据上述信息，老王一定观看了如下哪个节目？

A.“纵横中国”。 B.“国家记忆”。

C.“自然传奇”。 D.“人物故事”。

E.“焦点访谈”。

39.（2022-35，P201）某单位有甲、乙、丙、丁、戊、己、庚、辛、壬、癸10名新进员工，他们所学专业是哲学、数学、化学、金融和会计5个专业之一，每人只学其中一个专业。已知：

（1）若甲、丙、壬、癸中至多有3人是数学专业，则丁、庚、辛3人都是化学专业；

（2）若乙、戊、己中至多有2人是哲学专业，则甲、丙、庚、辛4人专业各不相同。

根据上述信息，所学专业相同的新员工是

A. 乙、戊、己。 B. 甲、壬、癸。

C. 丙、丁、癸。 D. 丙、戊、己。

E. 丁、庚、辛。

40.（2022-37，P201）宋、李、王、吴4人均订阅了《人民日报》《光明日报》《参考消息》《文汇报》中的两种报纸，每种报纸均有两人订阅，且各人订阅的均不完全相同。另外，还知道：

（1）如果吴至少订阅了《光明日报》《参考消息》中的一种，则李订阅了《人民日报》而王未订阅《光明日报》；

（2）如果李、王两人中至多有一人订阅了《文汇报》，则宋、吴均订阅了《人民日报》。

如果李订阅了《人民日报》，则可以得出以下哪项？

A. 宋订阅了《文汇报》。 B. 宋订阅了《人民日报》。

C. 王订阅了《参考消息》。 D. 吴订阅了《参考消息》。

E. 吴订阅了《人民日报》。

41~42题基于以下题干

本科生小刘拟在4个学年中选修甲、乙、丙、丁、戊、己、庚、辛8门课程，每个学年选修其中的1~3门课程，每门课程均在其中的一个学年修完。同时还满足：

（1）后3个学年选修的课程数量均不同；

（2）丙、己和辛课程安排在一个学年，丁课程安排在紧接其后的一个学年；

（3）若第4学年至少选修甲、丙、丁中的1门课程，则第1学年仅选修戊、辛2门课程。

41.（2022-41，P203）如果乙在丁之前的学年选修，则可以得出以下哪项？

A. 乙在第1学年选修。 B. 乙在第2学年选修。

C. 丁在第2学年选修。 D. 丁在第4学年选修。

E. 戊在第1学年选修。

42.（2022-42，P204）如果甲、庚均在乙之后的学年选修，则可以得出以下哪项？

A. 戊在第1学年选修。 B. 戊在第3学年选修。

C. 庚在甲之前的学年选修。 D. 甲在戊之前的学年选修。

E. 庚在戊之前的学年选修。

43~44 题基于以下题干

某电影院制定未来一周的排片计划。他们决定,周二至周日(周一休息)每天放映动作片、悬疑片、科幻片、纪录片、战争片、历史片 6 种类型中的一种,各不重复。已知排片还有如下要求:

(1) 如果周二或周五放映悬疑片,则周三放映科幻片;

(2) 如果周四或周六放映悬疑片,则周五放映战争片;

(3) 战争片必须在周三放映。

43. (2022-45,P205)根据以上信息,可以得出以下哪项?

A. 周六放映科幻片。
B. 周日放映悬疑片。
C. 周五放映动作片。
D. 周二放映纪录片。
E. 周四放映历史片。

44. (2022-46,P205)如果历史片的放映日期既与纪录片相邻,又与科幻片相邻,则可以得出以下哪项?

A. 周二放映纪录片。
B. 周四放映纪录片。
C. 周二放映动作片。
D. 周四放映科幻片。
E. 周五放映动作片。

45~46 题基于以下题干

某校文学社王、李、周、丁 4 人每人只爱好诗歌、散文、戏剧、小说 4 种文学形式中的一种,且各不相同;他们每人只创作了上述 4 种中的一种作品,且形式各不相同;他们创作的作品形式与各自的文学爱好均不相同。已知:

(1) 若王没有创作诗歌,则李爱好小说;

(2) 若王没有创作诗歌,则李创作小说;

(3) 若王创作诗歌,则李爱好小说且周爱好散文。

45. (2022-49,P206)根据上述信息,可以得出以下哪项?

A. 王爱好散文。
B. 李爱好戏剧。
C. 周爱好小说。
D. 丁爱好诗歌。
E. 周爱好戏剧。

46. (2022-50,P207)如果丁创作散文,则可以得出以下哪项?

A. 周创作小说。
B. 李创作诗歌。
C. 李创作小说。
D. 周创作戏剧。
E. 王创作小说。

47~48 题基于以下题干

某特色建筑项目评选活动设有纪念建筑、观演建筑、会堂建筑、商业建筑、工业建筑 5 个门类的奖项。甲、乙、丙、丁、戊、己 6 位建筑师均有 2 个项目入选上述不同门类的奖项,且每个门类均有上述 6 人的 2~3 个项目入选。已知:

(1) 若甲或乙至少有一个项目入选观演建筑或工业建筑,则乙、丙入选的项目均是观演建筑和工业建筑;

(2) 若乙或丁至少有一个项目入选观演建筑或会堂建筑,则乙、丁、戊入选的项目均是纪念建筑和工业建筑;

(3) 若丁至少有一个项目入选纪念建筑或商业建筑，则甲、己入选的项目均在纪念建筑、观演建筑和商业建筑之中。

47. (2022-54，P208) 根据上述信息，可以得出以下哪项？

A. 甲有项目入选观演建筑。
B. 丙有项目入选工业建筑。
C. 丁有项目入选商业建筑。
D. 戊有项目入选会堂建筑。
E. 己有项目入选纪念建筑。

48. (2022-55，P209) 若己有项目入选商业建筑，则可以得出以下哪项？

A. 己有项目入选观演建筑。
B. 戊有项目入选工业建筑。
C. 丁有项目入选商业建筑。
D. 丙有项目入选观演建筑。
E. 乙有项目入选工业建筑。

49~50 题基于以下题干

某剧团拟将历史故事"鸿门宴"搬上舞台。该剧有项王、沛公、项伯、张良、项庄、樊哙、范增 7 个主要角色，甲、乙、丙、丁、戊、己、庚 7 名演员每人只能扮演其中一个，且每个角色只能由其中一人扮演。根据各演员的特点，角色安排如下：

(1) 如果甲不扮演沛公，则乙扮演项王；
(2) 如果丙或己扮演张良，则丁扮演范增；
(3) 如果乙不扮演项王，则丙扮演张良；
(4) 如果丁不扮演樊哙，则庚或戊扮演沛公。

49. (2021-47，P218) 根据上述信息，可以得出以下哪项？

A. 甲扮演沛公。
B. 乙扮演项王。
C. 丙扮演张良。
D. 丁扮演范增。
E. 戊扮演樊哙。

50. (2021-48，P218) 若甲扮演沛公而庚扮演项庄，则可以得出以下哪项？

A. 丙扮演项伯。
B. 丙扮演范增。
C. 丁扮演项伯。
D. 戊扮演张良。
E. 戊扮演樊哙。

51~52 题基于以下题干

某高铁线路设有"东沟""西山""南镇""北阳""中丘"5 座高铁站。该线路现有甲、乙、丙、丁、戊 5 趟车运行。这 5 座高铁站中，每站均恰好有 3 趟车停靠，且甲车和乙车停靠的站均不相同。已知：

(1) 若乙车或丙车至少有一车在"北阳"停靠，则它们均在"东沟"停靠；
(2) 若丁车在"北阳"停靠，则丙、丁和戊车均在"中丘"停靠；
(3) 若甲、乙和丙车中至少有 2 趟车在"东沟"停靠，则这 3 趟车均在"西山"停靠。

51. (2021-54，P220) 根据上述信息，可以得出以下哪项？

A. 甲车不在"中丘"停靠。
B. 乙车不在"西山"停靠。
C. 丙车不在"东沟"停靠。
D. 丁车不在"北阳"停靠。
E. 戊车不在"南镇"停靠。

52. (2021-55，P220) 若没有车在每站都停靠，则可以得出以下哪项？

A. 甲车在“南镇”停靠。

B. 乙车在“东沟”停靠。

C. 丙车在“西山”停靠。

D. 丁车在“南镇”停靠。

E. 戊车在“西山”停靠。

53.（2020-29，P222）某公司为员工免费提供菊花茶、绿茶、红茶、咖啡和大麦茶 5 种饮品。现有甲、乙、丙、丁、戊 5 位员工，他们每人都只喜欢其中的 2 种饮品，且每种饮品都只有 2 人喜欢。已知：

（1）甲和乙喜欢菊花茶，且分别喜欢绿茶和红茶中的一种；

（2）丙和戊分别喜欢咖啡和大麦茶中的一种。

根据上述信息，可以得出以下哪项？

A. 甲喜欢菊花茶和绿茶。

B. 乙喜欢菊花茶和红茶。

C. 丙喜欢红茶和咖啡。

D. 丁喜欢咖啡和大麦茶。

E. 戊喜欢绿茶和大麦茶。

54～55 题基于以下题干

“立春”“春分”“立夏”“夏至”“立秋”“秋分”“立冬”“冬至”是我国二十四节气中的 8 个节气，“凉风”“广莫风”“明庶风”“条风”“清明风”“景风”“阊阖风”“不周风”是八种节风。上述 8 个节气与 8 种节风之间一一对应。已知：

（1）“立秋”对应“凉风”；

（2）“冬至”对应“不周风”“广莫风”之一；

（3）若“立夏”对应“清明风”，则“夏至”对应“条风”或者“立冬”对应“不周风”；

（4）若“立夏”不对应“清明风”或者“立春”不对应“条风”，则“冬至”对应“明庶风”。

54.（2020-31，P223）根据上述信息，可以得出以下哪项？

A.“秋分”不对应“明庶风”。

B.“立冬”不对应“广莫风”。

C.“夏至”不对应“景风”。

D.“立夏”不对应“清明风”。

E.“春分”不对应“阊阖风”。

55.（2020-32，P224）若“春分”和“秋分”两节气对应的节风在“明庶风”和“阊阖风”之中，则可以得出以下哪项？

A.“春分”对应“阊阖风”。

B.“秋分”对应“明庶风”。

C.“立春”对应“清明风”。

D.“冬至”对应“不周风”。

E.“夏至”对应“景风”。

56～57 题基于以下题干

放假 3 天，小李夫妇除安排一天休息之外，其他两天准备做 6 件事：①购物（这件事编号为①，其他依次类推）；②看望双方父母；③郊游；④带孩子去游乐场；⑤去市内公园；⑥去影院看电影。他们商定：

（1）每件事均做一次，且在 1 天内做完，每天至少做两件事；

（2）④和⑤安排在同一天完成；

（3）②在③之前 1 天完成。

56.（2020-37，P226）如果③和④安排在假期的第 2 天，则以下哪项是可能的？

A. ①安排在第 2 天。

B. ②安排在第 2 天。

C. 休息安排在第 1 天。

D. ⑥安排在最后 1 天。

E. ⑤安排在第 1 天。

57.（2020-38，P227）如果假期第 2 天只做⑥等 3 件事，则可以得出以下哪项？

A. ②安排在①的前 1 天。

B. ①安排在休息一天之后。

C. ①和⑥安排在同一天。

D. ②和④安排在同一天。

E. ③和④安排在同一天。

58.（2020-39，P227）因业务需要，某公司欲将甲、乙、丙、丁、戊、己、庚 7 个部门合并到丑、寅、卯 3 个子公司。已知：

（1）一个部门只能合并到一个子公司；

（2）若丁和丙中至少有一个未合并到丑公司，则戊和甲均合并到丑公司；

（3）若甲、己、庚中至少有一个未合并到卯公司，则戊合并到寅公司且丙合并到卯公司。

根据上述信息，可以得出以下哪项？

A. 甲、丁均合并到丑公司。

B. 乙、戊均合并到寅公司。

C. 乙、丙均合并到寅公司。

D. 丁、丙均合并到丑公司。

E. 庚、戊均合并到卯公司。

59～60 题基于以下题干

某公司甲、乙、丙、丁、戊 5 人爱好出国旅游。去年，在日本、韩国、英国和法国 4 国中，他们每人都去了其中的两个国家旅游，且每个国家总有他们中的 2～3 人去旅游。已知：

（1）如果甲去韩国，则丁不去英国；

（2）丙与戊去年总是结伴出国旅游；

（3）丁和乙只去欧洲国家旅游。

59.（2020-46，P231）根据以上信息，可以得出以下哪项？

A. 甲去了韩国和日本。

B. 乙去了英国和日本。

C. 丙去了韩国和英国。

D. 丁去了日本和法国。

E. 戊去了韩国和日本。

60.（2020-47，P231）如果 5 人去欧洲国家旅游的总人次与去亚洲国家的一样多，则可以得出以下哪项？

A. 甲去了日本。

B. 甲去了英国。

C. 甲去了法国。

D. 戊去了英国。

E. 戊去了法国。

61～62 题基于以下题干

某项测试共有 4 道题，每道题给出 A、B、C、D 四个选项，其中只有一项是正确答案。现有张、王、赵、李 4 人参加了测试，他们的答题情况和测试结果如下：

答题者	第一题	第二题	第三题	第四题	测试结果
张	A	B	A	B	均不正确
王	B	D	B	C	只答对 1 题
赵	D	A	A	B	均不正确
李	C	C	B	D	只答对 1 题

61.（2020-54，P234）根据以上信息，可以得出以下哪项？

A. 第二题的正确答案是 C。　　B. 第二题的正确答案是 D。

C. 第三题的正确答案是 D。　　D. 第四题的正确答案是 A。

E. 第四题的正确答案是 D。

62.（2020-55，P234）如果每道题的正确答案各不相同，则可以得出以下哪项？

A. 第一题的正确答案是 B。　　B. 第一题的正确答案是 C。

C. 第二题的正确答案是 D。　　D. 第二题的正确答案是 A。

E. 第三题的正确答案是 C。

63.（2019-36，P239）有一 6×6 的方阵，它所含的每个小方格中可填入一个汉字，已有部分汉字填入。现要求该方阵中的每行每列均含有礼、乐、射、御、书、数 6 个汉字，不能重复也不能遗漏。

根据上述要求，以下哪项是方阵底行 5 个空格中从左至右依次应填入的汉字？

	乐		御	书	
			乐		
射	御	书		礼	
	射			数	礼
御		数			射
					书

A. 数、礼、乐、射、御。　　B. 乐、数、御、射、礼。

C. 数、礼、乐、御、射。　　D. 乐、礼、射、数、御。

E. 数、御、乐、射、礼。

64.（2019-37，P240）某市音乐节设立了流行、民谣、摇滚、民族、电音、说唱、爵士这 7 大类的奖项评选。在入围提名中，已知：

（1）至少有 6 类入围；

（2）流行、民谣、摇滚中至多有 2 类入围；

（3）如果摇滚和民族类都入围，则电音和说唱中至少有一类没有入围。

根据上述信息，可以得出以下哪项？

A. 流行类没有入围。　　B. 民谣类没有入围。

C. 摇滚类没有入围。　　D. 爵士类没有入围。

E. 电音类没有入围。

65.（2019-41，P241）某地人才市场招聘保洁、物业、网管、销售 4 种岗位的从业者，有甲、乙、丙、丁 4 位年轻人前来应聘。事后得知，每人只选择一种岗位应聘，且每种岗位都有其中一人应聘。另外，还知道：

（1）如果丁应聘网管，那么甲应聘物业；

（2）如果乙不应聘保洁，那么甲应聘保洁且丙应聘销售；

（3）如果乙应聘保洁，那么丙应聘销售，丁也应聘保洁。

根据以上陈述，可以得出以下哪项？

A. 甲应聘物业岗位。　　B. 乙应聘网管岗位。

C. 丙应聘保洁岗位。　　D. 丁应聘销售岗位。

E. 甲应聘网管岗位。

66.（2019-46,P243）我国天山是垂直地带性的典范。已知天山的植被形态分布具有如下特点：

（1）从低到高有荒漠、森林带、冰雪带等；

（2）只有经过山地草原，荒漠才能演变成森林带；

（3）如果不经过森林带，山地草原就不会过渡到山地草甸；

（4）山地草甸的海拔不比山地草甸草原的低，也不比高寒草甸高。

根据以上信息，关于天山植被形态，按照由低到高排列，以下哪项是不可能的？

A. 荒漠、山地草原、山地草甸草原、森林带、山地草甸、高寒草甸、冰雪带。

B. 荒漠、山地草原、山地草甸草原、高寒草甸、森林带、山地草甸、冰雪带。

C. 荒漠、山地草甸草原、山地草原、森林带、山地草甸、高寒草甸、冰雪带。

D. 荒漠、山地草原、山地草甸草原、森林带、山地草甸、冰雪带、高寒草甸。

E. 荒漠、山地草原、森林带、山地草甸草原、山地草甸、高寒草甸、冰雪带。

67.（2019-47,P244）某大学读书会开展“一月一书”活动。读书会成员甲、乙、丙、丁、戊5人在《论语》《史记》《唐诗三百首》《奥德赛》《资本论》中各选一种阅读，互不重复。已知：

（1）甲爱读历史，会在《史记》和《奥德赛》中挑一本；

（2）乙和丁只爱读中国古代经典，但现在都没有读诗的心情；

（3）如果乙选《论语》，则戊选《史记》。

事实上，各人都选了自己喜爱的书目。

根据上述信息，可以得出以下哪项？

A. 甲选《史记》。　　B. 乙选《奥德赛》。

C. 丙选《唐诗三百首》。　　D. 丁选《论语》。

E. 戊选《资本论》。

68~69题基于以下题干

某食堂采购4类（各种蔬菜名称的后一个字相同，即为一类）共12种蔬菜：芹菜、菠菜、韭菜、青椒、红椒、黄椒、黄瓜、冬瓜、丝瓜、扁豆、毛豆、豇豆，并根据若干条件将其分成3组，准备在早、中、晚三餐中分别使用。已知条件如下：

（1）同一类别的蔬菜不在一组；

（2）芹菜不能在黄椒那一组，冬瓜不能在扁豆那一组；

（3）毛豆必须与红椒或韭菜同一组；

（4）黄椒必须与豇豆同一组。

68.（2019-49,P245）根据以上信息，可以得出以下哪项？

A. 芹菜与豇豆不在同一组。　　B. 芹菜与毛豆不在同一组。

C. 菠菜与扁豆不在同一组。　　D. 冬瓜与青椒不在同一组。

E. 丝瓜与韭菜不在同一组。

69.（2019-50,P245）如果韭菜、青椒与黄瓜在同一组，则可以得出以下哪项？

A. 芹菜、红椒与扁豆在同一组。
B. 菠菜、黄椒与豇豆在同一组。
C. 韭菜、黄瓜与毛豆在同一组。
D. 菠菜、冬瓜与豇豆在同一组。
E. 芹菜、红椒与丝瓜在同一组。

70～71 题基于以下题干

某园艺公司打算在花圃中栽种玫瑰、兰花和菊花三个品种的花卉。该花圃的形状如下所示：

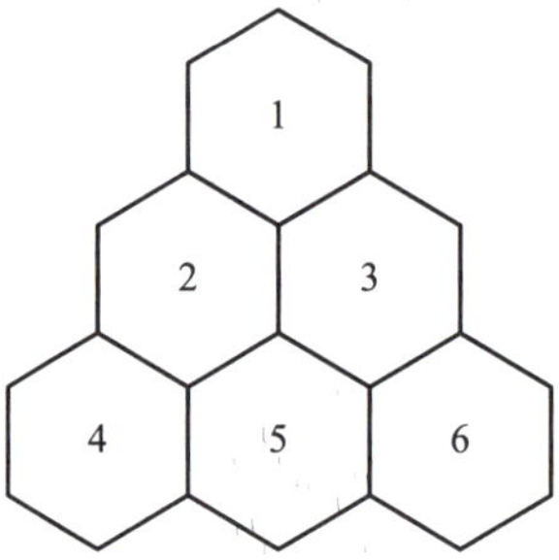

拟栽种的玫瑰有紫、红、白 3 种颜色，兰花有红、白、黄 3 种颜色，菊花有白、黄、蓝 3 种颜色。栽种需满足如下要求：

（1）每个六边形格子中仅栽种一个品种、一种颜色的花；

（2）每个品种只栽种两种颜色的花；

（3）相邻格子中的花，其品种与颜色均不相同。

70. （2019-54，P247）若格子 5 中是红色的花，则以下哪项是不可能的？

A. 格子 2 中是紫色的玫瑰。
B. 格子 1 中是白色的兰花。
C. 格子 1 中是白色的菊花。
D. 格子 4 中是白色的兰花。
E. 格子 6 中是蓝色的菊花。

71. （2019-55，P247）若格子 5 中是红色的玫瑰，且格子 3 中是黄色的花，则可以得出以下哪项？

A. 格子 1 中是紫色的玫瑰。
B. 格子 4 中是白色的菊花。
C. 格子 2 中是白色的菊花。
D. 格子 4 中是白色的兰花。
E. 格子 6 中是蓝色的菊花。

72～73 题基于以下题干

某工厂有一员工宿舍住了甲、乙、丙、丁、戊、己、庚 7 人，每人每周需轮流值日一天，且每天仅安排一人值日。他们值日的安排还需满足以下条件：

（1）乙周二或者周六值日；

（2）如果甲周一值日，那么丙周三值日且戊周五值日；

（3）如果甲周一不值日，那么己周四值日且庚周五值日；

（4）如果乙周二值日，那么己周六值日。

72. （2018-30，P249）根据以上条件，如果丙周日值日，则可以得出以下哪项？

A. 甲周一值日。
B. 乙周六值日。
C. 丁周二值日。
D. 戊周三值日。
E. 己周五值日。

73. （2018-31，P249）如果庚周四值日，那么以下哪项一定为假？

A. 甲周一值日。　　B. 乙周六值日。
C. 丙周三值日。　　D. 戊周日值日。
E. 己周二值日。

74. (2018-38,P252)某学期学校新开设4门课程:"《诗经》鉴赏""老子研究""唐诗鉴赏""宋词选读"。李晓明、陈文静、赵珊珊和庄志达4人各选修了其中一门课程。已知:

(1) 他们4人选修的课程各不相同;
(2) 喜爱诗词的赵珊珊选修的是诗词类课程;
(3) 李晓明选修的不是"《诗经》鉴赏"就是"唐诗鉴赏"。

以下哪项如果为真,就能确定赵珊珊选修的是"宋词选读"?

A. 庄志达选修的不是"宋词选读"。　　B. 庄志达选修的是"老子研究"。
C. 庄志达选修的不是"老子研究"。　　D. 庄志达选修的是"《诗经》鉴赏"。
E. 庄志达选修的不是"《诗经》鉴赏"。

75~76题基于以下题干

某海军部队有甲、乙、丙、丁、戊、己、庚7艘舰艇,拟组成两个编队出航,第一编队编列3艘舰艇,第二编队编列4艘舰艇。编列需满足以下条件:

(1) 航母己必须编列在第二编队;
(2) 戊和丙至多有一艘编列在第一编队;
(3) 甲和丙不在同一编队;
(4) 如果乙编列在第一编队,则丁也必须编列在第一编队。

75. (2018-40,P253)如果甲在第二编队,则下列哪项中的舰艇一定也在第二编队?

A. 乙。　B. 丙。　C. 丁。　D. 戊。　E. 庚。

76. (2018-41,P253)如果丁和庚在同一编队,则可以得出以下哪项?

A. 甲在第一编队。　　B. 乙在第一编队。
C. 丙在第一编队。　　D. 戊在第二编队。
E. 庚在第二编队。

77~78题基于以下题干

一江南园林拟建松、竹、梅、兰、菊5个园子。该园林拟设东、南、北3个门,分别位于其中的3个园子。这5个园子的布局满足如下条件:

(1) 如果东门位于松园或菊园,那么南门不位于竹园;
(2) 如果南门不位于竹园,那么北门不位于兰园;
(3) 如果菊园在园林的中心,那么它与兰园不相邻;
(4) 兰园与菊园相邻,中间连着一座美丽的廊桥。

77. (2018-47,P256)根据以上信息,可以得出以下哪项?

A. 兰园不在园林的中心。　　B. 菊园不在园林的中心。
C. 兰园在园林的中心。　　D. 菊园在园林的中心。
E. 梅园不在园林的中心。

78. (2018-48,P256)如果北门位于兰园,则可以得出以下哪项?

A. 南门位于菊园。　　B. 东门位于竹园。

C. 东门位于梅园。 D. 东门位于松园。

E. 南门位于梅园。

79. （2018-53，P257）某国拟在甲、乙、丙、丁、戊、己 6 种农作物中进口几种，用于该国庞大的动物饲料产业。考虑到一些农作物可能含有违禁成分，以及它们之间存在的互补或可替代等因素，该国对进口这些农作物有如下要求：

（1）它们当中不含违禁成分的都进口；

（2）如果甲或乙含有违禁成分，就进口戊和己；

（3）如果丙含有违禁成分，那么丁就不进口了；

（4）如果进口戊，就进口乙和丁；

（5）如果不进口丁，就进口丙；如果进口丙，就不进口丁。

根据上述要求，以下哪项所列的农作物是该国可以进口的？

A. 甲、乙、丙。 B. 乙、丙、丁。

C. 甲、戊、己。 D. 甲、丁、己。

E. 丙、戊、己。

80～81 题基于以下题干

某校四位女生施琳、张芳、王玉、杨虹与四位男生范勇、吕伟、赵虎、李龙进行中国象棋比赛。他们被安排到四张桌上，每桌一男一女对弈，四张桌从左到右分别记为 1、2、3、4 号，每对选手需要进行四局比赛。比赛规定：选手每胜一局得 2 分，和一局得 1 分，负一局得 0 分。前三局结束时，按分差大小排列，四对选手的总积分分别是 6∶0、5∶1、4∶2、3∶3。已知：

（1）张芳跟吕伟对弈，杨虹在 4 号桌比赛，王玉的比赛桌在李龙比赛桌的右边；

（2）1 号桌的比赛至少有一局是和局，4 号桌双方的总积分不是 4∶2；

（3）赵虎前三局总积分并不领先他的对手，他们也没有下成过和局；

（4）李龙已连输三局，范勇在前三局总积分上领先他的对手。

80. （2018-54，P258）根据上述信息，前三局比赛结束时谁的总积分最高？

A. 杨虹。 B. 施琳。 C. 范勇。 D. 王玉。 E. 张芳。

81. （2018-55，P258）如果下列有位选手前三局均与对手下成和局，那么他（她）是谁？

A. 施琳。 B. 杨虹。 C. 张芳。 D. 范勇。 E. 王玉。

82～83 题基于以下题干

丰收公司邢经理需要在下个月赴湖北、湖南、安徽、江西、江苏、浙江、福建 7 省进行市场需求调研，各省均调研一次。他的行程需满足如下条件：

（1）第一个或最后一个调研江西省；

（2）调研安徽省的时间早于浙江省，在这两省的调研之间调研除福建省外的另外两省；

（3）调研福建省的时间安排在调研浙江省之前或刚好调研完浙江省之后；

（4）第三个调研江苏省。

82. （2017-33，P261）如果邢经理首先赴安徽省调研，则关于他的行程，可以确定以下哪项？

A. 第二个调研湖北省。 B. 第二个调研湖南省。

C. 第五个调研福建省。 D. 第五个调研湖北省。

E. 第五个调研浙江省。

83.（2017-34,P261）如果安徽省是邢经理第二个调研省份，则关于他的行程，可以确定以下哪项？

A. 第一个调研江西省。

B. 第四个调研湖北省。

C. 第五个调研浙江省。

D. 第五个调研湖南省。

E. 第六个调研福建省。

84.（2017-47,P266）某著名风景区有“妙笔生花”“猴子观海”“仙人晒靴”“美人梳妆”“阳关三叠”“禅心向天”等 6 个景点。为方便游人，景区提示如下：

（1）只有先游“猴子观海”，才能游“妙笔生花”；

（2）只有先游“阳关三叠”，才能游“仙人晒靴”；

（3）如果游“美人梳妆”，就要先游“妙笔生花”；

（4）“禅心向天”应第 4 个游览，之后才可游览“仙人晒靴”。

张先生按照上述提示，顺利游览了上述 6 个景点。

根据上述信息，关于张先生的游览顺序，以下哪项不可能为真？

A. 第一个游览“猴子观海”。

B. 第二个游览“阳关三叠”。

C. 第三个游览“美人梳妆”。

D. 第五个游览“妙笔生花”。

E. 第六个游览“仙人晒靴”。

85～86 题基于以下题干

六一节快到了。幼儿园老师为班上的小明、小雷、小刚、小芳、小花等 5 位小朋友准备了红、橙、黄、绿、青、蓝、紫等 7 份礼物。已知所有礼物都送了出去，每份礼物只能由一人获得，每人最多获得两份礼物。另外，礼物派送还需满足如下要求：

（1）如果小明收到橙色礼物，则小芳会收到蓝色礼物；

（2）如果小雷没有收到红色礼物，则小芳不会收到蓝色礼物；

（3）如果小刚没有收到黄色礼物，则小花不会收到紫色礼物；

（4）没有人既能收到黄色礼物，又能收到绿色礼物；

（5）小明只收到橙色礼物，而小花只收到紫色礼物。

85.（2017-51,P267）根据上述信息，以下哪项可能为真？

A. 小明和小芳都收到两份礼物。

B. 小雷和小刚都收到两份礼物。

C. 小刚和小花都收到两份礼物。

D. 小芳和小花都收到两份礼物。

E. 小明和小雷都收到两份礼物。

86.（2017-52,P268）根据上述信息，如果小刚收到两份礼物，则可以得出以下哪项？

A. 小雷收到红色和绿色两份礼物。

B. 小刚收到黄色和青色两份礼物。

C. 小芳收到绿色和蓝色两份礼物。

D. 小刚收到黄色和蓝色两份礼物。

E. 小芳收到青色和蓝色两份礼物。

87～88 题基于以下题干

某影城将在“十一”黄金周 7 天（周一至周日）放映 14 部电影，其中，有 5 部科幻片、3 部警匪片、3 部武侠片、2 部战争片及 1 部爱情片。限于条件，影城每天放映两部电影。已知：

（1）除两部科幻片安排在周四外，其余 6 天每天放映的两部电影都属于不同类别；

（2）爱情片安排在周日；

（3）科幻片与武侠片没有安排在同一天；

(4)警匪片和战争片没有安排在同一天。

87.(2017-54,P269)根据上述信息,以下哪项中的两部电影不可能安排在同一天放映?

A. 警匪片和爱情片。
B. 科幻片和警匪片。
C. 武侠片和战争片。
D. 武侠片和警匪片。
E. 科幻片和战争片。

88.(2017-55,P269)根据上述信息,如果同类影片放映日期连续,则周六可能放映的电影是以下哪项?

A. 科幻片和警匪片。
B. 武侠片和警匪片。
C. 科幻片和战争片。
D. 科幻片和武侠片。
E. 警匪片和战争片。

89~90 题基于以下题干

某皇家园林依中轴线布局,从前到后依次排列着七个庭院。这七个庭院分别以汉字“日”“月”“金”“木”“水”“火”“土”来命名。已知:

(1)“日”字庭院不是最前面的那个庭院;

(2)“火”字庭院和“土”字庭院相邻;

(3)“金”“月”两庭院间隔的庭院数与“木”“水”两庭院间隔的庭院数相同。

89.(2016-43,P276)根据上述信息,下列哪个庭院可能是“日”字庭院?

A. 第一个庭院。
B. 第二个庭院。
C. 第四个庭院。
D. 第五个庭院。
E. 第六个庭院。

90.(2016-44,P276)如果第二个庭院是“土”字庭院,可以得出以下哪项?

A. 第七个庭院是“水”字庭院。
B. 第五个庭院是“木”字庭院。
C. 第四个庭院是“金”字庭院。
D. 第三个庭院是“月”字庭院。
E. 第一个庭院是“火”字庭院。

91~92 题基于以下题干

江海大学的校园美食节开幕了,某女生宿舍有 5 人积极报名参加此次活动,她们的姓名分别为金粲、木心、水仙、火珊、土润。举办方要求,每位报名者只做一道菜品参加评比,但需自备食材。限于条件,该宿舍所备食材仅有 5 种:金针菇、木耳、水蜜桃、火腿和土豆,要求每种食材只能有 2 人选用,每人又只能选用 2 种食材,并且每人所选食材名称的第一个字与自己的姓氏均不相同。已知:

(1)如果金粲选水蜜桃,则水仙不选金针菇;

(2)如果木心选金针菇或土豆,则她也须选木耳;

(3)如果火珊选水蜜桃,则她也须选木耳和土豆;

(4)如果木心选火腿,则火珊不选金针菇。

91.(2016-54,P279)根据上述信息,可以得出以下哪项?

A. 木心选用水蜜桃、土豆。
B. 水仙选用金针菇、火腿。
C. 土润选用金针菇、水蜜桃。
D. 火珊选用木耳、水蜜桃。
E. 金粲选用木耳、土豆。

92.(2016-55,P280)如果水仙选用土豆,则可以得出以下哪项?

A. 木心选用金针菇、水蜜桃。　B. 金粲选用木耳、火腿。
C. 火珊选用金针菇、土豆。　D. 水仙选用木耳、土豆。
E. 土润选用水蜜桃、火腿。

93. (2015-28,P282)甲、乙、丙、丁、戊和己等 6 人围坐在一张正六边形的小桌前,每边各坐一人。已知:

(1) 甲与乙正面相对;

(2) 丙与丁不相邻,也不正面相对。

如果己与乙不相邻,则以下哪项一定为真?

A. 如果甲与戊相邻,则丁与己正面相对。　B. 甲与丁相邻。
C. 戊与己相邻。　D. 如果丙与戊不相邻,则丙与己相邻。
E. 己与乙正面相对。

94~95 题基于以下题干

某大学运动会即将召开,经管学院拟组建一支 12 人的代表队参赛,参赛队员将从该院 4 个年级的学生中选拔。学校规定:每个年级都须在长跑、短跑、跳高、跳远、铅球等 5 个项目中选择 1~2 项参加比赛,其余项目可任意选择;一个年级如果选择长跑,就不能选择短跑或跳高;一个年级如果选择跳远,就不能选择长跑或铅球;每名队员只参加 1 项比赛。已知该院:

(1) 每个年级均有队员被选拔进入代表队;

(2) 每个年级被选拔进入代表队的人数各不相同;

(3) 有两个年级的队员人数相乘等于另一个年级的队员人数。

94. (2015-41,P286)根据以上信息,一个年级最多可选拔

A. 8 人。　B. 7 人。　C. 6 人。　D. 5 人。　E. 4 人。

95. (2015-42,P286)如果某年级队员人数不是最少的,且选择了长跑,那么对于该年级来说,以下哪项是不可能的?

A. 选择短跑或铅球。　B. 选择短跑或跳远。
C. 选择铅球或跳高。　D. 选择长跑或跳高。
E. 选择铅球或跳远。

96~97 题基于以下题干

某高校有数学、物理、化学、管理、文秘、法学等 6 个专业毕业生需要就业,现有风云、怡和、宏宇三家公司前来学校招聘。已知,每家公司只招聘该校上述 2 至 3 个专业的若干毕业生,且需要满足以下条件:

(1) 招聘化学专业的公司也招聘数学专业;

(2) 怡和公司招聘的专业,风云公司也招聘;

(3) 只有一家公司招聘文秘专业,且该公司没有招聘物理专业;

(4) 如果怡和公司招聘管理专业,那么也招聘文秘专业;

(5) 如果宏宇公司没有招聘文秘专业,那么怡和公司招聘文秘专业。

96. (2015-54,P290)如果只有一家公司招聘物理专业,那么可以得出以下哪项?

A. 宏宇公司招聘数学专业。　B. 怡和公司招聘管理专业。
C. 怡和公司招聘物理专业。　D. 风云公司招聘化学专业。

E. 风云公司招聘物理专业。

97.（2015-55，P291）如果三家公司都招聘 3 个专业的若干毕业生，那么可以得出以下哪项？

A. 风云公司招聘数学专业。

B. 怡和公司招聘物理专业。

C. 宏宇公司招聘化学专业。

D. 风云公司招聘化学专业。

E. 怡和公司招聘法学专业。

98.（2014-29，P293）在某次考试中，有 3 个关于北京旅游景点的问题，要求考生每题选择某个景点的名称作为唯一答案。其中 6 位考生关于上述 3 个问题的答案依次如下：

第一位考生：天坛、天坛、天安门；

第二位考生：天安门、天安门、天坛；

第三位考生：故宫、故宫、天坛；

第四位考生：天坛、天安门、故宫；

第五位考生：天安门、故宫、天安门；

第六位考生：故宫、天安门、故宫。

考试结果表明，每位考生都至少答对其中 1 道题。

根据以上陈述，可知这 3 个问题的正确答案依次是：

A. 天坛、故宫、天坛。

B. 故宫、天安门、天安门。

C. 天安门、故宫、天坛。

D. 天坛、天坛、故宫。

E. 故宫、故宫、天坛。

99.（2014-33，P294）近 10 年来，某电脑公司的个人笔记本电脑的销量持续增长，但其增长率低于该公司所有产品总销量的增长率。

以下哪项关于该公司的陈述与上述信息相冲突？

A. 近 10 年来，该公司个人笔记本电脑的销量每年略有增长。

B. 个人笔记本电脑的销量占该公司产品总销量的比例近 10 年来由 68%上升到 72%。

C. 近 10 年来，该公司产品总销量增长率与个人笔记本电脑的销量增长率每年同时增长。

D. 近 10 年来，该公司个人笔记本电脑的销量占该公司产品总销量的比例逐年下降。

E. 个人笔记本电脑的销量占该公司产品总销量的比例近 10 年来由 64%下降到 49%。

100～101 题基于以下题干

某公司年度审计期间，审计人员发现一张发票，上面有赵义、钱仁礼、孙智、李信 4 个签名，签名者的身份各不相同，是经办人、复核、出纳或审批领导之中的一个，且每个签名都是本人所签。询问 4 位相关人员，得到以下回答：

赵义："审批领导的签名不是钱仁礼。"

钱仁礼："复核的签名不是李信。"

孙智："出纳的签名不是赵义。"

李信："复核的签名不是钱仁礼。"

已知上述每个回答中，如果提到的人是经办人，则该回答为假；如果提到的人不是经办人，则为真。

100.（2014-37，P296）根据以上信息，可以得出经办人是：

A. 赵义。　　B. 钱仁礼。
C. 孙智。　　D. 李信。
E. 无法确定。

101.（2014-38,P296）根据以上信息,该公司的复核与出纳分别是：
A. 李信、赵义。　　B. 孙智、赵义。
C. 钱仁礼、李信。　　D. 赵义、钱仁礼。
E. 孙智、李信。

102.（2014-40,P297）为了加强学习型机关建设,某机关党委开展了菜单式学习活动,拟开设课程有“行政学”“管理学”“科学前沿”“逻辑”和“国际政治”等5门课程,要求其下属的4个支部各选择其中两门课程进行学习。已知:第一支部没有选择“管理学”“逻辑”,第二支部没有选择“行政学”“国际政治”,只有第三支部选择了“科学前沿”。任意两个支部所选课程均不完全相同。

根据上述信息,关于第四支部的选课情况可以得出以下哪项？
A. 如果没有选择“行政学”,那么选择了“管理学”。
B. 如果没有选择“管理学”,那么选择了“国际政治”。
C. 如果没有选择“行政学”,那么选择了“逻辑”。
D. 如果没有选择“管理学”,那么选择了“逻辑”。
E. 如果没有选择“国际政治”,那么选择了“逻辑”。

103~105 题基于以下题干

孔智、孟睿、荀慧、庄聪、墨灵、韩敏等6人组成一个代表队参加某次棋类大赛,其中两人参加围棋比赛,两人参加中国象棋比赛,还有两人参加国际象棋比赛。有关他们具体参加比赛项目的情况还需满足以下条件：

（1）每位选手只能参加一个比赛项目；
（2）孔智参加围棋比赛,当且仅当,庄聪和孟睿都参加中国象棋比赛；
（3）如果韩敏不参加国际象棋比赛,那么墨灵参加中国象棋比赛；
（4）如果荀慧参加中国象棋比赛,那么庄聪不参加中国象棋比赛；
（5）荀慧和墨灵至少有一人不参加中国象棋比赛。

103.（2014-53,P301）如果荀慧参加中国象棋比赛,那么可以得出以下哪项？
A. 庄聪和墨灵都参加围棋比赛。　　B. 孟睿参加围棋比赛。
C. 孟睿参加国际象棋比赛。　　D. 墨灵参加国际象棋比赛。
E. 韩敏参加国际象棋比赛。

104.（2014-54,P301）如果庄聪和孔智参加相同的比赛项目,且孟睿参加中国象棋比赛,那么可以得出以下哪项？
A. 墨灵参加国际象棋比赛。　　B. 庄聪参加中国象棋比赛。
C. 孔智参加围棋比赛。　　D. 荀慧参加围棋比赛。
E. 韩敏参加中国象棋比赛。

105.（2014-55,P302）根据题干信息,以下哪项可能为真？
A. 庄聪和韩敏参加中国象棋比赛。　　B. 韩敏和荀慧参加中国象棋比赛。
C. 孔智和孟睿参加围棋比赛。　　D. 墨灵和孟睿参加围棋比赛。

E. 韩敏和孔智参加围棋比赛。

106.（2013-28，P303）某省大力发展旅游产业，目前已经形成东湖、西岛、南山三个著名景点，每处景点都有二日游、三日游、四日游三种线路。李明、王刚、张波拟赴上述三地进行9日游，每个人都设计了各自的旅游计划。后来发现，每处景点他们三人都选择了不同的线路：李明赴东湖的计划天数与王刚赴西岛的计划天数相同，李明赴南山的计划是三日游，王刚赴南山的计划是四日游。

根据以上陈述，可以得出以下哪项？

A. 李明计划东湖二日游，王刚计划西岛二日游。

B. 王刚计划东湖三日游，张波计划西岛四日游。

C. 张波计划东湖三日游，李明计划西岛四日游。

D. 李明计划东湖二日游，王刚计划西岛三日游。

E. 张波计划东湖四日游，王刚计划西岛三日游。

107~108 题基于以下题干

年初，为激励员工努力工作，某公司决定根据每月的工作绩效评选“月度之星”。王某在当年前10个月恰好只在连续的4个月中当选“月度之星”，他的另三位同事郑某、吴某、周某也做到了这一点。关于这四人当选“月度之星”的月份，已知：

（1）王某和郑某仅有三个月同时当选；

（2）郑某和吴某仅有三个月同时当选；

（3）王某和周某不曾在同一个月当选；

（4）仅有2人在7月同时当选；

（5）至少有1人在1月当选。

107.（2013-35，P306）根据以上信息，有3人同时当选“月度之星”的月份是

A. 1~3月。　B. 2~4月。　C. 3~5月。　D. 4~6月。　E. 5~7月。

108.（2013-36，P306）根据以上信息，王某当选“月度之星”的月份是

A. 1~4月。　B. 3~6月。　C. 4~7月。　D. 5~8月。　E. 7~10月。

109.（2013-38，P306）张霞、李丽、陈露、邓强和王硕一起坐火车去旅游，他们正好坐在同一车厢相对两排的五个座位上，每人各坐一个位置。第一排的座位按顺序分别记作1号和2号，第2排的座位按顺序记为3、4、5号。座位1和座位3直接相对，座位2和座位4直接相对，座位5不和上述任何座位直接相对。李丽坐在4号位置；陈露所坐的位置不与李丽相邻，也不与邓强相邻（相邻是指同一排上紧挨着）；张霞不坐在与陈露直接相对的位置上。

根据以上信息，张霞所坐位置有多少种可能的选择？

A. 5种。　B. 4种。　C. 3种。　D. 2种。　E. 1种。

110.（2013-46，P310）在东海大学研究生会举办的一次中国象棋比赛中，来自经济学院、管理学院、哲学学院、数学学院和化学学院的5名研究生（每学院1名）相遇在一起，有关甲、乙、丙、丁、戊5名研究生之间的比赛信息满足以下条件：

（1）甲仅与2名选手比赛过；

（2）化学学院的选手和3名选手比赛过；

（3）乙不是管理学院的，也没有和管理学院的选手对阵过；

（4）哲学学院的选手和丙比赛过；

(5) 管理学院、哲学学院、数学学院的选手相互都交过手；

(6) 丁仅与1名选手比赛过。

根据以上条件，请问丙来自哪个学院？

A. 经济学院　B. 管理学院　C. 数学学院　D. 哲学学院　E. 化学学院

111~112 题基于以下题干

晨曦公园拟在园内东、南、西、北四个区域种植四种不同的特色树木，每个区域只种植一种。选定的特色树种为：水杉、银杏、乌桕、龙柏。布局的基本要求是：

(1) 如果在东区或者南区种植银杏，那么在北区不能种植龙柏或者乌桕；

(2) 北区或者东区要种植水杉或者银杏之一。

111. (2013-54，P312) 根据上述种植要求，如果北区种植龙柏，以下哪项一定为真？

A. 南区种植乌桕。　B. 东区种植乌桕。

C. 南区种植水杉。　D. 西区种植水杉。

E. 西区种植乌桕。

112. (2013-55，P312) 根据上述种植要求，如果水杉必须种植于西区或南区，以下哪项一定为真？

A. 北区种植银杏。　B. 东区种植银杏。

C. 西区种植水杉。　D. 南区种植水杉。

E. 南区种植乌桕。

113~115 题基于以下题干

东宇大学公开招聘3个教师职位，哲学学院、管理学院和经济学院各一个。每个职位都有分别来自南山大学、西京大学、北清大学的候选人。有位“聪明”人士李先生对招聘结果作出了如下预测：

如果哲学学院录用北清大学的候选人，那么管理学院录用西京大学的候选人；如果管理学院录用南山大学的候选人，那么哲学学院也录用南山大学的候选人；如果经济学院录用北清大学或者西京大学的候选人，那么管理学院录用北清大学的候选人。

113. (2012-53，P319) 如果哲学学院、管理学院和经济学院最终录用的候选人的大学归属信息依次如下，则哪项符合李先生的预测？

A. 南山大学、南山大学、西京大学。　B. 北清大学、南山大学、南山大学。

C. 北清大学、北清大学、南山大学。　D. 西京大学、北清大学、南山大学。

E. 西京大学、西京大学、西京大学。

114. (2012-54，P320) 若哲学学院最终录用西京大学的候选人，则以下哪项表明李先生的预测错误？

A. 管理学院录用北清大学候选人。　B. 管理学院录用南山大学候选人。

C. 经济学院录用南山大学候选人。　D. 经济学院录用北清大学候选人。

E. 经济学院录用西京大学候选人。

115. (2012-55，P320) 如果三个学院最终录用的候选人分别来自不同的大学，则以下哪项符合李先生的预测？

A. 哲学学院录用西京大学候选人，经济学院录用北清大学候选人。

B. 哲学学院录用南山大学候选人，管理学院录用北清大学候选人。

C. 哲学学院录用北清大学候选人,经济学院录用西京大学候选人。

D. 哲学学院录用西京大学候选人,管理学院录用南山大学候选人。

E. 哲学学院录用南山大学候选人,管理学院录用西京大学候选人。

116~117 题基于以下题干

某公司有 F,G,H,I,M 和 P 六位总经理助理,三个部门。每一部门恰由三个总经理助理分管。每个总经理助理至少分管一个部门。以下条件必须满足:

(1) 有且只有一位总经理助理同时分管三个部门。

(2) F 和 G 不分管同一部门。

(3) H 和 I 不分管同一部门。

116. (2008-59,P357)如果 F 和 M 不分管同一部门,则以下哪项一定为真?

A. F 和 H 分管同一部门。

B. F 和 I 分管同一部门。

C. I 和 P 分管同一部门。

D. M 和 G 分管同一部门。

E. M 和 P 不分管同一部门。

117. (2008-60,P357)以下哪项一定为真?

A. 有的总经理助理恰分管两个部门。

B. 任一部门由 F 或 G 分管。

C. M 或 P 只分管一个部门。

D. 没有部门由 F,M 和 P 分管。

E. P 分管的部门 M 都分管。

四、论证分析题

1.(2025-26,P163)以艺通心,是传统文化的核心艺术精神之一。艺术的本质是人内心世界的外化,通过艺术人们既可以表达自己的内心世界,也可以看到别人的内心世界。由此有专家认为,艺术可通心,对于促进不同国家、不同语言、不同文化之间人们的沟通交流具有天然优势。

以下哪项如果为真,最能支持上述专家的观点?

A. 目前,全球有九大语系7000多种语言,对大多数人而言,进行跨文化沟通交流存在相当大的语言障碍。

B. 事实上,我们可以听懂、看懂千百年之前的音乐、绘画作品,可以不借助翻译而直接通过艺术作品感受世界各地人民的情感脉动。

C. 传统文化认为,“唯乐不可以为伪”,即艺术来不得半点虚假,必须是创作者内心的真实写照,必须忠实反映创作者内心的真情实感。

D. 艺术具有基于人性、传达情感、诉诸形式、付诸感性等特点,在艺术创造、传播、接受、反馈过程中,这些特点对于任何人都是一样的。

E. 要借助艺术实现跨文化沟通交流,仅有艺术的共情是不够的,还须将文化融入其中,以文化人,这样才能真正实现以艺通心。

2.(2025-27,P163)研究人员对近12万名50岁及以上受访者进行调查后发现,大约有一半的受访者每天久坐10小时或更长。在随后的5年内,这些习惯久坐的人当中有805人陆续死亡。他们还发现,如果每天增加10分钟的活动,则每天坐不到10小时的死亡风险可降低15%,而超过10小时的死亡风险可降低35%。研究人员由此认为,每天活动20分钟可减少久坐危害,降低死亡风险。

以下哪项如果为真,最能质疑上述研究人员的观点?

A. 在已经离世的805人中,357人每天久坐不到10小时,448人每天坐10小时或更长。

B. 每天20分钟的活动指的是快步走、爬山、骑行等运动强度较大的活动,对此许多中老年人难以坚持。

C. 随着年龄增大,中老年人的身体机能会逐渐下降,即使每天活动20分钟,其久坐时间也会越来越长,死亡风险也随之增加。

D. 许多久坐者认为,每天只需花20分钟活动,就可以长时间坐着阅读、追剧或工作,哪怕一天累计坐10小时以上也无妨。

E. 每天活动20分钟,并不意味着每天活动可以减少到20分钟,20分钟只是正常人一天活动的最低要求,为了健康,活动时间可以更长一些。

3.(2025-29,P164)人生病时会出现发烧、疲倦、头疼、咳嗽、肌肉酸痛、食欲不振、精神萎靡等症状。有人认为,生病时出现这些症状是为了尽快清除病原体,让人恢复健康。比如,发烧是为了让人保持高体温以便杀死病原体。但是,也有研究人员发现,疲倦、头疼、心情抑郁和食欲不振等症状与清除病原体并没有直接的联系。他们据此推测,有些症状的出现不是为了提高个人的生存率,而是为了保护整个种群的利益。

以下哪项如果为真,最能支持上述研究人员的推测?

A. 病原体常常通过患者、医生、护士及患者家属扩散开来。

B. 一些病人在还没有发烧的时候，也会出现头疼、乏力和食欲不振等症状。

C. 出现疲倦、头疼和心情抑郁等症状是为了节约能量，便于人体继续保持高体温以杀死病原体。

D. 17 世纪黑死病传到一个英国村庄的时候，已被感染的村民为了不让病原体扩散，主动自我隔离，从而保护了周围村庄的安全。

E. 疲倦、心情抑郁等症状是为了让人减少社交，防止病原体人传人；咳嗽等症状是为了让同伴们知道自己生病了，最好离远些。

4.（2025-30，P164）鹅，通体洁白，脖颈纤细流畅，常引颈高歌，缓步行走。秦汉时期，鹅已成为“庆祭丧婚，节岁礼馈”的必设之物，虽然也偶上餐桌，但其身价昂贵，只有贵族才可享用。东晋时期大书法家王羲之养鹅、爱鹅之雅事传于后世。一般认为，他养鹅、爱鹅，是为了观察鹅行走的步态而体悟书法之道、君子之风。但也有专家认为，王羲之养鹅、爱鹅，其实也看重鹅的药用价值。

以下哪项如果为真，最能支持上述专家的观点？

A.《隋书》说鹅肉“肥腻而滑，味美可口”，到了宋朝，鹅开始成为舌尖上的美味，鹅类菜品琳琅满目。

B. 在道教流行的魏晋时期，鹅常被看作体内怀有仙气的禽鸟，融仙风与道骨于一体，食之益处良多，王羲之可能对此亦有同感。

C. 南朝医药学家陶弘景发现，鹅血能缓解药石引发的症状；而唐朝孟诜《食疗本草》还认为，鹅肉、鹅血均有解毒功效，对服食丹药的人大有裨益。

D. 王羲之为天师道世家出身，曾与道士许迈共同修道服食丹药，常不远千里采买药石，其间发现鹅血、鹅肉能缓解服用药石引发的燥热症状。

E. 魏晋名士崇尚自然，喜好养生，加之当时道教和炼丹术习染，社会名士中服食药石之风盛行，而内服药石达到一定剂量即可使人中毒乃至死亡。

5.（2025-32，P165）苏洵，字明允，是北宋文人苏轼的父亲，自南宋以来人们常以“老泉”称苏洵。但是，宋以后又有人发现，苏轼虽号东坡居士，但晚年也自号“老泉山人”。苏东坡有诗云“宝公骨冷唤不闻，却有老泉来唤人”。此处，苏轼自称为“老泉”。与苏轼幼子苏过交往甚密的叶梦得在其《石林燕语》中证实，苏轼“晚又号老泉山人，以眉山先茔有老翁泉，故云”。由此，有专家认为，南宋以来的人们将苏洵称作老泉纯属误传。

以下哪项如果为真，最能支持上述专家的观点？

A. 明人黄灿、黄炜在《重编嘉祐集纪事》中说，他们亲眼见到有人向他们展示的苏轼《阳羡帖》上有“东坡居士、老泉山人”之图记。

B. 宋人梅尧臣曾作《题老人泉寄苏明允》诗云：“泉上有老人，隐见不可常。苏子居其间，饮水乐未央。”这很容易让人以为苏老泉即苏洵。

C. 宋时避讳规矩严格，苏轼的祖父名苏序，苏轼在作诗文集序时均将“序”改称“叙”，从不敢违反避讳的规矩。

D. 宋光宗时郎晔《经进东坡文集事略》称苏轼为“老泉仲子也”；《三字经》的作者王应麟也说“苏老泉，二十七，始发愤”，其中的“苏老泉”即苏洵。

E. 西方人取名，经常用其祖父、外祖父或其他上辈的名字，以此表达纪念、尊敬、继承或荣耀之意。

6.（2025-34，P166）罗马帝国曾是世界上最强大的帝国之一，但西罗马帝国早在公元5世纪就土崩瓦解，东罗马帝国也在15世纪走向终结。如此庞大的帝国为何走向末路？有网友研究发现，罗马帝国的水渠管道有相当一部分是用铅铸造的。近年来又有考古人员发现，古罗马人的遗骨中铅含量异常，有的到了足以引发健康问题的程度。由此，这些网友认为，水在流经铅管道的时候被铅污染了，罗马居民天天饮用铅污染水，发生了铅中毒现象，从而加速了帝国的衰亡。

以下哪项如果为真，最能质疑上述网友的观点？

A. 罗马人广泛使用银作为货币和装饰，而用来冶炼出银的银矿石主体是铅，这使得罗马帝国每年产铅量巨大。

B. 铅金属熔点低又易铸造成型，拿来做水管极为合适，也可以用来制作生活中各种方便实用的合金工具。

C. 罗马人习惯用铅制容器加热葡萄汁，而实验发现在铅容器中熬制葡萄汁减少至三分之一时，每升葡萄汁中会含有高达一克的铅。

D. 罗马帝国早期很少有铅中毒的记载，直到公元7世纪，才有东罗马帝国的个别医师描述过慢性铅中毒症状，但对中毒原因莫衷一是。

E. 罗马帝国的铅水管里一般会结有一层很厚的水垢，这些水垢阻挡了水和铅的接触，使得水中的含铅量极少，并不足以威胁人的健康。

7.（2025-36，P166）牛磺酸是半胱氨酸的天然代谢产物，人体内和大多数动物性食物中都能找到这种成分。有研究发现，人体内的牛磺酸含量会随着年龄的增加而不断下降，一名60岁老人体内的牛磺酸水平只有5岁儿童的三分之一。一项针对万名60岁以上老人的体检统计显示，他们体内的牛磺酸水平越高，健康状况越好。有专家据此认为，人体内的牛磺酸水平与人体的健康状况呈正相关关系。

以下哪项如果为真，最能支持上述专家的观点？

A. 牛磺酸可能具备抗衰老功效，但这个推测目前还没有获得严格的实验证据支持。

B. 服用牛磺酸可缓解骨质疏松症这种典型的中老年疾病，甚至还能促进骨骼生长。

C. 实验中服用牛磺酸的老鼠寿命延长了3~4个月，这相当于人类寿命的7~8年。

D. 不管从事何种体育运动，只要进行经常性锻炼都会提升体内的牛磺酸水平。

E. 有些猴子服用牛磺酸后，精力更加充沛，肌肉的耐力和爆发力都有所增长。

8.（2025-37，P167）生态文明建设覆盖面广、综合性强，涉及价值理念、目标导向、生产和消费方式等多个方面，是一项复杂的系统性工程。过去一段时间，由于生态环境数据信息在区域、部门、单位之间共享不够，导致生态环境治理在一定程度上存在碎片化现象，一些地方生态环境治理中“反复治理、治理反复”的问题较为突出。由此可见，建成生态环境数据“一张网”、建设数字生态文明是非常必要的。

以下哪项如果为真，最能支持上述论证？

A. 数字化和绿色化相互融合、相互促进，已成为全球发展的重要主题。

B. 建设数字生态文明能够有效提升生态文明建设的共享性、系统性和协同性。

C. 建成生态环境数据“一张网”可以科学高效地解决生态环境问题，拓展生态环境治理的方法和路径。

D. 建设绿色智慧的数字生态文明，可为促进经济社会全面绿色转型、建设人与自然和谐共生的现代化提供强劲动能。

E. 数字赋能生态文明建设可以不断健全生态环境领域数字化的标准规范体系，为建设全球生态文明贡献中国标准。

9. (2024-28, P175) 随着传播媒介的不断发展，其接收方式越来越多样。声音，作为一种接收门槛相对较低的传播媒介，它的“可听化”比视频的“可视化”受限制条件少，接收方式灵活。近来，各种有声读物、方言乡音等媒介日渐走红，一些听书听剧网站颇受欢迎，这让一些人看到了希望：会说话就行，用“声音”就可以获得财富。有专家就此认为，声媒降低了就业门槛，为人们提供了更多平等就业的机会。

以下哪项如果为真，最能质疑上述专家的观点？

A. 传媒接收门槛的降低并不意味着声媒准入门槛的降低。

B. 只有切实贯彻公平合理的就业政策，人们平等就业才有实现的可能。

C. 一个行业吸纳的就业人员越多，它所能提供的平均薪酬水平往往越低。

D. 有人愿意为听书付费，而有人不愿意，靠“声音”获得财富并不容易。

E. 有人天生一副好嗓子，而有人的嗓音则需通过训练才能达到播音标准。

10. (2024-30, P176) 当前，越来越多的网络作品将枯燥的文字转化成轻松的视听语言，不时植入段子、金句或评论，让年轻人乐此不疲，逐渐失去忍耐枯燥的能力，进入不了深度学习的状态。但是，能真正滋养一个人的著作往往都带着某种枯燥，需要读者投入专注力去穿透抽象。由此有专家建议，年轻人读书要先克服前 30 页的阅读痛苦，这样才能获得知识与快乐。

以下哪项如果为真，最能支持上述专家的观点？

A. 读书本身就很枯燥，学习就是学习，娱乐就是娱乐，所谓“娱乐式学习”并不存在。

B. 有些人拿起任何一本书都能津津有味地读下去，即使连续读 30 页，也不会感到枯燥乏味。

C. 一本书的前 30 页往往是该书概念术语的首次展现，要想获得阅读的愉悦，就要越过这个门槛。

D. 那些让人很舒服、不断点头的轻松阅读，往往只是重复你既有认知的无效阅读，哪怕读再多页也无益处。

E. 有些书即使硬着头皮读了前 30 页，后面的文字仍不能让人感到快乐并有所收获，读者将其弃置一边也不奇怪。

11. (2024-31, P176) 纸箱是邮寄快递的主要包装材料之一，初次使用的纸箱大都可重复使用。目前大部分旧纸箱仍被当作生活垃圾处理，不利于资源的利用和环境的保护。其实，我们寄快递时所用的新纸箱快递点一般都要收费。有专家就此认为，即使从自身利益角度出发，快递点对纸箱回收也应具有积极性。

以下哪项如果为真，最能质疑上述专家的观点？

A. 有些人在收到快递后习惯将包装纸箱留存，积攒到一定数量后，再送到附近废品收购站卖掉。

B. 快递员回收纸箱的意愿并不高，为了赶时间，他们不会等客户拆封后再带走空纸箱。

C. 旧纸箱一般是以往客户丢下的，快递点并未花钱回购，在为客户提供旧纸箱时也不会收费。

D. 为了“有面子”，有些人在寄快递时宁愿花钱购买新纸箱，也不愿使用旧纸箱，哪怕免费使用也不行。

E. 快递点大多设有纸箱回收处，让客户拿到快递后自己决定是否将快递当场拆封、并将纸箱留下。

12. (2024-33，P177)人们常常听到这样的说法：“天气凉了，大家要小心着凉感冒。”然而着凉未必意味着感冒。“着凉”仅仅指没有穿够保暖的衣物时体温过低的情况，而感冒的原因是病毒或细菌感染。但有研究人员分析了过去5年流感疫情监测数据后发现，流感的频繁活动通常发生在当年11月至次年3月期间。由此他们断定，寒冷天气确实更容易让人感染流行性感冒。

以下各项如果为真，则除哪项外均能支持上述研究人员的观点？

A. 各种病毒在低温且干燥的环境中更稳定，而且繁殖得更快。

B. 寒冷的天气里，人们更愿意待在温暖的室内，而不愿进行户外活动。

C. 在通风不良的室内供暖环境中，人体抵御细菌感染的机能会有所减弱。

D. 温度大幅降低会导致人体温度下降，妨碍呼吸系统和消化系统的正常运转。

E. 当人体处于紧张状态比如承受低温时，其代谢系统和免疫系统的正常运转将会受到影响。

13. (2024-34，P178)位于长江三角洲的良渚古城遗址是中国已知古城中最早建有大型水利工程的城池。大约4300年前，良渚古城遭到神秘摧毁，良渚文明就此崩溃。研究人员借助良渚古城的地质样本，对该地的古代气候进行评估后断定，良渚古城的摧毁很可能与洪水的暴发存在关联。

以下哪项如果为真，最能支持上述研究人员的观点？

A. 到目前为止，研究人员尚未发现人为因素导致良渚文明覆灭的证据。

B. 研究人员发现，在保存完好的良渚古城遗址上覆盖着一层湿润的黏土。

C. 良渚古城外围建有多条水坝，这些距今5000年左右的水坝能防御超大洪灾。

D. 距今4345年至4324年期间，长江三角洲曾有一段强降雨时期，之后雨又断断续续下了很长时间。

E. 公元前2277年前的某个夏季，异常的降雨量超出了当时先进的良渚古城水坝和运河的承受极限。

14. (2024-37，P178)脉冲星是银河系中难得的定位点，对导航极为有用。通过测量来自3颗或更多脉冲星每个脉冲的微小变化，航天器可以利用三角测量法确定自己在银河系中的位置。1972年，科学家在一台宇宙探测器上安装了刻有14颗脉冲星的铭牌，这些脉冲星被当作一组特殊的宇宙路标，科学家试图以此引导外星人来到地球。但有专家断言，地球人制作的这一“脉冲星地图”很难实现预想的目标。

以下哪项如果为真，最能支持上述专家的观点？

A. 科学家曾向太空发射载有地球信息的无线电波，但至今一无所获。

B. 我们并不了解外星人，贸然邀请并指引他们来地球是非常危险的。

C. 外星人即使获取铭牌，也可能看不懂铭牌，从而发现不了那14颗脉冲星。

D. 任何先进到足以发现并获取“脉冲星地图”的智慧生物，都能看懂这张地图。

E. 外星人捕获人类探测器的时间还很遥远，到那时 14 颗脉冲星的位置已发生很大变化，他们即使看懂铭牌，也只能“受骗上当”了。

15.（2024-38，P179）瘦肉精是一种牲畜饲料添加剂的统称，现在主要指莱克多巴胺，它通过模拟肾上腺素的功能来抑制饲养动物的脂肪生长，从而增加瘦肉含量。从现实来看，食用瘦肉精含量极低的肉类仍是安全的，但科学还无法证明瘦肉精对人体完全无害。目前，全球有 160 多个国家禁止在本国销售含有瘦肉精的肉类。有专家就此指出，全球多数国家对莱克多巴胺采取零容忍政策，是一项正确合理的决策。

以下哪项如果为真，最能支持上述专家的观点？

A. 喂了瘦肉精的动物更容易疲劳、受伤，其死亡的概率也会增加。

B. 目前，全球有 20 多个国家不允许在饲养中使用瘦肉精，但允许进口含有瘦肉精的肉类。

C. 某国食品法典委员会规定，市场销售的肉类中莱克多巴胺的最高残留量不得超过亿分之一。

D. 一项科学实验显示，摄入微量莱克多巴胺对人体无害，但该实验仅招募了 6 名志愿者，样本量严重不足。

E. 如果允许瘦肉精合法使用，无法保证饲养者会严格按照使用指南喂养牲畜，而政府有关部门检查起来技术复杂、成本高昂。

16.（2024-41，P180）我国有些传统村落已有数百年历史，具有较高的历史文化价值。政府相继发布一批中国传统村落名录，对有些传统村落给予了有效的保护。但是，大量未纳入保护范围的传统村落仍处于放任自流的状态，其现状不容乐观。有专家就此指出，随着社会的快速发展和新生活方式的兴起，这些传统村落走向衰亡是一种必然趋势。以下哪项如果为真，最能质疑上述专家的观点？

A. 中国拥有高度发达的农耕文明，乡土中国的精神和文化现在仍是我们文化身份、民族情感的重要来源。

B. 有些城里人自愿来到农村居住，他们养鸡种菜、耕读垂钓，全然不顾想去城市生活的乡邻们异样的眼光。

C. 欧洲国家在工业化、城市化进程中，对一些传统村落进行了较好的保护，使其乡村文化、乡村生活方式延续至今。

D. 我国有些传统村落虽未纳入保护名录，但也被重新规划、修缮，宜居程度显著提高，美丽乡村既留住了村民，也迎来了游客。

E. 基于资源、环境、公共服务等方面的考虑，某些地方开启乡村合并模式，部分传统村落已经消失在合并的过程中。

17.（2024-44，P181）为满足持续激增的市场需求，半导体行业的许多工厂竞相增加芯片产能，预计供求平衡将在明年达成，此后可能会出现供应过剩。有分析人士认为，今年随着智能手机和新能源汽车的销售势头放缓，两大行业的产能将会降低，芯片供应的紧张形势有望得到缓解。

以下哪项最可能是上述分析人士的假设？

A. 新能源汽车制造商在销售疲软的情况下大幅削减芯片库存。

B. 智能手机和新能源汽车是半导体行业的两大主要终端用户。

C. 智能手机因零部件短缺而更新升级迟缓，今年下半年销量将有所下滑。

D. 芯片市场具有很强的周期性，每隔数年就会经历一次从峰值到低谷的循环。

E. 市场需求情况将通过产品销售、生产供应等逐步向上游传导，并最终影响相关工厂的产能。

18.（2024-46，P182）马可·波罗在《马可·波罗游记》中对元世祖忽必烈颇有赞词，并称忽必烈寿命“约有八十五岁”。这一说法与《元史》中“在位三十五年，寿八十”的记载不符。但有学者指出，游记中的说法很可能是正确的，因为拉施都丁在14世纪初写成的《史集》中称：“忽必烈合罕（即可汗）在位三十五年，并在他的年龄达到八十三岁之后去世。”

以下哪项如果为真，最能支持上述学者的观点？

A. 关于忽必烈寿命的记载，《元史》很可能使用的是中国人惯用的虚岁记法。

B. 中国历代皇帝平均寿命不到40岁，忽必烈则超出一倍多，历史排名第五。

C.《史集》可信度较高，它纪年用的伊斯兰太阳历比《马可·波罗游记》用的突厥太阳历每30年少1年。

D.《马可·波罗游记》出自鲁斯蒂谦之手，他声称该游记是他在狱中根据马可·波罗生前口述整理而成。

E.《饮膳正要》曾记录忽必烈的生活：“饮食必稽于本草，动静必准乎法度。”他的长寿与其善用医理调理身心有关。

19.（2024-48，P182）近年来，网络美图和短视频热带动不少小众景点升温。然而许多网友发现，他们实地探访所见的小众景点与滤镜照片中的同一景点形成强烈反差，而且其中一些体验项目也不像网络宣传的那样有趣美好、物有所值。有专家就此建议，广大游客应远离小众景点，不给他们宰客的机会。

以下哪项如果为真，最能质疑上述专家的建议？

A. 有些专家的建议值得参考，而有些专家的建议则可能存在偏狭之处。

B. 旅游业做不了“一锤子买卖”，好口碑才是真正的“流量密码”，靠“照骗”出位无异于饮鸩止渴。

C. 一般来说，在拍照片或短视频时相机或手机会自动美化，拍摄对象也是拍摄者主观选取的局部风景。

D. 随着互联网全面进入“光影时代”，越来越多的景点通过网络营销模式进行推广和宣传，即使那些著名景点也不例外。

E. 如今很多乡村景点虽不出名，但他们尝试农旅结合，推出“住农家屋、采农家菜、吃农家饭”的乡村游项目，让游客在美丽乡村流连忘返。

20.（2024-53，P184）很多迹象表明，三星堆文化末期发生过重大变故，比如，三星堆两个器物坑的出土文物就留有不少被砸过和烧过的残损痕迹。关于三星堆王国衰亡的原因，一种说法认为是外敌入侵，但也有学者认为，衰亡很可能是内部权力冲突导致的。他们的理由是，三星堆出土的文物显示，三星堆王国是由笄发的神权贵族和辫发的世俗贵族联合执政；而金沙遗址出土的文物显示，三星堆王国衰亡之后继起的金沙王国仅由三星堆王国中辫发的世俗贵族单独执政。

以下哪项如果为真，最能支持上述学者的观点？

A. 三星堆出土的文物并不完整，使得三星堆王国因外敌入侵而衰亡的说法备受质疑。

B. 有证据显示,从三星堆文化到金沙文化,金沙王国延续了三星堆王国的主要族群和传统。

C. 一个古代王国中不同势力的联合执政意味着政治权力的平衡,这种平衡一旦被打破就会出现内部冲突。

D. 根据古蜀国的史料记载,三星堆文化末期曾出现宗教势力过大、财富大多集中到神权贵族一方的现象。

E. 三星堆城池遭到严重破坏很可能是外部入侵在先、内部冲突在后,迫使三星堆人迁都金沙,重建都城。

21. (2023-27,P185)处理餐厨垃圾的传统方式主要是厌氧发酵和填埋,前者利用垃圾产生的沼气发电,投资成本高;后者不仅浪费土地,还污染环境。近日,某公司尝试利用蟑螂来处理垃圾。该公司饲养了3亿只"美洲大蠊"蟑螂,每天可吃掉15吨餐厨垃圾。有专家据此认为,用"蟑螂吃掉垃圾"这一生物处理方式解决餐厨垃圾,既经济又环保。

以下哪项如果为真,最能质疑上述专家的观点?

A. 餐厨垃圾经发酵转化为能源的处理方式已被国际认可,我国这方面的技术也相当成熟。

B. 大量人工养殖后,很难保证蟑螂不逃离控制区域,而一旦蟑螂逃离,则会危害周边生态环境。

C. 政府前期在工厂土地划拨方面对该项目给予了政策扶持,后期仍需进行公共安全检测和环境评估。

D. 我国动物蛋白饲料非常缺乏,1吨蟑螂及其所产生的卵鞘,可产生1吨昆虫蛋白饲料,饲养蟑螂将来盈利十分可观。

E. 该公司正在建设新车间,竣工后将能饲养20亿只蟑螂,它们虽然能吃掉全区的餐厨垃圾,但全市仍有大量餐厨垃圾需要通过传统方式处理。

22. (2023-33,P188)进入移动互联网时代,扫码点餐、在线挂号、网购车票、电子支付等智能化生活方式日益普及,人们的生活越来越便捷。然而,也有很多老年人因为不会使用智能手机等设备,无法进入菜场、超市和公园,也无法上网娱乐与购物,甚至在新冠疫情期间因无法从手机中调出健康码而被拒绝乘坐公共交通。对此,某专家指出,社会正在飞速发展,不可能"慢"下来等老年人;老年人应该加强学习,跟上时代发展。

以下哪项如果为真,最能质疑该专家的观点?

A. 老年人也享有获得公共服务的权利,为他们保留老办法,提供传统服务,既是一种社会保障,更是一种社会公德。

B. 有些老年人学习能力较强,能够熟练使用多种电子产品,充分感受移动互联网时代的美好。

C. 目前中国有2亿多老年人,超4成的老年人存在智能手机使用障碍,仅会使用手机打电话。

D. 社会管理和服务不应只有一种模式,而应更加人性化和多样化,有些合理的生活方式理应得到尊重。

E. 有些老年人感觉自己被时代抛弃了,内心常常充斥着窘迫与挫败感,这容易导致他们与社会的加速脱离。

23.（2023-35，P188）曾几何时，“免费服务”是互联网的重要特征之一，如今这一情况正在发生改变。有些人在网上开辟知识付费平台，让寻求知识、学习知识的读者为阅读“买单”，这改变了人们通过互联网免费阅读的习惯。近年来，互联网知识付费市场的规模正以连年翻番的速度增长。但是有专家指出，知识付费市场的发展不可能长久，因为人们大多不愿为网络阅读付费。

以下哪项如果为真，最能质疑上述专家的观点？

A. 高强度的生活节奏使人无法长时间、系统性阅读纸质文本，见缝插针、随时呈现式的碎片化、网络化阅读已成为获取知识的常态。

B. 日常工作的劳累和焦虑使得人们更喜欢在业余时间玩网络游戏、看有趣视频或与好友进行微信聊天。

C. 日益增长的竞争压力促使当代人不断学习新知识，只要知识付费平台做得足够好，他们就愿意为此付费。

D. 当前网上知识付费平台竞争激烈，尽管内容丰富、形式多样，但是鱼龙混杂、缺少规范，一些年轻人沉湎其中难以自拔。

E. 当前，许多图书资料在互联网上均能免费获得，只要合理用于自身的学习和研究，一般不会产生知识产权问题。

24.（2023-39，P190）水在温度高于374℃、压力大于22MPa的条件下，称为超临界水。超临界水能与有机物完全互溶，同时还可以大量溶解空气中的氧，而无机物特别是盐类在超临界水中的溶解度很低。由此，研究人员认为，利用超临界水作为特殊溶剂，水中的有机物和氧气可以在极短时间内完成氧化反应，把有机物彻底“秒杀”。

以下哪项如果为真，最能支持上述研究人员的观点？

A. 有机物在超临界水中通过分离装置可瞬间转化为无毒无害的水、无机盐以及二氧化碳等气体，并最终在生产和生活中得到回收利用。

B. 超临界水氧化技术具有污染物去除率高、二次污染小、反应迅速等特征，被认为是废水处理技术中的“杀手锏”，具有广阔的工业应用前景。

C. 超临界水只有兼具气体与液体的高扩散性、高溶解性、高反应活性及低表面张力等优良特性，才能把有机物彻底“秒杀”。

D. 超临界水氧化技术对难以降解的农化、石油、制药等有机废水尤为适用。

E. 如果超临界水氧化技术成功应用于化工、制药等行业的污水处理，可有效提升流域内重污染行业的控源减排能力。

25.（2023-43，P191）研究表明，鱼油中的不饱和脂肪酸能够有效降低人体内血脂水平并软化血管。因此，鱼油通常被用来预防由高血脂引起的心脏病、动脉粥样硬化和高胆固醇血症等疾病，降低死亡风险。但有研究人员认为，食用鱼油不一定能够有效控制血脂水平并预防由高血脂引起的各种疾病。

以下哪项如果为真，最能支持上述研究人员的观点？

A. 鱼油虽然优于猪油、牛油，但毕竟是脂肪，如果长期食用，就容易引起肥胖。

B. 鱼油的概念很模糊，它既指鱼体内的脂肪，也包括被做成保健品的鱼油制剂。

C. 不饱和脂肪酸很不稳定，只要接触空气、阳光，就会氧化分解。

D. 通过长期服用鱼油制品来控制体内血脂的观点始终存在学术争议。

E. 人们若要身体健康最好注重膳食平衡，而不是仅仅依靠服用浓缩鱼油。

26.（2023-44，P191）近年来，一些地方修改了本地见义勇为相关条例，强调对生命的敬畏和尊重，既肯定大义凛然、挺身而出的见义勇为，更鼓励和倡导科学、合法、正当的“见义智为”。有专家由此指出，从鼓励见义勇为到倡导“见义智为”，反映了社会价值观念的进步。

以下各项如果为真，则除了哪项均能支持上述专家的观点？

A. “见义智为”强调以人为本、合理施救，表明了科学理性、互帮互助的社会价值取向。

B. 有时见义勇为需要专业技术知识，普通民众如果没有相应的知识，最好不要贸然行事，应及时报警求助。

C. 所有的生命都是平等的，救人者与被救者都具有同等的生命价值，救人者的生命同样应得到尊重和爱护。

D. 我国中小学正在引导学生树立应对突发危机事件的正确观念，教育学生如何在保证自身安全的情况下“机智”救助他人。

E. 倡导“见义智为”容易给一些自私懦弱的人逃避社会责任制造借口，见死不救的惨痛案例可能会增多，社会道德水平可能因此而下滑。

27.（2023-49，P193）十多年前曾有传闻：M 国从不生产一次性筷子，完全依赖进口，而且 M 国 96%的一次性筷子来自中国。2019 年有媒体报道：“去年 M 国出口的木材中，约有 40%流向了中国市场，而且今年中国订单的比例还在进一步攀升，中国已成为 M 国木材出口中占比最大的国家。”张先生据此认为，中国和 M 国木材进出口角色的转换，表明中国人的环保意识已经超越 M 国。

以下哪项如果为真，最能削弱张先生的观点？

A. 十多年前的传闻不一定反映真实情况，实际情形是中国的一次性筷子比其他国家的更便宜。

B. 从 2018 年起，中国相关行业快速发展，木材需求急剧增长；而 M 国多年养护的速生林正处于采伐期，出口量逐年递增。

C. 近年中国修订相关规范，原来只用于商品外包装的 M 国杉木现也可用于木结构建筑物，导致进口大增。

D. 制作一次性筷子的木材主要取自速生杨树或者桦树，这类速生树种只占中国经济林的极小部分。

E. 中国和 M 国在木材贸易上的角色转换主要是经济发展导致，环保意识只是因素之一，但不是主要因素。

28.（2023-50，P194）某公司为了让员工多运动，近日出台一项规定：每月按照 18 万步的标准对员工进行考核，如果没有完成步行任务，则按照“一步一分钱”标准扣钱。有专家认为，此举鼓励运动，看似对员工施加压力，实质上能够促进员工的身心健康，引导整个企业积极向上。

以下各项如果为真，则除哪项外均能质疑上述专家的观点？

A. 按照我国《劳动法》等相关法律规定，企业规章制度所涉及的员工行为应与工作有关，而步行显然与工作无关。

B. 步行有益身体健康，但规定每月必须步行 18 万步，不达标就扣钱，显得有些简单粗暴，这会影响员工对企业的认同感。

C. 公司鼓励员工多运动，此举不仅让员工锻炼身体，还可释放工作压力，培养良好品格，改善人际关系。

D. 有员工深受该规定的困扰，为了完成考核，他们甚至很晚不得不外出运动，影响了正常休息。

E. 该公司老张在网上购买了专门刷步行数据的服务，只花 1 元钱就可轻松购得两万步。

29.（2022-27，P198）“君问归期未有期，巴山夜雨涨秋池。何当共剪西窗烛，却话巴山夜雨时。”这首《夜雨寄北》是晚唐诗人李商隐的名作。一般认为这是一封“家书”，当时诗人身处巴蜀，妻子在长安，所以说“寄北”。但有学者提出，这首诗实际上是寄给友人的。

以下哪项如果为真，最能支持以上学者的观点？

A. 李商隐之妻王氏卒于大中五年，而该诗作于大中七年。

B. 明清小说戏曲中经常将家庭塾师或官员幕客称为“西席”“西宾”。

C. 唐代温庭筠的《舞衣曲》中有诗句“回颦笑语西窗客，星斗寥寥波脉脉”。

D. 该诗另一题为《夜雨寄内》，“寄内”即寄怀妻子。此说得到了许多人的认同。

E. “西窗”在古代专指客房、客厅，起自尊客于西的先秦古礼，并被后世习察日用。

30.（2022-29，P198）2020 年全球碳排放量减少大约 24 亿吨，远远大于之前的创纪录降幅，例如二战结束时下降 9 亿吨，2009 年金融危机最严重时下降 5 亿吨。非政府组织全球碳计划（GCP）在其年度评估报告中说，由于各国在新冠肺炎疫情期间采取了封锁和限制措施，汽车使用量下降了一半左右，2020 年的碳排放量同比下降了创纪录的 7%。

以下哪项如果为真，最能支持 GCP 的观点？

A. 2020 年碳排放量下降最明显的国家或地区是美国和欧盟。

B. 延缓气候变化的办法不是停止经济活动，而是加速向低碳能源过渡。

C. 根据气候变化《巴黎协定》，2015 年之后的 10 年全球每年需减排约 10 亿~20 亿吨。

D. 2020 年在全球各行业减少的碳排放总量中，交通运输业所占比例最大。

E. 随着世界经济的持续复苏，2021 年全球碳排放量同比下降可能不超过 5%。

31.（2022-31，P199）某研究团队研究了大约 4 万名中老年人的核磁共振成像数据、自我心理评估等资料，发现经常有孤独感的研究对象和没有孤独感的研究对象在大脑的默认网络区域存在显著差异。默认网络是一组参与内心思考的大脑区域，这些内心思考包括回忆旧事、规划未来、想象等。孤独者大脑的默认网络联结更为紧密，其灰质容积更大。研究人员由此认为，大脑默认网络的结构和功能与孤独感存在正相关。

以下哪项如果为真，最能支持上述研究人员的观点？

A. 人们在回忆过去、假设当下或预想未来时会使用默认网络。

B. 有孤独感的人更多地使用想象、回忆过去和憧憬未来以克服社交隔离。

C. 感觉孤独的老年人出现认知衰退和患上痴呆症的风险更高，进而导致部分脑区萎缩。

D. 了解孤独感对大脑的影响，拓展我们在这个领域的认知，有助于减少当今社会的孤独现象。

E. 穹窿是把信号从海马体输送到默认网络的神经纤维束，在研究对象的大脑中，这种纤维束得到较好的保护。

32.（2022-33，P200）2020年下半年，随着新冠病毒在全球范围内的肆虐及流感季节的到来，很多人担心会出现大范围流感和新冠疫情同时暴发的情况。但是有病毒学家发现，2009年甲型H1N1流感毒株出现时，自1977年以来一直传播的另一种甲型流感毒株消失了。由此他推测，人体同时感染新冠病毒和流感病毒的可能性应该低于预期。

以下哪项如果为真，最能支持该病毒学家的推测？

A. 如果人们继续接种流感疫苗，仍能降低同时感染这两种病毒的概率。

B. 一项分析显示，新冠肺炎患者中大约只有3%的人同时感染另一种病毒。

C. 人体感染一种病毒后的几周内，其先天免疫系统的防御能力会逐步增强。

D. 为避免感染新冠病毒，人们会减少室内聚集、继续佩戴口罩、保持社交距离和手部卫生。

E. 新冠病毒的感染会增加参与干扰素反应的基因的活性，从而防止流感病毒在细胞内进行复制。

33.（2022-34，P200）补充胶原蛋白已经成为当下很多女性抗衰老的手段之一。她们认为：吃猪蹄能够补充胶原蛋白，为了美容养颜，最好多吃些猪蹄。近日有些专家对此表示质疑，他们认为多吃猪蹄其实并不能补充胶原蛋白。

以下哪项如果为真，最能质疑上述专家的观点？

A. 猪蹄中的胶原蛋白会被人体的消化系统分解，不会直接以胶原蛋白的形态补充到皮肤中。

B. 人们在日常生活中摄入的优质蛋白和水果、蔬菜中的营养物质，足以提供人体所需的胶原蛋白。

C. 猪蹄中胶原蛋白的含量并不多，但胆固醇含量高、脂肪多，食用过多会引起肥胖，还会增加患高血压的风险。

D. 猪蹄中的胶原蛋白经过人体消化后会被分解成氨基酸等物质，氨基酸参与人体生理活动，再合成人体必需的胶原蛋白等多种蛋白质。

E. 胶原蛋白是人体皮肤、骨骼和肌腱中的主要结构蛋白，它填充在真皮之间，撑起皮肤组织，增加皮肤紧密度，使皮肤水润而富有弹性。

34.（2022-47，P205）有些科学家认为，基因调整技术能大幅延长人类寿命。他们在实验室中调整了一种小型土壤线虫的两组基因序列，成功将这种生物的寿命延长了5倍。他们据此声称，如果将延长线虫寿命的科学方法应用于人类，人活到500岁就会成为可能。

以下哪项如果为真，最能质疑上述科学家的观点？

A. 基因调整技术可能会导致下一代中一定比例的个体失去繁殖能力。

B. 即使将基因调整技术成功应用于人类，也只会有极少的人活到500岁。

C. 将延长线虫寿命的科学方法应用于人类，还需要经历较长一段时间。

D. 人类的生活方式复杂而多样，不良的生活习惯和心理压力会影响身心健康。

E. 人类寿命的提高幅度不会像线虫那样简单倍增，200岁以后寿命再延长基本不可能。

35.（2022-53，P208）胃底腺息肉是所有胃息肉中最为常见的一种良性病变。最常见的是散发型胃底腺息肉，它多发于50岁以上人群。研究人员在研究10万人的胃镜检查资料后发现，有胃底腺息肉的患者无人患胃癌，而没有胃底腺息肉的患者中有178人发现有胃癌。他们由此断定，胃底腺息肉与胃癌呈负相关。

以下哪项如果为真，最能支持上述研究人员的断定？

A. 有胃底腺息肉的患者绝大多数没有家族癌症史。

B. 在研究人员研究的10万人中，50岁以下的占大多数。

C. 在研究人员研究的10万人中，有胃底腺息肉的人仅占14%。

D. 有胃底腺息肉的患者罹患萎缩性胃炎、胃溃疡的概率显著降低。

E. 胃内一旦有胃底腺息肉，往往意味着没有感染致癌物“幽门螺杆菌”。

36. (2021-26,P210)哲学是关于世界观、方法论的学问，哲学的基本问题是思维和存在的关系问题，它是在总结各门具体科学知识基础上形成的，并不是一门具体科学。因此，经验的个案不能反驳它。

以下哪项如果为真，最能支持以上论述？

A. 哲学并不能推演出经验的个案。

B. 任何科学都要接受经验的检验。

C. 具体科学不研究思维和存在的关系问题。

D. 经验的个案只能反驳具体科学。

E. 哲学可以对具体科学提供指导。

37. (2021-28,P211)研究人员招募了300名体重超标的男性，将其分成餐前锻炼组和餐后锻炼组，进行每周三次相同强度和相同时段的晨练。餐前锻炼组晨练前摄入零卡路里安慰剂饮料，晨练后摄入200卡路里的奶昔；餐后锻炼组晨练前摄入200卡路里的奶昔，晨练后摄入零卡路里安慰剂饮料。三周后发现，餐前锻炼组燃烧的脂肪比餐后锻炼组多。该研究人员由此推断，肥胖者若持续这样的餐前锻炼，就能在不增加运动强度或时间的情况下改善代谢能力，从而达到减肥效果。

以下哪项如果为真，最能支持该研究人员的上述推断？

A. 餐前锻炼组额外的代谢与体内肌肉中的脂肪减少有关。

B. 餐前锻炼组觉得自己在锻炼中消耗的脂肪比餐后锻炼组多。

C. 餐前锻炼可以增强肌肉细胞对胰岛素的反应，促使它更有效地消耗体内的糖分和脂肪。

D. 肌肉参与运动所需要的营养，可能来自最近饮食中进入血液的葡萄糖和脂肪成分，也可能来自体内储存的糖和脂肪。

E. 有些餐前锻炼组的人知道他们摄入的是安慰剂，但这并不影响他们锻炼的积极性。

38. (2021-38,P214)艺术活动是人类标志性的创造性劳动。在艺术家的心灵世界里，审美需求和情感表达是创造性劳动不可或缺的重要引擎；而人工智能没有自我意识，人工智能艺术作品的本质是模仿。因此，人工智能永远不能取代艺术家的创造性劳动。

以下哪项最可能是以上论述的假设？

A. 人工智能可以作为艺术创作的辅助工具。

B. 只有具备自我意识，才能具有审美需求和情感表达。

C. 大多数人工智能作品缺乏创造性。

D. 没有艺术家的创作，就不可能有人工智能艺术品。

E. 模仿的作品很少能表达情感。

39.（2021-39,P215）最近一项科学观测显示，太阳产生的带电粒子流即太阳风，含有数以千计的“滔天巨浪”，其时速会突然暴增，可能导致太阳磁场自行反转，甚至会对地球产生有害影响。但目前我们对太阳风的变化及其如何影响地球知之甚少。据此有专家指出，为了更好保护地球免受太阳风的影响，必须更新现有的研究模式，另辟蹊径研究太阳风。

以下哪项如果为真，最能支持上述专家的观点？

A. 最新观测结果不仅改变了天文学家对太阳风的看法，而且将改变其预测太空天气事件的能力。

B. 目前，根据标准太阳模型预测太阳风变化所获得的最新结果与实际观测相比，误差约为 10~20 倍。

C. 对太阳风的深入研究，将有助于防止太阳风大爆发时对地球的卫星和通讯系统乃至地面电网造成的影响。

D. 太阳风里有许多携带能量的粒子和磁场，而这些磁场会发生意想不到的变化。

E. “高速”太阳风源于太阳南北极的大型日冕洞，而“低速”太阳风则来自太阳赤道上的较小日冕洞。

40.（2021-44,P216）今天的教育质量将决定明天的经济实力。PISA 是经济合作与发展组织每隔三年对 15 岁学生的阅读、数学和科学能力进行的一项测试。根据 2019 年最新测试结果，中国学生的总体表现远超其他国家学生。有专家认为，该结果意味着中国有一支优秀的后备力量以保障未来经济的发展。

以下哪项如果为真，最能支持上述专家的论证？

A. 中国学生在 15 岁时各项能力尚处于上升期，他们未来会有更出色的表现。

B. 未来经济发展的核心驱动力是创新，中国教育非常重视学生创新能力的培养。

C. 在其他国际智力测试中，亚洲学生总体成绩最好，而中国学生又是亚洲最好的。

D. 这次 PISA 测试的评估重点是阅读能力，能很好地反映学生的受教育质量。

E. 中国学生在阅读、数学和科学三项排名中均位列第一。

41.（2021-46,P217）水产品的脂肪含量相对较低，而且含有较多不饱和脂肪酸，对预防血脂异常和心血管疾病有一定作用；禽肉的脂肪含量也比较低，脂肪酸组成优于畜肉；畜肉中的瘦肉脂肪含量低于肥肉，瘦肉优于肥肉。因此，在肉类选择上，应该优先选择水产品，其次是禽肉，这样对身体更健康。

以下哪项如果为真，最能支持以上论述？

A. 所有人都有罹患心血管疾病的风险。

B. 肉类脂肪含量越低对人体越健康。

C. 人们认为根据自己的喜好选择肉类更有益于健康。

D. 人必须摄入适量的动物脂肪才能满足身体的需要。

E. 脂肪含量越低，不饱和脂肪酸含量越高。

42.（2021-49,P218）某医学专家提出一种简单的手指自我检测法：将双手放在眼前，把两个食指的指甲那一面贴在一起，正常情况下，应该看到两个指甲床之间有一个菱形的空间；如果看不到这个空间，则说明手指出现了杵状改变，这是患有某种心脏或肺部疾病的迹象。该专家认为，人们通过手指自我检测能快速判断自己是否患有心脏或肺部疾病。

以下哪项如果为真，最能质疑上述专家的论断？

A. 杵状改变可能由多种肺部疾病引起,如肺纤维化、支气管扩张等,而且这种病变需要经历较长的一段过程。

B. 杵状改变不是癌症的明确标志,仅有不足 40% 的肺癌患者有杵状改变。

C. 杵状改变检测只能作为一种参考,不能用来替代医生的专业判断。

D. 杵状改变有两个发展阶段,第一个阶段的畸变不是很明显,不足以判断人体是否有病变。

E. 杵状改变是手指末端软组织积液造成,而积液是由于过量血液注入该区域导致,其内在机理仍然不明。

43. (2021-50,P218)曾几何时,快速阅读进入了我们的培训课堂。培训者告诉学员,要按“之”字形浏览文章。只要精简我们看的地方,就能整体把握文本要义,从而提高阅读速度;真正的快速阅读能将阅读速度提高至少两倍,并不影响理解。但近来有科学家指出,快速阅读实际上是不可能的。

以下哪项如果为真,最能支持上述科学家的观点?

A. 阅读是一项复杂的任务,首先需要看到一个词,然后要检索其涵义、引申义,再将其与上下文相联系。

B. 科学界始终对快速阅读持怀疑态度,那些声称能帮助人们实现快速阅读的人通常是为了谋生或赚钱。

C. 人的视力只能集中于相对较小的区域,不可能同时充分感知和阅读大范围文本,识别单词的能力限制了我们的阅读理解。

D. 个体阅读速度差异很大,那些阅读速度较快的人可能拥有较强的短时记忆或信息处理能力。

E. 大多声称能快速阅读的人实际上是在浏览,他们可能相当快地捕捉到文本的主要内容,但也会错过众多细枝末节。

44. (2020-27,P221)某教授组织了 120 名年轻的参试者,先让他们熟悉电脑上的一个虚拟城市,然后让他们以最快速度寻找由指定地点到达关键地标的最短路线,最后再让他们识别茴香、花椒等 40 种芳香植物的气味。结果发现,寻路任务中得分较高者其嗅觉也比较灵敏。该教授由此推测,一个人空间记忆力好、方向感强,就会使其嗅觉更为灵敏。

以下哪项如果为真,最能质疑该教授的上述推测?

A. 大多数动物主要靠嗅觉寻找食物、躲避天敌,其嗅觉进化有助于“导航”。

B. 有些参试者是美食家,经常被邀请到城市各处的特色餐馆品尝美食。

C. 部分参试者是马拉松运动员,他们经常参加一些城市举办的马拉松比赛。

D. 在同样的测试中,该教授本人在嗅觉灵敏度和空间方向感方面都不如年轻人。

E. 有的年轻人喜欢玩方向感要求较高的电脑游戏,因过分投入而食不知味。

45. (2020-28,P222)有学校提出,将效仿免费师范生制度,提供减免学费等优惠条件以吸引成绩优秀的调剂生,提高医学人才培养质量。有专家对此提出反对意见:医生是既崇高又辛苦的职业,要有足够的爱心和兴趣才能做好,因此,宁可招不满,也不要招收调剂生。

以下哪项最可能是上述专家论断的假设?

A. 没有奉献精神,就无法学好医学。

B. 如果缺乏爱心,就不能从事医生这一崇高的职业。

C. 调剂生往往对医学缺乏兴趣。

D. 因优惠条件而报考医学的学生往往缺乏奉献精神。

E. 有爱心并对医学有兴趣的学生不会在意是否收费。

46.（2020-33，P224）小王：在这次年终考评中，女员工的绩效都比男员工高。

小李：这么说，新入职员工中绩效最好的还不如绩效最差的女员工。

以下哪项如果为真，最能支持小李的上述论断？

A. 男员工都是新入职的。

B. 新入职的员工有些是女性。

C. 新入职的员工都是男性。

D. 部分新入职的女员工没有参与绩效考评。

E. 女员工更乐意加班，而加班绩效翻倍计算。

47.（2020-35，P225）移动支付如今正在北京、上海等大中城市迅速普及。但是，并非所有中国人都熟悉这种新的支付方式，很多老年人仍然习惯传统的现金交易。有专家因此断言，移动支付的迅速普及会将老年人阻挡在消费经济之外，从而影响他们晚年的生活质量。

以下哪项如果为真，最能质疑上述专家的论断？

A. 到2030年，中国60岁以上人口将增至3.2亿，老年人的生活质量将进一步引起社会关注。

B. 有许多老年人因年事已高，基本不直接进行购物消费，所需物品一般由儿女或社会提供，他们的晚年生活很幸福。

C. 国家有关部门近年来出台多项政策指出，消费者在使用现金支付被拒时可以投诉，但仍有不少商家我行我素。

D. 许多老年人已在家中或社区活动中心学会移动支付的方法以及防范网络诈骗的技巧。

E. 有些老年人视力不好，看不清手机屏幕；有些老年人记忆力不好，记不住手机支付密码。

48.（2020-40，P228）王研究员：吃早餐对身体有害。因为吃早餐会导致皮质醇峰值更高，进而导致体内胰岛素异常，这可能引发Ⅱ型糖尿病。

李教授：事实并非如此。因为上午皮质醇水平高只是人体生理节律的表现，而不吃早餐不仅会增加患Ⅱ型糖尿病的风险，还会增加患其他疾病的风险。

以下哪项如果为真，最能支持李教授的观点？

A. 一日之计在于晨，吃早餐可以补充人体消耗，同时为一天的工作准备能量。

B. 糖尿病患者若在9点至15点之间摄入一天所需的卡路里，血糖水平就能保持基本稳定。

C. 经常不吃早餐，上午工作处于饥饿状态，不利于血糖调节，容易患上胃溃疡、胆结石等疾病。

D. 如今，人们工作繁忙，晚睡晚起现象非常普遍，很难按时吃早餐，身体常常处于亚健康状态。

E. 不吃早餐的人通常缺乏营养和健康方面的知识，容易形成不良生活习惯。

49.（2020-43，P229）披毛犀化石多分布在欧亚大陆北部，我国东北平原、华北平原、西藏等地也偶有发现。披毛犀有一个独特的构造——鼻中隔，简单地说就是鼻子中间的骨头。研究发现，西藏披毛犀化石的鼻中隔只是一块不完全的硬骨，早先在亚洲北部、西伯利亚等地发现的披毛犀化石的鼻中隔要比西藏披毛犀的“完全”，这说明西藏披毛犀具有更原始的形态。

以下哪项如果为真，最能支持以上论述？

A. 一个物种不可能有两个起源地。

B. 西藏披毛犀化石是目前已知最早的披毛犀化石。

C. 为了在冰雪环境中生存,披毛犀的鼻中隔经历了由软到硬的进化过程,并最终形成一块完整的骨头。

D. 冬季的青藏高原犹如冰期动物的“训练基地”,披毛犀在这里受到耐寒训练。

E. 随着冰期的到来,有了适应寒冷能力的西藏披毛犀走出西藏,往北迁徙。

50.(2020-44,P230)黄土高原以前植被丰富,长满大树,而现在千沟万壑,不见树木,这是植被遭破坏后水流冲刷大地造成的惨痛结果。有专家进一步分析认为,现在黄土高原不长植物,是因为这里的黄土其实都是生土。

以下哪项最可能是上述专家推断的假设?

A. 生土不长庄稼,只有通过土壤改造等手段才适宜种植粮食作物。

B. 因缺少应有的投入,生土无人愿意耕种,无人耕种的土地瘠薄。

C. 生土是水土流失造成的恶果,缺乏植物生长所需要的营养成分。

D. 东北的黑土地中含有较厚的腐殖层,这种腐殖层适合植物的生长。

E. 植物的生长依赖熟土,而熟土的存续依赖人类对植被的保护。

51.(2020-45,P230)目前,科学家发明了一项技术,可以把二氧化碳等物质“电成”有营养价值的蛋白粉,这项技术不像种庄稼那样需要具备合适的气温、湿度和土壤等条件。他们由此认为,这项技术开辟了未来新型食物生产的新路,有助于解决全球饥饿问题。

以下各项如果为真,则除了哪项均能支持上述科学家的观点?

A. 让二氧化碳、水和微生物一起接受电流电击,可以产生出有营养价值的食物。

B. 粮食问题是全球性重大难题,联合国估计到2050年将有20亿人缺乏基本营养。

C. 把二氧化碳等物质“电成”蛋白粉的技术将彻底改变农业,还能避免对环境造成不利影响。

D. 由二氧化碳等物质“电成”的蛋白粉,约含50%的蛋白质、25%的碳水化合物、核酸及脂肪。

E. 未来这项技术将被引入沙漠或其他面临饥荒的地区,为解决那里的饥饿问题提供重要帮助。

52.(2020-48,P231)1818年前后,纽约市规定,所有买卖的鱼油都需要经过检查,同时缴纳每桶25美元的检查费。一天,一名鱼油商人买了三桶鲸鱼油,打算把鲸鱼油制成蜡烛出售。鱼油检查员发现这些鲸鱼油根本没经过检查,根据鱼油法案,该商人需要接受检查并缴费。但该商人声称鲸鱼不是鱼,拒绝缴费,遂被告上法庭。陪审团最后支持了原告,判决该商人支付75美元检查费。

以下哪项如果为真,最能支持陪审团所作的判决?

A. 纽约市相关法律已经明确规定,“鱼油”包括鲸鱼油和其他鱼类的油。

B. “鲸鱼不是鱼”和中国古代公孙龙的“白马非马”类似,两者都是违反常识的诡辩。

C. 19世纪的美国虽有许多人认为鲸鱼是鱼,但也有许多人认为鲸鱼不是鱼。

D. 当时多数从事科学研究的人都肯定鲸鱼不是鱼,而律师和政客持反对意见。

E. 古希腊有先哲早就把鲸鱼归类到胎生四足动物和卵生四足动物之下,比鱼类更高一级。

53.（2020-49,P232）尽管近年来我国引进不少人才，但真正顶尖的领军人才还是凤毛麟角。就全球而言，人才特别是高层次人才紧缺已呈常态化、长期化趋势。某专家由此认为，未来10年，美国、加拿大、德国等主要发达国家对高层次人才的争夺将进一步加剧，而发展中国家的高层次人才紧缺状况更甚于发达国家，因此，我国高层次人才引进工作急需进一步加强。

以下哪项如果为真，最能加强上述专家的论证？

A. 我国理工科高层次人才紧缺程度更甚于文科。

B. 发展中国家的一般性人才不比发达国家少。

C. 我国仍然是发展中国家。

D. 人才是衡量一个国家综合国力的重要指标。

E. 我国近年来引进的领军人才数量不及美国等发达国家。

54.（2019-27,P235）据碳14检测，卡皮瓦拉山岩画的创作时间最早可追溯到3万年前。在文字尚未出现的时代，岩画是人类沟通交流、传递信息、记录日常生活的主要方式。于是今天的我们可以在这些岩画中看到：一位母亲将孩子举起嬉戏，一家人在仰望并试图碰触头上的星空……动物是岩画的另一个主角，比如巨型犰狳、马鹿、螃蟹等。在许多画面中，人们手持长矛，追逐着前方的猎物。由此可以推断，此时的人类已经居于食物链的顶端。

以下哪项如果为真，最能支持上述推断？

A. 岩画中出现的动物一般是当时人类捕猎的对象。

B. 3万年前，人类需要避免自己被虎豹等大型食肉动物猎杀。

C. 能够使用工具使得人类可以猎杀其他动物，而不是相反。

D. 有了岩画，人类可以将生活经验保留下来供后代学习，这极大地提高了人类的生存能力。

E. 对星空的敬畏是人类脱离动物、产生宗教的动因之一。

55.（2019-29,P236）人们一直在争论猫与狗谁更聪明。最近，有些科学家不仅研究了动物脑容量的大小，还研究其大脑皮层神经细胞的数量，发现猫平常似乎总摆出一副智力占优的神态，但猫的大脑皮层神经细胞的数量只有普通金毛犬的一半。由此，他们得出结论：狗比猫更聪明。

以下哪项最可能是上述科学家得出结论的假设？

A. 狗善于与人类合作，可以充当导盲犬、陪护犬、搜救犬、警犬等，就对人类的贡献而言，狗能做的似乎比猫多。

B. 狗可能继承了狼结群捕猎的特点，为了互相配合，它们需要做出一些复杂行为。

C. 动物大脑皮层神经细胞的数量与动物的聪明程度呈正相关。

D. 猫的脑神经细胞数量比狗少，是因为猫不像狗那样“爱交际”。

E. 棕熊的脑容量是金毛犬的3倍，但其脑神经细胞的数量却少于金毛犬，与猫很接近，而棕熊的脑容量却是猫的10倍。

56.（2019-32,P237）近年来，手机、电脑的使用导致工作与生活界限日益模糊，人们的平均睡眠时间一直在减少，熬夜已成为现代人生活的常态。科学研究表明，熬夜有损身体健康，睡眠不足不仅仅是多打几个哈欠那么简单。有科学家据此建议，人们应该遵守作息规律。

以下哪项如果为真，最能支持上述科学家所作的建议？

A. 长期睡眠不足会导致高血压、糖尿病、肥胖症、抑郁症等多种疾病，严重时还会造成意外伤害或死亡。

B. 缺乏睡眠会降低体内脂肪调节瘦素激素的水平，同时增加饥饿激素，容易导致暴饮暴食、体重增加。

C. 熬夜会让人的反应变慢、认知退步、思维能力下降，还会引发情绪失控，影响与他人的交流。

D. 所有的生命形式都需要休息与睡眠。在人类进化过程中，睡眠这个让人短暂失去自我意识、变得极其脆弱的过程并未被大自然淘汰。

E. 睡眠是身体的自然美容师，与那些睡眠充足的人相比，睡眠不足的人看上去面容憔悴，缺乏魅力。

57.（2019-33，P237）有一个论证（相关语句用序号表示）如下：

① 今天，我们仍然要提倡勤俭节约；② 节约可以增加社会保障资源；③ 我国尚有不少地区的人民生活贫困，亟需更多社会保障资源，但也有一些人浪费严重；④ 节约可以减少资源消耗；⑤ 因为被浪费的任何粮食或者物品都是消耗一定的资源得来的。

如果用“甲→乙”表示甲支持（或证明）乙，则以下哪项对上述论证基本结构的表示最为准确？

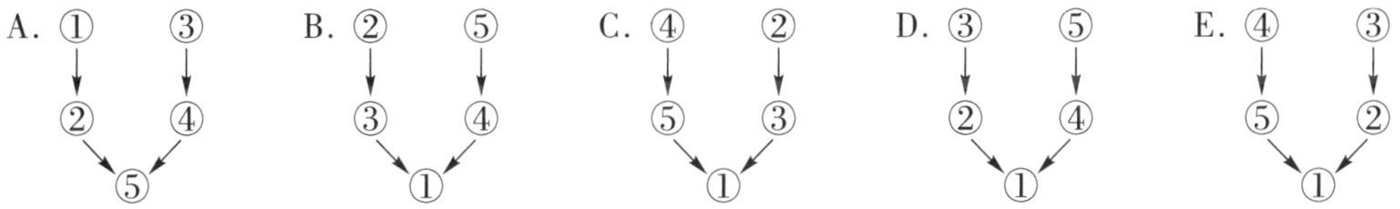

58.（2019-34，P238）研究人员使用脑电图技术研究了母亲给婴儿唱童谣时两人的大脑活动，发现当母亲与婴儿对视时，双方的脑电波趋于同步，此时婴儿也会发出更多的声音尝试与母亲沟通。他们据此认为，母亲与婴儿对视有助于婴儿的学习与交流。

以下哪项如果为真，最能支持上述研究人员的观点？

A. 在两个成年人交流时，如果他们的脑电波同步，交流就会更顺畅。

B. 当父母与孩子互动时，双方的情绪与心率可能也会同步。

C. 当部分学生对某学科感兴趣时，他们的脑电波会渐趋同步，学习效果也随之提升。

D. 当母亲和婴儿对视时，双方都在发出信号，表明自己可以且愿意与对方交流。

E. 脑电波趋于同步可优化双方对话状态，使交流更加默契，增进彼此了解。

59.（2019-42，P241）旅游是一种独特的文化体验。游客可以跟团游，也可以自由行。自由行游客虽避免了跟团游的集体束缚，但也放弃了人工导游的全程讲解，而近年来他们了解旅游景点的文化需求却有增无减。为适应这一市场需求，基于手机平台的多款智能导游App被开发出来。它们可定位用户位置，自动提供景点讲解、游览问答等功能。有专家就此指出，未来智能导游必然会取代人工导游，传统的导游职业行将消亡。

以下哪项如果为真，最能质疑上述专家的论断？

A. 至少有95%的国外景点所配备的导游讲解器没有中文语音，中国出境游客因为语言和文化上的差异，对智能导游App的需求比较强烈。

B. 旅行中才会使用的智能导游App，如何保持用户黏性、未来又如何取得商业价值等都是待解问题。

C. 好的人工导游可以根据游客需求进行不同类型的讲解，不仅关注景点，还可表达观点，个性化很强，这是智能导游 App 难以企及的。

D. 目前发展较好的智能导游 App 用户量在百万级左右，这与当前中国旅游人数总量相比还只是一个很小的比例，市场还没有培养出用户的普遍消费习惯。

E. 国内景区配备的人工导游需要收费，大部分导游讲解的内容都是事先背好的标准化内容。但是，即便人工导游没有特色，其退出市场也需要一定的时间。

60.（2019-44，P242）得道者多助，失道者寡助。寡助之至，亲戚畔之；多助之至，天下顺之。以天下之所顺，攻亲戚之所畔，故君子有不战，战必胜矣。

以下哪项是上述论证所隐含的前提？

A. 得道者多，则天下太平。

B. 君子是得道者。

C. 得道者必胜失道者。

D. 失道者必定得不到帮助。

E. 失道者亲戚畔之。

61.（2019-45，P243）如今，孩子写作业不仅仅是他们自己的事，大多数中小学生的家长都要面临陪孩子写作业的任务，包括给孩子听写、检查作业、签字等。据一项针对 3000 余名家长进行的调查显示，84%的家长每天都会陪孩子写作业，而 67%的受访家长会因陪孩子写作业而烦恼。有专家对此指出，家长陪孩子写作业，相当于充当学校老师的助理，让家庭成为课堂的延伸，会对孩子的成长产生不利影响。

以下哪项如果为真，最能支持上述专家的论断？

A. 家长是最好的老师，家长辅导孩子获得各种知识本来就是家庭教育的应有之义，对于中低年级的孩子，学习过程中的父母陪伴尤为重要。

B. 家长通常有自己的本职工作，有的晚上要加班，有的即使晚上回家也需要研究工作、操持家务，一般难有精力认真完成学校老师布置的“家长作业”。

C. 家长陪孩子写作业，会使得孩子在学习中缺乏独立性和主动性，整天处于老师和家长的双重压力下，既难生发学习兴趣，更难养成独立人格。

D. 大多数家长在孩子教育上并不是行家，他们或者早已遗忘了自己曾经学过的知识，或者根本不知道如何将自己拥有的知识传授给孩子。

E. 家长辅导孩子，不应围绕老师布置的作业，而应着重激发孩子的学习兴趣，培养孩子良好的学习习惯，让孩子在成长中感到新奇、快乐。

62.（2019-51，P246）《淮南子·齐俗训》中有曰：“今屠牛而烹其肉，或以为酸，或以为甘，煎熬燎炙，齐味万方，其本一牛之体。”其中的“熬”便是熬牛肉制汤的意思。这是考证牛肉汤做法的最早文献资料，某民俗专家由此推测，牛肉汤的起源不会晚于春秋战国时期。

以下哪项如果为真，最能支持上述推测？

A.《淮南子·齐俗训》完成于西汉时期。

B. 早在春秋战国时期，我国已经开始使用耕牛。

C.《淮南子》的作者中有来自齐国故地的人。

D. 春秋战国时期我国已经有熬汤的鼎器。

E.《淮南子·齐俗训》记述的是春秋战国时期齐国的风俗习惯。

63.（2019-52，P246）某研究机构以约 2 万名 65 岁以上的老人为对象，调查了笑的频率与健康状态的关系。结果显示，在不苟言笑的老人中，认为自身现在的健康状态“不怎么好”

和"不好"的比例分别是几乎每天都笑的老人的 1.5 倍和 1.8 倍。爱笑的老人对自我健康状态的评价往往较高。他们由此认为,爱笑的老人更健康。

以下哪项如果为真,最能质疑上述调查者的观点?

A. 乐观的老年人比悲观的老年人更长寿。

B. 病痛的折磨使得部分老人对自我健康状态的评价不高。

C. 身体健康的老年人中,女性爱笑的比例比男性高 10 个百分点。

D. 良好的家庭氛围使得老年人生活更乐观,身体更健康。

E. 老年人的自我健康评价往往和他们实际的健康状况之间存在一定的差距。

64. (2019-53,P246)阔叶树的降尘优势明显,吸附 PM2.5 的效果最好,一棵阔叶树一年的平均滞尘量达 3.16 公斤。针叶树叶面积小,吸附 PM2.5 的功效较弱。全年平均下来,阔叶林的吸尘效果要比针叶林强不少。阔叶树也比灌木和草的吸尘效果好得多。以北京常见的阔叶树国槐为例,成片的国槐林吸尘效果比同等面积的普通草地约高 30%。有些人据此认为,为了降尘北京应大力推广阔叶树,并尽量减少针叶林面积。

以下哪项如果为真,最能削弱上述有关人员的观点?

A. 阔叶树与针叶树比例失调,不仅极易暴发病虫害、火灾等,还会影响林木的生长和健康。

B. 针叶树冬天虽然不落叶,但基本处于"休眠"状态,生物活性差。

C. 植树造林既要治理 PM2.5,也要治理其他污染物,需要合理布局。

D. 阔叶树冬天落叶,在寒冷的冬季,其养护成本远高于针叶树。

E. 建造通风走廊,能把城市和郊区的森林连接起来,让清新的空气吹入,降低城区的 PM2.5。

65. (2018-36,P251)最近一项调研发现,某国 30 岁至 45 岁人群中,去医院治疗冠心病、骨质疏松等病症的人越来越多,而原来患有这些病症的大多是老年人。调研者由此认为,该国年轻人中"老年病"发病率有不断增加的趋势。

以下哪项如果为真,最能质疑上述调研结论?

A. 由于国家医疗保障水平的提高,相比以往,该国民众更有条件关注自己的身体健康。

B. "老年人"的最低年龄比以前提高了,"老年病"的患者范围也有所变化。

C. 近年来,由于大量移民涌入,该国 45 岁以下年轻人的数量急剧增加。

D. 尽管冠心病、骨质疏松等病症是常见的"老年病",老年人患的病未必都是"老年病"。

E. 近几十年来,该国人口老龄化严重,但健康老龄人口的比重在不断增大。

66. (2018-49,P256)有研究发现,冬季在公路上撒盐除冰,会让本来要成为雌性的青蛙变成雄性,这是因为这些路盐中的钠元素会影响青蛙的受体细胞并改变原可能成为雌性青蛙的性别。有专家据此认为,这会导致相关区域青蛙数量的下降。

以下哪项如果为真,最能支持上述专家的观点?

A. 大量的路盐流入池塘可能会给其他水生物造成危害,破坏青蛙的食物链。

B. 如果一个物种以雄性为主,该物种的个体数量就可能受到影响。

C. 在多个盐含量不同的水池中饲养青蛙,随着水池中盐含量的增加,雌性青蛙的数量不断减少。

D. 如果每年冬季在公路上撒很多盐,盐水流入池塘,就会影响青蛙的生长发育过程。

E. 雌雄比例会影响一个动物种群的规模，雌性数量的充足对物种的繁衍生息至关重要。

67.（2017-28，P259）近年来，我国海外代购业务量快速增长。代购者们通常从海外购买产品，通过各种渠道避开关税，再卖给内地顾客从中牟利，却让政府损失了税收收入。某专家由此指出，政府应该严厉打击海外代购行为。

以下哪项如果为真，最能支持上述专家的观点？

A. 近期，有位前空乘服务员因在网上开设海外代购店而被我国地方法院判定犯有走私罪。

B. 国内一些企业生产的同类产品与海外代购产品相比，无论质量还是价格都缺乏竞争优势。

C. 海外代购提升了人们的生活水准，满足了国内部分民众对于高品质生活的向往。

D. 去年，我国奢侈品海外代购规模几乎是全球奢侈品国内门店销售额的一半，这些交易大多避开了关税。

E. 国内民众的消费需求提高是伴随我国经济发展而产生的正常现象，应以此为契机促进国内同类消费品产业的升级。

68.（2017-32，P260）通识教育重在帮助学生掌握尽可能全面的基础知识，即帮助学生了解各个学科领域的基本常识；而人文教育则重在培育学生了解生活世界的意义，并对自己及他人行为的价值和意义作出合理的判断，形成“智识”。因此有专家指出，相比较而言，人文教育对个人未来生活的影响会更大一些。

以下哪项如果为真，最能支持上述专家的断言？

A. 当今我国有些大学开设的通识教育课程要远远多于人文教育课程。

B. “知识”是事实判断，“智识”是价值判断，两者不能相互替代。

C. 没有知识就会失去应对未来生活挑战的勇气，而错误的价值观可能会误导人的生活。

D. 关于价值和意义的判断事关个人的幸福和尊严，值得探究和思考。

E. 没有知识，人依然可以活下去；但如果没有价值和意义的追求，人只能成为没有灵魂的躯壳。

69.（2017-36，P261）进入冬季以来，内含大量有毒颗粒物的雾霾频繁袭击我国部分地区。有关调查显示，持续接触高浓度污染物会直接导致10%至15%的人患有眼睛慢性炎症或干眼症。有专家由此认为，如果不采取紧急措施改善空气质量，这些疾病的发病率和相关的并发症将会增加。

以下哪项如果为真，最能支持上述专家的观点？

A. 上述被调查的眼疾患者中有65%是年龄在20~40岁之间的男性。

B. 有毒颗粒物会刺激并损害人的眼睛，长期接触会影响泪腺细胞。

C. 空气质量的改善不是短期内能做到的，许多人不得不在污染环境中工作。

D. 在重污染环境中采取戴护目镜、定期洗眼等措施有助于预防干眼症等眼疾。

E. 眼睛慢性炎症或干眼症等病例通常集中出现于花粉季。

70.（2017-38，P262）婴儿通过触碰物体、四处玩耍和观察成人的行为等方式来学习，但机器人通常只能按照编定的程序进行学习。于是，有些科学家试图研制学习方式更接近于婴儿的机器人。他们认为，既然婴儿是地球上最有效率的学习者，为什么不设计出能像婴儿那样不费力气就能学习的机器人呢？

以下哪项最可能是上述科学家观点的假设？

A. 婴儿的学习能力是天生的，他们的大脑与其他动物幼崽不同。

B. 通过触碰、玩耍和观察等方式来学习是地球上最有效率的学习方式。

C. 即使是最好的机器人，它们的学习能力也无法超过最差的婴儿学习者。

D. 如果机器人能像婴儿那样学习，它们的智能就有可能超过人类。

E. 成年人和现有的机器人都不能像婴儿那样毫不费力地学习。

71. (2017-39，P263)针对癌症患者，医生常采用化疗手段将药物直接注入人体杀伤癌细胞，但这也可能将正常细胞和免疫细胞一同杀灭，产生较强的副作用。近来，有科学家发现，黄金纳米粒子很容易被人体癌细胞吸收，如果将其包上一层化疗药物，就可作为“运输工具”，将化疗药物准确地投放到癌细胞中。他们由此断言，微小的黄金纳米粒子能提升癌症化疗的效果，并降低化疗的副作用。

以下哪项如果为真，最能支持上述科学家所作出的论断？

A. 黄金纳米粒子用于癌症化疗的疗效有待大量临床检验。

B. 在体外用红外线加热已进入癌细胞的黄金纳米粒子，可从内部杀灭癌细胞。

C. 因为黄金所具有的特殊化学性质，黄金纳米粒子不会与人体细胞发生反应。

D. 现代医学手段已能实现黄金纳米粒子的精准投送，让其所携带的化疗药物只作用于癌细胞，并不伤及其他细胞。

E. 利用常规计算机断层扫描，医生容易判定黄金纳米粒子是否已投放到癌细胞中。

72. (2017-42，P264)研究者调查了一组大学毕业即从事有规律的工作正好满 8 年的白领，发现他们的体重比刚毕业时平均增加了 8 公斤。研究者由此得出结论，有规律的工作会增加人们的体重。

关于上述结论的正确性，需要询问的关键问题是以下哪项？

A. 和该组调查对象其他情况相仿且经常进行体育锻炼的人，在同样的 8 年中体重有怎样的变化？

B. 该组调查对象的体重在 8 年后是否会继续增加？

C. 为什么调查关注的时间段是对象在毕业工作后 8 年，而不是 7 年或者 9 年？

D. 该组调查对象中男性和女性的体重增加是否有较大差异？

E. 和该组调查对象其他情况相仿但没有从事有规律工作的人，在同样的 8 年中体重有怎样的变化？

73. (2017-45，P266)人们通常认为，幸福能够增进健康、有利于长寿，而不幸福则是健康状况不佳的直接原因，但最近有研究人员对 3000 多人的生活状况调查后发现，幸福或不幸福并不意味着死亡的风险会相应地变得更低或更高。他们由此指出，疾病可能会导致不幸福，但不幸福本身并不会对健康状况造成损害。

以下哪项如果为真，最能质疑上述研究人员的论证？

A. 有些高寿老人的人生经历较为坎坷，他们有时过得并不幸福。

B. 有些患有重大疾病的人乐观向上，积极与疾病抗争，他们的幸福感比较高。

C. 人的死亡风险低并不意味着健康状况好，死亡风险高也不意味着健康状况差。

D. 幸福是个体的一种心理体验，要求被调查对象准确断定其幸福程度有一定的难度。

E. 少数个体死亡风险的高低难以进行准确评估。

74. (2017-50，P267)译制片配音，作为一种特有的艺术形式，曾在我国广受欢迎。然而时过境迁,现在许多人已不喜欢看配过音的外国影视剧。他们觉得还是听原汁原味的声音才感觉到位。有专家由此断言,配音已失去观众,必将退出历史舞台。

以下各项如果为真,则除哪项外都能支持上述专家的观点?

A. 很多上了年纪的国人仍习惯看配过音的外国影视剧,而在国内放映的外国大片有的仍然是配过音的。

B. 配音是一种艺术再创作,倾注了配音艺术家的心血,但有的人对此并不领情,反而觉得配音妨碍了他们对原剧的欣赏。

C. 许多中国人通晓外文,观赏外国原版影视剧并不存在语言困难;即使不懂外文,边看中文字幕边听原声也不影响理解剧情。

D. 随着对外交流的加强,现在外国影视剧大量涌入国内,有的国人已经等不及慢条斯理、精工细作的配音了。

E. 现在有的外国影视剧配音难以模仿剧中演员的出色嗓音,有时也与剧情不符,对此观众并不接受。

75.（2016-33,P273）研究人员发现,人类存在 3 种核苷酸基因类型:AA 型、AG 型以及 GG 型。一个人有 36%的概率是 AA 型,有 48%的概率是 AG 型,有 16%的概率是 GG 型。在 1200 名参与实验的老年人中,拥有 AA 型和 AG 型基因类型的人都在上午 11 时之前去世,而拥有 GG 型基因类型的人几乎都在下午 6 时左右去世。研究人员据此认为:GG 型基因类型的人会比其他人平均晚死 7 个小时。

以下哪项如果为真,最能质疑上述研究人员的观点?

A. 平均寿命的计算依据应是实验对象的生命存续长度,而不是实验对象的死亡时间。

B. 当死亡临近的时候,人体会还原到一种更加自然的生理节律感应阶段。

C. 有些人是因为疾病或者意外事故等其他因素而死亡的。

D. 对人死亡时间的比较,比一天中的哪一时刻更重要的是哪一年、哪一天。

E. 拥有 GG 型基因类型的实验对象容易患上心血管疾病。

76.（2016-36,P274）近年来,越来越多的机器人被用于在战场上执行侦察、运输、拆弹等任务,甚至将来冲锋陷阵的都不再是人,而是形形色色的机器人。人类战争正在经历自核武器诞生以来最深刻的革命。有专家据此分析指出,机器人战争技术的出现可以使人类远离危险,更安全、更有效率地实现战争目标。

以下哪项如果为真,最能质疑上述专家的观点?

A. 现代人类掌控机器人,但未来机器人可能会掌控人类。

B. 因不同国家之间军事科技实力的差距,机器人战争技术只会让部分国家远离危险。

C. 机器人战争技术有助于摆脱以往大规模杀戮的血腥模式,从而让现代战争变得更为人道。

D. 掌握机器人战争技术的国家为数不多,将来战争更为频繁也更为血腥。

E. 全球化时代的机器人战争技术要消耗更多资源,破坏生态环境。

77.（2016-39,P275）有专家指出,我国城市规划缺少必要的气象论证,城市的高楼建得高耸而密集,阻碍了城市的通风循环。有关资料显示,近几年国内许多城市的平均风速已下降 10%。风速下降,意味着大气扩散能力减弱,导致大气污染物滞留时间延长,易形成雾霾天气和热岛效应。为此,有专家提出建立“城市风道”的设想,即在城市里制造几条畅通的通风走廊，让风在城市中更加自由地进出，促进城市空气的更新循环。

以下哪项如果为真，最能支持上述建立"城市风道"的设想？

A. 城市风道形成的"穿街风"，对建筑物的安全影响不大。

B. 风从八方来，"城市风道"的设想过于主观和随意。

C. 有风道但没有风，就会让城市风道成为无用的摆设。

D. 有些城市已拥有建立"城市风道"的天然基础。

E. 城市风道不仅有利于"驱霾"，还有利于散热。

78. (2016-41，P275)根据现有物理学定律，任何物质的运动速度都不可能超过光速，但最近一次天文观测结果向这条定律发起了挑战。距离地球遥远的IC310星系拥有一个活跃的黑洞，掉入黑洞的物质产生了伽马射线冲击波。有些天文学家发现，这束伽马射线的速度超过了光速，因为它只用4.8分钟就穿越了黑洞边界，而光需要25分钟才能走完这段距离。由此，这些天文学家提出，光速不变定律需要修改了。

以下哪项如果为真，最能质疑上述天文学家所作的结论？

A. 或者光速不变定律已经过时，或者天文学家的观测有误。

B. 如果天文学家的观测没有问题，光速不变定律就需要修改。

C. 要么天文学家的观测有误，要么有人篡改了天文观测数据。

D. 天文观测数据可能存在偏差，毕竟IC310星系离地球很远。

E. 光速不变定律已经历过去多次实践检验，没有出现反例。

79. (2016-46，P277)超市中销售的苹果常常留有一定的油脂痕迹，表面显得油光滑亮。牛师傅认为，这是残留在苹果上的农药所致，水果在收摘之前都喷洒了农药，因此，消费者在超市购买水果后，一定要清洗干净方能食用。

以下哪项最可能是牛师傅看法所依赖的假设？

A. 除了苹果，其他许多水果运至超市时也留有一定的油脂痕迹。

B. 超市里销售的水果并未得到彻底清洗。

C. 只有那些在水果上能留下油脂痕迹的农药才可能被清洗掉。

D. 许多消费者并不在意超市销售的水果是否清洗过。

E. 在水果收摘之前喷洒的农药大多数会在水果上留下油脂痕迹。

80. (2016-50，P278)如今，电子学习机已全面进入儿童的生活。电子学习机将文字与图像、声音结合起来，既生动形象，又富有趣味性，使儿童独立阅读成为可能。但是，一些儿童教育专家却对此发出警告，电子学习机可能不利于儿童成长。他们认为，父母应该抽时间陪孩子一起阅读纸质图书。陪孩子一起阅读纸质图书，并不是简单地让孩子读书识字，而是在交流中促进其心灵的成长。

以下哪项如果为真，最能支持上述专家的观点？

A. 电子学习机最大的问题是让父母从孩子的阅读行为中走开，减少了父母与孩子的日常交流。

B. 接触电子产品越早，就越容易上瘾，长期使用电子学习机会形成"电子瘾"。

C. 在使用电子学习机时，孩子往往更多关注其使用功能而非学习内容。

D. 纸质图书有利于保护儿童视力，有利于父母引导儿童形成良好的阅读习惯。

E. 现代生活中年轻父母工作压力较大，很少有时间能与孩子一起共同阅读。

81.（2016-51，P279）田先生认为，绝大部分笔记本电脑运行速度慢的原因不是 CPU 性能太差，也不是内存容量太小，而是硬盘速度太慢，给老旧的笔记本电脑换装固态硬盘可以大幅提升使用者的游戏体验。

以下哪项如果为真，最能质疑田先生的观点？

A. 一些笔记本电脑使用者的使用习惯不好，使得许多运行程序占据大量内存，导致电脑运行速度缓慢。

B. 销售固态硬盘的利润远高于销售传统的笔记本电脑硬盘。

C. 固态硬盘很贵，给老旧笔记本换装硬盘费用不低。

D. 使用者的游戏体验很大程度上取决于笔记本电脑的显卡，而老旧笔记本电脑显卡较差。

E. 少部分老旧笔记本电脑的 CPU 性能很差，内存也小。

82～83 题基于以下题干

钟医生："通常，医学研究的重要成果在杂志发表之前需要经过匿名评审，这需要耗费不少时间。如果研究者能放弃这段等待时间而事先公开其成果，我们的公共卫生水平就可以伴随着医学发现更快获得提高。因为新医学信息的及时公布将允许人们利用这些信息提高他们的健康水平。"

82.（2016-52，P279）以下哪项最可能是钟医生论证所依赖的假设？

A. 即使医学论文还没有在杂志发表，人们还是会使用已公开的相关新信息。

B. 因为工作繁忙，许多医学研究者不愿成为论文评审者。

C. 首次发表于匿名评审杂志的新医学信息一般无法引起公众的注意。

D. 许多医学杂志的论文评审者本身并不是医学研究专家。

E. 部分医学研究者愿意放弃在杂志上发表，而选择事先公开其成果。

83.（2016-53，P279）以下哪项如果为真，最能削弱钟医生的论证？

A. 大部分医学杂志不愿意放弃匿名评审制度。

B. 社会公共卫生水平的提高还取决于其他因素，并不完全依赖于医学新发现。

C. 匿名评审常常能阻止那些含有错误结论的文章发表。

D. 有些媒体常常会提前报道那些匿名评审杂志准备发表的医学研究成果。

E. 人们常常根据新发表的医学信息来调整他们的生活方式。

84.（2015-27，P281）长期以来，手机产生的电磁辐射是否威胁人体健康一直是极具争议的话题。一项长达 10 年的研究显示，每天使用移动电话通话 30 分钟以上的人患神经胶质瘤的风险比从未使用者要高出 40%。由此某专家建议，在获得进一步的证据之前，人们应该采取更加安全的措施，如尽量使用固定电话通话或使用短信进行沟通。

以下哪项如果为真，最能表明该专家的建议不切实际？

A. 大多数手机产生的电磁辐射强度符合国家规定的安全标准。

B. 现在人类生活空间中的电磁辐射强度已经超过手机通话产生的电磁辐射强度。

C. 经过较长一段时间，人的身体能够逐渐适应强电磁辐射的环境。

D. 上述实验期间，有些人每天使用移动电话通话超过 40 分钟，但他们很健康。

E. 即使以手机短信进行沟通，发送和接收信息的瞬间也会产生较强的电磁辐射。

85.（2015-29，P282）人类经历了上百万年的自然进化，产生了直觉、多层次抽象等独特智能。尽管现代计算机已经具备了一定的学习能力，但这种能力还需要人类的指导，完全的自我学习能力还有待进一步发展。因此，计算机要达到甚至超过人类的智能水平是不可能的。

以下哪项最可能是上述论证的预设？

A. 计算机很难真正懂得人类的语言，更不可能理解人类的感情。

B. 理解人类复杂的社会关系需要自我学习能力。

C. 计算机如果具备完全的自我学习能力，就能形成直觉、多层次抽象等智能。

D. 计算机可以形成自然进化能力。

E. 直觉、多层次抽象等这些人类的独特智能无法通过学习获得。

86.（2015-35，P284）某市推出一项月度社会公益活动，市民报名踊跃。由于活动规模有限，主办方决定通过摇号抽签的方式选择参与者。第一个月中签率为 1∶20；随后连创新低，到下半年的 10 月份已达 1∶70。大多数市民屡摇不中，但从今年 7 至 10 月，“李祥”这个名字连续 4 个月中签。不少市民据此认为，有人在抽签过程中作弊，并对主办方提出质疑。

以下哪项如果为真，最能消解上述市民的质疑？

A. 摇号抽签全过程是在有关部门监督下进行的。

B. 在报名的市民中，名叫“李祥”的近 300 人。

C. 已经中签的申请者中，叫“张磊”的有 7 人。

D. 曾有一段时间，家长给孩子取名不回避重名。

E. 在摇号系统中，每一位申请人都被随机赋予一个不重复的编码。

87.（2015-36，P284）美国扁桃仁于上世纪 70 年代出口到我国，当时被误译成“美国大杏仁”。这种误译导致大多数消费者根本不知道扁桃仁、杏仁是两种完全不同的产品。对此，尽管我国林果专家一再努力澄清，但学界的声音很难传达到相关企业和普通大众。因此，必须制定林果的统一行业标准，这样才能还相关产品以本来面目。

以下哪项最可能是上述论证的假设？

A. 美国扁桃仁和中国大杏仁的外形很相似。

B. 进口商品名称的误译会扰乱我国企业正常的对外贸易活动。

C. “美国大杏仁”在中国市场上销量超过中国杏仁。

D. 我国相关企业和普通大众并不认可我国林果专家的意见。

E. 长期以来，我国没有关于林果的统一行业标准。

88.（2015-48，P288）孤独症会影响社会交往、语言交流和兴趣爱好等方面的行为。研究人员发现，实验鼠体内神经连接蛋白的蛋白质如果合成过多，会导致孤独症。由此他们认为，孤独症与神经连接蛋白的蛋白质合成量具有重要关联。

以下哪项如果为真，最能支持上述观点？

A. 生活在群体之中的实验鼠较之独处的实验鼠患孤独症的比例要小。

B. 雄性实验鼠患孤独症的比例是雌性实验鼠的 5 倍。

C. 抑制神经连接蛋白的蛋白质合成可缓解实验鼠的孤独症状。

D. 如果将实验鼠控制蛋白合成的关键基因去除，其体内的神经连接蛋白就会增加。

E. 神经连接蛋白正常的老年实验鼠患孤独症的比例很低。

89.（2015-49，P289）张教授指出，生物燃料是指利用生物资源生产的燃料乙醇或生物柴油,它们可以替代由石油制取的汽油和柴油,是可再生能源开发利用的重要方向。受世界石油资源短缺、环保和全球气候变化的影响,20 世纪 70 年代以来,许多国家日益重视生物燃料的发展,并取得显著成效。所以,应该大力开发和利用生物燃料。

以下哪项最可能是张教授论证的预设?

A. 发展生物燃料可有效降低人类对石油等化石燃料的消耗。

B. 发展生物燃料会减少粮食供应,而当今世界有数以百万计的人食不果腹。

C. 生物柴油和燃料乙醇是现代社会能源供给体系的适当补充。

D. 生物燃料在生产与运输过程中需要消耗大量的水、电和石油等。

E. 目前我国生物燃料的开发和利用已经取得很大成绩。

90. (2015-52,P289)研究人员安排了一次实验,将 100 名受试者分为两组:喝一小杯红酒的实验组和不喝酒的对照组。随后,让两组受试者计算某段视频中篮球队员相互传球的次数。结果发现,对照组的受试者都计算准确,而实验组中只有 18%的人计算准确。经测试,实验组受试者的血液中酒精浓度只有酒驾法定值的一半。由此专家指出,这项研究结果或许应该让立法者重新界定酒驾法定值。

以下哪项如果为真,最能支持上述专家的观点?

A. 酒驾法定值设置过低,可能会把许多未饮酒者界定为酒驾。

B. 即使血液中酒精浓度只有酒驾法定值的一半,也会影响视力和反应速度。

C. 饮酒过量不仅损害身体健康,而且影响驾车安全。

D. 只要血液中酒精浓度不超过酒驾法定值,就可以驾车上路。

E. 即使酒驾法定值设置较高,也不会将少量饮酒的驾车者排除在酒驾范围之外。

91. (2015-53,P290)某研究人员在 2004 年对一些 12~16 岁的学生进行了智商测试,测试得分为 77~135 分。4 年之后再次测试,这些学生的智商得分为 87~143 分。仪器扫描显示,那些得分提高了的学生,其脑部比此前呈现更多的灰质(灰质是一种神经组织,是中枢神经的重要组成部分)。这一测试表明,个体的智商变化确实存在,那些早期在学校表现并不突出的学生未来仍有可能成为佼佼者。

以下除哪项外,都能支持上述实验结论?

A. 随着年龄的增长,青少年脑部区域的灰质通常也会增加。

B. 有些天才少年长大后智力并不出众。

C. 学生的非言语智力表现与他们大脑结构的变化明显相关。

D. 部分学生早期在学校表现不突出与其智商有关。

E. 言语智商的提高伴随着大脑左半球运动皮层灰质的增多。

92. (2014-26,P292)随着光纤网络带来的网速大幅度提高,高速下载电影、在线看大片等都不再是困扰我们的问题。即使在社会生产力发展水平较低的国家,人们也可以通过网络随时随地获得最快的信息、最贴心的服务和最佳体验。有专家据此认为:光纤网络将大幅提高人们的生活质量。

以下哪项如果为真,最能质疑该专家的观点?

A. 网络上所获得的贴心服务和美妙体验有时是虚幻的。

B. 即使没有光纤网络,同样可以创造高品质的生活。

C. 随着高速网络的普及,相关上网费用也随之增加。

D. 人们生活质量的提高仅决定于社会生产力的发展水平。

E. 快捷的网络服务可能使人们将大量时间消耗在娱乐上。

93.（2014-30，P293）人们普遍认为适量的体育运动能够有效降低中风的发生率，但科学家还注意到有些化学物质也有降低中风风险的效用。番茄红素是一种让番茄、辣椒、西瓜和番木瓜等果蔬呈现红色的化学物质。研究人员选取一千余名年龄在46至55岁之间的人，进行了长达12年的跟踪调查，发现其中番茄红素水平最高的四分之一的人中有11人中风，番茄红素水平最低的四分之一的人中有25人中风。他们由此得出结论：番茄红素能降低中风的发生率。

以下哪项如果为真，最能对上述研究结论提出质疑？

A. 番茄红素水平较低的中风者中有三分之一的人病情较轻。

B. 吸烟、高血压和糖尿病等会诱发中风。

C. 如果调查56至65岁之间的人，情况也许不同。

D. 番茄红素水平高的人约有四分之一喜爱进行适量的体育运动。

E. 被跟踪的另一半人中有50人中风。

94.（2014-31，P294）最新研究发现，恐龙腿骨化石都有一定的弯曲度，这意味着恐龙其实并没有人们想象的那么重。以前根据其腿骨为圆柱形的假定计算动物体重时，会使得计算结果比实际体重高出1.42倍。科学家由此认为，过去那种计算方式高估了恐龙腿部所能承受的最大身体重量。

以下哪项如果为真，最能支持上述科学家的观点？

A. 恐龙腿骨所能承受的重量比之前人们所认为的要大。

B. 恐龙身体越重，其腿部骨骼也越粗壮。

C. 圆柱形腿骨能够承受的重量比弯曲的腿骨大。

D. 恐龙腿部的肌肉对于支撑其体重作用不大。

E. 与陆地上的恐龙相比，翼龙的腿骨更接近圆柱形。

95.（2014-35，P295）实验发现，孕妇适当补充维生素D可降低新生儿感染呼吸道合胞病毒的风险。科研人员检测了156名新生儿脐带血中维生素D的含量，其中54%的新生儿被诊断为维生素D缺乏，这当中有12%的孩子在出生后一年内感染了呼吸道合胞病毒，这一比例远高于维生素D正常的孩子。

以下哪项如果为真，最能对科研人员的上述发现提供支持？

A. 维生素D具有多种防病健体功能，其中包括提高免疫系统功能、促进新生儿呼吸系统发育、预防新生儿呼吸道病毒感染等。

B. 孕妇适当补充维生素D可降低新生儿感染流感病毒的风险，特别是在妊娠后期补充维生素D，预防效果会更好。

C. 上述实验中，46%补充维生素D的孕妇所生的新生儿也有一些在出生一年内感染呼吸道合胞病毒。

D. 科研人员实验时所选的新生儿在其他方面跟一般新生儿的相似性没有得到明确验证。

E. 上述实验中，54%的新生儿维生素D缺乏是由于他们的母亲在妊娠期间没有补充足够的维生素D造成的。

96.（2014-39，P296）长期以来，人们认为地球是已知唯一能支持生命存在的星球，不过这一情况开始出现改观。科学家近期指出，在其他恒星周围，可能还存在着更加宜居的行星。他们尝试用崭新的方法开展地外生命搜索，即搜寻放射性元素钍和铀。行星内部含有这些元素越多，其内部温度就会越高，这在一定程度上有助于行星的板块运动，而板块运动有助于维系行星表面的水体，因此板块运动可被视为行星存在宜居环境的标志之一。

以下哪项最可能是科学家的假设？

A. 行星如能维系水体，就可能存在生命。

B. 行星板块运动都是由放射性元素钍和铀驱动的。

C. 行星内部温度越高，越有助于它的板块运动。

D. 没有水的行星也可能存在生命。

E. 虽然尚未证实，但地外生命一定存在。

97.（2014-49，P300）不仅人上了年纪会难以集中注意力，就连蜘蛛也有类似的情况。年轻蜘蛛结的网整齐均匀，角度完美；年老蜘蛛结的网可能出现缺口，形状怪异。蜘蛛越老，结的网就越没有章法。科学家由此认为，随着时间的流逝，这种动物的大脑也会像人脑一样退化。

以下哪项如果为真，最能质疑科学家的上述论证？

A. 优美的蛛网更容易受到异性蜘蛛的青睐。

B. 年老蜘蛛的大脑较之年轻蜘蛛，其脑容量明显偏小。

C. 运动器官的老化会导致年老蜘蛛结网能力下降。

D. 蜘蛛结网只是一种本能的行为，并不受大脑控制。

E. 形状怪异的蛛网较之整齐均匀的蛛网，其功能没有大的差别。

98.（2014-50，P300）某研究中心通过实验对健康男性和女性听觉的空间定位能力进行了研究。起初，每次只发出一种声音，要求被试者说出声源的准确位置，男性和女性都非常轻松地完成了任务；后来，多种声音同时发出，要求被试者只关注一种声音并对声源进行定位，与男性相比，女性完成这项任务要困难得多，有时她们甚至认为声音是从声源相反方向传来的。研究人员由此得出：在嘈杂环境中准确找出声音来源的能力，男性要胜过女性。

以下哪项如果为真，最能支持研究者的结论？

A. 在实验使用的嘈杂环境中，有些声音是女性熟悉的声音。

B. 在实验使用的嘈杂环境中，有些声音是男性不熟悉的声音。

C. 在安静的环境中，女性注意力更易集中。

D. 在嘈杂的环境中，男性注意力更易集中。

E. 在安静的环境中，人的注意力容易分散；在嘈杂的环境中，人的注意力容易集中。

99.（2013-26，P302）某公司自去年初开始实施一项“办公用品节俭计划”，每位员工每月只能免费领用限量的纸笔等各类办公用品。年末统计时发现，公司用于各类办公用品的支出较上年度下降了30%。在未实施该计划的过去5年间，公司年均消耗办公用品10万元。公司总经理由此得出：该计划去年已经为公司节约了不少经费。

以下哪项如果为真，最能构成对总经理推论的质疑？

A. 在过去的5年间，该公司大力推广无纸化办公，并且取得很大成效。

B. 去年，该公司在员工困难补助、交通津贴等方面的开支增加了3万元。

C. “办公用品节俭计划”是控制支出的重要手段，但说该计划为公司“一年内节约不少经费”，没有严谨的数据分析。

D. 另一家与该公司规模及其他基本情况均类似的公司，未实施类似的节俭计划，在过去的5年间办公用品消耗额年均也为10万元。

E. 另一家与该公司规模及其他基本情况均类似的公司，未实施类似的节俭计划，但在过去的5年间办公用品人均消耗额越来越低。

100.（2013-41，P308）新近一项研究发现，海水颜色能够让飓风改变方向，也就是说，如果海水变色，飓风的移动路径也会变向。这也就意味着科学家可以根据海水的“脸色”判断哪些地区将被飓风袭击，哪些地区会幸免于难。值得关注的是，全球气候变暖可能已经让海水变色。

以下哪项最可能是科学家作出判断所依赖的前提？

A. 海水颜色与飓风移动路径之间存在某种相对确定的联系。

B. 海水温度升高会导致生成的飓风数量增加。

C. 海水温度变化会导致海水改变颜色。

D. 海水温度变化与海水颜色变化之间的联系尚不明朗。

E. 全球气候变暖是最近几年飓风频发的重要原因之一。

101.（2013-44，P309）足球是一项集体运动，若想不断取得胜利，每个强队都必须有一位核心队员，他总能在关键场次带领全队赢得比赛。友南是某国甲级联赛强队西海队队员。据某记者统计，在上赛季参加的所有比赛中，有友南参赛的场次，西海队胜率高达75.5%，另有16.3%的平局，8.2%的场次输球；而在友南缺阵的情况下，西海队胜率只有58.9%，输球的比率高达23.5%。该记者由此得出结论，友南是上赛季西海队的核心队员。

以下哪项如果为真，最能质疑该记者的结论？

A. 西海队教练表示：“球队是一个整体，不存在有友南的西海队和没有友南的西海队。”

B. 上赛季友南缺席且西海队输球的比赛，都是小组赛中西海队已经确定出线后的比赛。

C. 西海队队长表示：“没有友南我们将失去很多东西，但我们会找到解决办法。”

D. 上赛季友南上场且西海队输球的比赛，都是西海队与传统强队对阵的关键场次。

E. 本赛季开始以来，在友南上阵的情况下，西海队胜率暴跌20%。

102.（2012-26，P313）1991年6月15日，菲律宾吕宋岛上的皮纳图博火山突然大喷发，2000万吨二氧化硫气体冲入平流层，形成的霾像毯子一样盖在地球上空，把部分要照射到地球的阳光反射回太空。几年之后，气象学家发现这层霾使得当时地球表面的温度累计下降了0.5℃。而皮纳图博火山喷发前的一个世纪，因人类活动而造成的温室效应已经使地球表面温度升高了1℃。某位持“人工气候改造论”的科学家据此认为，可以用火箭弹等方式将二氧化硫充入大气层，阻挡部分阳光，达到给地球表面降温的目的。

以下哪项如果为真，最能对该科学家提议的有效性构成质疑？

A. 如果利用火箭弹将二氧化硫充入大气层，会导致航空乘客呼吸不适。

B. 如果在大气层上空放置反光物，就可以避免地球表面受到强烈阳光的照射。

C. 可以把大气中的碳提取出来存储到地下，减少大气层中的碳含量。

D. 不论何种方式，“人工气候改造”都将破坏地球的大气层结构。

E. 火山喷发形成的降温效应只是暂时的，经过一段时间温度将再次回升。

103.（2012-45，P317）有些通信网络维护涉及个人信息安全，因而，不是所有通信网络的维护都可以外包。

以下哪项可以使上述论证成立？

A. 所有涉及个人信息安全的都不可以外包。

B. 有些涉及个人信息安全的不可以外包。

C. 有些涉及个人信息安全的可以外包。

D. 所有涉及国家信息安全的都不可以外包。

E. 有些通信网络维护涉及国家信息安全。

104.（2012-46，P318）葡萄酒中含有白藜芦醇和类黄酮等对心脏有益的抗氧化剂。一项新研究表明，白藜芦醇能防止骨质疏松和肌肉萎缩。由此，有关研究人员推断，那些长时间在国际空间站或宇宙飞船上的宇航员或许可以补充一下白藜芦醇。

以下哪项如果为真，最能支持上述研究人员的推断？

A. 研究人员发现由于残疾或者其他因素而很少活动的人会比经常活动的人更容易出现骨质疏松和肌肉萎缩等症状，如果能喝点葡萄酒，则可以获益。

B. 研究人员模拟失重状态，对老鼠进行试验，一个对照组未接受任何特殊处理，另一组则每天服用白藜芦醇。结果对照组的老鼠骨头和肌肉的密度都降低了，而服用白藜芦醇的一组则没有出现这些症状。

C. 研究人员发现由于残疾或者其他因素而很少活动的人，如果每天服用一定量的白藜芦醇，则可以改善骨质疏松和肌肉萎缩等症状。

D. 研究人员发现，葡萄酒能对抗失重所造成的负面影响。

E. 某医学博士认为，白藜芦醇或许不能代替锻炼，但它能减缓人体某些机能的退化。

105.（2011-30，P321）抚仙湖虫是泥盆纪澄江动物群中特有的一种，属于真节肢动物中比较原始的类型，成虫体长10厘米，有31个体节，外骨骼分为头、胸、腹三部分，它的背、腹分节数目不一致。泥盆纪直虾是现代昆虫的祖先，抚仙湖虫化石与直虾类化石类似，这间接表明了抚仙湖虫是昆虫的远祖。研究者还发现，抚仙湖虫化石的消化道充满泥沙，这表明它是食泥的动物。

以下除哪项外，均能支持上述论证？

A. 昆虫的远祖也有不食泥的生物。

B. 泥盆纪直虾的外骨骼分为头、胸、腹三部分。

C. 凡是与泥盆纪直虾类似的生物都是昆虫的远祖。

D. 昆虫是由真节肢动物中比较原始的生物进化而来的。

E. 抚仙湖虫化石消化道中的泥沙不是在化石形成过程中由外界渗透进去的。

106.（2011-32，P321）随着互联网的发展，人们的购物方式有了新的选择。很多年轻人喜欢在网络上选择自己满意的商品，通过快递送上门，购物足不出户，非常便捷。刘教授据此认为，那些实体商场的竞争力会受到互联网的冲击，在不远的将来，会有更多的网络商店取代实体商店。

以下哪项如果为真，最能削弱刘教授的观点？

A. 网络购物虽然有某些便利，但容易导致个人信息被不法分子利用。

B. 有些高档品牌的专卖店，只愿意采取街面实体商店的销售方式。

C. 网络商店与快递公司在货物丢失或损坏的赔偿方面经常互相推诿。

D. 购买黄金珠宝等贵重物品，往往需要现场挑选，且不适宜网络支付。

E. 通常情况下，网络商店只有在其实体商店的支撑下才能生存。

107.（2011-33，P322）受多元文化和价值观的冲击，甲国居民的离婚率明显上升。最近一项调查表明，甲国的平均婚姻存续时间为 8 年。张先生为此感慨，现在像钻石婚、金婚、白头偕老这样的美丽故事已经很难得，人们淳朴的爱情婚姻观一去不复返了。

以下哪项如果为真，最可能表明张先生的理解不确切？

A. 现在有不少闪婚一族，他们经常在很短的时间里结婚又离婚。

B. 婚姻存续时间长并不意味着婚姻的质量高。

C. 过去的婚姻主要由父母包办，现在主要是自由恋爱。

D. 尽管婚姻存续时间短，但年轻人谈恋爱的时间比以前增加很多。

E. 婚姻是爱情的坟墓，美丽感人的故事更多体现在恋爱中。

108.（2011-36，P322）在一次围棋比赛中，参赛选手陈华不时地挤捏指关节，发出的声响干扰了对手的思考。在比赛封盘间歇时，裁判警告陈华：如果再次在比赛中挤捏指关节并发出声响，将判其违规。对此，陈华反驳说，他挤捏指关节是习惯性动作，并不是故意的，因此，不应被判违规。

以下哪项如果成立，最能支持陈华对裁判的反驳？

A. 在此次比赛中，对手不时打开、合拢折扇，发出的声响干扰了陈华的思考。

B. 在围棋比赛中，只有选手的故意行为，才能成为判罚的根据。

C. 在此次比赛中，对手本人并没有对陈华的干扰提出抗议。

D. 陈华一向恃才傲物，该裁判对其早有不满。

E. 如果陈华为人诚实、从不说谎，那么他就不应该被判违规。

109.（2011-37，P323）3D 立体技术代表了当前电影技术的尖端水准，由于使电影实现了高度可信的空间感，它可能成为未来电影的主流。3D 立体电影中的银幕角色虽然由计算机生成，但是那些包括动作和表情的电脑角色的“表演”，都以真实演员的“表演”为基础，就像数码时代的化妆技术一样。这也引起了某些演员的担心：随着计算机技术的发展，未来计算机生成的图像和动画会替代真人表演。

以下哪项如果为真，最能减弱上述演员的担心？

A. 所有电影的导演只能和真人交流，而不是和电脑交流。

B. 任何电影的拍摄都取决于制片人的选择，演员可以跟上时代的发展。

C. 3D 立体电影目前的高票房只是人们一时图新鲜的结果，未来尚不可知。

D. 掌握 3D 立体技术的动画专业人员不喜欢去电影院看 3D 电影。

E. 电影故事只能用演员的心灵、情感来表现，其表现形式与导演的喜好无关。

110.（2011-39，P323）科学研究中使用的形式语言和日常生活中使用的自然语言有很大的不同。形式语言看起来像天书，远离大众，只有一些专业人士才能理解和运用。但其实这是一种误解，自然语言和形式语言的关系就像肉眼与显微镜的关系。肉眼的视域广阔，可以从整体上把握事物的信息；显微镜可以帮助人们看到事物的细节和精微之处，尽管用它看到的范围小。所以，形式语言和自然语言都是人们交流和理解信息的重要工具，把它们结合起来使用,具有强大的力量。

以下哪项如果为真,最能支持上述结论?

A. 通过显微镜看到的内容可能成为新的“风景”,说明形式语言可以丰富自然语言的表达,我们应重视形式语言。

B. 正如显微镜下显示的信息最终还是要通过肉眼观察一样,形式语言表述的内容最终也要通过自然语言来实现,说明自然语言更基础。

C. 科学理论如果仅用形式语言表达,很难被普通民众理解;同样,如果仅用自然语言表达,有可能变得冗长且很难表达准确。

D. 科学的发展很大程度上改善了普通民众的日常生活,但人们并没有意识到科学表达的基础——形式语言的重要性。

E. 采用哪种语言其实不重要,关键在于是否表达了真正想表达的思想内容。

111. (2011-45,P324)国外某教授最近指出,长着一张娃娃脸的人意味着他将享有更长的寿命,因为人们的生活状况很容易反映在脸上。从 1990 年春季开始,该教授领导的研究小组对 1826 对 70 岁以上的双胞胎进行了体能和认知测试,并拍了他们的面部照片。在不知道他们确切年龄的情况下,三名研究助手先对不同年龄组的双胞胎进行年龄评估,结果发现,即使是双胞胎,被猜出的年龄也相差很大。然后,研究小组用若干年时间对这些双胞胎的晚年生活进行了跟踪调查,直至他们去世。调查表明:双胞胎中,外表年龄差异越大,看起来老的那个就越可能先去世。

以下哪项如果为真,最能形成对该教授调查结论的反驳?

A. 如果把调查对象扩大到 40 岁以上的双胞胎,结果可能有所不同。

B. 三名研究助手比较年轻,从事该项研究的时间不长。

C. 外表年龄是每个人生活环境、生活状况和心态的集中体现,与生命老化关系不大。

D. 生命老化的原因在于细胞分裂导致染色体末端不断损耗。

E. 看起来越老的人,在心理上一般较为成熟,对于生命有更深刻的理解。

112. (2011-46,P325)由于含糖饮料的卡路里含量高,容易导致肥胖,因此无糖饮料开始流行。经过一段时期的调查,李教授认为:无糖饮料尽管卡路里含量低,但并不意味它不会导致体重增加。因为无糖饮料可能导致人们对于甜食的高度偏爱,这意味着可能食用更多的含糖类食物。而且无糖饮料几乎没什么营养,喝得过多就限制了其他健康饮品的摄入,比如茶和果汁等。

以下哪项如果为真,最能支持李教授的观点?

A. 茶是中国的传统饮料,长期饮用有益健康。

B. 有些瘦子也爱喝无糖饮料。

C. 有些胖子爱吃甜食。

D. 不少胖子向医生报告他们常喝无糖饮料。

E. 喝无糖饮料的人很少进行健身运动。

113~114 题基于以下题干:

某家长认为,有想象力才能进行创造性劳动,但想象力和知识是天敌。人在获得知识的过程中,想象力会消失。因为知识符合逻辑,而想象力无章可循。换句话说,知识的本质是科学,想象力的特征是荒诞。人的大脑一山不容二虎:学龄前,想象力独占鳌头,脑子被想象力占据；上学后，大多数人的想象力被知识驱逐出境，他们成为知识渊博但丧失了想象力、终身只能重复前人发现的人。

113．（2011-49，P326）以下哪项是该家长论证所依赖的假设？

Ⅰ．科学是不可能荒诞的，荒诞的就不是科学。

Ⅱ．想象力和逻辑水火不相容。

Ⅲ．大脑被知识占据后很难重新恢复想象力。

A．仅Ⅰ。　　B．仅Ⅱ。

C．仅Ⅰ和Ⅱ。　　D．仅Ⅱ和Ⅲ。

E．Ⅰ、Ⅱ和Ⅲ。

114．（2011-50，P326）以下哪项与该家长的上述观点矛盾？

A．如果希望孩子能够进行创造性劳动，就不要送他们上学。

B．如果获得了足够知识，就不能进行创造性劳动。

C．发现知识的人是有一定想象力的。

D．有些人没有想象力，但能进行创造性劳动。

E．想象力被知识驱逐出境是一个逐渐的过程。

115．（2011-51，P326）某公司总裁曾经说过："当前任总裁批评我时，我不喜欢那感觉，因此，我不会批评我的继任者。"

以下哪项最可能是该总裁上述言论的假设？

A．当遇到该总裁的批评时，他的继任者和他的感觉不完全一致。

B．只有该总裁的继任者喜欢被批评的感觉，他才会批评继任者。

C．如果该总裁喜欢被批评，那么前任总裁的批评也不例外。

D．该总裁不喜欢批评他的继任者，但喜欢批评其他人。

E．该总裁不喜欢被前任总裁批评，但喜欢被其他人批评。

116．（2011-54，P327）统计数字表明，近年来，民用航空飞行的安全性有很大提高。例如，某国 2008 年每飞行 100 万次发生恶性事故的次数为 0.2 次，而 1989 年为 1.4 次。从这些年的统计数字看，民用航空恶性事故发生率总体呈下降趋势。由此看出，乘飞机出行越来越安全。

以下哪项不能加强上述结论？

A．近年来，飞机事故中"死里逃生"的几率比以前提高了。

B．各大航空公司越来越注意对机组人员的安全培训。

C．民用航空的空中交通控制系统更加完善。

D．避免"机鸟互撞"的技术与措施日臻完善。

E．虽然飞机坠毁很可怕，但从统计数字上讲，驾车仍然要危险得多。

117．（2011-55，P327）有医学研究显示，行为痴呆症患者大脑组织中往往含有过量的铝。同时有化学研究表明，一种硅化合物可以吸收铝。陈医生据此认为，可以用这种硅化合物治疗行为痴呆症。

以下哪项是陈医生最可能依赖的假设？

A．行为痴呆症患者大脑组织的含铝量通常过高，但具体数量不会变化。

B．该硅化合物在吸收铝的过程中不会产生副作用。

C. 用来吸收铝的硅化合物的具体数量与行为痴呆症患者的年龄有关。

D. 过量的铝是导致行为痴呆症的原因,患者脑组织中的铝不是行为痴呆症引起的结果。

E. 行为痴呆症患者脑组织中的铝含量与病情的严重程度有关。

118.（2010-29,P329）现在越来越多的人拥有了自己的轿车,但明显地缺乏汽车保养的基本知识,这些人会按照维修保养手册或4S店售后服务人员的提示做定期保养。可是,某位有经验的司机会告诉你,每行驶5000公里（1公里=1千米）做一次定期检查,只能检查出汽车可能存在问题的一小部分,这样的检查没有意义,是浪费时间和金钱的。

以下哪项不能削弱该司机的结论?

A. 每行驶5000公里做一次定期检查是保障车主安全所需要的。

B. 每行驶5000公里做一次定期检查能发现引擎的某些主要故障。

C. 在定期检查中所做的常规维护是保证汽车正常运行所必需的。

D. 赵先生的新车未做定期检查,行驶到5100公里时出了问题。

E. 某公司新购的一批汽车未做定期检查,均安全行驶了7000公里以上。

119.（2010-32,P330）在某次课程教学改革的研讨会上,负责工程类教学的齐老师说,在工程设计中,用于解决数学问题的计算机程序越来越多了,这样就不必要求工程技术类大学生对基础数学有深刻的理解。因此,在未来的教学体系中,基础数学课程可以用其他重要的工程类课程替代。

以下哪项如果为真,能削弱齐老师的上述论证?

Ⅰ. 工程类基础课程中已经包含了相关的基础数学内容。

Ⅱ. 在工程设计中,设计计算机程序需要对基础数学有全面的理解。

Ⅲ. 基础数学课程的一个重要目标是培养学生的思维能力,这种能力对工程设计来说很关键。

A. 只有Ⅱ。　　B. 只有Ⅰ和Ⅱ。

C. 只有Ⅰ和Ⅲ。　　D. 只有Ⅱ和Ⅲ。

E. Ⅰ、Ⅱ和Ⅲ。

120.（2010-43,P333）一般认为,剑乳齿象是从北美洲迁入南美洲的。剑乳齿象的显著特征是具有较尖的长剑型门齿,颚骨较短,齿的齿冠隆起,齿板数目为7至8个,并呈乳状突起,剑乳齿象因此得名。剑乳齿象的牙齿比较复杂,这表明它能吃草,在南美洲的许多地方都有证据显示史前人类捕捉过剑乳齿象。由此可以推测,剑乳齿象的灭绝可能与人类的过度捕杀有密切关系。

以下哪项如果为真,最能反驳上述结论?

A. 史前动物之间经常发生大规模相互捕杀的现象。

B. 剑乳齿象在遇到人类攻击时缺乏自我保护能力。

C. 剑乳齿象也存在由南美洲进入北美洲的回迁现象。

D. 由于人类活动范围的扩大,大型食草动物难以生存。

E. 幼年剑乳齿象的牙齿结构比较简单,自我生存能力弱。

121.（2010-45,P333）有位美国学者做了一个实验,给被试儿童看了三幅图画:鸡、牛和青草,然后让儿童将其分为两类。结果大部分中国儿童把牛和青草归为一类,把鸡归为另一类;大部分美国儿童则把牛和鸡归为一类,把青草归为另一类。这位美国学者由此得出:中国儿童习惯于按照事物之间的关系来分类,美国儿童则习惯于把事物按照各自所属的"实体"范畴进行分类。

以下哪项是这位学者得出结论所必须假设的?

A. 马和青草是按照事物之间的关系被列为一类。

B. 鸭和鸡蛋是按照各自所属的"实体"范畴被归为一类。

C. 美国儿童只要把牛和鸡归为一类就是习惯于按照各自所属"实体"范畴进行分类。

D. 美国儿童只要把牛和鸡归为一类,就不是习惯于按照事物之间的关系来分类。

E. 中国儿童只要把牛和青草归为一类,就不是习惯于按照各自所属"实体"范畴进行分类。

122. (2010-54,P336)对某高校本科生的某项调查统计发现:在因成绩优异被推荐免试攻读硕士研究生的文科专业学生中,女生占有70%。由此可见,该校本科文科专业的女生比男生优秀。

以下哪项如果为真,能最有力地削弱上述结论?

A. 在该校本科文科专业学生中,女生占30%以上。

B. 在该校本科文科专业学生中,女生占30%以下。

C. 在该校本科文科专业学生中,男生占30%以下。

D. 在该校本科文科专业学生中,女生占70%以下。

E. 在该校本科文科专业学生中,男生占70%以上。

123. (2009-35,P340)某地区过去三年日常生活必需品平均价格增长了30%。在同一时期,购买日常生活必需品的开支占家庭平均月收入的比例并未发生变化。因此,过去三年家庭平均收入一定也增长了30%。

以下哪项最可能是上述论证所假设的?

A. 在过去的三年中,平均每个家庭购买的日常生活必需品数量和质量没有变化。

B. 在过去的三年中,除生活必需品外,其他商品平均价格的增长低于30%。

C. 在过去的三年中,该地区家庭数量增长了30%。

D. 在过去的三年中,家庭用于购买高档消费品的平均开支明显减少。

E. 在过去的三年中,家庭平均生活水平下降了。

124~125 题基于以下题干

因为照片的影像是通过光线与胶片的接触形成的,所以每张照片都具有一定的真实性。但是,从不同角度拍摄的照片总是反映了物体某个侧面的真实而不是全部的真实,在这个意义上,照片又是不真实的。因此,在目前的技术条件下,以照片作为证据是不恰当的,特别是在法庭上。

124. (2009-40,P342)以下哪项是上述论证所假设的?

A. 不完全反映全部真实的东西不能成为恰当的证据。

B. 全部的真实性是不可把握的。

C. 目前的法庭审理都把照片作为重要物证。

D. 如果从不同角度拍摄一个物体,就可以把握它的全部真实性。

E. 法庭具有判定任一证据真伪的能力。

125. (2009-41,P342)以下哪项如果为真,最能削弱上述论证?

A. 拍摄技术是不断发展的，理论上说，全景照片可以从外观上反映物体的全部真实。

B. 任何证据只需要反映事实的某个侧面。

C. 在法庭审理中，有些照片虽然不能成为证据，但有重要的参考价值。

D. 有些照片是通过技术手段合成或伪造的。

E. 就反映真实性而言，照片的质量有很大的差别。

126.（2009-44，P343）S 市持有驾驶证的人员数量较五年前增加了数十万，但交通死亡事故却较五年前有明显的减少。由此可以得出结论：目前 S 市驾驶员的驾驶技术熟练程度较五年前有明显的提高。

以下各项如果为真，都能削弱上述论证，除了：

A. 交通事故的主要原因是驾驶员违反交通规则。

B. 目前 S 市的交通管理力度较五年前有明显加强。

C. S 市加强对驾校的管理，提高了对新驾驶员的培训标准。

D. 由于油价上涨，许多车主改乘公交或地铁上下班。

E. S 市目前的道路状况及安全设施较五年前有明显改善。

127.（2009-45，P343）肖群一周工作五天，除非这周内有法定休假日，除了周五在志愿者协会，其余四天肖群都在太平洋保险公司上班。上周没有法定休假日。因此，上周的周一、周二、周三和周四肖群一定在太平洋保险公司上班。

以下哪项是上述论证所假设的？

A. 一周内不可能出现两天以上的法定休假日。

B. 太平洋保险公司实行每周四天工作日制度。

C. 上周的周六和周日肖群没有上班。

D. 肖群在志愿者协会的工作与保险业有关。

E. 肖群是位称职的雇员。

128.（2008-34，P348）现在能够纠正词汇、语法和标点符号使用错误的中文电脑软件越来越多，这使得记者们即使不具备良好的汉语基础也不妨碍撰稿。因此培养新闻工作者的学校不必重视学生汉语能力的提高，而应注重新闻工作者其他素质的培养。

以下哪项如果为真，最能削弱上述论证和建议？

A. 避免词汇、语法和标点符号的使用错误并不一定能确保文稿的语言质量。

B. 新闻学课程一直强调并要求学生能够熟练应用计算机并熟悉各种软件。

C. 中文软件越是有效，被盗版的可能性越大。

D. 在新闻学院开设新课要经过复杂的论证与报批程序。

E. 目前大部分中文软件经常更新，许多人还在用旧版本。

129.（2008-37，P349）水泥的原料是很便宜的，像石灰石和随处可见的泥土都可以用做水泥的原料。但水泥的价格会受石油价格的影响，因为在高温炉窑中把原料变为水泥要耗费大量的能源。

以下哪项是上述论证所假设的？

A. 作为水泥的原料，石灰石并不像泥土那样随处可见。

B. 石油是制水泥的一些高温炉窑的能源。

C. 大多数工业产品的价格都会受石油价格的影响。

D. 高温炉窑把原料变为水泥所耗费的能源较前明显减少。

E. 地缘政治与特别是局部战争是影响石油价格的重要因素。

130.（2008-39,P350）临床试验显示,对偶尔食用一定量的牛肉干的人而言,大多数品牌牛肉干的添加剂并不会导致动脉硬化。因此,人们可以放心食用牛肉干而无须担心对健康的影响。

以下哪项如果为真,最能削弱上述论证?

A. 食用大量牛肉干不利于动脉健康。

B. 动脉健康不等于身体健康。

C. 肉类都含有对人体有害的物质。

D. 喜欢吃牛肉干的人往往也喜欢食用其他对动脉健康有损害的食品。

E. 题干所述临床试验大都是由医学院的实习生在医师指导下完成的。

131~132 题基于以下题干

一般人认为,广告商为了吸引顾客不择手段。但广告商并不都是这样。最近,为了扩大销路,一家名为《港湾》家庭类杂志改名为《炼狱》,主要刊登暴力与色情内容。结果,原先《港湾》杂志的一些常年广告客户拒绝续签合同,转向其他刊物。这说明这些广告商不只考虑经济效益,而且顾及道德责任。

131.（2008-41,P351）以下各项如果为真,都能削弱上述论证,除了

A.《炼狱》杂志所登载的暴力与色情内容在同类杂志中较为节制。

B. 刊登暴力与色情内容的杂志通常销量较高,但信誉度较低。

C. 上述拒绝续签合同的广告商主要推销家居商品。

D. 改名后的《炼狱》杂志的广告费比改名前提高了数倍。

E.《炼狱》因登载虚假广告被媒体曝光,一度成为新闻热点。

132.（2008-42,P351）以下哪项如果为真,最能加强题干的论证?

A.《炼狱》的成本与售价都低于《港湾》。

B. 上述拒绝续签合同的广告商在转向其他刊物后效益未受影响。

C. 家庭类杂志的读者一般对暴力与色情内容不感兴趣。

D. 改名后《炼狱》杂志的广告客户并无明显增加。

E. 一些在其他家庭类杂志做广告的客户转向《炼狱》杂志。

133.（2008-43,P352）H 国赤道雨林的面积每年以惊人的比例减少,引起了全球的关注。但是,卫星照片的数据显示,去年 H 国雨林面积的缩小比例明显低于往年。去年,H 国政府支出数百万美元用以制止乱砍滥伐和防止森林火灾。H 国政府宣称,上述卫星照片的数据说明,本国政府保护赤道雨林的努力取得了显著成效。

以下哪项如果为真,最能削弱 H 国政府的上述结论?

A. 去年 H 国用以保护赤道雨林的财政投入明显高于往年。

B. 去年与 H 国毗邻的 G 国赤道雨林面积的缩小比例也明显低于往年。

C. 去年 H 国的旱季出现了异乎寻常的大面积持续降雨。

D. H 国用于雨林保护的费用只占年度财政支出的很小比例。

E. 森林面积的萎缩是全球性的环保问题。

134.（2008-44,P352）根据一种心理学理论,一个人要想快乐就必须和周围的人保持亲

密的关系。但是，世界上伟大的画家往往是在孤独中度过了他们大部分时光，并且没有亲密的人际关系。所以，这种心理学理论的上述结论是不成立的。

以下哪项最可能是上述论证所假设的？

A. 该心理学理论是为了揭示内心体验与艺术成就的关系。

B. 有亲密人际关系的人几乎没有孤独的时候。

C. 孤独对于伟大的绘画艺术家来说是必需的。

D. 有些著名画家有亲密的人际关系。

E. 获得伟大成就的艺术家是快乐的。

135.（2008-48，P353）张珊获得的奖金比李思的高，得知王武的奖金比苗晓琴的高后，可知张珊的奖金也比苗晓琴的高。

以下各项假设均能使上述推断成立，除了

A. 王武的奖金比李思的高。

B. 李思的奖金比苗晓琴的高。

C. 李思的奖金比王武的高。

D. 李思的奖金和王武的一样高。

E. 张珊的奖金不比王武的低。

136.（2008-54，P355）有 90 个病人，都患难治疾病 T，服用过同样的常规药物。这些病人被分为人数相等的两组，第一组服用一种用于治疗 T 的试验药物 W 素，第二组服用不含有 W 素的安慰剂。10 年后的统计显示，两组都有 44 人死亡。因此，这种试验药物是无效的。

以下哪项如果为真，最能削弱上述论证？

A. 在上述死亡的病人中，第二组的平均死亡年份比第一组早两年。

B. 在上述死亡的病人中，第二组的平均寿命比第一组小两岁。

C. 在上述活着的病人中，第二组的比第一组的病情更严重。

D. 在上述活着的病人中，第二组的比第一组的更年长。

E. 在上述活着的病人中，第二组的比第一组的更年轻。

137.（2008-56，P356）北大西洋海域的鳕鱼数量锐减，但几乎同时海豹的数量却明显增加。有人说是海豹导致了鳕鱼的减少。这种说法难以成立，因为海豹很少以鳕鱼为食。

以下哪项如果为真，最能削弱上述论证？

A. 海水污染对鳕鱼造成的伤害比对海豹造成的伤害严重。

B. 尽管鳕鱼数量锐减，海豹数量明显增加，但在北大西洋海域，海豹的数量仍少于鳕鱼。

C. 在海豹的数量增加以前，北大西洋海域的鳕鱼数量就已经减少了。

D. 海豹生活在鳕鱼无法生存的冰冷海域。

E. 鳕鱼只吃毛鳞鱼，而毛鳞鱼也是海豹的主要食物。

138.（2007-30，P359）王园获得的奖金比梁振杰的高。得知魏国庆的奖金比苗晓琴的高后，可知王园的奖金也比苗晓琴的高。

以下各项假设均能使上述推断成立，除了

A. 魏国庆的奖金比王园的高。

B. 梁振杰的奖金比苗晓琴的高。

C. 梁振杰的奖金比魏国庆的高。

D. 梁振杰的奖金和魏国庆的一样。

E. 王园的奖金和魏国庆的一样。

139. (2007-31,P359)张华是甲班学生,对围棋感兴趣。该班学生或者对国际象棋感兴趣,或者对军棋感兴趣;如果对围棋感兴趣,则对军棋不感兴趣。因此,张华对中国象棋感兴趣。

假设以下哪项,上述结论可从题干的论据合乎逻辑地得出?

A. 如果对国际象棋不感兴趣,则对中国象棋感兴趣。

B. 甲班对国际象棋感兴趣的学生都对中国象棋感兴趣。

C. 围棋和中国象棋比军棋更具挑战性。

D. 甲班学生感兴趣的棋类只限于围棋、国际象棋、军棋和中国象棋。

E. 甲班所有学生都对中国象棋不感兴趣。

140. (2007-32,P360)神经化学物质的失衡可以引起人的行为失常,大到严重的精神疾病,小到常见的孤僻、抑郁甚至暴躁、嫉妒。神经化学的这些发现,使我们不但对精神疾病患者,而且对身边原本生厌的怪癖行为者,怀有同情和容忍。因为精神健康,无非是指具有平衡的神经化学物质。

以下哪项最为准确地表达了上述论证所要表达的结论?

A. 神经化学物质失衡的人在人群中只占少数。

B. 神经化学的上述发现将大大丰富精神病学的理论。

C. 理解神经化学物质与行为的关系将有助于培养对他人的同情心。

D. 神经化学物质的失衡可以引起精神疾病或其他行为失常。

E. 神经化学物质是否平衡是决定精神或行为是否正常的主要因素。

141. (2007-33,P360)在我国北方严寒冬季的夜晚,车辆前挡风玻璃会因低温而结冰霜。第二天对车辆发动预热后,玻璃上的冰霜会很快融化。何宁对此不解,李军解释道:因为车辆仅有的除霜孔位于前挡风玻璃,而车辆预热后除霜孔完全开启,因此,是开启除霜孔使车辆玻璃冰霜融化。

以下哪项如果为真,最能质疑李军对车辆玻璃冰霜迅速融化的解释?

A. 车辆一侧玻璃窗没有出现冰霜现象。

B. 尽管车尾玻璃窗没有除霜孔,其玻璃上的冰霜融化速度与前挡风玻璃没有差别。

C. 当吹在车辆玻璃上的空气气温增加,其冰霜的融化速度也会增加。

D. 车辆前挡风玻璃除霜孔排出的暖气流排出后可能很快冷却。

E. 即使启用车内空调暖风功能,除霜孔的功用也不能被取代。

142. (2007-37,P361)魏先生:计算机对于当代人类的重要性,就如同火对于史前人类。因此,普及计算机知识应当从孩子抓起:从小学甚至幼儿园开始就应当介绍计算机知识;一进中学就应当学习计算机语言。

贾女士:你忽视了计算机技术的一个重要特点:这是一门知识更新和技术更新最为迅速的学科。童年时代所了解的计算机知识,中学时代所学的计算机语言,到需要运用的成年时代早已陈旧过时了。

以下哪项作为魏先生对贾女士的反驳最为有力?

A. 快速发展和更新并不仅是计算机技术的特点。

B. 孩子具备接受不断发展的新知识的能力。

C. 在中国,算盘早已被计算机取代,但这并不说明有关算盘的知识已毫无价值。

D. 学习计算机知识和熟悉某种计算机语言，有利于提高理解和运用计算机的能力。

E. 计算机课程并不是中小学教育中的主课。

143.（2007-45，P365）社会成员的幸福感是可以运用现代手段精确量化的。衡量一项社会改革措施是否成功，要看社会成员的幸福感总量是否增加。S市最近推出的福利改革明显增加了公务员的幸福感总量，因此，这项改革措施是成功的。

以下哪项如果为真，最能削弱上述论证？

A. 上述改革措施并没有增加S市所有公务员的幸福感。

B. S市公务员只占全市社会成员很小的比例。

C. 上述改革措施在增加公务员幸福感总量的同时，减少了S市民营企业人员的幸福感总量。

D. 上述改革措施在增加公务员幸福感总量的同时，减少了S市全体社会成员的幸福感总量。

E. 上述改革措施已经引起S市市民的广泛争议。

144.（2007-55，P368）为了提高运作效率，H公司应当实行灵活工作日制度，也就是充分考虑雇员的个人意愿，来决定他们每周的工作日与休息日。研究表明，这种灵活工作日制度，能使企业员工保持良好的情绪和饱满的精神。

上述论证依赖以下哪项假设？

Ⅰ. 那些希望实行灵活工作日的员工，大都是H公司的业务骨干。

Ⅱ. 员工良好的情绪和饱满的精神，能有效提高企业的运作效率。

Ⅲ. H公司未实行周末休息制度。

A. 只有Ⅰ。 B. 只有Ⅱ。

C. 只有Ⅲ。 D. 只有Ⅱ和Ⅲ。

E. Ⅰ、Ⅱ和Ⅲ。

145.（2006-28，P368）有些人若有某一次厌食，会对这次膳食中有特殊味道的食物持续产生强烈厌恶，不管这种食物是否会对身体有利。这种现象可以解释为什么小孩更易于对某些食物产生强烈的厌食。

以下哪项如果为真，最能加强上述解释？

A. 小孩的膳食配搭中含有特殊味道的食物比成年人多。

B. 对未尝过的食物，成年人比小孩更容易产生抗拒心理。

C. 小孩的嗅觉和味觉比成年人敏锐。

D. 和成年人相比，小孩较为缺乏食物与健康的相关知识。

E. 如果讨厌某种食物，小孩厌食的持续时间比成年人更长。

146～147 题基于以下题干

一般认为，一个人80岁和他在30岁时相比，理解和记忆能力都显著减退。最近的一项调查显示，80岁的老人和30岁的年轻人在玩麻将时所表现出的理解和记忆能力没有明显差别。因此，认为一个人到了80岁理解和记忆能力会显著减退的看法是站不住脚的。

146.（2006-30，P369）以下哪项如果为真，最能削弱上述论证？

A. 玩麻将需要的主要不是理解和记忆能力。

B. 玩麻将只需要较低的理解和记忆能力。

C. 80 岁的老人比 30 岁的年轻人有更多时间玩麻将。

D. 玩麻将有利于提高一个人的理解和记忆能力。

E. 一个人到了 80 岁理解和记忆能力会显著减退的看法,是对老年人的偏见。

147. (2006-31,P370)以下哪项如果为真,最能加强上述论证?

A. 目前 30 岁的年轻人的理解和记忆能力,高于 50 年前的同龄人。

B. 上述调查的对象都是退休或在职的大学教师。

C. 上述调查由权威部门策划和实施。

D. 记忆能力的减退不必然导致理解能力的减退。

E. 科学研究证明,人的平均寿命可以达到 120 岁。

148. (2006-37,P371)在近现代科技的发展中,技术革新从发明、应用到推广的循环过程不断加快。世界经济的繁荣是建立在导致新产业诞生的连续不断的技术革新之上的。因此,产业界需要增加科研投入以促使经济进一步持续发展。

上述论证基于以下哪项假设?

Ⅰ. 科研成果能够产生一系列新技术、新发明。

Ⅱ. 电信、生物制药、环保是目前技术革新循环最快的产业,将会在未来几年中产生大量的新技术、新发明。

Ⅲ. 目前产业界投入科研的资金量还不足以确保一系列新技术、新发明的产生。

A. 仅Ⅰ。　B. 仅Ⅲ。　C. 仅Ⅰ和Ⅱ。　D. 仅Ⅰ和Ⅲ。　E. Ⅰ、Ⅱ和Ⅲ。

149. (2006-39,P372)研究发现,市面上 X 牌香烟的 Y 成分可以抑制 EB 病毒。实验证实,EB 病毒是很强的致鼻咽癌的病原体,可以导致正常的鼻咽部细胞转化为癌细胞。因此,经常吸 X 牌香烟的人将减少患鼻咽癌的风险。

以下哪项如果为真,最能削弱上述论证?

A. 不同条件下的实验,可以得出类似的结论。

B. 已经患有鼻咽癌的患者吸 X 牌香烟后并未发现病情好转。

C. Y 成分可以抑制 EB 病毒,也可以对人的免疫系统产生负面作用。

D. 经常吸 X 牌香烟会加强 Y 成分对 EB 病毒的抑制作用。

E. Y 成分的作用可以被 X 牌香烟的 Z 成分中和。

150 题基于以下题干

免疫研究室的钟教授说:"生命科学院从前的研究生那种勤奋精神越来越不多见了,因为我发现目前在我的研究生中,起早摸黑做实验的人越来越少了。"

150. (2006-40,P372)钟教授的论证基于以下哪项假设?

A. 现在生命科学院的研究生需要从事的实验外活动越来越多。

B. 对于生命科学院的研究生来说,只有起早摸黑才能确保完成实验任务。

C. 研究生是否起早摸黑做实验是他们勤奋与否的一个重要标准。

D. 钟教授的研究生做实验不勤奋是由于钟教授没有足够的科研经费。

E. 现在的年轻人并不热衷于实验室工作。

151. (2006-42,P372)某报评论:H 市的空气质量本来应该已经得到改善。5 年来,市政府在环境保护方面花了气力,包括耗资 600 多亿元将一些污染最严重的工厂迁走。但是,H 市仍难摆脱空气污染的困扰,因为解决空气污染问题面临着许多不利条件,其中,一个是机动车辆的增加，另一个是全球石油价格的上升。

以下各项如果为真，都能削弱上述论断，除了

A. 近年来 H 市加强了对废气排放的限制，加大了对污染治理费征收的力度。

B. 近年来 H 市启用了大量电车和使用燃气的公交车，地铁的运行路线也有明显增加。

C. 由于石油涨价，许多计划购买豪华车的人转为购买低耗油的小型车。

D. 由于石油涨价，在国际市场上一些价位偏低的劣质含硫石油进入 H 市。

E. 由于汽油涨价和公车改革，拥有汽车的人缩减了驾车旅游的计划。

152.（2006-43，P373）对常兴市 23 家老人院的一项评估显示，爱慈老人院在疾病治疗水平方面受到的评价相当低，而在其他不少方面评价不错。虽然各老人院的入住老人的数量大致相当，但爱慈老人院医生与住院老人的比例在常兴市的老人院中几乎是最低的。因此，医生数量不足是造成爱慈老人院在疾病治疗水平方面评价偏低的原因。

以下哪项如果为真，最能加强上述论证？

A. 和祥老人院也在常兴市，对其疾病治疗水平的评价比爱慈老人院还要低。

B. 爱慈老人院的医务护理人员比常兴市其他老人院都要多。

C. 爱慈老人院的医生发表的相关学术文章很少。

D. 爱慈老人院位于常兴市的市郊。

E. 爱慈老人院某些医生的医术一般。

153～154 题基于以下题干

小红说：如果中山大道只允许通行轿车和不超过 10 吨的货车，大部分货车将绕开中山大道。

小兵说：如果这样的话，中山大道的车流量将减少，从而减少中山大道的撞车事故。

153.（2006-44，P373）以下哪项是小红的断定所假设的？

A. 轿车和 10 吨以下的货车仅能在中山大道行驶。

B. 目前中山大道的交通十分拥挤。

C. 货车司机都喜欢在中山大道行驶。

D. 大小货车在中山大道外的马路行驶十分便利。

E. 目前行驶在中山大道的大部分货车都在 10 吨以上。

154.（2006-45，P373）以下哪项如果为真，最能加强小兵的结论？

A. 中山大道的撞车事故主要发生在 10 吨以上的货车。

B. 在中山大道上，大客车很少发生撞车事故。

C. 中山大道因为常发生撞车事故，交通堵塞严重。

D. 许多原计划购买 10 吨以上货车的单位转而购买 10 吨以下的货车。

E. 近来中山大道周围的撞车事故减少了。

155.（2006-53，P376）类人猿和其后的史前人类所使用的工具很相似。最近在东部非洲考古所发现的古代工具，就属于史前人类和类人猿都使用过的类型。但是，发现这些工具的地方是热带大草原，热带大草原有史前人类居住过，而类人猿只生活在森林中。因此，这些被发现的古代工具是史前人类而不是类人猿使用过的。

为使上述论证有说服力，以下哪项是必须假设的？

A. 即使在相当长的环境生态变化过程中，森林也不会演变为草原。

B. 史前人类从未在森林中生活过。

C. 史前人类比类人猿更能熟练地使用工具。

D. 史前人类在迁移时并不携带工具。

E. 类人猿只能使用工具,并不能制造工具。

156. (2006-54,P376)研究显示,大多数有创造性的工程师,都有在纸上乱涂乱画,并记下一些看来稀奇古怪想法的习惯。他们的大多数最有价值的设计,都直接与这种习惯有关。而现在的许多工程师都用电脑工作,在纸上乱涂乱画不再是一种普遍的习惯。一些专家担心,这会影响工程师的创造性思维,建议在用于工程设计的计算机程序中匹配模拟的便条纸,能让使用者在上面涂鸦。

以下哪项最可能是上述建议所假设的?

A. 在纸上乱涂乱画,只可能产生工程设计方面的灵感。

B. 计算机程序中所匹配的模拟便条纸,只能用于乱涂乱画,或记录看来稀奇古怪的想法。

C. 所有用计算机工作的工程师都不会备有纸笔以随时记下有意思的想法。

D. 工程师在纸上乱涂乱画所记下的看来稀奇古怪的想法,大多数都有应用价值。

E. 乱涂乱画所产生的灵感,并不一定通过在纸上的操作获得。

五、语义理解题

1.（2023-28，P186）记者：贵校是如何培养创新型人才的？

受访者：大学生踊跃创新创业是我校的一个品牌。在相关课程学习中，我们注重激发学生创业的积极性，引导学生想创业；通过实训、体验，让学生能创业；通过学校提供专业化的服务，帮助学生创成业。在高校创业者收益榜中，我们学校名列榜首。

以下哪项最可能是上述对话中受访者论述的假设？

A. 不懂创新就不懂创业。

B. 创新能力越强，创业收益越高。

C. 创新型人才培养主要是创业技能的培训和提升。

D. 培养大学生创业能力只是培养创新型人才的任务之一。

E. 创新型人才的主要特征是具有不拘陈规、勇于开拓的创新精神。

2.（2023-36，P189）甲：如今，独特性正成为中国人的一种生活追求。试想周末我穿一件心仪的衣服走在大街上，突然发现你迎面走来，和我穿得一模一样，“撞衫”的感觉八成会是尴尬之中带着一丝不快，因为自己不再独一无二。

乙：独一无二真的那么重要吗？想想上世纪七十年代满大街的中山装、八十年代遍地的喇叭裤，每个人也活得很精彩。再说“撞衫”总是难免的，再大的明星也有可能“撞衫”，所谓的独特只是一厢情愿。走自己的路，不要管自己是否和别人一样。

以下哪项是对甲、乙对话最恰当的评价？

A. 甲认为独一无二是现在每个中国人的追求，而乙认为没有人能做到独一无二。

B. 甲关心自己是否和别人“撞衫”，而乙不关心自己是否和别人一样。

C. 甲认为“撞衫”八成会让自己感到不爽，而乙认为自己想怎么样就怎么样。

D. 甲关心的是个人生活的独特性，而乙关心的是个人生活的自我认同。

E. 甲认为乙遇到“撞衫”无所谓，而乙认为别人根本管不着自己穿什么。

3.（2023-45，P192）近期一项调查数据显示：中国并不缺少外科医生，而是缺少能做手术的外科医生；中国人均拥有的外科医生数量同其他中高收入国家相当，但中国人均拥有的外科医生所做的手术量却比那些国家少 40%。

以下哪项如果为真，最能解释上述现象？

A. 年轻外科医生一般总要花费数年时间协助资深外科医生手术，然后才有机会亲自主刀上阵，这已成为国内外医疗行业惯例。

B. 近年来，我国能做手术的外科医生的人均手术量，已与其他中高收入国家外科医生的人均手术量基本相当。

C. 患者在需要外科手术时都想请经验丰富的外科医生为其主刀，不愿成为年轻医生的练习对象，对此医院一般都会有合理安排。

D. 资深外科医生经常收到手术邀请，他们常年奔波在多所医院为年轻医生主刀示范，培养了不少新人。

E. 从一名医学院学生成长为能做手术的外科医生，需要经历漫长的学习过程，有些人中途不得不放弃梦想而另谋职业。

4.（2023-48，P193）“嫦娥”登月、“神舟”巡天，我国不断谱写飞天梦想的新篇章。基于太空失重环境的多重效应，研究人员正在探究植物在微重力环境下生存的可能性。他们设想，如果能够在太空中种植新鲜水果和蔬菜，则不仅有利于航天员的身体健康，而且还可以降低食物的上天成本，同时，可以利用其消耗的二氧化碳产生氧气，为航天员生活与工作提供有氧环境。

以下哪项如果为真，则可能成为研究人员实现上述设想的最大难题？

A. 为了携带种子、土壤等种植必需品上天，飞船需要减少其他载荷以满足发射要求，这可能影响其他科学实验的安排。

B. 有些航天员虽然在地面准备阶段学习掌握了植物栽培技术，但在太空的实际操作中他们可能会遇到意想不到的情况。

C. 太空中的失重、宇宙射线等因素会对植物的生长和发育产生不良影响，食用这些植物可能有损航天员的健康。

D. 有些航天员将植物带入太空，又成功带回地面，短暂的太空经历对这些植物后来的生长发育可能造成影响。

E. 过去很多航天器携带植物上天，因为缺乏生长条件，这些植物都没有存活很长时间。

5.（2022-38，P202）在一项噪声污染与鱼类健康关系的实验中，研究人员将已感染寄生虫的孔雀鱼分成短期噪声组、长期噪声组和对照组。短期噪声组在噪声环境中连续暴露 24 小时，长期噪声组在同样的噪声中暴露 7 天，对照组则被置于一个安静环境中。在 17 天的监测期内，该研究人员发现，长期噪声组的鱼在第 12 天开始死亡，其他两组鱼则在第 14 天开始死亡。

以下哪项如果为真，最能解释上述实验结果？

A. 噪声污染不仅危害鱼类，也危害两栖动物、鸟类和爬行动物等。

B. 长期噪声污染会加速寄生虫对宿主鱼类的侵害，导致鱼类过早死亡。

C. 相比于天然环境，在充斥各种噪声的养殖场中，鱼更容易感染寄生虫。

D. 噪声污染使鱼类既要应对寄生虫的感染又要排除噪声干扰，增加鱼类健康风险。

E. 短期噪声组所受的噪声可能引起了鱼类的紧张情绪，但不至于损害它们的免疫系统。

6.（2022-39，P202）节日将至，某单位拟为职工发放福利品，每人可在甲、乙、丙、丁、戊、己、庚 7 种商品中选择其中的 4 种进行组合，并且每种组合还需满足如下要求：

（1）若选择甲，则丁、戊和庚 3 种中至多选择其一；

（2）若丙、己 2 种中至少选择 1 种，则必须选择乙但不能选择戊。

以下哪项组合符合上述要求？

A. 甲、丁、戊、己。　　B. 乙、丙、丁、戊。

C. 甲、乙、戊、庚。　　D. 乙、丁、戊、庚。

E. 甲、丙、丁、己。

7.（2022-44，P205）当前，不少教育题材影视剧贴近社会现实，直击子女升学、出国留学、代际冲突等教育痛点，引发社会广泛关注。电视剧一阵风，剧外人急红眼，很多家长触“剧”生情，过度代入，焦虑情绪不断增加，引得家庭“鸡飞狗跳”，家庭与学校的关系不断紧张。有专家由此指出，这类教育影视剧只能贩卖焦虑，进一步激化社会冲突，对实现教育公平于事无补。

以下哪项如果为真,最能质疑上述专家的主张?

A. 当代社会教育资源客观上总是有限的且分配不平衡,教育竞争不可避免。

B. 父母过度焦虑轻则导致孩子间暗自攀比,重则影响亲子关系、家庭和睦。

C. 教育影视剧一旦引发广泛关注,就会对国家教育政策走向产生重要影响。

D. 教育影视剧提醒学校应明确职责,不能对义务教育实行"家长承包制"。

E. 家长不应成为教育焦虑的"剧中人",而应该用爱包容孩子的不完美。

8. (2022-51,P207)有科学家进行了对比实验:在一些花坛中种植了金盏草,而在另外一些花坛中未种植金盏草。他们发现:种植了金盏草的花坛,玫瑰长得很繁茂;而那些未种植金盏草的花坛,玫瑰却呈现病态,很快就枯萎了。

以下哪项如果为真,最能解释上述现象?

A. 为了利于玫瑰的生长,某园艺公司推荐种植金盏草而不是直接喷洒农药。

B. 金盏草的根系深度不同于玫瑰,不会与其争夺营养,却可保持土壤湿度。

C. 金盏草的根部可分泌出一种能杀死土壤中害虫的物质,使玫瑰免受其侵害。

D. 玫瑰花坛中的金盏草常被认为是一种杂草,但它对玫瑰的生长具有奇特的作用。

E. 花匠会对种有金盏草和玫瑰的花坛施肥较多,而对仅种有玫瑰的花坛施肥偏少。

9. (2021-30,P212)气象台的实测气温与人实际的冷暖感受常常存在一定的差异。在同样的低温条件下,如果是阴雨天,人会感到特别冷,即通常说的"阴冷";如果同时赶上刮大风,人会感到寒风刺骨。

以下哪项如果为真,最能解释上述现象?

A. 人的体感温度除了受气温的影响外,还受风速与空气湿度的影响。

B. 低温情况下,如果风力不大、阳光充足,人不会感到特别寒冷。

C. 即使天气寒冷,若进行适当锻炼,人也不会感到太冷。

D. 即使室内外温度一致,但是走到有阳光的室外,人会感到温暖。

E. 炎热的夏日,电风扇转动时,尽管不改变环境温度,但人依然感到凉快。

10. (2021-52,P219)除冰剂是冬季北方城市用于去除道路冰雪的常见产品。下表显示了五种除冰剂的各项特征:

除冰剂类型	融冰速度	破坏道路设施的可能风险	污染土壤的可能风险	污染水体的可能风险
Ⅰ	快	高	高	高
Ⅱ	中等	中	低	中
Ⅲ	较慢	低	低	中
Ⅳ	快	中	中	低
Ⅴ	较慢	低	低	低

以下哪项对上述五种除冰剂的特征概括最为准确?

A. 融冰速度较慢的除冰剂在污染土壤和污染水体方面的风险都低。

B. 没有一种融冰速度快的除冰剂三个方面的风险都高。

C. 若某种除冰剂至少在两个方面风险低,则其融冰速度一定较慢。

D. 若某种除冰剂三方面风险都不高,则其融冰速度一定也不快。

E. 若某种除冰剂在破坏道路设施和污染土壤方面的风险都不高，则其融冰速度一定较慢。

11.（2020-36，P226）下表显示了某城市过去一周的天气情况：

星期一	星期二	星期三	星期四	星期五	星期六	星期日
东南风 1～2 级 小雨	南风 4～5 级 晴	无风 小雪	北风 1～2 级 阵雨	无风 晴	西风 3～4 级 阴	东风 2～3 级 中雨

以下哪项对该城市这一周天气情况的概括最为准确？

A. 每日或者刮风，或者下雨。

B. 每日或者刮风，或者晴天。

C. 每日或者无风，或者无雨。

D. 若有风且风力超过 3 级，则该日是晴天。

E. 若有风且风力不超过 3 级，则该日不是晴天。

12.（2018-39，P253）我国中原地区如果降水量比往年偏低，该地区的河流水位会下降，流速会减缓。这有利于河流中的水草生长，河流中的水草总量通常也会随之而增加。不过，去年该地区在经历了一次极端干旱之后，尽管该地区某河流的流速十分缓慢，但其中的水草总量并未随之而增加，只是处于一个很低的水平。

以下哪项如果为真，最能解释上述看似矛盾的现象？

A. 经过极端干旱之后，该河流中以水草为食物的水生动物数量大量减少。

B. 我国中原地区多平原，海拔差异小，其地表河水流速比较缓慢。

C. 该河流在经历了去年极端干旱之后干涸了一段时间，导致大量水生物死亡。

D. 河水流速越慢，其水温变化就越小，这有利于水草的生长和繁殖。

E. 如果河流中水草数量达到一定的程度，就会对周边其他物种的生存产生危害。

13.（2018-45，P255）某校图书馆新购一批文科图书。为方便读者查阅，管理人员对这批图书在文科新书阅览室中的摆放位置作出如下提示：

（1）前 3 排书橱均放有哲学类新书；

（2）法学类新书都放在第 5 排书橱，这排书橱的左侧也放有经济类新书；

（3）管理类新书放在最后一排书橱。

事实上，所有的图书都按照上述提示放置。根据提示，徐莉顺利找到了她想查阅的新书。

根据上述信息，以下哪项是不可能的？

A. 徐莉在第 2 排书橱中找到哲学类新书。

B. 徐莉在第 3 排书橱中找到经济类新书。

C. 徐莉在第 4 排书橱中找到哲学类新书。

D. 徐莉在第 6 排书橱中找到法学类新书。

E. 徐莉在第 7 排书橱中找到管理类新书。

14.（2017-30，P260）离家 300 米的学校不能上，却被安排到 2 公里外的学校就读，某市一位适龄儿童在上小学时就遭遇了所在区教育局这样的安排，而这一安排是区教育局根据儿童户籍所在施教区做出的。根据该市教育局规定的“就近入学”原则，儿童家长将区教育局告上法院，要求撤消原来安排，让其孩子就近入学。法院对此作出一审判决，驳回原告请求。

下列哪项最可能是法院判决的合理依据？

A. “就近入学”不是“最近入学”，不能将入学儿童户籍地和学校的直线距离作为划分施教区的唯一根据。

B. 按照特定的地理要素划分，施教区中的每所小学不一定就处于该施教区的中心位置。

C. 儿童入学究竟应上哪一所学校，不是让适龄儿童或其家长自主选择，而是要听从政府主管部门的行政安排。

D. “就近入学”仅仅是一个需要遵循的总体原则，儿童具体入学安排还要根据特定的情况加以变通。

E. 该区教育局划分施教区的行政行为符合法律规定，而原告孩子按户籍所在施教区的确需要去离家 2 公里外的学校就读。

15.（2017-35，P261）王研究员：我国政府提出的“大众创业、万众创新”激励着每一个创业者。对于创业者来说，最重要的是需要一种坚持精神。不管在创业中遇到什么困难，都要坚持下去。

李教授：对于创业者来说，最重要的是要敢于尝试新技术。因为有些新技术一些大公司不敢轻易尝试，这就为创业者带来了成功的契机。

根据以上信息，以下哪项最准确地指出了王研究员与李教授观点的分歧所在？

A. 最重要的是敢于迎接各种创业难题的挑战，还是敢于尝试那些大公司不敢轻易尝试的新技术。

B. 最重要的是坚持创业，有毅力有恒心把事业一直做下去，还是坚持创新，做出更多的科学发现和技术发明。

C. 最重要的是坚持把创业这件事做好，成为创业大众的一员，还是努力发明新技术，成为创新万众的一员。

D. 最重要的是需要一种坚持精神，不畏艰难，还是要敢于尝试新技术，把握事业成功的契机。

E. 最重要的是坚持创业，敢于成立小公司，还是尝试新技术，敢于挑战大公司。

16.（2017-48，P267）“自我陶醉人格”，是以过分重视自己为主要特点的人格障碍。它有多种具体特征：过高估计自己的重要性，夸大自己的成就；对批评反应强烈，希望他人注意自己并羡慕自己；经常沉湎于幻想中，把自己看成是特殊的人；人际关系不稳定，嫉妒他人，损人利己。

以下各项自我陈述中，除了哪项均能体现上述“自我陶醉人格”的特征？

A. 我是这个团队的灵魂，一旦我离开了这个团队，他们将一事无成。

B. 他有什么资格批评我？大家看看，他的能力连我的一半都不到。

C. 我的家庭条件不好，但不愿意被别人看不起，所以我借钱买了一部智能手机。

D. 这么重要的活动竟然没有邀请我参加，组织者的人品肯定有问题，不值得跟这样的人交往。

E. 我刚接手别人很多年没有做成的事情，我跟他们完全不在一个层次，相信很快就会将事情搞定。

17.（2017-49，P267）通常情况下，长期在寒冷环境中生活的居民可以有更强的抗寒能力。相比于我国的南方地区，我国北方地区冬天的平均气温要低很多。然而有趣的是，现在许多北方地区的居民并不具有我们所认为的抗寒能力，相当多的北方人到南方来过冬，竟然难以忍受南方的寒冷天气，怕冷程度甚至远超过当地人。

以下哪项如果为真，最能解释上述现象？

A. 一些北方人认为南方温暖，他们去南方过冬时往往对保暖工作做得不够充分。

B. 南方地区冬天虽然平均气温比北方高，但也存在极端低温的天气。

C. 北方地区在冬天通常启用供暖设备，其室内温度往往比南方高出很多。

D. 有些北方人是从南方迁过去的，他们还没有完全适应北方的气候。

E. 南方地区湿度较大，冬天感受到的寒冷程度超出气象意义上的温度指标。

18.（2016-30，P272）赵明与王洪都是某高校辩论协会成员，在为今年华语辩论赛招募新队员问题上，两人发生了争执。

赵明：我们一定要选拔喜爱辩论的人。因为一个人只有喜爱辩论，才能投入精力和时间研究辩论并参加辩论赛。

王洪：我们招募的不是辩论爱好者，而是能打硬仗的辩手。无论是谁，只要能在辩论赛中发挥应有的作用，他就是我们理想的人选。

以下哪项最可能是两人争论的焦点？

A. 招募的标准是从现实出发还是从理想出发。

B. 招募的目的是研究辩论规律还是培养实战能力。

C. 招募的目的是培养新人还是赢得比赛。

D. 招募的标准是对辩论的爱好还是辩论的能力。

E. 招募的目的是集体荣誉还是满足个人爱好。

19.（2016-34，P273）某市消费者权益保护条例明确规定，消费者对其所购商品可以“7天内无理由退货”。但这项规定出台后并未得到顺利执行，众多消费者在7天内“无理由”退货时，常常遭遇商家的阻挠，他们以商品已作特价处理、商品已经开封或使用等理由拒绝退货。

以下哪项如果为真，最能质疑商家阻挠退货的理由？

A. 开封验货后，如果商品规格、质量等问题来自消费者本人，他们应为此承担责任。

B. 那些作特价处理的商品，本来质量就没有保证。

C. 如果不开封验货，就不能知道商品是否存在质量问题。

D. 政府总偏向消费者，这对于商家来说是不公平的。

E. 商品一旦开封或使用了，即使不存在问题，消费者也可以选择退货。

20.（2016-38，P274）开车上路，一个人不仅需要有良好的守法意识，也需要有特别的“理性计算”：在拥堵的车流中，只要有“加塞”的，你开的车就一定要让着它；你开着车在路上正常直行，有车不打方向灯在你近旁突然横过来要撞上你，原来它想要变道，这时你也得让着它。

以下除哪项外，均能质疑上述“理性计算”的观点？

A. 有理的让着没理的，只会助长歪风邪气，有悖于社会的法律与道德。

B. “理性计算”其实就是胆小怕事，总觉得凡事能躲则躲，但有的事很难躲过。

C. 一味退让也会给行车带来极大的危险，不但可能伤及自己，而且也可能伤及无辜。

D. 即使碰上也不可怕，碰上之后如果立即报警，警方一般会有公正的裁决。

E. 如果不让，就会碰上；碰上之后，即使自己有理，也会有许多麻烦。

21.（2016-40，P275）2014年，为迎接APEC会议的召开，北京、天津、河北等地实施"APEC治理模式"，采取了有史以来最严格的减排措施。果然，令人心醉的"APEC蓝"出现了。然而，随着会议的结束，"APEC蓝"也渐渐消失了。对此，有些人士表示困惑，既然政府能在短期内实施"APEC治理模式"取得良好效果，为什么不将这一模式长期坚持下去呢？

以下除哪项外，均能解释人们的困惑？

A. 最严格的减排措施在落实过程中已产生很多难以解决的实际困难。

B. 如果近期将"APEC治理模式"常态化，将会严重影响地方经济和社会的发展。

C. 任何环境治理都需要付出代价，关键在于付出的代价是否超出收益。

D. 短期严格的减排措施只能是权宜之计，大气污染治理仍需从长计议。

E. 如果APEC会议期间北京雾霾频发，就会影响我们国家的形象。

22.（2016-42，P275）某公司办公室茶水间提供自助式收费饮料。职员拿完饮料后，自己把钱放到特设的收款箱中。研究者为了判断职员在无人监督时，其自律水平会受哪些因素的影响，特地在收款箱上方贴了一张装饰图片，每周一换。装饰图片有时是一些花朵，有时是一双眼睛。一个有趣的现象出现了：贴着"眼睛"的那一周，收款箱里的钱远远超过贴其他图片的情形。

以下哪项如果为真，最能解释上述实验现象？

A. 该公司职员看到"眼睛"图片时，就能联想到背后可能有人看着他们。

B. 在该公司工作的职员，其自律能力超过社会中的其他人。

C. 该公司职员看着"花朵"图片时，心情容易变得愉快。

D. 眼睛是心灵的窗口，该公司职员看到"眼睛"图片时会有一种莫名的感动。

E. 在无人监督的情况下，大部分人缺乏自律能力。

23.（2016-45，P276）在一项关于"社会关系如何影响人的死亡率"的课题研究中，研究人员惊奇地发现：不论种族、收入、体育锻炼等因素，一个乐于助人、和他人相处融洽的人，其平均寿命长于一般人，在男性中尤其如此；相反，心怀恶意、损人利己、和他人相处不融洽的人70岁之前的死亡率比正常人高出1.5至2倍。

以下哪项如果为真，最能解释上述发现？

A. 身心健康的人容易和他人相处融洽，而心理有问题的人与他人很难相处。

B. 男性通常比同年龄段的女性对他人有更强的"敌视情绪"，多数国家男性的平均寿命也因此低于女性。

C. 与人为善带来轻松愉悦的情绪，有益身体健康；损人利己则带来紧张的情绪，有损身体健康。

D. 心存善念、思想豁达的人大多精神愉悦、身体健康。

E. 那些自我优越感比较强的人通常"敌视情绪"也比较强，他们长时间处于紧张状态。

24.（2015-26，P281）晴朗的夜晚我们可以看到满天星斗，其中有些是自身发光的恒星，有些是自身不发光但可以反射附近恒星光的行星。恒星尽管遥远，但是有些可以被现有的光学望远镜"看到"。和恒星不同，由于行星本身不发光，而且体积远小于恒星，所以，太阳系外的行星大多无法用现有的光学望远镜"看到"。

以下哪项如果为真，最能解释上述现象？

A. 现有的光学望远镜只能"看到"自身发光或者反射光的天体。

B. 有些恒星没有被现有的光学望远镜“看到”。

C. 如果行星的体积足够大，现有的光学望远镜就能够“看到”。

D. 太阳系外的行星因距离遥远，很少能将恒星光反射到地球上。

E. 太阳系内的行星大多可以用现有的光学望远镜“看到”。

25. (2015-46，P287)有人认为，任何一个机构都包括不同的职位等级或层级，每个人都隶属于其中的一个层级。如果某人在原来级别岗位上干得出色，就会被提拔，而被提拔者得到重用后却碌碌无为，这会造成机构效率低下、人浮于事。

以下哪项如果为真，最能质疑上述观点？

A. 不同岗位的工作方法是不同的，对新岗位要有一个适应过程。

B. 部门经理王先生业绩出众，被提拔为公司总经理后工作依然出色。

C. 个人晋升常常在一定程度上影响所在机构的发展。

D. 李明的体育运动成绩并不理想，但他进入管理层后却干得得心应手。

E. 王副教授教学科研能力都很强，而晋升为正教授后却表现平平。

26. (2014-41，P297)有气象专家指出，全球变暖已经成为人类发展最严重的问题之一，南北极地区的冰川由于全球变暖而加速融化，已导致海平面上升；如果这一趋势不变，今后势必淹没很多地区。但近几年来，北半球许多地区的民众在冬季感到相当寒冷，一些地区甚至出现了超强降雪和超低气温，人们觉得对近期气候的确切描述似乎更应该是“全球变冷”。

以下哪项如果为真，最能解释上述现象？

A. 除了南极洲，南半球近几年冬季的平均温度接近常年。

B. 近几年来，全球夏季的平均气温比常年偏高。

C. 近几年来，由于两极附近海水温度升高导致原来洋流中断或者减弱，而北半球经历严寒冬季的地区正是原来暖流影响的主要区域。

D. 近几年来，由于赤道附近海水温度升高导致了原来洋流增强，而北半球经历严寒冬季的地区不是原来寒流影响的主要区域。

E. 北半球主要是大陆性气候，冬季和夏季的温差通常比较大，近年来冬季极地寒流南侵比较频繁。

27. (2013-30，P304)根据学习在动机形成和发展中所起的作用，人的动机可分为原始动机和习得动机两种。原始动机是与生俱来的动机，它们是以人的本能需要为基础的；习得动机是指后天获得的各种动机，即经过学习产生和发展起来的各种动机。

根据以上陈述，以下哪项最可能属于原始动机？

A. 不入虎穴，焉得虎子？　　B. 宁可食无肉，不可居无竹。

C. 窈窕淑女，君子好逑。　　D. 尊师重教，崇文尚武。

E. 尊敬老人，孝顺父母。

28. (2013-37，P306)若成为白领的可能性无性别差异，按正常男女出生率 102∶100 计算，当这批人中的白领谈婚论嫁时，女性与男性数量应当大致相等。但实际上，某市妇联近几年举办的历次大型白领相亲活动中，报名的男女比例约为 3∶7，有时甚至达到 2∶8。这说明，文化越高的女性越难嫁，文化低的反而好嫁；男性则正好相反。

以下除哪项外，都有助于解释上述分析与实际情况的不一致？

A. 与男性白领不同，女性白领要求高，往往只找比自己更优秀的男性。

B. 大学毕业后出国的精英分子中，男性多于女性。

C. 一般说来，男性参加大型相亲会的积极性不如女性。

D. 与本地女性竞争的外地优秀女性多于与本地男性竞争的外地优秀男性。

E. 男性因长相身高、家庭条件等被女性淘汰者多于女性因长相身高、家庭条件等被男性淘汰者。

29.（2012-35，P315）比较文字学者张教授认为，在不同的民族语言中，字形与字义的关系有不同的表现。他提出，汉字是象形文字，其中大部分是形声字，这些字的字形与字义相互关联；而英语是拼音文字，其字形与字义往往关联度不大，需要某种抽象的理解。

以下哪项如果为真，最不符合张教授的观点？

A. 汉语中的“日”“月”是象形字，从字形可以看出其所指的对象；而英语中的 sun 与 moon 则感觉不到这种形义结合。

B. 汉语中“日”与“木”结合，可以组成“東”“杲”“杳”等不同的字，并可以猜测其语义。而英语中则不存在与此类似的 sun 与 wood 的结合。

C. 英语中，也有与汉语类似的象形文字，如，eye 是人的眼睛的象形，两个 e 代表眼睛，y 代表中间的鼻子；bed 是床的象形，b 和 d 代表床的两端。

D. 英语中的 sunlight 与汉语中的“阳光”相对应，而英语的 sun 与 light 和汉语中的“阳”与“光”相对应。

E. 汉语的“星期三”与英语中的 Wednesday 和德语中的 Mittwoch 意思相同。

30.（2012-36，P315）乘客使用手机及便携式电脑等电子设备会通过电磁波谱频繁传输信号，机场的无线电话和导航网络等也会使用电磁波谱，但电信委员会已根据不同用途把电磁波谱分成了几大块。因此，用手机打电话不会对专供飞机通讯系统或全球定位系统使用的波段造成干扰。尽管如此，各大航空公司仍然规定，禁止机上乘客使用手机等电子设备。

以下哪项如果为真，能解释上述现象？

Ⅰ. 乘客在空中使用手机等电子设备可能对地面导航网络造成干扰。

Ⅱ. 乘客在起飞和降落时使用手机等电子设备，可能影响机组人员工作。

Ⅲ. 便携式电脑或者游戏设备可能导致自动驾驶仪出现断路或仪器显示发生故障。

A. 仅Ⅰ。　　B. 仅Ⅱ。

C. 仅Ⅰ、Ⅱ。　　D. 仅Ⅱ、Ⅲ。

E. Ⅰ、Ⅱ和Ⅲ。

31.（2012-41，P316）概念 A 与概念 B 之间有交叉关系，当且仅当，（1）存在对象 x，x 既属于 A 又属于 B；（2）存在对象 y，y 属于 A 但是不属于 B；（3）存在对象 z，z 属于 B 但是不属于 A。

根据上述定义，以下哪项中加点的两个概念之间有交叉关系？

A. 国画按题材分主要有人物画、花鸟画、山水画等等；按技法分主要有工笔画和写意画等等。

B.《盗梦空间》除了是最佳影片的有力争夺者外，它在技术类奖项的争夺中也将有所斩获。

C. 洛邑小学 30 岁的食堂总经理为了改善伙食，在食堂放了几个意见本，征求学生们的意见。

D. 在微波炉清洁剂中加入漂白剂，就会释放出氯气。

E. 高校教师包括教授、副教授、讲师和助教等。

32.（2012-47，P318）一般商品只有在多次流通过程中才能不断增值，但艺术品作为一种特殊商品却体现出了与一般商品不同的特性。在拍卖市场上，有些古玩、字画的成交价有很大的随机性，往往会直接受到拍卖现场气氛、竞价激烈程度、买家心理变化等偶然因素的影响，成交价有时会高于底价几十倍乃至数百倍，使得艺术品在一次"流通"中实现大幅度增值。

以下哪项最无助于解释上述现象？

A. 艺术品的不可再造性决定了其交换价格有可能超过其自身价值。

B. 不少买家喜好收藏，抬高了艺术品的交易价格。

C. 有些买家就是为了炒作艺术品，以期获得高额利润。

D. 虽然大量赝品充斥市场，但是对艺术品的交易价格没有什么影响。

E. 国外资金进入艺术品拍卖市场，对价格攀升起到了拉动作用。

33.（2012-50，P319）探望病人通常会送上一束鲜花。但某国曾有报道说，医院花瓶中用于养花的水可能含有很多细菌，鲜花会在夜间与病人争夺氧气，还可能影响病房里电子设备的工作。这引起了人们对鲜花的恐慌，该国一些医院甚至禁止在病房内摆放鲜花。尽管后来证实鲜花并未导致更多的病人受感染，并且权威部门也澄清，未见任何感染病例与病房里的植物有关，但这并未减轻医院对鲜花的反感。

以下除哪项外，都能减轻医院对鲜花的担心？

A. 鲜花并不比病人身边的餐具、饮料和食物带有更多可能危害病人健康的细菌。

B. 在病房里放置鲜花让病人感到心情愉悦、精神舒畅，有助于病人康复。

C. 给鲜花换水、修剪需要一定的人工，如果花瓶倒了还会导致危险产生。

D. 已有研究证明，鲜花对病房空气的影响微乎其微，可以忽略不计。

E. 探望病人所送的鲜花大都花束小、需水量少、花粉少，不会影响电子设备工作。

34.（2011-26，P320）巴斯德认为，空气中的微生物浓度与环境状况、气流运动和海拔高度有关。他在山上的不同高度分别打开装着煮过的培养液的瓶子，发现海拔越高，培养液被微生物污染的可能性越小。在山顶上，20 个装了培养液的瓶子，只有 1 个长出了微生物。普歇另用干草浸液做材料重复了巴斯德的实验，却得出不同的结果：即使在海拔很高的地方，所有装了培养液的瓶子都很快长出了微生物。

以下哪项如果为真，最能解释普歇和巴斯德实验所得到的不同结果？

A. 只要有氧气的刺激，微生物就会从培养液中自发地生长出来。

B. 培养液在加热消毒、密封、冷却的过程中会被外界细菌污染。

C. 普歇和巴斯德的实验设计都不够严密。

D. 干草浸液中含有一种耐高温的枯草杆菌，培养液一旦冷却，枯草杆菌的孢子就会复活，迅速繁殖。

E. 普歇和巴斯德都认为，虽然他们用的实验材料不同，但是经过煮沸，细菌都能被有效地杀灭。

35.（2011-29，P321）某教育专家认为："男孩危机"是指男孩调皮捣蛋、胆小怕事、学习成绩不如女孩好等现象。近些年，这种现象已经成为儿童教育专家关注的一个重要问题。

这位专家在列出一系列统计数据后，提出了“今日男孩为什么从小学、中学到大学全面落后于同年龄段的女孩”的疑问，这无疑加剧了无数男生家长的焦虑。该专家通过分析指出，恰恰是家庭和学校不适当的教育方法导致了“男孩危机”现象。

以下哪项如果为真，最能对该专家的观点提出质疑？

A. 家庭对独生子女的过度呵护，在很大程度上限制了男孩发散思维的拓展和冒险性格的养成。

B. 现在的男孩比以前的男孩在女孩面前更喜欢表现出“绅士”的一面。

C. 男孩在发展潜能方面要优于女孩，大学毕业后他们更容易在事业上有所成就。

D. 在家庭、学校教育中，女性充当了主要角色。

E. 现代社会游戏泛滥，男孩天性比女孩更喜欢游戏，这耗去了他们大量的精力。

36.（2011-31，P321）2010 年某省物价总水平仅上涨 2.4%，涨势比较温和，涨幅甚至比 2009 年回落了 0.6 个百分点。可是，普通民众觉得物价涨幅较高，一些统计数据也表明，民众的感觉有据可依。2010 年某月的统计报告显示，该月禽蛋类商品价格涨幅达 12.3%，某些反季节蔬菜涨幅甚至超过 20%。

以下哪项如果为真，最能解释上述看似矛盾的现象？

A. 人们对数据的认识存在偏差，不同来源的统计数据会产生不同的结果。

B. 影响居民消费品价格总水平变动的各种因素互相交织。

C. 虽然部分日常消费品涨幅很小，但居民感觉很明显。

D. 在物价指数体系中占相当权重的工业消费品价格持续走低。

E. 不同的家庭，其收入水平、消费偏好、消费结构都有很大的差异。

37.（2011-35，P322）随着数字技术的发展，音频、视频的播放形式出现了革命性转变。人们很快接受了一些新形式，比如 MP3、CD、DVD 等。但是对于电子图书的接受并没有达到专家所预期的程度，现在仍有很大一部分读者喜欢捧着纸质出版物。纸质书籍在出版业中依然占据重要地位。因此有人说，书籍可能是数字技术需要攻破的最后一个堡垒。

以下哪项最不能对上述现象提供解释？

A. 人们固执地迷恋着阅读纸质书籍时的舒适体验，喜欢纸张的质感。

B. 在显示器上阅读，无论是笨重的阴极射线管显示器还是轻薄的液晶显示器，都会让人无端地心浮气躁。

C. 现在仍有一些怀旧爱好者喜欢收藏经典图书。

D. 电子书显示设备技术不够完善，图像显示速度较慢。

E. 电子书和纸质书籍的柔软沉静相比，显得面目可憎。

38.（2011-48，P326）随着文化知识越来越重要，人们花在读书上的时间越来越多，文人学子中近视患者的比例也越来越高。即便在城里工人、乡镇农民中，也能看到不少人戴近视眼镜。然而，在中国古代很少发现患有近视的文人学子，更别说普通老百姓了。

以下除哪项外，均可以解释上述现象？

A. 古时候，只有家庭条件好或者有地位的人才读得起书；即便读书，用在读书上的时间也很少，那种头悬梁、锥刺股的读书人更是凤毛麟角。

B. 古时交通工具不发达，出行主要靠步行、骑马，足量的运动对于预防近视有一定的作用。

C. 古人生活节奏慢，不用担心交通安全，所以即使患了近视，其危害也非常小。

D. 古代自然科学不发达，那时学生读的书很少，主要是四书五经，一本《论语》要读好几年。

E. 古人书写用的是毛笔，眼睛和字的距离比较远，写的字也相对大些。

39.（2011-53，P327）一些城市，由于作息时间比较统一，加上机动车太多，很容易形成交通早高峰和晚高峰。市民们在高峰时间上下班很不容易。为了缓解人们上下班的交通压力，某政府顾问提议采取不同时间段上下班制度，即不同单位可以在不同的时间段上下班。

以下哪项如果为真，最可能使该顾问的提议无法取得预期效果？

A. 有些上班时间段与员工的用餐时间冲突，会影响他们的生活乐趣，从而影响他们的工作积极性。

B. 许多上班时间段与员工的正常作息时间不协调，他们需要较长一段时间来调整适应，这段时间的工作效率难以保证。

C. 许多单位的大部分工作通常需要员工们在一起讨论，集体合作才能完成。

D. 该市的机动车数量持续增加，即使不在早晚高峰期，交通拥堵也时有发生。

E. 有些单位员工的住处与单位很近，步行即可上下班。

40.（2010-35，P331）成品油生产商的利润很大程度上受国际市场原油价格的影响，因为大部分原油是按国际市场价购进的。近年来，随着国际原油市场价格的不断提高，成品油生产商的运营成本大幅度增加，但某国成品油生产商的利润并没有减少，反而增加了。

以下哪项如果为真，最有助于解释上述看似矛盾的现象？

A. 原油成本只占成品油生产商运营成本的一半。

B. 该国成品油价格根据市场供需确定，随着国际原油市场价格的上涨，该国政府为成品油生产商提供相应的补助。

C. 在国际原油市场价格不断上涨期间，该国成品油生产商降低了个别高薪雇员的工资。

D. 在国际原油市场价格上涨之后，除进口成本增加外，成品油生产的其他成本也有所提高。

E. 该国成品油生产商的原油有一部分来自国内，这部分受国际市场价格波动影响较小。

41.（2010-37，P331）美国某大学医学院的研究人员在《小儿科杂志》上发表论文指出，在对 2702 个家庭的孩子进行跟踪调查后发现，如果孩子在 5 岁前每天看电视超过 2 小时，他们长大后出现行为问题的风险将会增加 1 倍多。所谓行为问题是指性格孤僻、言行粗鲁、侵犯他人、难以与他人合作等。

以下哪项最好地解释了以上论述？

A. 电视节目会使孩子产生好奇心，容易导致孩子出现暴力倾向。

B. 电视节目中有不少内容容易使孩子长时间处于紧张、恐惧的状态。

C. 看电视时间过长，会影响孩子与其他人的交往，久而久之，孩子便会缺乏与他人打交道的经验。

D. 儿童模仿能力强，如果只对电视节目感兴趣，长此以往，会阻碍他们分析能力的发展。

E. 每天长时间地看电视，容易使孩子神经系统产生疲劳，影响身心发展。

42.（2010-38，P331）一种常见的现象是，从国外引进的一些畅销科普读物在国内并不畅销，有人对此解释说，这与我们多年来沿袭的文理分科有关。文理分科人为地造成了自然科学与人文社会科学的割裂，导致科普类图书的读者市场还没有真正形成。

以下哪项如果为真，最能加强上述观点？

A. 有些自然科学工作者对科普读物也不感兴趣。

B. 科普读物不是没有需求，而是有效供给不足。

C. 由于缺乏理科背景，非自然科学工作者对科学敬而远之。

D. 许多科普电视节目都拥有固定的收视群，相应的科普读物也大受欢迎。

E. 国内大部分科普读物只是介绍科学常识，很少真正关注科学精神的传播。

43.（2010-40，P332）鸽子走路时，头部并不是有规律地前后移动，而是一直在往前伸。行走时，鸽子脖子往前一探，然后，头部保持静止，等待着身体和爪子跟进。有学者曾就鸽子走路时伸脖子的现象做出假设：在等待身体跟进的时候，暂时静止的头部有利于鸽子获得稳定的视野，看清周围的食物。

以下哪项如果为真，最能支持上述假设？

A. 鸽子行走时如果不伸脖子，很难发现远处的食物。

B. 步伐太大的鸟类，伸脖子的幅度远比步伐要小得多。

C. 鸽子行走速度的变化，刺激内耳控制平衡的器官，导致伸脖子。

D. 鸽子行走时“一举翅一投足”，都可能出现脖子和头部肌肉的自然反射，所以头部不断运动。

E. 如果雏鸽步态受到限制，功能发育不够完善，那么，成年后鸽子的步伐变小，脖子伸缩幅度则会随之降低。

44.（2010-42，P332）在某次思维训练课上，张老师提出“尚左数”这一概念的定义：在连续排列的一组数字中，如果一个数字左边的数字都比其大（或无数字），且其右边的数字都比其小（或无数字），则称这个数字为尚左数。

根据张老师的定义，在 8、9、7、6、4、5、3、2 这列数字中，以下哪项包含了该列数字中所有的尚左数？

A. 4、5、7 和 9。

B. 2、3、6 和 7。

C. 3、6、7 和 8。

D. 5、6、7 和 8。

E. 2、3、6 和 8。

45.（2010-48，P335）李赫、张岚、林宏、何柏、邱辉 5 位同事近日各自买了一辆不同品牌的小轿车，分别为雪铁龙、奥迪、宝马、奔驰、桑塔纳。这五辆车的颜色分别与 5 人名字最后一个字谐音的颜色不同。已知，李赫买的是蓝色的雪铁龙。

以下哪项排列可能依次对应张岚、林宏、何柏、邱辉所买的车？

A. 灰色奥迪、白色宝马、灰色奔驰、红色桑塔纳。

B. 黑色奥迪、红色宝马、灰色奔驰、白色桑塔纳。

C. 红色奥迪、灰色宝马、白色奔驰、黑色桑塔纳。

D. 白色奥迪、黑色宝马、红色奔驰、灰色桑塔纳。

E. 黑色奥迪、灰色宝马、白色奔驰、红色桑塔纳。

46.（2010-51,P336）陈先生：未经许可侵入别人的电脑，就好像开偷来的汽车撞伤了人，这些都是犯罪行为。但后者性质更严重，因为它既侵占了有形财产，又造成了人身伤害；而前者只是在虚拟世界中捣乱。

林女士：我不同意，例如，非法侵入医院的电脑，有可能扰乱医疗数据，甚至危及病人的生命。因此，非法侵入电脑同样会造成人身伤害。

以下哪项最为准确地概括了两人争论的焦点？

A. 非法侵入别人电脑和开偷来的汽车是否同样会危及人的生命？

B. 非法侵入别人电脑和开偷来的汽车伤人是否同样构成犯罪？

C. 非法侵入别人电脑和开偷来的汽车伤人是否是同样性质的犯罪？

D. 非法侵入别人电脑的犯罪性质是否和开偷来的汽车伤人一样的严重？

E. 是否只有侵占有形财产才构成犯罪？

47.（2010-52,P336）小明、小红、小丽、小强、小梅五人去听音乐会，他们五人在同一排且座位相连，其中只有一个座位最靠近走廊，结果小强想坐在最靠近走廊的座位上，小丽想跟小明紧挨着，小红不想跟小丽紧挨，小梅想跟小丽紧挨着，但不想跟小强或小明紧挨着。

以下哪项顺序符合上述五人的意愿？

A. 小明、小梅、小丽、小红、小强。　　B. 小强、小红、小明、小丽、小梅。

C. 小强、小梅、小红、小丽、小明。　　D. 小明、小红、小梅、小丽、小强。

E. 小强、小丽、小梅、小明、小红。

48.（2009-32,P339）去年经纬汽车专卖店调高了营销人员的营销业绩奖励比例，专卖店李经理打算新的一年继续执行该奖励比例，因为去年该店的汽车销售数量较前年增加了16%。陈副经理对此持怀疑态度。她指出，他们的竞争对手并没有调整营销人员的奖励比例，但在过去的一年也出现了类似的增长。

以下哪项最为恰当地概括了陈副经理的质疑方法？

A. 运用一个反例，否定李经理的一般性结论。

B. 运用一个反例，说明李经理的论据不符合事实。

C. 运用一个反例，说明李经理的论据虽然成立，但不足以推出结论。

D. 指出李经理的论证对一个关键概念的理解和运用有误。

E. 指出李经理的论证中包含自相矛盾的假设。

49～50 题基于以下题干

张教授：在南美洲发现的史前木质工具存在于 13000 年以前。有的考古学家认为，这些工具是其祖先从西伯利亚迁徙到阿拉斯加的人群使用的。这一观点难以成立，因为要到达南美洲，这些人群必须在 13000 年前经历长途跋涉，而在从阿拉斯加到南美洲之间，从未发现 13000 年前的木质工具。

李研究员：您恐怕忽视了——这些木质工具是在泥煤沼泽中发现的。北美很少有泥煤沼泽。木质工具在普通的泥土中几年内就会腐烂化解。

49.（2009-36,P340）以下哪项最为准确地概括了张教授与李研究员所讨论的问题？

A. 上述史前木质工具是否是其祖先从西伯利亚迁徙到阿拉斯加的人群使用的？

B. 张教授的论据是否能推翻上述考古学家的结论？

C. 上述人群是否可能在 13000 年前完成从阿拉斯加到南美洲的长途跋涉？

D. 上述木质工具是否只有在泥煤沼泽中才不会腐烂化解？

E. 上述史前木质工具存在于 13000 年以前的断定是否有足够的根据？

50.（2009-37,P341）以下哪项最为准确地概括了李研究员的应对方法？

A. 指出张教授的论据违背事实。

B. 引用与张教授的结论相左的权威性研究成果。

C. 指出张教授曲解了考古学家的观点。

D. 质疑张教授的隐含假设。

E. 指出张教授的论据实际上否定其结论。

51.（2009-49,P344）张珊：不同于“刀”“枪”“剑”“戟”，“之”“乎”“者”“也”这些字无确定所指。

李斯：我同意。因为“之”“乎”“者”“也”这些字无意义。因此，应当在现代汉语中废止。

以下哪项最有可能是李斯认为张珊的断定所蕴含的意思？

A. 除非一个字无意义，否则一定有确定所指。

B. 如果一个字有确定所指，则它一定有意义。

C. 如果一个字无确定所指，则应当在现代汉语中废止。

D. 只有无确定所指的字，才应在现代汉语中废止。

E. 大多数字都有确定所指。

52.（2009-52,P346）所有的灰狼都是狼，这一断定显然是真的。因此，所有的疑似 SARS 病例都是 SARS 病例，这一断定也是真的。

以下哪项最为恰当地指出了题干论证的漏洞？

A. 题干的论证忽略了：一个命题是真的，不等于具有该命题形式的任一命题都是真的。

B. 题干的论证忽略了：灰狼与狼的关系，不同于疑似 SARS 病例和 SARS 病例的关系。

C. 题干的论证忽略了：在疑似 SARS 病例中，大部分不是 SARS 病例。

D. 题干的论证忽略了：许多狼不是灰色的。

E. 题干的论证忽略了：此种论证方式会得出其他许多明显违反事实的结论。

53.（2009-53,P346）违法必究，但几乎看不到违反道德的行为受到惩治，如果这成为一种常规，那么，民众就会失去道德约束。道德失控对社会稳定的威胁并不亚于法律的失控。因此，为了维护社会的稳定，任何违反道德的行为都不能不受到惩治。

以下哪项对上述论证的评价最为恰当？

A. 上述论证是成立的。

B. 上述论证有漏洞，它忽略了有些违法行为并未受到追究。

C. 上述论证有漏洞，它忽略了“由违法必究”，推不出“缺德必究”。

D. 上述论证有漏洞，它夸大了违反道德行为的社会危害性。

E. 上述论证有漏洞，它忽略了由否定“违反道德的行为都不受惩治”，推不出“违反道德行为都受惩治”。

54.（2009-55,P347）一个善的行为，必须既有好的动机，又有好的效果。如果是有意伤害他人，或是无意伤害他人，但这种伤害的可能性是可以预见的，在这两种情况下，对他人造成伤害的行为都是恶的行为。

以下哪项叙述符合题干的断定？

A. P 先生写了一封试图挑拨 E 先生与其女友之间关系的信,P 的行为是恶的,尽管这封信起到了与他的动机截然相反的效果。

B. 为了在新任领导面前表现自己,争夺一个晋升名额,J 先生利用业余时间解决积压的医疗索赔案件,J 的行为是善的,因为 S 小姐的医疗索赔请求因此得到了及时的补偿。

C. 在上班途中,M 女士把自己的早餐汉堡给了街上的一名乞丐,乞丐由于急于吞咽而被意外噎死了。所以,M 女士无意中实施了一个恶的行为。

D. 大雪过后,T 先生帮邻居铲除了门前的积雪,但不小心在台阶上留下了冰,他的邻居因此摔了一跤。因此,一个善的行为导致了一个坏的结果。

E. S 女士义务帮邻居照看 3 岁的小孩,小孩在 S 女士不注意时跑到马路上,结果被车撞了。尽管 S 女士无意伤害这个小孩,但她的行为还是恶的。

55. (2008-35,P349)通常认为左撇子比右撇子更容易出操作事故。这是一种误解。事实上,大多数家务事故,大到火灾、烫伤,小到切破手指,都出自右撇子。

以下哪项最为恰当地概括了上述论证中的漏洞?

A. 对两类没有实质性区别的对象作实质性的区分。

B. 在两类不具有可比性的对象之间进行类比。

C. 未考虑家务事故在整个操作事故中所占的比例。

D. 未考虑左撇子在所有人中所占的比例。

E. 忽视了这种可能性:一些家务事故是由多个人造成的。

56. (2008-38,P350)郑女士:衡远市过去十年的 GDP(国内生产总值)增长率比易阳市高,因此衡远市的经济前景比易阳市好。

胡先生:我不同意你的观点。衡远市的 GDP 增长率虽然比易阳市高,但易阳市的 GDP 数值却更大。

以下哪项最为准确地概括了郑女士和胡先生争议的焦点:

A. 易阳市的 GDP 数值是否确实比衡远市大?

B. 衡远市的 GDP 增长率是否确实比易阳市高?

C. 一个城市的 GDP 数值大,是否经济前景一定好?

D. 一个城市的 GDP 增长率高,是否经济前景一定好?

E. 比较两个城市的经济前景,GDP 数值与 GDP 增长率哪个更重要?

57. (2008-40,P350)和平基金会决定中止对 S 研究所的资助,理由是这种资助可能被部分地用于武器研究。对此,S 研究所承诺:和平基金会的全部资助,都不会用于任何与武器相关的研究。和平基金会因此撤销了上述决定,并得出结论:只要 S 研究所遵守承诺,和平基金会的上述资助就不再会有利于武器研究。

以下哪项最为恰当地概括了和平基金会上述结论中的漏洞?

A. 忽视了这种可能性:S 研究所并不遵守承诺。

B. 忽视了这种可能性:S 研究所可以用其他来源的资金进行武器研究。

C. 忽视了这种可能性:和平基金会的资助使 S 研究所有能力把其他资金改用武器研究。

D. 忽视了这种可能性:武器研究不一定危害和平。

E. 忽视了这种可能性:和平基金会的上述资助额度有限,对武器研究没有太大的意义。

58.（2008-45，P352）小陈：目前1996D3彗星的部分轨道远离太阳，最近却可以通过太空望远镜发现其发出闪烁光。过去人们从来没有观察到远离太阳的彗星出现这样的闪烁光，所以最近发现的这种闪烁必然是不寻常的现象。

小王：通常人们都不会去观察那些远离太阳的彗星，这次发现的1996D3彗星闪烁光是有人通过持续而细心的追踪观测而获得的。

以下哪项最为准确地概括了小王反驳小陈的观点所使用的方法？

A. 指出小陈使用的关键概念含义模糊。

B. 指出小陈的论据明显缺乏说服力。

C. 指出小陈的论据自相矛盾。

D. 不同意小陈的结论，并且对小陈的论据提出了另一种解释。

E. 同意小陈的结论，但对小陈的论据提出了另一种解释。

59.（2008-46，P353）陈先生要举办一个亲朋好友的聚会。他出面邀请了他父亲的姐夫，他姐夫的父亲，他哥哥的岳母，他岳母的哥哥。

陈先生最少出面邀请了几个客人？

A. 未邀请客人。

B. 1个客人。

C. 2个客人。

D. 3个客人。

E. 4个客人。

60.（2008-51，P354）统计显示，在汽车事故中，装有安全气囊汽车的比例高于未装安全气囊的汽车。因此，在汽车中安装安全气囊，并不能使车主更安全。

以下哪项最为恰当地指出了上述论证的漏洞？

A. 不加说明就予假设：任何装有安全气囊汽车都有可能遭遇汽车事故。

B. 忽视了这种可能性：未装安全气囊的车主更注意谨慎驾驶。

C. 不当地假设：在任何汽车事故中，安全气囊都会自动打开。

D. 不当地把发生汽车事故的可能程度，等同于车主在事故中受伤害的严重程度。

E. 忽视了这种可能性：装有安全气囊的汽车所占的比例越来越大。

61.（2008-55，P356）小林因未戴泳帽被拒绝进入深水池。小林出示深水合格证说：根据规定我可以进入深水池。游泳池的规定是：未戴泳帽者不得进入游泳池；只有持有深水合格证，才能进入深水池。

小林最可能把游泳池的规定理解为：

A. 除非持有深水合格证，否则不能进入深水池。

B. 只有持有深水合格证的人，才不需要戴泳帽。

C. 如果持有深水合格证，就能进入深水池。

D. 准许进入游泳池的，不一定准许进入深水池。

E. 有了深水合格证，就不需要戴泳帽。

62.（2007-27，P358）新疆的哈萨克族人用经过训练的金雕在草原上长途追击野狼。某研究小组为研究金雕的飞行方向和判断野狼群的活动范围，将无线电传导器放置在一只金雕身上进行追踪。野狼为了觅食，其活动范围通常很广，因此，金雕追击野狼的飞行范围通常也很大。然而，两周以来，无线电传导器不断传回的信号显示，金雕仅在放飞地3公里范围内飞行。

以下哪项如果为真,最有助于解释上述金雕的行为?

A. 金雕的放飞地周边重峦叠嶂,险峻异常。

B. 金雕的放飞地 2 公里范围内有一牧羊草场,成为狼群袭击的目标。

C. 由于受训金雕的捕杀,放飞地广阔草原的野狼几乎灭绝了。

D. 无线电传导器信号仅能在有限的范围内传导。

E. 无线电传导器的安放并未削弱金雕的飞行能力。

63.（2007-28,P358）除非不把理论当做教条,否则就会束缚思想。

以下各项都表达了与题干相同的含义,除了

A. 如果不把理论当做教条,就不会束缚思想。

B. 如果把理论当做教条,就会束缚思想。

C. 只有束缚思想,才会把理论当做教条。

D. 只有不把理论当做教条,才不会束缚思想。

E. 除非束缚思想,否则不会把理论当做教条。

64.（2007-34,P361）小莫十分渴望成为一名微雕艺术家,为此,他去请教微雕大师孔先生:“您如果教我学习微雕,我将要多久才能成为一名微雕艺术家?”孔先生回答道:“大约 10 年。”小莫不满足于此,再问:“如果我不分昼夜每天苦练,能否缩短时间?”孔先生道:“那要用 20 年”。

以下哪项最可能是孔先生的回答所提示的微雕艺术家的重要素质?

A. 谦虚。　B. 勤奋。　C. 尊师。　D. 耐心。　E. 决心。

65.（2007-38,P362）郑兵的孩子即将升高中。郑兵发现,在当地中学,学生与老师的比例低的学校,学生的高考成绩普遍都比较好。郑兵因此决定,让他的孩子选择学生总人数最少的学校就读。

以下哪项最为恰当地指出了郑兵上述决定的漏洞?

A. 忽略了学校教学质量既和学生与老师的比例有关,也和生源质量有关。

B. 仅注重高考成绩,忽略了孩子的全面发展。

C. 不当地假设:学生总人数少就意味着学生与老师的比例低。

D. 在考虑孩子的教育时忽略了孩子本人的愿望。

E. 忽略了学校教学质量主要与教师的素质而不是数量有关。

66.（2007-39,P362）“男女”和“阴阳”似乎指的是同一种区分标准,但实际上,“男人和女人”区分人的性别特征,“阴柔和阳刚”区分人的行为特征。按照“男女”的性别特征,正常人分为两个不重叠的部分;按照“阴阳”的行为特征,正常人分为两个重叠的部分。

以下各项都符合题干的含义,除了

A. 人的性别特征不能决定人的行为特征。

B. 女人的行为,不一定具有阴柔的特征。

C. 男人的行为,不一定具有阳刚的特征。

D. 同一个人,可以既有阴柔的行为又有阳刚的行为。

E. 一个人的同一个行为,可以既有阴柔又有阳刚的特征。

67.（2007-43,P364）去年某旅游胜地游客人数与前年游客人数相比,减少约一半。当地旅游管理部门调查发现,去年与前年的最大不同是入场门票从 120 元升到 190 元。

根据以上断定，以下哪项措施，最可能有效解决上述游客锐减问题？

A. 利用多种媒体加强广告宣传。

B. 旅游地增加更多的游玩项目。

C. 根据实际情况，入场门票实行季节浮动价。

D. 对游客提供更周到的服务。

E. 加强该旅游地与旅游公司的联系。

68.（2007-47，P365）帕累托最优，指这样一种社会状态：对于任何一个人来说，如果不使其他某个（或某些）人境况变坏，他的情况就不可能变好。如果一种变革能使至少有一个人的境况变好，同时没有其他人境况因此变坏，则称这一变革为帕累托变革。

以下各项都符合题干的断定，除了

A. 对于任何一个人来说，只要他的情况可能变好，就会有其他人的境况变坏。这样的社会，处于帕累托最优状态。

B. 如果某个帕累托变革可行，则说明社会并非处于帕累托最优状态。

C. 如果没有任何帕累托变革的余地，则社会处于帕累托最优状态。

D. 对于任何一个人来说，只有使其他某个（或某些）人境况变坏，他的情况才可能变好。这样的社会，处于帕累托最优状态。

E. 对于任何一个人来说，只要使其他人境况变坏，他的情况就可能变好。这样的社会，处于帕累托最优状态。

69~70 基于以下题干

人的行为，分为私人行为和社会行为，后者直接涉及他人和社会利益。有人提出这样的原则：对于官员来说，除了法规明文允许的以外，其余的社会行为都是禁止的；对于平民来说，除了法规明文禁止的以外，其余的社会行为都是允许的。

69.（2007-49，P366）为使上述原则能对官员和平民的社会行为产生不同的约束力，以下哪项是必须假设的？

A. 官员社会行为的影响力明显高于平民。

B. 法规明文涉及（允许或禁止）的行为，并不覆盖所有的社会行为。

C. 平民比官员更愿意接受法规的约束。

D. 官员的社会行为如果不加严格约束，其手中的权力就会被滥用。

E. 被法规明文允许的社会行为，要少于被禁止的社会行为。

70.（2007-50，P366）如果实施上述原则能对官员和平民的社会行为产生不同的约束力，则以下各项断定均不违反这一原则，除了

A. 一个被允许或禁止的行为，不一定是被法规明文允许或禁止的。

B. 有些行为，允许平民实施，但禁止官员实施。

C. 有些行为，允许官员实施，但禁止平民实施。

D. 官员所实施的行为，如果法规明文允许，则允许平民实施。

E. 官员所实施的行为，如果法规明文禁止，则禁止平民实施。

71.（2007-54，P368）司机：有经验的司机完全有能力并习惯以每小时 120 公里的速度在高速公路上安全行驶。因此，高速公路上的最高时速不应由 120 公里改为现在的 110 公里，因为这既会不必要地降低高速公路的使用效率，也会使一些有经验的司机违反交规。

交警：每个司机都可以在法律规定的速度内行驶，只要他愿意。因此，把对最高时速的修改说成是某些违规行为的原因，是不能成立的。

以下哪项最为准确地概括了上述司机和交警争论的焦点？

A. 上述对高速公路最高时速的修改是否必要。

B. 有经验的司机是否有能力以每小时 120 公里的速度在高速公路上安全行驶。

C. 上述对高速公路最高时速的修改是否一定会使一些有经验的司机违反交规。

D. 上述对高速公路最高时速的修改实施后，有经验的司机是否会在合法的时速内行驶。

E. 上述对高速公路最高时速的修改，是否会降低高速公路的使用效率。

72.（2006-34，P370）雌性斑马和它们的幼小子女离散后，可以在相貌体形相近的成群斑马中很快又聚集到一起。研究表明，斑马身上的黑白条纹是它们互相辨认的标志，而幼小斑马不能将自己母亲的条纹与其他成年斑马的条纹区分开来。显而易见，每个母斑马都可以辨别出自己后代的条纹。

上述论证采用了以下哪种论证方法？

A. 通过对发生机制的适当描述，支持关于某个可能发生现象的假说。

B. 在对某种现象的两种可供选择的解释中，通过排除其中的一种来确定另一种。

C. 论证一个普遍规律，并用来说明某一特殊情况。

D. 根据两组对象有某些类似的特性，得出它们具有另一个相同特性。

E. 通过反例推翻一个一般性结论。

73.（2006-36，P371）张教授：和谐的本质是多样性的统一。自然界是和谐的，例如没有两片树叶是完全相同的。因此，克隆人是破坏社会和谐的一种潜在危险。

李研究员：你设想的那种危险是不现实的，因为一个人和他的克隆复制品完全相同的仅仅是遗传基因。克隆人在成长和受教育的过程中，必然在外形、个性和人生目标等诸方面形成自己的不同特点。如果说克隆人有可能破坏社会和谐的话，我看一个现实危险是，有人可能把他的克隆复制品当作自己的活“器官银行”。

以下哪项最为恰当地概括了张教授与李研究员争论的焦点？

A. 克隆人是否会破坏社会的和谐？

B. 一个人和他的克隆复制品的遗传基因是否可能不同？

C. 一个人和他的克隆复制品是否完全相同？

D. 和谐的本质是否为多样性的统一？

E. 是否可能有人把他的克隆复制品当作自己的活“器官银行”？

74~75 题基于以下题干

陈先生：北欧人具有一种特别明显的乐观精神。这种精神体现为日常生活态度，也体现为理解自然、社会和人生的哲学理念。北欧人的人均寿命历来是最高的，这正是导致他们具备乐观精神的重要原因。

贾女士：你的说法难以成立。因为你的理解最多只能说明，北欧的老年人为何具备乐观精神。

74.（2006-48，P374）以下哪项最可能是贾女士的反驳所假设的？

A. 北欧的中青年人并不知道北欧人的人均寿命历来是最高的。

B. 只有已经长寿的人，才具备产生上述乐观精神的条件。

C. 北欧国家都有完善的保护老年人利益的社会福利制度。

D. 成熟的理解自然、社会和人生的哲学理念，只有老年人才可能具有。

E. 北欧人实际上并不具有明显的乐观精神。

75.（2006-49，P375）以下哪项如果为真，最能加强陈先生的观点并削弱贾女士的反驳？

A. 人均寿命是影响社会需求和生产的重要因素；经济发展水平是影响社会情绪的重要因素。

B. 北非的一些国家人均寿命不高，但并不缺乏乐观的民族精神。

C. 医学研究表明，乐观精神有利于长寿。

D. 经济发展水平是影响人的寿命及其情绪的决定因素。

E. 一家权威机构的最新统计表明，目前全世界人均寿命最高的国家是日本。

76.（2006-51，P375）脑部受到重击后人就会失去意识。有人因此得出结论：意识是大脑的产物，肉体一旦死亡，意识就不复存在。但是，一台被摔的电视机突然损坏，它正在播出的图像当然立即消失，但这并不意味着正由电视塔发射的相应图像信号就不复存在。因此，要得出“意识不能独立于肉体而存在”的结论，恐怕还需要更多的证据。

以下哪项最为准确地概括了“被摔的电视机”这一实例在上述论证中的作用？

A. 作为一个证据，它说明意识可以独立于肉体而存在。

B. 作为一个反例，它驳斥关于意识本质的流行信念。

C. 作为一个类似意识丧失的实例，它从自身中得出的结论和关于意识本质的流行信念显然不同。

D. 作为一个主要证据，它试图得出结论：意识和大脑的关系，类似于电视图像信号和接收它的电视机之间的关系。

E. 作为一个实例，它说明流行的信念都是应当质疑的。

六、谬误辨析题

1. (2022-48,P206)贾某的邻居易某在自家阳台侧面安装了空调外机。空调一开,外机就向贾家卧室窗户方向吹热风,贾某对此叫苦不迭,于是找到易某协商此事。易某回答说:“现在哪家没装空调?别人安装就行,偏偏我家就不行?”

对于易某的回答,以下哪项评价最为恰当?

A. 易某的行为虽影响到了贾家的生活,但易某是正常行使自己的权利。

B. 易某的行为已经构成对贾家权利的侵害,应该立即停止这种侵权行为。

C. 易某没有将心比心,因为贾家也可以在正对易家卧室窗户处安装空调外机。

D. 易某在转移论题,问题不是能不能安装空调,而是安装空调该不该影响邻居。

E. 易某空调外机的安装不应正对贾家卧室的窗户,不能只顾自己享受而让贾家受罪。

2. (2019-39,P240)作为一名环保爱好者,赵博士提倡低碳生活,积极宣传节能减排。但我不赞同他的做法,因为作为一名大学老师,他这样做,占用了大量的科研时间,到现在连副教授都没评上,他的观点怎么能令人信服呢?

以下哪项论证中的错误和上述最为相似?

A. 张某提出要同工同酬,主张在质量相同的情况下,不分年龄、级别一律按件计酬。她这样说不就是因为她年轻、级别低吗?其实她是在为自己谋利益。

B. 公司的绩效奖励制度是为了充分调动广大员工的积极性,它对所有员工都是公平的。如果有人对此有不同意见,则说明他反对公平。

C. 最近听说你对单位的管理制度提了不少意见,这真令人难以置信!单位领导对你差吗?你这样做,分明是和单位领导过不去。

D. 单位任命李某担任信息科科长,听说你对此有意见。大家都没有提意见,只有你一个人有意见,看来你的意见是有问题的。

E. 有一种观点认为,只有直接看到的事物才能确信其存在。但是没有人可以看到质子、电子,而这些都被科学证明是客观存在的。所以,该观点是错误的。

3. (2016-47,P277)许多人不仅不理解别人,而且也不理解自己,尽管他们可能曾经试图理解别人,但这样的努力注定会失败,因为不理解自己的人是不可能理解别人的。可见,那些缺乏自我理解的人是不会理解别人的。

以下哪项最能说明上述论证的缺陷?

A. 使用了“自我理解”概念,但并未给出定义。

B. 没有考虑“有些人不愿意理解自己”这样的可能性。

C. 没有正确把握理解别人和理解自己之间的关系。

D. 结论仅仅是对其论证前提的简单重复。

E. 间接指责人们不能换位思考,不能相互理解。

4. (2014-27,P292)李栋善于辩论,也喜欢诡辩。有一次他论证道:“郑强知道数字87654321,陈梅家的电话号码正好是87654321,所以郑强知道陈梅家的电话号码。”

以下哪项与李栋论证中所犯的错误最为类似?

A. 中国人是勤劳勇敢的,李岚是中国人,所以李岚是勤劳勇敢的。

B. 金砖是由原子构成的，原子不是肉眼可见的，所以金砖不是肉眼可见的。

C. 黄兵相信晨星在早晨出现，而晨星其实就是暮星，所以黄兵相信暮星在早晨出现。

D. 张冉知道如果 1∶0 的比分保持到终场，他们的队伍就出线，现在张冉听到了比赛结束的哨声，所以张冉知道他们的队伍出线了。

E. 所有蚂蚁是动物，所以所有大蚂蚁是大动物。

5.（2014-36，P296）英国有家小酒馆采取客人吃饭付费“随便给”的做法，即让顾客享用葡萄酒、蟹柳及三文鱼等美食后，自己决定付账金额。大多数顾客均以公平或慷慨的态度结账，实际金额比那些酒水菜肴本来的价格高出 20%。该酒馆老板另有 4 家酒馆，而这 4 家酒馆每周的利润与付账“随便给”的酒馆相比少 5%。这位老板因此认为，“随便给”的营销策略很成功。

以下哪项如果为真，最能解释老板营销策略的成功？

A. 部分顾客希望自己看上去有教养，愿意掏足够甚至更多的钱。

B. 如果客人所付低于成本价格，就会受到提醒而补足差价。

C. 另外 4 家酒馆位置不如这家“随便给”酒馆。

D. 客人常常不知道酒水菜肴的实际价格，不知道该付多少钱。

E. 对于过分吝啬的顾客，酒馆老板常常也无可奈何。

6.（2013-39，P307）某大学的哲学学院和管理学院今年招聘新教师，招聘结束后受到了女权主义代表的批评，因为他们在 12 名女性应聘者中录用了 6 名，但在 12 名男性应聘者中却录用了 7 名。该大学对此解释说，今年招聘新教师的两个学院中，女性应聘者的录用率都高于男性的录用率。具体的情况是：哲学学院在 8 名女性应聘者中录用了 3 名，而在 3 名男性应聘者中录用了 1 名；管理学院在 4 名女性应聘者中录用了 3 名，而在 9 名男性应聘者中录用了 6 名。

以下哪项最有助于解释女权主义代表和该大学之间的分歧？

A. 整体并不是局部的简单相加。

B. 有些数学规则不能解释社会现象。

C. 人们往往从整体角度考虑问题，不管局部如何，最终的整体结果才是最重要的。

D. 各个局部都具有的性质在整体上未必具有。

E. 现代社会提倡男女平等，但实际执行中还是有一定难度。

7.（2013-52，P312）某国研究人员报告说，与心跳速度每分钟低于 58 次的人相比，心跳速度每分钟超过 78 次者心脏病发作或者发生其他心血管问题的几率高出 39%，死于这类疾病的风险高出 77%，其整体死亡率高出 65%。研究人员指出，长期心跳过快导致了心血管疾病。

以下哪项如果为真，最能对该研究人员的观点提出质疑？

A. 在老年人中，长期心跳过快的超过 39%。

B. 在老年人中，长期心跳过快的不到 39%。

C. 相对于老年人，年轻人生命力旺盛，心跳较快。

D. 各种心血管疾病影响身体的血液循环机能，导致心跳过快。

E. 野外奔跑的兔子心跳很快，但是很少发现它们患心血管疾病。

8.（2012-40，P316）居民苏女士在菜市场看到某摊位出售的鹌鹑蛋色泽新鲜、形态圆润，且价格便宜，于是买了一箱。回家后发现有些鹌鹑蛋打不破，甚至丢到地上也摔不坏，再细闻已经打破的鹌鹑蛋，有一股刺鼻的消毒液味道。她投诉至菜市场管理部门，结果一位工作人员声称鹌鹑蛋目前还没有国家质量标准，无法判定它有质量问题，所以他坚持这箱鹌鹑蛋没有质量问题。

以下哪项与该工作人员作出结论的方式最为相似？

A. 不能证明宇宙是没有边际的，所以宇宙是有边际的。

B. “驴友论坛”还没有论坛规范，所以管理人员没有权利删除帖子。

C. 小偷在逃跑途中跳入 2 米深的河中，事主认为没有责任，因此不予施救。

D. 并非外星人不存在，所以外星人存在。

E. 慈善晚会上的假唱行为不属于商业管理范围，因此相关部门无法对此进行处罚。

9.（2012-42，P317）小李将自家护栏边的绿地毁坏，种上了黄瓜。小区物业管理人员发现后，提醒小李：护栏边的绿地是公共绿地，属于小区的所有人。物业为此下发了整改通知书，要求小李限期恢复绿地。小李对此辩称：“我难道不是小区的人吗？护栏边的绿地既然属于小区的所有人，当然也属于我。因此，我有权在自己的土地上种黄瓜。”

以下哪项论证，和小李的错误最为相似？

A. 所有人都要对他的错误行为负责，小梁没有对他的这次行为负责，所以小梁的这次行为没有错误。

B. 所有参展的兰花在这次博览会上被订购一空，李阳花大价钱买了一盆花，由此可见，李阳买的必定是兰花。

C. 没有人能够一天读完大仲马的所有作品，没有人能够一天读完《三个火枪手》，因此，《三个火枪手》是大仲马的作品之一。

D. 所有莫尔碧骑士组成的军队在当时的欧洲是不可战胜的，翼雅王是莫尔碧骑士之一，所以翼雅王在当时的欧洲是不可战胜的。

E. 任何一个人都不可能掌握当今世界的所有知识，“地心说”不是当今世界的知识，因此，有些人可以掌握“地心说”。

10.（2011-38，P323）公达律师事务所以为刑事案件的被告进行有效辩护而著称，成功率达 90%以上。老余是一位以专门为离婚案件的当事人成功辩护而著称的律师。因此，老余不可能是公达律师事务所的成员。

以下哪项最为确切地指出了上述论证的漏洞？

A. 公达律师事务所具有的特征，其成员不一定具有。

B. 没有确切指出老余为离婚案件的当事人辩护的成功率。

C. 没有确切指出老余为刑事案件的当事人辩护的成功率。

D. 没有提供公达律师事务所统计数据的来源。

E. 老余具有的特征，其所在工作单位不一定具有。

11.（2010-27，P328）为了调查当前人们的识字水平，某实验者列举了 20 个词语，请 30 位文化人士识读，这些人的文化程度都在大专以上。识读结果显示，多数人只读对 3～5 个词语，极少数人读对 15 个以上，甚至有人全部读错。其中，“蹒跚”的辨识率最高，30 人中有 19 人读对；“呱呱坠地”所有人都读错。20 个词语的整体误读率接近 80%。该实验者由此得出，当前人们的识字水平并没有提高，甚至有所下降。

以下哪项如果为真，最能对该实验者的结论构成质疑？

A. 实验者选取的 20 个词语不具有代表性。

B. 实验者选取的 30 位识读者均没有博士学位。

C. 实验者选取的 20 个词语在网络流行语言中不常用。

D. “呱呱坠地”这个词的读音有些大学老师也经常读错。

E. 实验者选取的 30 位识读者中约有 50%的大学成绩不佳。

12. (2010-34,P330)一般认为,出生地间隔较远的夫妻所生子女的智商较高。有资料显示,夫妻均是本地人,其所生子女的平均智商为 102.45;夫妻是省内异地的,其所生子女的平均智商为 106.17;而隔省婚配的,其所生子女的智商则高达 109.35。因此,异地通婚可提高下一代的智商水平。

以下哪项如果为真,最能削弱上述结论?

A. 统计孩子平均智商的样本数量不够多。

B. 不难发现,一些天才儿童的父母均是本地人。

C. 不难发现,一些低智商儿童的父母的出生地间隔较远。

D. 能够异地通婚者是智商比较高的,他们自身的高智商促成了异地通婚。

E. 一些情况下,夫妻双方出生地间隔很远,但他们的基因可能接近。

13. (2010-49,P335)克鲁特是德国家喻户晓的“明星”北极熊,北极熊是北极名副其实的霸主。因此,克鲁特是名副其实的北极霸主。

以下除哪项外,均与上述论证中出现的谬误相似?

A. 儿童是祖国的花朵,小雅是儿童。因此,小雅是祖国的花朵。

B. 鲁迅的作品不是一天能读完的,《祝福》是鲁迅的作品。因此,《祝福》不是一天能读完的。

C. 中国人是不怕困难的,我是中国人。因此,我是不怕困难的。

D. 康怡花园坐落在清水街,清水街的建筑属于违章建筑。因此,康怡花园的建筑属于违章建筑。

E. 西班牙语是外语,外语是普通高等学校招生的必考科目。因此,西班牙语是普通高等学校招生的必考科目。

14. (2009-26,P337)某中学发现有学生课余用扑克玩带有赌博性质的游戏,因此规定学生不得带扑克进入学校。不过即使是硬币,也可以用作赌具,但禁止学生带硬币进入学校是不可思议的。因此,禁止学生带扑克进学校是荒谬的。

以下哪项如果为真,最能削弱上述论证?

A. 禁止带扑克进学校不能阻止学生在校外赌博。

B. 硬币作为赌具远不如扑克方便。

C. 很难查明学生是否带扑克进学校。

D. 赌博不但败坏校风,而且影响学生学习成绩。

E. 有的学生玩扑克不涉及赌博。

15. (2009-38,P341)一些人类学家认为,如果不具备应付各种自然环境的能力,人类在史前年代不可能幸存下来。然而,相当多的证据表明,阿法种南猿——一种与早期人类有关的史前物种,在各种自然环境中顽强生存的能力并不亚于史前人类,但最终灭绝了。因此,人类学家的上述观点是错误的。

上述推理的漏洞也类似地出现在以下哪项中?

A. 大张认识到赌博是有害的,但就是改不掉。因此,“不认识错误就不能改正错误”这一断定是不成立的。

B. 已经找到了证明造成艾克矿难是操作失误的证据。因此,关于艾克矿难起因于设备老化、年久失修的猜测是不成立的。

C. 大李图便宜,买了双旅游鞋,穿不了几天就坏了。因此,怀疑“便宜无好货”是没有道理的。

D. 既然不怀疑小赵可能考上大学,那就没有理由担心小赵可能考不上大学。

E. 既然怀疑小赵一定能考上大学,那就没有理由怀疑小赵一定考不上大学。

16. (2009-43,P342)这次新机种试飞只是一次例行试验,既不能算成功,也不能算不成功。

以下哪项对题干的评价最为恰当?

A. 题干的陈述没有漏洞。

B. 题干的陈述有漏洞,这一漏洞也出现在后面的陈述中:这次关于物价问题的社会调查结果,既不能说完全反映了民意,也不能说一点也没有反映民意。

C. 题干的陈述有漏洞,这一漏洞也出现在后面的陈述中:这次考前辅导既不能说完全成功,也不能说彻底失败。

D. 题干的陈述有漏洞,这一漏洞也出现在后面的陈述中:人有特异功能,既不是被事实证明的科学结论,也不是纯属欺诈的伪科学结论。

E. 题干的陈述有漏洞,这一漏洞也出现在后面的陈述中:在即将举行的大学生辩论赛中,我不认为我校代表队一定能进入前四名,我也不认为我校代表队可能进不了前四名。

17. (2009-48,P344)主持人:有网友称你为“国学巫师”,也有网友称你为“国学大师”,你认为哪个名称更适合你?

上述提问中的不当也存在于以下各项中,除了:

A. 你要社会主义的低速度,还是资本主义的高速度?

B. 你主张为了发展可以牺牲环境,还是主张宁可不发展也不能破坏环境?

C. 你认为人都自私,还是认为人都不自私?

D. 你认为“9・11”恐怖袭击必然发生,还是认为有可能避免?

E. 你认为中国队必然夺冠,还是认为不可能夺冠?

18. (2008-52,P346)“有些好货不便宜。因此,便宜货不都是好货。”

与以下哪项推理作类比能说明上述推理不成立?

A. 湖南人不都爱吃辣椒。因此,有些爱吃辣椒的不是湖南人。

B. 有些人不自私。因此,人并不都自私。

C. 好的动机不一定有好的效果。因此,好的效果不一定都产生于好的动机。

D. 金属都导电。因此,导电的都是金属。

E. 有些南方人不是广东人。因此,广东人不都是南方人。

19. (2007-29,P359)舞蹈学院的张教授批评本市芭蕾舞团最近的演出没能充分表现古典芭蕾舞的特色。他的同事林教授认为这一批评是个人偏见。作为芭蕾舞技巧专家,林教授考察过芭蕾舞团的表演者,结论是每一位表演者都拥有足够的技巧和才能来表现古典芭蕾舞的特色。

以下哪项最为恰当地概括了林教授反驳中的漏洞？

A. 他对张教授的评论风格进行攻击而不是对其观点加以批驳。

B. 他无视张教授的批评意见是与实际情况相符的。

C. 他仅从维护自己的权威地位的角度加以反驳。

D. 他依据一个特殊事例轻率概括出一个普遍结论。

E. 他不当地假设，如果一个团体每个成员具有某种特征，那么这个团体就总能体现这种特征。

20.（2007-35，P361）莫大伟到吉安公司上班的第一天，就被公司职工自由散漫的表现所震惊。莫大伟由此得出结论：吉安公司是一个管理失效的公司，吉安公司的员工都缺乏工作积极性和责任心。

以下哪项如果为真，最能削弱上述论证？

A. 当领导不在时，公司的员工会表现出自由散漫。

B. 吉安公司的员工超过 2 万，遍布该省的 10 多个城市。

C. 莫大伟大学刚毕业就到吉安公司，对校门外的生活不适应。

D. 吉安公司的员工和领导的表现完全不一样。

E. 莫大伟上班的这一天刚好是节假日后的第一个工作日。

21.（2007-40，P363）一项时间跨度为半个世纪的专项调查研究得出肯定结论：饮用常规量的咖啡对人的心脏无害。因此，咖啡的饮用者完全可以放心地享用，只要不过量，不会有碍身体健康。

以下哪项最为恰当地指出了上述论证的漏洞？

A. 咖啡的常规饮用量可能因人而异。

B. 心脏健康不等同于身体健康。

C. 咖啡饮用者可能在喝咖啡时吃对心脏有害的食物。

D. 喝茶，特别是喝绿茶比喝咖啡有利于心脏保健。

E. 有的人从不喝咖啡但心脏仍然健康。

22 题基于以下题干

免疫研究室的钟教授说："生命科学院从前的研究生那种勤奋精神越来越不多见了，因为我发现目前在我的研究生中，起早摸黑做实验的人越来越少了。"

22.（2006-41，P372）以下哪项最为恰当地指出了钟教授推理中的漏洞？

A. 不当地断定：除了生命科学院以外，其他学院的研究生普遍都不够用功。

B. 没有考虑到研究生的不勤奋有各自不同的原因。

C. 只是提出了问题，但没有提出解决问题的方法。

D. 不当地假设：他的学生状况就是生命科学院所有研究生的一般状况。

E. 没有设身处地考虑他的研究生毕业后找工作的难处。

七、推理类比题

1.（2023-30,P186）时时刻刻总在追求幸福的人不一定能获得最大的幸福，刘某说自己获得了最大的幸福，所以，刘某从来不曾追求幸福。

以下哪项与上述论证方式最为相似？

A. 年年岁岁总是帮助他人的人不一定能成为名人，李某说自己成了名人，所以，李某从来不曾帮助他人。

B. 口口声声不断说喜欢你的人不一定最喜欢你，陈某现在说他最喜欢你，所以，陈某过去从未喜欢过你。

C. 冷冷清清空无一人的商场不一定没有利润，某商场今年亏损，所以，该商场总是空无一人。

D. 日日夜夜一直想躲避死亡的士兵反而最容易在战场上丧命，林某在一次战斗中重伤不治，所以，林某从来没有躲避死亡。

E. 分分秒秒每天抢时间工作的人不一定是普通人，宋某看起来很普通，所以，宋某肯定没有每天抢时间工作。

2.（2023-53,P196）甲：张某爱出风头，我不喜欢他。

乙：你不喜欢他没关系，他工作一直很努力，成绩很突出。

以下哪项与上述反驳方式最为相似？

A. 甲：李某爱慕虚荣，我很反对。

乙：反对有一定道理，但你也应该体谅一下他，他身边的朋友都是成功人士。

B. 甲：贾某整天学习，寡言少语，神情严肃，我很担心他。

乙：你的担心是多余的。他最近在潜心准备考研，有些紧张是正常的。

C. 甲：韩某爱管闲事，我有点讨厌他。

乙：你的态度有问题。爱管闲事说明他关心别人，乐于助人。

D. 甲：钟某爱看足球赛，但自己从来不踢足球，对此我很不理解。

乙：我对你的想法也不理解，欣赏和参与是两回事啊。

E. 甲：邓某爱读书但不求甚解，对此我很有看法。

乙：你有看法没用。他的文学素养挺高，已经发表了 3 篇小说。

3.（2020-30,P223）考生若考试通过并且体检合格，则将被录取。因此，如果李铭考试通过，但未被录取，那么他一定体检不合格。

以下哪项与以上论证方式最为相似？

A. 若明天是节假日并且天气晴朗，则小吴将去爬山。因此，如果小吴未去爬山，那么第二天一定不是节假日或者天气不好。

B. 一个数若能被 3 整除且能被 5 整除，则这个数能被 15 整除。因此，一个数若能被 3 整除但不能被 5 整除，则这个数一定不能被 15 整除。

C. 甲单位员工若去广州出差并且是单人前往，则均乘坐高铁。因此，甲单位小吴如果去广州出差，但未乘坐高铁，那么他一定不是单人前往。

D. 若现在是春天并且雨水充沛，则这里野草丰美。因此，如果这里野草丰美，但雨水不充沛，那么现在一定不是春天。

E. 一壶茶若水质良好且温度适中，则一定茶香四溢。因此，如果这壶茶水质良好且茶香四溢，那么一定温度适中。

4.（2020-53，P234）学问的本来意义与人的生命、生活有关。但是，如果学问成为口号或教条，就会失去其本来的意义。因此，任何学问都不应该成为口号或教条。

以下哪项与上述论证方式最为相似？

A. 椎间盘是没有血液循环的组织。但是，如果要确保其功能正常运转，就需依靠其周围流过的血液提供养分。因此，培养功能正常运转的人工椎间盘应该很困难。

B. 大脑会改编现实经历。但是，如果大脑只是储存现实经历的"文件柜"，就不会对其进行改编。因此，大脑不应该只是储存现实经历的"文件柜"。

C. 人工智能应该可以判断黑猫和白猫都是猫。但是，如果人工智能不预先"消化"大量照片，就无从判断黑猫和白猫都是猫。因此，人工智能必须预先"消化"大量照片。

D. 机器人没有人类的弱点和偏见。但是，只有数据得到正确采集和分析，机器人才不会"主观臆断"。因此，机器人应该也有类似的弱点和偏见。

E. 历史包含必然性。但是，如果坚信历史只包含必然性，就会阻止我们用不断积累的历史数据去证实或证伪它。因此，历史不应该只包含必然性。

5.（2018-34，P250）刀不磨要生锈，人不学要落后。所以，如果你不想落后，就应该多磨刀。

以下哪项与上述论证方式最为相似？

A. 妆未梳成不见客，不到火候不揭锅。所以，如果揭了锅，就应该是到了火候。

B. 兵在精而不在多，将在谋而不在勇。所以，如果想获胜，就应该兵精将勇。

C. 马无夜草不肥，人无横财不富。所以，如果你想富，就应该让马多吃夜草。

D. 金无足赤，人无完人。所以，如果你想做完人，就应该有真金。

E. 有志不在年高，无志空活百岁。所以，如果你不想空活百岁，就应该立志。

6.（2018-42，P254）甲：读书最重要的目的是增长知识、开拓视野。

乙：你只见其一，不见其二。读书最重要的是陶冶性情、提升境界。没有陶冶性情、提升境界，就不能达到读书的真正目的。

以下哪项与上述反驳方式最为相似？

A. 甲：文学创作最重要的是阅读优秀文学作品。

乙：你只见现象，不见本质。文学创作最重要的是观察生活、体验生活。任何优秀的文学作品都来源于火热的社会生活。

B. 甲：做人最重要的是要讲信用。

乙：你说得不全面。做人最重要的是要遵纪守法。如果不遵纪守法，就没法讲信用。

C. 甲：作为一部优秀的电视剧，最重要的是能得到广大观众的喜爱。

乙：你只见其表，不见其里。作为一部优秀的电视剧最重要的是具有深刻寓意与艺术魅力。没有深刻寓意与艺术魅力，就不能成为优秀的电视剧。

D. 甲：科学研究最重要的是研究内容的创新。

乙：你只见内容，不见方法。科学研究最重要的是研究方法的创新。只有实现研究方法的创新，才能真正实现研究内容的创新。

E. 甲：一年中最重要的季节是收获的秋天。

乙：你只看结果，不问原因。一年中最重要的季节是播种的春天。没有春天的播种，哪来秋天的收获？

7.（2018-51，P257）甲：知难行易，知然后行。

乙：不对。知易行难，行然后知。

以下哪项与上述对话方式最为相似？

A. 甲：知人者智，自知者明。

乙：不对。知人不易，知己更难。

B. 甲：不破不立，先破后立。

乙：不对。不立不破，先立后破。

C. 甲：想想容易做起来难，做比想更重要。

乙：不对。想到就能做到，想比做更重要。

D. 甲：批评他人易，批评自己难；先批评他人后批评自己。

乙：不对。批评自己易，批评他人难；先批评自己后批评他人。

E. 甲：做人难做事易，先做人再做事。

乙：不对。做人易做事难，先做事再做人。

8.（2017-40，P263）甲：己所不欲，勿施于人。

乙：我反对。己所欲，则施于人。

以下哪项与上述对话方式最为相似？

A. 甲：人非草木，孰能无情？

乙：我反对。草木无情，但人有情。

B. 甲：人无远虑，必有近忧。

乙：我反对。人有远虑，亦有近忧。

C. 甲：不入虎穴，焉得虎子？

乙：我反对。如得虎子，必入虎穴。

D. 甲：人不犯我，我不犯人。

乙：我反对。人若犯我，我就犯人。

E. 甲：不在其位，不谋其政。

乙：我反对。在其位，则行其政。

9.（2017-43，P265）赵默是一位优秀的企业家。因为如果一个人既拥有在国内外知名学府和研究机构工作的经历，又有担任项目负责人的管理经验，那么他就能成为一位优秀的企业家。

以下哪项与上述论证最为相似？

A. 李然是信息技术领域的杰出人才。因为如果一个人不具有前瞻性目光、国际化视野和创新思维，就不能成为信息技术领域的杰出人才。

B. 袁清是一位好作家。因为好作家都具有较强的观察能力、想象能力及表达能力。

C. 青年是企业发展的未来。因此，企业只有激发青年的青春力量，才能促其早日成才。

D. 人力资源是企业的核心资源。因为如果不开展各类文化活动，就不能提升员工岗位技能，也不能增强团队的凝聚力和战斗力。

E. 风云企业具有凝聚力。因为如果一个企业能引导和帮助员工树立目标、提升能力，就能使企业具有凝聚力。

10.（2017-46，P266）甲：只有加强知识产权保护，才能推动科技创新。

乙:我不同意。过分强化知识产权保护,肯定不能推动科技创新。

以下哪项与上述反驳方式最为类似?

A. 妻子:孩子只有刻苦学习,才能取得好成绩。

丈夫:也不尽然。学习光知道刻苦而不能思考,也不一定会取得好成绩。

B. 母亲:只有从小事做起,将来才有可能做成大事。

孩子:老妈你错了。如果我们每天只是做小事,将来肯定做不成大事。

C. 老板:只有给公司带来回报,公司才能给他带来回报。

员工:不对呀。我上月帮公司谈成一笔大业务,可是只得到1%的奖励。

D. 老师:只有读书,才能改变命运。

学生:我觉得不是这样。不读书,命运会有更大的改变。

E. 顾客:这件商品只有价格再便宜一些,才会有人来买。

商人:不可能。这件商品如果价格再便宜一些,我就要去喝西北风了。

11. (2016-28,P271)注重对孩子的自然教育,让孩子亲身感受大自然的神奇与美妙,可促进孩子释放天性,激发自身潜能;而缺乏这方面教育的孩子容易变得孤独,道德、情感与认知能力的发展都会受到一定的影响。

以下哪项与以上陈述方式最为类似?

A. 脱离环境保护搞经济发展是"竭泽而渔",离开经济发展抓环境保护是"缘木求鱼"。

B. 只说一种语言的人,首次被诊断出患阿尔茨海默病的平均年龄约为71岁;说双语的人,首次被诊断出患阿尔茨海默病的平均年龄约为76岁;说三种语言的人,首次被诊断出患阿尔茨海默病的平均年龄约为78岁。

C. 老百姓过去"盼温饱",现在"盼环保";过去"求生存",现在"求生态"。

D. 注重调查研究,可以让我们掌握第一手资料;闭门造车,只能让我们脱离实际。

E. 如果孩子完全依赖电子设备来进行学习和生活,将会对环境越来越漠视。

12. (2015-44,P287)研究人员将角膜感觉神经断裂的兔子分为两组:实验组和对照组。他们给实验组兔子注射一种从土壤霉菌中提取的化合物。3周后检查发现,实验组兔子的角膜感觉神经已经复合;而对照组兔子未注射这种化合物,其角膜感觉神经都没有复合。研究人员由此得出结论:该化合物可以使兔子断裂的角膜感觉神经复合。

以下哪项与上述研究人员得出结论的方式最为类似?

A. 科学家在北极冰川地区的黄雪中发现了细菌,而该地区的寒冷气候与木卫二的冰冷环境有着惊人的相似。所以,木卫二可能存在生命。

B. 绿色植物在光照充足的环境下能茁壮成长,而在光照不足的环境下只能缓慢生长。所以,光照有助于绿色植物的生长。

C. 一个整数或者是偶数,或者是奇数。0不是奇数,所以,0是偶数。

D. 昆虫都有三对足,蜘蛛并非三对足。所以,蜘蛛不是昆虫。

E. 年逾花甲的老王戴上老花眼镜可以读书看报,不戴则视力模糊。所以,年龄大的人都要戴老花眼镜。

13. (2013-27,P303)公司经理:我们招聘人才时最看重的是综合素质和能力,而不是分数。人才招聘中,高分低能者并不鲜见,我们显然不希望招到这样的"人才"。从你的成绩单可以看出,你的学业分数很高,因此我们有点怀疑你的能力和综合素质。

以下哪项和经理得出结论的方式最为类似？

A. 人的一生中健康开心最重要，名利都是浮云，张立名利双收，所以很有可能张立并不开心。

B. 猫都爱吃鱼，没有猫患近视，所以吃鱼可以预防近视。

C. 有些歌手是演员，所有的演员都很富有，所以有些歌手可能不是很富有。

D. 公司管理者并非都是聪明人，陈然不是公司管理者，所以陈然可能是聪明人。

E. 闪光的物体并非都是金子，考古队挖到了闪闪发光的物体，所以考古队挖到的可能不是金子。

14.（2013-45，P310）只要每个司法环节都能坚守程序正义，切实履行监督制约职能，结案率就会大幅度提高。去年某国结案率比上一年提高了70%，所以，该国去年每个司法环节都能坚守程序正义，切实履行监督制约职能。

以下哪项与上述论证方式最为相似？

A. 只有在校期间品学兼优，才可以获得奖学金。李明获得了奖学金，所以他在校期间一定品学兼优。

B. 在校期间品学兼优，就可以获得奖学金。李明获得了奖学金，所以他在校期间一定品学兼优。

C. 在校期间品学兼优，就可以获得奖学金。李明没有获得奖学金，所以他在校期间一定不是品学兼优。

D. 在校期间品学兼优，就可以获得奖学金。李明在校期间不是品学兼优，所以他不可能获得奖学金。

E. 李明在校期间品学兼优，但是他没有获得奖学金。所以，在校期间品学兼优，不一定可以获得奖学金。

15.（2012-28，P313）经过反复核查，质检员小李向厂长汇报说："726车间生产的产品都是合格的，所以不合格的产品都不是726车间生产的。"

以下哪项和小李的推理结构最为相似？

A. 所有入场的考生都经过了体温测试，所以没能入场的考生都没有经过体温测试。

B. 所有出厂设备都是检测合格的，所以检测合格的设备都已出厂。

C. 所有已发表文章都是认真校对过的，所以认真校对过的文章都已发表。

D. 所有真理都是不怕批评的，所以怕批评的都不是真理。

E. 所有不及格的学生都没有好好复习，所以没好好复习的学生都不及格。

16.（2012-43，P317）我国著名的地质学家李四光，在对东北的地质结构进行了长期、深入的调查研究后发现，松辽平原的地质结构与中亚细亚极其相似。他推断，既然中亚细亚蕴藏大量的石油，那么松辽平原很可能也蕴藏着大量的石油。后来，大庆油田的开发证明了李四光的推断是正确的。

以下哪项与李四光的推理方式最为相似？

A. 他山之石，可以攻玉。

B. 邻居买彩票中了大奖，小张受此启发，也去买了体育彩票，结果没有中奖。

C. 某乡镇领导在考察了荷兰等国的花卉市场后认为要大力发展规模经济，回来后组织全乡镇种大葱，结果导致大葱严重滞销。

D. 每到炎热的夏季，许多商店腾出一大块地方卖羊毛衫、长袖衬衣、冬靴等冬令商品，进行反季节销售，结果都很有市场。小王受此启发，决定在冬季种植西瓜。

E. 乌兹别克地区盛产长绒棉。新疆塔里木河流域与乌兹别克地区在日照情况、霜期长短、气温高低、降雨量等方面均相似，科研人员受此启发，将长绒棉移植到塔里木河流域，果然获得了成功。

17.（2011-40，P323）一艘远洋帆船载着5位中国人和几位外国人由中国开往欧洲。途中，除5位中国人外，全患上了败血症。同乘一艘船，同样是风餐露宿，漂洋过海，为什么中国人和外国人如此不同呢？原来这5位中国人都有喝茶的习惯，而外国人却没有。于是得出结论：喝茶是这5位中国人未得败血症的原因。

以下哪项和题干中得出结论的方法最为相似？

A. 警察锁定了犯罪嫌疑人，但是从目前掌握的事实看，都不足以证明他犯罪。专案组由此得出结论，必有一种未知的因素潜藏在犯罪嫌疑人身后。

B. 在两块土壤情况基本相同的麦地上，对其中一块施氮肥和钾肥，另一块只施钾肥。结果施氮肥和钾肥的那块麦地的产量远高于另一块。可见，施氮肥是麦地产量较高的原因。

C. 孙悟空："如果打白骨精，师父会念紧箍咒；如果不打，师父就会被妖精吃掉。"孙悟空无奈得出结论："我还是回花果山算了。"

D. 天文学家观测到天王星的运行轨道有特征a、b、c，已知特征a、b分别是由两颗行星甲、乙的吸引造成的，于是猜想还有一颗未知行星造成天王星的轨道特征c。

E. 一定压力下的一定量气体，温度升高，体积增大；温度降低，体积缩小。气体体积与温度之间存在一定的相关性，说明气体温度的改变是其体积改变的原因。

18.（2011-41，P323）所有重点大学的学生都是聪明的学生，有些聪明的学生喜欢逃学，小杨不喜欢逃学；所以，小杨不是重点大学的学生。

以下除哪项外，均与上述推理的形式类似？

A. 所有经济学家都懂经济学，有些懂经济学的爱投资企业，你不爱投资企业；所以，你不是经济学家。

B. 所有的鹅都吃青菜，有些吃青菜的也吃鱼，兔子不吃鱼；所以，兔子不是鹅。

C. 所有的人都是爱美的，有些爱美的还研究科学，亚里士多德不是普通人；所以，亚里士多德不研究科学。

D. 所有被高校录取的学生都是超过录取分数线的，有些超过录取分数线的是大龄考生，小张不是大龄考生；所以小张没有被高校录取。

E. 所有想当外交官的都需要学外语，有些学外语的重视人际交往，小王不重视人际交往；所以小王不想当外交官。

19.（2010-30，P329）化学课上，张老师演示了两个同时进行的教学实验：一个实验是高氯酸钾加热后，有氧气缓慢产生，另一个实验是高氯酸钾加热后迅速撒入少量二氧化锰，这时立即有大量的氧气产生。张老师由此指出：二氧化锰是氧气快速产生的原因。

以下哪项与张老师得出结论的方法类似？

A. 同一品牌的化妆品价格越高卖得越火。由此可见，消费者喜欢价格高的化妆品。

B. 居里夫人在沥青矿物中提取放射性元素时发现，从一定量的沥青矿物中提取的全部纯铀的放射性强度比同等数量的沥青矿物中放射性强度低数倍。她据此推断，沥青矿物中还存在其他放射性更强的元素。

C. 统计分析发现，30 岁至 60 岁之间，年纪越大，胆子越小，有理由相信：岁月是勇敢的腐蚀剂。

D. 将闹钟放在玻璃罩里，使它打铃，可以听到铃声；然后把玻璃罩里的空气抽空，再使闹钟打铃，就听不到铃声了。由此可见，空气是声音传播的介质。

E. 人们通过对绿藻、蓝藻、红藻的大量观察，发现结构简单、无根叶是藻类植物的主要特征。

20. (2010-31,P329)湖队是不可能进入决赛的。如果湖队进入决赛，那么太阳就从西边出来了。

以下哪项与上述论证方式最相似？

A. 今天天气不冷。如果冷，湖面怎么结冰了？

B. 语言是不能创造财富的。若语言能够创造财富，则夸夸其谈的人就是世界上最富有的了。

C. 草木之生也柔脆，其死也枯槁。故坚强者死之徒，柔弱者生之徒。

D. 天上是不会掉馅饼的。如果你不相信这一点，那上当受骗是迟早的事。

E. 古典音乐不流行。如果流行，那就说明大众的音乐欣赏水平大大提高了。

21. (2010-47,P334)学生：IQ 和 EQ 哪个更重要？您能否给我指点一下？

学长：你去书店问问工作人员关于 IQ 和 EQ 的书，哪类销得快，哪类就更重要。

以下哪项与题干中的问答方式最为相似？

A. 员工：我们正制定一个度假方案，你说是在本市好，还是去外地好？

经理：现在年终了，各公司都在安排出去旅游，你去问问其他公司的同行，他们计划去哪里，我们就不去哪里，不凑热闹。

B. 平平：母亲节那天我准备送给妈妈一份礼物，你说是送花好还是巧克力好？

佳佳：你在母亲节前一天去花店看一下，看看买花的人多不多就行了嘛。

C. 顾客：我准备买一件毛衣，你看颜色是鲜艳一点好，还是素一点好？

店员：这个需要结合自己的性格与穿衣习惯，各人可以有自己的选择与喜好。

D. 游客：我们前面有两条山路，走哪一条更好？

导游：你仔细看看，哪一条山路上车马的痕迹深，我们就走哪一条。

E. 学生：我正在准备期末复习，是做教材上的练习重要，还是理解教材内容更重要？

老师：你去问问高年级得分高的同学，他们是否经常背书、做练习。

22. (2009-51,P345)科学离不开测量，测量离不开单位长度。千米、米、分米、厘米等基本长度单位的确立完全是一种人为约定，因此，科学的结论完全是一种人的主观约定，谈不上客观的标准。

以下哪项与题干的论证最为类似？

A. 建立良好的社会保障体系离不开强大的综合国力；强大的综合国力离不开一流的国民教育。因此，建立良好的社会保障体系，必须有一流的国民教育。

B. 做规模生意离不开做广告；做广告要有大额资金投入；不是所有人都能有大额资金投入。因此，不是所有人都能做规模生意。

C. 游人允许坐公园的长椅；要坐公园长椅就要靠近它们；靠近长椅的一条路径要踩踏草地。因此，允许游人踩踏草地。

D. 具备扎实的舞蹈基本功必须经过常年不懈的艰苦训练；在春节晚会上演出的舞蹈演员必须具备扎实的基本功；长年不懈的艰苦训练是乏味的。因此，在春节晚会上演出是乏味的。

E. 家庭离不开爱情，爱情离不开信任；信任是建立在真诚的基础上的。因此，对真诚的背离是家庭危机的开始。

23.（2008-33,P348）南口镇仅有一中和二中两所中学。一中的学生学习成绩一般比二中的学生好。由于来自南口镇的李明在大学一年级的学习成绩是全班最好的，因此，他一定是南口镇一中毕业的。

以下哪项与题干的论证方式最为类似？

A. 如果父母对孩子的教育得当，则孩子在学校的表现一般都较好。由于王征在学校的表现不好，因此他的家长一定教育失当。

B. 如果小孩每天背诵诗歌 1 小时，则会出口成章。郭娜每天背诵诗歌不足 1 小时，因此，她不可能出口成章。

C. 如果人们懂得赚钱的方法，则一般都能积累更多的财富。因此，彭总的财富是来源于他的足智多谋。

D. 儿童的心理教育比成年人更重要。张青是某公司心理素质最好的人，因此，他一定在儿童时获得良好的心理教育。

E. 北方人个子通常比南方人高，马林在班上最高，因此，他一定是北方人。

24.（2008-47,P353）使用枪支的犯罪比其他类型的犯罪更容易导致命案。但是，大多数使用枪支的犯罪并没有导致命案。因此，没有必要在刑法中把非法使用枪支作为一种严重刑事犯罪，同其他刑事犯罪区分开来。

上述论证中的逻辑漏洞，与以下哪项中出现的最为类似？

A. 肥胖者比体重正常的人更容易患心脏病。但是，肥胖者在我国人口中只占很小的比例。因此，在我国，医疗卫生界没有必要强调肥胖导致心脏病的风险。

B. 不检点的性行为比检点的性行为更容易感染艾滋病。但是，在有不检点性行为的人群中，感染艾滋病的只占很小的比例。因此，没有必要在防治艾滋病的宣传中，强调不检点性行为的危害。

C. 流行的看法是，吸烟比不吸烟更容易导致肺癌。但是，在有的国家，肺癌患者中有吸烟史的人所占的比例，并不高于总人口中有吸烟史的比例。因此，上述流行看法很可能是一种偏见。

D. 高收入者比低收入者更有能力享受生活。但是不乏高收入者宣称自己不幸福。因此，幸福生活的追求者不必关注收入的高低。

E. 高分考生比低分考生更有资格进入重点大学。但是，不少重点大学学生的实际水平不如某些非重点大学的学生。因此，目前的高考制度不是一种选拔人才的理想制度。

25.（2007-41，P363）在印度发现了一群不平常的陨石，它们的构成元素表明，它们只可能来自水星、金星和火星。由于水星靠太阳最近，它的物质只可能被太阳吸引而不可能落到地球上；这些陨石也不可能来自金星，因为金星表面的任何物质都不可能摆脱它和太阳的引力而落到地球上。因此，这些陨石很可能是某次巨大的碰撞后从火星落到地球上的。

上述论证方式和以下哪项最为类似？

A. 这起谋杀或是劫杀，或是仇杀，或是情杀。但作案现场并无财物丢失；死者家庭和睦，夫妻恩爱，并无情人。因此，最大的可能是仇杀。

B. 如果张甲是作案者，那必有作案动机和作案时间。张甲确有作案动机，但没有作案时间。因此，张甲不可能是作案者。

C. 此次飞机失事的原因，或是人为破坏，或是设备故障，或是操作失误。被发现的黑匣子显示，事故原因确是设备故障。因此，可以排除人为破坏和操作失误。

D. 所有的自然数或是奇数，或是偶数。有的自然数不是奇数，因此，有的自然数是偶数。

E. 任一三角形或是直角三角形，或是钝角三角形，或是锐角三角形。这个三角形有两个内角之和小于 90°。因此，这个三角形是钝角三角形。

26.（2006-35，P371）海拔越高，空气越稀薄。因为西宁的海拔高于西安，因此，西宁的空气比西安稀薄。

以下哪项中的推理与题干的最为类似？

A. 一个人的年龄越大，他就变得越成熟。老张的年龄比他的儿子大，因此，老张比他的儿子成熟。

B. 一棵树的年头越长，它的年轮越多。老张院子中槐树的年头比老李家的槐树年头长，因此，老张家的槐树比老李家的年轮多。

C. 今年马拉松冠军的成绩比前年好。张华是今年的马拉松冠军，因此，他今年的马拉松成绩比他前年的好。

D. 在激烈竞争的市场上，产品质量越高并且广告投入越多，产品需求就越大。甲公司投入的广告费比乙公司的多，因此，对甲公司产品的需求量比对乙公司的需求量大。

E. 一种语言的词汇量越大，越难学。英语比意大利语难学，因此，英语的词汇量比意大利语大。

附：

二难推理题

1.（2024-32，P177）近日，某博物馆展出中国古代书画家赵、唐、沈、苏 4 人的书画，其中展览的《松溪图》《涧石图》《山高图》《雪钓图》分别是这 4 位最具代表性的画作之一。已知：

（1）若《松溪图》不是苏所画，则《山高图》是唐所画；

（2）若《松溪图》是苏或赵所画，则《雪钓图》是沈所画；

（3）若《雪钓图》是沈所画或《山高图》是唐所画，则《涧石图》是苏所画或《雪钓图》是唐所画。

根据上述信息，可以得出以下哪项？

A.《雪钓图》是沈所画。

B.《松溪图》是赵所画。

C.《松溪图》是唐所画。

D.《涧石图》是苏所画。

E.《山高图》是沈所画。

2.（2024-49，P182）某省举办运动会。该省 H 市参加的跳水、射箭、体操、篮球和短跑等项目所获金牌情况如下：

（1）跳水、射箭至少有一项获得金牌；

（2）若射箭、短跑至少有一项获得金牌，则体操也获得金牌；

（3）若短跑、篮球至少有一项未获金牌，则跳水也未获金牌。

根据上述信息，可以得出以下哪项？

A. 跳水获得金牌。

B. 篮球未获金牌。

C. 射箭未获金牌。

D. 体操获得金牌。

E. 短跑未获金牌。

3.（2022-52，P207）李佳、贾元、夏辛、丁东、吴悠 5 位大学生暑期结伴去皖南旅游。对于 5 人将要游览的地点，他们却有不同的想法：

李佳：若去龙川，则也去呈坎；

贾元：龙川和徽州古城两个地方至少去一个；

夏辛：若去呈坎，则也去新安江山水画廊；

丁东：若去徽州古城，则也去新安江山水画廊；

吴悠：若去新安江山水画廊，则也去江村。

事后得知，5 人的想法都得到了实现。

根据以上信息，上述 5 人游览的地点肯定有

A. 龙川和呈坎。

B. 江村和新安江山水画廊。

C. 龙川和徽州古城。

D. 呈坎和新安江山水画廊。

E. 呈坎和徽州古城。

4 题基于以下题干

某单位拟派遣 3 名德才兼备的干部到西部山区进行精准扶贫。报名者踊跃，经过考察，最终确定了陈甲、傅乙、赵丙、邓丁、刘戊、张己 6 名候选人。根据工作需要，派遣还需满足以

下条件：

(1) 若派遣陈甲，则派遣邓丁但不派遣张已；

(2) 若傅乙、赵丙至少派遣 1 人，则不派遣刘戊。

4. (2019-31，P237) 如果陈甲、刘戊至少派遣 1 人，则可以得出以下哪项？

A. 派遣刘戊。　B. 派遣赵丙。　C. 派遣陈甲。　D. 派遣傅乙。　E. 派遣邓丁。

5. (2019-35，P238) 本保险柜所有密码都是 4 个阿拉伯数字和 4 个英文字母的组合。已知：

(1) 若 4 个英文字母不连续排列，则密码组合中的数字之和大于 15；

(2) 若 4 个英文字母连续排列，则密码组合中的数字之和等于 15；

(3) 密码组合中的数字之和或者等于 18，或者小于 15。

根据上述信息，以下哪项是可能的密码组合？

A. 1adbe356　B. 37ab26dc　C. 2acgf716　D. 58bcde32　E. 18ac42de

6. (2017-53，P268) 某民乐小组拟购买几种乐器，购买要求如下：

(1) 二胡、箫至多购买一种；

(2) 笛子、二胡和古筝至少购买一种；

(3) 箫、古筝、唢呐至少购买两种；

(4) 如果购买箫，则不购买笛子。

根据上述要求，可以得出以下哪项？

A. 至多可以购买三种乐器。　B. 箫、笛子至少购买一种。

C. 至少要购买三种乐器。　D. 古筝、二胡至少购买一种。

E. 一定要购买唢呐。

7. (2015-51，P289) 一个人如果没有崇高的信仰，就不可能守住道德的底线；而一个人只有不断加强理论学习，才能始终保持崇高的信仰。

根据以上信息，可以得出以下哪项？

A. 一个人没能守住道德的底线，是因为他首先丧失了崇高的信仰。

B. 一个人只要有崇高的信仰，就能守住道德的底线。

C. 一个人只有不断加强理论学习，才能守住道德的底线。

D. 一个人如果不能守住道德的底线，就不可能保持崇高的信仰。

E. 一个人只要不断加强理论学习，就能守住道德的底线。

8. (2014-44，P298) 某国大选在即，国际政治专家陈研究员预测：选举结果或者是甲党控制政府，或者是乙党控制政府。如果甲党赢得对政府的控制权，该国将出现经济问题；如果乙党赢得对政府的控制权，该国将陷入军事危机。

根据陈研究员上述预测，可以得出以下哪项？

A. 该国可能不会出现经济问题也不会陷入军事危机。

B. 如果该国出现经济问题，那么甲党赢得了对政府的控制权。

C. 该国将出现经济问题，或者将陷入军事危机。

D. 如果该国陷入了军事危机，那么乙党赢得了对政府的控制权。

E. 如果该国出现了经济问题并且陷入了军事危机，那么甲党与乙党均赢得了对政府的控制权。

欧拉图解题

1.（2025-42，P169）某小区院子里栽种了许多树，既有常绿树，也有落叶树。其中，针叶树都是常绿树，阔叶树都不是常绿树；针叶树大都属于观赏树种；果树大部分不是常绿树，小部分是常绿树。

根据以上信息，关于小区院子里栽种的树，可以得出以下哪项？

A. 针叶树有些是果树。

B. 阔叶树有些不是果树。

C. 有些针叶树不是果树。

D. 有些果树不是阔叶树。

E. 有些阔叶树是观赏树种。

2.（2014-45，P298）某大学顾老师在回答有关招生问题时强调："我们学校招收一部分免费师范生，也招收一部分一般师范生。一般师范生不同于免费师范生。没有免费师范生毕业时可以留在大城市工作，而一般师范生毕业时都可以选择留在大城市工作，任何非免费师范生毕业时都需要自谋职业，没有免费师范生毕业时需要自谋职业。"

根据顾老师的陈述，可以得出以下哪项？

A. 该校需要自谋职业的大学生都可以选择留在大城市工作。

B. 不是一般师范生的该校大学生都是免费师范生。

C. 该校需要自谋职业的大学生都是一般师范生。

D. 该校所有一般师范生都需要自谋职业。

E. 该校可以选择留在大城市工作的唯一一类毕业生是一般师范生。

方格填字题

(2024-45,P181)下面有一个 5×5 的方阵,它所含的每个小方格中均可填入"稻""黍""稷""麦""豆"五谷名称之一,有部分方格已经填入。要求该方阵每行、每列的五个小方格中均含有五谷名称,不能重复也不能遗漏。

根据上述要求,以下哪项是方格①空格中应填入的五谷名称?

稷	麦			黍
麦	豆			
			①	
		黍		麦
	稷			稻

A. 麦　　B. 豆　　C. 稻　　D. 稷　　E. 黍

语义理解（抽象语义）题

1.（2024-43，P180）曼特洛编码是只能按照如下3条规则生成的符号串：

（1）曼特洛图形只有三个▲、▽、☆；

（2）一对圆括号中若只含有0个、1个或者2个不同的曼特洛图形，则为曼特洛编码；

（3）一对圆括号中若只含有1个或2个曼特洛编码且不含其他符号，则也为曼特洛编码。

根据上述规定，以下哪项符号串是曼特洛编码？

A.（（）▲☆）（☆▽））

B.（（▲☆）（☆（▽）））

C.（（▲）（☆（））（☆▽））

D.（（▲）（（（☆▽）（））））

E.（▲）（☆）（▽（））☆）

2.（2020-41，P228）某语言学爱好者欲基于无涵义语词、有涵义语词构造合法的语句。已知：

（1）无涵义语词有a、b、c、d、e、f，有涵义语词有W、Z、X；

（2）如果两个无涵义语词通过一个有涵义语词连接，则它们构成一个有涵义语词；

（3）如果两个有涵义语词直接连接，则它们构成一个有涵义语词；

（4）如果两个有涵义语词通过一个无涵义语词连接，则它们构成一个合法的语句。

根据上述信息，以下哪项是合法的语句？

A. aWbcdXeZ

B. aWbcdaZe

C. fXaZbZWb

D. aZdacdfX

E. XWbaZdWc